ACCESO GRATIS *a la Lectura en la Nube*

Para visualizar el libro electrónico en la nube de lectura envíe junto a su nombre y apellidos una fotografía del código de barras situado en la contraportada del libro y otra del ticket de compra a la dirección:

ebooktirant@tirant.com

En un máximo de 72 horas laborables le enviaremos el código de acceso con sus instrucciones.

LA LITIGACIÓN CLIMÁTICA SOBRE PROYECTOS

¿Hacia un punto de inflexión en el control judicial sobre la autorización de actividades carbono-intensivas?

Procedimiento de selección de originales, ver página web:
www.tirant.net/index.php/editorial/procedimiento-de-seleccion-de-originales

LA LITIGACIÓN CLIMÁTICA SOBRE PROYECTOS

¿Hacia un punto de inflexión en el control judicial sobre la autorización de actividades carbono-intensivas?

GASTÓN MEDICI-COLOMBO

tirant lo blanch
Valencia, 2024

Este proyecto ha recibido financiación del programa de investigación e innovación Horizonte 2020 de la Unión Europea en virtud del acuerdo de subvención Marie Skłodowska-Curie Nº 713679.

Este trabajo refleja únicamente la opinión del autor y la Agencia no se hace responsable del uso que pueda hacerse de la información que contiene.

EDITA: TIRANT LO BLANCH
C/ Artes Gráficas, 14 - 46010 - Valencia
TELFS.: 96/361 00 48 - 50
FAX: 96/369 41 51
Email:tlb@tirant.com
www.tirant.com
Librería virtual: www.tirant.es
DEPÓSITO LEGAL: V-1165-2024
ISBN: 978-84-1197-460-8
MAQUETA: Tink Factoría de Color

A la memoria de Emilse Sabato

Índice

Índice ilustraciones y tablas

Ilustraciones

Tablas

PRÓLOGO

La litigación se está convirtiendo en el principal generador de soluciones innovadoras en el contexto general de la necesidad de adaptación al contexto del cambio climático de origen antrópico en el que nos hallamos inmersos. Las inercias enormes existentes en el contexto del sistema político-económico global impiden, en muchas ocasiones, la adopción de las medidas necesarias para afrontar una situación cuya gravedad aumenta rápidamente. Así, la litigación permite a actores minoritarios generar debates y propuestas habitualmente excluidas en la negociación política *mainstream*, lo que contribuye a generar cambios que permiten avanzar tanto hacia la mitigación efectiva de la huella antrópica sobre el Sistema Tierra, como hacia la necesaria adaptación de las comunidades humanas ante una transformación de dimensión geológica.

La necesidad imperiosa de promover acciones concretas y efectivas de mitigación, así como de avanzar a una adaptación de las sociedades humanas que es ya perentoria, subrayan la importancia de utilizar los múltiples canales tanto institucionales como no institucionales para impulsar medidas adecuadas en el contexto de lo que se ha dado en llamar, de manera suficientemente expresiva, emergencia climática. La litigación constituye un nódulo fundamental en el marco de la complejidad de una acción colectiva fragmentaria e incoherente, para generar cambios efectivos en las mentalidades, producir transformaciones en las políticas y generar visiones, estrategias y acciones que nos sitúen adecuadamente en el escenario más convulso, incierto y peligroso que hemos llegado a afrontar nunca como especie.

En realidad, la litigación es una herramienta (quizá la herramienta más útil en este momento) para ir más allá de la retórica tan común en los debates y en los documentos institucionales sobre el cambio climático. Efectivamente, más allá del negacionismo, el debate sobre el cambio climático, como en general, todo lo que tiene que ver con las transformaciones profundas que serán necesarias para afrontar los momentos críticos que la humanidad afronta en este momento, está a menudo contaminado con una parafernalia verbal paralizante. La acción concreta aparece como el antídoto ante la elocuencia pomposa, en muchas ocasiones vacua o banal, en la que quedan atrapados en tantas ocasiones los foros en los que deberían afrontarse seriamente los retos que la humanidad en su conjunto afronta en el momento presente.

Para el desarrollo de estrategias prácticas efectivas, que movilicen sectores sociales en la persecución de fines concretos asociados con la reacción ante los efectos potencialmente catastróficos de la acción antrópica sobre el planeta, es necesaria, asimismo, la producción de conocimiento que coadyuve a la construcción de alternativas. En este contexto se ubica la obra *La litigación climática sobre proyectos,* del Dr. Gastón Medici-Colombo, que supone una investigación exhaustiva y oportuna que aporta nueva luz en relación con la litigación climática, proporcionando una panorámica general sobre su funcionalidad estructural y una visión exhaustiva en relación con la conflictividad asociada a proyectos que contribuyen al cambio climático, espacio extraordinariamente relevante en la transformación de las prácticas sociales ante la emergencia climática, al mismo tiempo que también lo es desde el punto de vista de la garantía de la justicia ambiental.

Efectivamente, en el rico campo de investigación que representa la litigación climática, cuyo impacto y difusión crecen continuamente, el autor se ha concentrado en aquélla relativa a los proyectos. Se trata de un espacio de conflicto en el que se ponen de manifiesto las tensiones entre un modelo económico cuya inercia tiende aumentar la huella antrópica sobre el planeta y la necesidad de responder a una situación de cambio planetario que pone en peligro la vida tal como la conocemos y, eventualmente, a la propia especie humana.

En este sentido, los proyectos concretos pueden entrar en contradicción con los compromisos asumidos por el estado que los acoge en relación con el cambio climático, lo que puede dar fundamento a su discusión en el ámbito de la jurisdicción y vehicular así la oposición que dichos proyectos pueden suscitar entre determinados grupos de población particularmente sensibilizados. Por todo ello, la investigación que aquí se presenta tiene un interés particular y es, desde luego, plenamente pertinente en el momento actual. Por otra parte, también es relevante la amplitud geográfica del estudio, que incluye numerosas jurisdicciones tanto del centro como de la periferia de la economía global, en el segundo caso explorando un terreno menos conocido en el contexto de la investigación climática.

La exploración relativa a la litigación climática de proyectos viene contextualizada con una amplia y pertinente exposición del estado de la cuestión en relación con el cambio climático. Esta contextualización permite al lector poner en perspectiva los aspectos concretos sobre la litigación climática que se desarrollan más tarde y que constituyen el núcleo de la investigación, de modo que puede comprenderse el sentido y la finalidad de la litigación climática en relación con proyectos concretos con el trasfondo de la transformación planetaria, los problemas sociales, económicos y políticos que suscita, así como la formulación de la respuesta a ellos por parte de la comunidad internacional. A ello se añade una visión general sobre el rol, el fundamento y la finalidad de la litigación climática que enlaza el marco general con el estudio específico que se propone.

En definitiva, la litigación sobre proyectos deviene un ámbito singular con un potencial enorme desde el punto de vista del impulso de cambios sociales y económicos significativos en relación con la emergencia climática, ya que introduce la consideración de los efectos climáticos en decisiones administrativas concretas que van configurando la textura de la huella antrópica sobre el planeta. La litigación climática en este campo puede condicionar significativamente las estrategias y las políticas públicas, al mismo tiempo que da voz a los sectores contrahegemónicos que se movilizan para profundizar la concienciación en relación con la crisis climática global, con, en definitiva, el proceso de transformación planetaria sobre el que las sociedades contemporáneas navegan, más bien a la deriva, de acuerdo con sus propias inercias económicas y sociales. La litigación es, efectivamente, un espacio privilegiado para las posiciones contramayoritarias que discuten estas inercias y, con ello, en definitiva, también un espacio de innovación.

Nos hallamos, en definitiva, ante una obra de referencia por el ámbito que cubre, que abre nuevos caminos para la investigación en materia de litigación climática, particularmente, en el ámbito castellanohablante y que, desde luego, puede ser inspirado en los desarrollos no sólo teóricos sino también prácticos en una materia que, con seguridad va a dar lugar a acontecimientos jurídicos remarcables en los próximos años, particularmente, en el contexto español. El autor nos lleva desde el encuadre general del problema a las múltiples trincheras concretas donde se han dirimido las características de proyectos singulares en relación con su impacto en el clima, proporcionándonos así tanto el estado de la cuestión como horizontes de desarrollo. Lo contenido en las páginas que siguen es, por lo tanto, no solo información valiosa, sino material para la inspiración.

Para concluir estas líneas, debo referirme, por supuesto, al autor de este trabajo, al que he tenido la oportunidad de acompañar en el desarrollo de la investigación que aquí se presenta y que constituye su tesis doctoral, la cual dirigí conjuntamente con la profesora Susana Borràs, en el Centre d'Estudis de Dret Ambiental de Tarragona (CEDAT), de la Universitat Rovira i Virgili, en Tarragona. A lo largo de todo ese tiempo, he podido comprobar las capacidades, que quedan de manifiesto en esta investigación, y constatar el compromiso científico, el rigor y la laboriosidad del Dr. Gastón Medici-Colombo, que, en el momento de publicar esta obra, ya cuenta con una trayectoria académica sólida a sus espaldas que hace prever notables logros en el futuro.

Se trata de un investigador excepcional, que desarrolla su labor de manera incansable y precisa para ofrecer un material sólido que huye de la retórica y de la superficialidad. En los tiempos que corren, es algo que tiene mucho valor. Nos hallamos ya, en definitiva, ante un especialista de referencia en un campo particularmente importante del desarrollo futuro de la investigación jurídica, como aquél que se acerque a estas páginas podrá comprobar por sí mismo, ya que esta obra es prueba manifiesta de la madurez intelectual, del talento investigador y de la capacidad de trabajo de su autor. El lector tiene la oportunidad ahora de comprobarlo. Para mí, ha sido, desde luego, un privilegio y una experiencia estimulante asistir a sus inicios como investigador.

JORDI JARIA I MANZANO
Profesor Agregado Serra Húnter de Derecho constitucional y ambiental
Investigador del Centre d'Estudis de Dret Ambiental de Tarragona
Universitat Rovira i Virgili

ACRÓNIMOS, SIGLAS Y ABREVIATURAS

AGNU	Asamblea General de las Naciones Unidas
CADH	Convención Americana de Derechos Humanos
CBDR	*Common but differentiated responsibilities* (responsabilidades comunes pero diferenciadas)
CEDH	Convención Europea de Derechos Humanos
CEQ	*Council of Environmental Quality* (Consejo de calidad ambiental-Estados Unidos)
CH_4	Metano
CIDH	Comisión Interamericana de Derechos Humanos
CIJ	Corte Internacional de Justicia
CMNUCC	Convención Marco de las Naciones Unidas sobre el Cambio Climático
CO_2	Dióxido de carbono
$CO_{2\text{-}e}$	Unidades equivalentes de dióxido de carbono
CIDH	Comisión Interamericana de Derechos Humanos
COP	Conferencia de las Partes
Corte IDH	Corte Interamericana de Derechos Humanos
EAE	Evaluación ambiental estratégica
EIA	Evaluación de impacto ambiental
EPA	*U.S. Environmental Protection Agency* (Agencia de Protección Ambiental de los Estados Unidos)
EPBC Act	*Environment Protection and Biodiversity Conservation Act 1999* (Ley de protección ambiental y conservación de la biodiversidad de 1999-Australia)
ESD principles	*Principles of ecologically sustainable development* (Principios del desarrollo ecológicamente sostenible-Australia)
GEI	Gases de efecto invernadero
IPCC	Grupo Intergubernamental de Expertos sobre el Cambio Climático
MSA	*Market Substitution Assumption* (Asunción de la sustitución de mercado)

N_2O	Óxido nitroso
NDCs	*Nationally Determined Contributions* (Contribuciones Determinadas a Nivel Nacional)
NEPA	*National Environmental Policy Act* (Ley nacional de política ambiental-Estados Unidos)
NSWLEC	*Land and Environment Court of New South Wales* (Corte sobre ambiente y tierra de Nueva Gales del Sur-Australia)
O_3	Ozono troposférico
OCDE	Organización para la Cooperación y el Desarrollo Económicos
OEA	Organización de los Estados Americanos
OMM	Organización Meteorológica Mundial
ONG	Organizaciones no gubernamentales
ONU	Organización de las Naciones Unidas
PNUMA	Programa de las Naciones Unidas para el medio ambiente
ppm	Partes por millón
UNESCO	Organización de las Naciones Unidas para la Educación, la Ciencia y la Cultura
UNICEF	Fondo de las Naciones Unidas para la Infancia

INTRODUCCIÓN

La Humanidad se encuentra en un momento definitorio para su propia existencia. Las decisiones de los próximos cortos años marcarán irremediablemente los futuros posibles de esta generación, la próxima y, probablemente, todas las demás, no solo de seres humanos sino también de incontables especies que comparten el Sistema Tierra[1]. Esta trascendencia está marcada por la superación de fronteras planetarias y la posibilidad de que se alcancen puntos de inflexión o de no retorno que esfumen irreversiblemente las amables condiciones planetarias del Holoceno que han propiciado el florecimiento de la Humanidad[2]. Con ello, el ingreso a una nueva era, el Antropoceno, de condiciones mucho menos hospitalarias y, en buena parte, desconocidas e impredecibles[3].

De las nueve variables que marcan las fronteras planetarias, seis se encuentran fuera de control, constituyendo una crisis planetaria en toda regla. Todas son relevantes, todas están interrelacionadas y, por ello, de todas ellas depende la permanencia en un espacio seguro para la vida en la Tierra. El cambio climático es una de estas fronteras cuya zona segura ya ha sido excedida[4]. Un cierto calentamiento

---

1 Debra Roberts, una de las autoras del informe del IPCC de 2018, sotuvo, al comentar la publicación de este informe, que: "*...the next few years are probably the most important in our history*", IPCC, *Summary for Policymakers of IPCC Special Report on Global Warming of 1,5°C approved by governments,* 8 de octubre de 2018 <https://www.ipcc.ch/2018/10/08/summary-for-policymakers-of-ipcc-special-report-on-global-warming-of-1-5c-approved-by-governments/> [Última consulta, 17 de enero de 2021]

2 Véase, por ejemplo, STEFFEN, W., et al., "Trajectories of the Earth System in the Anthropocene", *Proceedings of the National Academy of Sciences,* Vol 115, N°. 33, 2018.

3 CRUTZEN, P. y STOERMER, F., "'The 'Anthropocene'", *Global Change NewsLetter,* N°. 41, 2000, p. 17; CRUTZEN, P., "Geology of mankind", *Nature,* Vol. 415, 2002, p. 23.

4 Véase, por ejemplo, ROCKSTRÖM, J., et al., "Planetary Boundaries: Exploring the Safe Operating Space for Humanity", *Ecology and Society,* Vol. 14, N°. 2, 2009; ROCKSTRÖM, J. et al., "Sustainable Development and Planetary Boundaries", Background Research Paper, High Level Panel on the Post-2015 Development

global ya es una realidad inevitable (actualmente alrededor de 1,27 °C)[5]. Dada la complejidad de abordar la problemática climática, especialmente a partir de la centralidad de sus principales causas para el funcionamiento de la sociedad contemporánea, unos nuevos límites, más allá de la frontera física señalada, se han establecido. El Acuerdo de París, actual punta de lanza del régimen jurídico internacional climático, delineó las que serían las nuevas fronteras climáticas 'socialmente aceptables': "*Mantener el aumento de la temperatura media mundial muy por debajo de 2°C con respecto a los niveles preindustriales, y proseguir los esfuerzos para limitar ese aumento de la temperatura a 1,5°C...*"[6].

El inicio de la década de los veinte encuentra a la sociedad global en una trayectoria que excedería, más temprano que tarde, también estos límites, con un escaso presupuesto de carbono disponible y sin haber llevado adelante oportunamente la transición energética requerida. Mientras la ventana de oportunidad se cierra rápidamente, los actores más determinantes (gobiernos y corporaciones transnacionales) lejos están de actuar en consecuencia, desoyendo a la comunidad científica, en una actitud que, a estas alturas, puede ser catalogada como consecuencia, en el mejor de los casos, de una disonancia cognitiva, y en el peor, de un comportamiento cínico[7]. Esta contradicción ha sido notada, entre otros ámbitos, en el de la planificación y desarrollo de infraestructura, especialmente en aquella directamente relacionada con la extracción, transporte y consumo de combustibles fósiles, responsables mayores del calentamiento

---

Agenda, 2013; STEFFEN, W. et al, "Planetary Boundaries: Guiding human development on a changing planet", *Sciencexpress*, 2015.

5 WORLD METEOROLOGICAL ORGANIZATION, *State of the Global Climate 2020,* 2021, p. 6; una estimación del calentamiento global en tiempo real puede verse en GLOBALWARMINGINDEX.ORG, "Human-induced warming" <https://www.globalwarmingindex.org/> [Última consulta, 7 de marzo de 2023]

6 UNITED NATIONS TREATY COLLECTION, Paris Agreement, Paris, 12 de diciembre de 2015, <https://treaties.un.org/Pages/ViewDetails.aspx?src=TREATY&mtdsg_no=XXVII-7-d&chapter=27&clang=_en> [Última consulta, 5 de noviembre de 2020]; Artículo 2.

7 'Cinismo' en su acepción de "desvergüenza en el mentir o en la defensa y práctica de acciones o doctrinas vituperables", REAL ACADEMIA ESPAÑOLA, *Diccionario de la lengua española,* "Cinismo" <https://dle.rae.es/cinismo?m=form> [Última consulta, 3 de agosto de 2021]

global. Varios estudios resaltan las brechas existentes entre, por un lado, las proyecciones de emisiones de gases de efecto invernadero (GEI) y la planificación de nueva infraestructura para la producción de combustible fósiles y, por otro, las trayectorias que asegurarían no trasponer las metas climáticas políticamente establecidas[8].

En parte, la conflictividad que despierta esta situación se está canalizando, desde hace algún tiempo y cada vez más asiduamente, a través de la apelación a los poderes judiciales, en un fenómeno que se ha bautizado con el nombre de 'litigación climática' ('*climate change litigation*' en su versión original en inglés). Se trata de un fenómeno en pleno desarrollo y expansión, de carácter heterogéneo, en el que se involucran una diversidad de actores desde distintos niveles y al que se le ha reconocido, a pesar de sus especificidades y limitaciones, la capacidad de participar de manera significativa de la llamada gobernanza climática global[9]. De manera ilustrativa, conviene adelantar aquí que, al momento de escribir, se han identificado más de 2.200 casos en más de 50 países[10].

No sorprendentemente, parte relevante de este universo está constituido por cuestionamientos judiciales a decisiones de entes gubernamentales que se alegan perjudiciales para la estabilidad del sistema climático y, con ello, para el bienestar de las comunidades presentes y futuras. Esto incluye decisiones a nivel estratégico o de

---

8 Véase PNUMA, et al., *The Production Gap: The discrepancy between countries' planned fossil fuel production and global production levels consistent with limiting warming to 1.5°C or 2.°C"*, 2019; PNUMA, *Emissions Gap Report 2020,* 2020; PNUMA, *The Production Gap Report: 2020 Special Report,* 2020.

9 Siguiendo a Stevenson, el término 'gobernanza' refiere a los procesos que coordinan el comportamiento de todos los actores implicados para alcanzar resultados colectivamente acordados. En su trabajo, esta autora utiliza el término 'gobernanza climática global' para referirse a los mecanismos e instituciones que coordinan las actividades de actores estatales y no estatales para la mitigación y adaptación del cambio climático, siendo la Convención Marco de Naciones Unidad para el Cambio Climático (CMNUCC) el foro más relevante de coordinación internacional, Stevenson, H., *Institutionalizing Unsustainability: The Paradox of Global Climate Governance,* University of California Press, Berkeley, 2013, p. 3.

10 Véase, Sabin Center for Climate Change Law y Arnold & Porter, Climate Change Litigation Databases, <http://climatecasechart.com/> [Última consulta, 7 de marzo de 2023]

políticas más generales, como también decisiones particulares sobre proyectos de infraestructura, especialmente sobre aquellos que encarnan de manera notoria la contradicción antes referida. Esta investigación aborda este último sector, es decir, la litigación en contra de proyectos que contribuyen al cambio climático en supuesto detrimento de los compromisos asumidos tanto a nivel internacional como doméstico y, más generalmente, del bienestar de las generaciones presentes y futuras.

Este tipo de litigación, si bien comparte rasgos con aquella que cuestiona otro tipo de decisiones gubernamentales más generales, tiene, como se verá, particularidades que justifican un estudio por separado. Específicamente, interrogantes y desarrollos argumentales propios que surgen, por ejemplo, de la dificultad de considerar y valorar los impactos de un proyecto o acción individual sobre el complejo sistema climático global, como también de gestionar la toma de decisión a través de diversas escalas y niveles gubernamentales y jurídicos. Esto implica que este sector del universo de casos ilustre, quizás como ningún otro, el carácter multinivel y policéntrico del cambio climático como problema de gobernanza.

1. OBJETO DE LA INVESTIGACIÓN Y SU INTERÉS

Como se adelantó, este trabajo aborda, de forma específica, el fenómeno por el cual ciertos actores, principalmente de la sociedad civil (individuos, grupos u organizaciones no gubernamentales —ONG—), acuden a los tribunales alegando que las decisiones públicas sobre la planificación o autorización de infraestructura constituyen, en consideración de sus efectos sobre el sistema climático, violaciones de carácter sustantivo o procedimental de los órdenes jurídicos domésticos y/o internacionales en vigor.

Dada la gravedad y urgencia de la crisis climática (y planetaria), el análisis de cómo los tribunales lidian con estos reclamos y llevan adelante el consecuente escrutinio de la actuación pública reviste, *per se*, de cierto interés al responder a la cuestión de cuál puede (debe) ser el rol del Derecho ante este desafío. A decir verdad, el objeto de esta investigación es mucho más modesto (y concreto) que brindar una respuesta, siquiera parcial, a esta pregunta. Lo que se propone es una exploración de una parte relevante de la jurisprudencia climática a los fines de, por un lado, brindar un entendimiento más preciso del complejo escenario transnacional en desarrollo y, por otro, delinear aquellos elementos jurídicos que pueden contribuir a una consideración más seria y justa de la problemática del cambio climático en la toma de decisiones públicas sobre proyectos a partir de la intervención de los tribunales.

Muchas investigaciones, incluyendo libros, artículos en revistas académicas y tesis doctorales, han realizado diversos análisis del fenómeno de la litigación climática en general, como también estudios de casos o tendencias jurisprudenciales particulares. Algunos de ellos, merecen por su transcendencia mención. Por ejemplo, es posible destacar ciertos trabajos académicos cuyo objeto ha sido el de brindar panoramas completos de la jurisprudencia climática en jurisdicciones particulares. Por nombrar algunos, este es el caso del estudio de Hilson (2010)[11] sobre la jurisprudencia climática en Reino Unido, del afamado artículo de Markell y Ruhl (2012)[12] haciendo lo propio en el contexto estadounidense, del trabajo comparativo entre las jurisdicciones de Australia y Estados Unidos de Peel y Osofsky (2015)[13], más cercano en el tiempo, del artículo de Fernández Egea y Simou sobre posibilidades y límites de la litigación climática en España (2019)[14], o del trabajo coordinado por Setzer, Cunha y Botter Fabbri (2019)[15] sobre la jurisdicción de Brasil. También pueden destacarse trabajos compilatorios que reúnen diversos escena-

---

11 HILSON, C., "Climate Change Litigation in the UK: An Explanatory Approach (or Bringing Grievance Back In)", en FRACCHIA F. y OCCHIENA M. (eds.), *Climate Change: La Risposta del Diritto,* Editoriale Scientifica, Nápoles, 2010.

12 MARKELL, D. y RUHL, J., "An Empirical Assessment of Climate Change In The Courts: A New Jurisprudence Or Business As Usual?", *Florida Law Review,* Vol. 64, N° 1, 2012.

13 PEEL, J., y OSOFSKY, H., *Climate Change Litigation: Regulatory Pathways to Cleaner Energy,* Cambridge, Cambridge University Press, 2015.

14 FERNÁNDEZ EGEA, R., y SIMOU, S., "Litigación climática en España: posibilidades y límites", *Revista de Derecho urbanístico y medio ambiente,* N°. 328, 2019.

15 SETZER, J., CUNHA, K., y BOTTER FABBRI, A. (coords.), *Litgância climática: novas fronteiras para o Direito ambiental no Brasil,* 1ª ed., Editora Revista dos Tribunais, 2019.

rios o enfoques sobre la litigación climática en una variedad de jurisdicciones, como el de Burns y Osofsky (2009)[16] o el de Sindico y Mbengue (2021)[17] o, en una región, como el de Lin y Kysar (2020) sobre Asía-Pacífico[18] o el número editado por Bouwer y Field (2021) sobre África[19].

Otros trabajos, por su parte, han abordado estudios de jurisprudencia de carácter transnacional que buscan resaltar puntos, enfoques o tendencias comunes (o la falta de ellas) más allá de las fronteras jurisdiccionales. En esta categoría es posible ubicar trabajos como el de Wilensky (2015)[20], en el que la autora, siguiendo el marco metodológico propuesto por Makell y Ruhl, analizó la litigación climática a nivel global, el artículo de Peel y Lin (2019)[21] sobre litigación climática en el Sur Global, el de Solana (2019)[22] respecto a casos relativos a los mercados financieros, y los libros de Rodríguez-Garavito (2022)[23], de Vilchez Moragues (2020)[24] o Sindico, Mckenzie, Medici-Colombo y Wegener (2024)[25].

---

16 BURNS, W. y OSOFSKY, H. (eds.), *Adjudicating Climate Change: State, National, and International Approaches,* Cambridge University Press, Cambridge, 2009.

17 SINDICO, F. y MBENGUE, M. (eds.), *Comparative Climate Change Litigation: Beyond the Usual Suspects,* Springer, 2021.

18 LIN, J. y KYSAR, D. (eds.), *Climate Change Litigation in the Asia Pacific,* Cambridge University Press, 2020.

19 LEXXION, Carbon & Climate Law Review, Vol. 15, Nº. 2, 2021, disponible en: <https://cclr.lexxion.eu/issue/CCLR/2021/2> [Última consulta, 16 de agosto de 2021]

20 WILENSKY, M., "Climate change in the Courts: An Assessment of Non-U.S. Climate Litigation, *Duke Environmental Law & Policy Forum,* Vol. 26, 2015.

21 PEEL, J. y LIN J., "Transnational Climate Litigation: The Contribution of the Global South", *American Journal of International Law,* Vol. 113, Nº. 4, 2019.

22 SOLANA, J., "Climate Litigation in Financial Markets: A Typology", *Transnational Environmental Law,* First View, 2019.

23 RODRÍGUEZ-GARAVITO, C. (ed.), *Litigating the Climate Emergency: How Human Rights, Courts, and Legal Mobilization Can Bolster Climate Action,* Cambridge University Press, 2022.

24 DE VILCHEZ MORAGUES, P., *Domestic Climate Litigation: An Empirical Approach to the International Obligation of States to Tackle Climate Change,* Universitat de les Illes Balears, Tesis doctoral, 2020.

25 SINDICO, F., et al. (eds), *Research Handbook on Climate Change Litigation,* Edward Elgar, 2024 (en prensa).

Más allá de investigaciones cuyo eje central es el análisis de casos, decenas o incluso cientos de estudios se han publicado abordando el fenómeno de la litigación climática desde diversos enfoques transversales, como por ejemplo, la litigación climática como herramienta discursiva (v. gr., Nosek, 2018)[26]; la litigación climática como herramienta de gobernanza climática (v. gr., Osofsky, 2009[27]; Peel y Osofsky, 2019[28]), el rol del régimen jurídico internacional climático en la litigación climática (v. gr., Saiger, 2019[29]; Wegener, 2020[30]), el de los derechos humanos (v. gr., Savaresi y Auz, 2019[31]) o la legitimidad judicial (v. gr., Burgers, 2020[32]). Este breve repaso no hace justicia ni a la cantidad ni a la diversidad de la bibliografía en la materia, gran parte de la cual, como se verá, ha sido revisada en este trabajo[33].

A toda esta literatura académica en la materia pueden sumarse una gran variedad de informes que ofrecen panoramas del estado de la litigación climática a nivel global. De todos, deben resaltarse aquellos promovidos por el Programa de las Naciones Unidas para el medio ambiente (PNUMA, 2017[34], 2020[35]), y la serie de reportes

---

26 Nosek, G., "Climate Change Litigation and Narrative: How to Use Litigation to Tell Compelling Climate Stories", *William & Mary Environmental Law and Policy Review,* Vol. 42, N° 3, 2018.

27 Osofsky, H., "Is Climate Change 'International'? Litigation's Diagonal Regulatory Role", *Virginia Journal of International Law,* Vol. 49, N° 3, 2009.

28 Peel, J. y Osofsky, H., "Litigation as a Climate Regulatory Tool", en Voigt, C. (ed.), *International Judicial Practice on the Environment: Questions of Legitimacy,* Cambridge University Press, 2019.

29 Saiger, A., "Domestic Courts and the Paris Agreement's Climate Goals: The Need for a Comparative Approach", *Transnational Environmental Law,* Symposium Article, 2019.

30 Wegener, L, "Can the Paris Agreement Help Climate Change Litigation and Vice Versa?", *Transnational Environmental Law,* Vol. 9, N°. 1, 2020.

31 Savaresi, A. y Auz, J., "Climate Change Litigation and Human Rights: Pushing the Boundaries", *Climate Law,* Vol. 9, N° 3, 2019.

32 Burgers, L., "Should Judges Make Climate Change Law?, *Transnational Environmental Law,* First View, 2020.

33 Para una revisión y comentario de la literatura en la materia publicada en inglés, debe verse el trabajo de Setzer, J. y Vanhala L., "Climate change litigation: A review of research on courts and litigants in climate governance", *WIREs Climate Change,* e580, 2019.

34 PNUMA, *The Status of Climate Change Litigation: A Global Review,* 2017.

35 PNUMA, *Global Climate Litigation Report: 2020 Status Review*, 2020.

anuales publicada por Grantham Research Institute de la London School of Economics (v. gr., 2020[36], 2021[37]).

Considerando esta abundancia, resulta razonable preguntarse si resta espacio (e interés) para una investigación como la presente. A esto puede responderse que no se ha identificado ninguna investigación que realice un análisis transnacional[38] global exhaustivo sobre la jurisprudencia climática enfocada en la toma de decisión sobre proyectos en (supuesta) contradicción con la estabilidad del sistema climático y los compromisos gubernamentales realizados al respecto. En esta investigación se analizan un centenar de casos en 25 jurisdicciones, tanto del Norte como del Sur Global[39], y se hace foco, específicamente, en cómo los tribunales lidian con los argumentos a favor y en contra de los proyectos en torno a sus impactos climáticos (v. gr., emisiones de GEI, reducción de sumideros de carbono[40]). Quizás los

---

36 SETZER, J. y BYRNES, R., *Global trends in climate change litigation: 2020 snapshot,* Grantham Research Institute on Climate Change and the Environment, Centre for Climate Change Economics and Policy, London School of Economics and Political Science, Policy Report, 2020.

37 SETZER J. y HIGHAM, C., *Global trends in climate change litigation: 2021 snapshot,* Grantham Research Institute on Climate Change and the Environment, Centre for Climate Change Economics and Policy, London School of Economics and Political Science, Policy Report, 2021.

38 Entiéndase por transnacional, que se extiende a través de diversas jurisdicciones nacionales.

39 Anand explica que los términos 'Norte' y 'Sur' no refieren solamente al aspecto geográfico, sino que reflejan las experiencias comunes de los países como resultado de las condiciones sociales y económicas resultantes de su pasado colonial e imperial; ANAND, R., *International Environmental Justice: A North-South Dimension,* Ashgate, 2004, p. 1; sostienen Santos y Rodríguez Garavito, "el Sur expresa no una localización geográfica, sino todas las formas de subordinación (explotación económica; opresión ética, racial o de género y similares) asociadas con la globalización neoliberal", SANTOS, B. y RODRÍGUEZ GARAVITO, C., "El derecho, la política y lo subalterno en la globalización contrahegemónica", en SANTOS, B. y RODRÍGUEZ GARAVITO, C. (eds.), *El derecho y la globalización desde abajo,* Anthropos, México, 2007, p. 19.

40 En este sentido, cuando se habla de impactos climáticos de los proyectos se refiere a sus efectos sobre el sistema climático, como una mayor concentración en la atmósfera de GEI o una menor capacidad de absorción por parte de los ecosistemas, y no a impactos del cambio climático sobre comunidades y/o ecosistemas (v.gr., aumento de riesgo de inundaciones). De este modo, se considera al sistema climático como el bien ambiental afectado a considerar.

trabajos más similares al aquí realizado son dos artículos de Burger y Wentz[41] en el que analizan la jurisprudencia sobre la autorización de proyectos bajo la normativa de evaluación de impacto ambiental (EIA) federal en los Estados Unidos. Sin embargo, este trabajo evade las limitaciones jurisdiccionales, buscando dotar de sentido a un cada vez más complejo universo jurisprudencial global. En relación con ello, parte del interés de esta investigación es su abordaje de casos en doce jurisdicciones del Sur Global, jurisdicciones sobre las que la bibliografía es, por el momento, más bien escasa[42].

Esta perspectiva transnacional es especialmente adecuada dada la propia naturaleza de la problemática climática, lo que hace que casos particulares de carácter doméstico, incluso local, puedan tener interés para iniciativas de jurisdicciones alternas. De este modo, las observaciones, premisas y propuestas de carácter transnacional y, por ello general, que este trabajo finalmente aporta pueden constituirse en el punto de partida de futuras investigaciones que concreten, reafirmen o desechen estos aportes a nivel regional o doméstico[43].

2. PREGUNTAS E HIPÓTESIS DE LA INVESTIGACIÓN

Es posible afirmar que esta investigación no da una respuesta completa a ninguna pregunta en particular, sino que aporta respuestas parciales a una serie de interrogantes más o menos generales y usualmente compartidos por los diferentes trabajos desarrollados en este campo. Como ya se adelantó, la pregunta más general que subyace gran parte de las investigaciones en la materia, como también a esta, es la de cuál podría (debería) ser el rol del Derecho ante la crisis

---

41 Burger, M. y Wentz, J., "Downstream and Upstream Greenhouse Gas Emissions: The Proper Scope of NEPA Review", *Harvard Environmental Law Review*, Vol. 41, 2017; Burger, M. y Wentz, J., "Evaluating the Effects of Fossil Fuel Supply Projects on Greenhouse Gas Emissions and Climate Change Under NEPA", *William & Mary Environmental Law and Policy Review*, Vol. 40, 2020.

42 Setzer y Vanhala, "Climate change litigation…", op. cit., p. 5; si bien esto está cambiando rápidamente.

43 Por ejemplo, véase sobre el tema en Brasil, de Andrade Moreira, D., (coord.), *Litigância climática no Brasil: Argumentos jurídicos para a incersão de variável climática no licenciamiento ambiental*, Editora PUC-Rio, 2021.

climática. Dentro de esta cuestión aparecen otros interrogantes más concretos respecto, por ejemplo, a la legitimidad de los tribunales para el abordaje de una problemática tan particular y compleja y la bondad de la litigación como herramienta de gobernanza en consideración de sus limitaciones y especificidades.

A su vez, es posible destacar algunas preguntas que son más exclusivas de esta investigación, como cuál puede (debe) ser el rol en la gobernanza climática de los procesos de toma de decisión a nivel proyecto y, más particularmente, si puede (debe) integrarse la variable climática en estos procesos, en su mayoría atravesados por procedimientos de EIA, y, en tal caso cómo debería hacerse esto, dada la naturaleza especial de la problemática. Asimismo, aparece la cuestión de si existen límites legales —procedimentales o sustantivos— para la toma de decisión sobre proyectos en este contexto y, en caso afirmativo, cuáles son estos y si se corresponden, de alguna manera, con el límite planetario respecto de la estabilidad del sistema climático. En este entender, un interrogante extra refiere a si es posible que se alcance un punto (de inflexión) en el cual, a partir de la litigación y de la aplicación de estos límites por parte de los tribunales, la autorización de cierto tipo de proyectos que contribuyen fuertemente al cambio climático constituya, más que la regla, la excepción.

En cuanto a la hipótesis de partida de esta investigación, esta puede formularse de la siguiente manera:

> En las condiciones actuales de urgencia y crisis climática, la litigación puede cumplir un rol relevante en asegurar que los tomadores de decisiones públicas consideren de forma más seria y justa los impactos sobre el sistema climático de proyectos de infraestructura a la hora de su autorización. De esta manera, la litigación puede desempeñar un papel significativo en la gobernanza climática, multinivel y policéntrica, a partir de la revitalización de los procesos de planeamiento a nivel proyecto como parte importante de los sistemas de implementación de los compromisos climáticos adoptados tanto a nivel internacional como doméstico.

3. ESTRUCTURA DE LA INVESTIGACIÓN

Este trabajo está dividido en una introducción, cuatro capítulos y un apartado de conclusiones. Cada uno de los cuatro capítulos centrales cumple una función determinada que puede resumirse en: presentación y caracterización del problema de fondo, léase la crisis climática (capítulo I); presentación y caracterización de la litigación climática como herramienta alternativa y complementaria de abordaje de la crisis climática (capítulo II); estudio trasnacional de la jurisprudencia climática sobre proyectos (capítulo III); y análisis crítico y propositivo de esta jurisprudencia (capítulo IV). A continuación, se describen con más detenimiento los contenidos básicos de cada capítulo y se expone con ello la inteligencia que subyace su orden, a los fines de responder, en parte, los interrogantes antes formulados y de comprobar la hipótesis de partida de esta investigación.

El capítulo I (*El cambio climático y la respuesta regulatoria*), luego de un breve repaso por la historia del cambio climático a modo introductorio (sección 1), realiza una caracterización de la problemática de fondo. Esta caracterización es múltiple ya que no solo se aborda al cambio climático como fenómeno físico (sección 2), sino también como una cuestión de justicia (sección 3), con impactos en los derechos humanos (sección 4) y cuya gobernanza es eminentemente compleja (sección 5). Esta complejidad se expresa en la respuesta regulatoria ensayada, principalmente, a través del régimen jurídico internacional, cuyos elementos más relevantes son estudiados a continuación (sección 6). El (hasta ahora) fracaso de esta respuesta, materializado en la existencia de serias brechas entre lo realizado y lo requerido y una ventana temporal cada vez más estrecha (sección 7), permite finalmente hablar de crisis o emergencia climática, obrándose un desplazamiento conceptual —de problema ambiental a crisis planetaria— que es central en el desarrollo de los próximos capítulos. La sección final de este primer capítulo (sección 8) explicita esto último y da pie al capítulo siguiente.

El escenario que presenta el capítulo I ha llevado, en buena medida, al ensayo por parte de distintos actores de una respuesta alternativa (aunque complementaria) a la regulatoria para el abordaje de la problemática climática: la litigación. El capítulo II (*La litigación climática*) aborda, entonces, la litigación climática que, luego de un breve apartado introductorio (sección 1), es definida como un fenómeno en expansión y complejo, no solo desde el punto de vista conceptual (sección 2), sino también desde su heterogeneidad (sección 3), producto de la intervención de una diversidad de actores, foros, finalidades y estrategias, y desde los desafíos que presenta la propia naturaleza del cambio climático para el Derecho. La segunda parte de este capítulo va un paso más allá y examina la inserción de la litigación en la estructura más amplia de la gobernanza climática. Para ello, analiza las razones que la doctrina ha encontrado en la proliferación de casos (sección 4), la manera en que ocurre esta inserción en el gobierno de la problemática (sección 5), los posibles impactos regulatorios de la litigación (sección 6) y la controversial cuestión de su legitimidad en este contexto (sección 7).

El capítulo III (*La litigación sobre proyectos que contribuyen al cambio climático*) aborda el análisis del sector seleccionado del universo de la litigación climática. Una primera sección define el objeto de estudio, a la vez que expone las cuestiones metodológicas atinentes a la identificación, selección y análisis de los casos (sección 1). A continuación, se presenta y describe el universo de casos seleccionados, señalándose tres aspectos claves de su constitución: la conflictividad de los proyectos de combustibles fósiles, la centralidad de los procesos de EIA y el control judicial de la actividad administrativa (sección 2). En cuanto al análisis de casos, se realiza un estudio por jurisdicciones. La primera parte examina las jurisdicciones del Norte Global donde se han identificado casos (sección 3), la segunda hace lo propio con las del Sur Global (sección 4). El universo de casos seleccionados repite el patrón de la litigación climática en general, por lo que la litigación en jurisdicciones del Norte Global en mucho más profusa que la identificada en el Sur, lo que se ve reflejado en la extensión de cada parte. En total en este capítulo se examinan 116 casos en 25 jurisdicciones. Una última sección, realiza un balance transnacional de los casos examinados y da pie al siguiente capítulo (sección 5).

El capítulo IV (*Hacia un punto de inflexión en la litigación climática sobre proyectos*) desarrolla un análisis crítico y propositivo de la jurisprudencia estudiada en el capítulo anterior, retomando, en buena medida, elementos discutidos en los capítulos iniciales y a partir de la especulación sobre la posibilidad de que se dé un punto de inflexión en el escrutinio judicial de los procesos de toma de decisión sobre proyectos climáticamente conflictivos y, más sustancialmente, de la juridicidad (legalidad) de su autorización en el contexto de la crisis climática. Para ello, la primera sección presenta el capítulo y establece un cierto marco teórico de las postulaciones que le siguen sobre la base de la necesidad de repensar el Derecho en la era del Antropoceno[44] (sección 1). Las secciones siguientes abordan los elementos claves, observados en el estudio de casos del capítulo anterior, del que podría ser el punto de inflexión mencionado, a saber: la integración de la cuestión del cambio climático en la toma de decisiones sobre proyectos (sección 2); la extensión que tal integración (sección 3); la validez del argumento de la *Market Substitution Assumption* (MSA), utilizado para desestimar la consideración de esta cuestión (sección 4); la valoración razonable de la relevancia de los impactos de los proyectos en el sistema climático[45], incluyendo el análisis de algunos criterios disponibles a estos fines (sección 5); y el posible control judicial sobre la decisión final de autorización de los proyectos (sección 6). Un último apartado (sección 7) reflexiona sobre el análisis realizado y da paso a las conclusiones del trabajo.

4. ASPECTOS METODOLÓGICOS

Este trabajo constituye, eminentemente, una investigación de carácter jurídico. Esto quiere decir que no tiene la pretensión de extenderse hacia otras áreas relacionadas, v. gr., la sociología o la filosofía, como otros trabajos en la materia han hecho, más allá de la inclusión inevitable de algunos aspectos propios de estas áreas. De esta manera, la investigación sigue la metodología propia de las ciencias jurídicas. Una parte importante del trabajo utiliza el método

---

44 Al respecto, por ejemplo, véase Kotzé, L., *Global Environmental Constitutionalism in the Anthropocene,* Hart Publishing, 2016.

45 Esto, como resultará evidente más adelante, tiene que ver con el concepto jurídico indeterminado de 'impactos significativos' que suele ocupar un espacio central en la normativa ambiental en distintas jurisdicciones. El ejemplo clásico, central para este trabajo, es el de la necesidad de llevar adelante una EIA ante la posibilidad de que ocurran 'impactos significativos' sobre el ambiente.

analítico-descriptivo para abordar el estudio de normativa, doctrina, jurisprudencia e instrumentos de políticas diversos. Mientras que el capítulo I y II presentan un enfoque mayormente deductivo, el del capítulo III es eminentemente inductivo en tanto se trata de un estudio de litigios particulares con el que se busca alcanzar premisas generalizables.

Al respecto de este capítulo tercero en particular deben destacarse aquí, al menos brevemente, algunos aspectos metodológicos relativos a la identificación, selección y análisis de litigios[46]. Por un lado, debe resaltarse la complejidad metodológica que implica la definición de qué constituye un 'litigio climático'. Esta complejidad es abordada y resuelta a partir de la revisión de literatura al respecto (capítulo II) y su concreción a los fines de esta investigación (capítulo III). Por otro lado, es necesario mencionar que se han utilizado una serie de bases de datos para la identificación y selección de casos de litigación climática. Estas son las provistas por el *Sabin Center for Climate Change Law* de la Universidad de Columbia (Nueva York, Estados Unidos) y el despacho jurídico *Arnold & Porter*[47]; el *Grantham Research Institute on Climate Change and the Environment* de la *London School of Economics and Political Science* (Reino Unido) en cooperación con el centro anterior[48]; y la *University of Melbourne* (Australia)[49].

Estas bases de datos en conjunto con los repositorios institucionales de varios tribunales han servido también para la recolección de los documentos analizados. En relación con ello, el análisis de casos ha consistido principalmente en el estudio de documentos judiciales, principalmente resoluciones de los tribunales, como también, en ciertos casos, de demandas o *amicus curiae*. Este estudio ha sido apo-

---

46 Estos son explicados con mayor detenimiento en los capítulos correspondientes.

47 Sabin Center for Climate Change Law y Arnold & Porter, Climate Change Litigation Databases, op. cit.

48 Grantham Research Institute on Climate Change and the Environment, Climate Change Laws of the World, <https://climate-laws.org/> [Última consulta, 7 de marzo de 2021]

49 University of Melbourne, Australian Climate Change Litigation Database, <https://law.app.unimelb.edu.au/climate-change/index.php> [Última consulta, 28 de enero de 2021]

yado por análisis de literatura especializada en esta jurisprudencia en general y en ciertos litigios en particular, debiéndose remarcar una mayor presencia doctrinal respecto a los litigios desarrollados en el Norte Global.

En cuanto al capítulo IV, mayormente se hacen presentes los métodos analítico-crítico y analítico-propositivo, en un enfoque que, debe destacarse, es a la vez deductivo e inductivo. Deductivo en cuanto se parte de las observaciones más generales delineadas en los capítulos I y II sobre la problemática del cambio climático y la litigación climática respectivamente para construir consideraciones más específicas respecto a las posibilidades y limitaciones del desarrollo de la litigación climática sobre proyectos. Inductivo en cuanto a que estas consideraciones se construyen en cierta medida a partir de la comparación y generalización de premisas particulares obtenidas del análisis de los diferentes casos realizado en el capítulo III.

Finalmente, debe decirse que, siendo una investigación de estricto carácter jurídico, en lo que hace al área del Derecho, esta puede considerarse interdisciplinar desde que aborda, desde distintos vértices, cuestiones tanto de Derecho público —Derecho internacional público, Derecho administrativo, Derecho constitucional— y de Derecho privado —Derecho civil y específicamente Derecho de daños—. Esto, debe advertirse, no es tanto una característica particular de esta investigación, sino más bien del área del Derecho ambiental en la que, como se ha reconocido repetidas veces, los límites entre las dos grandes áreas del Derecho están especialmente difuminados.

Capítulo I
EL CAMBIO CLIMÁTICO Y LA RESPUESTA REGULATORIA

1. EL CAMBIO CLIMÁTICO: DE CONJETURA A PREOCUPACIÓN COMÚN DE LA HUMANIDAD

La idea básica de que la temperatura del planeta Tierra se relaciona de algún modo con la presencia de ciertos gases en su atmósfera, premisa inicial del cambio climático, cumplirá próximamente nada menos que 200 años. Originariamente, esta idea se atribuye a las observaciones de Joseph Fourier y John Tyndall a principios y mediados del siglo XIX respectivamente[50], considerándose a Eunice Foote como la primera en sugerir que el aumento del nivel de dióxido de carbono (CO_2) en la atmósfera podría conducir a un planeta más cálido[51].

Sobre finales del siglo XIX, fue el químico sueco Svante Arrhenius quien retomó la cuestión, concentrándose específicamente en el rol del CO_2 y del vapor de agua en la temperatura. Arrhenius llegó a la conclusión de que el primero actuaba como regulador del segundo —mucho más abundante en la atmósfera— y, en definitiva, determinaba el equilibrio térmico del planeta a largo plazo. Ya por entonces, en su trabajo conjunto con Arvid Högbom, concluían que las actividades humanas estaban agregando CO_2 a

---

50 WEART, S. y AMERICAN INSTITUTE OF PHYSICS, *The Discovery of Global Warming,* <https://history.aip.org/climate/co2.htm> [Última consulta, 22 de octubre de 2020]

51 HAYHOE, K., *"The bottom line is this: We've known since the work of John Tyndall in the 1850s that CO2 absorbs and re-radiates infrared energy, and Eunice Foote was the first to suggest that higher CO2 levels would lead to a warmer planet, in 1856. Read it here..."* Tweet, 23 de agosto de 2018, <https://twitter.com/KHayhoe/status/1032658273772752897> [Última consulta, 22 de octubre de 2020]; Hayhoe expresa esto en relación con el trabajo de Foote de 1856 "Circumstances affecting the heat of the Sun's rays".

la atmósfera y que, si bien en ese momento la adición era despreciable, el aumento en las concentraciones de este gas a largo plazo podría incrementar la temperatura de la Tierra notoriamente[52]. Más allá de esto, según comenta Weart, para Arrhenius esto no era un problema para alarmarse. De acuerdo con sus cálculos, la industria tardaría algunos cientos de años en aumentar significativamente el CO_2 atmosférico y, por lo tanto, la temperatura planetaria, lo que tampoco parecía algo preocupante en ese momento[53]. La inquietud principal de estos científicos era la de entender las causas de antiguos períodos glaciales y, por lo tanto, sus referencias al calentamiento eran *obiter dicta.* Asimismo, sus conclusiones al respecto lejos estaban de conformar aún un conocimiento consolidado, siendo cuestionadas y descartadas por una mayoría de la comunidad científica bajo el entendimiento de que el océano y/o la masa orgánica absorberían los excesos de gases, garantizando un equilibrio[54].

Sin embargo, la cuestión comenzó a tornarse más seria para la primera mitad del siglo XX. En 1938, el ingeniero británico Guy Callendar, volviendo sobre la teoría de Arrhenius, decidió comparar registros de temperatura tomados desde el siglo XIX con mediciones de concentraciones CO_2 atmosférico, observando una tendencia creciente en ambas variables, en lo que entendió como una relación de causalidad. En un mundo industrializado, que ya no era el de Arrhenius, esto podría tener algún interés. A pesar de ello, sus conclusiones tampoco lograron consolidarse, recayendo sobre ellas variadas críticas, particularmente relativas a la confiabilidad de las mediciones utilizadas y a las incontables incertezas y cuestionamientos a la teoría de Arrhenius que aún se mantenían abiertas. El calentamiento observado, se argumentó, bien podría

---

52 WEART, y AMERICAN INSTITUTE OF PHYSICS, *The Discovery...,* op. cit.; algunos autores también refieren al trabajo del geólogo americano T. C. Chamberlain sobre finales del siglo XIX; ENVIRONMENTAL POLLUTION PANEL PRESIDENT'S SCIENCE ADVISORY COMMITTEE, *Restoring the Quality of Our Environment,* 1965, p. 114, disponible en: <https://ozonedepletiontheory.info/Papers/Revelle1965AtmosphericCarbonDioxide.pdf> [Última consulta, 22 de octubre de 2020]

53 WEART, y AMERICAN INSTITUTE OF PHYSICS, *The Discovery...,* op. cit.

54 Ídem.

ser producto de algún tipo de efecto cíclico natural. Mejor descansar en la convicción de que la atmósfera era un sistema estable que se autorregulaba, que inquietarse con la posibilidad de que la humanidad fuese capaz de alterar de forma permanente el clima global[55].

Si bien Callendar no logró consolidar su hipótesis de calentamiento, sí dio razones para reconsiderar y profundizar el estudio sobre la cuestión, tarea que se vería indirectamente impulsada por el contexto geopolítico de la época. El fin de la Segunda Guerra Mundial y el comienzo de la Guerra Fría provocó un gran flujo de recursos hacia a las agencias militares estadounidenses que en parte se destinó al desarrollo de la ciencia con miras a la carrera armamentística. Según Weart, los avances tecnológicos impulsados por esta coyuntura pronto permitieron medir los cambios en la absorción del espectro infrarrojo en la atmósfera[56]. A partir de ello, la preocupación científica por la cuestión comenzó a cobrar fuerza. Avanzada la década del 50, los científicos Roger Revelle y Hans Suess ya escribían con cierta inquietud:

> *... human beings are now carrying out a large scale geophysical experiment of a kind that could not have happened in the past nor be reproduced in the future. Within a few centuries we are returning to the atmosphere and oceans the concentrated organic carbon stored in sedimentary rocks over hundreds of millions of years. This experiment, if adequately documented, may yield a far-reaching insight into the processes determining weather and climate*[57].

En 1958, Revelle y Suess sumaron la cooperación de Charles Keeling y con ello dieron inicio las mediciones de la concentración de CO_2 atmosférico. La famosa 'Curva de Kelling' comenzó a tomar forma.

---

55 Ídem.

56 Ídem.

57 Revelle, R. y Suess, H., "Carbon Dioxide Exchange between Atmosphere and Ocean and the Question of an Increase of Atmospheric CO_2 during the Past Decades", *Tellus,* Vol. 9, N°. 1, 1957, p. 18-27, p. 19, 20.

Ilustración 1. 'Curva de Keeling' en la actualidad[58]

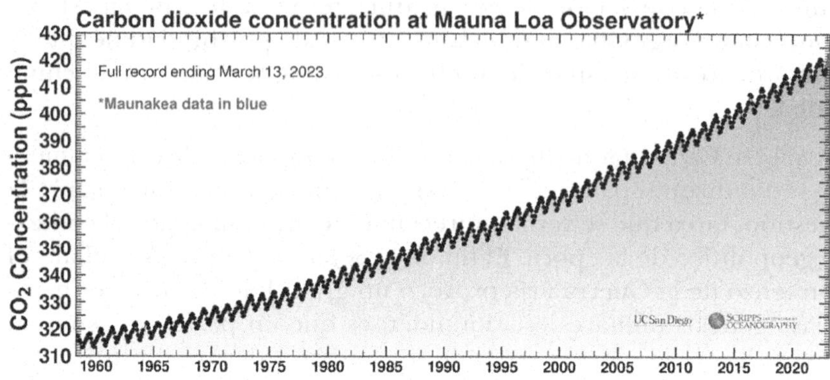

En 1965, con sus primeras observaciones en mano, Revelle y Kelling —entre otros— concluían lo siguiente en su informe para el presidente de los Estados Unidos: "*[B]y the year 2000 the increase in atmospheric* CO_2 *[...] may be sufficient to produce measurable and perhaps marked changes in climate, and will almost certainly cause significant changes in the temperature and other properties of the stratosphere*"[59]. En relación con ello, por un lado, enumeraban posibles efectos del calentamiento como el derretimiento de la capa de hielo antártica, el aumento del nivel del mar y el calentamiento y acidificación del océano. Por otro, el informe señalaba un claro responsable, los combustibles fósiles: "*During the last few centuries, however, man has begun to burn the fossil fuels that were locked in the sedimentary rocks over five hundred million years, and this combustion is measurably increasing the atmospheric carbon dioxide*"[60].

Este señalamiento no pasó desapercibido por los sectores vinculados a la extracción y quema de estos productos a gran escala. Tanto es así que el *American Petroleum Institute* solicitó una investigación que dio origen al informe titulado '*Sources, abundance, and fate of gaseous atmospheric pollutants*' (1968), el que no hizo más que confirmar las

---

58 SCRIPPS INSTITUTION OF OCEANOGRAPHY, *The Keeling Curve*, <https://scripps.ucsd.edu/bluemoon/co2_400/mlo_full_record.png> [Última consulta, 14 de marzo de 2023]

59 ENVIRONMENTAL POLLUTION PANEL PRESIDENT'S SCIENCE ADVISORY COMMITTEE, *Restoring the Quality...*, op. cit., 126, 127.

60 Ídem, p. 112, 113.

conclusiones precedentes. De las posibles causas del aumento del CO_2 en la atmósfera *"none seems to fit the presently observed situation as well as the fossil fuel emanation theory"*[61].

Para la década del 70, el llamado efecto invernadero se había convertido en tópico de interés para variados campos de la ciencia y un interesante conocimiento interdisciplinario comenzó a gestarse. De igual manera, la preocupación al respecto saltó definitivamente de los círculos científicos a la esfera política internacional, algo que confirma la recomendación 79 del informe de la Conferencia de las Naciones Unidas (ONU) sobre el Medio Humano de Estocolmo de 1972, solicitando el establecimiento de estaciones para la vigilancia de las tendencias mundiales a largo plazo de los componentes y propiedades de la atmósfera que puedan provocar cambios en las propiedades meteorológicas, incluido cambios climáticos[62].

Al comenzar los años 80, las predicciones sobre el calentamiento global, el cambio climático y sus probables impactos negativos habían ganado legitimidad y consenso suficiente como para generar la convicción de que existía la necesidad de tomar decisiones importantes a nivel político, aún sin una certeza absoluta de todas las variables[63]. En su trabajo, Weart transcribe un fragmento de las conclusiones que en 1981 publicaron los climatólogos Wigley y Jones y que aquí es relevante reproducir también:

---

61 STANFORD RESEARCH INSTITUTE, *Sources, Abundance, and Fate of Gaseous Atmospheric Pollutants*, 1968, disponible en parte en CENTER FOR INTERNATIONAL ENVIRONMENTAL LAW, *Smokes & Fumes*, <https://www.smokeandfumes.org/documents/document16> [Última consulta, 20 de octubre de 2020]

62 ORGANIZACIÓN DE LAS NACIONES UNIDAS, *Informe de la Conferencia de las Naciones Unidas sobre el Medio Humano (Estocolmo, 5 a 16 de junio de 1972)*, 1973, A/CONF.48/14/Rev.1, disponible en: <https://www.dipublico.org/conferencias/mediohumano/A-CONF.48-14-REV.1.pdf> [Última consulta, 20 de octubre de 2020]; sobre los entretelones de la historia de la ciencia climática de Estados Unidos en este período, puede verse: ORESKES, N. y CONWAY, E., *Merchants of Doubt: How a Handful of Scientists Obscured the Truth on Issues from Tobacco Smoke to Global Warming*, Bloomsbury Press, New York, 2010.

63 Sobre todo, luego de los resultados obtenidos a partir del estudio de los niveles de CO_2 contenidos en las diferentes capas de hielo. Las variaciones a lo largo de cientos de miles de años de los niveles de CO_2 coincidían finamente con las variaciones en la temperatura global en esos mismos períodos de tiempo, WEART, y AMERICAN INSTITUTE OF PHYSICS, *The Discovery...*, op. cit.

> *The effects of CO_2 may not be detectable until around the turn of the century. By this time, atmospheric CO_2 concentrations will probably have become sufficiently high (and we will be committed to further increases) that a climatic change significantly larger than any which has occurred in the past century could be unavoidable. To avert such a change it is possible that decisions will have to be made (for example, to reduce anthropogenic CO_2 emissions) some time before unequivocal observational "proof" of the effect of CO_2 on climate is available*[64].

En este mismo entendimiento, el reporte final de la Conferencia Internacional de Villach (Austria) de 1985, sobre el rol del CO_2 y otros GEI en las variaciones climáticas y sus impactos, manifestó que: "*[since] the understanding of the greenhouse question is sufficiently developed, scientist and policy-makers should begin an active collaboration to explore the effectiveness of alternative policies and adjustments*"[65]. Esta colaboración entre científicos y tomadores de decisiones tuvo su consagración en 1988 cuando, en una iniciativa conjunta del Programa de las Naciones Unidas para el medio ambiente (PNUMA) y la Organización Meteorológica Mundial (OMM), los gobiernos decidieron crear el Grupo Intergubernamental de Expertos sobre el Cambio Climático (IPCC, por sus siglas en inglés)[66], un organismo intergubernamental[67] de carácter universal[68].

---

64 Ídem; WIGLEY, T. y JONES, P., "Detecting CO_2-induced climatic change", *Nature*, Vol. 192, N°. 5820, 1981, p. 205-208.

65 BODANSKY, D., "The United Nations Framework Convention on Climate Change: A Commentary", *Yale Journal of International Law*, Vol. 18, N°. 2, 1993, p. 451-558, p. 460.

66 PNUMA y OMM, *Memorandum of Understanding between the United Nations Environment Programme (UNEP) and the World Meteorological Organization (WMO) on the Intergovernmental Panel on Climate Change (IPCC)*, <https://www.ipcc.ch/site/assets/uploads/2019/06/MOU_between_UNEP_and_WMO_on_IPCC-1989.pdf> [Última consulta, 23 de octubre de 2020]; el IPCC es un órgano intergubernamental y no una organización internacional en los términos del Derecho internacional público, véase GHALEIGH, N. "Science and Climate Change Law – The Role of the IPCC in International Decision-Making", en CARLARNE, C., GRAY, K. y TARASOFSKY, R. (eds.), *The Oxford Handbook of International Climate Change Law*, Oxford University Press, 2016, p. 59.

67 Este carácter intergubernamental del IPCC daba la posibilidad a los gobiernos de controlar y supervisar la evolución del estado de la ciencia en torno a una cuestión que ya se perfilaba como de carácter políticamente controversial, máxime sus implicaciones para la economía global; BODANSKY, "The United Nations Framework Convention…", op. cit., p. 464.

Reconociendo al cambio climático como una 'preocupación común de la humanidad', se determinó como mandato de este organismo el de proveer evaluaciones internacionalmente coordinadas sobre la magnitud, *timing* y potenciales impactos ambientales y socio-económicos de este fenómeno y sobre estrategias realistas de respuesta[69]. En otras palabras, otorgar una visión clara del estado actual de los conocimientos sobre el cambio climático y sus posibles repercusiones, a partir del examen comprensivo, objetivo, abierto y transparente de la más reciente información científica, técnica y socioeconómica, y a los fines de facilitar información fiable a las instancias regulatorias, incluyendo a las negociaciones internacionales[70]. Así, al contrario de lo que podría pensarse, este organismo no fue concebido para llevar a cabo investigaciones propias sino el examen de investigaciones independientes para la producción de conocimiento para responsables de decisiones[71].

---

68 Siendo su tarea la de abordar una preocupación común de la humanidad, la participación en este organismo se concibió como universal, pudiendo formar parte de él todos los países miembros de la ONU y de la OMM; lo integran actualmente 195 miembros, IPCC, *About the IPCC*, <https://www.ipcc.ch/about/> [Última consulta, 27 octubre de 2020]; estos miembros tienen una participación directa, a través de puntos focales nacionales, en la nominación y designación de autores, la definición del programa de trabajo, del alcance y esquema de los informes y su revisión, adopción y aprobación, entre otros aspectos. Miles de científicos de todo el mundo, elegidos por los propios Estados, contribuyen como coordinadores, autores líderes, autores contribuyentes y revisores; IPCC; *IPCC Factsheet: How does the IPCC select its authors?*, <https://www.ipcc.ch/site/assets/uploads/2018/02/FS_select_authors.pdf> [Última consulta, 27 de octubre de 2020]; IPCC, *Structure of the IPCC*, <https://www.ipcc.ch/about/structure/> [Última consulta, 27 de octubre de 2020]; Los informes del IPCC son objeto de un proceso de redacción y examen en varias etapas, véase IPCC, *IPCC Factsheet: How does the IPCC review process work?*, <https://www.ipcc.ch/site/assets/uploads/2018/02/FS_review_process.pdf> [Última consulta, 27 de octubre de 2020]

69 Asamblea General de la Organización de las Naciones Unidas, *Protección del clima mundial para las generaciones presentes y futuras*, 1988, A/RES/43/53, <https://undocs.org/es/A/RES/43/53> [Última consulta, 20 de octubre de 2020]

70 Ghaleigh, "Science and Climate Change Law – The Role of the IPCC…", op. cit., p. 59.

71 Ghaleigh llama a esto '*regulatory science*' en contraposición a la clásica '*research science*'; ídem, p. 62.

En mayo y junio de 1990, los grupos de trabajo del IPCC finalizaron su primer informe en el cual se manifestó que, si los Estados continuaban su comportamiento *business as usual*, la temperatura media global se elevaría durante el siguiente siglo a un ritmo sin precedentes en la historia humana[72]. Semejante afirmación reforzó la idea de que existía la necesidad de negociar una convención internacional legalmente vinculante para abordar la cuestión. Así, en diciembre de 1990 la Asamblea General de las Naciones Unidas (AGNU) decidió establecer el Comité de Negociación Intergubernamental para una convención marco sobre cambio climático, a los fines de negociar el documento a tiempo para su firma en la Conferencia sobre Medio Ambiente y Desarrollo de 1992[73], lo que finalmente sucedió. La Convención Marco de las Naciones Unidas sobre el Cambio Climático (CMNUCC) reunió allí la firma de 154 Estados y de la, entonces, Comunidad Europea[74]. En esta convención, se fijó el objetivo principal y común de estabilizar las concentraciones de GEI en la atmósfera a un nivel que prevenga interferencias antropógenas peligrosas en el sistema climático. A partir de ello, sucesivas negociaciones fueron engrosando el marco regulatorio, sobrevino el Protocolo de Kioto (1997)[75] y el Acuerdo de París (2015)[76].

---

[72] Ídem, p. 469; IPCC, *Climate Change: The IPCC 1990 and 1992 Assessments,* 1992, p. 63, disponible en: <https://www.ipcc.ch/site/assets/uploads/2018/05/ipcc_90_92_assessments_far_wg_I_spm.pdf> [Última consulta, 20 de octubre de 2020]

[73] Asamblea General de la Organización de las Naciones Unidas, *Protección del clima mundial para las generaciones presentes y futuras,* 1990 A/RES/45/212, <https://undocs.org/es/A/RES/45/212> [Última consulta, 20 de octubre de 2020]

[74] United Nations Treaty Collection, United Nations Framework Convention on Climate Change, New York, 9 de mayo de 1992, <https://treaties.un.org/Pages/ViewDetailsIII.aspx?src=TREATY&mtdsg_no=XXVII-7&chapter=27&Temp=mtdsg3&clang=_en> [Última consulta, 5 de noviembre de 2020]

[75] United Nations Treaty Collection, Kyoto Protocol to the United Nations Framework Convention on Climate Change, Kyoto, 11 de diciembre de 1997, <https://treaties.un.org/Pages/ViewDetails.aspx?src=TREATY&mtdsg_no=XXVII-7-a&chapter=27&clang=_en> [Última consulta, 5 de noviembre de 2020]

[76] United Nations Treaty Collection, Paris Agreement, op. cit.

De esta manera, la cuestión del cambio climático fue transformándose desde una simple conjetura en artículos científicos con foco en fenómenos del pasado a una 'preocupación común (por el futuro) de la humanidad' y, por cierto, una de las cuestiones más apremiantes de la actualidad. De este breve repaso, parece claro que para al menos el último cuarto del siglo XX la cuestión presentaba rasgos de alarma y solidez científica suficientes para exigir la atención y consideración seria de los tomadores de decisiones públicas y de otros actores relevantes, como aquellas grandes corporaciones cuyos productos fueron reconocidos como principales responsables. Sin embargo, los datos más recientes sobre la trayectoria probable del sistema climático ponen duda si, pasados casi 50 años, esta consideración seria ha tenido o incluso está teniendo lugar actualmente.

Lo que sigue de este primer capítulo puede dividirse en dos partes. Una primera enfocada en brindar una caracterización de la problemática climática. Esta caracterización va más allá de su realidad física (apartado 2) para abordar su conflictividad político-social en términos de justicia (apartado 3), afectación de los derechos humanos (apartado 4) y gobernanza (apartado 5). Hecha esta presentación del fenómeno, la segunda parte del capítulo describe los elementos básicos de la principal respuesta regulatoria intentada —el régimen jurídico internacional— (apartado 6) y el complejo estado de situación, a partir de la existencia de brechas relevantes en la gobernanza climática (apartado 7). La última sección (apartado 8) retoma las ideas principales desarrolladas a lo largo del capítulo y las relaciona para dar paso al siguiente, dedicado a la litigación climática.

PARTE I: CARACTERIZACIÓN DE LA PROBLEMÁTICA CLIMÁTICA

2. EL CAMBIO CLIMÁTICO COMO PROBLEMA FÍSICO

Desde el mencionado primer informe del IPCC de 1990, las premisas básicas de la ciencia del cambio climático no hicieron más que consolidarse. En su Quinto Informe de Evaluación, publicado en 2014, el IPCC afirmó, entre otras cosas, (i) que el calentamiento del sistema climático es ya inequívoco, con cambios sin precedentes en los últimos decenios a milenios[77], (ii) que la influencia humana es clara y (iii) que los efectos de las emisiones de GEI, así como de otros factores antropógenos, han sido detectados en todo el sistema climático, siendo *sumamente probable*[78] que constituyan la causa dominante del calentamiento observado a partir de la segunda mitad del siglo XX[79]. Esto sería una vez más refrendado en el marco de su Sexto Informe de Evaluación, con su informe de 2021 afirmando que: "El calentamiento de la atmósfera, el océano y la tierra debido a la influencia humana es inequívoco. Se han producido cambios rápidos y generalizados en la atmósfera, el océano, la criosfera y la biosfera"[80].

Debe alertarse aquí que las mencionadas emisiones de GEI no se limitan a la liberación de CO_2 sino también de otros gases que generan el mismo efecto de invernadero, entre ellos, el metano (CH_4), el óxido nitroso (N_2O) y los gases fluorados[81]. No todos estos gases permanecen la misma cantidad de tiempo en la atmósfera ni tienen el mismo potencial de calentamiento. Mientras que el CO_2 puede permanecer en la atmósfera cientos de años, el CH_4 limita su residencia a alrededor de 10 años aunque presenta un potencial de calentamiento entre 28 y 36 veces mayor que el primero[82]. Esto hace que para medir el efecto de cada gas en el calentamiento global de manera comparativa se utilicen unidades equivalentes de CO_2 (CO_{2e}).

---

77 IPCC, *Cambio climático 2014: Informe de síntesis. Contribución de los Grupos de trabajo I, II y III al Quinto Informe de Evaluación del Grupo Intergubernamental de Expertos sobre el Cambio Climático [Equipo principal de redacción, R.K. Pachauri y L.A. Meyer (eds.)]*, 2014, p. 2.

78 Según la metodología utilizada por el IPCC para expresar el grado de certidumbre de sus conclusiones, este término (*extremely likely* en inglés) implica entre 95 y 100% de certeza; Ídem, p. 39.

79 Ídem, p. 2, 4.

80 IPCC, *Cambio climático 2021: Bases físicas. Resumen para responsables de políticas. Contribución del Grupo de Trabajo I al Sexto Informe de Evaluación del Grupo Intergubernamental de Expertos sobre el Cambio Climático*, 2021, p. 4.

81 United States Environmental Protection Agency, *Greenhouse Gas Emissions*, <https://www.epa.gov/ghgemissions/overview-greenhouse-gases#f-gases> [Última consulta, 23 de octubre de 2020]. Otros compuestos como el carbono negro —*black carbon*— también contribuyen al calentamiento, aún sin ser GEI.

82 Ídem.

Según el mismo IPCC, las emisiones de estos gases han aumentado desde la era preindustrial, en gran medida como resultado del crecimiento económico y demográfico, y actualmente son mayores que nunca. Como consecuencia de ello, advierte el organismo, las concentraciones atmosféricas de CO_2, CH_4 y N_2O han alcanzado un nivel sin parangón en, por los menos, los últimos 800.000 años[83].

Ilustración 2. Concentraciones de CO2 de los últimos 800.000 años[84]

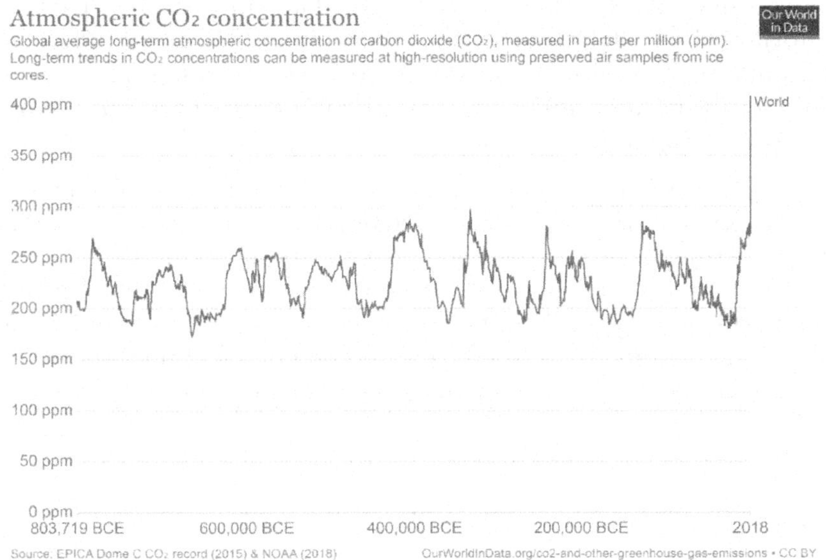

Como se observa en la ilustración 2, el incremento acelerado en el último siglo es inquietante. Mientras que, según estudios del aire extraído de hielos de Groenlandia y la Antártida, en 1750 la abundancia de CO_2 en la atmósfera era de 278 partes por millón (ppm)[85], 200 años después, cuando la mencionada 'Curva de Ke-

83 IPCC, *Cambio climático 2014: Informe de síntesis...*, op. cit., p. 4.

84 Our World in Data, *Atmospheric concentrations of CO_2 continue to rise,* <https://ourworldindata.org/co2-and-other-greenhouse-gas-emissions> [Última consulta, 21 de octubre de 2020]

85 Blunden, J., Ardnt, D. y Hartfield, G., "State of the Climate 2017", *Bulletin of the American Meteorological Society,* Vol. 99, N°. 8, 2018, p. 46.

eling' (ilustración 1) comenzó a gestarse (1958), la concentración de CO_2 atmosférico había aumentado a 320 ppm. Sin embargo, este aumento de 42 ppm en 200 años ha sido ampliamente superado por el incremento registrado en los últimos 60 años, pues para 2023 se observan concentraciones mayores a 419 ppm[86]. Esta acumulación de GEI en la atmósfera, inédita en cientos de miles de años, reafirma el entendimiento de que la actividad humana, especialmente la del último siglo, está llevando al planeta a un estadio completamente desconocido, no solo para la humanidad, sino también para la historia reciente del planeta. Con este aumento, se ha alegado que la humanidad ha cruzado una de las fronteras que aseguran el mantenimiento de un planeta 'seguro', situada en una concentración máxima de 350 ppm[87].

Debe advertirse que son estas emisiones acumuladas en la atmósfera las que determinarán en gran medida el calentamiento medio global en superficie a finales del siglo XXI y posteriormente[88]. Cómo se observa en la ilustración 3, la tendencia de calentamiento registrada a partir de la segunda mitad del siglo pasado coincide en buena parte con el aumento de las concentraciones de GEI en la atmósfera (véase especialmente en comparación con la ilustración 1).

---

86 Scripps Institution of Oceanography, *The Kelling Curve,* <https://keelingcurve.ucsd.edu/> [Última consulta, 14 de marzo de 2023]

87 Rockström, "Planetary Boundaries...", op. cit.; en este sentido, la transformación del Sistema Tierra ha sido definida como cabal, irreversible e incierta dando lugar a alegaciones de que se ha entrado en un nuevo estadio, el 'Antropoceno', el que incluso constituiría una nueva época geológica; Subramanian, M., *Anthropocene now: influential panel votes to recognize Earth's new epoch,* Nature, 21 de mayo de 2019 <https://www.nature.com/articles/d41586-019-01641-5> [Última consulta, 20 de noviembre de 2020]; Crutzen y Stoermer utilizaron este término al alegar que, dados los impactos de las actividades humanas en la Tierra y sus componentes, ya no correpondía hablar de 'Holoceno' para referirse a la época geológica actual, Crutzen, P. y Stoermer, F., "'The 'Anthropocene'", *Global Change NewsLetter,* N°. 41, 2000, p. 17; reflexiones sobre el Derecho de cara a este nuevo estadio pueden verse en Jaria-Manzano, J., "Law in the Anthropocene", en Jaria-Manzano, J. y Borràs, S. (eds.), *Research Handbook on Global Climate Constitutionalism,* Edward Elgar, Cheltenham, 2019.

88 Ídem, p. 8.

Ilustración 3. Aumento de la temperatura global 1850-2022[89]

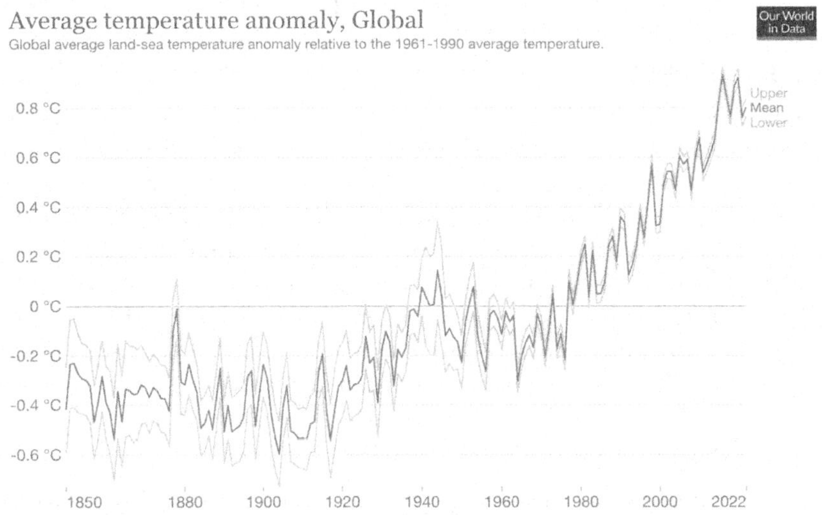

Se ha descartado que este calentamiento pueda ser parte de algún ciclo natural. De hecho, según exponen Piacentini y Salum, la temperatura media global evidenció un comportamiento decreciente entre el año 1000 y 1900, tendencia que se ha revertido a partir del último siglo[90]. Se estima que las actividades humanas han causado ya aproximadamente un aumento de la temperatura global de entre 0,8 y 1.3 °C sobre los niveles pre-industriales[91]. A lo que debe sumarse el

---

89 Our World in Data, *Global average temperatures have increased by more than 1°C since pre-industrial times,* <https://ourworldindata.org/co2-and-other-greenhouse-gas-emissions> [Última consulta, 16 de marzo de 2023]

90 Piacentini, R. y Salum, G., "Bases físicas del cambio climático", en Embid Irujo, A., y Yanicelli, A. (eds.), *Cambio climático y régimen económico financiero de los recursos naturales,* Universidad de San Pablo, 2012.

91 World Meteorological Organization, *State of the Global Climate 2020,* op. cit., p. 6; IPCC, *Global Warming of 1.5°C. An IPCC Special Report on the impacts of global warming of 1.5°C, above pre-industrial levels and related global greenhouse gas emissions pathways, in the context of strengthening the global response to the threat of climate change, sustainable development, and efforts to eradicate poverty,* Summary for Policymakers, 2018, p. 6; IPCC, *Cambio climático 2021: Bases físicas.,* op. cit., p. 5.

hecho de que, producto de los GEI ya emitidos, el sistema no ha terminado de calentarse, es decir que, aunque se dejara de liberar GEI de manera inmediata, el planeta continuaría calentándose debido a la respuesta tardía del sistema climático a las emisiones[92].

Las estimaciones de calentamiento para 2100, si no se emprenden esfuerzos significativos de reducción de las emisiones, apuntan a un aumento de entre 2,1 a 5,7°C en comparación a los niveles pre-industriales[93]. Sobre estas estimaciones, existen incertezas de diversa índole, por ejemplo, respecto a la cantidad de emisiones a emitir en una economía en expansión y a los procesos físicos de la Tierra ante tal aumento. En este sentido, se ha alertado sobre la posibilidad de que retroalimentaciones dentro del sistema climático puedan llevar al Sistema Tierra hacia puntos de no retorno y de calentamiento continuo, independientemente de lo que el ser humano haga al respecto[94].

Las problemáticas emisiones de GEI provienen de los sectores centrales de la economía global, especialmente energía, agricultura y procesos industriales. Mientras que las actividades reunidas bajo el rótulo de agricultura liberan mayormente CH_4 y N_2O, los otros dos sectores son los grandes responsables de las emisiones de CO_2, especialmente a partir de la quema de combustibles fósiles. Como se observa en la ilustración 4, el sector energético —que incluye construcción, electricidad, acondicionamiento térmico, transporte, entre otros— representa el grueso de las emisiones de GEI históricas, lo que implica que la quema de combustibles fósiles es, en definitiva, la fuente más importante de emisiones de GEI y, por ello, la mayor causa inmediata del cambio climático.

---

92 STEFFEN, W., "A truly complex and diabolical policy problem", en DRYZEK, J., NORGAARD, R. y SCHLOSBERG, D. (eds.), *The Oxford Handbook of Climate Change and Society,* Oxford University Press, Oxford, 2011, p. 22-27.

93 IPCC, *Cambio climático 2021: Bases físicas.*, op. cit., p. 15.

94 STEFFEN, "Trajectories of the Earth System...", op. cit.; en este sentido, Rockström et al. han afirmado que *"transgressing one or more planetary boundaries may be deterious or even catastrophic due to risk of crossing thresholds that trigger non-linear, abrupt environmental change within continental- to planetary- scale systems"*, ROCKSTRÖM, "Planetary Boundaries...", op. cit., p. 1.

Ilustración 4. Emisiones históricas por sector, excluyendo cambio de uso de suelo y silvicultura[95]

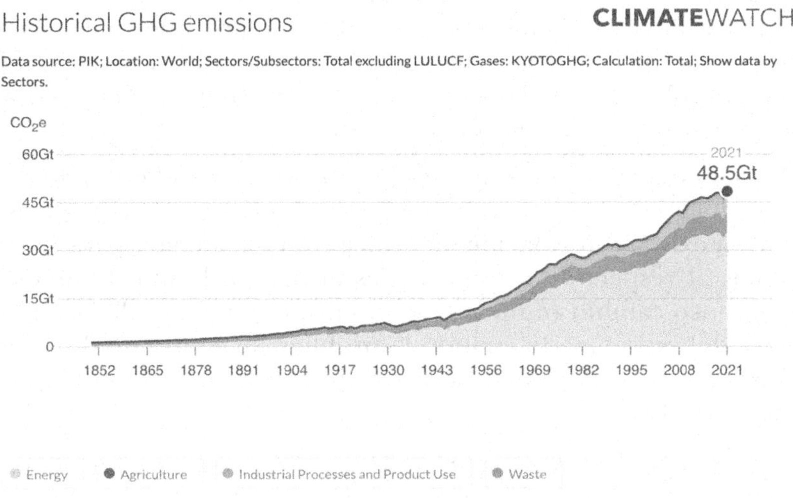

Por su parte, la gestión del suelo es también un factor relevante, siendo este recurso tanto fuente como sumidero de emisiones de GEI[96] y jugando un rol clave en el intercambio de energía, agua y aerosoles entre la superficie de la tierra y la atmósfera. De acuerdo con el IPCC, el uso y cambio de uso del suelo terrestre entre 2007 y 2016 llevó a la generación de más emisiones de las que se absorbieron, mayormente debido a deforestación[97].

---

95 ClimateWatch, *Historical GHG Emissions,* <https://www.climatewatchdata.org/ghg-emissions?breakBy=sector&chartType=area&end_year=2017&gases=kyotoghg§ors=total-excluding-lulucf&source=PIK&start_year=1850> [Última consulta, 16 de marzo de 2023]

96 El exceso de CO_2 en la atmósfera de origen humano es removido parcialmente de esta por los sumideros de carbono en los ecosistemas terrestres (v. gr., bosques, humedales) y en el océano. IPCC, *Cambio Climático 2013. Bases físicas. Resumen para responsables de políticas, Resumen técnico y Preguntas frecuentes. Parte de la contribución del Grupo de trabajo I al Quinto Informe de Evaluación del Grupo Intergubernamental de Expertos sobre el Cambio Climático.*, 2013, p. 96.

97 IPCC, *Climate Change and Land. An IPCC Special Report on climate change, desertification, land degradation, sustainable land management, food security, and greenhouse gas fluxes in terrestrial ecosystems. Summary for Policymakers,* 2019, p. 7.

Así, al decir del IPCC, las emisiones antropógenas de GEI dependen, además del tamaño de la población, de la actividad económica, el estilo de vida, el uso de la energía, los patrones de uso del suelo y la política climática[98]. En este sentido, debe notarse que, mientras las matrices energéticas de los países sigan dependiendo fuertemente de los combustibles fósiles, crecimientos en la economía global vendrán acompañados de aumentos en las emisiones[99].

Esto ha sucedido sin freno desde la segunda mitad del siglo XX, incluso luego de 1970 cuando, según se observó en el apartado anterior, ya existía información científica suficiente como para tomar medidas al respecto. Más notorio es el hecho de que la tendencia tampoco cambió (e incluso se intensificó) a partir de la última década del siglo pasado cuando la problemática saltó de lleno del ámbito científico al ámbito político y jurídico con la consagración de la CMNUCC.

Según el IPCC, esta emisión continua de GEI causará un mayor calentamiento y cambios duraderos en todos los componentes del sistema climático, lo que generará, a su vez, que aumente la probabilidad de impactos graves, generalizados e irreversibles para las personas y ecosistemas[100]. Debe advertirse aquí que el clima, resultado de complejas interacciones entre los diferentes componentes del sistema climático (atmósfera, océanos, superficie terrestre, vegetación, hielo y nieve) resulta determinante para la configuración del medio natural y para toda la vida en la Tierra. Así, como nota Felipe Pérez en un trabajo sobre migraciones climáticas, la combinación de dos elementos claves del clima —precipitaciones y temperatura— deter-

---

98 IPCC, *Cambio climático 2014: Informe de síntesis…*, op. cit., p. 8.

99 Véase GURUSWAMY, L., *Global Energy Justice: Law and Policy,* West Academic Publishing, 2016, resaltando la relación entre las sociedades desarrolladas y los combustibles fósiles; por ello la importancia de desacoplar el desarrollo de las emisiones.

100 IPCC, *Cambio climático 2014: Informe de síntesis…*, op. cit., p. 8.; el informe de 2021 observa: "El cambio climático causado por las actividades humanas ya influye en muchos fenómenos meteorológicos y climáticos extremos en todas las regiones del mundo. Desde la publicación del IE5, hay más evidencias de que los fenómenos extremos —como olas de calor, precipitaciones intensas, sequías y ciclones tropicales— están cambiando, y que esa evolución se debe a la influencia humana", IPCC, *Cambio climático 2021: Bases físicas.*, op. cit., p. 8.

minan las especies de flora y fauna que habitan cada lugar, lo que incluye a la especie humana[101]. En este sentido, la ubicación de los asentamientos humanos, la agricultura, la infraestructura e incluso la salud pública, entre otros elementos, se han desarrollado considerando el clima estable que caracterizó al período de los últimos 10.000 años[102]. De esta manera, se afirma que el cambio climático agravará los riesgos existentes y creará nuevos riesgos para los sistemas naturales y humanos, lo que ha llevado a denominarlo como un multiplicador de amenazas (*'threat multiplier'*)[103]. Olas de calor más frecuentes y duraderas, episodios de precipitación extrema más intensos y frecuentes y un océano más cálido y ácido y con un nivel en elevación, son algunos de los fenómenos que se esperan en consecuencia[104].

A partir de ellos, surgen riesgos no insignificantes para las comunidades: afectaciones graves a la salud y a los medios de subsistencia en grandes poblaciones urbanas y costeras; colapsos de redes de infraestructura y de servicios esenciales; mayor mortalidad y morbilidad para poblaciones urbanas vulnerables; afectaciones a la seguridad alimentaria global y regional; insuficiencia de acceso a recursos hídricos y pérdida de medios de subsistencia para zonas rurales con la caída de la productividad agrícola; pérdida de ecosistemas y biodiversidad, incluyendo importantes extinciones de especies y consecuente afectación de los servicios ecosistémicos que estas proporcionan a las comunidades[105]; aumento de enfermedades transmitidas

---

101 FELIPE PÉREZ, B., *Las migraciones climáticas ante el ordenamiento jurídico internacional,* Aranzadi, Pamplona, 2019, p. 26.

102 SACHS, J., *The Age of Sustainable Development,* Columbia University Press, New York, 2015, p. 399, 400.

103 CONSEJO EUROPEO, *Climate Change and International Security. Paper from the High Representative and the European Commission to the European Council,* S113/08, 14 de marzo de 2008 <https://www.consilium.europa.eu/uedocs/cms_data/docs/pressdata/en/reports/99387.pdf> [Última consulta, 19 de noviembre de 2020]; UNITED STATES DEPARTMENT OF DEFENSE, *2014 Climate Change Adaptation Roadmap,* 2014, p. ii.

104 IPCC, *Cambio climático 2014: Informe de síntesis...,* op. cit., p. 10.

105 Al respecto véase WWF, *Informe Planeta Vivo-2018: Apuntando más alto,* 2018 en el que se destaca que las tasas actuales de extinción de especies son 100 a 1000 veces más altas que la tasa estándar de extinción en la historia de la tierra antes de que la presión humana se convirtiera en un factor prominente; el cambio cli-

por vectores, alimentos y agua; aumento de desplazados y conflictos violentos; y ralentización del crecimiento económico con implicaciones en las posibilidades de reducción de la pobreza[106]. A mayor magnitud del calentamiento, mayor posibilidad de cambios abruptos o irreversibles e intensificación de estos riesgos[107].

Dos observaciones deben hacerse al respecto de estas consecuencias. Por un lado, los impactos del cambio climático no son solamente una preocupación a futuro, sino que ya se están produciendo. En su informe de 2014, el IPCC afirmó que, en los últimos decenios, el cambio climático ha causado impactos en los sistemas naturales y humanos en todos los continentes y océanos, incluyendo alteraciones en los sistemas hidrológicos a partir de cambios en patrones de precipitación, derretimiento de nieve y hielo que afectan la cantidad y calidad de recursos hídricos, modificación de distribución geográfica y estacionales de especies (con impactos en v. gr., la agricultura y pesca) y aumento de intensidad y frecuencia de episodios extremos (v. gr., olas de calor, sequías, inundaciones, ciclones e incendios forestales)[108]. Por otro, se alertó que estos riesgos e impactos se dis-

---

mático se enumera como uno de los factores relevantes de esta situación luego de la sobreexplotación de especies, la agricultura y la conversión del suelo.

106 IPCC, *Cambio climático 2014. Impactos, adaptación y vulnerabilidad. Resumen para responsables de políticas. Contribución del Grupo de Trabajo II al Quinto Informe de Evaluación del Grupo Intergubernamental de Expertos sobre el Cambio Climático,* 2014. Véase MORA, C., et al., “Broad threat to humanity from cumulative climate hazards intensified by greenhouse gas emissions”, *Nature Climate Change,* Vol, 2018, p. 1062-1071, destacando la alta vulnerabilidad de la humanidad a los riesgos climáticos y concluyendo que, incluso bajo escenarios de alta mitigación, persistirá una exposición significativa al cambio climático, particularmente en áreas tropicales, exposición que será mucho mayor si las concentraciones de GEI continúan aumentando en este siglo; véase también IPCC, *Summary for Policymakers. Climate Change 2022: Impacts, Adaptation and Vulnerability. Contribution of Working Group II to the Sixth Assessment Report of the Intergovernmental Panel on Climate Change,* 2022, destacando riegos en el corto plazo (2021-2040) y mediano y largo plazo (2041-2100).

107 IPCC, *Cambio climático 2014: Informe de síntesis…,* op. cit., p. 13, 16.

108 Ídem, p. 6-8. En este sentido, en 2018, la organización británica *Christian Aid* público un informe en el que identificó los diez eventos climáticos más destructivos del año relacionados con el cambio climático y un sistema más cálido. Entre estos se enumeran sequías en Argentina, Europa, Australia y Sudáfrica, huracanes e incendios en Estados Unidos, inundaciones en Japón, China e In-

tribuirán de forma dispar. Así, además de diferencias en el grado de vulnerabilidad dadas las características geográficas de las zonas donde los impactos se concreten, se afirmó que estos se concentrarán en las personas y comunidades más desfavorecidas, independientemente del grado de desarrollo de los países donde estas habiten[109]. Esto despierta algunas consideraciones sobre justicia que serán analizadas más detenidamente en el apartado siguiente.

En cuanto a las posibles respuestas, se han identificado dos prioritarias para la problemática climática: la mitigación y la adaptación[110]. La primera refiere a la necesaria reducción sustancial y sostenida de emisiones de GEI a partir de la intervención humana para la supresión de fuentes y/o el potenciamiento de sumideros de GEI[111]. La segunda refiere al ajuste en los sistemas naturales o humanos en respuesta a estímulos climáticos reales o previstos o a sus efectos, a los fines de moderar el daño o explotar las oportunidades beneficiosas[112]. Esta última, implica la reducción de la vulnerabilidad y exposición a la variabilidad climática y el fortalecimiento de capacidades de las sociedades y los ecosistemas para hacer frente a los riesgos y efectos del cambio climático, abarcando un amplio espectro de medidas y estrategias como la construcción de defensas marítimas, el traslado de poblaciones fuera de zonas inundables, la implementación de sistemas de alerta temprana, etc. Debe advertirse que las posibilidades de adaptación tienen límites y que su factibilidad disminuye y sus

---

dia y un tifón que afectó Filipinas y China. Según los cálculos de esta organización, las pérdidas económicas de estos eventos sumaron hasta 90 mil millones de dólares. CHRISTIAN AID, *Counting The Cost: A Year of Climate Breakdown*, 2018.

109 IPCC, *Cambio climático 2014: Informe de síntesis...*, op. cit., p. 13.

110 Ídem, p. 8.

111 IPCC, *Cambio Climático 2014. Mitigación del cambio climático. Resumen para responsables de políticas y resumen técnico. Contribución del grupo de trabajo III al Quinto Informe de Evaluación del Grupo Intergubernamental de Expertos sobre el Cambio Climático,* 2014, p. 4. Esto incluye la posibilidad de llevar adelante prácticas de geoingeniería, como la captura de carbono.

112 IPCC, *Climate Change 2001. Synthesis Report. Contribution of Working Groups I, II, and III to the Third Assessment Report of the Intergovernmental Panel on Climate Change,* 2001, p. 365. Sobre las principales definiciones de adaptación, puede consultarse ASCENCIO SERRATO, S., *El marco facilitador de la adaptación al cambio climático en México. Propuestas desde las políticas públicas y el derecho.* Universitat Rovira i Virgili, Tesis doctoral, 2019, p. 60.

costes aumentan con el paso del tiempo, por lo que mitigación y adaptación deben entenderse como respuestas complementarias y, en ningún caso, excluyentes[113].

Siendo que las emisiones se generan en las actividades que se encuentran en el corazón de la economía global, su mitigación, sin una respuesta tecnológica de escala y prontitud suficiente a la vista[114], es el mayor punto de conflictividad. En este sentido, bien mirada la cuestión, toda la controversia que se ha desarrollado entorno al cambio climático no se relaciona, como podría creerse, con incertezas sobre sus causas, consecuencias o respuestas, sino en la aceptabilidad de las derivaciones que una respuesta seria y oportuna (ya conocida) tendría para el sistema económico, social y político global. Tal conflictividad, cruzada por cuestiones de justicia (véase apartado siguiente), está presente de forma nítida en la jurisprudencia que los sucesivos capítulos de esta investigación abordan.

3. EL CAMBIO CLIMÁTICO COMO PROBLEMA DE JUSTICIA

Si se observan con detenimiento tanto causas como consecuencias del cambio climático, brevemente resumidas en el apartado anterior, surge con claridad que, detrás del fenómeno físico, se esconde una situación de evidente inequidad. Por un lado, ciertos actores (gobiernos, corporaciones, individuos) han utilizado de manera desproporcionada la atmósfera como reservorio de sus emisiones de

---

113 IPCC, *Cambio climático 2014: Informe de síntesis…*, op. cit., p. 86, 87.

114 Al respecto de la tecnología de captura de carbono el IPCC en su informe de 2018 señaló que *"Limitations on the speed, scale and societal acceptability of CDR deployment also limit the conceivable extent of temperature overshoot… CDR deployed at scale is unproven, and reliance on such technology is a major risk in the ability to limit warming to 1.5°C…"*, IPCC, *Global Warming of 1.5°C. An IPCC Special Report on the impacts of global warming of 1.5°C, above pre-industrial levels and related global greenhouse gas emissions pathways, in the context of strengthening the global response to the threat of climate change, sustainable development, and efforts to eradicate poverty,* Chapter II: Mitigation Pathways Compatible with 1,5°C in the Context of Sustainable Development, 2018, p. 96.

GEI, agotando su capacidad. Por otro, actores distintos sufren y sufrirán de forma desproporcionada los efectos de este uso excesivo de la atmósfera. A simple vista, esta situación representa una clásica problemática de justicia distributiva en que cargas y beneficios no se reparten equitativamente entre los integrantes de la comunidad[115]. En términos de justicia ambiental, esto sería una inequitativa distribución de los beneficios y cargas de la contaminación y del uso de los servicios ecosistémicos, incluido el goce de los recursos naturales en su gran mayoría finitos[116].

Más allá de este enfoque central de carácter distributivo, pueden reconocerse, desde el punto de vista teórico pero también desde los discursos de los movimientos sociales, otras dimensiones de justicia intrincadas en la problemática y relevantes a la hora de perpetuar la (mal)distribución. Siguiendo a Schlosberg en su idea polivalente de la justicia ambiental, es posible señalar tensiones relativas a las dimensiones de reconocimiento, participación y capacidades, a las que puede agregarse la de la reparación o compensación de daños[117].

---

115 Rawls es el mayor exponente de esta concepción de la justicia, véase RAWLS, J., *Teoría de la justicia*, Fondo de Cultura Económica, México D.F., 1995; debe advertirse que Rawls era escéptico sobre la posibilidad de extender su idea de justicia más allá de las fronteras nacionales; véase, argumentando en favor de la posibilidad de una justicia distributiva global en el contexto climático, BRUNNÉE, J., "Climate change, global environmental justice and international environmental law", en EBBESSON J. y OKOWA, P. (eds.), *Environmental Law and Justice in Context,* Cambridge University Press, Cambridge, 2009, p. 319, y ss.

116 Véase SHELTON, D., "Describing the Elephant: International Justice and Enviornmental Law" en EBBESSON y OKOWA, *Environmental Law and Justice...*, op. cit., utilizando la parábola del elefante y los ciegos para referirse a las múltiples formas que puede adoptar el concepto de justicia ambiental; para un comentario crítico sobre la idea de justicia ambiental, véase JARIA-MANZANO, J., "Environmental Justice, Social Change and Pluralism", *IUCN Academy of Environmental Law eJournal,* N°. 1, 2012

117 SCHLOSBERG, D., *Defining Environmental Justice. Theories, Movements, and Nature,* Oxford University Press, Oxford, 2007, integra a la clásica idea de justicia distributiva 'rawlsiana' otros aportes como los de Young, Sen y Nussbaum. Schlosberg observa que los movimientos de justicia climática han articulado sus discursos desde el enfoque de la equidad tanto desde el punto de vista de sus resultados como de sus causas pero también desde el enfoque del

3.1. Justicia distributiva

La inequidad distributiva del cambio climático puede enfocarse desde, al menos, dos niveles: uno de carácter internacional (o interestatal) y otro de carácter intra-estatal, donde el foco cambia de los Estados hacia otros actores o grupos. Desde el primero, puede observarse, en torno a las causas, que existen notorias diferencias en la magnitud de emisiones de GEI que cada Estado ha permitido y permite bajo su jurisdicción o control, tanto desde una perspectiva actual (ilustración 5) como histórica (ilustración 6)[118].

---

reconocimiento, por ejemplo en relación con los saberes y prácticas de las comunidades indígenas, de la participación ante la exclusión de la toma de decisiones de ciertas comunidades, y de las capacidades desde el argumento de que el cambio climático pone en riesgo la habilidad para sostenerse y funcionar de personas y comunidades. Ídem, p. 84-9; también puede aplicarse a la problemática climática el marco conceptual polivalente de la justicia ambiental delineado por Kuehn a partir de las dimensiones de justicia distributiva, justicia procedimental, justicia correctiva y justicia social, KUEHN, R., "A Taxonomy of Environmental Justice", *Environmental Law Reporter,* Vol. 30, 2000; sobre una mirada de la justicia climática desde los movimientos de base véase los Principios de Justicia Climática de Bali, CORPWATCH, *Bali Principles of Climate Justice,* disponible en: <https://corpwatch.org/article/bali-principles-climate-justice> [Última consulta, 9 de noviembre de 2020]; para una discusión sobre los diferentes discursos de la justicia climática en estos movimientos y la academia véase SCHLOSBERG, D. y COLLINS, L., "From environmental to climate justice: climate change and the discourse of environmental justice", *WIREs Climate Change,* Vol. 5, 2014. Sobre el enfoque de las capacidades y la justicia climática véase KLINSKY, S., et al., *Building Climate Equity. Creating a New Approach from the Ground Up,* World Resources Institute, 2014, <https://files.wri.org/s3fs-public/building-climate-equity-072014.pdf> [Última consulta, 10 de noviembre de 2020]

118 Es objeto de debate cuál debería ser la postura moral y jurídica frente a emisiones históricas, previas a un conocimiento consolidado de la problemática climática (mediados de la segunda mitad del siglo XX); véase, SOLTAU, F., *Fairness in International Climate Change Law and Policy,* Cambridge University Press, Cambridge, 2009, p. 158 y ss.

Ilustración 5. Emisiones territoriales de CO_2 en 2017 por región y país[119]

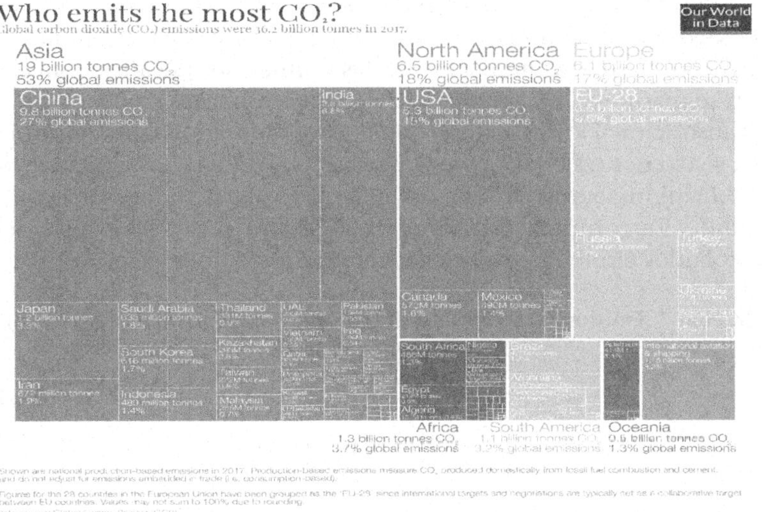

Ilustración 6. Emisiones territoriales acumulativas de CO_2 entre 1751 y 2017[120]

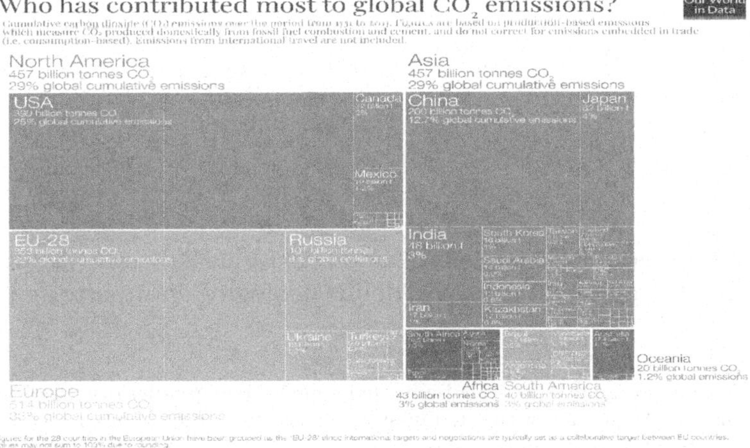

---

119 Our World in Data, *Who emits the most CO_2?*, <https://ourworldindata.org/co2-emissions> [Última consulta, 28 de octubre de 2020]

120 Our World in Data, *Who has contributed most to global CO_2 emissions?*, <https://ourworldindata.org/co2-emissions> [Última consulta, 28 de octubre de 2020]

Las ilustraciones muestran una clara concentración en las emisiones, y por lo tanto de la contribución a la problemática climática, en los países desarrollados, con el agregado de China, a partir de un aumento vertiginoso de su contaminación en las últimas dos décadas. Esta observación se mantiene, en gran parte, al inspeccionar las emisiones per cápita (ilustración 7)[121]. Mientras que el promedio global de emisión per cápita se encuentra en 6.3 toneladas de CO_{2e} (2020), los ciudadanos de Estados Unidos, Rusia y China emiten 14, 13 y casi 10 toneladas respectivamente. En contrapartida, ciudadanos de India y de los países menos desarrollados emiten en promedio menos de 2,5 toneladas anuales[122].

Ilustración 7. Emisiones territoriales (excluyendo cambio de uso del suelo) de CO_2 per cápita[123]

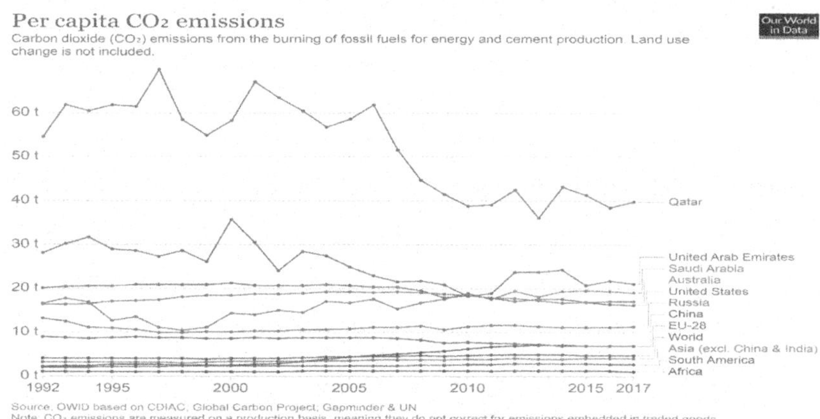

En este sentido, se ha denunciado la existencia de una 'deuda climática'[124], porción de la mayor 'deuda ecológica', por parte de estos

[121] Debe notarse que países relativamente pequeños con grandes reservas de combustibles fósiles dominan este ranking, presumiblemente debido a la composición de sus matrices energéticas.

[122] PNUMA, *The Closing Window. Climate crisis call for rapid transformation of societies. Emissions Gap Report 2022,* 2022, p. xvii.

[123] OUR WORLD IN DATA, *Per capita CO_2 emissions,* <https://ourworldindata.org/co2-emissions> [Última consulta, 28 de octubre de 2020]

[124] Véase un intento de cuantificación de la deuda en MATTHEWS, H., "Quantifying historical carbon and climate debts among nations", *Nature Climate Change,* Letters, 2015, p. 60-65.

países y en favor del resto de la comunidad internacional[125]. Esta deuda se ha identificado como una expresión de la inequidad estructural global, característica de la división 'Norte-Sur'[126] y del colonialismo, en este caso la colonización de un bien común: la atmósfera[127].

Los resultados de algunos esfuerzos de atribución de responsabilidad a nivel estatal por la disrupción climática enfatizan la existencia de esta inequidad entre Norte y Sur Global. Por ejemplo, Hickel atribuyó la responsabilidad a partir de observar las contribuciones nacionales a las emisiones de CO_2 en exceso al mencionado límite planetario de una concentración atmosférica de 350 ppm, sobre la base de equidad per cápita en la utilización de la atmósfera como bien común. Así, encontró que Estados Unidos sería el responsable de un 40% de la sobrecarga de la atmósfera, seguido de la Unión Europea con un 29%, el resto de Europa con un 13% y el resto del Norte Global con un 10%. Es decir, el 92% de la responsabilidad podría atribuirse, bajo esta metodología, al Norte Global[128].

---

125 Véase, PIGRAU, A., et al., *International law and ecological debt. International claims, debates and struggles for environmental justice*, EJOLT Report N°. 11, 2014.

126 Véase SHAWKAT, A., et al. (eds.), *International Environmental Law and the Global South*, Cambridge University Press, New York, 2015.

127 Véase AGARWAL, A. y NARAIN S., "Global Warming in an Unequal World. A Case of Environmental Colonialism", *Centre of Science and the Environment*, New Dehli, 1991, disponible en: <https://oxford.universitypressscholarship.com/view/10.1093/oso/9780199498734.001.0001/oso-9780199498734-chapter-5> [Última consulta, 4 de noviembre de 2020] contestando un informe que culpabilizaba a India y a China por la problemática climática; BORRÀS PENTINAT, S., "Colonizing the Atmosphere: A Common Concern without Climate Justice Law?", *Journal of Political Ecology*, Vol. 26, 2019, p. 105-127.

128 Hickel determinó cuáles serían las participaciones justas de cada estado en el presupuesto de carbono existente para tal concentración de CO_2 y las comparó con las emisiones históricas (emisiones territoriales entre 1859 y 1969 y emisiones de consumo de 1970 a 2015) de cada Estado para determinar su grado de sobre- o infraconsumo relativo a su participación justa, HICKEL, J., "Quantifying national responsibility for climate breakdown: an equity-based attribution approach for carbon dioxide emissions in excess of the planetary boundary", *Lancet Planet Health*, Vol. 4, 2020, p. 399-404.

Ilustración 8. Responsabilidad por la disrupción climática según Hickel[129]

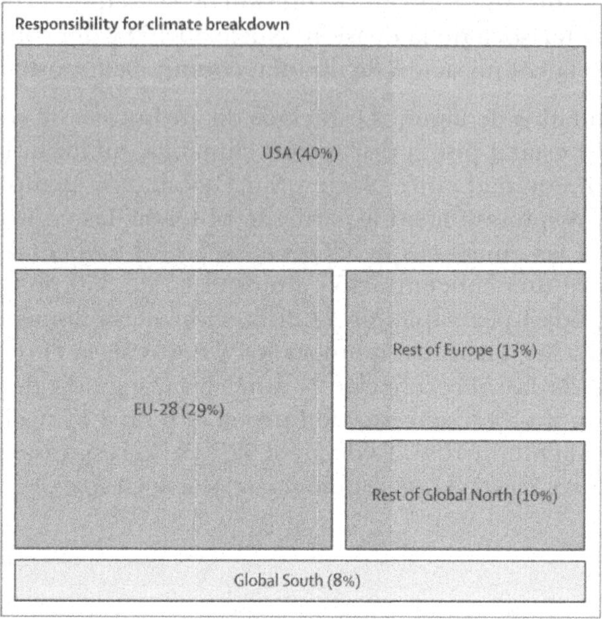

Esta problemática distributiva se torna aún más severa si se agrega la perspectiva de los efectos del cambio climático. Esto es, aquellos Estados que menos han contribuido al cambio climático son, en general, aquellos que presentan una mayor vulnerabilidad y que menos capacidad tienen para adaptarse[130]. El caso de los pequeños Estados insulares es especialmente paradigmático, siendo que lo que está en juego para muchos de ellos es su completa desaparición con la pérdida y/o inhabitabilidad de su territorio por, entre otros impactos, el aumento del nivel del mar[131].

---

129 Ídem, p. 403.

130 Véase IPCC, *Cambio climático 2014: Informe de síntesis...*, op. cit., p. 57, 74, 77, en referencia a la vulnerabilidad y exposición en relación con desigualdades multidimensionales, incluyendo la pobreza.

131 Véase, por ejemplo, ATAPATTU, S., "Justice for Small Island Nations: Intersections of Equity, Human Rights, and Environmental Justice", en ABATE, R. (ed.), *Climate Justice. Case Studies in Global and Regional Governance Challenges,* Environmental Law Institute, Washington, 2016, p. 299-322; BURKETT, M., "A Justice

Por otro lado, el cambio climático como problema distributivo se ha planteado desde una perspectiva individual o intra-estatal, notándose que dentro de las fronteras estatales la asimetría de emisiones y vulnerabilidades es también notoria. Dentro de una misma comunidad, las personas de mayores ingresos emiten excesivamente más que las menos enriquecidas[132], quienes, a su vez, están mayormente expuestas a los impactos climáticos, como reconoció el IPCC[133]. Así, una investigación conjunta de Oxfam y el Stockholm Environment Institute encontró que, entre 1990 y 2015: (i) el 10% más rico de la población mundial generó el 52% de las emisiones de GEI acumuladas, consumiendo casi un tercio del presupuesto de carbono restante; (ii) el 50% más pobre de la población mundial generó tan solo el 7% de las emisiones acumuladas, consumiendo el 4% del presupuesto disponible; (iii) el 1% de la población mundial más rica (aproximadamente 63 millones de personas) generó el 15% de las emisiones acumuladas y consumió el 9% del presupuesto; y que (iv) el 5% más rico de la población mundial es responsable de más del 37% del incremento total de las emisiones[134].

Paradox: Climate Change, Small Island Developing States, and the Absence of International Legal Remedy", en SHAWKAT, *International Environmental Law and the Global South*, op. cit.

132 Esto hace que Shue, en su análisis de la justicia climática, abogue por una clara diferenciación entre emisiones 'de lujo' y emisiones 'de subsistencia' a la hora de diseñar una respuesta al fenómeno, SHUE, H., *Climate Justice: Vulnerability and Protection*, Oxford University Press, Oxford, 2014, p. 62 y ss.

133 IPCC, *Cambio climático 2014: Informe de síntesis...*, op. cit., p. 13; de igual manera, se reconocen diferencias de género, en el sentido, por ejemplo, de que las mujeres son desproporcionadamente más afectadas en su salud que los hombres, véase DUNNE, D., *Mapped: How climate change disproportionately affects women's health*, CarbonBrief, 29 de octubre de 2020 <https://www.carbonbrief.org/mapped-how-climate-change-disproportionately-affects-womens-health?utm_content=buffer485d4&utm_medium=social&utm_source=twitter.com&utm_campaign=buffer> [Última consulta, 15 de noviembre de 2020]; sobre impactos diferenciados del cambio climático en grupos vulnerables (pueblos indígenas y tribales, niñas, niños y adolescentes, mujeres y comunidades rurales) puede verse ALBAR DÍAZ, M., et al., *Cambio climático y los Derechos de Mujeres, Pueblos Indígenas y Comunidades Rurales en las Américas*, Heinrich Böll, 2020, disponible en: <https://co.boell.org/es/2020/05/05/cambio-climatico> [Última consulta, 3 de agosto de 2021]

134 KARTHA, S., et al., *The Carbon Inequality Era. An assessment of the global distribution of consumption emissions among individuals from 1990 to 2015 and beyond*, Stockholm Environment Institute y Oxfam, Joint Research Report, 2020; se utilizaron presupuestos de carbono para aumentos de temperatura media global de

En palabras de Jamieson:

> *Since the atmosphere does not attend to national boundaries and a molecule of carbon has the same effect on climate wherever it is emitted, climate change is largely caused by rich people, wherever they live, and suffered by poor people, wherever they live*[135].

Con respecto a esto, es tremendamente elocuente la conclusión a la que llegó el Relator Especial de la ONU sobre pobreza extrema y derechos humanos, Philip Alston, en su informe sobre cambio climático y pobreza de junio de 2019, al referirse a cierta tendencia a la privatización de las respuestas al cambio climático: "*...this could lead to a climate apartheid scenario in which the wealthy pay to escape overheating, hunger, and conflict, while the rest of the world is left to suffer*"[136].

De igual manera, una fuerte concentración en la responsabilidad de las emisiones se mantiene si se pone en foco a las grandes corporaciones. En otro ejercicio de atribución de la disrupción climática, Heede encontró que puede rastrearse el 63% de todas las emisiones industriales globales históricas (desde 1751) y el 78% de las emitidas en 2010 a un grupo de tan solo 90 corporaciones productoras de combustibles fósiles (83) y cemento (7) —*carbon majors*— que, además, volcaron a la atmósfera más de la mitad de estas emisiones luego de 1988, es decir luego de que las consecuencias de tal conducta estaban suficientemente claras[137]. En este foco en grandes emisores no

---

1,5°C y 2°C respecto a niveles pre-industriales, de acuerdo con lo acordado en el Acuerdo de París; sobre estos límites de temperatura, véase *infra* sección 6.5.1.

135 JAMIESON, D., "The Nature of the Problem", en DRYZEK, NORGAARD y SCHLOSBERG, *The Oxford Handbook of Climate Change...*, op. cit., p. 45.

136 HUMAN RIGHTS COUNCIL, *Climate change and poverty. Report of the Special Rapporteur on extreme poverty and human rights*, A/HRC/41/39, 25 de junio de 2019, párr. 50.

137 HEEDE, R., "Tracing Anthropogenic Carbon Dioxide and Methane Emissions to Fossil Fuel and Cement Producers, 1854-2010", *Climatic Change*, Vol. 122, 2014, p. 229-241; un aspecto relevante del estudio de Heede fue que en él se atribuyó un porcentaje específico de participación a cada corporación en el aumento de las concentraciones de GEI atmosféricos (v. gr., 3,52% a Chevron), vinculando la producción de combustibles fósiles con las emisiones producto de su combustión. Esto dio pie a que determinados actores buscarán reclamar judicialmente la responsabilidad de estas corporaciones en los impactos climáticos de manera proporcional a su participación; véase capítulo II.

estatales es donde cobra mayor sentido la consideración del cambio climático en términos de externalización de costes, como ha planteado Stern en su afamado informe sobre la economía del cambio climático[138].

Por su parte, desde este punto de vista distributivo (aunque no solo de este), pueden reconocerse preocupaciones respecto a dos grupos de especial carácter, no incluidos en los considerandos anteriores. Por un lado, dada la naturaleza acumulativa de las emisiones de GEI en la atmósfera, la ventana temporal existente entre estas y los impactos y su agravación progresiva, es posible referirse a una problemática de carácter inter-temporal o intergeneracional, siendo las generaciones por venir quienes cargarán con las consecuencias mayores sin haber generado las causas[139]. Por otro, saliendo del eje antropocéntrico, puede hablarse de un conflicto de justicia ecológica o inter-especies a partir de las mencionadas proyecciones de impactos generalizados en ecosistemas y consecuentes extinciones de otros seres vivos que en nada han precipitado el fenómeno[140].

---

138 Stern, N., *Stern Review: The Economics of Climate Change,* 2007, disponible en: <https://webarchive.nationalarchives.gov.uk/20100407172811/http://www.hm-treasury.gov.uk/stern_review_report.htm> [Última consulta, 3 de noviembre de 2020], p. 25; véase también Sovacool, B. y Dworkin, M., *Global Energy Justice: Problems, Principles and Practices,* Cambridge University Press, Cambridge, 2014, p. 127 y ss.

139 En este sentido, advierte el IPCC, "retrasar la mitigación traslada las cargas del presente al futuro...". IPCC, *Cambio climático 2014: Informe de síntesis...*, op. cit., p. 82. Véase, Howarth, R., "Intergenerational Justice", en Dryzek, Norgaard y Schlosberg, *The Oxford Handbook of Climate Change...*, op. cit., p. 338 y ss; según resaltan Sovacool y Dworkin, el filósofo John Nolt ha definido la situación como una 'dominación injusta' sobre las futuras generaciones, análoga a otras situaciones históricas, hoy en día, universalmente condenadas y de la que no puede surgir ningún beneficio actual que la justifique, Sovacool y Dworkin, *Global Energy Justice: Problems...*, op. cit., p. 328; Lawrence, P., *Justice for Future Generations: Climate Change and International Law,* Edward Elgar Publishing, 2014; Page, E., *Climate Change, Justice and Future Generations,* Edward Elgar Publishing, 2006.

140 Gardiner, S., "Climate Justice", en Dryzek, Norgaard y Schlosberg, *The Oxford Handbook of Climate Change...*, op. cit., p. 311; Plataforma Intergubernamental Científico-Normativa sobre Diversidad Biológica y Servicios de los Ecosistemas (IPBES), *Summary for policymakers of the global assessment report on Bio-*

3.2. Otras dimensiones de justicia: reparación, reconocimiento y participación

Siendo inminentes, cuando no actuales, los impactos y daños del cambio climático, la dimensión correctiva/compensatoria de la justicia se torna un elemento central. En este aspecto, el eje de la discusión está puesto en cómo considerar la conducta histórica y actual de los actores que más contribuyeron o contribuyen al fenómeno —Estados, pero también grandes corporaciones— respecto a la existencia y límite de una posible obligación de compensar, bajo la vigencia del principio de 'quien contamina paga'. Más allá de la guía que este principio puede aportar, la cuestión se ha demostrado dificultosa, no solo en el ámbito político, sino también jurídico a partir de la complejidad que la propia naturaleza del fenómeno implica para la atribución y limitación de la responsabilidad, v. gr., distancia temporal y espacial entre conducta y daño, carácter difuso, global y acumulativo del fenómeno, etc. En este sentido, algunas de las investigaciones de atribución antes comentadas, y especialmente la de Heede[141], han buscado sentar las bases para que la cuestión traspase del ámbito filosófico y político al jurídico, especialmente al judicial[142]. Sin perjuicio de este enfoque, se han defendido otras pautas de justicia correctiva como 'quien se beneficia paga' o 'quien tiene capacidad paga'[143]. No sorprendentemente, todas estas pautas señalarían, en gran medida, a los mismos responsables.

En lo que hace a otras dimensiones de la justicia, la problemática también plantea importantes cuestiones relativas al reconocimiento y a la participación en relación especialmente con la toma de decisiones de incidencia climática (justicia procedimental), tanto desde

---

diversity and ecosystem services of the Intergovernmental Science-Policy Platform on Biodiversity and Ecosystem Services, Díaz, S., et al. (eds.), IPBES Secretariat, 2019.

141 HEEDE, "Tracing Anthropogenic Carbon Dioxide...", op. cit.

142 Véase capítulo II.

143 COVENTRY, P. y CHUKWUMERIJE, O., "Climate Change and Environmental Justice", en HOLIFIELD, R., CHAKRABORTY, J. y WALKER, G. (eds.), *The Routledge Handbook of Environmental Justice,* Routledge, 2018, p. 364. Véase también BAER, P., "International Justice", en DRYZEK, NORGAARD y SCHLOSBERG, *The Oxford Handbook of Climate Change...*, op. cit., p. 327.

una perspectiva internacional como local[144]. Estos dos aspectos, debe notarse, definen en buena medida la mal-distribución antes comentada, sobre todo en lo que hace a la gestión presente y futura del escaso presupuesto de carbono existente[145].

En lo que refiere al régimen jurídico del cambio climático (véase apartado 6), es posible afirmar que, en la formalidad, rige el principio de igualdad soberana entre los Estados[146], reconociendo la CMNUCC un lugar en el régimen a toda la comunidad internacional, disponiendo igualdad de voto y (predominantemente) toma de decisiones por consenso[147]. Esta modalidad del consenso garantiza, en principio, que incluso aquellos Estados menos poderosos tengan la oportunidad de moldear el resultado de la toma de decisión al requerir que no existan para ello objeciones explícitas. Sin embargo, este reconocimiento y participación equitativa formal ha sido cuestionado a partir de ciertos sucesos en la práctica del marco de negociación continua. En las Conferencias de las Partes (COP, en inglés) de la CMNUCC de Cancún (2010) y Doha (2012), por ejemplo, se adoptaron decisiones a pesar de la existencia de objeciones explícitas por parte de Bolivia y Rusia respectivamente, marcando precedentes

---

144 El IPCC ha resaltado esto al decir que "...el proceso de toma de decisiones en materia de cambio climático, y la medida en la que este respete los derechos y opiniones de todos los afectados, también es una cuestión de justicia". IPCC, *Cambio climático 2014: Informe de síntesis...*, op. cit., p. 82.

145 Véase Schlosberg, *Defining Environmental Justice...*, op. cit.; Brunnée, J., "Climate change, global environmental justice...", op. cit., p. 328; sobre el concepto de presupuesto de carbono véase *infra* aparatado 6.

146 United Nations Treaty Collection, Charter of the United Nations, San Francisco, 26 de junio de 1945, <https://treaties.un.org/Pages/ViewDetails.aspx?src=TREATY&mtdsg_no=I-1&chapter=1&clang=_en> [Última consulta, 5 de noviembre de 2020], artículo 2(1).

147 Véase United Nations Treaty Collection, United Nations Framework..., op. cit., artículos 18 y 20; CMNUCC, *Proyecto de reglamento de la Conferencia de las Partes y sus órganos subsidiarios*, FCCC/CP/1996/2, 22 de mayo de 1996 <https://unfccc.int/sites/default/files/resource/02s_0.pdf> [Última consulta, 5 de noviembre de 2020]; según explican Bodansky, Brunee y Rajamani, la adopción formal del reglamento de la COP continúa bloqueada debido a desacuerdos en la regla sobre votación, Bodansky, D., Brunnée, J. y Rajamani, L., *International Climate Change Law*, Oxford University Press, Oxford, 2017, p. 75.

que, se ha sostenido, rompen con el entendimiento general de lo que significa 'consenso' en el sistema de la ONU[148].

Por su parte, es ciertamente paradigmático en lo que hace a esta preocupación lo sucedido en 2009 en Copenhague cuando, a puertas cerradas y fuera del horario de negociación, un número reducido de líderes, incluyendo por supuesto a las mayores economías y emisores (Estados Unidos y China), se reunieron para definir el documento final de la conferencia a espaldas del resto de los delegados, en lo que se ha considerado como una crisis de legitimidad de la diplomacia internacional climática[149]. En este sentido, debe reconocerse que las diferencias de poder existentes en la sociedad internacional acompañan en todo momento, con mayor o menor sutileza, al multilateralismo global, no siendo de ninguna manera las negociaciones climáticas una excepción[150]. Sobre ello, Gardiner ha sentenciado que, si bien la CMNUCC está llena de lenguaje relativo a la justicia, los debates sobre política climática se han llevado adelante sobre la base del regateo político, donde las diferencias de poder y recursos entre los negociantes hacen imposible que se garantice un mínimo de justicia procedimental[151].

Asimismo, debe notarse que tanto en el plano de política internacional como nacional y local existe un desequilibrio notorio a la hora de influir en los tomadores de decisiones, a través del *lobby* y/o la participación reglada, entre las grandes corporaciones y la sociedad civil

---

148 Ídem, p. 76, 77; BOYLE, A. y GHALEIGH, N., "Climate Change and International Law Beyond the UNFCCC", en CARLARNE, GRAY y TARASOFSKY (eds.), *The Oxford Handbook of International Climate Change Law,* op. cit., p. 38; sobre la estructura institucional del régimen jurídico internacional del cambio climático, véase *infra.*

149 Véase BÄCKSTRAND, K., "The Democratic Legitimacy of Global Governance after Copenhagen", en DRYZEK, NORGAARD y SCHLOSBERG, *The Oxford Handbook of Climate Change...*, op. cit.; tal irregularidad llevó a que el documento cosechara seis objeciones y no fuera adoptado (solo se tomó nota del él) por la COP.

150 ANAND, R., *International Environmental Justice...*, op. cit.; SOVACOOL y DWORKIN, *Global Energy Justice...*, op. cit., p. 193, 194.

151 GARDINER, "Climate Justice", op. cit., p. 312, 313; en su trabajo sobre justicia climática Shue planteó la siguiente pregunta: ¿Cuál sería la atribución de riqueza inicial que permitiría que una negociación internacional sea un proceso justo?, SHUE, *Climate Justice...*, op. cit., p. 48 y ss; véase también SOLTAU, *Fairness in International Climate Change Law and Policy,* op. cit.

y, especialmente, los sectores que por diferentes motivos cuentan con escaso acceso a estos procesos. En este sentido, puede destacarse la situación de los pueblos indígenas que son fuertemente afectados por el cambio climático en tanto la intrínseca relación que mantienen con el ecosistema que habitan, la de las futuras generaciones que no pueden influir de ningún modo en la tomas de decisiones que las afectarán y, de igual manera, la de los seres vivos no humanos[152]. Asimismo, se ha reconocido una brecha de género en la toma de decisiones a nivel internacional, nacional y local[153]. Las incertidumbres sobre las diversas trayectorias que puede tomar el Sistema Tierra y, particularmente, la posibilidad de alcanzar puntos de no retorno, magnifican la preocupación sobre este aspecto de la justicia[154].

3.3. Rol de la justicia en la construcción de respuestas

Finalmente, debe advertirse que no existe un consenso claro sobre qué rol deben jugar diversos enfoques y pautas de justicia en la respuesta al cambio climático y, específicamente, en cuestiones relevantes como (i) cuál es la meta adecuada a la que debe apuntar la comunidad internacional, es decir qué aumento de temperatura,

---

152 Esta es una de las premisas básicas de las huelgas escolares que, desde el movimiento Fridays for Future, han proliferado por todo el mundo durante principalmente el año 2019, FRIDAYS FOR FUTURE, *Who we are*, <https://fridaysforfuture.org/what-we-do/who-we-are/> [Última consulta, 5 de noviembre de 2020]; ya el afamado Informe Stern señalaba que *"Climate change will have serious impacts within the lifetime of most of those alive today. Future generations will be even more strongly affected, yet they lack representation in present-day decisions."*, STERN, *Stern Review...*, op. cit., p. 23; en el mismo sentido, escribía Sachs: "...*the people who are going to be most profoundly affected by human-induced climate change have not yet been born. They are not voting, writing op-eds, publishing papers, or giving speeches right now... Who represents the future generations? Is it the politicians facing election next year? Is it the business people worrying about the next quarterly report? Is it any of us as we focus on today, tomorrow, or the next day?*", SACHS, J., *The Age of Sustainable Development*, op. cit., 394, 395.

153 Véase GENDER CC NETWORK, *Women for climate justice*, <https://www.gendercc.net/home.html> [Última consulta, 6 de noviembre de 2020].

154 STEFFEN, "Trajectories of the Earth System...", op. cit.; ROSER, D. y SEIDEL C., *Climate Justice. An Introduction*, Routledge, Oxon, 2017, definiendo esta posibilidad como 'daño desproporcionado' a las generaciones futuras.

cantidad de emisiones o concentración atmosférica de carbono es aceptable, (ii) quién debería cargar con los costes de alcanzar esta meta, incluyendo quién puede seguir consumiendo el escaso presupuesto de carbono restante, y (iii) quién debería compensar por los daños a producirse y a quién[155].

Como se verá más adelante, en lo que hace a la primera cuestión, fue en el Acuerdo de París donde se acordó una meta de aumento de temperatura, en este caso, de 'muy por debajo de 2 °C', consistente con lo que se entendía como políticamente factible y agregándose, en respuesta al reclamo de los pequeños Estados insulares[156], una meta de aspiración de 1,5 °C[157]. Sin embargo, no puede afirmarse que esto haya zanjado la cuestión desde el punto de vista de la justicia, sobre todo luego del alarmante informe del IPCC de 2018 que alertó sobre las diferencias entre los impactos en un planeta con uno u otro aumento de temperatura[158] y los desafíos que implica para las comunidades la requerida descarbonización[159].

Sobre las demás cuestiones, desde la gestación del régimen jurídico internacional se reconoció la necesidad de marcar una res-

---

155 BAER, "International Justice", op. cit., p. 323; GARDINER, "Climate Justice", op. cit., p. 314.

156 Existe una gran probabilidad de que, en un escenario de aumento de la temperatura de 2°C, estos Estados dejen de existir más temprano que tarde; véase, por ejemplo, THE CARIBBEAN CLIMATE JUSTICE HUB, *1.5 to Stay Alive,* <https://www.1point5.info/en/> [Última consulta, 10 de noviembre de 2020]

157 UNITED NATIONS TREATY COLLECTION, Paris Agreement, op. cit., artículo 2; puede mencionarse que el Preámbulo del acuerdo incluye una curiosa mención de la 'justicia climática': "...observando también la importancia que tiene *para algunos* el concepto de 'justicia climática', al adoptar medidas para hacer frente al cambio climático".

158 IPCC, *Global Warming of 1.5°C...*, op. cit.; Gardiner observa que aún dentro de una meta acordada, la decisión sobre a qué velocidad se reducen las emisiones implica un juicio moral. En este sentido, que mientras que una reducción rápida de las emisiones minimizará los riesgos de una catástrofe climática para las generaciones futuras, para las generaciones presentes será probablemente mejor una reducción más lenta que minimice la disrupción social y económica; GARDINER, "Climate Justice", op. cit., p. 317.

159 Cobra aquí sentido el enfoque de la 'transición justa' que, simplificadamente, concierne a la justicia de los procesos necesarios para transitar hacia una sociedad y economía baja en carbono; al respecto, véase HEFFRON, R. y MCCAULEY, D., "What is the 'Just Transition'?, *Geoforum,* Vol. 88, 2018.

ponsabilidad diferenciada que implique una mayor contribución por parte de los Estados desarrollados —con mayor responsabilidad y capacidad— en la respuesta al fenómeno y que dé suficiente espacio a los países en desarrollo y subdesarrollados para 'crecer' (emitir), si no en la misma medida que lo hicieron los países desarrollados, lo suficiente para cubrir las necesidades básicas de su población[160]. Así, como se verá en próximos apartados, se logró un aparente consenso en torno a la utilización del principio de responsabilidades comunes pero diferenciadas (CBDR, por sus siglas en inglés) que, en los hechos, ha llevado a la consagración de ciertas diferenciaciones en los sucesivos instrumentos normativos, principalmente mediante la atribución del 'liderazgo' en la mitigación de emisiones y en la asunción de ciertos compromisos de carácter financiero. Dicho esto, se ha puesto de relieve, por un lado, que nunca han estado plenamente de acuerdo Estados desarrollados y en desarrollo sobre las implicancias de este principio y, por otro, que con el correr del régimen jurídico internacional este parámetro de equidad ha ido perdiendo sustancia y lugar ante otros 'valores' como principalmente el de la eficiencia económica y la flexibilidad[161].

Más allá de esto, existe cierta discrepancia doctrinal, bien documentada por Atapattu, en cuanto a si estas preocupaciones sobre

---

160 Recuerda Attapatu que ya el Preámbulo de la CMNUCC reconoció la inequidad en la disparidad en emisiones, consecuencias, capacidad y participación. ATTAPATU, S., "Environmental justice, climate justice and constitutionalism: protecting vulnerable states and communities", en JARIA-MANZANO, y BORRÀS, *Research Handbook on Global Climate Constitutionalism,* op. cit., p. 205, 206; el 'derecho al desarrollo' ha sido presentado como un elemento de justicia a lo largo de las negociaciones internacionales del régimen jurídico del cambio climático. OREKEKE, C. y COVENTRY, P., "Climate justice and the international regime: before, during, and after Paris", *WIREs Climate Change,* 2016; de igual manera, el derecho de 'acceso a la energía'. Desde esta perspectiva, se ha hecho referencia al *energy trilemma,* en el que debería buscarse un balance entre objetivos rivales de seguridad energética, sostenibilidad ambiental y equidad energética (asequibilidad y accesibilidad), véase, por ejemplo, HEFFRON, R. y MCCAULEY, D., "The concept of energy justice across the disciplines", *Energy Policy,* Vol. 105, 2017; WORLD ENERGY COUNCIL, *World Energy Trilemma Index 2020,* 2020, <https://www.worldenergy.org/assets/downloads/World_Energy_Trilemma_Index_2020_-_REPORT.pdf> [Última consulta, 10 de noviembre de 2020]

161 STEVENSON, *Institutionalizing Unsustainability...* ", op. cit.; BRUNNÉE, J., "Climate change, global environmental justice..., op. cit., p. 328.

justicia deben ocupar rol alguno en las negociaciones del régimen jurídico internacional[162]. En este sentido, Posner y Weinbach argumentaron en contra de que cuestiones de justicia distributiva o correctiva tengan un rol preponderante en las negociaciones conducentes al entonces futuro acuerdo que sucedería al Protocolo de Kioto[163]. De acuerdo con Atapattu:

> *They categorically reject the calls for the inclusion of principles of corrective and distributive justice in the climate change regime because, they argue, its proponents 'treat climate negotiations as an opportunity to solve some of the world's most serious problems...'*[164].

Así, estos autores consideraron que la mejor forma de resolver las inequidades entre Estados enriquecidos y empobrecidos no debía ser a través de un acuerdo climático cuyo objetivo primario (estabilización del clima) debía ser priorizado en su contenido y estructura por sobre otras cuestiones. En el mismo sentido se decantó Nussbaum al decir que "*...pressure for a particularly stringent type of climate agreement, without considering the totally of global goals and the overall best strategies for achieving these, is counterproductive and not what justice recommends*"[165].

Attapatu, sin embargo, criticó tal postura alegando que:

> *This argument ignores the very reason for the current disparity between the global North and the global South an turns a blind eye to the suffering of the majority of the global population: the current capitalist economy that favors only an elite minority with roots in imperialism and colonialism*[166].

---

162 Véase al respecto, por ejemplo, GARDINER, "Climate Justice", op. cit.; ROSER, y SEIDEL, *Climate Justice...*, op. cit.; SHUE, *Climate Justice...*, op. cit.; Caney refiere a estas dos posturas como '*Isolationism*' e '*Integrationism*', CANEY, S., "Climate Justice", en ZALTA, E. (ed.), *The Stanford Encyclopedia of Philosophy*, 2020.

163 POSNER, E. y WEISBACH, D., *Climate Change Justice*, Princeton University Press, Princeton, 2010; en el ámbito de las negociaciones, la cuestión era foco del contrapunto entre Estados Unidos y China; según Orekeke y Coventry, se ha reportado que el negociador líder de Estados Unidos afirmó en Durban (2011): "*If equity's in, we're out*", OREKEKE. y COVENTRY, "Climate justice and the international regime...", op. cit.

164 ATAPATTU, S., "Justice for Small Island Nations...", op. cit., p. 315.

165 NUSSBAUM, M., "Climate Change: Why Theories of Justice Matter", *Chicago Journal of International Law*, Vol. 13, 2013, p. 469-488, p. 479.

166 ATAPATTU, S., "Justice for Small Island Nations...", op. cit., p. 315.

En este sentido, esta autora sostuvo que era imposible diseñar un marco legal efectivo sin abordar las verdaderas causas del cambio climático y que esta era precisamente la razón por la que hasta ahora las negociaciones climáticas habían fallado[167].

Más allá de que el diseño, contenido y estructura del nuevo acuerdo fue finalmente determinado en la COP21 en París, la cuestión más amplia sobre cuál debe ser el rol de las consideraciones de justicia en la respuesta a la problemática climática sigue abierta, no solo en lo que hace a las sucesivas negociaciones para la implementación del Acuerdo de París, sino también, como se verá más adelante, cuando las respuestas se buscan a través de mecanismos alternativos como la litigación, donde los actores escapan al plano de la abstracción para plantear exigencias de justicia concretas.

4. EL CAMBIO CLIMÁTICO COMO PROBLEMA DE DERECHOS HUMANOS

Dada la gravedad de los actuales y previstos impactos del cambio climático sobre ecosistemas y comunidades humanas, el enfoque de la cuestión giró, no sorprendentemente, hacia la preocupación por los derechos humanos[168]. Así, se ha afirmado, de manera contundente, que el cambio climático representa la mayor amenaza para el goce de estos derechos en el siglo XXI[169].

Diferentes ámbitos de la gobernanza global y regional, incluido el régimen internacional del cambio climático, han reconocido este vínculo que se ha ido consolidando en los últimos años. Originalmente, esta consolidación puede atribuirse al trabajo realizado por diferentes órganos dependientes de la ONU, específicamente el

---

167 Ídem.

168 Véase por ejemplo, CANEY, S., "Climate Change, Human Rights, and Moral Thresholds", en GARDINER, S., et al., *Climate Ethics: Essential Readings,* Oxford University Press, Oxford, 2010. argumentando que el cambio climático afecta, al menos, los derechos humanos a la vida, a la salud y a la subsistencia.

169 ROBINSON, M., *Why climate change is a threat to human rights,* TED, mayo 2015, <https://www.ted.com/talks/mary_robinson_why_climate_change_is_a_threat_to_human_rights#t-5797> [Última consulta, 9 de noviembre de 2020]

Consejo de Derechos Humanos[170], la Oficina del Alto Comisionado para los Derechos Humanos y el Relator Especial para los Derechos Humanos y el Ambiente. Asimismo, otros espacios dentro de esta organización han resaltado esta conexión, entre ellos, el Comité de Derechos Humanos, el Comité de Derechos Económicos, Sociales y Culturales, otras relatorías especiales[171], la Organización Mundial de la Salud[172], el Banco Mundial[173] y el Fondo de las Naciones Unidas para la Infancia (UNICEF)[174]. A partir de ello, se alcanzó un reconocimiento expreso del vínculo en el régimen jurídico internacional del cambio climático con los Acuerdos de Cancún[175], reconocimiento que, sin embargo y a pesar del llamamiento que hicieron diversos Estados[176], no logró integrarse en el Acuerdo de París, más allá de una tímida mención en su Preámbulo:

---

170 Resoluciones 7/23 (2008); 10/4 (2009); 18/22 (2011); 26/27 (2014); 29/15 (2015); 32/33 (2016); 35/20 (2017); 38/4 (2018); 42/21 (2019); y 44/7 (2020), disponibles en CONSEJO DE DERECHOS HUMANOS, *Resoluciones del Consejo de Derechos Humanos sobre los derechos humanos y el cambio climático* <https://www.ohchr.org/SP/Issues/HRAndClimateChange/Pages/Resolutions.aspx> [Última consulta, 19 de noviembre de 2020]

171 Véase por ejemplo, RELATORA ESPECIAL SOBRE UNA VIVIENDA ADECUADA COMO ELEMENTO INTEGRANTE DEL DERECHO A UN NIVEL DE VIDA ADECUADO Y SOBRE EL DERECHO DE NO DISCRIMINACIÓN AL RESPECTO, *Informe de la Relatora Especial sobre una vivienda adecuada como elemento integrante del derecho a un nivel de vida adecuado y sobre el derecho de no discriminación a este respecto,* A/64/255, 6 de agosto de 2009; RELATOR ESPECIAL SOBRE LOS DERECHOS HUMANOS DE LOS DESPLAZADOS INTERNOS, *Protección y asistencia a los desplazados internos,* A/66/285, 9 de agosto de 2011; RELATOR ESPECIAL SOBRE LOS DERECHOS HUMANOS DE LOS MIGRANTES, *Informe del Relator Especial sobre los derechos humanos de los migrantes,* A/67/299, 13 de agosto de 2012; RELATORA ESPECIAL SOBRE EL DERECHO A LA ALIMENTACIÓN, *Informe provisional de la Relatora Especial sobre el derecho a la alimentación,* A/70/287, 5 de agosto de 2015.

172 WORLD HEALTH ORGANIZATION, *Climate change and human health,* <https://www.who.int/globalchange/publications/en/> [Última consulta, 11 de noviembre de 2020]

173 THE WORLD BANK, *World Development Report 2010: Development and Climate Change,* 2010.

174 UNICEF, *Unless we act now: The impact of climate change on children,* 2015.

175 CMNUCC, *Informe de la Conferencia de las Partes sobre su 16º período de sesiones, celebrado en Cancún del 29 de noviembre al 10 de diciembre de 2010,* FCCC/CP/2010/7/Add.1, 15 de marzo de 2011.

176 CMNUCC, *The Geneva Pledge for Human Rights in Climate Action,* 2015. Fue firmada originariamente por Costa Rica, Chile, Guatemala, Filipinas, Francia, Irlan-

> Reconociendo que el cambio climático es un problema de toda la humanidad y que, al adoptar medidas para hacerle frente, las Partes deberían respetar, promover y tener en cuenta sus respectivas obligaciones relativas a los derechos humanos...[177].

Otros ámbitos de gobernanza de carácter regional han también establecido esta vinculación. Por nombrar algunos de ellos, la Alianza de Pequeños Estados Insulares en 2007 publicó la Declaración de Malé sobre la dimensión humana del cambio climático global, en la que alertó que el cambio climático tiene claras e inmediatas implicaciones para el pleno goce de los derechos humanos, especialmente para comunidades vulnerables como las que representa[178]. En consonancia, la Organización de los Estados Americanos (OEA) ha reconocido el vínculo a la vez que ha remarcado la particular vulnerabilidad de la región de América Latina y el Caribe a esta problemática[179]. En este ámbito, más allá de alguna mención destacable de la Corte Interamericana de Derechos Humanos (Corte IDH)[180], ha

---

da, Islas Marshall, Kiribati, Maldivas, México, Micronesia, Palaos, Panamá, Perú, Samoa, Suecia, Uganda y Uruguay. Se agregaron más tarde: Alemania, Andorra, Argelia, Bélgica, Costa de Marfil, Eslovenia, Fiyi, Finlandia, Italia, Luxemburgo, Marruecos, Países Bajos, Reino Unido, Rumania y Suiza.

177 United Nations Treaty Collection, Paris Agreement, op. cit., preámbulo; al respecto de los debates de su inclusión en la parte operativa (artículo 2), véase Bodansky, Brunnée y Rajamani, *International Climate Change Law,* op. cit., p. 311, 312; Adelman sostiene que los Estados más poderosos buscaron con esta exclusión evitar el riesgo de que el acuerdo sirva como fundamento para la litigación climática, Adelman, S., "Human Rights in the Paris Agreement: Too Little, Too Late?", *Transnational Evnvironmental Law,* Vol. 7, N°. 1, 2018, p. 3; por su parte, Mayer sostiene que esta exclusión "...*reflects a welcome orientation towards a more climate-centred climate regime— one which does not attempt to solve all the issues of our time while addressing the most difficult one";* lo que recuerda a los argumentos en contra de otorgar un rol central a la justicia en el régimen internacional mencionados en el apartado anterior; Mayer, B., "Human Rights in the Paris Agreement", *Climate Law,* Vol. 6, 2016, p. 117.

178 Alliance of Small Island States, *Male' Declaration on the Human Dimension of Global Climate Change,* 2007.

179 Asamblea General de la Organización de los Estados Americanos, *Derechos Humanos y Cambio Climático en las Américas,* AG/RES.2429 (XXXVIII-O/08), 3 de junio de 2008; OEA, *Climate Change: A Comparative Overview of the Rights Based Approach in the Americas,* 2016.

180 Esta Corte, por ejemplo, se ha referido expresamente a la cuestión en su opinión consulta OC-23/17 relativa a las obligaciones de derechos humanos en

sido la CIDH la que se ha volcado especialmente a la cuestión, como se expondrá seguidamente. Por su parte, también ha enfatizado esta relación la Comisión Africana sobre Derechos Humanos y Derechos de los Pueblos, urgiendo a los gobiernos de la región a que aseguraran la inclusión de estándares de derechos humanos en cualquier texto legal a aprobar sobre la problemática[181].

4.1. Consolidación del vínculo: el trabajo de los órganos de la ONU

La Alianza de Pequeños Estados Insulares, a través de la mencionada Declaración de Malé de 2007, solicitó al Consejo de Derechos Humanos que se abocase a la cuestión, lo que este órgano no tardó en conceder. Así, en marzo de 2008, "preocupado porque el cambio climático crea una amenaza inmediata y de gran alcance para la población y las comunidades de todo el mundo y tiene repercusiones sobre el pleno disfrute de los derechos humanos..." y "tomando nota de las conclusiones del Cuarto Informe de Evaluación del [IPCC]...", el Consejo decidió solicitar a la Oficina del Alto Comisionado para los Derechos Humanos que, en consulta con los Estados, organizaciones internacionales y órganos intergubernamentales, incluido el IPCC y la Secretaría de la CMNUCC, realice un estudio analítico detallado de la relación entre cambio climático y derechos humanos[182].

---

relación con el ambiente. Allí, descansando en buena parte de los documentos antes mencionados, observó que los efectos adversos del cambio climático afectan el goce efectivo de los derechos humanos de cada persona, pero, de forma desproporcionada, de aquellos más vulnerables, los que podrían verse obligados a migrar; CORTE IDH, Opinión Consultiva OC-23/17 de 15 de noviembre de 2017 solicitada por la República de Colombia, Medio Ambiente y Derechos Humanos (Obligaciones estatales en relación con el medio ambiente en el marco de la protección y garantía de los derechos a la vida y a la integridad personal-interpretación y alcance de los artículos 4.1 y 5.1, en relación con los artículos 1.1 y 2 de la Convención Americana sobre Derechos Humanos), párr. 47, 67; sobre este documento se volverá más adelante.

181 AFRICAN COMMISSION ON HUMAN RIGHTS AND PEOPLE'S RIGHTS, *Resolution on Climate Change and Human Rights and the Need to Study its impact in Africa,* ACHPR/Res.153(XLVI)09, 25 de noviembre de 2009.

182 CONSEJO DE DERECHOS HUMANOS, *Resolución 7/23. Los derechos humanos y el cambio climático,* 28 de marzo de 2008.

Resultado de tal pedido, el 15 de enero de 2009, la Oficina del Alto Comisionado presentó un informe en el que se analizaron las consecuencias de los efectos observados y previstos del cambio climático para el disfrute de los derechos humanos y para las obligaciones de los Estados en virtud de la normativa internacional al respecto[183]. Así, el informe resaltó efectos directos e indirectos sobre (a) el derecho a la vida, mencionando impactos como muertes, enfermedades, lesiones, morbilidades cardiorrespiratoria, etc.; (b) el derecho a una alimentación adecuada, en referencia al riesgo de hambre e inseguridad alimentaria por la disminución de productividad de cultivos en latitudes bajas; (c) el derecho al agua, por afectación en la disponibilidad de este recurso a partir de la pérdida de glaciares y la reducción de la capa de nieve, sequías e inundaciones; (d) el derecho a la salud, por malnutrición, enfermedades, lesiones por fenómenos meteorológicos extremos y propagación de enfermedades transmitidas por vectores, etc.; (e) el derecho a una vivienda adecuada, debido a, entre otras cosas, afectaciones por la elevación del nivel del mar, migraciones de zonas rurales por pérdida de medios de vida; y (f) el derecho a la libre determinación, en razón de riesgos de pérdida de habitabilidad y de la propia existencia de territorios por la elevación del nivel del mar y fenómenos meteorológicos extremos[184].

El informe destacó, a su vez, los impactos sobre grupos especialmente vulnerables debido a diversos factores como la pobreza, el género, la edad, la condición de minoría o la discapacidad e hizo hincapié en la obligación de los Estados de abordar estas vulnerabilidades de conformidad con el principio de igualdad y no discriminación. Con respecto a los desplazados, el informe observó que el IPCC ya había advertido que el mayor efecto del cambio climático podría darse en las migraciones humanas y calculaba que para 2050, 150 millones de personas podrían haberse visto desplazadas por fenómenos vinculados. En relación con ello y los demás impactos, el documento afirmó que el cambio climático es "uno de los principales problemas

---

183 Oficina del Alto Comisionado de las Naciones Unidas para los Derechos Humanos, *Informe de la Oficina del Alto Comisionado de las Naciones Unidas para los Derechos Humanos sobre la relación entre el cambio climático y los derechos humanos,* A/HRC/10/61, 15 de enero de 2009.

184 Ídem.

para la paz y la estabilidad mundiales", algo que parece verse refrendado por el hecho de que, en 2007, el Consejo de Seguridad de la ONU dedicase un día entero a debatir sobre la cuestión[185].

Asimismo, el informe advirtió sobre las consecuencias para los derechos humanos, no ya de los impactos climáticos, sino de las medidas de respuesta al fenómeno ensayadas por los Estados, como por ejemplo, impactos negativos que podría tener el desarrollo de biocombustibles en la seguridad alimentaria, o las medidas de reducción de emisiones derivadas de la desforestación y la degradación de bosques sobre los derechos de los pueblos indígenas (expropiación de tierras, desplazamientos, etc.)[186].

Por su parte, el mismo órgano, remitió un documento titulado 'Understanding Human Rights and Climate Change', en ocasión de la COP21 (2015) con la expresa intención de influir e informar a las negociaciones del que sería el futuro Acuerdo de París[187]. A lo mencionado en el informe de 2009, este documento agregó algunas otras posibles afectaciones a otros derechos, aunque aclaró que la relación entre el cambio climático y el goce de los derechos humanos es demasiado compleja y vasta para ser completamente allí descripta[188]. Así, sostuvo que resultan también afectados el derecho al desarrollo, a la educación, a la participación significativa e informada, a la no discriminación de aquellos más vulnerables, como así

---

185 Véase al respecto, SINDICO, F., "Climate Change: A Security (Council) Issue?", *Carbon and Climate Review,* Vol. 1, 2007; véase sobre la relación entre el clima (y sus posibles cambios) y los conflictos armados, MACH, K., et al., "Climate as a risk factor for armed conflict", *Nature,* Vol. 571, 2019; WELZER H., *Guerras climáticas: Por qué mataremos (y nos matarán) en el siglo XXI,* Katz, Buenos Aires, 2010.

186 OFICINA DEL ALTO COMISIONADO DE LAS NACIONES UNIDAS PARA LOS DERECHOS HUMANOS, *Informe de la Oficina del Alto Comisionado...*, A/HRC/10/61, op. cit.; puede verse al respecto VIGIL, S., "Displacement as a consequence of climate change mitigation policies", *Forced Migration Review,* N° 49, 2015.

187 OFICINA DEL ALTO COMISIONADO DE LAS NACIONES UNIDAS PARA LOS DERECHOS HUMANOS, *Understanding Human Rights and Climate Change,* 2015, <https://www.ohchr.org/Documents/Issues/ClimateChange/KeyMessages_on_HR_CC.pdf> [Última consulta, 12 de noviembre de 2020]

188 El documento aclara que *"...it is critical to remember that although specific rights may be discussed separately, all human rights are universal, inalienable, indivisible, interdependent and interconnected. A preventable violation of one right has far-reaching consequences for other, and in some instances, all human rights",* Ídem, p. 13.

también el derecho de los niños y el de las futuras generaciones[189]. El documento cerró con un llamado colectivo e inmediato a la acción, bajo un enfoque de prevención y precaución, alertando que en el caso del cambio climático la única incertidumbre restante es saber cuánto daño causará[190]. Este llamado no parece haber sido seriamente considerado ya que, como se mencionó anteriormente, el Acuerdo de París solo terminó incluyendo una tímida mención preambular sobre el tema[191].

La Oficina del Alto Comisionado volvería sobre la cuestión, al menos, en un par de ocasiones. En 2016 publicó, a solicitud del Consejo de Derechos Humanos, un documento específico sobre la relación entre el cambio climático y el derecho humano a la salud física y mental, profundizando las apreciaciones realizadas anteriormente[192], mientras que en vísperas de la COP24 de Katowice (2018) la Alta Comisionada, Michelle Bachelet, firmó una carta abierta en la que, aludiendo al alarmante informe del IPCC sobre aumento de la temperatura de 1,5 °C, sostuvo que "*...human rights are under threat from a force that challenges the foundations of all life on this planet we share*"[193]. Con esto, buscó alentar a los Estados a que materialicen en sus negociaciones sobre el reglamento del Acuerdo de París un enfoque de derechos humanos, recordándoles que

---

189 Ídem.

190 Ídem, p. 26 y ss.

191 Debe advertirse que esta tímida mención le vale al Acuerdo de París el rótulo del primer tratado internacional ambiental que presenta una referencia explícita a los derechos humanos, SETZER, J., SAVARESI, A. y BYRNES, R., *Shining the spotlight on human rights at COP24 and beyond,* The London School of Economics and Political Science, 5 de diciembre de 2018 <https://www.lse.ac.uk/Grantham-Institute/news/shining-the-spotlight-on-human-rights-at-cop24-and-beyond/> [Última consulta, 12 de noviembre de 2020]

192 OFICINA DEL ALTO COMISIONADO DE LAS NACIONES UNIDAS PARA LOS DERECHOS HUMANOS, *Estudio analítico de la relación entre el cambio climático y el derecho humano de todos al disfrute del más alto nivel posible de salud física y mental,* A/HRC/32/23, 6 de mayo de 2016.

193 OFICINA DEL ALTO COMISIONADO DE LAS NACIONES UNIDAS PARA LOS DERECHOS HUMANOS, *Open-Letter from the United Nations High Commissioner for Human Rights on integrating human rights in climate action,* 21 de noviembre de 2018.

tienen obligaciones de este carácter para con aquellos afectados por el fenómeno[194].

En cuanto al trabajo del Relator Especial de la ONU para los derechos humanos y el ambiente, es posible destacar varios informes temáticos. En un primer informe de 2016 sobre las obligaciones de derechos humanos relativas al ambiente afirmó que el cambio climático amenaza el pleno goce de una amplia variedad de derechos y que:

> *As average global temperatures rise, deaths, injuries and displacement of persons from climate-related disasters such as tropical cyclones increase, as do mortality and illness from heat waves, drought, disease and malnutrition. In general, the greater the increase in average temperature, the greater the effects on the rights to life and health as well as other human rights*[195].

En este sentido, el Relator cuestionó la meta del Acuerdo de París (de muy por debajo de los 2 °C), afirmando que aún en un aumento de temperatura de ese tenor las consecuencias previsibles son dramáticas, incluyendo un decrecimiento de la productividad laboral, y aumento de la morbilidad y mortalidad. Específicamente, con relación a los derechos afectados, observó que el IPCC ha alertado que tan solo 1 °C de aumento de temperatura media global podría implicar que el 8% de la población mundial tenga severas reducciones de disponibilidad de agua, cifra que aumentaría al 14% con un aumento de 2°C. Mencionó además posibles impactos sobre la seguridad alimentaria, un incremento de las migraciones forzadas, y la delicada situación de los pequeños Estados insulares. A diferencia de los documentos anteriores, el relator dedicó cierta

---

194 Sobre la incorporación del enfoque de derechos humanos en las reglas de implementación del Acuerdo de París, véase DUYCK, S., et al., "Human Rights and the Paris Agreement's Implementation Guidelines: Opportunities to Develop a Rights-based Approach", *Carbon & Climate Law Review,* Vol. 12, N°. 3, 2018.

195 RELATOR ESPECIAL SOBRE LA CUESTIÓN DE LAS OBLIGACIONES DE DERECHOS HUMANOS RELACIONADAS CON EL DISFRUTE DE UN MEDIO AMBIENTE SIN RIESGOS, LIMPIO, SALUDABLE Y SOSTENIBLE, *Informe del Relator Especial sobre la cuestión de las obligaciones de derechos humanos relacionadas con el disfrute de un medio ambiente sin riesgos, limpio, saludable y sostenible,* A/HRC/31/52, 1 de febrero de 2016, párr. 24.

preocupación a otras formas de vida que comparten el planeta con el ser humano, resaltando que, según la información del IPCC, con un aumento de 2 a 3 °C, buena parte de las plantas y animales se encontrarán en un alto riesgo de extinción con nefastas consecuencias para la especie humana, principalmente relativas a la extensión de enfermedades[196].

En 2019 el Relator volvió sobre la cuestión, en primer lugar, al abordar la problemática de la contaminación del aire, afirmando que las emisiones de GEI son una forma de polución y, destacando que muchas de las mismas actividades que producen contaminación atmosférica en términos clásicos también contribuyen al cambio climático, existiendo un solapamiento entre las dos problemáticas[197]. En segundo lugar, mediante un informe dedicado específicamente a la problemática climática en el que el Relator hizo una vez más foco sobre los efectos del cambio climático sobre el disfrute de una variedad de derechos (a la vida, a la salud, a la alimentación, al agua y saneamiento, de los niños, a un ambiente saludable y de poblaciones vulnerables) y sobre las obligaciones de los Estados, como también las responsabilidades de las empresas[198].

---

196 Ídem, párr. 30.

197 Relator Especial sobre la cuestión de las obligaciones de derechos humanos relacionadas con el disfrute de un medio ambiente sin riesgos, limpio, saludable y sostenible, *La cuestión de las obligaciones de derechos humanos relacionadas con el disfrute de un medio ambiente sin riesgos, limpio, saludable y sostenible,* A/HRC/40/55, 8 de enero de 2019.

198 Relator Especial sobre la cuestión de las obligaciones de derechos humanos relacionadas con el disfrute de un medio ambiente sin riesgos, limpio, saludable y sostenible, *Informe del Relator Especial sobre la cuestión de las obligaciones de derechos humanos relacionadas con el disfrute de un medio ambiente sin riesgos, limpio, saludable y sostenible,* A/74/161, 15 de julio de 2019; en 2022 comenzó el mandato de un nuevo Relator Especial sobre la promoción y la protección de los derechos humanos en el contexto del cambio climático, el que publicó un primer informe sustantivo en julio de ese mismo año, véase Relator Especial sobre la promoción y la protección de los derechos humanos en el contexto del cambio climático, *Informe del Relator Especial sobre la promoción y la protección de los derechos humanos en el contexto del cambio climático, Promoción y protección de los derechos humanos en el contexto de la mitigación del cambio climático, las pérdidas y los daños y la participación,* A/77/226, 26 de julio de 2022.

Por su parte, los comités de seguimiento de los Pactos Internacionales de derechos políticos y civiles y derechos económicos, sociales y culturales también se han manifestado. El primero se expresó sobre la cuestión en el Comentario General N°36 sobre el derecho a la vida, afirmando que la degradación ambiental, el cambio climático y el desarrollo insostenible constituyen algunos de las más serias y apremiantes amenazas para el goce del derecho a la vida tanto de las presentes como de las futuras generaciones[199]. El segundo se manifestó a través de un comunicado tras la publicación del informe del IPCC sobre el calentamiento global de 1,5 °C, observando que este demostraba que el cambio climático constituye *"a massive threat to the enjoyment of economic, social and cultural rights"*[200].

4.2. Derivaciones jurídicas del vínculo

Desde el punto de vista jurídico, el reconocimiento de este nexo implica, por un lado, la posible identificación de los impactos del fenómeno como violaciones a los derechos tutelados en los diferentes instrumentos normativos supranacionales de posguerra (ilustración 9) y, por otro, la consecuente existencia de obligaciones jurídicas por parte de los Estados respecto a estos impactos, como también en relación con las medidas que se tomen como respuesta al fenómeno.

---

199 HUMAN RIGHTS COMMITTEE, *General comment No. 36 (2018) on article 6 of the International Covenant on Civil and Political Rights, on the right to life,* CCPR/C/CG/36, 30 de octubre de 2018, párr. 62.

200 OFICINA DEL ALTO COMISIONADO DE LAS NACIONES UNIDAS PARA LOS DERECHOS HUMANOS, *Committee releases statement on climate change and the Covenant,* 8 de octubre de 2018 <https://www.ohchr.org/en/NewsEvents/Pages/DisplayNews.aspx?NewsID=23691&LangID=E> [Última consulta, 13 de noviembre de 2020]; véase al respecto ORELLANA, M., KOTHARI, M. y CHAUDHRY, S., *Climate Change in the Work of the Committee on Economic, Social and Cultural Rights,* Friedrich-Ebert-Stiftung, 2010, en el que, entre otras cosas, se aborda la afectación del derecho a la cultura, especialmente en relación con los pueblos indígenas, no solo de parte de los impactos del cambio climático, sino también de medidas de respuesta como el Mecanismo de Desarrollo Limpio establecido en el Protocolo de Kioto.

Ilustración 9. Relación de impactos climáticos, impactos sobre el ser humano y derechos implicados[201]

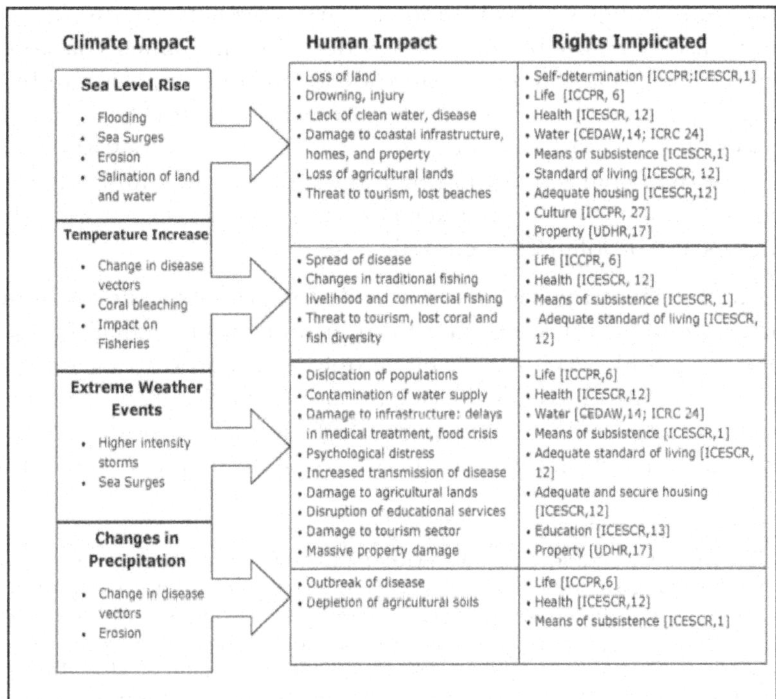

Climate Impact	Human Impact	Rights Implicated
Sea Level Rise • Flooding • Sea Surges • Erosion • Salination of land and water	• Loss of land • Drowning, injury • Lack of clean water, disease • Damage to coastal infrastructure, homes, and property • Loss of agricultural lands • Threat to tourism, lost beaches	• Self-determination [ICCPR;ICESCR,1] • Life [ICCPR, 6] • Health [ICESCR, 12] • Water [CEDAW,14; ICRC 24] • Means of subsistence [ICESCR,1] • Standard of living [ICESCR, 12] • Adequate housing [ICESCR,12] • Culture [ICCPR, 27] • Property [UDHR,17]
Temperature Increase • Change in disease vectors • Coral bleaching • Impact on Fisheries	• Spread of disease • Changes in traditional fishing livelihood and commercial fishing • Threat to tourism, lost coral and fish diversity	• Life [ICCPR, 6] • Health [ICESCR, 12] • Means of subsistence [ICESCR, 1] • Adequate standard of living [ICESCR, 12]
Extreme Weather Events • Higher intensity storms • Sea Surges	• Dislocation of populations • Contamination of water supply • Damage to infrastructure: delays in medical treatment, food crisis • Psychological distress • Increased transmission of disease • Damage to agricultural lands • Disruption of educational services • Damage to tourism sector • Massive property damage	• Life [ICCPR,6] • Health [ICESCR,12] • Water [CEDAW,14; ICRC 24] • Means of subsistence [ICESCR,1] • Adequate standard of living [ICESCR, 12] • Adequate and secure housing [ICESCR,12] • Education [ICESCR,13] • Property [UDHR,17]
Changes in Precipitation • Change in disease vectors • Erosion	• Outbreak of disease • Depletion of agricultural soils	• Life [ICCPR,6] • Health [ICESCR,12] • Means of subsistence [ICESCR,1]

UDHR = Universal Declaration of Human Rights; ICCPR = International Covenant on Civil and Political Rights; ICESCR = International Covenant on Economic, Social and Cultural Rights; CEDAW = Convention on the Elimination of All Forms of Discrimination against Women; ICRC = Convention on the Rights of the Child.

De este modo, se integra el andamiaje jurídico e institucional de tutela de los derechos humanos a las consecuencias del cambio climático, incluyendo obligaciones sustantivas y procedimentales de los Estados, como también posibles obligaciones de actores no estatales, y la apertura de foros en los que la cuestión puede plantearse y en los que, debe notarse, las víctimas tienen mayor poder que en las negociaciones internacionales[202].

---

201 Center for International Environmental Law, *Climate Change & Human Rights: A Primer*, 2013, p. 6.

202 Bodansky, Brunnée y Rajamani, *International Climate Change Law*, op. cit., p. 299, 300.

En este sentido, por un lado, puede resaltarse cierta elaboración doctrinal y jurisprudencial respecto a las obligaciones sustantivas y procedimentales de los Estados a partir, principalmente, de dos tendencias: la 'ecologización' de los derechos humanos y la consagración de un relativamente nuevo derecho humano a un ambiente sano[203], base sobre la que podría desarrollarse un derecho a un clima estable[204]. Por otro, pueden destacarse ciertas incursiones en foros internacionales, pero también nacionales, que han buscado la interpretación y aplicación judicial de estas obligaciones de derechos humanos a la problemática climática.

El ámbito interamericano es uno de los principales foros donde se ha abordado la cuestión, siendo su primer hito la petición ante la CIDH del pueblo ártico Inuit en la que se alegaron violaciones de derechos garantizados por la Declaración Americana de Derechos y Deberes del Hombre[205] por parte de Estados Unidos debido a su conducta frente al cambio climático[206]. A pesar de que, como se pro-

---

203 RELATOR ESPECIAL SOBRE LA CUESTIÓN DE LAS OBLIGACIONES DE DERECHOS HUMANOS RELACIONADAS CON EL DISFRUTE DE UN MEDIO AMBIENTE SIN RIESGOS, LIMPIO, SALUDABLE Y SOSTENIBLE, *Informe del Relator Especial sobre la cuestión de las obligaciones de derechos humanos relacionadas con el disfrute de un medio ambiente sin riesgos, limpio, saludable y sostenible,* A/73/188, 19 de julio de 2018; RELATOR ESPECIAL SOBRE LA CUESTIÓN DE LAS OBLIGACIONES DE DERECHOS HUMANOS RELACIONADAS CON EL DISFRUTE DE UN MEDIO AMBIENTE SIN RIESGOS, LIMPIO, SALUDABLE Y SOSTENIBLE, A/74/161, op. cit.; En un momento histórico, la AGNU reconoció en julio de 2022 este derecho, aunque no de manera vinculante, véase AGNU, *El derecho humano a un medio ambiente limpio, saludable y sostenible,* A/76/L.75, 26 de julio de 2022.

204 BODANSKY, BRUNNÉE y RAJAMANI, *International Climate Change Law,* op. cit., p. 303. Sobre el desarrollo de este derecho en Estados Unidos, puede verse SINDEN, A., "A human rights framework for the Anthropocene", en JARIA-MANZANO, y BORRÀS, *Research Handbook on Global Climate Constitutionalism,* op. cit.

205 OEA, Declaración Americana de los Derechos y Deberes del Hombre, Bogotá, 1948 <https://www.oas.org/dil/esp/declaraci%C3%B3n_americana_de_los_derechos_y_deberes_del_hombre_1948.pdf> [Última consulta, 29 de enero de 2021]

206 EARTHJUSTICE, Petition to the Inter American Commission on Human Rights Seeking Relief from Violations Resulting from Global Warming Caused by Acts and Omissions of the United States (Petition of 7 December 2005), <https://earthjustice.org/sites/default/files/library/legal_docs/petition-to-the-inter-american-commission-on-human-rights-on-behalf-of-the-inuit-circumpolar-conference.pdf> [Última consulta, 216 de noviembre de 2020]

fundizará más adelante, se rechazó la admisibilidad de la petición, la CIDH convocó una audiencia sobre la cuestión en la que los comisionados indagaron sobre los nexos entre el cambio climático y sus impactos, los comportamientos de los Estados y las violaciones de derechos humanos, a los fines de dilucidar si la emisión incontrolada de GEI podría considerarse causa de violaciones de derechos humanos[207]. Años más tarde, en 2019, la CIDH volvió a otorgar una audiencia, en este caso a un grupo de ONG de la región, a los fines de abordar la cuestión con especial foco en afectaciones de derechos de mujeres, niños, pueblos indígenas y comunidades rurales[208]. Finalmente, en 2021 aprobó la Resolución 3/2021 en el que expresó su postura sobre las obligaciones de los derechos humanos de los Estados y las empresas ante la 'emergencia climática' en el contexto

---

207 CIDH, *Audiencia sobre derechos humanos y calentamiento global,* 2007 <http://www.cidh.oas.org/Audiencias/127/Global%20warming%20and%20human%20rights.mp3> [Última consulta, 13 de noviembre de 2020]; al respecto puede verse CHAPMAN, M., "Climate Change and The Regional Human Rights Systems", *Sustainable Development Law & Policy,* Vol. 10, N°. 2, 2010; BORRÀS PENTINAT, S., "La Justicia Climática: entre la tutela y la fiscalización de las responsabilidades", *Anuario Mexicano de Derecho Internacional,* Vol. XIII, 2013; algunos años más tarde, otra petición similar fue interpuesta ante este órgano por el pueblo ártico Athabaskan, en este caso contra Canadá por la liberación incontrolada de hollín, sin haberse todavía expresado el organismo sobre ella; EARTHJUSTICE, Petition to the Inter-American Commission on Human Rights Seeking Relief from Violations of the Rights of Arctic Athabaskan Peoples Resulting from Rapid Arctic Warming and Melting Caused by Emissions of Black Carbon by Canada, (Petition of 23 April 2013) <https://earthjustice.org/sites/default/files/AAC_PETITION_13-04-23a.pdf> [Última consulta, 16 de noviembre de 2020].

208 CIDH, *Regional: Cambio climático DESCA de mujeres, indígenas y comunidades rurales,* <https://www.youtube.com/watch?v=THZYEPeytm0&ab_channel=Comisi%C3%B3nInteramericanadeDerechosHumanos> [Última consulta, 13 de noviembre de 2020]; al respecto véase ALBAR DIAZ, et al., *Cambio climático y los Derechos de Mujeres…,* op. cit.; la CIDH había expresado su preocupación al respecto en un comunicado de prensa previo a la COP de París donde remarcó el valor de abordar el cambio climático desde una perspectiva de los derechos humanos y exhortó a los Estados Miembros de la OEA a que aboguen para que este enfoque sea incorporado en el entonces futuro acuerdo, no sólo en el preámbulo sino también en su parte operativa, lo que, como ya se ha mencionado, finalmente no ocurrió, OEA, *CIDH expresa preocupación por efectos del cambio climático en los DDHH,* 2 de diciembre de 2015 <http://www.oas.org/es/cidh/prensa/Comunicados/2015/140.asp> [Última consulta, 13 de noviembre de 2020]

interamericano[209]. Esta resolución fue seguida por la solicitud de una opinión consultiva en la materia a la Corte IDH por parte de Chile y Colombia[210].

Como se verá más adelante, otros órganos supranacionales (v. gr., el Tribunal Europeo de Derechos Humanos) y domésticos han tenido y tendrán próximamente la posibilidad de pronunciarse expresamente sobre la cuestión ante peticiones concretas. Un análisis más detenido de estas incursiones, y en general del desarrollo de las obligaciones sustantivas y procedimentales de derechos humanos con relación a la problemática, será objeto de los capítulos siguientes.

5. EL CAMBIO CLIMÁTICO COMO PROBLEMA DE GOBERNANZA COMPLEJA

Considerando algunos de los aspectos señalados hasta aquí, no es en modo alguno llamativo que la gobernanza del cambio climático haya sido calificada como eminentemente compleja.

Steffen, por ejemplo, ha definido al cambio climático como un problema de gobernanza realmente complejo y diabólico (*a truly complex and diabolical policy problem*)[211] a partir de ciertos caracteres del funcionamiento del propio sistema climático: globalidad, multiplicidad de fuerzas impulsoras, fuertes bucles de retroalimentación, largos desfases temporales y cambios de comportamiento abruptos. Resalta así algunos aspectos concretos: (a) las emisiones de GEI liberadas en un lugar particular no se mantienen allí sino que son transportadas alrededor del planeta en cuestión de semanas, mezclándose con la atmósfera; (b) cambios en la cubierta forestal en un lugar pueden producir cambios acumulativos en el sistema global (v.gr., deforestación de la Amazonía podría afectar temperatura y precipitacio-

---

209 CIDH, *Emergencia Climática: Alcance y obligaciones interamericanas de derechos humanos*, Resolución 3/2021.

210 REPÚBLICA DE CHILE Y REPÚBLICA DE COLOMBIA, Solicitud de Opinión Consultiva sobre Emergencia Climática y Derechos Humanos a la Corte Interamericana de Derechos Humanos de la República de Colombia y la República de Chile, 9 de enero de 2023.

211 STEFFEN, "A truly complex and diabolical policy problem", op. cit.

nes en el Tíbet); (c) impactos en el sistema climático de la conducta humana podrían ser discernibles por miles de años, superando con holgura las escalas temporales en las que suelen operar los análisis políticos y económicos de los tomadores de decisiones; (d) decisiones con efectos económicos y sociales actuales solo tendrán repercusión en el sistema climático en décadas futuras, debido al tiempo de residencia de los GEI en la atmósfera, el retraso entre la liberación de emisiones y el aumento consecuente de temperatura y la dilación de los impactos, lo que afecta la relación 'toma de decisiones-rédito político'; y (e) cambios aparentemente pequeños e insignificantes en una variable podrían disparar cambios inesperadamente grandes, rápidos o irreversibles en el sistema (v.gr., puntos de inflexión en los polos o la Amazonia)[212].

Por su parte, desde la filosofía ética, Gardiner ha señalado al cambio climático como ejemplo paradigmático de la '*perfect moral storm*' que constituye la 'tragedia ambiental global', a partir de la reunión de tres 'tormentas', una global, una intergeneracional y otra teórica[213]. Al comentar las dos primeras tormentas, Gardiner hace hincapié, una vez más, en la dispersión espacial (globalidad) y temporal (intergeneracionalidad) de causas y efectos y en la fragmentación existente en la responsabilidad y en la capacidad de respuesta (*fragmentation of agency*)[214], lo que llevaría a una inadecuación de las instituciones para abordarlas. Asimismo, señala algunos factores que potenciarían la problemática, a saber, (a) incerteza científica sobre la exacta magnitud y distribución de efectos, (b) centralidad en la economía global de las actividades emisoras[215], (c) inequitativa distribución de responsabilidad, capacidad y vulnerabilidad[216]; (d) agravamiento progresivo y posiblemente catastrófico del problema[217].

---

212 Ídem, p. 22-27.

213 Gardiner, S., *A Perfect Moral Storm: The Ethical Tragedy of Climate Change,* Oxford University Press, Oxford, 2011.

214 Ídem, p. 24 y ss.

215 Sachs ha señalado que nunca ha habido un problema global económico tan complicado como el cambio climático, siendo que la cuestión de las emisiones de GEI está en el centro de la economía moderna, Sachs, J., *The Age of Sustainable Development,* op. cit., p. 394.

216 Gardiner, S., *A Perfect Moral Storm...*, op. cit., p. 24 y ss.

217 Ídem, p. 32 y ss.

La tormenta perfecta de Gardiner se completa con una tercera tormenta referida a la incapacidad teórica existente para afrontar este tipo de problemas, ejemplificada por el autor a partir de la ineptitud (parálisis) de los análisis económicos de coste-beneficio, la falta de desarrollo teórico sobre problemas ambientales globales y la reinante visión antropocéntrica e instrumental de la naturaleza (*ecological storm*)[218]. Esta 'tormenta perfecta', según Gardiner, promueve en los agentes cierta tendencia a evitar comportarse como la ética lo demanda, impulsados a trasladar la carga ('*pass the buck*') al futuro, a las personas empobrecidas y a la naturaleza[219].

Otros autores, como Levin et al., preocupados por la posibilidad de diseñar políticas o normas efectivas, han descripto al cambio climático como un problema '*super* retorcido' ('*a super wicked problem*'), en alusión a los '*wicked problems*' identificados primeramente por Rittel y Webber. Estos '*wicked problems*' se caracterizan, entre otros elementos, por la falta de punto final donde se puedan considerar resueltos, la imposibilidad de prueba inmediata de una potencial solución, la imposibilidad de aprendizaje a partir de la prueba y error, y la limitada oportunidad para el tomador de decisión de estar equivocado[220]. Levin et al. agregan algunas características adicionales para definir al cambio climático como un problema *super* retorcido: (a) la ventana temporal para su solución está cerrándose, por lo que el problema será irresoluble en el corto o, en el mejor de los casos, en el mediano plazo; (b) el retraso en la toma de medidas implica un aumento exponencial de los costes; (c) existe confusión entre pro-

---

218 Ídem, p. 41 y ss.

219 Ídem, p. 8, 9; Hacer ello, resalta Gardiner, genera cierta inquietud moral que se querrá evitar, lo que desemboca en otro problema ético, el de la búsqueda de mecanismos para oscurecer esta realidad (distracción, complacencia, atención selectiva, duda irrazonable, engaño, indulgencia, hipocresía) o, en otras palabras, el problema de la corrupción moral, Ídem, p. 45 y ss.

220 En referencia al trabajo de Rittel y Webber '*Dilemmas in a General Theory of Planning*' (1973), LEVIN, K. et al., "Playing it Forward: Path Dependency, Progressive Incrementalism, and the 'Super Wicked' Problem of Global Climate Change", disponible en: <https://citeseerx.ist.psu.edu/viewdoc/download?doi=10.1.1.464.5287&rep=rep1&type=pdf> [Última consulta, 23 de noviembre de 2020]; véase también LAZARUS, R., "Super Wicked Problems and Climate Change: Restraining the Present to Liberate the Future", *Cornell Law Review*, Vol. 94, N°. 5, 2009.

tagonistas y antagonistas, es decir aquellos que buscan una solución son, al menos en cierta medida, también parte del problema (v. gr., consumidores, gobiernos); (d) aquellos que están en mejor posición para abordarlo son quienes lo causan y que menos incentivos inmediatos para actuar tienen (v. gr., menor vulnerabilidad); (e) no existe una autoridad central con la capacidad de resolverlo por su sola voluntad; y (f) la toma de decisiones actual falla en considerar racionalmente los riesgos significativos, o incluso catastróficos, en el largo plazo (*'policies discount the future irrationally'*), especialmente debido a los relativamente altos costes en el corto plazo[221].

En la misma línea, Bodansky, Brunée y Rajamani han calificado al cambio climático como 'un desafío de gobernanza intratable' (*'an intractable policy challenge'*), haciendo hincapié en que: (a) es una crisis planetaria e intergeneracional (consecuencias globales, de largo plazo y potencialmente irreversibles), (b) causada por una amplia gama de procesos de producción y consumo, (c) que requiere de la cooperación de todos los Estados, o al menos de todos los grandes emisores, (d) mediante la realización de cambios a gran escala, presumiblemente costosos, en sus sistemas económicos y energéticos, (e) cuyos posibles beneficios no serán exclusivos de quienes los lleven a cabo, sino de la comunidad internacional (e intergeneracional) en su conjunto, lo que implica poco incentivo individual para actuar[222]. Agregan, además: (i) que el cambio climático afecta virtualmente cada aspecto de las políticas domésticas —energía, agricultura, transporte, planeamiento urbano, etc.—; (ii) que este requiere de acción inmediata para solucionar una amenaza de largo plazo con incertidumbres sobre su forma de manifestación[223]; y (iii) que existe diversidad en intereses, prioridades, capacidades, perspectivas

221 Levin, K. et al., "Playing it Forward..., op. cit.; Levin, K. et al., "Overcoming the tragedy of super wicked problems: constraining our future selves to ameliorate global climate change", *Policy Sciences*, Vol. 45, 2012, aquí los autores proponen la utilización de políticas que puedan generar trayectorias condicionadas (*path-dependent*) bajas en carbon como forma de abordar el *super-wicked problem*.

222 Bodansky, Brunnée y Rajamani, *International Climate Change Law*, op. cit., p. 2, 3.

223 En un sentido similar, Soltau define al cambio climático como 'un problema más allá del horizonte' (*'an over-the-horizon problem'*) desde que requiere medidas audaces en la actualidad de las que no se observará un beneficio claro en el cor-

y responsabilidades entre los Estados, lo que hace muy complejo alcanzar un acuerdo. Esto, según los autores, conlleva a la confluencia de visiones rivales sobre cuáles deberían ser los resultados justos de la gobernanza climática[224].

En cuanto a las respuestas a esta complejidad, en primer lugar, debe notarse que, en relación con algunas de las características recogidas por estos autores, se ha señalado que la falta de acción climática es una consecuencia de los avatares de la acción colectiva. Específicamente, se ha relacionado ello con la famosa tragedia de los bienes comunes (en este caso de la atmósfera) ilustrada por Garret Hardin[225] y la falta de incentivos de ciertos actores para actuar dada la posibilidad de disfrutar de los beneficios de la acción colectiva sin participar de las cargas (*free-riding*), lo que conduce a un resultado sub-óptimo[226]. En este entendimiento, se ha sugerido que una solución efectiva a la problemática requeriría de una autoridad global (v. gr., un instrumento jurídico internacional) que incluya a todos los actores relevantes y que cree incentivos para ellos, a la vez, que monitoree su conducta[227]. Esta, como se verá a continuación, fue la respuesta clásica ensayada a partir de la CMNUCC y el Protocolo de Kioto.

Sin embargo, debe resaltarse que hay quienes han puesto en tela de juicio este enfoque. Por un lado, Elinor Ostrom observó que la teoría del comportamiento ante la acción colectiva debía ser revisa-

---

to plazo, SOLTAU, *Fairness in International Climate Change Law and Policy,* op. cit., p. 13.

224 BODANSKY, BRUNNÉE y RAJAMANI, *International Climate Change Law,* op. cit., p. 3, 4.

225 HARDIN, G., "The Tragedy of the Commons", *Science,* Vol. 162, N°. 3859, 1968.

226 "*Individual maximization of short-term benefits to self leads individuals to take actions that generate lower joint outcomes than could have been achieved", "Everyone benefits from reduced emissions even if they do not contribute any effort themselves"*; OSTROM, E., "A polycentric approach for coping with climate change", *Annals of Economics and Finance,* Vol. 15, N°. 1, 2014 (originalmente 2009); OSTROM, E., "Polycentric systems for coping with collective action and global environmental change", *Global Environmental Change,* Vol. 20, 2010, p. 550; se produce así un dilema entre la racionalidad individual y los resultados óptimos para el grupo, lo que también se conoce como el 'dilema del prisionero'.

227 Ídem, p. 551.

da dado que otros aspectos, además del interés individual, pueden dirigir el comportamiento, existiendo situaciones en las que prima la cooperación por sobre la competencia. Partiendo de esta observación, Ostrom sugirió que un enfoque policéntrico, acorde a la propia naturaleza del fenómeno —consecuencia de acciones realizadas en múltiples escalas (individual, comunal, regional, nacional y global)—, sería más adecuado, pudiendo diseñarse soluciones que sirvan a la experimentación, el aprendizaje, a la vez que a la obtención de beneficios en todas las escalas[228]. Según ella, dada la severidad de la amenaza, simplemente esperar por una solución a nivel global, sin intentar acciones a múltiples escalas, no es una postura razonable:

> *Given the complexity and changing nature of the problems involved in coping with climate change, there are no 'optimal' solutions that can be used to make substantial reductions in the level of greenhouse gases emitted into the atmosphere. A major reduction in emissions is, however, needed. The advantage of a polycentric approach is that it encourages experimental efforts at multiple levels, as well as the development of methods for assessing the benefits and costs of particular strategies adopted in one type of ecosystem and comparing these with results obtained in other ecosystems. A strong commitment to finding ways of reducing individual emissions is an important element for coping with climate change. Building such a commitment, and the trust that others are also taking responsibility, can be more effectively undertaken in small- to medium-scale governance units that are linked through information networks and monitoring at all levels*[229].

---

[228] Ídem; Elinor Ostrom recuerda en su texto que el término '*polycentric order*' fue definido por Vincent Ostrom como "*one where many elements are capable of making mutual adjustments for ordering their relationships with one another within a general system of rules where each element act with independence of other elements*", OSTROM, "A polycentric approach for coping with climate change", op. cit., p. 119; "*Multilevel governance involves horizontal relationships between institutions at the same hierarchical or geographical level, vertical relationships between institutions at different levels, and diagonal relationships between institutions at different levels in different countries. Theories of multi-level governance seek to explore these relationships —horizontal, vertical, and diagonal— between the multitude of governance institutions*", BODANSKY, BRUNNÉE y RAJAMANI, *International Climate Change Law,* op. cit., p. 260, 261.

[229] OSTROM, "A polycentric approach for coping with climate change", op. cit., p. 124; sobre el funcionamiento de la gobernanza policéntrica en el ámbito del cambio climático, resaltando la relevancia de los Estados nacionales y, específicamente, del rol de los tribunales véase SETZER, J. y NACHMANY. M., "National Governance: The State's Role in Steering Polycentric Action", en JORDAN, A. et al. (eds.), *Governing Climate Change: Polycentricity in Action?,* Cambridge Universi-

Por otro lado, Aklin y Mildenberger han sostenido que los avatares de la política climática pueden explicarse de mejor manera por las dinámicas de conflictos distribucionales en la estructura económica y social dentro de los propios Estados que por las vicisitudes de la acción colectiva internacional, poniendo en duda la centralidad de la problemática del *free-riding*[230]. En este entendimiento, resaltaron la relevancia de los actores e instituciones domésticas y argumentaron en favor de acuerdos internacionales que, en lugar de enfocarse en solucionar las incidencias dentro del esquema de acción colectiva internacional, impulsen el empoderamiento de grupos pro-acción climática (incluyendo tecnologías bajas en carbono) y la neutralización de actores con poder de veto, como el sector de los combustibles fósiles[231].

En este sentido, debe volverse a destacar la alta conflictividad social, económica y política inherente a la transición ecológica necesaria y a su elemento central, la descarbonización de la economía global, siendo que el petróleo continúa siendo quizás el producto más importante para el funcionamiento del mundo actual[232]. No solo es utilizado para cubrir gran parte de la demanda energética global,

---

ty Press, Cambridge, 2018; esta lógica de gobernanza policéntrica parece ser la que subyace a la nueva estructura del régimen internacional a partir del Acuerdo de París, CONTIPELLI, E., "Polycentric Approach to Global Constitutionalism and Climate Change", *Revista Catalana de Dret Ambiental,* Vol. X, N°. 1, 2019, p. 23.

230 AKLIN, M. y MILDENBERGER, M., "Prisoners of the Wrong Dilemma: Why Distributive Conflict, Not Collective Action, Characterizes the Politics of Climate Change", *Global Environmental Politics,* Vol. 20, N° 4, 2020, a modo de ejemplo, los autores plantean que la decisión de la Administración Bush de no ratificar el Protocolo de Kioto, tuvo más que ver con el poder de ciertos sectores opuestos a reformas pro-climáticas (*unconditional noncooperators)* que a la preocupación de que ciertos Estados pudiesen beneficiarse de la acción estadounidense sin asumir responsabilidades. En este sentido, los autores alertan sobre la diferencia entre las motivaciones sustantivas que rigen la acción climática y la retórica utilizada por los políticos para su justificación. Según los datos aportados, los votantes no están preocupados por la acción internacional recíproca.

231 Ídem, p. 23.

232 COX, R., *Revolution Justified: Why only the Law can save us now,* Planet Prosperity Foundation, Maastricht, 2012, p. 39. Al respecto se ha utilizado el término 'capitalismo fósil', véase ALTVATER, E., "The social and natural environment of fossil capitalism", *Socialist Register,* Vol. 43, 2007; MALM, A., *Fossil Capital: The Rise of Steam Power and the Roots of Global Warming,* Verso, London, 2016.

sino que es una materia prima vital para una larga lista de productos sintéticos de uso común y extendido (plásticos, nylon, perfumes, fertilizantes, jabón, pintura, asfalto, etc.). Como elocuentemente plantea Cox, el modo de vida americano está basado en el petróleo, la libertad de manejar un automóvil y el (sobre)consumo de sus productos derivados[233].

De este modo, la transición requerida envuelve un cambio en el modo y perspectivas de vida por parte de los individuos[234] y, al mismo tiempo, implica un desafío a las estructuras de negocio de las mayores corporaciones a nivel global, grandes focos de poder económico y político, en muchos casos incluso por encima de los poderes estatales[235]. En este entendimiento, se ha cuestionado la capacidad y legitimidad de las instituciones representativas que integran los Estados-nación, en el contexto de la globalización capitalista, para resolver de forma adecuada los conflictos distribucionales que el cambio climático y, más precisamente, la crisis ecológica plantea. En este sentido, Jaria-Manzano ha destacado la posición de subordinación de los Estados a partir de su fuerte necesidad de un acceso razonable al capital y al crédito, elementos que se constituyen como imprescindibles para

---

233 Cox, *Revolution Justified…*, op. cit., p. 51; esto es marcado también por Boyle y Ghaleigh al referirse al régimen jurídico internacional: "*…negotiations on climate change have always been difficult, not only because of the complexity of the issues and the diversity of the interests at stake, but also owing to the centrality of the 'public bad' under discussion (carbon and its by-products) to global systems of production, distribution, and consumption*", Boyle y Ghaleigh, "Climate Change and International Law Beyond the UNFCCC", op. cit., p. 27, 28.

234 Cox plantea que existe una dicotomía entre lo que se desea para la sociedad (estabilidad, dignidad, orden, seguridad, sostenibilidad, etc.) y lo que se desea como individuos (consumo, libertad para vivir sin pensar en nadie más, productos y servicios a bajo coste y altos beneficios a menor riesgo), Cox, *Revolution Justified…*, op. cit., p. 216.

235 Global Justice Now enlistó países y corporaciones de acuerdo con sus ganancias según datos de 2015 de la CIA y la revista Fortune. Allí puede observarse que, por ejemplo, Walmart tuvo mayores ganancias que España, Australia y los Países Bajos. Dentro de los 50 primeros puestos pueden identificarse varias empresas petroleras y de fabricación de automóviles, Global Justice Now, *Corporations vs. Governments revenues: 2015 data,* disponible en: <https://www.globaljustice.org.uk/sites/default/files/files/resources/corporations_vs_governments_final.pdf> [Última consulta, 1 de diciembre de 2020]

el cumplimiento de las funciones que aseguran su legitimidad[236]. En esta situación de fragilidad, señala Jaria-Manzano, se tienden a reducir las barreras normativas y financieras, lo que es aprovechado por las empresas transnacionales que pueden ejercer influencia significativa y determinar la agenda legislativa, en lo que se da en llamar 'captura del regulador'[237]. Así, observa este autor:

> Efectivamente, los poderes formales, tradicionalmente justificados en base a la legitimidad democrática, son sometidos por otros poderes, opacos e informales, de modo que sus decisiones no son necesariamente representativas de las visiones mayoritarias compartidas de la sociedad, sino que pueden responder a otros intereses, a veces espurios, y, en muchas ocasiones, encubiertos[238].

Tanto el enfoque policéntrico propuesto por Ostrom dentro de la problemática de la acción colectiva como el enfoque complementario a esta que refiere a los conflictos distribucionales de orden interno y los cuestionamientos a la representatividad democrática deben tenerse en cuenta a la hora de valorar el rol de la litigación, especialmente doméstica, como parte de la respuesta a la problemática climática. De esta manera, se ha notado, que la litigación, al generar una interacción entre múltiples escalas de actores, jurisdicciones y legislación, podría concebirse como una forma de gobernanza policéntrica necesaria para el abordaje de la cuestión[239]. Asimismo, puede afirmarse, por un lado, que en la litigación se exponen y, en muchos casos, definen los conflictos distribucionales domésticos a los que se refieren Aklin y Mildenberger y, por otro, que esta ocupa un rol relevante en el empoderamiento, a partir del Derecho, de determinados grupos que, en caso contrario, estarían vedados de participar en la definición de estos conflictos distribucionales. Finalmente, que, en consideración de la crisis de representatividad aludida, la función constitucional de control del

---

236 JARIA-MANZANO, J., *La Constitución del Antropoceno,* Tirant Humanidades, Valencia, 2020, p. 168 y ss.

237 Ídem.

238 Ídem, p. 172.

239 SETZER y VANHALA, "Climate change litigation...", op. cit., p. 9, OSOFSKY, H., "Polycentrism and climate change", en FAURE, M., *Elgar Encyclopedia of Environmental Law,* Edward Elgar, Cheltenham, 2016.

poder atribuida a los tribunales cobra especial relevancia. Sobre esta cuestión se volverá en los próximos capítulos.

PARTE II: LA RESPUESTA REGULATORIA Y SUS BRECHAS

Como se mencionó previamente, el cambio climático pasó de ser una simple conjetura en trabajos científicos preocupados por fenómenos climáticos del pasado a una 'preocupación común de la humanidad' que requería, de manera urgente, una respuesta igualmente común y oportuna[240]. Esta respuesta fue, principalmente, la construcción del régimen jurídico internacional del cambio climático bajo el auspicio de la ONU[241]. La CMNUCC, el Protocolo de Kioto y el Acuerdo de París son los principales instrumentos jurídicos internacionales que han ido estructurando el régimen en este tiempo.

Asimismo, es necesario notar que, a la par y (en buena parte) en respuesta a este régimen jurídico internacional[242], se han ido desarrollando en los diferentes ordenamientos jurídicos nacionales leyes, políticas y otros instrumentos de gobernanza directa o indirectamente relacionados con la problemática climática. En la actualidad, todos y cada uno de los países en el mundo cuentan con al menos una ley o política relativa al cambio climático[243]. A marzo 2023, la base de da-

---

240 Véase apartado 1 *ut supra.*

241 Más allá de que esto es así a grandes rasgos, debe notarse que el régimen va más allá del marco creado por la CMNUCC, constituyendo una densa red de instituciones, acuerdos y mecanismos en diversos niveles, GHALEIGH N., "The What, How and Where of Climate Law" en HEFFRON, R. y LITTLE, G. (eds.), *Delivering Energy Policy in the EU and US: A Reader,* Edinburgh University Press, 2015.

242 Con fecha previa al nacimiento del régimen internacional, solo se han identificado 35 instrumentos regulatorios a nivel global, sin embargo tampoco se ha identificado un relación causa-efecto definitiva entre los desarrollos de las negociaciones internacionales y la actividad regulatoria doméstica, ESKANDER, S., FANKHAUSER, J. y SETZER, J., "Global lessons from climate change legislation and litigation", en KOTCHEN, M, STOCK, J. y WOLFRAM C., *Environmental and Energy Policy and the Economy,* University of Chicago Press, Vol. 2, 2021.

243 SETZER y BYRNES, *Global trends in climate change litigation: 2020 snapshot,* op. cit., p. 9. Esto incluye actos legislativos, órdenes ejecutivas y otro tipo de políticas. Sobre qué se entiende por 'leyes y políticas relativas al cambio climático' véase la definición utilizada por la base de datos Climate Change Laws of the World,

tos 'Climate Change Laws of the World 'identificaba un total de 3127 leyes y políticas sobre el tópico a lo largo y ancho del planeta[244], existiendo jurisdicciones con hasta más de 20 de estos instrumentos[245].

Estos desarrollos regulatorios a nivel internacional y nacional deben entenderse en todo caso como complementarios e indispensables si se quiere abordar de manera exitosa el problema. Valgan al respecto las alegaciones sobre el carácter policéntrico y multinivel del cambio climático revisadas en el apartado anterior. En este sentido, es posible afirmar que los compromisos internacionales no pueden ser considerados creíbles o sinceros si no ponen en marcha mecanismos regulatorios que garanticen a nivel doméstico su implementación[246], algo que, como se verá, la nueva estructura del régimen presentada por el Acuerdo de París parece reconocer plenamente.

Dicho esto, ha de advertirse que la sola proliferación de estos instrumentos no garantiza un adecuado abordaje de la cuestión, el que puede ser truncado por una variedad de razones, empezando por la falta de implementación apropiada de tal marco regulatorio. Así, se ha alertado sobre la existencia de significativas brechas entre, por un lado, los compromisos asumidos y los necesarios para evitar una interferencia antropógena peligrosa del sistema climático y, por otro, entre estos compromisos y las medidas efectivamente implementadas a nivel internacional y doméstico. En este sentido, se han difundido diferentes informes sobre las discrepancias entre lo requerido y lo realizado en los sectores claves del abordaje de la cuestión, a saber, la mitigación (emisiones y producción de combustibles fósiles), la adaptación y la financiación.

GRANTHAM RESEARCH INSTITUTE ON CLIMATE CHANGE AND THE ENVIRONMENT, Methodology-Legislation, <https://climate-laws.org/methodology-legislation> [Última consulta, 14 de marzo de 2023]

244 GRANTHAM RESEARCH INSTITUTE ON CLIMATE CHANGE AND THE ENVIRONMENT, Climate Change Laws of the World, op. cit.

245 SETZER y BYRNES, *Global trends in climate change litigation: 2020 snapshot,* op. cit., p. 9

246 NACHMANY, M. y SETZER, J., *Global trends in climate change legislation and litigation: 2018 snapshot,* Grantham Research Institute on Climate Change and the Environment, Centre for Climate Change Economics and Policy, London School of Economics and Political Science, Policy Brief, 2018.

Mientras que la primera sección de esta segunda parte se encargará de describir las diferentes etapas del régimen internacional y sus instrumentos[247], la segunda sección, haciéndose eco de los mencionados informes, dejará planteado el preocupante estado de situación de la gestión de la problemática. Este estado de cosas es el que permite referirse al desplazamiento conceptual hacia la idea de crisis climática, y el que da pie al análisis de lo que se ha concebido como una respuesta complementaria y/o subsidiaria a la insuficiente respuesta regulatoria —la litigación— objeto del próximo capítulo.

6. EL RÉGIMEN JURÍDICO INTERNACIONAL DEL CAMBIO CLIMÁTICO

El desarrollo del régimen jurídico internacional del cambio climático puede explicarse en distintas etapas (ilustración 10). Una primera etapa de disposición de agenda (1985-1990), una segunda de carácter constitucional con la consagración de la CMNUCC (1990-1995), una tercera etapa regulatoria donde los esfuerzos estuvieron dedicados a la elaboración y puesta en marcha del Protocolo de Kioto (1995-2005) y una cuarta etapa de transición en donde se debía discutir el camino a seguir luego de la finalización del período de vigencia de los compromisos establecidos por este último (2005-2015)[248]. A estas etapas, por supuesto, debe agregársele una quinta a partir de la adopción del Acuerdo de París y las negociaciones para su puesta en marcha que podría llamarse de reestructuración, dada

---

247 Un análisis de los instrumentos regulatorios nacionales sobre el cambio climático excede los fines de esta sección. Dicho esto, en los próximos capítulos y, especialmente, al momento de abordar la jurisprudencia doméstica alrededor del mundo se hará referencia a una variedad de este tipo de instrumentos.

248 Bodansky, Brunnée y Rajamani, *International Climate Change Law*, op. cit., p. 96; Bodansky y Rajamani en otro trabajo conjunto incluyen una fase anterior que llaman fase fundacional. Esta etapa refiere al período en que se desarrolló el conocimiento científico básico sobre la problemática y se corresponde con lo descripto en el apartado primero de este capítulo, véase Bondasky, D. y Rajamani, L., "The Evolution and Governance Architecture of the United Nations Climate Change Regime", en Luterbacher, U. y Sprinz, D., *Global Climate Policy: Actors, Concepts, and Enduring Challenges*, The MIT Press, Cambridge, 2018.

la nueva dinámica adoptada por el régimen (2015-2020) y, posteriormente, una naciente etapa de implementación (a partir de 2020).

Ilustración 10. Etapas del régimen jurídico internacional del cambio climático[249]

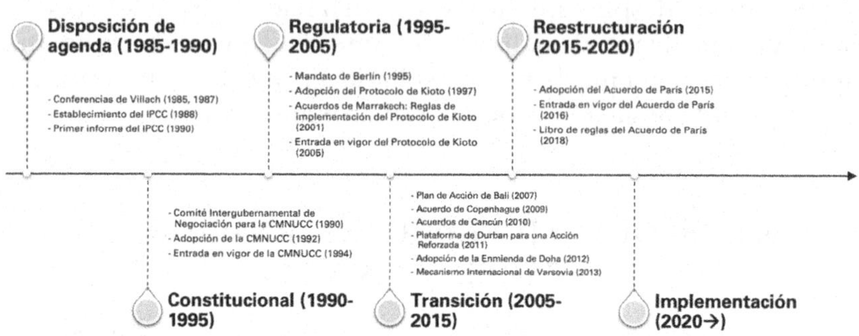

En los siguientes apartados, se aprovecha esta clasificación en etapas para desarrollar los elementos básicos más relevantes del complejo régimen jurídico del cambio climático, un régimen que, vale la pena mencionar aquí, fue —no sin razones— calificado como una *'Rube Goldberg machine*'[250]. Dado su carácter vertebral para la gobernanza climática internacional, pero también nacional, la exposición de estos elementos y su interrelación jurídica e institucional es fundamental para luego poder comprender adecuadamente la cuestión más específica que aborda este trabajo.

---

[249] Elaboración propia a partir de BODANSKY, BRUNNÉE y RAJAMANI, *International Climate Change Law,* op. cit.

[250] En referencia a un artefacto excesivamente sofisticado para la realización de un tarea muy simple de una manera indirecta; el término proviene del dibujante norteamericano cuya mejor obra fue 'The Inventions of Professor Lucifer G. Butts' donde presentaba mecanismos absurdos para desempeñar tareas más que simples; véase RUBE GOLDBERG, Who is Rube Goldberg? <https://www.rubegoldberg.com/the-man-behind-the-machine/> [Última consulta, 5 de mayo de 2021]

6.1. Disposición de agenda

Como se expuso previamente, para la década de los 80' del último siglo la problemática del cambio climático ya se presentaba, a partir de los avances científicos en el entendimiento del fenómeno, como un foco de atención y preocupación legítima que requería la puesta en marcha de procesos de toma de decisión importantes a nivel político, aún sin un panorama totalmente certero de todas las variables de la situación. La opción de 'esperar y ver' (hasta finales de siglo) implicaba, como advertían Wigley y Jones, la posibilidad de consecuencias irreversibles[251]. Así, las conclusiones de la Conferencia Internacional de Villach de 1985 refirieron a la necesidad de que comience una activa colaboración entre científicos y tomadores de decisiones para explorar la efectividad de posibles respuestas al fenómeno[252]. Según explican Bodansky, Brunnée y Rajamani, una serie de eventos, entre los que se incluye la mencionada Conferencia de Villach, pero también su reedición de 1987, el establecimiento de un grupo asesor en GEI bajo el auspicio del PNUMA y la OMM y varias declaraciones de científicos climáticos ante el Congreso de los Estados Unidos, ayudaron a ir familiarizando a los tomadores de decisiones con la problemática y a transformarla de una teoría especulativa en una posibilidad real[253].

La colaboración entre científicos y tomadores de decisiones tuvo su consagración mayor con la creación en 1988 del IPCC, iniciativa conjunta del PNUMA y la OMM[254], con el mandato de proveer evaluaciones internacionalmente coordinadas sobre el estado de la ciencia respecto a este fenómeno, sus causas, magnitud, potenciales impactos y posibles respuestas, a los fines de informar a instancias regulatorias[255]. En mayo y junio de 1990 los grupos de trabajo del IPCC publicaron lo que fue su primer informe en el que alertaron

---

251 Wigley y Jones, "Detecting CO_2-induced climatic change", op. cit.

252 Bodansky, "The United Nations Framework Convention on Climate Change...", op. cit. p. 460.

253 Bodansky, Brunnée y Rajamani, *International Climate Change Law,* op. cit., p. 98.

254 PNUMA y OMM, *Memorandum of Understanding...*, op. cit.

255 Asamblea General de la Organización de las Naciones Unidas, *Protección del clima mundial...*, A/RES/43/53, op. cit., véase apartado 1 *ut supra.*

que si los Estados continuaban su comportamiento *business as usual* la temperatura media global se elevaría durante el siguiente siglo a un ritmo sin precedentes[256].

En respuesta[257], y ante la presión de los países en desarrollo que veían con escepticismo negociaciones en el seno de un órgano técnico como el IPCC[258], la AGNU estableció, en diciembre de 1990, el Comité de Negociación Intergubernamental con el objetivo de preparar "una convención general eficaz sobre los cambios climáticos, que contenga los compromisos apropiados, y los instrumentos conexos que se puedan convenir" a tiempo para su firma en la Conferencia de la ONU sobre Medio Ambiente y Desarrollo de 1992[259]. Esto finalmente sucedió, con la firma de 154 Estados y de la por aquel entonces Comunidad Europea[260], marcando el nacimiento de la respuesta jurídica internacional a la problemática del cambio climático.

6.2. Etapa constitucional: La Convención Marco de Naciones Unidas sobre el Cambio Climático

La CMNUCC es el instrumento fundacional del régimen jurídico internacional del cambio climático. Su adopción data del 9 de mayo

---

256 IPCC, *Climate Change: The IPCC 1990 and 1992 Assessments,* op. cit.

257 Se ha sostenido que la publicación de los informes del IPCC y sus conclusiones han marcado, en gran medida, el ritmo de la gobernanza climática internacional con la adopción de la CMNUCC dos años después del primer informe de este organismo, la adopción del Protocolo de Kioto a continuación de la publicación de su segundo informe, la negociación del reglamento de este instrumento luego de su tercer informe, la hoja de ruta de Bali luego del cuarto y la adopción del Acuerdo de París posteriormente a la publicación del relevante quinto informe, FISCHLIN, A., "Background and Role of Science", en KLEIN, D. et al. (eds.), *The Paris Agreement on Climate Change: Analysis and Commentary,* Oxford University Press, Oxford, 2017, p. 8 y 9.

258 BODANSKY, BRUNNÉE y RAJAMANI, *International Climate Change Law,* op. cit., p. 101.

259 ASAMBLEA GENERAL DE LA ORGANIZACIÓN DE LAS NACIONES UNIDAS, *Protección del clima mundial…,* A/RES/45/212, op. cit.; Véase ORGANIZACIÓN DE LAS NACIONES UNIDAS, *Conferencia de las Naciones Unidas sobre el Medio Ambiente y el Desarrollo,* <https://www.un.org/spanish/conferences/wssd/unced.html> [Última consulta, 2 de diciembre de 2020]

260 UNITED NATIONS TREATY COLLECTION, United Nations Framework Convention on Climate Change, op. cit.

de 1992. En 1994, precisamente el 21 de marzo, entró en vigor con la ratificación de al menos 50 Estados, tal como lo requería su artículo 23, lo que representó una adhesión rápida y contundente de la comunidad internacional. Al momento de escribir, la CMNUCC cuenta con 198 partes, específicamente 196 Estados, la Santa Sede y la Unión Europea[261].

Según destaca Bodansky, para muchos el resultado final de las negociaciones de su texto fue una desilusión por la falta de fuerza de sus compromisos y su ambigüedad respecto a la necesaria acción inmediata, especialmente en lo atinente a la reducción de emisiones de GEI. Sin embargo, según este autor, debe reconocerse que, dado el limitado período de tiempo de negociación y lo complejo y contencioso de la temática, el documento cumplió con su meta principal: establecer las bases para la acción futura, abordando todos los aspectos relevantes de la cuestión, incluyendo los de la mitigación, la adaptación, la financiación, la transferencia de tecnología y la transparencia[262].

En este sentido, la CMNUCC es un instrumento marco y, en tanto este carácter, cumple dos funciones básicas: (a) establece los parámetros para el discurso global sobre el cambio climático y (b) provee un foro para el diálogo y la toma de decisiones, siendo un punto focal para el desarrollo de normas y principios[263]. De este modo, debe notarse que la CMNUCC no regula al cambio climático por sí misma, sino que crea las bases para negociar las diferentes soluciones multilaterales[264], en lo que se conoce como *'framework convention/protocol*

---

261 Ídem.

262 Bodansky, "The United Nations Framework Convention on Climate Change...", op. cit. p. 454, 455.

263 Carlarne, C., Gray, K. y Tarasofksy, R., "International Climate Change Law: Mapping the Field", en Carlarne, Gray y Tarasofsky (eds.), *The Oxford Handbook of International Climate Change Law*, op. cit., p. 4.

264 Boyle y Ghaleigh, "Climate Change and International Law Beyond the UNFCCC", op. cit., p. 29; Depledge comenta que en esto el régimen climático siguió a su par de protección de la capa de ozono con la Convención de Viena para la Protección de la Capa de Ozono de 1985 como plataforma para la posterior adopción del más específico y potente Protocolo de Montreal sobre Sustancias que Dañan la Capa de Ozono de 1987 con sus enmiendas y modificaciones, Depledge, J., "The Legal and Policy Framework of the United Nations Climate Change Regime", en Klein et al. (eds.), *The Paris Agreement on Climate Change...*, op. cit., p. 28.

approach'[265]. En este entendimiento, la propia AGNU definió al instrumento como 'el principal foro intergubernamental para negociar la respuesta mundial al cambio climático"[266].

Específicamente, y de acuerdo con este carácter de instrumento marco, la CMNUCC: (a) presenta la problemática a resolver; (b) define un objetivo para el régimen; (c) establece principios generales para su implementación; (d) desarrolla compromisos básicos para los diferentes actores y (e) estructura un marco institucional para la negociación continua.

6.2.1. Presentación y caracterización de la problemática

En su preámbulo, la CMNUCC caracteriza al cambio climático y a sus efectos adversos, siguiendo a la resolución 43/53 de 1988 de la AGNU, como una 'preocupación común de toda la humanidad'[267] que requiere de la cooperación de todos los Estados[268], a pesar de que no todos hayan contribuido de la misma manera, ni tengan las mismas necesidades:

> *Tomando nota* de que, tanto históricamente como en la actualidad, la mayor parte de las emisiones de gases de efectos invernadero del

---

265 BONDASKY y RAJAMANI, "The Evolution and Governance Architecture...", op. cit.

266 ASAMBLEA GENERAL DE LAS ORGANIZACIÓN DE LAS NACIONES UNIDAS, *Transformar nuestro mundo: la Agenda 2030 para el Desarrollo Sostenible*, 2015, A/RES/70/1 <https://unctad.org/system/files/official-document/ares70d1_es.pdf> [Última consulta, 31 de mayo de 2021], párr. 31

267 ASAMBLEA GENERAL DE LA ORGANIZACIÓN DE LAS NACIONES UNIDAS, *Protección del clima mundial...*, A/RES/43/53, op. cit.; según Bodansky fue iniciativa de Malta incluir en la agenda de la AGNU un ítem titulado '*Declaration proclaiming climate as part of the common heritage of mankind*', lo que dio origen a la expresión finalmente consagrada, BODANSKY, "The United Nations Framework Convention on Climate Change...", op. cit. p. 465.

268 Explica Soltau que el uso del término 'preocupación común de toda la humanidad' refiere a cuestiones que no pueden ser abordadas por un único Estado, sino que requieren de la cooperación internacional y una respuesta colectiva. El autor ha sugerido que se trata de un principio del Derecho internacional ambiental que implica un deber de cooperación entre los Estados, véase SOLTAU, F., "Common Concern of Humankind", en CARLARNE, GRAY y TARASOFSKY (eds.), *The Oxford Handbook of International Climate Change Law*, op. cit.

> mundo han tenido su origen en los países desarrollados, que las emisiones per cápita en los países en desarrollo son todavía relativamente reducidas y que la proporción del total de emisiones originada en esos países aumentará para permitirles satisfacer a sus necesidades sociales y de desarrollo...[269]

En este entendimiento, se plantea ya desde un inicio la cuestión de la equidad antes revisada, afirmándose que los países desarrollados deben tomar el liderazgo en su respuesta[270] y que debe reconocerse la situación especial de los países particularmente vulnerables[271], de aquellos cuyas economías dependen de los combustibles fósiles y de los países en desarrollo que necesitan crecer económicamente y erradicar la pobreza. Sobre estos últimos, se advierte: para aumentar su desarrollo económico y social sostenible deberá aumentar su consumo de energía.

Asimismo, se recuerda que, de conformidad con la Carta de la ONU[272] y los principios del Derecho internacional, los Estados tienen el derecho soberano de explotar sus propios recursos conforme a sus propias políticas ambientales y de desarrollo, pero, a su vez, la responsabilidad de velar por que las actividades que se realicen dentro de su jurisdicción o bajo su control no causen daño al ambiente de otros Estados ni de zonas que estén fuera de los límites de su jurisdicción nacional[273].

Por su parte, es el artículo primero de la CMNUCC el que enlista una serie de definiciones de términos relevantes para su interpretación y define al cambio climático como:

---

269 United Nations Treaty Collection, United Nations Framework Convention on Climate Change, op. cit., preámbulo.

270 "*Reconociendo también* la necesidad de que los países desarrollados actúen de inmediato...", ídem.

271 "...países de baja altitud y otros países insulares pequeños, los países con zonas costeras bajas, zonas áridas y semiáridas, o zonas expuestas a inundaciones, sequía y desertificación, y los países en desarrollo con ecosistemas montañosos frágiles...", ídem.

272 United Nations Treaty Collection, Charter of the United Nations, op. cit.

273 United Nations Reports of International Arbitral Awards: *Trail smelter case (United States, Canada),* 16 de abril de 1938 y 11 de marzo de 1941, Vol. III., disponible en: <https://legal.un.org/riaa/cases/vol_III/1905-1982.pdf> [Última consulta, 2 de septiembre de 2021]

> ...un cambio de clima atribuido directa o indirectamente a la actividad humana que altera la composición de la atmósfera mundial y que se suma a la variabilidad natural del clima observada durante períodos de tiempo comparables[274].

Vale notar aquí que, entonces, para la CMNUCC 'cambio climático' es sólo aquel producto de la actividad humana (directa o indirectamente), con lo que se diferencia del concepto utilizado por el IPCC que refiere al fenómeno sin importar la causa. En este sentido, si el IPCC concluyese que el fenómeno tiene, en realidad, origen estrictamente natural, tanto la CMNUCC como todos sus instrumentos conexos perderían su objeto y podrían darse por terminados de acuerdo con el Derecho internacional, salvo que las Partes dispusieran lo contrario[275].

6.2.2. Objetivo 'último' del régimen

En su artículo segundo, la CMNUCC enuncia su objetivo último que es, además, el de todo instrumento jurídico conexo que se adopte dentro del régimen. Esto es: "...la estabilización de las concentraciones de gases de efecto invernadero en la atmósfera a un nivel que impida interferencias antropógenas peligrosas en el sistema climático"[276]. Según el mismo artículo, esto debería alcanzarse en un plazo suficiente para permitir que los ecosistemas se adapten naturalmente, asegurar que la producción de alimentos no se vea amenazada y que el desarrollo económico prosiga de manera sostenible.

Debe notarse, por un lado, que el objetivo refiere a concentraciones de GEI en la atmósfera y no a emisiones, lo cual tiene su razón de ser, pues, como se analizó previamente, es la magnitud de estos

---

274 Ídem, artículo 1.2.

275 UNITED NATIONS TREATY COLLECTION, Vienna Convention on the Law of Treaties, Viena, 23 de mayo de 1969 <https://treaties.un.org/Pages/ViewDetailsIII.aspx?src=TREATY&mtdsg_no=XXIII-1&chapter=23&Temp=mtdsg3&clang=_en> [Última consulta, 3 de diciembre de 2020]

276 UNITED NATIONS TREATY COLLECTION, United Nations Framework Convention on Climate Change, op. cit., artículo 2; el artículo 1 define a 'sistema climático' como "la totalidad de la atmósfera, la hidrosfera, la biosfera y la geosfera, y sus interacciones".

gases depositados en la atmósfera lo que, en definitiva, determina el calentamiento y no las emisiones en un momento en particular[277]. Por otro, que no se define qué nivel de concentración es seguro (o impide interferencias peligrosas). En este sentido, debe recordarse que hay quienes han marcado que tal nivel equivaldría a 350 ppm, mientras que las concentraciones actuales están por encima de 419 ppm[278]. En cualquier caso, se ha advertido que la determinación de este nivel requiere no solo de evaluaciones científicas sobre el funcionamiento del sistema climático, sino también juicios de valor que van más allá del rol de la ciencia física del clima y que implican decisiones políticas sobre cómo balancear factores económicos, sociales y ambientales[279]. Esto resulta patente de la referencia a la producción de alimentos y al desarrollo económico que el propio artículo hace. Esta determinación, si bien no en términos de concentración de GEI en la atmósfera, fue consagrada finalmente en el Acuerdo de París, como se verá más adelante, en la forma de un aumento máximo de temperatura y emisiones a largo plazo.

6.2.3. Principios generales del régimen

El artículo tercero provee una lista de enunciados que conforman un bloque de principios[280] y rigen la adopción de medidas para el logro del objetivo y la aplicación de los instrumentos del régimen.

---

277 Véase apartado 2 *ut supra;* BODANSKY, BRUNNÉE y RAJAMANI, *International Climate Change Law,* op. cit., p. 125.

278 ROCKSTRÖM, et al., "Planetary Boundaries…", op cit.; SCRIPPS INSTITUTION OF OCEANOGRAPHY, *The Kelling Curve,* op. cit.

279 BODANSKY, BRUNNÉE y RAJAMANI, *International Climate Change Law,* op. cit., p. 125, 126.

280 Rajamani advierte que una serie de modificaciones se hicieron a la propuesta de texto de la CMNUCC para prevenir que los principios del artículo tercero sean entendidos como parte del Derecho internacional consuetudinario general. Asimismo, que Estados Unidos se aseguró de que se eliminase cualquier referencia al término 'principios' del texto del tratado, quedando solo en el título de este artículo, agregándose una notal al pie que afirma que los títulos de los artículos son incluidos solo para asistir al lector, RAJAMANI, L., "The Principle of Common but Differentiated Responsibility and the Balance of Commitments under the Climate Regime", *Review of European Community and International Environmental Law,* Vol. 9, N°. 2, 2000, p. 124.

De estos enunciados pueden extraerse, al menos, los siguientes principios básicos: (a) principio de equidad intra e intergeneracional; (b) principio de cooperación; (c) principio CBDR y respectivas capacidades; (d) principio de precaución; (e) principio del desarrollo sostenible; y (f) principio de libre comercio.

En cuanto a los principios de equidad intra e intergeneracional, Redgwell observa que la CMNUCC es particular al reconocer a las futuras generaciones en su texto operativo cuando típicamente ello ha quedado relegado a disposiciones preambulares. Esta inclusión es significativa dado el carácter inter-temporal de causas y efectos del fenómeno comentado en apartados anteriores. Igualmente particular es la CMNUCC, según esta autora, respecto a la mención de la equidad intrageneracional, aunque ello se alinea con el fuerte rol que tiene el principio CBDR en el texto[281].

Los principios de cooperación y de CBDR y respectivas capacidades se encuentran íntimamente relacionados y se reconocen como principios núcleos de todo el régimen jurídico del cambio climático. La Declaración de Río de 1992, al enunciar por primera vez, en su versión general, el principio CBDR, dispuso que (principio 7):

> Los Estados deberán cooperar con espíritu de solidaridad mundial para conservar, proteger y restablecer la salud y la integridad del ecosistema de la Tierra. En vista de que han contribuido en distinta medida a la degradación del medio ambiente mundial, los Estados tienen responsabilidades comunes pero diferenciadas. Los países desarrollados reconocen la responsabilidad que les cabe en la búsqueda internacional del desarrollo sostenible, en vista de las presiones que sus sociedades ejercen en el medio ambiente mundial y de las tecnologías y los recursos financieros de que disponen[282].

Se reconoce, entonces, por un lado, la necesidad ineludible de cooperar ante problemas ambientales globales caracterizados por la

---

281 REDGWELL, C., "Principles and Emerging Norms in International Law: Intra- and Inter-generational Equity", en CARLARNE, GRAY y TARASOFSKY (eds.), *The Oxford Handbook of International Climate Change Law,* op. cit., p. 186.

282 ORGANIZACIÓN DE LAS NACIONES UNIDAS, *Declaración de Río sobre el Medio Ambiente y el Desarrollo,* Conferencia de las Naciones Unidas sobre el Medio Ambiente y el Desarrollo, Río de Janeiro, 1992 <https://www.un.org/spanish/esa/sustdev/agenda21/riodeclaration.htm> [Última consulta, 3 de diciembre de 2020]

falta de fronteras físicas y políticas, y por otro, las diferencias históricas en la contribución y en la capacidad económica y técnica para responder a estos problemas entre Estados desarrollados y en vías de desarrollo[283].

Puede decirse, de esta manera, que el principio CBDR tiene sus bases en el principio de cooperación y el de contaminador-pagador[284], y apunta a la promoción de la igualdad sustancial en la comunidad internacional y a la creación de una percepción de justicia entre las diferentes partes intervinientes, sin la cual el abordaje de las problemáticas no tendría ninguna posibilidad de prosperar[285]. En lo que hace a su presencia en el régimen climático, debe notarse que se ha discutido el alcance de su estatus jurídico, principalmente, debido a estar enunciado en términos no prescriptivos. De acuerdo con Rajamani, incluso si el principio no presenta un carácter de obligación jurídica por sí mismo, tiene suficiente peso para formar las bases filosóficas y jurídicas de la interpretación de las obligaciones existentes y de la elaboración de nuevas[286]. En la práctica, esto se ha traducido en la previsión en el régimen de derechos y obligaciones asimétricas, como también en dilaciones temporales de la acción requerida[287].

Más allá de esto, debe advertirse que, a pesar de ser un principio estructural del régimen que cuenta con soporte universal, se ha señalado que existe relativamente poco acuerdo sobre su fundamentación y aplicación en determinadas circunstancias. Según señalan Bodansky, Brunnée y Rajamani, Estados desarrollados y en vías de desarrollo ponen énfasis en aspectos distintos del principio, los primeros en las 'capacidades' y los segundos en las 'responsabilidades' de las emisiones históricas, lo cual genera controversias a la hora de su

---

283 Borràs Pentinat, S., "Análisis Jurídico del Principio de Responsabilidades Comunes, pero Diferenciadas", Revista Seqüência, Vol. 25, N°. 49, 2004, p. 179, 181; sobre la inequidad detrás de la problemática climática véase apartado 3 *ut supra*.

284 Rajamani, "The Principle of Common but Differentiated Responsibility...", op. cit., p. 122.

285 Ídem, p. 123.

286 Ídem, p. 124.

287 Borràs Pentinat, "Análisis Jurídico del Principio de Responsabilidades Comunes...", op. cit., p. 187.

implementación efectiva[288]. Además, como se advirtió previamente, se ha alegado que con el correr del régimen jurídico internacional este parámetro de equidad ha ido perdiendo sustancia y lugar ante otros 'valores' como principalmente el de la eficiencia económica y la flexibilidad[289].

Al igual que los principios de cooperación y CBDR, el principio de precaución también se encuentra enlistado en la Declaración de Río de 1992 (principio 15) bajo el enunciado siguiente:

> Con el fin de proteger el medio ambiente, los Estados deberán aplicar ampliamente el criterio de precaución conforme sus capacidades. Cuando haya peligro de daño grave o irreversible, la falta de certeza científica absoluta no deberá utilizarse como razón para postergar la adopción de medidas eficaces en función de los costos para impedir la degradación del medio ambiente[290].

Este famoso principio del Derecho ambiental, cuyo objetivo es gobernar la toma de decisiones bajo condiciones de incerteza[291], es un lógico agregado en el régimen, dado que, quizás como ninguna otra problemática ambiental, el cambio climático expresa la combinación de gravedad, urgencia e incertidumbre que lo caracterizan. En este ámbito, como se advirtió ya hace casi 50 años, "*...a wait-and-see policy may mean waiting until it is too late*"[292]. Debe notarse que este principio de precaución está atravesado por el principio de coste-efectividad que garantiza que las medidas que se exijan lo sean siempre en fun-

---

288 BODANSKY, BRUNNÉE y RAJAMANI, *International Climate Change Law,* op. cit., p. 27.

289 STEVENSON, H., *Institutionalizing Unsustainability...*, op. cit.; BRUNNÉE, "Climate change, global environmental justice...", op. cit., p. 328.

290 ORGANIZACIÓN DE LAS NACIONES UNIDAS, *Declaración de Río...*, op. cit.

291 DE SADELEER, N, "The effect of uncertainty on the threshold levels to which the precautionary principle appears to be subject", en SHERIDAN, M. y LAVRYSEN, L. (eds), *Environmental Law Principles in Practice,* Bruylant, 2002, p. 27, 31, este principio surgió del *Vorsorgeprinzip* alemán; de acuerdo con el mencionado autor respecto del 'peligro de daño' debe existir una plausibilidad científicamente razonable;

292 WIENER, J., "Precaution and Climate Change", en CARLARNE, GRAY y TARASOFSKY (eds.), *The Oxford Handbook of International Climate Change Law,* op. cit., p. 169, en referencia al documento *Carbon Dioxide and Climate: A Scientific Assessment* de 1979 del *National Research Council* de Estados Unidos.

ción de los costos a fin de asegurar, expresa el tratado, beneficios mundiales al menor coste posible. En otras palabras, implica un reaseguro de que la tutela ambiental no subordinará de manera absoluta a las consideraciones económicas.

Por su parte, el principio del desarrollo sostenible incluye un derecho que detentan los Estados, a la vez que un deber de promoción, con la particularidad de que pone al crecimiento económico como centro de la adopción de medidas para hacer frente al cambio climático. Esto es refrendado por el principio de libre comercio cuyo objeto es asegurar que las medidas adoptadas no generen una discriminación arbitraria o injustificable o una restricción encubierta al comercio internacional[293]. Explican Bodansky, Brunnée y Rajamani que este principio de desarrollo sostenible fue una deformación, propugnada por los países en vías de desarrollo, de la idea del derecho al desarrollo como derecho humano[294].

La contemplación de estos principios en la CMNUCC implica, según Carlane, Gray y Tarasofsky, la introducción de cuestiones de carácter ético en el centro de la gobernanza internacional del cambio climático. Su implementación, sin embargo, observan estos mismos autores, permanece constantemente en tensión en un ámbito en el que reinan los intereses nacionales y la *realpolitik*[295].

6.2.4. Compromisos básicos

La CMNUCC presenta en sus artículos 4, 5, 6 y 12 una serie de compromisos básicos. A partir del principio de CBDR y respectivas capacidades, estos se clasifican en aquellos asumidos por todas las Partes, aquellos asumidos exclusivamente por las Partes que figuran en el Anexo I —países desarrollados y países con economías en transición[296]— y aquellos asignados sólo a los países desarrollados,

---

293 No se otorgan precisiones sobre qué medidas podrían o no permitirse.

294 Bodansky, Brunnée y Rajamani, *International Climate Change Law,* op. cit., p. 129.

295 Carlarne, Gray y Tarasofksy, "International Climate Change Law: Mapping the Field", op. cit., p. 14.

296 La lógica detrás de este listado fue la de incluir a los países integrantes de la Organización para la Cooperación y el Desarrollo Económicos (OCDE) al

enlistados en el Anexo II de la CMNUCC. Estos compromisos diferenciados implican que los países desarrollados asumen, al menos sobre el papel, el liderazgo en los esfuerzos globales para abordar la problemática.

Tabla 1. Anexos I y II de la CMNUCC[297]

Anexo I: países desarrollados y con economías en transición	Anexo II: países desarrollados
Países del Anexo II + Bielorrusia; Bulgaria; Croacia; Eslovaquia; Eslovenia; Estonia; Federación de Rusia; Hungría; Letonia; Lituania; Liechtenstein; Mónaco; Polonia; República Checa; Rumania; Turquía; Ucrania.	Alemania; Australia, Austria; Bélgica; Canadá; Comunidad Económica Europea (Unión Europea); Dinamarca; España; Estados Unidos de América; Finlandia; Francia; Grecia; Irlanda; Islandia; Italia; Japón; Luxemburgo; Noruega; Nueva Zelandia; Países Bajos; Portugal; Reino Unido de Gran Bretaña e Irlanda del Norte; Suecia; Suiza.

En primer lugar, los compromiso generales, es decir, asumidos por todas las Partes de la CMNUCC, pueden resumirse en[298]: (a) la elaboración, actualización periódica, publicación y comunicación de inventarios nacionales de emisiones de GEI[299]; (b) la formulación, aplicación, publicación y actualización de programas nacionales (o regionales) con medidas orientadas a la mitigación, conservación y reforzamiento de sumideros y depósitos de GEI y a la adaptación; (c) la promoción y

---

momento de la negociación y a los países económicamente más avanzados del centro y este de Europa y de la ex Unión Soviética (economías en transición). Según Bodansky, Brunnée y Rajamani, considerando el parámetro de nivel de desarrollo utilizado como factor determinante de la definición del listado, resulta sorprendente la ausencia de Israel y Sudáfrica tanto como la presencia de Turquía, BODANSKY, BRUNNÉE y RAJAMANI, *International Climate Change Law*, op. cit., p. 122.

297 Elaboración propia a partir de la CMNUCC.

298 UNITED NATIONS TREATY COLLECTION, United Nations Framework Convention on Climate Change, op. cit., artículo 4.1; debe notarse que el encabezado del artículo cuarto que contiene la mayoría de estos compromisos refiere a que debe considerarse, a la hora de su cumplimiento, el principio CBDR como también el carácter específico de las prioridades nacionales y regionales de desarrollo, objetivos y circunstancias de cada Parte.

299 El artículo refiere a los GEI no controlados por el Protocolo de Montreal; ídem, artículo 4.1.a).

apoyo mediante la cooperación del desarrollo, aplicación, difusión y transferencia de tecnologías, prácticas y procesos para la mitigación en todos los sectores pertinentes (energía, transporte, agricultura, etc.); (d) la cooperación para la adaptación a los impactos del cambio climático y el desarrollo y elaboración de planes apropiados e integrados para la ordenación del territorio y la protección y rehabilitación de zonas afectadas; (e) la integración del cambio climático en la toma de decisiones públicas respecto a políticas y medidas sociales, económicas y ambientales y el empleo de métodos apropiados (v. gr., evaluaciones de impacto) para la reducción de efectos adversos de proyectos y medidas para la mitigación o adaptación; (e) la promoción de la investigación y el intercambio de información sobre el fenómeno[300]; y (f) el fomento de la educación, capacitación, concientización y participación del público (incluidas las ONG) en la materia[301].

En segundo lugar, las Partes del Anexo I asumen, principalmente, el compromiso adicional de adoptar políticas nacionales y tomar medidas de mitigación, limitando sus emisiones y protegiendo y mejorando sus sumideros y depósitos de GEI, con la meta de volver a los niveles de 1990 para el año 2000, siempre teniendo en cuenta sus diversas circunstancias nacionales, la necesidad de mantener un crecimiento económico fuerte y sostenible y la equidad en la contribución a la acción mundial[302].

En tercer lugar, las Partes a su vez enlistadas en el Anexo II se comprometen, de forma complementaria, a proporcionar recursos financieros nuevos y adicionales para asistir a las otras Partes en: (a) la preparación de sus inventarios e informes nacionales; (b) la implementación de medidas que reduzcan las emisiones de GEI; y (c) los costes que implique la adaptación para los países particularmente vulnerables. Asimismo, aceptan tomar todas las medidas posibles para promover, facilitar y financiar la transferencia de tecnologías y el mejoramiento de capacidades en los países en desarrollo[303].

---

300 Ídem, artículo 5.

301 Ídem, artículo 6.

302 Ídem, artículo 4.2.

303 Ídem, artículos 4.3, 4.4 y 4.5. El artículo 11 de la CMNUCC estableció un mecanismo de financiación para, entre otras cosas, la transferencia de tecnología. Este mecanismo, que se encuentra bajo dirección y control de la COP, no creó

Todos estos compromisos se encuentran, a su vez, alcanzados por uno o varios deberes de comunicación al órgano central de la CMNUCC (la COP) de información relativa a su cumplimiento[304]. Este deber de transmisión de información es generalizado y profundizado en el artículo 12.

Debe notarse que la CMNUCC no estipula compromisos sustantivos para la reducción de emisiones, siendo su disposición más importante en este sentido el artículo 4.2. (compromisos de las Partes del Anexo I), el que está redactado en un lenguaje enrevesado y no vinculante[305]. Aunque esto pueda quizás sorprender, tiene que ver con el carácter de instrumento marco que detenta la CMNUCC y que, en palabras de Bodansky, lo que buscó fue establecer, principalmente, un proceso diseñado para la mejora de la base informativa y la reducción de incertezas, para la promoción de la planificación nacional y para la futura producción de estándares internacionales más sustantivos[306].

6.2.5. Estructura institucional

Siguiendo los pasos de la Convención de Viena de 1985 para la Protección de la Capa de Ozono[307], la CMNUCC estableció un marco institucional que asegura el seguimiento y evolución del régimen año tras año. Esta estructura institucional está compuesta por la COP, una secretaría, y dos órganos subsidiarios permanentes. Estos cuatro ór-

---

una nueva institución, sino que quedo bajo la operación del Fondo para el Medio Ambiente Mundial, iniciativa del Programa de las Naciones Unidas para el Desarrollo, el PNUMA y el Banco Internacional de Reconstrucción y Fomento; al respecto véase BODANSKY, BRUNNÉE y RAJAMANI, *International Climate Change Law,* op. cit., p. 145 y ss.

304 Por ejemplo, artículos 4.1.j) y 4.2.b).

305 BODANSKY, BRUNNÉE y RAJAMANI, *International Climate Change Law,* op. cit., p. 120.

306 BODANSKY, "The United Nations Framework Convention on Climate Change...", op. cit. p. 455.

307 UNITED NATIONS TREATY COLLECTION, Vienna Convention for the Protection of the Ozone Layer, Viena, 22 de marzo de 1985 <https://treaties.un.org/Pages/ViewDetails.aspx?src=TREATY&mtdsg_no=XXVII-2&chapter=27&clang=_en> [Última consulta, 4 de diciembre de 2020]

ganos básicos están también presentes en los marcos institucionales del Protocolo de Kioto y del Acuerdo de París[308].

En cuanto a la COP, en esta se reúnen todas las Partes del tratado, cada una con derecho a un voto[309], constituyendo el órgano central y supremo del régimen. Su establecimiento y funciones están previstos en el artículo séptimo de la CMNUCC y su función básica es la de tomar todas las decisiones necesarias para promover la implementación de la CMNUCC, mientras que su facultad más relevante es la de evaluar, a partir de la información transmitida por las Partes, la aplicación de la misma, los efectos generales (en particular, ambientales, económicos y sociales) de las medidas adoptadas y el avance hacia el logro de la meta del régimen[310].

El establecimiento de este órgano implica, en la práctica, la realización de reuniones anuales, asegurándose así un proceso de negociación continuo para el desarrollo de la normatividad del régimen. En este proceso, las decisiones se toman por consenso[311], lo que, en opinión de Boyle y Ghaleigh, tiene el beneficio de permitir el alcance de acuerdos complejos, comprensivos e inclusivos a pesar de la variedad de intereses existentes, requiriéndose mayor compromiso negociador que cuando las decisiones se toman por mayorías. Las decisiones de la COP, aún sin ser claramente vinculantes[312], tienen gran relevancia al enriquecer y expandir la normatividad y la estructura institucional del régimen, al revisar la adecuación de las obligaciones vigentes y al impulsar la adopción de nuevos acuerdos, en una especie de función legislativa[313]. Dicho esto, debe advertirse que la

---

308 En estos dos últimos instrumentos, la COP recibe el nombre de Reunión de las Partes.

309 United Nations Treaty Collection, United Nations Framework Convention on Climate Change, op. cit., artículo 18.

310 Ídem, artículo 7.

311 No deben existir objeciones formales al momento de la toma de decisión; CMNUCC, *Proyecto de reglamento…*, op. cit.; Boyle y Ghaleigh, “Climate Change and International Law Beyond the UNFCCC”, op. cit., p. 37, véase apartado 3 *ut supra.*

312 No son legalmente vinculantes a menos que el tratado otorgue expresamente tal facultad a la COP; Bodansky, Brunnée y Rajamani, *International Climate Change Law,* op. cit., p. 19.

313 Ídem, p. 19, 20.

creación de nuevas obligaciones jurídicas depende de la adopción de protocolos o enmiendas a la CMNUCC, los cuales requieren de su aceptación específica por los Estados antes de su entrada en vigor[314].

Como se mencionó, una secretaría técnica, establecida por el artículo octavo y encargada principalmente de brindar soporte administrativo a la COP, y algunos órganos subsidiarios, abiertos a todas las Partes, complementan la estructura institucional básica. Estos últimos son el Órgano Subsidiario de Asesoramiento Científico y Tecnológico (artículo 9) cuya función principal, como su nombre lo indica, es la de brindar información y asesoría a la COP y a otros órganos que así lo requieran sobre estos dos aspectos, y el Órgano Subsidiario de Ejecución (artículo 10) cuya función principal es el examen y evaluación del cumplimiento efectivo de la CMNUCC. Debe advertirse aquí que este último ente no se asemeja a otros órganos de cumplimiento establecidos por otros tratados ambientales (v. gr., Comité de cumplimiento del Convenio de Aarhus) que están facultados a evaluar el cumplimiento particular de una Parte, ante petición de un par o un individuo y realizar recomendaciones[315]. El órgano previsto en la CMNUCC está solamente facultado a evaluar en conjunto los efectos agregados de las medidas tomadas por las Partes.

6.3. Etapa regulatoria: el Protocolo de Kioto

Al poco tiempo de la adopción y firma de la CMNUCC, algunos países comenzaron a explicitar que, ante la insuficiencia de los compromisos asumidos, era necesario su complementación, en particular mediante metas de limitación de emisiones más específicas y rígidas[316]. En 1995 se celebró la primera COP y, en respuesta a las in-

---

314 Véase UNITED NATIONS TREATY COLLECTION, United Nations Framework Convention on Climate Change, op. cit., artículos 15-17.

315 Véase, por ejemplo, sobre el Comité de Aarhus, KOESTER, V., "The Compliance Committee of the Aarhus Convention: An overview of procedures and jurisprudence", *Environmental Policy and Law,* Vol. 37, 2007.

316 BODANSKY, BRUNNÉE y RAJAMANI, *International Climate Change Law,* op. cit., p. 105.

quietudes planteadas, se adoptó el Mandato de Berlín[317], por el que se estableció un grupo especial para trabajar en las negociaciones de un nuevo instrumento jurídico. Estas negociaciones se desarrollaron durante dos años y tuvieron su punto final en Kioto en 1997.

Definido en su momento como el más complejo y ambicioso acuerdo ambiental jamás negociado[318], el Protocolo de Kioto[319] fue adoptado el 11 de diciembre de 1997, luego de intensas negociaciones que buscaban la consagración de un instrumento jurídico que reforzara los compromisos de las Partes del Anexo I de la CMNUCC para el período posterior al año 2000. Específicamente, se negoció la estipulación de objetivos cuantificados para estas Partes, a la vez que se vedó la posibilidad de introducir nuevos compromisos para el resto, en consideración del principio CBDR. De acuerdo con Bodansky, Brunnée y Rajamani, el resultado final del Protocolo expresó una transacción entre la Unión Europea, los países en vías de desarrollo y Estados Unidos, consistente en tres condiciones. Por parte de la Unión Europea, el establecimiento de objetivos de limitación de emisiones jurídicamente vinculantes. Por parte de los países en vías de desarrollo, la no estipulación de nuevas obligaciones para ellos. Por parte de Estados Unidos y algunos aliados, la introducción de mecanismos de flexibilidad en el cumplimiento de los compromisos[320].

Así, algunas características definirían al Protocolo: (a) la determinación de metas cuantificadas de reducción de emisiones internacionalmente negociadas (*top-down*) y la estipulación de reglas de rendición de cuentas; (b) una nítida diferenciación entre las obligaciones de los países desarrollados y en vías de desarrollo; (c) la naturaleza vinculante del instrumento, acompañada por un sistema de control del cumplimiento; (d) la introducción al régimen de mecanismos de mercado que, otor-

---

317 CMNUCC, *Informe de la Conferencia de las Partes sobre su primer período de sesiones, celebrado en Berlín del 28 de marzo al 7 de abril de 1995*, FCCC/CP/1995/7/Add.1, 2 de junio de 1995.

318 Bodansky, Brunnée y Rajamani, *International Climate Change Law*, op. cit., p. 16; probablemente superado por el Acuerdo de París en complejidad.

319 United Nations Treaty Collection, Kyoto Protocol to the United Nations Framework Convention on Climate Change, op. cit.

320 Bodansky, Brunnée y Rajamani, *International Climate Change Law*, op. cit., p. 106.

gando flexibilidad, permitiesen una implementación coste-efectiva de las obligaciones; y (e) un ámbito de aplicación prácticamente limitado a la mitigación de emisiones de las Partes desarrolladas[321].

Pese al aparente consenso expresado en sus diferentes elementos, el camino hacia la vigencia del Protocolo, que en la actualidad cuenta con 192 Partes[322], no fue nada simple. En marzo de 1998, el instrumento se abrió a la firma, sin embargo, su entrada en vigor solo sucedió casi siete años más tarde, el 16 de febrero de 2005[323]. Esta demora entre adopción y entrada en vigor se explica, por un lado y según Depledge, por la introducción en el Protocolo de un abanico de nuevos elementos que requirieron tiempo para la negociación y establecimiento de reglas de implementación, lo que sucedió recién en 2001 en Marrakech[324]. Hasta ese momento, según esta autora, no había certeza suficiente de con qué tanta flexibilidad contarían las Partes para el cumplimiento de sus obligaciones[325]. Por otro lado, el retraso tuvo que ver con las propias condiciones impuestas para su entrada en vigor —55 ratificaciones que incluyan, al menos, Partes del Anexo I de la CMNUCC suficientes para cubrir un 55% de las emisiones de CO_2 que ese grupo representaba (artículo 25)— y el golpe casi mortal propiciado al Protocolo por el anuncio en 2001 de que Estados Unidos no lo ratificaría. Esta ausencia hizo de la doble condición impuesta por el artículo 25 una vara casi insuperable, solo superpuesta con la ratificación del Protocolo por parte de la Federación Rusa.

6.3.1. Nuevos compromisos

Más allá de reiterar algunos de aquellos estipulados en la CMNUCC, el Protocolo incluyó nuevos compromisos para las Par-

---

321 Ídem, p. 105, 163.

322 UNITED NATIONS TREATY COLLECTION, Kyoto Protocol to the United Nations Framework Convention on Climate Change, op. cit.

323 Ídem.

324 CMNUCC, *Informe de la Conferencia de las Partes sobre su séptimo período de sesiones, celebrado en Marrakech del 29 de octubre al 10 de noviembre de 2001*, FCCC/CP/2001/13/Add.1, 21 de enero de 2002.

325 DEPLEDGE, "The Legal and Policy Framework of the United Nations Climate Change Regime", op cit., p. 34.

tes del Anexo I que vendrían a reforzar los asumidos en los artículos 4.2.a y 4.2.b del instrumento marco. Así, su artículo tercero introdujo la obligación de asegurar[326], individual o conjuntamente[327], que las emisiones antropógenas agregadas de GEI[328] no excedan las cantidades atribuidas a cada Parte, calculadas en función de los compromisos cuantificados de limitación y reducción de emisiones consignados en el Anexo B (ilustración 11), con miras a reducir el total de las emisiones en un nivel inferior en no menos de 5% al de 1990[329] en el período comprendido entre el año 2008 y 2012. Debe notarse que quedan excluidas de estos compromisos

---

326 El artículo segundo del Protocolo presenta un listado ejemplificativo de políticas o medidas que las Partes del Anexo I podrían implementar y/o desarrollar a los fines de dar cumplimiento a estos compromisos, además de solicitar la cooperación entre ellas en este quehacer, United Nations Treaty Collection, Kyoto Protocol to the United Nations Framework Convention on Climate Change, op. cit.

327 De acuerdo con el artículo 4 del Protocolo, se considerará que las Partes que hayan llegado a un acuerdo para cumplir conjuntamente sus compromisos han dado cumplimiento a esos compromisos si la suma total de sus emisiones antropógenas agregadas no excede de las cantidades atribuidas a ellas, calculadas en función de los compromisos cuantificados de limitación y reducción de las emisiones consignados para ellas en el anexo B y de conformidad con lo dispuesto en el artículo 3. En el acuerdo se consignará el nivel de emisión respectivo asignado a cada una de las Partes; ídem.

328 Figuran en un listado en el Anexo A del Protocolo. A saber, CO_2, CH_4, N_2O, Hidrofluorocarbonos, Perfluorocarbonos, y Hexafluoruro de azufre. La enmienda de Doha agregaría el Trifloururo de nitrógeno a este anexo que, a su vez, enlista a los sectores o categorías de fuentes alcanzados por el compromiso, a saber, energía, procesos industriales, utilización de disolventes y otros productos, agricultura y desechos, ídem; United Nations Treaty Collection, Doha Amendment to the Kyoto Protocol, Doha, 8 de diciembre de 2012 <https://treaties.un.org/Pages/ViewDetails.aspx?src=TREATY&mtdsg_no=XXVII-7-c&chapter=27&clang=_en> [Última consulta, 18 de diciembre de 2020]; El instrumento considera, a los fines de los compromisos, a los diferentes gases en forma conjunta (*basket of gases*) y no gas por gas, por lo que se requiere una métrica común para su medición (CO_{2e}).

329 Aquellas Partes que se consideraban que estaban en proceso de transición hacia una economía de mercado podían optar por año o período de base diferente a 1990, según el artículo 3.5 y la Decisión 9/CP.2. Asimismo, para determinados GEI, el año de base podría ser 1995, véase artículo 3.8, United Nations Treaty Collection, Kyoto Protocol to the United Nations Framework Convention on Climate Change, op. cit.

las emisiones provenientes del transporte aéreo y marítimo internacional (artículo 2.2). Asimismo, que la absorción provista por los sumideros de carbono es tenida en cuenta a la hora del cumplimiento de los compromisos (artículo 3.3).

Estos compromisos cuantificados de limitación y reducción de emisiones, como no podría ser de otra manera, pero a diferencia de lo que podría pensarse a partir de las críticas y reticencias que sobrevendrían, estuvieron lejos de ser impuestos, siendo producto de una ardua negociación en que las Partes consideraron sus propias posibilidades[330]. En este sentido, debe notarse que el resultado final responde a un juego político más que a una respuesta estricta a lo que la ciencia hubiese podido requerir.

Del análisis del Anexo, puede observarse rápidamente que la máxima reducción prevista fue de un 8%, siendo, a su vez, la más extendida, mientras que a algunos países se les pidió un mantenimiento del nivel de emisiones respecto 1990[331] e incluso a otros se les autorizó un aumento determinado. Asimismo, debe notarse que la Unión Europea aprovechó la posibilidad de cumplimiento conjunto redistribuyendo los compromisos de emisión entre sus miembros[332].

---

330 DEPLEDGE, "The Legal and Policy Framework of the United Nations Climate Change Regime", op cit., p. 33.

331 Es paradigmático el caso de Rusia ya que, debido a la caída de la Unión Soviética, sus emisiones proyectadas eran considerablemente menores a las de 1990, lo que implicó, en los hechos, no solo autorizar todo el aumento previsto sino proveerle de emisiones extras utilizables como créditos de emisión dentro de los mecanismos de flexibilidad del Protocolo; BODANSKY, BRUNNÉE y RAJAMANI, *International Climate Change Law,* op. cit., p. 173, 175.

332 Por ejemplo, Alemania asumió un 21% de reducción, mientras que a Portugal le correspondió un crecimiento del 28%, ídem, p. 178.

Tabla 2. Anexo B del Protocolo de Kioto[333]

Anexo B
Partes (compromiso cuantificado de limitación o reducción de las emisiones, % del nivel año o período de base)
Alemania (92); Australia (108); Austria (92); Bélgica (92); Bulgaria* (92); Canadá (94); Comunidad Europea (92); Croacia* (95); Dinamarca (92); Eslovaquia* (92); Eslovenia* (92); España (92); Estados Unidos de América (93); Estonia* (92); Federación de Rusia* (100); Finlandia (92); Francia (92); Grecia (92); Hungría* (94); Irlanda (92); Islandia (110); Italia (92); Japón (94); Letonia* (92); Liechtenstein (92); Lituania* (92); Luxemburgo (92); Mónaco (92); Noruega (101); Nueva Zelandia (100); Países Bajos (92); Polonia* (94); Portugal (92); Reino Unido de Gran Bretaña e Irlanda del Norte (92); República Checa* (92); Rumania* (92); Suecia (92); Suiza (92); Ucrania* (100) *Países que están en proceso de transición a una economía de mercado.

Para el control del cumplimiento de estas metas, el Protocolo estableció algunas disposiciones específicas sobre medición, reporte y verificación, a partir de los inventarios de GEI y las comunicaciones nacionales ya previstas en la CMNUCC, pero complementadas a los fines de servir al Protocolo. El artículo quinto refirió a la obligación de establecer un sistema nacional de estimación de emisiones por las fuentes y remoción por los sumideros y abordó algunas cuestiones metodológicas[334] que luego fueron desarrolladas por los Acuerdos de Marrakech[335]. Este sistema de estimación era necesario para la preparación, por las Partes, del inventario de emisiones solicitado ya por la CMNUCC y sobre el que vuelve a hacer hincapié el artículo séptimo del Protocolo, junto con las comunicaciones nacionales. Asimismo, el artículo octavo hizo referencia al examen por parte de un equipo de expertos —no representantes políticos— de esta información, con miras a "una evaluación técnica exhaustiva e integral de todos los aspectos de la aplicación" del Protocolo (artículo 8.3). Finalmente, el artículo 18 sentó las bases de un Comité de Cumpli-

333 Elaboración propia a partir del Protocolo de Kioto.

334 En referencia continua al IPCC.

335 CMNUCC, *Informe de la Conferencia de las Partes sobre su séptimo período de sesiones, celebrado en Marrakech…*, op cit.

miento que sería, más tarde, establecido en 2005[336]. La actividad de este órgano podría ser instada ante dudas sobre la implementación surgidas de las revisiones de expertos del artículo 8 o planteadas por una Parte, tanto sobre su propio cumplimiento como sobre el de otra Parte.

6.3.2. Mecanismos de flexibilidad

Como se mencionó, una de las características particulares del Protocolo de Kioto fue la introducción al régimen climático de mecanismos de mercado con el objetivo de proveer flexibilidad a las Partes en el cumplimiento de sus nuevos compromisos y así asegurar una implementación coste-efectiva de las obligaciones que de ellos emanaban. Tres fueron los mecanismos presentados: el mecanismo de implementación conjunta, el mecanismo para un desarrollo limpio y el mercado de emisiones. En respuesta a la suspicacia que despertaban en los países en vías de desarrollo y en la Unión Europea, todos ellos fueron calificados como complementarios a la acción doméstica que debía tomar cada Parte[337].

Los mecanismos comprendían el intercambio de cuatro tipos de unidades de emisión: las Unidades de Cantidad Atribuida, inicialmente asignadas; las Unidades de Absorción, procedentes de la acción de los sumideros; las Unidades de Reducción de Emisiones, generadas por el mecanismo de implementación conjunta; y las Reducciones Certificadas de Emisiones, producto del mecanismo de desarrollo limpio[338].

---

336 Decisión 27/CMP.1; CMNUCC, *Informe de la Conferencia de las Partes en calidad de Reunión de las Partes en el Protocolo de Kioto sobre su primer período de sesiones, celebrado en Montreal del 28 de noviembre al 10 de diciembre de 2005*, FCCC/KP/CMP/2005/8/Add.3, 30 de marzo de 2006; BODANSKY, BRUNNÉE y RAJAMANI, *International Climate Change Law*, op. cit., p. 196.

337 Para los primeros, representaban una forma menos equitativa de implementación del régimen y, para la segunda, daban lugar a la posibilidad de un cumplimiento fraudulento ante la presencia de créditos de emisiones no provenientes de ahorros reales en las mismas; ídem, p. 180; véase nota 331 en referencia a Rusia.

338 La concreción y reglas para el funcionamiento de estos mecanismos fueron desarrolladas en los ya mencionados Acuerdos de Marrakech; CMNUCC, *Informe de la Conferencia de las Partes sobre su séptimo período de sesiones, celebrado en Marrakech…*, op cit.

En primer lugar, el mecanismo de implementación conjunta, delineado en el artículo sexto del Protocolo, permitía a las Partes del Anexo I de la CMNUCC (y solo a ellas) intercambiar créditos (Unidades de Reducción de Emisiones) por proyectos que reduzcan emisiones o mejoren su remoción por sumideros en el territorio de otra Parte del Anexo I (quién entregaría sus Unidades de Cantidad Atribuida), siempre que esta reducción o remoción de emisiones fuera adicional a cualquier otra reducción o remoción que se produjera igualmente de no realizarse el proyecto[339].

En segundo lugar, a diferencia del anterior, el mecanismo para un desarrollo limpio, estipulado en el artículo 12 del Protocolo, sí aceptaba la participación de todas sus Partes, permitiendo a aquellas integrantes del mencionado Anexo I a invertir en o emprender proyectos que promoviesen el desarrollo sostenible en territorios bajo la jurisdicción de otra Parte excluida de este Anexo (país anfitrión) y, así, obtener Reducciones Certificadas de Emisiones para aplicar a sus propios compromisos[340]. Es necesario advertir que, si bien como en el caso del mecanismo de implementación conjunta las reducciones debían ser adicionales, a diferencia de las Unidades de Reducción de Emisiones (conversión de las Unidades de Cantidad Atribuida), las Reducciones Certificadas de Emisiones eran permisos extras que aumentaban el presupuesto general de emisiones de las Partes del Anexo I. En este entendimiento, si los proyectos, por cualquier motivo, no implican una reducción de GEI equivalente a los créditos, el objetivo general de reducción de emisiones se vería comprometido. Esto justificaba que para la emisión de Reducciones Certificadas de Emisiones se estableciese un mayor control y un mecanismo de certificación internacional[341].

En tercer lugar, el Protocolo dispuso las bases para el establecimiento de un mercado de derechos de emisión en su artículo 17, en

---

339 Bodansky, Brunnée y Rajamani, *International Climate Change Law,* op. cit., p. 180-182.

340 Véase al respecto Villavicencio Calzadilla, P., *La contribución al desarrollo sostenible del mecanismo para un desarrollo limpio,* Universitat Rovira i Virgili, Tesis doctoral, 2013.

341 Bodansky, Brunnée y Rajamani, *International Climate Change Law,* op. cit., p. 184.

el cual las Partes enlistadas en el Anexo B del instrumento podrían participar y negociar sus diversas unidades. La creación de tal estructura impulsó el establecimiento de otros esquemas similares a nivel regional (Unión Europea)[342], nacional (v. gr., Nueva Zelanda) y subnacional (v. gr., en Estados Unidos)[343].

Finalmente, es adecuado señalar que se ha cuestionado seriamente la bondad de estos mecanismos en su tarea de crear reducciones adicionales para el provecho general del régimen[344], como así también se ha alertado con gran preocupación que el mecanismo de desarrollo limpio ha dado lugar a graves violaciones de derechos ambientales y humanos en los países en vías de desarrollo en que se han emprendido proyectos, especialmente por parte de empresas multinacionales[345].

6.3.3. Estructura institucional

El Protocolo de Kioto, en su carácter de instrumento adicional a la CMNUCC, se apoyó en la estructura institucional de esta últi-

---

342 Véase COMISIÓN EUROPEA, "Régimen de comercio de derechos de emisión de la UE (RCDE UE)" <https://ec.europa.eu/clima/policies/ets_es> [Última consulta, 29 de marzo de 2021]

343 BODANSKY, BRUNNÉE y RAJAMANI, *International Climate Change Law,* op. cit., p. 190, 192.

344 Ídem, p. 181, 184, 185; ROSEN, A., "The Wrong Solution at the Right Time: The Failure of the Kyoto Protocol on Climate Change", *Politics & Policy,* Vol. 43, N°. 1, 2015, p. 42: *"Poor administration of the CDM meant that, according to some estimates, as many as two-thirds of the credits issued were not properly earned";* PIGRAU, et al., *International law and ecological debt…,* op. cit., p. 50; FERNÁNDEZ EGEA, R., "The flexible mechanisms to combat climate change: A critical view of their legitimacy", *Revista Catalana de Dret Ambiental,* Vol. II., N°. 2, 2011.

345 ROTH-ARRIAZA, N., "'First, Do Not Harm': Human Rights and Efforts to Combat Climate Change", *Georgia Journal of International & Comparative Law,* Vol. 38, 2010; según Villavicencio Calzadilla uno de los problemas con respecto al mecanismo para un desarrollo limpio es la falta de criterios existentes para determinar qué es una contribución al 'desarrollo sostenible' y qué no, VILLAVICENCIO CALZADILLA, *La contribución al desarrollo sostenible del mecanismo para un desarrollo limpio…,* op. cit., la autora realiza un valioso análisis crítico del mecanismo respecto a su performance, la que se reconoce como despareja en cuanto a los beneficios otorgados para los países desarrollados y los países en desarrollo (y sus comunidades), con clara ventaja para los primeros.

ma. Así, el artículo 13 del Protocolo expresó que la COP funcionaría como Reunión de Partes del Protocolo. Las Partes de la CMNUCC que no sean Partes del Protocolo podrían participar de este órgano en calidad de observadores. Asimismo, los órganos subsidiarios de la CMNUCC y la Secretaría formarían parte de su estructura (artículos 14 y 15).

El Protocolo incorporó, a su vez, algunos órganos propios. Por ejemplo, el artículo 12.4 refirió a una junta directiva del mecanismo de desarrollo limpio, la que fue reglamentada por los Acuerdos de Marrakech, en los que también se estableció otro órgano dedicado a la administración de los mecanismos de flexibilización, el Comité de supervisión del mecanismo de implementación conjunta[346]. Finalmente, como ya se comentó, en 2005 con la Decisión 27/CMP.1, se estructuró el comité de cumplimiento del Protocolo, a partir de dos grupos —uno de control y otro de facilitación—, cada uno integrado por 10 expertos designados por la Reunión de Partes según sus capacidades personales y no en representación de la Parte de la cual son nacionales[347].

6.4. Etapa de transición: la enmienda de Doha y el camino hacia París

El Protocolo de Kioto obtuvo un cumplimiento total de los compromisos cuantificados de reducción de emisiones asumidos por sus Partes para el primer período. Sin embargo, bien observado, esto no hace que pueda hablarse, en modo alguno, de un éxito. En primer lugar, debe destacarse que las emisiones comprendidas por el Anexo B del Protocolo eran solo una parte, si bien sustancial, de las emisiones globales, específicamente el 39% de las emisiones globales de

[346] CMNUCC, *Informe de la Conferencia de las Partes sobre su séptimo período de sesiones, celebrado en Marrakech...*, op cit.

[347] CMNUCC, *Informe de la Conferencia de las Partes en calidad de Reunión de las Partes en el Protocolo de Kioto sobre su primer período de sesiones, celebrado en Montreal...*, op. cit.; al respecto puede verse, por ejemplo, Campins Eritja, M., "El mecanismo de cumplimiento del Protocolo de Kioto: Un nuevo paso en aras al control de cumplimiento de los acuerdo internacionales ambientales", *Revista Electrónica de Estudios Internacionales,* N°. 14, 2007.

2010. Si a este porcentaje se le quitan las emisiones correspondientes a Estados Unidos, que no ratificó el Protocolo, y a Canadá, que se retiró de él, quedaron bajo la órbita de estos compromisos tan solo el 24% de las emisiones globales de 2010[348].

Por su parte, manifiesta Rosen, el objetivo del protocolo —una reducción general de aproximadamente un 5% de las emisiones respecto los distintos años de base— fue inadecuado por inconsistente con lo que la ciencia requería[349]. Mientras que se reconoció que los países incluidos en el Anexo B del Protocolo redujeron sus emisiones, globalmente estas no declinaron, ni siquiera se estabilizaron en los niveles de 1990, sino que se incrementaron dramáticamente, un 59% entre 1990 y 2013 y un 14% durante el primer período de compromisos del Protocolo[350].

Por otro lado, la idea original de que el Protocolo fuese un instrumento jurídico funcional al largo plazo, mediante la revisión, refuerzo y ampliación del ámbito subjetivo de los compromisos tras su primer período (2008-2012) quedaría trunca, algo que se hizo evidente más temprano que tarde[351]. Luego de que se fracasara en las COP de Copenhague (2009)[352] y Cancún (2010)[353] en realizar algún progreso a estos fines, las negociaciones para el segundo período de compromisos (2013-2020) concluyeron en la adopción de la Enmienda de Doha[354] en 2012.

Esta enmienda estableció una nueva ronda de compromisos de reducción para las Partes del Anexo B, está vez disponiendo una reducción del 18% de las emisiones de GEI en relación con los niveles

---

348 BODANSKY, BRUNNÉE y RAJAMANI, *International Climate Change Law,* op. cit., p 173.

349 ROSEN, "The Wrong Solution at the Right Time...", op. cit., p. 36.

350 Ídem, p. 38, 39.

351 DEPLEDGE, "The Legal and Policy Framework of the United Nations Climate Change Regime", op cit., p. 34.

352 CMNUCC, *Informe de la Conferencia de las Partes sobre su 15º período de sesiones, celebrado en Copenhague del 7 al 19 de diciembre de 2009,* FCCC/CP/2009/11, 30 de marzo de 2010.

353 CMNUCC, *Informe de la Conferencia de las Partes sobre su 16º período de sesiones, celebrado en Cancún...,* op. cit.

354 UNITED NATIONS TREATY COLLECTION, Doha Amendment..., op. cit.; El artículo 3.9 del Protocolo preveía que, para la adopción de nuevos compromisos, se utilizase el mecanismo de la enmienda, reglado por el artículo 20.

de 1990[355]. Sin embargo, en vez de lograrse una ampliación, el ámbito de aplicación subjetivo de la enmienda resultó significativamente menor al del Protocolo debido a que varias Partes declinaron volver a comprometerse y ninguna de las grandes ausencias aceptó tampoco este nuevo compromiso. Más aún, la enmienda solo logró entrar en vigor el día 31 de diciembre de 2020, último día del plazo previsto para sus compromisos[356].

A la par, y en reconocimiento de la falta de contundencia y adhesión al Protocolo y sus posibles renovaciones, comenzó a gestarse la reestructuración del régimen climático. Una reestructuración que debía ser consciente de las lecciones que el entonces actual diseño estaba dejando. En este sentido, uno de los rasgos más conflictivos del período inaugurado en Kioto fue la brecha obligacional entre países desarrollados y en vías de desarrollo. Esta brecha, comentan Bodansky, Brunnée y Rajamani, comenzó a diluirse tempranamente con el Plan de Acción de Bali en 2007, en el cual, si bien se mantenía aún cierta diferenciación, se abordó la cuestión de la mitigación de emisiones incluyendo a ambas categorías de países[357]. Mientras que para los primeros se hablaba de "compromisos o medidas de mitigación mensurables, notificables y verificables adecuadas a cada país, incluidos objetivos cuantificados de limitación y reducción de emisiones", para los segundos se hacía referencia a "medidas de mitigación adecuadas… en el contexto del desarrollo sostenible, apoyadas y facilitadas por tecnologías, financiación y actividades de fomento de la capacidad, de manera mensurable, notificable y verificable"[358].

En el Acuerdo de Copenhague (2009) el cierre fue definitivo al comprometerse buena parte de los países en vías de desarrollo a reflejar sus compromisos de reducción de emisiones nacionales en un instrumento internacional, informar sus inventarios de GEI y sus acciones de mitigación en forma bianual y sujetar sus acciones a

---

355 Artículo 3, ídem.

356 Ídem.

357 CMNUCC, *Informe de la Conferencia de las Partes sobre su 13° período de sesiones, celebrado en Bali del 3 al 15 de diciembre de 2007,* FCCC/CP/2007/6/Add.1, 14 de marzo de 2008.

358 Ídem.

una consulta y análisis internacional[359]. Asimismo, en esta ocasión se abordaron y comenzaron a resolver algunas cuestiones claves para el futuro del régimen, entre las que cabe destacar la concreción de una meta de limitación de aumento de la temperatura media global (2 °C) y el cambio de paradigma para la estipulación de compromisos, de un enfoque negociado y fijado a nivel internacional (*top-down*) a uno de 'abajo hacia arriba' (*bottom-up*) en el que tales compromisos se determinasen de forma individual por cada Parte[360]. Más allá de la polémica que despertaron estos acuerdos[361], estos puntos pasarían a formar parte finalmente de una decisión de la COP al año siguiente con los llamados Acuerdos de Cancún[362].

En 2011, además de desarrollarse algunos de los elementos de estos últimos acuerdos —v. gr., el Fondo Climático Verde[363]—, se estableció la Plataforma de Durban para una Acción Reforzada[364]. Esta fue el mandato emitido por las Partes de la CMNUCC para negociar un nuevo acuerdo —"un protocolo, otro instrumento jurídico o una conclusión acordada con fuerza legal en el marco de la Convención que sea aplicable a todas las Partes"— que debería estar listo para 2015 y entrar en vigor y ser implementado para 2020[365]. Sin especificarse en este mandato una forma jurídica ni arquitectura determinada para el próximo acuerdo, los negociadores gozaron de cierta flexibilidad que, como se verá, fue ampliamente explotada.

El Grupo de Trabajo Especial sobre la Plataforma de Durban se reunió 15 veces en los cuatro años entre la COP de Durban (2011) y la COP de París (2015), pudiendo destacarse la decisión de la COP de Varsovia (2013) en la que, por primera vez, se articuló la estructura

359 CMNUCC, *Informe de la Conferencia de las Partes sobre su 15° período de sesiones, celebrado en Copenhague…, op. cit.*

360 BODANSKY, BRUNNÉE y RAJAMANI, *International Climate Change Law,* op. cit., p. 111, 112.

361 Véase apartado 3 *ut supra; ídem.*

362 CMNUCC, *Informe de la Conferencia de las Partes sobre su 16° período de sesiones, celebrado en Cancún…,* op. cit.;

363 Decisión 3/CP.17; CMNUCC, *Informe de la Conferencia de las Partes sobre su 17° período de sesiones, celebrado en Durban del 28 de noviembre al 11 de diciembre de 2011,* FCCC/CP/2011/9/Add.1, 15 de marzo de 2012.

364 Decisión 1/CP.17; ídem.

365 Ídem.

híbrida del futuro acuerdo y se solicitó a las Partes el envío de 'contribuciones previstas determinadas a nivel nacional', un documento por el que cada Parte definiría, de manera voluntaria y de acuerdo con sus circunstancias nacionales, el monto de la reducción de emisiones de GEI que podría adoptar post 2020 y que se convertiría en la pieza clave del futuro acuerdo[366]. Dos años después, el Grupo presentaba a los distintos delegados de las Partes el proyecto de texto del que sería el Acuerdo de París.

6.5. Etapa de reestructuración: el Acuerdo de París

El Acuerdo de París[367] se adoptó el 12 de diciembre de 2015 y se abrió a la firma el 22 de abril de 2016 —día de la Tierra—, recogiendo en ese mismo momento nada menos que 173 firmas. El 4 de noviembre de 2016 entró en vigor, luego de alcanzar la ratificación de al menos 55 Partes de la CMNUCC que comprendiesen al menos 55% de las emisiones de GEI globales (artículo 21). A marzo 2023, el Acuerdo cuenta con adhesión prácticamente universal, con 195 Partes[368].

Luego de lo que fue un período de incerteza con respecto a la forma jurídica que el nuevo acuerdo podía llegar a asumir, finalmente se logró adoptar un texto que constituye en los términos de la Convención de Viena de 1969[369] un tratado internacional, conexo a y dependiente de la CMNUCC[370]. Esto, sin embargo, no quiere decir

---

366 CMNUCC, *Informe de la Conferencia de las Partes sobre su 19º período de sesiones, celebrado en Varsovia del 11 al 23 de noviembre de 2013,* FCCC/CP/2013/10/Add.3, 31 de enero de 2014; Bodansky, Brunnée y Rajamani, *International Climate Change Law,* op. cit., p. 115; Godínez Rosales, R., "La ruta de Kioto a París: el proceso de negociación del nuevo acuerdo", en Borràs Pentinat, S. y Villavicencio Calzadilla, P. (Eds.), *El Acuerdo de París sobre el Cambio Climático: ¿Un acuerdo histórico o una oportunidad perdida?: Análisis jurídico y perspectivas futuras,* Aranzadi, 2018, p. 63.

367 United Nations Treaty Collection, Paris Agreement, op. cit.

368 Ídem.

369 United Nations Treaty Collection, Vienna Convention on the Law of Treaties, op. cit.

370 Bodansky, D., "The Legal Character of the Paris Agreement", *Review of European Community & International Environmental Law,* Vol. 2, 2016; Rodrigo Hernán-

que todas sus disposiciones sean igualmente vinculantes, lo que depende de varios factores que incluyen la posición en el texto de cada disposición, sus destinatarios, su contenido normativo, lenguaje, precisión y/o la existencia de mecanismos de control, seguimiento o transparencia sobre su cumplimiento[371]. A partir de ello, Bodansky, Brunnée y Rajamani identifican tres categorías de normas dentro del Acuerdo: de *hard law*, de *soft law* y de *non-law*. Aclaran al respecto que estas categorías deben considerarse flexibles y de límites difusos, por lo que siempre será necesario un análisis detenido de cada norma en particular a los fines de establecer su propio carácter jurídico[372].

Se ha advertido que el Acuerdo de París es un instrumento de arquitectura híbrida que reúne elementos de carácter *top-down* y *bottom-up*. En este sentido, pueden destacarse las contribuciones determinadas a nivel nacional (NDCs, por sus siglas en inglés) como elemento *bottom-up*, y una variedad de reglas de transparencia, seguimiento, rendición de cuentas y control, en conjunción con la determinación a nivel internacional de objetivos de progresión y ambición, como elementos *top-down*.

Es posible delinear los elementos más relevantes del Acuerdo tomando como punto de partida su objeto declarado (artículo 2) en el que se reconocen tres pilares fundamentales: mitigación (artículos 4, 5 y 6), adaptación (artículo 7) —con pérdidas y daños con cierta autonomía (artículo 8)— y financiación (artículo 9). A estos tres pilares deben sumarse los mecanismos de control y seguimiento generales: las NDCs (artículo 3), el marco de transparencia reforzado (artículo 13), el balance mundial (artículo 14) y el Comité de aplicación y cumplimiento (artículo 15). Finalmente, al igual que en el caso del Protocolo de Kioto, se da continuidad al marco institucional base de la CMNUCC.

---

dez, A., "El acuerdo de París sobre el cambio climático: Entre la importancia simbólica y la debilidad sustantiva", en Martínez Capdevilla, C. y Martínez Pérez, E. (Dir.), *Retos para la Acción Exterior de la Unión Europea,* Tirant lo Blanch, Valencia, 2017, p. 412; al respecto véase también Sindico, F., "Is the Paris Agreement *really* legally binding?, *SCELG Dialogue Nº. 03,* 2015.

371 Bodansky, Brunnée y Rajamani, *International Climate Change Law,* op. cit., p. 213, 214.

372 Ídem; estos autores presentan una tabla en el que clasifican las disposiciones del Acuerdo según tal análisis, véase ídem, p. 251-257.

6.5.1. Objeto

El objeto del acuerdo se declara en su artículo segundo y es el de "reforzar la respuesta mundial a la amenaza del cambio climático, en el contexto del desarrollo sostenible y de los esfuerzos por erradicar la pobreza". Este se específica a partir de los mencionados tres pilares: mitigación (contención del aumento de la temperatura); adaptación y financiación. Vale la pena aquí reproducir el texto del Acuerdo:

> a) Mantener el aumento de la temperatura media mundial muy por debajo de 2 °C con respecto a los niveles preindustriales, y proseguir los esfuerzos para limitar ese aumento de la temperatura a 1,5 °C con respecto a los niveles preindustriales, reconociendo que ello reducirá considerablemente los riesgos y los efectos del cambio climático;
> b) Aumentar la capacidad de adaptación a los efectos adversos del cambio climático y promover la resiliencia al clima y un desarrollo con bajas emisiones de gases de efecto invernadero, de un modo que no comprometa la producción de alimentos;
> c) Elevar las corrientes financieras a un nivel compatible con una trayectoria que conduzca a un desarrollo resiliente al clima y con bajas emisiones de gases de efecto invernadero[373].

En lo que hace al pilar de mitigación, es posible mencionar que aquí de algún modo se concreta el objetivo del régimen dispuesto en el artículo segundo de la CMNUCC que, como se describió, refería a "la estabilización de las concentraciones de gases de efecto invernadero en la atmósfera a un nivel que impida interferencias antropógenas peligrosas en el sistema climático"[374]. Según el nuevo Acuerdo, esta estabilización de concentraciones se debe dar en un nivel que implique un aumento de temperatura 'muy por debajo de 2 °C'. Como se mencionó, fue en Copenhague en 2009 donde la meta de los 2 °C se incorporó a las negociaciones[375]. Por su parte, los países más vulnerables presionaron por la determinación de una meta

---

[373] United Nations Treaty Collection, Paris Agreement, op. cit., artículo 2.

[374] Thorgeirsson, H., "Objective (Article 2.1)", en Klein et al. (eds.), *The Paris Agreement on Climate Change...*, op. cit., p. 123.

[375] Antes, en 2005, el Consejo de Europa había hecho referencia a esta meta de temperatura como límite máximo al que debería llegar el calentamiento, algo que fue repetido en 2009, previo a la COP en la reunión del Grupo de los Ocho, ídem, p. 125.

más ambiciosa de 1,5 °C dada su exposición, riesgo y vulnerabilidad, logrando la mención de este objetivo a modo de aspiración[376].

Este artículo cierra con una referencia al principio de equidad y al de CBDR y las capacidades respectivas, a la luz de las diferentes circunstancias nacionales, los que deben regir la aplicación del tratado (artículo 2.2).

6.5.2. Mitigación

En cuanto a este objetivo, el Acuerdo establece un plan a seguir descripto en el artículo 4.1.: las emisiones de GEI deberían alcanzar su máximo lo antes posible y, a partir de allí, reducirse rápidamente de conformidad con la mejor información científica disponible[377] y así lograr, en la segunda mitad del siglo, un equilibrio entre emisiones y absorción por los sumideros. Para cumplir con este plan, cada Parte debe, según los principios que rigen el Acuerdo, contribuir de manera progresiva y ambiciosa (artículo 4.3) con la adopción de medidas internas de mitigación (artículo 4.2) y conservación y aumento de los sumideros y reservorios de GEI (artículo 5), de manera individual o cooperativa (artículo 6).

El control de la ejecución de este plan se confía, principalmente, al cumplimiento de la obligación por parte de las Partes de preparar, comunicar y mantener NDCs sucesivas (artículos 3 y 4.2)[378]. Estas contribuciones voluntarias: (a) deben ser revisadas periódicamen-

---

376 Ídem, p. 126.

377 La que, principalmente, estaría contenida en los informes del IPCC, véase apartado I.

378 La naturaleza jurídica de las NDC es objeto de discusión doctrinal, con algunas voces inclinándose por la calificación de 'actos unilaterales' o 'acuerdos subsiguientes' y otras prefiriendo definirlas como obligaciones de comportamiento, véase RODRIGO, A., "El Acuerdo de París sobre el cambio climático: un nuevo tipo de tratado de protección de intereses generales", en BORRÀS PENTINAT y VILLAVICENCIO CALZADILLA (Eds.), *El Acuerdo de París sobre el Cambio Climático...*, op. cit., p. 81; GILES CARNERO, R., "Las contribuciones determinadas a nivel nacional en el régimen internacional en materia de cambio climático", en SANZ LARRUGA, F. y CASADO CASADO, L., *Derecho ambiental en tiempo de crisis,* Tirant lo Blanch, 2016.

te, al menos (artículo 4.11) cada cinco años (artículo 4.9); (b) se inscriben en un registro público *ad hoc*[379] (artículo 4.12); (c) deben ir acompañadas de la información necesaria para su comprensión y evaluación (artículo 4.8); (d) están sometidas a un proceso de rendición de cuentas (artículo 4.13); y (e) deben considerar, al momento de su revisión, los resultados del balance mundial del avance en el cumplimiento, dispuesto en el artículo 14 del Acuerdo (artículo 4.9). Los requisitos de progresividad y ambición implican que cada nueva NDC presentada deberá demostrar un mayor compromiso en la ejecución del plan de acuerdo con la mejor información científica disponible.

Debe notarse que las NDC pueden asumir una infinidad de formas, a discreción de las Partes, tan solo sugiriendo el Acuerdo a los países desarrollados que adopten metas absolutas de reducción de emisiones para el conjunto de la economía (artículo 4.4). En la práctica, esto implica que cada Parte definirá, por sí misma, qué considera como progresión y ambición a los fines de la preparación de su NDC. Con esta nueva estructura, puede decirse que la polémica diferenciación obligacional consagrada en el Protocolo de Kioto se transforma en 'autodiferenciación' a partir de la lógica de las NDC. Sin perjuicio de ello, se ha sostenido que en torno a esta progresión y ambición rige el principio de buena fe y existe un deber de diligencia que las Partes deben respetar, pudiendo quedar expuestas, no solo a comentarios y críticas desde la comunidad internacional y la sociedad civil en el ámbito doméstico, sino también a cierto control jurisdiccional[380].

De esta manera el Acuerdo establece, por un lado, obligaciones de medios (o conducta) en cuanto a que las Partes deben adoptar medidas internas a los fines de alcanzar los objetivos generales y sus propios compromisos y, por otro, obligaciones de resultado relativas a la preparación, comunicación y mantenimiento de las NDC.

---

379 CMNUCC, *NDC Registry*, <https://www4.unfccc.int/sites/NDCStaging/Pages/All.aspx> [Última consulta, 26 de diciembre de 2020]

380 Fernández Egea, R., "Los nuevos objetivos y compromisos climáticos del Acuerdo de París", en Borràs Pentinat y Villavicencio Calzadilla (Eds.), *El Acuerdo de París sobre el Cambio Climático…*, op. cit., p. 117; véase capítulo II.

Según Bodansky, Brunnée y Rajamani, el carácter de la obligación de cumplimiento de los propios compromisos asumidos mediante la NDC fue objeto de discusiones previas a París, con la Unión Europea, Sudáfrica y los pequeños Estados insulares abogando por una obligación de resultado, en contrapartida a Estados Unidos, China e India, entre otros, que lograron imponer su preferencia[381].

Además de las NDC, el Acuerdo solicita a todas las Partes que formulen y comuniquen estrategias a largo plazo (artículo 4.19) para 2050 (decisión 1/CP.21, párrafo 35[382]). Debe notarse que, en este caso, se trata más de una recomendación que de una obligación, desde que el texto utiliza la expresión 'las Partes deberían esforzarse por formular y comunicar' estas estrategias.

Mientras que los incisos 16, 17 y 18 del artículo cuarto son los que se refieren a la posibilidad de actuación y cumplimiento conjunto, estableciendo reglas como la notificación a la secretaría y la responsabilidad individual, el artículo sexto menciona dos mecanismos de mercado. Por un lado, el inciso segundo reconoce que las Partes podrían participar de enfoques cooperativos que utilicen "resultados de mitigación de transferencia internacional" para cumplir con las NDC. Por otro, el inciso cuarto refiere a un "mecanismo para contribuir a la mitigación y apoyar el desarrollo sostenible". Como el antes comentado mecanismo de desarrollo limpio del Protocolo de Kioto, este generará 'créditos' de reducción de emisiones que otra Parte podría usar para cumplir con su NDC. Sin embargo, a diferencia de su predecesor, no estaría limitado a reducciones a partir de proyectos, sino que se extendería a políticas o programas, tanto en países desarrollados como en vías de desarrollos[383]. Además, en una concesión a aquellas Partes escépticas de este tipo de mecanismos, los incisos octavo y noveno del artículo sexto refieren a la importancia de y un marco para 'enfoques de desarrollos sostenible no relacionados con el mercado'[384].

---

381 BODANSKY, BRUNNÉE y RAJAMANI, *International Climate Change Law*, op. cit., p. 231.

382 CMNUCC, *Informe de la Conferencia de las Partes sobre su 21er período de sesiones, celebrado en París del 30 de noviembre al 13 de diciembre de 2015*, FCCC/CP/2015/10/Add.1, 29 de enero de 2016

383 Ídem, p. 237.

384 Sobre el desarrollo de la normatividad del régimen en torno a los mercados de carbono, véase WORLD RESOURCES INSTITUTE, *Navigating the Paris Agreement*

6.5.3. Adaptación

Con respecto a la adaptación, el artículo 7.1 establece tres propósitos principales: (a) aumentar la capacidad de adaptación, (b) fortalecer la resiliencia y (c) reducir la vulnerabilidad al cambio climático. Para ello, el instrumento presenta una obligación jurídica de carácter vinculante y varias de *soft law*. En cuanto a la primera, el artículo 7.9 establece que "cada Parte deberá, cuando sea el caso, emprender procesos de planificación de la adaptación y adoptar medidas". La disposición presenta a continuación un listado enunciativo de posibles medidas a tomar, entre ellas la formulación y ejecución de planes nacionales de adaptación y la evaluación de los efectos del cambio climático y de la vulnerabilidad a este. En cuanto a las obligaciones de *soft law*, puede destacarse aquella que dispone que "cada Parte debería, cuando proceda, presentar y actualizar periódicamente una comunicación sobre la adaptación" (artículo 7.10), la que se inscribirá en un registro público (artículo 7.12). Debe notarse que, tanto en uno como en otro caso, los términos 'cuando sea el caso' o 'cuando proceda' permiten discreción en su implementación por las Partes.

En relación con la implementación de la política de adaptación son destacables los múltiples reconocimientos que hace el artículo 7.5:

> ... la labor de adaptación debería llevarse a cabo mediante un enfoque que deje el control en manos de los países, responda a las cuestiones de género y sea participativo y del todo transparente, tomando en consideración a los grupos, comunidades y ecosistemas vulnerables, y que dicha labor debería basarse e inspirarse en la mejor información científica disponible y, cuando corresponda, en los conocimientos tradicionales, los conocimientos de los pueblos indígenas y los sistemas de conocimientos locales, con miras a integrar la adaptación en las políticas y medidas socioeconómicas y ambientales pertinentes, cuando sea el caso.

A diferencia de lo que sucede con la mitigación, se deja en manos de las propias Partes el control del cumplimiento del objetivo de adaptación, más allá de la mencionada sugerencia de remitir comu-

---

Rulebook: Carbon Markets and other Cooperative Implementation, <https://www.wri.org/paris-rulebook/carbon-markets-and-other-cooperative-implementation> [Última consulta, 18 de enero de 2021]

nicaciones o la posibilidad de incluir en las NDC aspectos de adaptación (artículo 7.11)[385] y de que el balance mundial deberá, entre otras cosas, examinar su idoneidad y eficacia y el apoyo prestado para ella (artículo 6.14). Tal como señala Ascencio Serrato, a diferencia de la mitigación, la meta de adaptación es de carácter cualitativo, lo que hace del seguimiento y control de su progreso algo más dificultoso[386].

6.5.4. Pérdidas y daños

Luego de un gran esfuerzo de negociación de las Partes más vulnerables, el instrumento incluyó un artículo exclusivo (artículo 8) —separado de la adaptación— para la cuestión de las pérdidas y daños[387] relacionados con los efectos del cambio climático[388]. Este aspecto había tenido su mayor consideración con el establecimiento en 2013 del 'Mecanismo Internacional de Varsovia para las Pérdidas y los Daños relacionados con las Repercusiones del Cambio Climático'[389], el cual se integra a la estructura del Acuerdo (artículos 8.2, 8.3 y 8.5).

Según Bodansky, Brunnée y Rajamani, el valor de este artículo octavo es más simbólico que sustantivo. Mientras que, por un lado, se incluyó por primera vez el tema en un instrumento de carácter vinculante, por otro, la disposición solo reconoce la importancia de evitar

---

385 Según Ascencio Serrato, a abril 2017, 102 Partes, principalmente países en vías de desarrollo, habían incluido en sus contribuciones un componente de adaptación, ASCENCIO SERRATO, *El marco facilitador de la adaptación al cambio climático en México...*, op. cit., p. 78.

386 Ídem, p. 76.

387 'Pérdidas' refiere a impactos negativos para los cuales la reparación o recomposición son imposibles, mientras que 'daños' refiere a impactos negativos para los cuales si son posibles tales respuestas; BODANSKY, BRUNNÉE y RAJAMANI, *International Climate Change Law,* op. cit., p. 137.

388 SIEGELE, L., "Loss and Damage (Article 8)", en KLEIN et al. (eds.), *The Paris Agreement on Climate Change...*, op. cit., p. 227.

389 Decisión 2/CP.19, CMNUCC, *Informe de la Conferencia de las Partes sobre su 19º período de sesiones, celebrado en Varsovia...*, op. cit.; Decisión 2/CP.20; CMNUCC, *Mecanismo Internacional de Varsovia para las Pérdidas y los Daños relacionados con las Repercusiones del Cambio Climático,* FCCC/CP/2014/10/Add.2.

y reducir al mínimo (prevención y precaución) y afrontar (reparación) las pérdidas y daños de, por ejemplo, los fenómenos meteorológicos extremos (v. gr., huracanes) y los fenómenos de evolución lenta (v. gr., aumento del nivel del mar) (artículo 8.1)[390]. Además, enumera distintas posibles esferas de actuación en este ámbito, como ser los sistemas de alerta temprana, la preparación para situaciones de emergencia, la evaluación y gestión integral del riesgo, los servicios de seguros de riesgos, la mancomunación del riesgo climático y la resiliencia de comunidades, medios de vida y ecosistemas (artículo 8.4).

Asimismo, conviene mencionar aquí que el párrafo 51 de la decisión por la que se adoptó el Acuerdo declaró que las Partes convienen que "el artículo 8 del Acuerdo no implica ni da lugar a ninguna forma de responsabilidad jurídica o indemnización"[391]. Así, se buscó evitar la proliferación de litigios que, apoyados en tal artículo, intenten reclamar compensación por daños producidos por los efectos del cambio climático. Debe, desde ya, advertirse que tal declaración en nada afecta las posibilidades de perseguir esta vía a partir de otras fuentes de obligaciones y/o derechos, como la práctica jurisprudencial lo viene demostrando[392].

6.5.5. Financiación

A partir de la obligación general contenida en la CMNUCC para los países desarrollados (Partes de su Anexo II) de proveer asistencia financiera a los países en vías de desarrollo para la mitigación y adaptación, en 2009 en el Acuerdo de Copenhague estos países se comprometieron a movilizar 100.000 millones de dólares estadounidenses por año para 2020, tanto de fuentes públicas como privadas[393]. Sin embargo, el Acuerdo de París falló en incluir cualquier

---

390 Bodansky, Brunnée y Rajamani, *International Climate Change Law*, op. cit., p. 239.

391 Decisión 1/CP.21; CMNUCC, *Informe de la Conferencia de las Partes sobre su 21er período de sesiones, celebrado en París…*, op. cit., párr. 51.

392 Véase capítulo II; Siegele, "Loss and Damage…", op. cit., p. 232, 233.

393 CMNUCC, *Informe de la Conferencia de las Partes sobre su 15° período de sesiones, celebrado en Copenhague…*, *op. cit.*, p. 7.

referencia a este compromiso cuantificado, solo mencionándose en la decisión de adopción, la que amplía el objetivo hasta 2025 y solicita su revisión a más para antes de esta fecha[394].

De esta manera, el artículo 9.1 del Acuerdo solo reitera el deber de los países desarrollados en proporcionar recursos financieros a las Partes en vías de desarrollo para asistencia para la mitigación y adaptación, siendo el inciso tercero el que aclara que tal movilización de recursos debería implicar una progresión respecto a los anteriores esfuerzos. Asimismo, el inciso segundo 'alienta' a otras Partes no consideradas desarrolladas a prestar o seguir prestando apoyo de manera voluntaria.

Para el control del cumplimiento de este objetivo, el Acuerdo dispone un compromiso bienal de comunicación de información, de carácter cuantitativo y cualitativo, sobre la movilización de recursos por parte de los países desarrollados hacia las Partes en desarrollo, y que incluya proyecciones sobre futuros suministros (artículo 9.5 y 9.7). Además, como es en el caso de los objetivos anteriores, el avance de estos compromisos será parte del mencionado balance mundial (artículo 9.6).

Por su parte, en la misma dinámica, se solicita a las Partes que fortalezcan su cooperación en el desarrollo y en la transferencia de tecnología (artículo 10), como así también en el fomento de capacidades (artículo 11), con sus respectivos compromisos de comunicación y el seguimiento del balance mundial.

6.5.6. Mecanismos de seguimiento y control generales

El control o seguimiento del avance colectivo hacia los diferentes objetivos a largo plazo se estructura, además de mediante algunos de los ya mencionados elementos particulares a cada objetivo, por una serie de mecanismos de control generales a todo el Acuerdo. Si las NDC representaban el elemento *bottom-up* más característico, estos

---

394 Decisión 1/CP.21; CMNUCC, *Informe de la Conferencia de las Partes sobre su 21er período de sesiones, celebrado en París...*, op. cit., párr. 53.

mecanismos se constituyen en los elementos *top-down* que hacen del Acuerdo un instrumento híbrido.

En primer lugar, el artículo 13 presenta el 'marco de transparencia reforzado', el que busca fortalecer los arreglos de transparencia constituidos en el ámbito de la CMNUCC, siempre manteniendo cierta flexibilidad para los países en vías de desarrollo según sus capacidades. En este sentido, la decisión de adopción del Acuerdo estableció una 'Iniciativa para el Fomento de la Capacidad de Transparencia' con el fin de mejorar la capacidad institucional y técnica de las Partes[395]. El inciso tercero del artículo 13 advierte que este marco se aplicará de manera facilitadora, no intrusiva y no punitiva, respetando la soberanía nacional y evitando imponer una carga indebida a las Partes.

Bajo este marco, las Partes deben proporcionar periódicamente información sobre: (a) el inventario nacional de emisiones y absorción de GEI; (b) los progresos alcanzados en la aplicación y cumplimiento de las NDC (artículo 13.7); (c) de manera opcional, los efectos del cambio climático y la adaptación (artículo 13.8); la financiación, transferencia de tecnología y fomento de capacidad por parte de los países desarrollados (artículo 13.9); y (e) de manera opcional, el apoyo requerido y recibido por las partes en desarrollo (artículo 13.10). La información sobre mitigación —(a) y (b)— y apoyo en financiación, tecnología y capacidades —(d)— se someterá, según el artículo 13.11, a examen técnico por expertos. En Katowice (COP24), las Partes acordaron reglas para dotar de operatividad este mecanismo[396].

En segundo lugar, el artículo 14 estipuló la realización de lo que se llamó 'balance mundial', una evaluación periódica, global y facili-

---

395 Ídem, párr. 84.

396 CMNUCC, *Informe de la Conferencia de las Partes en calidad de reunión de las Partes en el Acuerdo de París sobre la tercera parte de su primer período de sesiones, celebrada en Katowice del 2 al 15 de diciembre de 2018*, FCCC/PA/CMA/2018/3/Add.1, 19 de marzo de 2019; World Resources Institute, *Navigating the Paris Agreement Rulebook: Enhanced Transparency Framework*, <https://www.wri.org/paris-rulebook/enhanced-transparency-framework> [Última consulta, 18 de enero de 2021]; Doelle, M., "The Heart of the Paris Rulebook: Communicating NDCs and Accounting for Their Implementation", *Climate Law*, Vol. 9, 2019.

tadora por parte de la Reunión de Partes sobre la aplicación o avance colectivo del Acuerdo y el cumplimiento de sus objetivos de largo plazo, a la luz de la equidad y de la mejor información científica disponible. Como fue mencionado a la hora de abordar cada compromiso específico, el balance incluye tanto aspectos relativos a la mitigación, como a la adaptación, a los medios de aplicación y al apoyo entre Partes. Según el artículo 14.2, el primer balance será elaborado en 2023 y se repetirá cada 5 años. El objeto final del balance es aportar información a las Partes para actualizar y mejorar sus compromisos y acciones, por lo que será de especial consideración a la hora de revisar las NDC y su ambición.

En tercer lugar, se establece, mediante el artículo 15, un comité destinado a facilitar la aplicación y promover el cumplimiento del Acuerdo de manera transparente, no contenciosa y no punitiva. Esta institución se compone de 12 miembros expertos, de reconocida competencia en los ámbitos científicos, técnico, socioeconómico o jurídico, seleccionados por la Reunión de Partes, sobre la base de una representación geográfica equitativa —dos miembros de cada uno de los cinco grupos regionales de las ONU, un miembro de los pequeños Estados insulares en desarrollo y un miembro de los países menos adelantados— teniendo en cuenta, a su vez, el objetivo del equilibrio de género[397].

6.5.7. Estructura institucional

Finalmente, debe destacarse brevemente la estructura institucional. De igual manera que el Protocolo de Kioto, el Acuerdo de París aprovecha el marco institucional existente bajo la CMNUCC, incluyendo a la COP, que actuará como Reunión de las Partes (artículo 16), la Secretaría (el artículo 17) y los órganos subsidiarios, de

---

397 Decisión 1/CP.21; CMNUCC, *Informe de la Conferencia de las Partes sobre su 21er período de sesiones, celebrado en París…*, op. cit., párr. 102; sobre el desarrollo de las reglas del Comité, véase World Resources Institute, *Navigating the Paris Agreement Rulebook: Facilitating Implementation and Promoting Compliance*, <https://www.wri.org/paris-rulebook/facilitating-implementation-and-promoting-compliance> [Última consulta, 18 de enero de 2021]; en la COP27, en Sharm el-Sheikh en 2022, se adoptaron las reglas de procedimiento del Comité.

Asesoramiento Científico y Tecnológico y de Ejecución (artículo 18). Por su parte, otros órganos subsidiarios y arreglos institucionales bajo el ámbito de la CMNUCC servirán al Acuerdo (artículo 19), como por ejemplo el Fondo Verde para el Clima, el Fondo para el Medio Ambiente Mundial, el Fondo para los Países Menos Adelantados y el Fondo Especial para el Cambio Climático[398], el Comité Permanente de Financiación[399] y el Mecanismo Tecnológico (artículo 10.3)[400].

6.6. El camino posterior a París

Una vez adoptado el texto en París, el foco de las negociaciones se movió a la creación de reglas para la implementación del flamante Acuerdo y al aumento de la ambición de los compromisos de las Partes. Con estos objetivos primordiales en mente, y con la dificultad de lidiar con la Administración Trump en Estados Unidos (y su salida temporal del Acuerdo), se sucedieron las COP de Marrakech (2016), Bonn (2017), Katowice (2018), Madrid[401] (2019), Glasgow (2021)[402] y Sharm el-Sheik (2022). Los avances más destacables de esta última etapa pueden encontrarte en la adopción en Katowice del libro de reglas del Acuerdo de París[403] y en el establecimiento en Sharm el-

398 Decisión 1/CP.21; CMNUCC, *Informe de la Conferencia de las Partes sobre su 21er período de sesiones, celebrado en París...*, op. cit., párr. 58.

399 Ídem, párr. 63.

400 Bodansky, Brunnée y Rajamani, *International Climate Change Law*, op. cit., p. 246.

401 Debía ser en Santiago de Chile, pero fue reubicada de urgencia por la conflictividad social que atravesaba el país latinoamericano.

402 En 2020 la COP no se realizó debido a la pandemia del COVID-19. Al respecto de esta COP, véase Fajardo del Castillo, T., y Campins Eritja, M., "La COP26 de Glasgow sobre el cambio climático: ¿Truco o Trato?, *Revista Catalana de Dret Ambiental*, Vol. XII, N° 2, 2022.

403 CMNUCC, *Informe de la Conferencia de las Partes en calidad de reunión de las Partes en el Acuerdo de París sobre la tercera parte de su primer período de sesiones, celebrada en Katowice...*, op. cit.; Vallejo, L., "COP25 in Madrid: last wake-up call before the moment of truth for the Paris Climate Agreement", IDDRI, Blog Post, 17 de diciembre de 2019 <https://www.iddri.org/en/publications-and-events/blog-post/cop25-madrid-last-wake-call-moment-truth-paris-climate-agreement> [Última consulta, 5 de agosto de 2021]; IISD Reporting Service, Summary of the Chile/Madrid Climate Change Conference: 2-15 December 2019, Earth Ne-

Sheik de un fondo específico para daños y pérdidas, instado por los países en desarrollo y más vulnerables y cuyos pormenores serán objeto de discusión en próximas reuniones[404].

7. LAS BRECHAS DE LA GOBERNANZA CLIMÁTICA

La capacidad del (reestructurado) régimen jurídico internacional para abordar exitosamente la problemática climática es algo que por el momento no puede anticiparse. Más allá de esto, algo está claro: la ventana de oportunidad para alcanzar sus objetivos está pronta a cerrarse, requiriéndose una acción contundente e inmediata. Lo contrario implica una buena probabilidad de que, en poco tiempo, el Sistema Tierra se encuentre en una trayectoria de calentamiento que deje a las de por sí modestas metas políticamente acordadas fuera de alcance[405]. Esto hace que sea posible referirse a una situación de crisis, urgencia o emergencia climática, términos adoptados no sorprendentemente por la sociedad civil organizada, pero también, cada vez más asiduamente, por parte de la comunidad científica y diversos organismos gubernamentales, incluyendo de carácter parlamentario, en diferentes partes del mundo[406].

Como se adelantó, varios informes describen de manera clara cuál es el estado de situación respecto a la intersección 'compromisos requeridos—compromisos asumidos—medidas tomadas'. Estos

---

gotiations Bulletin, 18 de diciembre de 2019 <http://enb.iisd.org/download/pdf/enb12775e.pdf> [Última consulta, 5 de agosto de 2021]

404 CMNUCC, "COP27 Reaches Breakthrough Agreement on New 'Loss and Damage' Fund for Vulnerable Countries", UN Climate Press Release, 20 November 2022 <https://unfccc.int/news/cop27-reaches-breakthrough-agreement-on-new-loss-and-damage-fund-for-vulnerable-countries> [Última consulta, 15 de marzo de 2023]

405 STEFFEN, "Trajectories of the Earth System…", op. cit.; KNUTTI, R., et al., "A scientific critique of the two-degree climate change target", *Nature Geoscience,* 2015, discutiendo la meta de aumento de 2 °C.

406 RIPPLE, W., et al., "World Scientists' Warming of a Climate Emergency", *BioScience,* Vol. 70, N°. 1, 2020; RIPPLE, W., et al., "World Scientists' Warming of a Climate Emergency 2021", *BioScience,* 2021; según estos autores 1990 jurisdicciones en 34 países han declarado o reconocido formalmente la emergencia climática.

refieren a los diferentes pilares o áreas de intervención[407] en los que se basa el régimen internacional previamente descripto: mitigación (emisiones y producción de combustibles fósiles), adaptación y financiación.

7.1. Proyecciones de calentamiento y brecha de emisiones (e implementación)

El IPCC viene advirtiendo que, sin acciones de mitigación adicionales, el aumento de temperatura media global para 2100 podría exceder largamente los objetivos de 1,5 y 2 °C acordados en París[408]. En cuanto a la mitigación adicional requerida, el informe de 2014 destacó que los compromisos asumidos por las Partes del régimen en la COP16 (Cancún) previo al Acuerdo de París

> ... no son coherentes con las trayectorias de mitigación a largo plazo y costo-efectivas en las que, como mínimo, es *tan probable como improbable,* que se limite el calentamiento por debajo de los 2°C en relación con los niveles preindustriales, pero no excluyen la opción de cumplir ese objetivo[409].

---

407 Viñuales, J., "Epílogo: el Acuerdo de París y la transición ecológica", en Borràs Pentinat y Villavicencio Calzadilla (Eds.), *El Acuerdo de París sobre el Cambio Climático...*, op. cit., p. 276.

408 IPCC, *Cambio climático 2014: Informe de síntesis...*, op. cit., p. 21. En términos de concentraciones de $CO2_e$ en la atmósfera, el IPCC hizo la siguiente correlación: "Es probable que los escenarios que dan lugar a concentraciones de CO2-equivalente en 2100 de aproximadamente 450 ppm o inferiores mantengan el calentamiento por debajo de los 2°C durante el siglo XXI en relación con los niveles preindustriales... Solo un número limitado de estudios proporcionan escenarios en que es más probable que improbable limitar el calentamiento a 1,5°C en 2100, dichos escenarios se caracterizan por concentraciones inferiores a 430 ppm CO2-eq para 2100", ídem. Vale recordar que para 2023 se observan concentraciones superiores a 419 ppm, véase apartado 2.

409 Ídem, p. 21, 22, según este informe, los escenarios que mantienen los niveles de aumento de temperatura por debajo de 2°C para finales de siglo "se caracterizan por una reducción de las emisiones antropógenas globales de GEI entre el 40% y el 70% para 2050 en comparación con 2010, y niveles de emisiones próximos a cero o inferiores para 2100". Por su parte, aquellos escenarios en los que sería más probable que improbable limitar el calentamiento a 1,5°C se caracterizan por una reducción de emisiones en 2050 entre el 70% y el 95% con respecto a 2010.

Con la presentación de las 'contribuciones previstas determinadas a nivel nacional' la situación tampoco cambió sustancialmente. Los informes síntesis de los efectos agregados de estas contribuciones remarcaron que los compromisos no se correspondían con los escenarios de 2 °C y de costo mínimo para 2025 y 2030[410]. Asimismo, el IPCC volvió a expedirse sobre la cuestión en su informe de 2018 al evaluar las probabilidades de mantenerse debajo de un aumento de temperatura de 1,5 °C para 2100[411]. Expresó en esta ocasión que el calentamiento global probablemente alcanzaría los 1,5 °C entre 2030 y 2052 si continúa aumentando al mismo ritmo y que las trayectorias que reflejan la ambición de las NDC remitidas bajo el mandato del Acuerdo de París no bastarían para limitar el calentamiento a 1,5 °C, incluso si son suplementadas por aumentos (muy desafiantes) en la escala y ambición luego de 2030[412]. Según este organismo, la ambición entonces reflejada por las NDC era consistente con una trayectoria coste-efectiva de un aumento de temperatura de 3°C para 2100[413]. El informe de 2022, por su parte, destacó que las emisiones globales para 2030 asociadas con las NDC anunciadas antes de la COP 26 probablemente llevarán a superar los 1.5 °C durante este siglo y que, si se considera las políticas efectivamente implementadas, las emisiones serán aún mayores[414].

Estas inconsistencias entre medidas y compromisos asumidos y esfuerzos requeridos constituyen las llamadas 'brecha de emisiones' y 'brecha de implementación'. Informes anuales, promovidos por el PNUMA, se han ido encargando de evaluar y publicar información sobre las tendencias de emisiones de GEI actuales y estimadas en comparación con los niveles de emisión que serían 'permisibles' dentro de una trayectoria costo-eficiente que cumpla con las metas del

---

410 CMNUCC, *Informe de síntesis sobre el efecto agregado en las contribuciones previstas determinadas a nivel nacional,* FCCC/CP/2015/7, 30 de octubre de 2015, párr. 39; CMNUCC, *Aggregate effect of the intended nationally determined contributions: an update,* FCCC/CP/2016/2, 2 de mayo de 2016, párr. 41.

411 IPCC, *Global Warming of 1.5°C…,* op. cit.

412 Ídem, p. 6, 20.

413 Ídem.

414 IPCC, *Summary for Policymakers. Climate Change 2022: Mitigation of Climate Change. Contribution of Working Group III to the Sixth Assessment Report of the Intergovernmental Panel on Climate Change,* 2022, p. 14.

Acuerdo de París[415]. Entre otras conclusiones de estos informes, es posible destacar: a) que las emisiones globales de GEI continúan creciendo año tras año (con excepción de 2020 debido a las restricciones de la pandemia de COVID 19), con las emisiones provenientes de los combustibles fósiles a la cabeza[416]; b) que uno de los avances más significativos en la política climática es el creciente número de países que se está comprometiendo a metas de emisiones netas cero para mediados de siglo, cuya credibilidad y factibilidad, sin embargo, continúan siendo inciertas en muchos casos[417]; c) que la brecha de implementación global para 2030, es decir entre medidas tomadas y comprometidas, alcanza las 3 gigatoneladas para las NDC incondicionadas y 6 para las condicionales[418], d) que la brecha de emisiones global, considerando NDC incondicionales en relación con un aumento de 1.5 °C, es de 23 gigatoneladas (20 respecto NDC condicionales) y de 15 gigatoneladas para un aumento de 2 °C (12 para NDC condicionales)[419]; y e) que las políticas actuales llevarían a un calentamiento de 2,8 °C, que podría reducirse a 2,6 °C y 2,4 °C si se implementasen los compromisos de las NDC incondicionales y condicionales respectivamente[420].

Sobre esta falta la ambición, debe advertirse que el IPCC resaltó la imperiosa necesidad de no dilatar la acción, ya que posponer esfuerzos de mitigación adicional hasta 2030 sería más costoso y aumentaría notablemente los retos asociados con la limitación del calentamiento, exigiendo tasas de reducción de emisiones considerablemente más altas entre 2030 y 2050 y un aumento en la dependencia en tecnologías de remoción de carbono que todavía no están disponibles[421].

---

415 PNUMA, *Emissions Gap Report 2020,* op. cit., p. xiv.

416 Ídem; PNUMA, *The Closing Window...*, op. cit., p. xvi.

417 PNUMA, *Emissions Gap Report 2020,* op. cit., p. xvii; el informe de 2022 observa que 88 'partes' (Estados nacionales y otros entes), cubriendo aproximadamente el 79% de las emisiones globales, han adoptado este tipo de metas; PNUMA, *The Closing Window...*, op. cit., p. xxii.

418 PNUMA, *The Closing Window...*, op. cit., p. xix.

419 Ídem.

420 Ídem, p. xxi.

421 IPCC, *Cambio climático 2014: Informe de síntesis...*, op. cit., p. 22, 25; IPCC, *Global Warming of 1.5°C...*, op. cit., p. 20.

7.2. Brecha de producción de combustibles fósiles y presupuesto de carbono

Como se mencionó previamente, los combustibles fósiles son, largamente, la fuente de mayor contribución al cambio climático, representando el 75% de las emisiones de GEI y el 90% de las emisiones de CO_2. Al mismo tiempo, son la mayor fuente de energía global, constituyendo el 81% del total de la energía primaria[422]. Este doble carácter hace que su producción sea concebida, a la vez, como sinónimo de contaminación (tanto local como global) y de desarrollo económico y social[423]. Ni la política ni la tecnología han logrado, de momento, abstraer a los combustibles fósiles de esta dualidad.

Lejos de su resolución, la tensión entre ambas percepciones se encuentra en un punto álgido. Mientras los gobiernos siguen apostando, de diversas maneras, por el desarrollo de infraestructura de producción fósil, las emisiones provenientes de estos productos deben, de acuerdo con el IPCC, declinar aproximadamente un 6% anual para permanecer en una trayectoria compatible con un aumento de 1,5 °C y un 2% para una trayectoria de 2°C. Esto implica que la mayoría de las reservas probadas de combustibles fósiles deberían permanecer en el subsuelo, sin explotar[424], lo que genera una brecha o discrepancia entre los planes y políticas que continúan promoviendo su extracción y los niveles de producción global consistentes con las metas del Acuerdo de París[425].

Esta discrepancia es la analizada por otro informe auspiciado por el PNUMA, el llamado 'Production Gap Report'[426]. En su versión de

---

422 PNUMA, *The Production Gap: The discrepancy...*, op. cit.

423 KARTHA M., LAZARUS, M. y TEMPEST, K., *Fossil Fuel Production in a 2°C World: The equity implications of a diminishing carbon budget,* Discussion Brief, Stockholm Environment Institute, 2016, p. 1, 4.

424 IPCC, *Global Warming of 1.5°C...* Chapter II..., op. cit., p. 119; PNUMA, *The Production Gap: The discrepancy...*, op. cit., p. 8.

425 El término 'producción de combustibles fósiles' es utilizado por el informe para representar los procesos de la cadena de suministro, incluyendo ubicación, extracción, procesamiento y distribución de carbón, petróleo y gas a los consumidores, ídem, p. vi.

426 El informe de 2019 utilizó información pública de diez de los países de mayor exportación de combustibles fósiles (China, Estados Unidos, Rusia, India, Aus-

2020, el informe destacó que para lograr una trayectoria consistente con un aumento de 1,5 °C, entre 2020 y 2030 la producción de carbón, petróleo y gas debería declinar anualmente en un 11, 4 y 3% respectivamente. Sin embargo, los planes y proyecciones de los gobiernos apuntan a un incremento anual del 2% para cada tipo de combustible. Así, la brecha de producción resaltada en el informe de 2019[427] prácticamente se mantiene, apuntándose a una producción 120% y 50% mayor de la que se requeriría en los escenarios de 1,5 y 2 °C, respectivamente[428].

En cuanto a la situación de excepcionalidad provocada por la pandemia de COVID-19, el informe de 2020 resalta que, si bien se prevé que la producción fósil global podría haber declinado en un 7% en 2020, la planificación de los gobiernos sigue apuntando al crecimiento. Entre estos, el informe destaca los casos de la planificación de

---

tralia, Indonesia, Canadá, Alemania, Noruega y Reino Unido) que representan el 60% de la producción de energía global, sobre sus planes y proyecciones de producción, subsidios otorgados y/o ejecución de políticas de limitación de producción, como también información de entes intergubernamentales y de publicaciones científicas. Para las predicciones de producción del resto de los países se utilizan los escenarios de la Agencia Internacional de la Energía (New Policies Scenarios, 2018); PNUMA, et al., *The Production Gap: The discrepancy…, op cit.*, Apéndices, p. 1, 2.

427 PNUMA, *The Production Gap: The discrepancy…*, op. cit, p. 14; según este informe la brecha se agrandaba al considerar 2040 como punto de referencia con discrepancias que alcanzarían los 110 y 210% para 2°C y 1,5°C, respectivamente. Al desagregar los datos por combustible, la brecha del carbón era notoriamente más grande que las de los otros combustibles, seguida por la del petróleo. Aunque el gas constituye el combustible menos carbono intensivo, para el informe su producción también debe declinar, por lo que se cuestiona su carácter de combustible 'de transición' o 'puente'. Sobre las altas tasas de fugas de CH_4 en su producción, véase Tabuchi, H., "Oil and Gas May Be a Far Bigger Climate Threat Than We Knew", The New York Times, 19 de febrero de 2020, <https://www.nytimes.com/2020/02/19/climate/methane-flaring-oil-emissions.html> [Última consulta, 9 de enero de 2021], en referencia a Hmiel, B. et al., "Preindustrial 14CH4 indicates greater anthropogenic fossil CH4 emissions", *Nature*, Vol. 578, 2020.

428 PNUMA, *The Production Gap Report: 2020 Special Report*, 2020, p. 4; el informe 2021 refiere a una brecha de 110% y 45% para 1,5 °C y 2 °C respectivamente; PNUMA, *Reporte 2021. Informe sobre la Brecha de Producción 2021. Resumen Ejecutivo. Hallazgos Clave*, 2021, p. 3.

México (50% de crecimiento), Brasil, Emiratos Árabes Unidos (70% de crecimiento cada uno) y Argentina (130% de crecimiento)[429].

Los gobiernos utilizan diversas formas para promover esta producción, bajo premisas de desarrollo económico y seguridad o soberanía energética. Desde la propia presentación de objetivos, planes y proyecciones, que crean un ambiente propicio para la inversión en esta actividad, hasta subsidios, gasto público, exenciones fiscales, cláusulas de limitación de responsabilidad, entre otras. En muchas ocasiones, este tipo de medidas permite la explotación de recursos que, de otra manera, no sería económicamente viable[430]. En este sentido, el informe de la brecha de producción destacó la relevancia de observar hacia dónde se dirigen los fondos de recuperación económica pospandemia. Según el documento, hasta el momento, los gobiernos han dedicado mucho más capital a combustibles fósiles que a proyectos de energía limpia[431].

Asimismo, es importante destacar que el informe de la brecha de producción de 2019 advirtió que esta era incluso significativamente mayor que la brecha de emisiones descripta en el informe homónimo. Esto quiere decir que las futuras emisiones producto de la planificación de producción sobrepasan los niveles de emisiones previsibles de acuerdo con la implementación de las NDC. Según el informe, esto se debe a que existe una atención política mínima en la tarea de reducir la producción de combustibles fósiles, con prácticamente todos los esfuerzos destinados a afectar su demanda (eficiencia energética, reducción de consumo). Así, existen países que, mientras prometen una reducción de emisiones en sus NDC, pretenden aumentar y expandir su producción significativamente[432].

---

429 PNUMA, *The Production Gap Report: 2020 Special Report,* 2020, p. 4.

430 Véase, como ejemplo, el 'barril criollo' para el sostenimiento de los precios para la explotación del yacimiento de Vaca Muerta en Argentina, PENELLI, S. "Regresa el barril "criollo" de petróleo a u$s45 con fuerte respaldo de YPF, provincias y sindicatos", *ámbito.com,* 7 de mayo de 2020, <https://www.ambito.com/barril-criollo/regresa-el-petroleo-us45-fuerte-respaldo-ypf-provincias-y-sindicatos-n5100804> [Última consulta, 14 de mayo de 2020]; véase también PNUMA, et al., *The Production Gap: The discrepancy...,* op. cit, p. 20 y ss.

431 PNUMA, *The Production Gap Report: 2020 Special Report,* op. cit., p. 5.

432 PNUMA, *The Production Gap: The discrepancy...,* op. cit, p. 4.

Debe recordarse aquí que en el régimen jurídico internacional climático se ha optado por una contabilización territorial de emisiones, es decir de acuerdo con el lugar donde efectivamente se liberan, sin importar el lugar donde el combustible ha sido extraído, lo que no crea incentivos para que los grandes productores limiten sus planes de expansión[433].

Por su parte, una forma simplificada de comprender la magnitud de la brecha de producción es a través del concepto de 'presupuesto de carbono', el que describe la máxima cantidad de emisiones acumulativas de GEI que serían 'permisibles' en consideración de las propiedades físicas del sistema climático, a los fines de permanecer por debajo de un límite dado de calentamiento[434]. Así, representa una forma relativamente simple y transparente de conectar los límites geofísicos del Sistema Tierra con las implicaciones de la política climática[435], permitiendo contrastar las reservas de combustibles fósiles disponibles globalmente y la máxima cantidad de carbono que puede emitirse para un calentamiento determinado[436].

El IPCC viene utilizando este concepto en sus último informes. En su informe síntesis de 2014, el ente presentó la cuantificación de un escaso presupuesto de carbono global que contrastó con las cuantiosas reservas existentes de carbón, petróleo y gas[437]. En su informe de 2018, volvió a difundir una cuantificación, pero esta vez lo hizo mediante un abanico de posibles presupuestos, exponiendo la complejidad de alcanzar una cifra única debido a las incertidumbres sobre el comportamiento del sistema climático[438]. Esto no le impidió, sin embargo, resaltar que se prevé que las emisiones de combusti-

---

433 LAZARUS, M. y VAN ASSELT, H., "Fossil Fuel Supply and Climate Policy: Exploring the Road Less Taken", *Climatic Change*, Vol 150, 2018, p. 5.

434 LAHN, B., "A History of the Global Carbon Budget", *WIREs Climate Change*, e636, 2020, p.2, 3; ROGELJ, J. et al., "Estimating and tracking the remaining carbon budget for stringent climate targets", *Nature*, Vol. 571, N° 7765, 2019, p. 335. Cada tonelada de CO2 añade la misma cantidad de calentamiento, sin importar dónde ni cuándo se emita y, por lo tanto, cualquier meta de temperatura está necesariamente asociada con una cantidad fija de emisiones 'permisibles'.

435 Ídem, p. 338.

436 LAHN, "A History of the Global Carbon Budget", op. cit., p. 2.

437 IPCC, *Cambio climático 2014: Informe de síntesis...*, op. cit., p. 64.

438 IPCC, *Global Warming of 1.5°C...* Chapter II..., op. cit., p. 108.

bles fósiles ya comprometidas en la infraestructura de producción existente excedan en más de dos tercios el presupuesto de carbono restante[439], dejando de lado las resultantes del agotamiento de las reservas[440]. Este exceso constituye lo que se ha dado en llamar '*unburnable carbon*'[441].

Asimismo, se ha destacado que existen riesgos a mediano plazo en la ampliación de la infraestructura para la (sobre)producción de combustibles fósiles. Por un lado, una apuesta fuerte en el sector fósil por parte de los gobiernos podría llevar a la creación de una dependencia en el éxito de la futura producción y, principalmente, en los retornos fiscales que justifican esa apuesta inicial. Esto implicará un aumento en las dificultades para el desarrollo de políticas climáticas ambiciosas en línea con la transición requerida. Dos términos explican esta situación. En primer lugar, siguiendo a Gurría, el informe de la brecha de producción refiere a '*carbon entanglement*' para referirse al proceso por el cual la dependencia de los gobiernos en la extracción de combustibles fósiles y sus retornos crea fuertes intereses para poner estos productos en el mercado, obstaculizando posibilidades de progreso de la política climática[442].

En segundo lugar, Erickson et al. introdujeron el término '*carbon lock-in*' para definir la tendencia de ciertos sistemas tecnológicos carbono-intensivos de persistir en el tiempo y así bloquear alternativas menos carbono-intensivas, debido a una combinación de factores técnicos (desarrollo de infraestructura), económicos (inversión en riesgo) e institucionales (estructuras políticas) relacionados[443]. El *lock-in* de carbono aseguraría trayectorias de emisiones más altas en

---

439 Ídem, p. 113.

440 KARTHA, LAZARUS, y TEMPEST, *Fossil Fuel Production in a 2°C World...*, op. cit., p. 2.

441 CARBON TRACKER INITIATIVE, "Terms List", <https://carbontracker.org/resources/terms-list/> [Última consulta 21 de abril de 2020]

442 GURRÍA, A., "The climate challenge: Achieving zero emissions", *OECD,* 9 de octubre de 2013 <http://www.oecd.org/about/secretary-general/the-climate-challenge-achieving-zero-emissions.htm> [Última consulta, 20 de enero de 2021]; PNUMA, *The Production Gap: The discrepancy...*, op. cit, p. vi.

443 ERICKSON, P. et al., "Assessing carbon lock-in", *Environmental Research Letters,* Vol. 10, 2015; PNUMA, *The Production Gap: The discrepancy...*, op. cit, p. vi; explican Erickson et al. que este es un ejemplo del fenómeno de la dependencia de

contraposición a trayectorias bajas en carbono que podrían proveer iguales o mejores beneficios económicos, ambientales y sociales[444]. Superar este *lock-in*, afirman Lazarus y van Asselt, requiere, más que un salto tecnológico, la superación del *carbon entanglement* en el sentido más amplio, incluyendo las relaciones de poder entre gobiernos e industrias fósiles, como también cambios en el comportamiento individual y social[445].

Por otro lado, si los agentes privados o públicos, a pesar de sus esfuerzos, fallan en colocar la producción por la que han invertido, estos activos quedarán varados[446], con impactos serios en la economía de los países y, con ello, en la economía de las comunidades y trabajadores. Una contracción de la demanda dada por el incremento de la acción climática, sin mencionar disrupciones del mercado energético (v. gr., una pandemia o una guerra de precios), pueden hacer de este escenario de varamiento algo, al menos, previsible[447]. El riesgo no es igual para todos los productores, sino largamente mayor para aquellos que producen a grandes costos y requieren un precio alto del mercado internacional para ser viables (v. gr., *fracking*).

---

trayectorias, es decir la tendencia de ciertas decisiones o eventos pasados a autoreforzarse, disminuyendo las perspectivas de que surjan nuevas alternativas.

444 Ídem, p. 5, 22; en el mismo sentido se expresan Lazarus y van Asselt, "Fossil Fuel Supply and Climate Policy...", op. cit., p. 3; véase también Rafaty, R., Srivastav, S. y Hoops, B., "Revoking Coal Mining Permits: An Economic and Legal Analysis", *Climate Policy,* 2020, concluyendo que la ganancia neta de revocar inmediatamente la autorización para operar una mina de carbón en Alemania equivaldría al 13-30% de producto bruto interno de la demarcación político-territorial (*Länder*) donde se encuentra en los próximos 34 años.

445 Lazarus y van Asselt, "Fossil Fuel Supply and Climate Policy...", op. cit., p. 3; sobre la problemática protección a inversiones fósiles frente a la acción regulatoria nacional otorgada por tratados de inversión y mecanismos de arbitraje, véase, por ejemplo, Tienhaara, K., "Regulatory Chill in a Warming World: The Threat to Climate Policy Posed by Investor-State Dispute Settlement", *Transnational Environmental Law,* Vol. 7, N° 2, 2018.

446 El informe de la brecha de producción define 'activos varados' como aquellos activos que sufren, de manera imprevista o prematura, pérdidas, reevaluaciones a la baja o se convierten en responsabilidades, como resultado de la transición hacia una economía baja en carbono u otros riesgos ambientales, PNUMA, *The Production Gap: The discrepancy...,* op. cit, p. vi.

447 Muttit, G., *The Sky's Limit: Why the Paris Climate Goals Require a Managed Decline of Fossil Fuel Production,* Oil Change International, 2016, p. 20 y ss.

Estos dos riesgos, debe notarse, se retroalimentan ya que fluctuaciones a la baja del precio internacional podrían convertir rápidamente a grandes sectores de la producción en actividades no rentables que requieran para su subsistencia de apoyo público, aumentando el *carbon entanglement.* Todo ello adhiere complejidad a la gobernanza de la cuestión, en los términos planteados en el apartado cuarto de este capítulo.

7.3. Otras brechas: adaptación y financiación

Las brechas relativas a la mitigación y a la producción de combustibles fósiles no son las únicas que pueden divisarse en la gobernanza climática actual. La acción en los pilares de adaptación y financiación también demuestra discrepancias en la intersección medidas requeridas—medidas comprometidas—medidas en ejecución.

El informe sobre la brecha de adaptación de 2020 reconoce que en los últimos años se ha avanzado a nivel global en la consideración de planes de adaptación a nivel nacional, aunque es necesaria mayor ambición[448]. Notoriamente, la gran mayoría de los países del Sur Global han incluido en sus NDC componentes relativos a la adaptación y la mayor parte de los países del mundo tienen o están en proceso de producir algún documento equivalente a un plan de adaptación nacional[449]. La efectividad y adecuación de este planeamiento, así como la financiación e implementación, sin embargo difiere notoriamente según las circunstancias nacionales y los perfiles de riesgo climático, y requiere en general mayores esfuerzos[450]. En este sentido, se afirma que los progresos realizados no parecen ser adecuados con respecto a la escala requerida.

Asimismo, el informe destaca que se espera que la pandemia del COVID 19 afecte significativamente la habilidad de los países de pla-

---

448 PNUMA, *Adaptation Gap Report 2020,* 2020, p. xiii, xviii; el informe de 2022 reitera este mensaje, PNUMA, *Progresos insuficientes y excesivamente lentos. La incapacidad de adaptarse al cambio climático pone al mundo en peligro. Resumen Ejecutivo. Informe sobre la Brecha de Adaptación 2022,* 2022.

449 PNUMA, *Adaptation Gap Report 2020,* 2020, p.xvi.

450 Ídem, p. 82.

nificar, financiar e implementar acciones de adaptación en respuesta a los impactos climáticos. Sobre esto, al igual que los otros informes mencionados, señala que es especialmente relevante lo que los gobiernos hagan con los fondos y medidas de estímulo, los que podrían utilizarse para una recuperación baja en carbono y que asegure un futuro resiliente. Sin embargo, de igual manera, observa que esto no parece estar sucediendo[451]. Con respecto a esto, debe advertirse que el IPCC ha afirmado que existen límites significativos de capacidad y de costes relacionados con la oportunidad de adaptación. Esto quiere decir que cuanto más se tarde en tomar medidas, menores posibilidades de adaptación coste-efectiva habrá, especialmente para aquellos territorios y comunidades más vulnerables[452].

En cuanto a la brecha de financiación, se ha afirmado que la escala y alcance de la financiación global climática actual es significativamente insuficiente para limitar los peores efectos del cambio climático, por lo que debería darse un cambio que vaya más allá de la '*climate finance as asual*'[453]. Esto quiere decir, no solo ampliar el flujo de fondos para financiar las diferentes áreas de intervención climática (y no solo la generación de energías renovables) sino también enviar señales al mercado de que la transición ya es una realidad, comprometiéndose a abandonar la financiación de actividades climáticamente disruptivas y su infraestructura, especialmente la relativa a la cadena de producción y suministro de combustibles fósiles[454]. En este sentido, puede destacarse el reciente anuncio del Banco Europeo de Inversiones de brindar un mayor apoyo financiero a la transición y de dejar de financiar luego de 2021 proyectos de energía fósil convencional, incluyendo producción de gas natural y petróleo y grandes plantas térmicas[455].

---

451 Ídem, p. xii.

452 IPCC, *Cambio climático 2014: Informe de síntesis…*, op. cit., p. 87; IPCC, *Global Warming of 1.5°C…*, op. cit., p. 12.

453 Buchner, B., et al., *Global Landscape of Climate Finance 2019,* Climate Policy Initiative, 2019, p. 26.

454 Ídem, p. 26 y ss.

455 Banco Europeo de Inversión, *>€1 trillion for <1,5°C: Climate and Environmental Ambitions of the European Investment Bank Group,* 2020.

8. CRISIS CLIMÁTICA, TOMA DE DECISIONES Y LITIGACIÓN

Sobre la década de los cincuenta del siglo pasado, la comunidad científica ya advertía que la humanidad estaba desarrollando un experimento geofísico a gran escala y de proporciones inéditas sobre el sistema climático. Un experimento consistente en la puesta en la atmósfera y océanos, en un período relativamente corto de tiempo, de las inmensas cantidades de carbono que se fueron acumulando bajo la superficie durante millones de años. Identificadas sus causas, sus derivaciones fueron calificadas como potencialmente catastróficas y, consecuentemente, su consideración seria a la hora de la toma de decisiones fue definida como urgente. Lo contrario, se sostuvo, podría implicar llegar tarde y adentrarse en *terra incognita*[456].

Dado el imparable aumento de las emisiones, el interrogante ya no parece ser si se logrará evitar una respuesta tardía, pues el cambio climático ya es una realidad, sino qué tan tardía será esta reacción y si se pondrá en riesgo o no a la propia existencia de la humanidad. En la respuesta a esta cuestión, la década de los veinte se perfila como definitoria. De lo hecho en los próximos cortos años dependerá, señalan varios de los documentos reseñados, la posibilidad de lograr o no las metas de la gobernanza climática. Como se observó a lo largo del capítulo, esta urgencia en el accionar responde tanto a criterios de probabilidad[457], eficacia y coste-efectividad como a criterios de equidad y protección de los derechos humanos.

Alcanzar la acción requerida en el corto plazo no dependerá de cambios meramente incrementales sino profundos y especialmente desafiantes para la sociedad global. Tal como el IPCC lo ha sostenido en su informe sobre calentamiento de 1,5 °C, aquellas trayectorias con posibilidades de limitar el aumento de temperatura a este nivel requieren de transiciones rápidas y de largo alcance —inéditas en

---

456 SHUE, *Climate Justice...*, op. cit., 214; CRUTZEN y STOERMER, "'The 'Anthropocene'", op. cit., p. 16.

457 Incertidumbres respecto el sistema climático podrían implicar un cierre de la ventana de oportunidad aún más temprano, llevando al sistema a estadios de calentamiento fuera de cualquier control, STEFFEN, "Trajectories of the Earth System...", op. cit.

términos de escala, aunque no necesariamente en términos de velocidad— en los sistemas de energía, de uso de la tierra, de desarrollo urbano, de infraestructura (incluyendo transporte y construcción) y de industria[458].

Además, debe advertirse sobre la magnitud de las consecuencias de un fracaso en esta tarea. Según Steffen et al. las retroalimentaciones dentro del sistema climático debido al calentamiento antropogénico podrían llevar al Sistema Tierra hacia lo que ellos denominan una *'Hothouse Earth'*, en la que la estabilización del clima a una temperatura intermedia sería imposible, sea cual sea la reducción de emisiones que se realice[459]. Esto podría implicar una temperatura media global por encima de cualquier otra observada en los últimos 1,2 millones de años. Así, concluyen que las tendencias sociales y tecnológicas y las decisiones que se tomen en la próxima o próximas dos décadas podrían influir significativamente la trayectoria del Sistema Tierra por decenas o cientos de miles de años y, potencialmente, conducir a condiciones planetarias que recuerdan aquellas presentes varios millones de años atrás. Condiciones que harían inhabitable el planeta para las sociedades humanas actuales y para muchas otras especies contemporáneas[460].

Como se observó previamente, bajo la nueva estructura de gobernanza climática presentada por el Acuerdo de París, la toma de decisiones sobre el accionar climático urgente descansa en gran parte en manos de los gobiernos nacionales a partir del sistema de presentación y seguimiento de las NDC y bajo el principio de CBDR. En otras palabras, la responsabilidad y el éxito de la gobernanza dependen de la discrecionalidad gubernamental y de los procesos políticos, jurídicos, sociales y económicos que dentro de las diferentes jurisdicciones se desplieguen, siempre bajo el imperio de las constituciones y el control de los órganos judiciales.

---

458 IPCC, *Global Warming of 1.5°C...*, op. cit., p. 17.

459 Steffen, "Trajectories of the Earth System...", op. cit. Este trabajo es una nueva aportación a los trabajos sobre fronteras planetarias (*planetary boundaries*), véase Rockström, "Planetary Boundaries...", op. cit.

460 Ídem, p. 2.

Esta toma de decisión, como se remarcó, es compleja por las propias características del sistema climático, por la distribución de la responsabilidad y la capacidad de respuesta respecto a las causas y consecuencias del fenómeno, por los avatares de la acción colectiva y por la centralidad de las actividades responsables de las emisiones en la economía global y el modo de vida más extendido[461]. Asimismo, cuestionamientos a la capacidad y funcionamiento de la institucionalidad vigente a la hora de responder a esta problemática se han alzado con foco en la influencia de las empresas multinacionales no solo a través del *lobby* y la contaminación del debate público a través de cuestionamientos a los consensos científicos sino también mediante la captura directa de la voluntad estatal[462], lo que ha logrado la postergación injustificada de las tomas de decisiones necesarias[463].

Reflexiona Jaria-Manzano al respecto que la fragilidad de los poderes públicos ante los mercados internacionales de capital se ha generalizado tanto desde un punto formal (acuerdos bilaterales de inversiones, tratados de integración económicos, etc.) como informal (a través de agencias de calificación). Esto supone una reducción de las posibilidades de desarrollos jurídicos autónomos, por lo que más allá de la capacidad de la ciencia de producir conocimiento que permita establecer la situación de hecho sobre la que debe proyectarse la acción jurídica, la respuesta institucional a los problemas que plan-

---

461 Incluso puede decirse que las tomas de decisiones para el logro del quizás mayor objetivo de la acción climática, la descarbonización de la economía global, se enfrentan a un serio desafío pues implican terminar con el proceso que les dio origen en primer lugar. Timothy Mitchell es elocuente al referirse a esto en su libro 'Carbon Democracy': *"Fossil fuels helped create both the possibility of modern democracy and its limits... A larger limit that oil represents for democracy is that the political machinery that emerged to govern the age of fossil fuels, partly as a product of those forms of energy, may be incapable of addressing the events that will end it";* MITCHELL, T., *Carbon Democracy: Political Power in the Age of Oil,* Verso, Londres, 2011, p. 1, 7.

462 JARIA-MANZANO, *La Constitución del Antropoceno,* op. cit., p. 172.

463 COX, *Revolution Justified...,* op. cit., Cox titula una parte de su trabajo 'El fracaso de la Democracia'; ORESKES, y CONWAY, *Merchants of Doubt...,* op. cit; BANERJEE, N., SONG, L. y HASEMYER, D., *Exxon: The Road Not Taken,* Inside Climate News, 16 de septiembre de 2015, <https://insideclimatenews.org/news/15092015/Exxons-own-research-confirmed-fossil-fuels-role-in-global-warming> [Última consulta, 1 de diciembre de 2020]

tea la transición resulta decepcionante, tanto desde el punto de vista de la sostenibilidad como del punto de vista de la justicia[464].

Ante esta situación, diversos movimientos han pasado de las clásicas tácticas de manifestación popular a la desobediencia civil, actividades no violentas pero ilegales o contravencionales, para forzar la acción urgente. Este es el caso del grupo *'Extinction Rebellion'*[465] o, en otro grado, del movimiento '*Fridays for Future*' con la activista Greta Thunberg a la cabeza y su huelga escolar por el clima[466]. De manera similar, diversos actores se han decantado por una herramienta alternativa y complementaria de utilización (e innovación) del Derecho, la litigación, para lograr cambios que por otros medios parecen vedados. En este entender, Roger Cox, uno de los ideólogos del caso *Urgenda*[467], se manifestaba afirmando que "*The failure of democracy and the stalemate this has engendered, frustrating all attempts to get the urgently needed transition... can now only be broken by a judiciary intervention*"[468].

La litigación climática es un fenómeno de expansión relativamente reciente que, en parte, expresa la disconformidad sobre la conducta de determinados actores en relación con la respuesta a la pro-

---

464 Jaria-Manzano, *La Constitución del Antropoceno,* op. cit.

465 Extinction Rebellion, About us, < https://rebellion.global/about-us/> [Última consulta 20 de enero de 2021]; véase el artículo de opinión de la parlamentaria europea Molly Scott Catto sobre sus razones para sumarse a la desobediencia civil, Scott Cato, M., "Why I'm Turning from Law-Maker to Law-Breaker to Try to Save the Planet", *The Guardian,* 31 de octubre de 2018, <https://www.theguardian.com/commentisfree/2018/oct/31/law-breaker-save-planet-direct-action-civil-disobedience> [Última consulta, 20 de enero de 2021]

466 Fridays for Future, Who we are, op. cit.; véanse los discursos de Greta Thunberg en ocasión de la COP24 y el foro de Davos 2019, Connect4Climate, "Greta Thunberg Full Speech at UN Climate Change COP24 Conference", YouTube, 2018, <https://www.youtube.com/watch?v=VFkQSGyeCWg> [Última consulta, 20 de enero de 2021]; Facing Future, "Greta Thunberg 'Our House Is on Fire' 2019 World Economic Forum (WEF) in Davos", YouTube, 2019 <https://www.youtube.com/watch?v=zrF1THd4bUM> [Última consulta, 20 de enero de 2021]

467 Corte Distrital de la Haya: Fundación Urgenda v. Los Países Bajos, ECLI:NL:RBDHA:2015:7196 (sentencia del 24 de junio de 2015).

468 Cox, *Revolution Justified...*, op. cit., p. 280.

blemática climática[469], encuadrándose tal oposición no en el marco político sino en el de la legalidad. Su proliferación como parte de la gobernanza climática ha despertado, sin embargo, cierto contrapunto no del todo resuelto sobre el rol que el poder judicial debería o no ocupar en la cuestión. El siguiente capítulo aborda el estudio de este fenómeno con el doble objetivo de caracterizarlo y ubicarlo como elemento integrante del sistema amplio de gobernanza climática global. Esta tarea dará el contexto adecuado para el estudio de casos que constituye el núcleo de esta investigación y que se desarrollará en el capítulo tercero.

---

469 PNUMA, *Global Climate Litigation Report…*, op. cit., p. 6; BOUWER, K. y SETZER, J., *Climate Litigation as Climate Activism: What Works?*, The British Academy, COP26 Briefings, 2020, p. 5.

Capítulo II
LA LITIGACIÓN CLIMÁTICA

1. EL CAMBIO CLIMÁTICO A LOS TRIBUNALES

Si bien pueden identificarse algunos casos previos[470], un análisis de la bibliografía en la materia sugiere que el interés académico en la llamada 'litigación climática' surgió sobre finales del siglo XX, concentrándose en jurisdicciones del *common law.* En 1998, Eduardo Peñalver publicó una de las primeras aproximaciones a la cuestión con un título sugerente: "*Acts of God or Toxic Torts?...*"[471]. Peñalver partía de la consideración de que el cambio climático era un problema políticamente intratable y que, debido a ello, los principios del Derecho de daños, específicamente del *tort law* del *common law* estadounidense, podían ser útiles para determinar quién debía cargar con sus costes[472]. Este autor, en una muy interesante idea, proponía un mecanismo para la administración de los reclamos de compensación contra los productores de combustibles fósiles, al estilo de los seguros de riesgo laboral[473].

Ya en el año 2000, David Hodas se preguntó: "...*Can Anyone Complain About the Weather?*"[474]. Este autor no se refería al Derecho de daños, sino que analizaba cuestiones de legitimación a los fines de

---

470 Por ejemplo, United States Court of Appeals for the District of Columbia Circuit: City of Los Angeles et al. v. National Highway Traffic Safety Administration et al., No: 86-1649, 86-1651, 86-1652. 89-1277, 89-1403, (opinion of 24 August 1990); Land and Environment Court of New South Wales: Greenpeace Australia Ltd. v. Redbank Power Co. (judgment of 10 November 1994).

471 Peñalver, E., "Acts of God or Toxic Torts? Applying Tort Principles to the Problem of Climate Change", *Natural Resources Journal,* Vol. 38, 1998.

472 Ídem, p. 599, *"Considering the current deadlock over the best way to deal with the problem, tort law does present a useful methodology for analyzing the problem of how to allocate the costs produced by global climate change".*

473 Ídem, p. 596-598.

474 Hodas, D., "Standing and Climate Change: Can Anyone Complain About the Weather?", *Journal of Land Use and Environmental Law,* Vol. 15 y 9, 2000.

instar la revisión judicial de acciones u omisiones de entes gubernamentales en relación con el cambio climático en Estados Unidos, luego de reconocer que la litigación tendría un rol relevante en los esfuerzos para controlar las emisiones de GEI[475].

Un año más tarde, abogados de diversas ONG, motivados por la denegatoria de la Administración Bush a firmar el Protocolo de Kioto e inspirados en las ideas de Andrew Strauss, se reunieron en Washington para explorar vías judiciales para forzar a los Estados Unidos y/o a corporaciones a reducir sus emisiones y a compensar a personas o a países enteros (por ejemplo, Tuvalu, Maldivas, Jamaica o los Países Bajos) que sufriesen los efectos adversos del cambio climático[476]. Poco tiempo después, Kristin Marburg, haciéndose eco de ello y de otras iniciativas similares, analizó los méritos y los potenciales problemas de tal estrategia[477].

En 2003, David Grossman retomó las ideas de Peñalver en un artículo en el cual consideraba la factibilidad de implementar una nueva respuesta a la problemática climática, no basada en negociaciones internacionales, ni en mecanismos de mercado o impuestos, sino en la que llamó '*tort-based climate change litigation*'[478]. Ese mismo año, Andrew Strauss llevó sus ideas al papel con un artículo dedicado a analizar la opción de demandar a Estados Unidos en foros internacionales por sus emisiones[479]. Strauss argumentó que, considerando la denegatoria estadounidense a abordar seriamente el problema, bien

---

475 Ídem, pp. 453-454.

476 SEELYE, K., *Global Warming May Bring New Variety of Class Action*, 6 de septiembre de 2001, The New York Times, <https://www.nytimes.com/2001/09/06/us/global-warming-may-bring-new-variety-of-class-action.html> [Última consulta, 30 de julio de 2019]; se hace referencia a una conferencia de Andrew Strauss en Londres en 2001 bajo el título *"International Litigation Strategies for Greenhouse Gas Emissions"*.

477 MARBURG, K., "Combating the Impacts of Global Warming: A Novel Legal Strategy", *Colorado Journal of International Environmental Law and Policy*, Vol. 13, 2001. Marburg refiere también a una iniciativa de *Friends of the Earth International*. En su texto, analiza premisas, motivaciones y sujetos de esta nueva estrategia.

478 GROSSMAN, D., "Warming Up to a Not-So-Radical Idea: Tort-Based Climate Change Litigation", *Columbia Journal of Environmental Law*, Vol. 28, N° 1, 2003.

479 STRAUSS, A., "The Legal Option: Suing the United States in International Forums for Global Warming Emissions", *Environmental Law Reporter*, Vol. 33, 2003.

podría la comunidad internacional pensar alternativas para inducir o incluso obligar a este Estado a cumplir con sus responsabilidades. Esta preocupación, que mantiene su plena vigencia, llevó al autor a analizar algunos posibles foros y normativa de carácter internacional como parte de una estrategia de presión.

Mientras tanto, fuera de Estados Unidos, Myles Allen, integrante del departamento de física de Oxford, escribía un artículo en el que se preguntaba a quién debería demandar por la caída del valor de su hogar, considerando que las aguas del río Támesis se encontraban —en ese mismo momento— a 30 centímetros de la puerta de su cocina y creciendo lentamente[480]. Allen, como Marburg y Grossman, partía del reconocimiento que había hecho el IPCC en su tercer informe de evaluación sobre que el calentamiento observado en los últimos 50 años, y consecuentemente sus efectos, era atribuible a las actividades humanas que habían aumentado las concentraciones de GEI desde la era preindustrial[481]. En 2004, Allen sumó a un jurista —Richard Lord— para discutir "*who will pay for the damaging consequences of climate change?*"[482]. Partiendo de un artículo que indagaba sobre qué tanto podría culparse a la influencia humana por la devastadora ola de calor europea del año 2003[483], estos concluyeron: "*whatever the weather in Europe next summer, we can be sure that the argument over who pays for the cost of [adaptation to and compensation for] climate change is here to stay*"[484]. En su apreciación, Allen y Lord no se equivocaban.

El interés académico por el tópico de la litigación climática continuó y se vio incrementado notoriamente ante la sucesión de decisiones judiciales de alto impacto mediático y jurídico. Así, la resolución de la Corte Suprema de Justicia de los Estados Unidos en el caso *Mas-*

---

480 Allen, M., "Liability for climate change: Will it ever be possible to sue anyone for damaging the climate?", *Nature*, Vol. 421, 2003.

481 IPCC, *Climate Change 2001. Synthesis Report...*, op. cit., p. 4; véase capítulo I, apartado 1.

482 Allen, M. y Lord, R., "The blame game: Who will pay for the damaging consequences of climate change?", *Nature*, Vol. 432, 2004.

483 Stott, P., Stone, D. y Allen, M., "Human Contribution to the European Heatwave of 2003", *Nature*, Vol. 432, 2004.

484 Allen y Lord, "The blame game...", op. cit.

sachusetts v. EPA[485] en el año 2007 fue reconocida como el primer hito jurisprudencial que atrajo la atención de la doctrina y la sociedad en general[486]. A pesar de un fuerte enfoque doctrinario en posibles incursiones basadas en el Derecho de daños y el Derecho internacional, este primer caso emblemático no se correspondía con ninguna de estas áreas, pues la relación entre cambio climático y litigación no está limitada a estos aspectos, sino que predominantemente comprende conflictos domésticos de carácter regulatorio. En *Massachussetts v. EPA* varias administraciones subnacionales de Estados Unidos (estados en el sistema federal y ciudades) y algunas ONG demandaron a la Agencia de Protección Ambiental federal (EPA, por sus siglas en inglés) debido a su negativa a regular las emisiones de GEI de vehículos de motor nuevos bajo la legislación de contaminación atmosférica (Clean Air Act). En última instancia, la Corte Suprema hizo lugar a la demanda, sosteniendo que la agencia tenía competencia para tal regulación y que su denegatoria había sido arbitraria, caprichosa y contraria a Derecho[487].

---

485 SUPREME COURT OF THE UNITED STATES: Massachusetts et. al. v. EPA, 549 U.S. 497 (judgment of 2 April 2007).

486 PEEL, y OSOFSKY, *Climate Change Litigation...*, op. cit., p. 2; SETZER y VANHALA, "Climate change litigation...", op. cit., p. 3.

487 SUPREME COURT OF THE UNITED STATES: Massachusetts et. al. v. EPA, 549 U.S. 497 (judgment of 2 April 2007), op. cit.; la consideración del caso como *leading case* climático en Estados Unidos responde a varias razones entre las que destacan: a) el reconocimiento de la Corte Suprema del cambio climático antropogénico como una cuestión real y preocupante, digna de atención en un contexto de fuerte controversia política e ideológica; b) el reconocimiento judicial de que el cambio climático implica una posibilidad real de daño catastrófico que puede afectar al demandante y es suficiente (actual e inminente) para otorgarle legitimación (al estado de Massachusetts, en relación con el aumento del nivel del mar) c) el razonamiento judicial de que aunque la acción regulatoria solicitada no sea suficiente para revertir el cambio climático en razón de la magnitud del problema, sí llevaría a una desaceleración o reducción del fenómeno, por lo que existe un nexo causal adecuado; d) la consideración de que el accionar de países en desarrollo (China o India) en relación con su aumento previsible de emisiones no obsta tal nexo; e) la revisión judicial de un acto administrativo, ámbito en donde prima la discrecionalidad del regulador; f) la no aplicación de la teoría de la cuestión política no justiciable (*political question doctrine*).

Ocho años después, la sentencia de la Corte Distrital de la Haya en el caso *Urgenda v. Los Países Bajos*[488], otorgando una victoria un tanto inesperada a la sociedad civil, renovó la atención en el tópico, en un fenómeno al que incluso se le dio nombre propio: el 'efecto Urgenda'[489]. En este caso, una ONG y un grupo de ciudadanos demandaron al Gobierno de los Países Bajos a los fines de que se lo condenase a aumentar su ambición en la reducción de emisiones para 2020. La Corte de primera instancia hizo lugar a la demanda, la que luego fue confirmada en segunda instancia por la Corte de Apelaciones de la Haya[490] y, finalmente, por la Corte Suprema de este país[491].

El impulso académico dado por este tipo de resoluciones, sin embargo, ha llevado a la crítica de Bouwer respecto a cierta tendencia a reducir el estudio del fenómeno de la litigación climática al análisis de casos de alto perfil, '*holy grial cases*'[492] o '*sexy litigation*'[493], relativos al cuestionamiento de políticas generales de mitigación o adaptación o a la responsabilidad de corporaciones multinacionales[494]. Este 'obsesivo' foco iría en contra del análisis de casos más 'mundanos' los cuales, además de ser el grueso de los casos, tienen la capacidad de

---

488 Corte Distrital de la Haya: Fundación Urgenda v. Los Países Bajos, ECLI:NL:RBDHA:2015:7196 (sentencia del 24 de junio de 2015), op. cit.

489 Setzer y Vanhala, "Climate change litigation...", op. cit., p. 3; como ejemplos de producción académica en respuesta a este caso pueden citarse dos artículos publicados en la *Revista Catalana de Dret Ambiental*, los que indagan en las posibilidades de reproducir el caso en otras jurisdicciones: Jaria-Manzano, J., "La litigació climàtica a Espanya: una prospectiva", *Revista Catalana de Dret Ambiental*, Vol. IX, N° 2, 2018; Ruda González, A., "Perspectives de la litigació pel canvi climàtic arran del cas Urgenda", *Revista Catalana de Dret Ambiental*, Vol. IX, N° 2, 2018.

490 Corte de Apelaciones de la Haya: Fundación Urgenda v. Los Países Bajos, ECLI:NL:GHDHA:2018:2610 (sentencia del 9 de octubre de 2018).

491 Corte Suprema de los Países Bajos: Fundación Urgenda v. Los Países Bajos, ECLI:NL:HR:2019:2007 (sentencia del 20 de diciembre de 2019).

492 Bouwer K., "The unsexy future of climate change litigation", *Journal of Environmental Law*, Vol. 30, N° 3, 2018.

493 Markell y Ruhl, "An Empirical Assessment...", op. cit.

494 Bouwer, "The unsexy future of climate change litigation", op. cit., p. 7; en palabras de la autora: "*a high-stakes, high-profile and high-ambition action that seeks to solve many problems in one sexy, heroic action*".

generar impactos relevantes en el panorama de acción climática local, nacional e internacional[495].

Excepciones han sido algunos estudios pioneros que buscaron analizar de forma comprensiva distintos universos de la litigación climática, como el de Markell y Ruhl de 2012, en el que se examinaron todos los casos identificados como litigación climática en Estados Unidos hasta 2010[496], o el de Wilensky que hizo lo propio, pero con casos fuera de esta jurisdicción hasta 2013[497]. Ambos estudios se apoyaron en bases de datos que, en la actualidad, se reúnen en una iniciativa conjunta del *Sabin Center for Climate Change Law* de la Universidad de Columbia (Nueva York, Estados Unidos) y el despacho jurídico *Arnold & Porter*[498].

El interés por el fenómeno de la litigación climática, además de un profuso desarrollo doctrinario y la creación de bases de datos, ha llevado al PNUMA a auspiciar la publicación de informes que brindan un panorama general de la cuestión[499]. El informe de 2020 expuso que la litigación climática es un fenómeno en expansión, duplicándose en los últimos años tanto en cantidad de casos como en cantidad de jurisdicciones donde estos se desarrollan[500]. Al momento de escribir, la base de datos del *Sabin Center for Climate Change Law* identifica más de 2.000 casos en 50 países, con la debida aclaración de que una gran mayoría (aproximadamente el 70%) pertenecen solo a la jurisdicción de Estados Unidos, a la que le siguen Australia y Reino Unido[501]. Así, se observa una fuerte prevalencia de casos en

495 Markell y Ruhl, "An Empirical Assessment…", op. cit., p. 19; Bouwer, "The unsexy future of climate change litigation", op. cit.

496 Markell y Ruhl, "An Empirical Assessment…", op. cit.

497 Wilensky, "Climate change in the Courts…", op. cit.

498 Sabin Center for Climate Change Law y Arnold & Porter, Climate Change Litigation Databases, op. cit.

499 Véase PNUMA, *The Status of Climate Change Litigation…*, op. cit.; PNUMA, *Global Climate Litigation Report…*, op. cit.

500 Ídem, p. 13.

501 Ídem; Sabin Center for Climate Change Law y Arnold & Porter, Climate Change Litigation Databases, op. cit.; de acuerdo con la metodología de esta base de datos, el número de casos incluye, en lo que hace a la jurisdicción de Estados Unidos, además de iniciativas judiciales y administrativas cuasi-judiciales,

jurisdicciones del Norte Global[502] por sobre las del Sur, las que, sin embargo, prometen aumentar rápidamente su participación en el universo[503].

Nada hace pensar que la tendencia de crecimiento exponencial de la litigación climática se revertirá en el corto plazo, sino más bien es posible creer que sucederá todo lo contrario, en la medida que crece la conciencia sobre la problemática y sus impactos, se reproducen alrededor del mundo herramientas regulatorias para su abordaje y, al mismo tiempo, se hacen más evidente las brechas entre la acción tomada y la requerida.

Este capítulo tiene como objeto presentar al fenómeno de la litigación climática. Para ello, se divide en dos grandes partes. Una primera que responde a la pregunta básica, pero compleja, de qué es la litigación climática. Para ello, luego de un estudio de las cuestiones metodológicas que atañen a esta pregunta (sección 2), se examinan diversos elementos de los litigios climáticos que proveen una caracterización más precisa de la constitución de este fenómeno (sección 3). Así, se analiza qué actores (sección 3.1), qué foros (sección 3.2), qué propósitos (sección 3.3), qué enfoques (sección 3.4) y qué elementos normativos (sección 3.5) componen su heterogeneidad.

La segunda parte de este capítulo estudia a la litigación climática como elemento integrante de la amplia estructura de la gobernanza climática global, cuya columna vertebral fue descripta en el capítulo anterior. Así, esta segunda mitad se pregunta por el papel que ocupa este fenómeno en el panorama de procesos que buscan coordinar el

---

otro tipo de acciones como *rulemaking petitions, requests for reconsideration of regulations, notices of intent to sue and subpoenas.*

502 Setzer y Byrnes en su informe de tendencias de la litigación climática de 2020, señalaban que tan solo 37 casos (de por entonces 1587) pertenecían a jurisdicciones del Sur Goblal; Setzer y Byrnes, *Global trends in climate change litigation: 2020 snapshot,* op. cit., p. 4.

503 Peel y Osofsky destacan que, más allá de una posible cantidad menor de casos, debe considerarse que una buena parte de la litigación climática en el Sur Global puede escaparse de las bases de datos y de la atención académica por ser litigación que sólo incluye a la cuestión climática de forma periférica o, simplemente, por barreras lingüísticas relativas a la centralidad del inglés; Peel, J. y Osofsky, H., "Climate Change Litigation", *Annual Review of Law and Social Science,* Vol. 16, N°. 8, 2020, p. 8.

comportamiento de los diferentes actores implicados para el logro de los objetivos dispuestos en el régimen jurídico internacional del cambio climático[504]. Para dar respuesta a este interrogante, se analizan cuatro aspectos principales. En primer lugar, cuáles son las causas que se han encontrado para la proliferación de casos de litigación climática (sección 4). En segundo lugar, cómo se inserta la litigación en el panorama regulatorio (sección 5), lo que incluye su rol respecto del nuevo régimen creado por el Acuerdo de París. En tercer lugar, cuáles son sus posibles impactos regulatorios (sección 6). Y en cuarto y último lugar, cómo se ha abordado la cuestión de la legitimidad de la intervención de la litigación en la gobernanza climática (sección 7).

PARTE I: CARACTERIZACIÓN DE LA LITIGACIÓN CLIMÁTICA

2. EL CONCEPTO DE 'LITIGACIÓN CLIMÁTICA'

Respecto al universo de casos identificados, más de 2.000 como se mencionó, y a la utilización común en la doctrina y foros académicos de la expresión 'litigación climática' deben realizarse algunas consideraciones aclaratorias iniciales. Estas tienen que ver con ambos elementos del término compuesto, es decir con qué se entiende por 'litigación' y qué implica el adjetivo 'climática' a su lado.

En primer lugar, debe decirse que, si bien una buena parte del universo de casos constituyen lo que podría entenderse típicamente como 'litigio', es decir una disputa entre dos o más partes cuya resolución se somete a la decisión de un órgano judicial[505], dentro de este conjunto se incluyen otro tipo de presentaciones que podrían no calificar de esta manera. Así, por ejemplo, se identifican con este tér-

---

504 STEVENSON, H., *Institutionalizing Unsustainability...*, op. cit., p. 3.

505 Fisher, analizando también este tópico, reconoce que *"litigation can mean many things"* y por ello aclara que en su trabajo por litigios se debe entender *"cases in which a court or tribunal resolves an adversarial dispute on the basis of adjudicative procedure"*; FISHER, E., "Climate change litigation, obsession and expertise: Reflecting on the scholarly response to Massachusetts v. EPA", *Law & Policy*, Vol. 35, Nº 3, 2013, p. 238.

mino (y se incluyen en las bases de datos) peticiones ante la CIDH[506], el Comité del Patrimonio Mundial[507], el Comité de Derechos Humanos[508] y la Comisión de Derechos Humanos de Filipinas[509], entre otras. De igual manera, pueden encontrarse iniciativas de arbitraje internacional[510] o instancias administrativas no contenciosas[511]. Esto indica una utilización laxa del término 'litigación' en este contexto.

---

506 Por ejemplo, EARTHJUSTICE, Petition to the Inter American Commission on Human Rights Seeking Relief from Violations Resulting from Global Warming Caused by Acts and Omissions of the United States..., op. cit.

507 A los fines de incluir ciertos sitios de interés en los listados de 'sitios en peligro' a causa del cambio climático, como por ejemplo el Parque Nacional Sagarmatha en Nepal, el Parque Nacional Huascarán en Perú, la Gran Barrera de Coral en Australia, el Parque Internacional de la Paz Waterton-Glacier en Estados Unidos y Canadá y el Sistema de Reservas de la Barrera de Arrecife de Belice; UNESCO, Petition to the World Heritage Committee: The Role of Black Carbon in Endangering World Heritage Sites Threatened by Glacial Melt and Sea Level Rise (Petition of 29 January 2009) <http://whc.unesco.org/uploads/activities/documents/activity-393-4.pdf> [Última consulta, 5 de agosto de 2019]; BORRÀS PENTINAT, "La Justicia Climática...", op. cit.; THORSON, E., "The World Heritage Convention and Climate Change: The Case for a Climate-Change Mitigation Strategy beyond the Kyoto Protocol", en BURNS y OSOFSKY (eds.), *Adjudicating Climate Change...*", op. cit.

508 SABIN CENTER FOR CLIMATE CHANGE LAW y ARNOLD&PORTER, Daniel Billy and others v Australia (Torres Strait Islanders Petition), <http://climatecasechart.com/non-us-case/petition-of-torres-strait-islanders-to-the-united-nations-human-rights-committee-alleging-violations-stemming-from-australias-inaction-on-climate-change/> [Última consulta, 24 de mayo de 2023], un grupo de ocho ciudadanos del Estrecho de Torres presentaron una petición contra el Gobierno de Australia ante este órgano alegando que el demandado violaba sus derechos humanos bajo el Pacto Internacional de Derechos Civiles y Políticos al no abordar adecuadamente el cambio climático.

509 ENVIRONMENTAL SCIENCE FOR SOCIAL CHANGE, Petition Requesting for Investigation of the Responsibility of the Carbon Majors for Human Rights Violations or Threats of Violations Resulting from the Impacts of Climate Change (Petition of 22 September 2015), <https://essc.org.ph/content/wp-content/uploads/2018/09/Philippines-Climate-Change-and-Human-Rights-Petition.pdf> [Última consulta, 30 de julio de 2019]

510 INTERNATIONAL CENTRE FOR SETTLEMENT OF INVESTMENT DISPUTES: RWE AG et al. v. Kingdom of the Netherlands, ICSID Case No. ARB/21/4, (Petition of 2 February 2021) <https://icsid.worldbank.org/cases/case-database/case-detail?CaseNo=ARB/21/4> [Última consulta, 4 de febrero de 2021]

511 SABIN CENTER FOR CLIMATE CHANGE LAW y ARNOLD & PORTER, Micronesia Transboundary EIA Request, <http://climatecasechart.com/non-us-case/micronesia-transboundary-eia-request/> [Última consulta, 25 de enero de 2020]

En segundo lugar, en muchas ocasiones, la relación de los casos identificados por las bases de datos con la problemática del cambio climático es discutible[512]. En este sentido, qué cuenta como litigación 'climática' (y qué no) es una cuestión compleja que ha sido objeto de tratamiento doctrinario, principalmente en la búsqueda de garantizar coherencia metodológica en las investigaciones. Como resalta Hilson, en un enfoque amplio, casi toda la litigación podría concebirse como litigación climática, ya que incluso la disputa contractual más común podría tener implicaciones relativas a emisiones de GEI en algún punto, si uno mira con suficiente detenimiento[513]. Esto debido a que, por un lado, el cambio climático es consecuencia de miles de millones de acciones humanas de carácter cotidiano y, por otro, a que los impactos del cambio climático son 'ubicuos', en el entendimiento de que el cambio climático es el nuevo 'estado de cosas' en el que la vida se desenvuelve[514].

Ante esta complejidad, la academia ha ido ensayando definiciones *ad hoc* que, limitando el objeto de cada investigación, hacen del estudio de casos una tarea metodológicamente factible. A continuación, se describen algunos de los ensayos de conceptualización más reconocidos.

Markell y Ruhl, en su pionera investigación sobre el rol de los tribunales en la litigación climática en Estados Unidos, consideraron 'litigio climático' a cualquier litigio en jurisdicción federal, estatal, tribal o local, de carácter administrativo o judicial, en el cual las presentaciones de las partes o las resoluciones del tribunal, en

---

512 La inclusión en las bases de datos del caso entre Argentina y Uruguay ante la Corte Internacional de Justicia por la autorización y construcción de plantas de celulosa es un ejemplo de esto. Sin perjuicio de su interés para el desarrollo del Derecho (internacional) ambiental, en el caso la cuestión climática no ha sido tratada de forma directa o indirecta ni en la sentencia ni por ninguno de los actores intervinientes, Sabin Center for Climate Change Law y Arnold&Porter, Pulp Mills on the River Uruguay (Argentina v. Uruguay), <http://climatecasechart.com/non-us-case/pulp-mills-on-the-river-uruguay-argentina-v-uruguay/> [Última consulta, 25 de enero de 2021]

513 Hilson, "Climate Change Litigation in the UK…", op. cit., p. 421.

514 Afirma Bouwer: *"It might be more helpful, now, to conceive of (potentially all) litigation as happening in the context of climate change"*, Bouwer, "The unsexy future of climate change litigation", op. cit., p. 20.

forma directa y expresa, abordasen una cuestión de hecho o derecho relativa a la sustancia o política sobre las causas e impactos del cambio climático[515]. Los autores reconocieron que esta definición podría ignorar casos que, aún interpuestos con fines directos de alterar el panorama regulatorio del cambio climático, no abordasen de manera explícita la cuestión (v. gr., por motivos de estrategia jurídica). Sin embargo, alegaron que la posibilidad de conocer fehacientemente la motivación de los litigantes en esos casos es limitada y muchas veces cuestionable[516]. Esta definición fue también adoptada, entre otros, por Wilensky en su estudio de casos fuera de la jurisdicción norteamericana[517] y por Vanhala en su trabajo comparativo entre las jurisdicciones de Australia, Reino Unido y Canadá[518].

Hilson, en su análisis sobre la litigación climática en Reino Unido, también optó por considerar tan solo aquellos casos —"*legal action which is brought before the courts (...), whether civil or criminal*"[519]— en los que se presenta en forma explícita algún argumento sobre cambio climático por parte del demandante o el demandado, pero amplió el universo para incluir casos en que esta mención no se da en documentos oficiales del caso sino en declaraciones o presentaciones más informales (v. gr., comunicados de prensa)[520].

Por su parte, en cierta medida siguiendo estas definiciones, el primer informe del PNUMA sobre el estado de la litigación climática aclaró que en su análisis este término incluye: "*(...) cases brought before administrative, judicial and other investigatory bodies that raise issues of law or fact regarding the science of climate change and climate change mitigation and adaptation efforts*"[521]. La mención de '*other investigatory bodies*' hace que se comprendan las mencionadas peticiones ante, por

---

515 MARKELL y RUHL, "An Empirical Assessment...", op. cit., p. 27, "*any piece of federal, state, tribal, or local administrative or judicial litigation in which the party filings or tribunal decisions directly and expressly raise an issue of fact or law regarding the substance or policy of climate change causes and impacts*".

516 Ídem, p. 26, 27.

517 WILENSKY, "Climate change in the Courts...", op. cit., p. 134.

518 VANHALA, L., "The Comparative Politics of Courts and Climate Change", *Environmental Politics,* Vol. 22, N° 3, 2013, p. 450.

519 HILSON, "Climate Change Litigation in the UK...", op. cit., p. 422.

520 Ídem, p. 423.

521 PNUMA, *The Status of Climate Change Litigation...,* op. cit., p. 10.

ejemplo, órganos no judiciales en materia de derechos humanos. El informe reconoce también el problema metodológico de incluir o excluir casos de acuerdo con una selección y búsqueda de palabras claves en los documentos del litigio, cuya mención expresa puede ser solo incidental o cuya falta de mención puede invisibilizar casos relevantes[522]. El segundo informe del PNUMA volvió a utilizar esta definición[523]. Este último es explícito en cuanto a que se excluyen de su consideración casos donde la discusión sobre el cambio climático sea incidental o cuando una teoría jurídica no relacionada con la cuestión guie el resultado sustantivo del caso. Tampoco se incluyen aquí casos que, buscando lograr metas relacionadas con la cuestión climática, no se enfoquen en la dimensión climática de tales metas (v. gr., litigio contra una planta térmica de carbón por contaminación del aire de carácter local)[524].

Una postura diferente fue la tomada por Peel y Osofsky en su relevante trabajo sobre litigación climática en Estados Unidos y Australia[525]. Estas autoras, considerando al enfoque seminal de Markell y Ruhl demasiado angosto para los fines de su investigación —dedicada al rol regulatorio de la litigación climática—, incluyeron bajo este concepto no solo aquellos casos que expresamente abordasen el tópico, sino también los que, sin hacerlo, tuviesen la capacidad de impactar en la estructura regulatoria climática[526]. Así, graficaron su definición a partir de una serie de círculos concéntricos (ilustración 12), de acuerdo con la centralidad que la cuestión climática presenta en los casos. En este sentido, casos relativos a la explotación no convencional de hidrocarburos (v. gr., *fracking*) en los que se esgrimen argumentos ambientales o de otro tipo, pero no climáticos[527], también son considerados en este trabajo, a diferencia de las otras investigaciones antes mencionadas.

---

522 Ídem.

523 PNUMA, *Global Climate Litigation Report…*, op. cit., p. 6, "*…administrative, judicial, and other adjudicatory bodies*".

524 Ídem.

525 PEEL y OSOFSKY, *Climate Change Litigation…*, op. cit.

526 Ídem, p. 8.

527 De acuerdo con Setzer y Byrnes, 'litigios climáticos incidentales'; SETZER y BYRNES, *Global trends in climate change litigation: 2020 snapshot,* op. cit., p. 6.

Al respecto, vale la pena observar que, en un informe de 2017 sobre litigación climática fuera de la jurisdicción de Estados Unidos, Nachmany et al. afirmaron que el cambio climático estaba en la periferia argumental en más de tres cuartos de los casos considerados[528], valor que se ha ido reduciendo año a año, volviéndose cada vez más una cuestión central[529].

Ilustración 11. Círculos concéntricos como forma de graficar el concepto de litigación climática (Peel y Osofsky)[530]

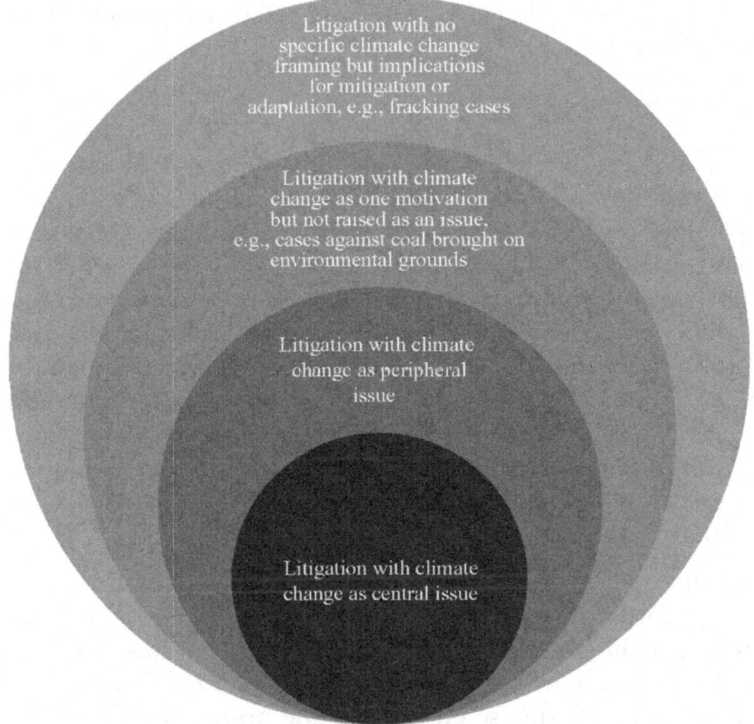

528 Nachmany, M., et al., *Global Trends in Climate Change Legislation and Litigation: 2017 Update*, Grantham Research Institute on Climate Change and the Environment, 2017, p. 13.

529 Setzer y Byrnes, *Global trends in climate change litigation: 2020 snapshot*, op. cit., p. 1.

530 Peel y Osofsky, *Climate Change Litigation*..., op. cit., p. 8.

Solana, por ejemplo, es uno de los varios autores que ha aprovechado el enfoque de Peel y Osofsky para definir los límites de su investigación sobre litigación climática en los mercados financieros[531]. El autor, luego de reconocer las dificultades que plantea esta cuestión, refiere a que para su análisis considera casos que, por un lado, se encuentren en los dos primeros círculos centrales del gráfico y, por otro, que adopta una interpretación amplia de lo que es 'litigación', la que va más allá de iniciativas presentadas ante autoridades judiciales para incluir aquellas promovidas frente a órganos administrativos con poderes de ejecución y autoridad para expedir decisiones vinculantes[532].

En resumidas cuentas, parecen existir dos tendencias mayores. Una que hace depender la consideración del caso a la mención expresa de la cuestión climática en los documentos del litigio (representada por Markell y Ruhl) y otra que se rige por la motivación y la capacidad de impacto del caso en el panorama regulatorio del cambio climático (Peel y Osofsky). La primera opción puede ser refinada, exigiéndose que las cuestiones climáticas sean, no solo planteadas por los litigantes sino de algún modo consideradas por las resoluciones del tribunal (como exige Wilensky[533]), y dentro de esa variable, diferenciarse en tanto sean realizadas como parte del *ratio decidendi* o tan solo *obiter dicta*[534]. También puede esta primera opción ser flexibilizada, extendiendo la consideración de casos a aquellos que el encuadre climático se dé fuera de los documentos oficiales del caso (como plantea Hilson).

Esta diversidad de alternativas conceptuales ha llevado a Setzer y Vanhala a afirmar que existen tantos entendimientos de qué cuenta como 'litigación climática' como autores escribiendo sobre el fenómeno[535]. En este sentido, estas autoras resaltan que, mientras cada investigación aclare qué se entiende y qué no por litigación climática para su propio propósito, no existe la necesidad de alcanzar una

---

531 SOLANA, "Climate Litigation in Financial Markets...", op. cit.

532 Ídem, p.4, 5.

533 WILENSKY, "Climate change in the Courts...", op. cit. p. 135.

534 VANHALA, L. y HILSON, C. "Climate Change Litigation: Symposium introduction", *Law & Policy*, Vol. 35, N° 3, 2013, p. 144.

535 SETZER y VANHALA, "Climate Change Litigation...", op. cit., p. 3.

definición general y definitiva[536]. Esta investigación hará lo propio en el capítulo siguiente, de forma previa al estudio jurisprudencial específico.

3. LA DIVERSIDAD DE LA LITIGACIÓN CLIMÁTICA

Más allá de las diferentes opciones conceptuales diseñadas por la doctrina y de sus correspondientes listados de casos, un panorama general del universo de la litigación climática lo ofrecen las diferentes bases de datos que, elaboradas por organizaciones académicas reconocidas, proveen libre acceso a información sobre la existencia y sustancia de los casos. De una simple observación del contenido de la base de datos del *Sabin Center for Climate Change Law* (que se estima que es, por el momento, la más completa y comprensiva), resulta evidente que existe una amplia heterogeneidad con variedad de actores (activos y pasivos), de foros intervinientes (domésticos y supranacionales), de propósitos, enfoques ensayados y de elementos argumentales utilizados. Para graficar esta diversidad puede destacarse la presencia de casos de naturaleza penal[537], laboral[538], sobre 'refu-

536 Ídem.

537 Tribunal Correctionnel de Lyon: Le Procureur de la République v. Delahalle & Goinvic (jugement du 16 septembre 2019); dos activistas tomaron retratos del presidente Macron para manifestarse en razón del fracaso de Francia en el cumplimiento de sus objetivos climáticos. El Tribunal de primera instancia, en una sentencia sorpresiva, absolvió a los activistas alegando que estos actuaron bajo estado de necesidad considerando la gravedad de la crisis climática y que la expresión democrática no puede estar limitada a las elecciones de representación. Al parecer, el tribunal superior revocó la sentencia considerando que no se cumplían los requisitos para la aplicación del estado de necesidad; L'OBS, *Huit "décrocheurs" de portraits de Macron condamnés à Paris, l'"état de nécessité" écarté*, 16 de octubre de 2019, <https://www.nouvelobs.com/politique/20191016.AFP6725/huit-decrocheurs-de-portraits-de-macron-condamnes-a-paris-l-etat-de-necessite-ecarte.html> [Última consulta, 22 de octubre de 2019]

538 United Kingdom Employment Appeal Tribunal: Grainger Plc & Ors. v. Nicholson [2009] UKEAT 0219_09_0311 (judgment of 3 November 2009); el accionante demandó por discriminación a su empleador, alegando que este último dio fin a la relación laboral debido a su 'creencia' en la ocurrencia de cambio climático catastrófico. El Tribunal consideró incluida esta creencia 'po-

giados climáticos'[539], de daños por contribuir a impactos climáticos generales[540] o específicos, como eventos meteorológicos extremos[541], sobre asignación de derechos de emisión[542], sobre violaciones a dere-

---

lítica o científicamente fundamentada' dentro de las prerrogativas de protección otorgadas por la *Employment Equality Regulations*.

539 SUPREME COURT OF NEW ZEALAND: Ioane Teitiota v. The Chief Executive of the Ministry Of Business, Innovation and Employment, SC 7/2015, [2015] NZSC 107 (judgment of 20 July 2015); un ciudadano de Kiribati apeló la denegatoria a su estado de refugiado, alegando que los efectos del cambio climático forzaban su emigración. El caso fue desestimado en las sucesivas instancias en el entendimiento de que el demandante no podía ser considerado refugiado en los términos del Derecho internacional. Luego de agotar las vías internas, el caso alcanzó el Comité de Derechos Humanos bajo la alegación de que Nueva Zelanda violaba, con la denegatoria, sus derechos protegidos bajo el Pacto Internacional de Derechos Civiles y Políticos. El Comité desestimó el caso, aunque reconoció los riesgos que el cambio climático representa para el país y la posibilidad futura de que las condiciones de vida en tal lugar se tornen incompatibles con los derechos del Pacto; HUMAN RIGHTS COMMITTEE, Views adopted by the Committee under article 5/4) of the Optional Protocol, concerning communication No. 2728/2016 (Opinion of 7 January 2020), CCPR/C/127/D/2728/2016.

540 Entre otros: UNITED STATES DISTRICT COURT FOR THE NORTHERN DISTRICT OF CALIFORNIA: City of Oakland and The People of the State of California v. BP PLC et al. No. C 17-06011 WHA and No. C 17-06012 WHA (judgment of 25 June 2018); la ciudad de Oakland demandó a varios productores de combustibles fósiles por su contribución al cambio climático y a sus consecuentes impactos y solicitó que se les ordené la creación de un fondo de compensación para proveer la infraestructura necesaria a la ciudad para adaptarse a los impactos del cambio climático. La Corte rechazó la demanda por razones de justiciabilidad. Los demandantes apelaron tal resolución. Al momento de escribir el caso continúa abierto.

541 Véase, por ejemplo: UNITED STATES COURT OF APPEALS FOR THE FIFTH CIRCUIT: Ned Comer et al. v. Murphy Oil. USA et. al., No. 07-60756 (judgment of 22 October 2009); un grupo de vecinos afectados por el huracán Katrina demandaron, entre otros, a un grupo de empresas de combustibles fósiles por el aumento de intensidad del fenómeno en búsqueda de daños compensatorios. La Corte de primera instancia desestimó el caso debido a cuestiones de legitimación y justiciabilidad, mientras que el de segunda instancia revocó parcialmente esta decisión. Sin embargo, la sentencia de segunda instancia quedó sin efecto luego de un polémico giro procesal. Los demandantes intentaron reiniciar la causa sin éxito.

542 Véase, por ejemplo: TRIBUNAL SUPREMO DE ESPAÑA (Sala de lo Contencioso-administrativo, sección 5ª.): Cerámica General Castaños S.L. No. de Recurso 322/2005 (sentencia del 3 de diciembre de 2008); el demandante obtuvo sen-

chos humanos[543], así como de carácter administrativo sobre planeamiento y EIA[544], entre muchos otros. A continuación, se examinan algunos de los elementos principales que hacen a esta diversidad, consecuencia de la propia 'ubicuidad' del cambio climático, a partir de ejemplos jurisprudenciales de relevancia.

3.1. Los actores de la litigación climática

Una profusa variedad de actores puede identificarse en el universo de la litigación climática, incluyendo individuos, grupos, ONG, científicos, inversores, Estados y entes administrativos de varios niveles, empresas públicas y privadas y sus juntas directivas, entre otros. Aunque intuitivamente podría creerse que este universo está dominado por iniciativas de la sociedad civil (individuos, grupos u ONG), la realidad es que tanto o más importante, al menos en lo hace a cantidad de casos, es la participación de empresas y de entes gubernamentales. En este sentido, según el informe de 2017 de Nachmany et al. sobre tendencias en la litigación climática fuera de Estados Unidos, la mayoría de los casos para ese entonces habían sido presentados por corporaciones[545].

Antes de pasar al análisis más detallado de esta diversidad, debe resaltarse que se han identificado casos correspondientes a prácticamente todas las combinaciones de actores, con una excepción relevante. Aunque son varios los casos de entes gubernamentales demandando a pares, en general en distintos niveles de gobernanza y siendo *Massachusetts v. EPA* el ejemplo paradigmático de esta ca-

---

tencia favorable al impugnar la asignación de derechos de emisión por parte de la Administración, requiriéndose un nuevo cálculo de estos.

543 Environmental Science for Social Change, Petition Requesting for Investigation of the Responsibility of the Carbon Majors for Human Rights Violations or Threats of Violations Resulting from the Impacts of Climate Change (petition of 22 September 2015), op. cit.

544 Véase, por ejemplo: Land and Environment Court of New South Wales: Gray v. The Minister of Planning et al. [2006] NSWLEC 720 (judgment of 27 November 2006); este caso forma parte de aquellos analizados en el próximo capítulo.

545 Nachmany, et al., *Global Trends in Climate Change Legislation and Litigation…*, op. cit., p. 16.

tegoría[546], no existen antecedentes de Estados-nación demandando a otros Estados-nación específicamente por cuestiones climáticas[547]. Esta ausencia puede ser llamativa al tener en cuenta, por un lado, la extendida consideración del cambio climático como un fenómeno a resolver principalmente en el ámbito del Derecho internacional público y las relaciones internacionales y, por otro, la problemática de equidad interestatal que este implica[548].

Durante mucho tiempo se ha especulado con la presentación de casos contenciosos o consultivos ante la Corte Internacional de Justicia (CIJ)[549] o bajo el régimen de la Convención de la ONU sobre

---

546 SUPREME COURT OF THE UNITED STATES: Massachusetts et al. v. EPA, 549 U.S. 497 (judgment of 2 April 2007), op. cit.

547 Debe aclararse que, como ya se mencionó, las bases de datos incluyen, en consideración de su relevancia ambiental, casos ante la CIJ cuya vinculación con la temática climática es, como mínimo, cuestionable: CLIMATE CHANGE LAW y ARNOLD&PORTER, Certain Activities Carried Out By Nicaragua in the Border Area (Costa Rica v. Nicaragua) <http://climatecasechart.com/non-us-case/certain-activities-carried-out-by-nicaragua-in-the-border-area-costa-rica-v-nicaragua/> [Última consulta, 22 de abril de 2021]; CLIMATE CHANGE LAW y ARNOLD&PORTER, Pulp Mills on the River Uruguay (Argentina v. Uruguay), op. cit.; técnicamente, algunas excepciones a esta afirmación serían las de casos ante la Organización Mundial del Comercio en materia de energías renovables, WORLD TRADE ORGANIZATION, *India-Certain Measures Relating to Solar Cells and Solar Modules*, <https://www.wto.org/english/tratop_e/dispu_e/cases_e/ds456_e.htm> [Última consulta, 25 de enero de 2020]; véase STRAUSS, "The Legal Option...", op. cit., p. 10188; también, es posible identificar una curiosa petición del Estado de Micronesia a República Checa de realización de una EIA transfronteriza de un proyecto de ampliación de una planta térmica a base de carbón en el país europeo, SABIN CENTER FOR CLIMATE CHANGE LAW y ARNOLD & PORTER, Micronesia Transboundary EIA Request, op. cit.

548 Véase capítulo I, apartado 2.

549 Véase BORRÀS PENTINAT, "La justicia climática...", op. cit.; STRAUSS, A., "Climate Change Litigation: Opening the Door to the International Court of Justice", en BURNS y OSOFSKY (eds.), *Adjudicating Climate Change...*, op. cit., (comentando las ventajas y barreras de un caso climático ante la CIJ); GLICKENHAUS, J., "Potential ICJ Advisory Opinion: Duties to Prevent Transboundary Harm from GHG Emissions", *New York University Environmental Law Journal*, Vol. 22, 2015, (analizando la posible respuesta de la CIJ ante la solicitud de una opinión consultiva sobre el tema); JACOBS, R., "Treading deep waters: Substantive Law Issues in Tuvalu's threat to sue the United States in the International Court of Justice", *Pacific Rim Law & Policy Journal Association*, Vol. 14, N° 1, 2005 (nndagando sobre la viabilidad de una demanda de Tuvalu contra Estados Unidos ante la CIJ); SANDS, P.,

el Derecho del Mar[550], promovidos por algún estado especialmente vulnerable. Esto finalmente se concretó con la solicitud de opinión consultiva por parte de algunos de los Pequeños Estados Insulares al Tribunal Internacional del Derecho del Mar en diciembre 2022[551] y con la opinión consultiva promovida por Vanuatu y solicitada por la AGNU a la CIJ en marzo 2023[552]. Igualmente, como ya se mencionó, a principios de 2023, Chile y Colombia solicitaron una opinión consultiva sobre esta cuestión a la Corte IDH[553].

3.1.1. Promotores de la litigación climática

Si bien no dominante, el lugar que ocupa la sociedad civil en el universo de la litigación es, sin dudas, muy importante, específica-

---

"Climate Change and the Rule of Law: Adjudicating the Future in International Law", *Journal of Environmental Law,* Vol. 28, 2016 (concluyendo que las probabilidades de un resultado favorable de un litigio ante un tribunal internacional han crecido con el transcurso del tiempo); ELBOROUGH, L., "International Climate Change Litigation: Limitations and Possibilities for International Adjudication and Arbitration in Addressing the Challenge of Climate Change", *New Zealand Journal of Environmental Law,* Vol. 21, 2017 (siendo escéptico sobre los beneficios de la litigación sobre cambio climático en el contexto internacional).

550 UNITED NATIONS TREATY COLLECTION, United Nations Convention of the Law of the Sea, Montego Bay, 10 de diciembre de 1982 <https://treaties.un.org/Pages/ViewDetailsIII.aspx?src=TREATY&mtdsg_no=XXI-6&chapter=21&Temp=mtdsg3&clang=_en> [Última consulta, 25 de enero de 2021]; véase ALABI, S., "Using Litigation to Enforce Climate Obligations under Domestic and International Laws", *Carbon and Climate Law Review,* Vol. 3, 2012; BURNS, W., "Potential Causes of Action for Climate Change Impacts under the United Nations Fish Stocks Agreement", en BURNS y OSOFSKY (eds.), *Adjudicating Climate Change...*, op. cit.

551 COMMISSION OF SMALL ISLAND STATES, Request for Advisory Opinion (12 December 2022) <http://climatecasechart.com/wp-content/uploads/sites/16/non-us-case-documents/2022/20221212_Case-No.-312022_points-of-claim-1.pdf> [Última consulta, 25 de mayo de 2023]

552 AGNU, Request for an advisory opinion of the International Court of Justice on the obligations of States in respect of climate change, A/77/L.58, 1 March 2023.

553 REPÚBLICA DE CHILE Y REPÚBLICA DE COLOMBIA, Solicitud de Opinión Consultiva..., op. cit. Al momento de escribir, ninguna de las tres solicitudes de opiniones consultivas había sido resuelta. Al respecto de la bondad de las tres iniciativas, véase BODANSKY, D., "Advisory opinions on climate change: Some preliminary questions", *Review of European, Comparative & International Environmental Law,* Special Issue Article, 2023.

mente en la promoción de litigios 'pro-regulación' o 'pro-responsabilidad' que, formando parte de estrategias más amplias de activismo ambiental, captan gran atención mediática. En esto, debe recocerse el rol de las ONG, ya sea actuando en nombre propio, ya sea apoyando de diversas maneras en los litigios a individuos o grupos, como por ejemplo mediante asesoramiento técnico, difusión de los casos, presentaciones como *amicus*, etc. Una muestra de este rol la constituyen los casos promovidos por la ONG *ClientEarth* en Europa[554] o aquellos impulsados contra iniciativas de producción de combustibles fósiles por *WildEarth Guardians* en Estados Unidos[555].

Dentro de esta categoría de la sociedad civil, pueden destacarse dos actores de características especiales y con, al menos, dos rasgos comunes: su mayor exposición a los impactos climáticos y su dificultad o imposibilidad de participar en la toma de decisión al respecto. Esto son los pueblos indígenas y las generaciones futuras.

En cuanto a los primeros, su mayor exposición tiene que ver, entre otros factores, con la ubicación geográfica de sus territorios (v. gr., ambientes polares, zonas expuestas a la desertificación del suelo,

---

554 Por ejemplo, HIGH COURT OF JUSTICE QUEEN'S BENCH DIVISION PLANNING COURT: ClientEarth v. Secretary of State for Business, Energy and Industrial Strategy [2020] EWCH 1303 (Admin) (opinion of 22 May 2020) cuestionando la aprobación de la expansión de una planta térmica a base de gas; SABIN CENTER FOR CLIMATE CHANGE LAW y ARNOLD&PORTER, ClientEarth v. Polska Grupa Energetycza <http://climatecasechart.com/non-us-case/clientearth-v-polska-grupa-energetyczna/> [Última consulta, 2 de febrero de 2021], en el que la ONG interpuso una demanda en busca de una orden que requiera al operador de una planta térmica la reducción de emisiones para 2035; SABIN CENTER FOR CLIMATE CHANGE LAW y ARNOLD&PORTER, ClientEarth v. Enea <http://climatecasechart.com/non-us-case/clientearth-v-enea/> [Última consulta, 2 de febrero de 2021], donde la ONG, en su carácter de accionista de la empresa energética polaca Enea, demandó a esta última buscando la nulidad de una resolución de su junta otorgando consentimiento a la construcción de una planta térmica a base de carbón.

555 Por ejemplo, UNITED STATES COURT OF APPEALS, TENTH CIRCUIT: WildEarth Guardians, et al. v. United States Bureau of Land Management, No. 15-81109 (opinion of 15 September 2017); UNITED STATES DISTRICT COURT FOR THE DISTRICT OF COLUMBIA: WildEarth Guardians et al., v. Zinke, et al., Civil Action No.: 16-1724 (RC), (memorandum opinion of 19 March 2019); estos casos son abordados en el capítulo III.

territorios bajos en peligro de inundación) y la fuerte vinculación y dependencia de su forma de vida y cultura con estos territorios que habitan históricamente[556]. Ejemplos de litigios promovidos por pueblos indígenas son *Native Village of Kivalina v. ExxonMobil Corp*[557], en el que una comunidad originaria del Ártico demandó a varias empresas de combustibles fósiles y energía por compensación y reparación de gastos de relocalización por los impactos del cambio climático en su territorio, y las peticiones *Inuit v. USA*[558] y *Athabaskan v. Canada*[559], en las que estas comunidades solicitaron a la CIDH que declare la violación de sus derechos humanos ante la falta de regulación de las emisiones de GEI por estos gobiernos y sus consecuentes impactos.

Respecto a los segundos, proliferan en diversas jurisdicciones demandas que llevan como litigantes a grupos de jóvenes, niños o instituciones o individuos en representación de las generaciones futuras. Estas iniciativas buscan explicitar el carácter intergeneracional de la problemática climática, cubrir vacíos normativos e institucionales existentes al respecto y, así, promover las diferentes dimensiones de la justicia (distributiva, participativa, correctiva) para con

---

556 Algo reconocido por la Corte IDH en su jurisprudencia, véase: CORTE IDH, Opinión Consultiva OC-23/17 de 15 de noviembre de 2017..., op. cit., párr. 48 y 113 (recordando su jurisprudencia en la materia).

557 UNITED STATES DISTRICT COURT FOR THE NORTHERN DISTRICT OF CALIFORNIA OAKLAND DIVISION: Native Village of Kivalina and City of Kivalina v. ExxonMobil Corporation et al., Case No. C 08-1138 SBA (Judgment of 30 September 2009); UNITED STATES COURT OF APPEALS FOR THE NINTH CIRCUIT: Native Village of Kivalina and City of Kivalina v. ExxonMobil Corporation, et al., No. 09-17490 (Judgment of 21 September 2012); el caso fue desestimado en primera y segunda instancia por razones de jurisdicción, separación de poderes y legitimación, véase, por ejemplo, JOHNSON, N., "*Native Village of Kivalina v. ExxonMobil Corp:* Say Goodbye to Federal Public Nuisance Claims for Greenhouse Gas Emissions", *Ecology Law Quaterly*, Vol. 40, N°. 2, 2013 (sobre los efectos de la sentencia para futuros casos que persigan la misma estrategia).

558 EARTHJUSTICE, Petition to the Inter American Commission on Human Rights Seeking Relief from Violations Resulting from Global Warming Caused by Acts and Omissions of the United States..., op. cit.

559 EARTHJUSTICE, Petition to the Inter-American Commission on Human Rights Seeking Relief from Violations of the Rights of Arctic Athabaskan Peoples Resulting from Rapid Arctic Warming and Melting Caused by Emissions of Black Carbon by Canada..., op. cit.

este grupo[560]. Como ejemplo de esta tendencia puede destacarse el caso *Futuras Generaciones v. Colombia*[561] en la que un grupo de jóvenes llevó adelante una demanda (acción de tutela) contra el Estado y diferentes entes subnacionales, solicitando a la Corte que ordenase la toma de medidas para frenar la desforestación de la Amazonía colombiana y el consecuente aumento de emisiones de GEI, lo que fue así provisto por la Corte Suprema. Asimismo, otro ejemplo es el caso *Juliana v. USA* en el que, otra vez, un grupo de jóvenes alegó la violación de sus derechos fundamentales por parte del Gobierno federal y sus agencias, a partir de conductas activas y omisivas relativas a la regulación del cambio climático. Estos demandantes solicitaron a la Corte que ordenase una serie de medidas que garantizasen la puesta en marcha de un plan de remediación en pos de la estabilización del sistema climático[562]. Por su parte, puede destacarse una petición ante el Comité de los Derechos del Niño[563], impulsada también por un

---

560 Véase capítulo I, apartado 3; al respecto puede verse DE ARMENTERAS CABOT, M., *Justicia Intergeneracional, Derecho y Litigio Climático,* Universitat Rovira i Virgili, Tesis doctoral, 2021.

561 CORTE SUPREMA DE JUSTICIA DE COLOMBIA (Sala de Casación Civil): Futuras Generaciones v. Presidencia de la República de Colombia, STC4360-2018 (sentencia del 5 de abril de 2018); también es posible destacar el caso SUPREME COURT OF PAKISTAN: Rabab Alí v. Federation of Pakistan et al. (petition of 1 April 2016) en el que una niña de 7 años demandó ante la Corte Suprema al Gobierno federal y provincial por acciones y omisiones relativas al cambio climático y alegando violaciones a derechos constitucionales, entre otros argumentos.

562 UNITED STATES DISTRICT COURT FOR THE DISTRICT OF OREGON EUGENE DIVISION: Kelsey Cascadia Rose Juliana, et al. v. United States of America, et al., Case No. 6:15-cv-01517-TC (judgment of 10 November 2016); luego de superar una primera moción de desestimación de la demanda, el caso entró en una disputa procesal sin precedentes, con la Administración Trump apelando sucesivamente ante instancias superiores a los fines de que no se alcance la etapa de juicio. Finalmente, la Corte de segunda instancia declaró inadmisible el caso por inquietudes relacionadas con la separación de poderes. UNITED STATES COURT OF APPEALS FOR THE NINTH CIRCUIT: Kelsey Cascadia Rose Juliana, et al. v. United States of America, No. 18-36082, (judgment of 17 January 2020). Sobre la construcción de un derecho fundamental de protección frente al cambio climático en Estados Unidos, véase SINDEN, "A human rights framework for the Anthropocene", op cit.

563 CHILDREN VS. CLIMATE CRISIS, Communication to the Committee on the Rights of the Child in the case of Chiara Sacchi, et al. v. Argentina, Brazil, France, Germany & Turkey (petition of 23 September 2019), <https://childrenvsclimatecri-

grupo de menores de diversas partes del mundo y cuyo fin explícito fue el de lograr una vinculación expresa de los impactos del cambio climático con los derechos humanos reconocidos por la Convención de los Derechos del Niño[564].

Debe resaltarse, además, la incursión en la litigación climática de partidos políticos, en lo que es una particularidad de la jurisdicción de Brasil. Estos actores están protagonizando, por ejemplo, dos casos relativos a fondos para la promoción de medidas de mitigación y adaptación al cambio climático (*Fundo Clima*) y de prevención y combate contra la deforestación del Amazonas (*Fundo Amazonas*) en los que se solicitó al Supremo Tribunal Federal que ordenase al Gobierno reactivar ambas iniciativas que habían sido desarticuladas por la Administración Bolsonaro[565].

En cuanto a entes gubernamentales, estos no solo son los demandados más habituales, sino que también han cumplido un rol activo en la litigación. Diferentes tipos de casos han sido impulsados por estos actores públicos. Un ejemplo de ellos es el ya mencionado *Massachusetts v. EPA* en el que se discutió cuáles serían los niveles de regulación adecuada de los GEI[566]. Otro ejemplo relevante se encuentra en una serie de litigios en los cuales distintos entes gubernamentales (de variados niveles) de Estados Unidos han demandado por daños a grandes corporaciones de producción de combustibles fósiles por su responsabilidad en la problemática climática y sus impactos derivados, solicitando la compensación de costes de infraestructura

---

sis.org/wp-content/uploads/2019/09/2019.09.23-CRC-communication-Sacchi-et-al-v.-Argentina-et-al-Redacted.pdf> [Última consulta, 22 de octubre de 2019]

564 United Nations Treaty Collection, Convention on the Rights of the Child, New York, 20 de noviembre de 1989 <https://treaties.un.org/Pages/ViewDetails.aspx?src=TREATY&mtdsg_no=IV-11&chapter=4&clang=_en> [Última consulta, 28 de enero de 2021]

565 Supremo Tribunal Federal do Brasil: Partido Socialista Brasileiro et al. v. Presente da República e Congresso Nacional, 40741/2020 (Ação direta de inconstitucionalidade por omissão do 5 do junho do 2020); Supremo Tribunal Federal do Brasil: Partido Socialista Brasileiro et al. v. Presente da República, 40734/2020 (Ação direta de inconstitucionalidade por omissão do 5 do junho do 2020).

566 Supreme Court of the United States: Massachusetts et al. v. EPA, 549 U.S. 497 (judgment of 2 April 2007), op. cit.

presentes y futuros[567]. Fuera de Estados Unidos, puede resaltarse un caso en el que el municipio de Grande-Synthe (Francia) demandó al Gobierno francés por considerar que su acción climática era insuficiente, en violación del Derecho doméstico e internacional y, en consideración, de su vulnerabilidad a los impactos climáticos, específicamente al aumento del nivel del mar[568]. Dentro de la estructura gubernamental, aunque en muchos casos actuando como órganos independientes o extra-poder, puede destacarse también la figura de los procuradores públicos, especialmente activos en, por ejemplo, la jurisdicción de Brasil[569].

El rol de las empresas como promotores de la litigación climática ha resaltado, no sorprendentemente, por su papel en casos contra entes gubernamentales ya sea con fines anti-regulatorios, ya sea en tutela de derechos económicos concretos. Un ejemplo paradigmático de casos anti-regulatorios lo otorgan aquellos acumulados en *Coalition for Responsible Regulation v. EPA*[570], los que buscaron la impugnación de las reglas sobre emisiones de GEI de fuentes móviles y

---

567 Véase, por ejemplo, UNITED STATES DISTRICT COURT SOUTHERN DISTRICT OF NEW YORK: City of New York v. BP PLC et al. No. 18 Civ. 182 (JFK) (judgment of 19 July 2018); UNITED STATES COURT OF APPEALS FOR THE SECOND CIRCUIT: City of New York v. Chevron Corporation et al., No. 18-2188 (opinion of 1 April 2021); tanto la Corte de primera instancia como la de segunda desestimaron el caso debido a cuestiones relativas a la división de poderes.

568 SABIN CENTER FOR CLIMATE CHANGE LAW y ARNOLD&PORTER, *Commune de Grande-Synthe v. France,* <http://climatecasechart.com/non-us-case/commune-de-grande-synthe-v-france/> [Última consulta, 4 de enero de 2020]; El Conseil d'Etat, en un fallo muy relevante, ordenó al Gobierno a tomar, en un plazo de nueve meses, todas las medidas necesarias para reducir las emisiones de GEI nacionales y asegurar así que puedan cumplirse las metas fijadas para 2030; CONSEIL D'ETAT: Commune de Grande-Synthe et autre v. Republique Française, N°. 427301 [décision du 1er juillet 2021]

569 Véase, por ejemplo, SABIN CENTER FOR CLIMATE CHANGE LAW y ARNOLD&PORTER, *Sao Paulo Public Prosecutor's Office v. United Airlines and Others,* <http://climatecasechart.com/non-us-case/sao-paulo-public-prosecutors-office-v-united-airlines/> [Última consulta, 24 de febrero de 2021], en el que este el procurador público demandó, sin éxito, a varias aerolíneas para que compensasen sus emisiones de GEI a través de la reforestación.

570 UNITED STATES COURT OF APPEALS FOR THE DISTRICT OF COLUMBIA CIRCUIT: Coalition for Responsible Regulation Inc. et al. v. Environmental Protection Agency, No. 09-1322 (judgment of 26 June 2012).

fijas que impulsó la Administración Obama luego de *Massachusetts v. EPA*[571]. Un ejemplo de los segundos son los casos dirigidos contra los gobiernos alegando una inadecuada asignación de derechos de emisiones en el marco de mercados de emisión, como el instaurado por la Unión Europea. Varios ejemplos de este tipo de litigios se pueden encontrar en jurisdicción española[572].

3.1.2. Sujetos pasivos de la litigación climática

Al observar quiénes son los sujetos pasivos de la litigación, surge con claridad que los entes gubernamentales han sido el objetivo preferido de este tipo de iniciativa (80% de los casos)[573], tanto por la sociedad civil como por las corporaciones, en una especie de contienda para promover o limitar el desarrollo de la acción climática a nivel regulatorio[574]. Mientras que los casos mencionados en el párrafo precedente son ejemplos claros de la dinámica de casos promovidos por empresas contra entes gubernamentales, conviene aquí dar alguna precisión más sobre aquellos que han sido impulsados por la sociedad civil.

Dos escenarios principales pueden observarse al respecto. Por un lado, cuestionamiento por parte de la sociedad civil de políticas climáticas de carácter más general y, por otro, de actos administrativos concretos generalmente relacionados con proyectos. Ejemplos del primer escenario, son los casos *Urgenda v. Los Países Bajos*[575], ya co-

---

571 Supreme Court of the United States: Massachusetts et al. v. EPA, 549 U.S. 497 (judgment of 2 April 2007), op. cit.

572 Véase, por ejemplo, Tribunal Supremo de España (Sala de lo Contencioso-administrativo, sección 5ª.): Cerámica General Castaños S.L. No. de Recurso 322/2005 (sentencia del 3 de diciembre de 2008), op. cit.

573 Nachmany, et al., *Global Trends in Climate Change Legislation and Litigation...*, op. cit., p. 16; Setzer y Byrnes, *Global trends in climate change litigation: 2020 snapshot*, op. cit., p. 1.

574 Markell y Ruhl, "An Empirical Assessment...", op. cit.

575 Corte Distrital de la Haya: Fundación Urgenda v. Los Países Bajos, ECLI:NL:RBDHA:2015:7196 (sentencia del 24 de junio de 2015), op. cit.; Corte de Apelaciones de la Haya: Fundación Urgenda v. Los Países Bajos, ECLI:NL:GHDHA:2018:2610 (sentencia del 9 de octubre de 2018), op. cit.;

mentado previamente, y *Friends of the Irish Environment v. Ireland*[576]. En este último, una ONG demandó al Gobierno irlandés alegando que su plan de mitigación nacional violaba sus derechos constitucionales y derechos humanos bajo la Convención Europea de Derechos Humanos (CEDH)[577] debido a su falta de ambición. Luego de desestimaciones de la demanda en instancias inferiores, la Corte Suprema de Irlanda anuló por unanimidad el plan nacional sosteniendo que este era demasiado inespecífico para cumplir con lo que requería la legislación doméstica sobre cambio climático[578].

En cuanto al segundo escenario, este es el que aborda el siguiente capítulo de este trabajo con un listado amplio de casos. A modo de ejemplo, puede mencionarse el caso *Greenpeace Norden v. Noruega*[579], en el que dos ONG solicitaron a la Corte que declarara que el Ministerio de Energía había violado la Constitución de Noruega al autorizar la exploración para la producción de petróleo y gas en el Mar de Barents (Ártico). La Corte Suprema de Noruega, finalmente, desestimó la demanda mostrando cautela respecto a su rol y la división de poderes en la toma de decisiones[580].

CORTE SUPREMA DE LOS PAÍSES BAJOS: Fundación Urgenda v. Los Países Bajos, ECLI:NL:HR:2019:2007 (sentencia del 20 de diciembre de 2019), op. cit.

576 SUPREME COURT OF IRELAND: Friends of the Irish Environment CLG v. The Government of Ireland, Ireland and the Attorney General [Appeal No.: 2015/19] (judgment of 31 July 2020).

577 COUNCIL OF EUROPE, Convention for the Protection of Human Rights and Fundamental Freedoms, ETS No. 005, Roma, 4 de noviembre de 1950, <https://www.coe.int/en/web/conventions/full-list/-/conventions/treaty/005> [Última consulta, 29 de enero de 2021]

578 HIGH COURT OF IRELAND: Friends of the Irish Environment CLG v. The Government of Ireland, Ireland and the Attorney General [2017 No. 793 JR] (Judgment of 19 September 2019); SUPREME COURT OF IRELAND: Friends of the Irish Environment CLG v. The Government of Ireland, Ireland and the Attorney General [Appeal No.: 2015/19] (Judgment of 31 July 2020), op. cit.

579 CORTE DISTRITAL DE OSLO: Greenpeace Norden et al. v. Noruega, caso Nº.: 16-166674TVI-OTIR/06 (sentencia del 4 de enero de 2018, traducción no oficial).

580 CORTE SUPREMA DE NORUEGA, *Article 112 of the Constitution and the validity of a royal decree to gran production licences,* (resumen oficial de la sentencia) <https://www.domstol.no/en/Enkelt-domstol/supremecourt/rulings/2020/supreme-court-civil-cases/hr-2020-2472-p/> [Última consulta, 23 de febrero de 2020]

Ciertas corporaciones, por su parte, comienzan a ser también un objetivo preferido de la litigación, no solo por parte de la sociedad civil sino también por parte de distintos entes gubernamentales. Específicamente, en los últimos años han proliferado demandas contra el grupo de corporaciones conocido como '*carbon majors*', empresas de producción de combustibles fósiles y cemento, responsables históricamente de la emisión de grandes cantidades de GEI. Como se mencionó en el primer capítulo, algunos estudios de atribución de responsabilidad climática, y principalmente el mencionado trabajo de Richard Heede[581], hicieron foco en este grupo, dando las bases para pasar del plano teórico de su responsabilidad al judicial. Ejemplos son la ya mencionada ola de litigios de daños promovidos mayoritariamente por entes subnacionales en Estados Unidos[582], una investigación por parte de la Comisión de Derechos Humanos de Filipinas sobre las violaciones de derechos humanos relativas al cambio climático por parte de estas empresas[583], y un interesante litigio iniciado en jurisdicción doméstica de Alemania promovido por un ciudadano peruano contra una empresa alemana en el que se le reclaman los costes de la adaptación a los impactos climáticos en proporción a su responsabilidad histórica[584]. Otro tipo de empresas sobre las que puede alegarse responsabilidad significativa en la cuestión, como la

---

581 Heede, "Tracing Anthropogenic Carbon Dioxide...", op. cit.; véase capítulo I, apartado 3.

582 Por ejemplo, Superior Court of the State of California in and for the County of San Mateo: The County of San Mateo v. Chevron Corp. et al. Case No. 17 CIV03222 (complaint of 17 July 2017); Bristol County Superior Court: State of Rhode Island v. Chevron Corp. et al. Case No. PC-2018-4716 (complaint of 2 July 2018).

583 Environmental Science for Social Change, Petition Requesting for Investigation of the Responsibility of the Carbon Majors for Human Rights Violations or Threats of Violations Resulting from the Impacts of Climate Change (Petition of 22 September 2015), op. cit.

584 Corte Distrital de Essen: Saúl Ananías Luciano Lluiya v. RWE AG, 2 O 285/15 (sentencia del 15 de diciembre de 2016); la Corte de primera instancia rechazó la demanda *in límine* principalmente por cuestiones de causalidad. Sin embargo, la Corte de segunda instancia revocó esta resolución y decidió abrir el juicio a prueba; Corte Superior Regional de Ham: Saúl Ananías Luciano Lluiya v. RWE AG (sentencia del 30 de noviembre de 2017).

industria de la carne (*'meat majors'*)[585], comienzan a estar en el foco de los litigios[586].

Finalmente, vale mencionar que la Unión Europea ha sido la primera, y hasta el momento única, organización internacional demandada, lo que está íntimamente relacionado con las extensas competencias en materia climática y energética que detenta, y que la diferencian de otras organizaciones similares. Entre otros, pueden destacarse dos casos. En *Armando Carvalho v. European Parliament and Council* ciudadanos de diversos países, incluso algunos fuera de la propia Unión Europea, cuestionaron por insuficiente la ambición de las medidas de reducción de emisiones de GEI dispuestas, alegando que esto violaba normas de rango superior y afectaba, entre otras cosas, derechos fundamentales[587]. En *Peter Sabo v. European Parliament and Council,* demandantes de seis países cuestionaron la consideración de la biomasa de bosques como combustible renovable en la Directiva de Energía Renovable 2018, solicitando a la Corte que declarase sin validez algunas de sus disposiciones[588].

---

585 SETZER y VANHALA, "Climate change litigation...", op. cit., p. 6, 7; GRAIN e INSTITUTE FOR AGRICULTURE AND TRADE POLICY, *Emisiones imposibles: Cómo están calentando el planeta las grandes empresas de carne y lácteos,* 2 de agosto de 2019 <https://www.grain.org/es/article/6010-emisiones-imposibles-como-estan-calentando-el-planeta-las-grandes-empresas-de-carne-y-lacteos> [Última consulta, 08 de febrero de 2021]

586 Véase, por ejemplo, LE TRIBUNAL JUDICIAIRE DE SAINT-ÉTIENNE, Envol Vert et al. v. Canino, (demande du 2 mars 2021).

587 GENERAL COURT OF THE EUROPEAN UNION: Armando Carvalho et al. v. European Parliament and Council of the European Union, Case T-330/18 (judgment of 8 May 2019); EUROPEAN COURT OF JUSTICE: Armando Carvalho et al. v. European Parliament and Council of the European Union, Case C-565/19 P (judgment of 25 March 2021); el caso fue desestimado por cuestiones de legitimación en primera instancia y en segunda instancia.

588 GENERAL COURT OF THE EUROPEAN UNION: Peter Sabo et al. v. European Parliament and Council of the European Union (judgment of 6 May 2020); por las mismas razones que el referenciado en la cita precedente, este caso fue desestimado en primera instancia; sobre esta vía de acceso a la justicia véase artículo 263 del Tratado de Funcionamiento de la Unión Europea, UNIÓN EUROPEA, Tratado de Funcionamiento de la Unión Europea, DO C 326, 26 de octubre de 2012 <https://eur-lex.europa.eu/legal-content/ES/ALL/?uri=celex%3A12012E%2FTXT> [Última consulta, 29 de enero de 2021]; sobre las dificultades de esta vía de acceso a la justicia en cuestiones ambientales

3.2. Los foros de la litigación climática

La multiplicidad de actores y el propio carácter policéntrico[589] del cambio climático ha dado lugar a la intervención de ámbitos jurisdiccionales diversos, incluyendo foros de carácter global, regional, nacional y subnacional.

En cuanto a los foros de carácter global, como se mencionó previamente, se ha dado intervención a la CIJ y al Tribunal Internacional del Derecho del Mar a los fines de resolver cuestiones relativas al cambio climático en virtud de su jurisdicción consultiva pero no así contenciosa. Además de ello, se ha solicitado el pronunciamiento de algunos otros entes de jurisdicción global de carácter no judicial como ser el Comité de Patrimonio Mundial en el ámbito de la Organización de la ONU para la Educación, la Ciencia y la Cultura (UNESCO), el Comité de Derechos Humanos de la ONU y el Comité de los Derechos del Niño.

En cuanto a la intervención del primero, se le solicitó en varios casos la inclusión de sitios en peligro a causa del cambio climático en sus listados de sitios de interés para así lograr su protección[590]. En cuanto al segundo, en el caso de *Torres Strait v. Australia* se le requirió al Comité que declarase que Australia violó los derechos contenidos en el Pacto Internacional de Derechos Civiles y Políticos[591] de los pobladores de las islas (Estrecho de Torres) al no tomar medidas adecuadas para abordar el cambio climático[592]; y en el caso *Teitio-*

---

véase PAGANO, M., "Overcoming Plaumann in EU environmental litigation: an analysis of NGOs legal arguments in actions for annulment", Università degli Studi di Perugia, 2019.

589 Véase capítulo I, apartado 5.

590 Por ejemplo, UNESCO, Petition to the World Heritage Committee: The Role of Black Carbon in Endangering World Heritage Sites Threatened by Glacial Melt and Sea Level Rise (petition of 29 January 2009), op. cit.

591 UNITED NATIONS TREATY COLLECTION, International Covenant on Civil and Political Rights, New York, 16 de diciembre de 1966 <https://treaties.un.org/Pages/ViewDetails.aspx?src=TREATY&mtdsg_no=IV-4&chapter=4&clang=_en> [Última consulta, 29 de enero de 2021]

592 SABIN CENTER FOR CLIMATE CHANGE LAW y ARNOLD&PORTER, Petition of Torres Strait Islanders to the United Nations Human Rights Committee Alleging Violations Stemming from Australia's Inaction on Climate Change, op. cit.

ta Ionane v. New Zealand que afirmase que este país había violado el mismo tratado al denegarle el carácter de refugiado a un ciudadano de Kiribati, considerando los riesgos al que su país de origen estaba sometido por el cambio climático[593]. Por su parte, el Comité de los Derechos del Niño fue instado a pronunciarse en el mencionado caso *Sacchi v. Argentina*[594]. En este, un grupo de jóvenes de diversas partes del mundo dirigió una petición al Comité contra Argentina, Brasil, Francia, Alemania y Turquía a los fines de consolidar, mediante una opinión de este órgano, la relación entre el cambio climático, las consecuentes violaciones a derechos de las niñas, niños y adolescentes y la responsabilidad de los Estados. El Comité consideró la petición inadmisible por no agotar los recursos internos. Más allá de esto, hizo relevantes consideraciones como, entre otros, que los Estados son legalmente responsables por los efectos dañinos de sus emisiones sobre niños fuera de sus fronteras (siguiendo a la Corte IDH en su interpretación de la jurisdicción extraterritorial) y que el hecho de todos los Estados sean responsables de las emisiones no absuelve la responsabilidad individual[595].

En relación con foros de alcance regional, por su parte, se identifican las ya comentadas peticiones ante la CIDH[596] y la solicitud

---

593 Human Rights Committee, Views adopted by the Committee under article 5/4) of the Optional Protocol, concerning communication No. 2728/2016 (opinion of 7 January 2020), op. cit.; al desestimar el caso el Comité reconoció la preocupación de que el cambio climático torne inhabitable el territorio de Kiribati, pero observó que la ventana temporal para que ello ocurra (10 a 15 años) daba suficiente tiempo al Gobierno del propio país para tomar medidas al respecto; ídem, párr. 9.12.

594 Children vs. Climate Crisis, Communication to the Committee on the Rights of the Child in the case of Chiara Sacchi, et al. v. Argentina, Brazil, France, Germany & Turkey (petition of 23 September 2019), op. cit.

595 Committee on the Rights of the Child, Decision adopted by the Committee on the Rights of the Child under the Optional Protocol to the Convention on the Rights of the Child on a communications procedure in respect of Communication No. 104/2019, CRC/C/88/D/104/2019, 8 October 2021.

596 Earthjustice, Petition to the Inter American Commission on Human Rights Seeking Relief from Violations Resulting from Global Warming Caused by Acts and Omissions of the United States..., op. cit.; Earthjustice, Petition to the Inter-American Commission on Human Rights Seeking Relief from Violations of the Rights of Arctic Athabaskan Peoples Resulting from Rapid Arctic Warming and Melting Caused by Emissions of Black Carbon by Canada..., op. cit.; Sobre

de opinión consultiva ante la Corte IDH. En esta última, Colombia y Chile realizaron más de 20 preguntas a la Corte en seis bloques relativos a: a) obligaciones derivadas de los deberes de prevención y garantía en derechos humanos vinculadas frente a la emergencia climática; b) obligaciones de preservar el derecho a la vida y la sobrevivencia frente a la emergencia climática a la luz de lo establecido por la ciencia y los derechos humanos; c) obligaciones diferenciales con respecto a los derechos de los/as niños/as y las nuevas generaciones frente a la emergencia climática; d) obligaciones emergentes de los procedimientos de consulta y judiciales dada la emergencia climática; e) obligaciones convencionales de protección y prevención a las personas defensoras del ambiente y del territorio, así como las mujeres, los pueblos indígenas y las comunidades afrodescendientes en el marco de la emergencia climática y f) obligaciones y responsabilidades compartidas y diferenciadas en derechos de los Estados frente a la emergencia climática[597]. Asimismo, destaca un caso presentado ante el Corte de Justicia de África Oriental en el que cuatro ONG presentaron una demanda contra los Gobiernos de Tanzania y Uganda buscando una medida cautelar que frene la construcción de un oleoducto transnacional, alegando falta de evaluación de impactos sociales, ambientales, climáticos y sobre los derechos humanos[598].

Además de los ya mencionados casos ante las instituciones de la Unión Europea[599], se han presentado una variedad de casos ante el

---

el valor de la petición Inuit a pesar de esta limitación, véase OSOFSKY, H., "The Inuit Petition as a Bridge? Beyond Dialectics of Climate Change and Indigenous Peoples' Rights", en BURNS y OSOFSKY (eds.), *Adjudicating Climate Change...*, op. cit.

597 REPÚBLICA DE CHILE Y REPÚBLICA DE COLOMBIA, Solicitud de Opinión Consultiva..., op. cit.

598 SABIN CENTER FOR CLIMATE CHANGE LAW y ARNOLD&PORTER, Center for Food and Adequate Living Rights et al. v. Tanzania and Uganda, <http://climatecasechart.com/non-us-case/center-for-food-and-adequate-living-rights-et-al-v-tanzania-and-uganda/> [Última consulta, 5 de abril de 2021]

599 GENERAL COURT OF THE EUROPEAN UNION: Armando Carvalho et al. v. European Parliament and Council of the European Union, Case T-330/18 (judgment of 8 May 2019), op. cit.; GENERAL COURT OF THE EUROPEAN UNION: Peter Sabo et al. v. European Parliament and Council of the European Union (judgment of 6 May 2020), op. cit. Además de estos, en este ámbito, la mayoría de los casos han sido referidos al régimen de derechos de emisión (Directiva 2003/87/CE

Tribunal Europeo de Derechos Humanos que, al momento de escribir, aún no han sido resueltos. Por mencionar algunos, seis jóvenes portugueses demandaron a 33 países europeos, alegando que la falta de acción climática suficiente viola sus derechos humanos y solicitando que se ordene la toma de medidas más ambiciosas con el objetivo de limitar el aumento de temperatura a 1,5 °C[600]. Asimismo, un grupo de mujeres mayores de 75 años de nacionalidad suiza recurrieron al Tribunal, luego de agotar las instancias judiciales domésticas[601], planteando que (a) en consideración de su particular vulnerabilidad, las políticas climáticas inadecuadas de su país violaban sus derechos a la vida y la salud bajo la CEDH, (b) que la Corte Suprema Federal de Suiza rechazó su demanda de forma arbitraria y en violación del derecho a un juicio justo bajo el artículo sexto de este instrumento; y (c) que las autoridades gubernamentales y judiciales suizas no habían abordado adecuadamente el contenido de su reclamación, en violación al artículo 13 de la CEDH sobre reparación efectiva[602]. Por su parte, los

---

del Parlamento Europeo y del Consejo, de 13 de octubre de 2003), véase, por ejemplo TRIBUNAL DE JUSTICIA DE LA UNIÓN EUROPEA: Trinseo Deutschland Anlagengesellschaft mbH, C-577/16 (sentencia del 28 de agosto de 2018), cuestión prejudicial planteada por el Tribunal de lo Contencioso-Administrativo de Berlín (Alemania), sobre la interpretación del artículo 1 y del anexo I de la Directiva 2003/87/CE y de la Decisión 2011/278/UE de la Comisión; TRIBUNAL GENERAL DE LA UNIÓN EUROPEA: República de Polonia v. Comisión Europea, T-370/11 (sentencia del 7 de marzo de 2013), recurso de anulación de la Decisión 2011/278/UE de la Comisión.

600 SABIN CENTER FOR CLIMATE CHANGE LAW y ARNOLD&PORTER, Youth for Climate Justice v. Austria, et al. (complaint of 2 September 2020) <http://climatecasechart.com/non-us-case/youth-for-climate-justice-v-austria-et-al/> [Última consulta, 28 de enero de 2021], el Tribunal aceptó el caso y lo comunicó a los países demandados para su respuesta.

601 CORTE ADMINISTRATIVA FEDERAL DE SUIZA: KlimaSeniorinnen et al. v. Departamento Federal de Ambiente, Transporte, Energía y Comunicaciones, sentencia A-2992/2017 del 27 de noviembre de 2018 (traducción no oficial); CORTE SUPREMA FEDERAL DE SUIZA: KlimaSeniorinnen et al. v. Departamento Federal de Ambiente, Transporte, Energía y Comunicaciones, sentencia 1C_37/2019 del 5 de mayo de 2020 (traducción no oficial).

602 SABIN CENTER FOR CLIMATE CHANGE LAW y ARNOLD&PORTER, Union of Swiss Senior Women for Climate Protection v. Swiss Federal Council and Others (application of 26 November 2020) <http://climatecasechart.com/non-us-case/union-of-swiss-senior-women-for-climate-protection-v-swiss-federal-parliament/> [Última consulta, 29 de enero de 2021]

litigantes del caso *Greenpeace Norden v. Noruega,* luego de agotar la vía interna, han llevado sus alegaciones ante este Tribunal[603]. Igualmente, un ciudadano austríaco, con una enfermedad sensible al cambio de temperatura, ha demandado al Gobierno de Austria, alegando violaciones a sus derechos humanos por la falta de toma de medidas rápidas y efectivas para abordar el cambio climático[604].

En cuanto a litigios radicados en jurisdicciones nacionales y subnacionales, estos son la gran mayoría de los casos. En este sentido, por el momento, es en estas jurisdicciones donde se viene determinando la suerte y los efectos de esta estrategia de abordaje de la problemática climática. Varios de los litigios hasta ahora comentados pueden servir de ejemplo de esta categoría. Sin perjuicio de ello, puede destacarse un litigio particular por el carácter transnacional de su pretensión. En el ya mencionado *Lluiya v. RWE* un ciudadano peruano demando en jurisdicción alemana a esta corporación eléctrica por su contribución histórica al cambio climático y la, consecuente, puesta en riesgo de inundación de su propiedad, situada debajo de un lago glaciar en los Andes peruanos[605]. En este sentido, se solicitó a la Corte Distrital de Essen que condenase a la empresa a cargar con los costes de las medidas preventivas necesarias, en proporción con su responsabilidad histórica en las emisiones de GEI a nivel global[606].

---

603 Sabin Center for Climate Change Law y Arnold&Porter, Greenpeace Nordic Ass'n v. Ministry of Petroleum and Energy <http://climatecasechart.com/climate-change-litigation/non-us-case/greenpeace-nordic-assn-and-nature-youth-v-norway-ministry-of-petroleum-and-energy/> [Última consulta, 9 de julio de 2021]

604 Sabin Center for Climate Change Law y Arnold&Porter, Mex M. v. Austria <http://climatecasechart.com/climate-change-litigation/non-us-case/mex-m-v-austria/> [Última consulta, 9 de julio de 2021]

605 Véase Collyns, D., *Global heating to blame for threat of deadly flood in Peru, study finds,* The Guardian, 4 de febrero de 2021 <https://www.theguardian.com/environment/2021/feb/04/global-heating-to-blame-for-threat-of-deadly-flood-in-peru-study-says?CMP=twt_a-environment_b-gdneco> [Última consulta, 8 de febrero de 2021]

606 Corte Distrital de Essen: Saúl Ananías Luciano Lluiya v. RWE AG, 2 O 285/15 (sentencia del 15 de diciembre de 2016), op cit.; Corte Superior Regional de Ham: Saúl Ananías Luciano Lluiya v. RWE AG (sentencia del 30 de noviembre de 2017), op. cit.

3.3. La finalidad de la litigación climática

Como ya se puso de relieve previamente, el universo de casos analizado incluye tanto iniciativas que buscan la promoción de la acción climática —léase aumentar la ambición e implementación de medidas de mitigación, adaptación y/o compensación de pérdidas y daños, entre otros objetivos (litigación climática proactiva[607])— como otras que buscan dificultar, obstaculizar o retrasar las respuestas a la problemática (litigación climática reactiva[608]), por ejemplo, mediante pretensiones anti-regulatorias. Al respecto, Markell y Ruhl, en su comprehensivo estudio de los casos existentes hasta 2010 en Estados Unidos, encontraron que existía una verdadera 'batalla de asedio' entre los casos pro- y anti-regulatorios, la cual había llevado a un escenario de litigación creciente, robusto y complejo con resultados mixtos para ambos lados[609]. Esta apreciación se condice con lo observado por Nachmany et al. en su informe de 2017 sobre tendencias globales de la litigación climática al analizar casos fuera de Estados Unidos[610]. Aquí las autoras definen a la litigación climática como una 'espada de doble filo', desde que, por un lado, puede ser utilizada para facilitar la regulación climática y la rendición de cuentas, pero, por otro, puede emplearse para oponerse o debilitar la acción regulatoria[611].

En su informe de tendencias globales de la litigación climática de 2019, Setzer y Byrnes observaron que, de los casos resueltos en Estados Unidos entre 1990 y 2016, más casos resultaron en un entorpecimiento de la acción climática (35%), de los que resultaron en la promoción de esta (26%)[612]. Sin embargo, notaron, además, que en los dos primeros años de la Administración Trump (2017-2018), la litigación había sido muy efectiva en limitar los esfuerzos desregula-

---

607 SAVARESI y AUZ, "Climate Change Litigation and Human Rights...", op. cit. p. 246.

608 Ídem.

609 MARKELL y RUHL, "An Empirical Assessment...", op. cit., p. 15.

610 NACHMANY, et al., *Global Trends in Climate Change Legislation and Litigation...*, op. cit.

611 Ídem, p. 17.

612 SETZER J. y BYRNES, R. *Global trends in climate change litigation: 2019 snapshot*, Grantham Research Institute, Centre for Climate Change Economics and Policy, London School of Economics and Political Science, Policy Report, 2019, p. 4.

torios del Ejecutivo estadounidense, con 38 de 41 casos oponiéndose a las medidas del Gobierno[613]. En este sentido, se ha observado que, al menos en Estados Unidos, existe una relación clara entre la postura de la Administración central y la proliferación de uno u otro tipo de casos[614]. Por su parte, fuera de esta jurisdicción, la estadística se inclina en favor de los casos que buscan promover la acción climática, pues según Setzer y Byrnes, de 305 casos revisados entre 1994 y mayo 2019, el 43% resultó en un impulso de la acción *versus* el 27% de resultado opuesto[615].

Mientras que la mayoría de los casos comentados hasta el momento son casos que buscan promover la acción climática, es posible mencionar algún ejemplo más de litigio anti-regulatorio. En el caso conocido como *In the Matter of the Quantification of Environmental Costs Minnesota* una asociación de comercio representando empresas de productores, consumidores y proveedores de carbón cuestionó la regulación que incluyó al CO_2 entre los contaminantes a los que se les asignó un coste ambiental a considerar en la toma de decisiones debido a su contribución al calentamiento global[616]. Fuera de Estados Unidos, específicamente en Australia, es posible destacar el caso *Gloucester Resources v. Minister for Planning* en el que el promotor de una mina de carbón cuestionó ante la Land and Environmental Court of New South Wales (NSWLEC) la denegatoria administrati-

---

613 Ídem. Esta utilización de la litigación climática para bloquear esfuerzos desregulatorios también se ha identificado en Brasil, PNUMA, *Global Climate Litigation Report...*, op. cit., p. 10, véase, por ejemplo, Supremo Tribunal Federal do Brasil: Partido Socialista Brasileiro et al. v. Presente da República e Congresso Nacional, 40741/2020 (Ação direta de inconstitucionalidade por omissão do 5 do junho do 2020), op. cit., en el que partidos políticos interpusieron una acción directa de inconstitucionalidad por omisión para cuestionar la alegada paralización por parte de la Administración Bolsonaro del Fundo Clima, fondo creado por ley para el desarrollo de proyectos y estudios para la mitigación y adaptación al cambio climático.

614 Peel y Osofsky, "Litigation as a Climate Regulatory Tool", op. cit.

615 El resto no había sido resuelto o su resultado fue indiferente a la cuestión; Setzer y Byrnes, *Global trends in climate change litigation: 2019 snapshot,* op. cit., p. 4.

616 Minnesota Court of Appeals: In the Matter of the Quantification of Environmental Costs Pursuant to Laws of Minnesota 1993, Chapter 356, Section 3 (judgment of 19 May 1998), la Corte consideró que la inclusión estaba basada en evidencia sustancial y, por lo tanto, no era contraria a la ley.

va al consentimiento para la realización del proyecto[617]. Asimismo, vale la pena resaltar algunos casos en donde las corporaciones han demandado a los Estados ante mecanismos internacionales de resolución de controversias estado-inversor, alegando que la promulgación de políticas climáticas, especialmente relativas a la transición energética, afectan sus derechos económicos. Un ejemplo de esto es el caso interpuesto por el gigante energético RWE AG contra los Países Bajos por su política de prohibición de generación eléctrica a base de carbón para 2030[618].

Debe alertarse que no todos los casos no alineados con una mayor acción climática responden a intereses anti-regulatorios. Se ha notado la existencia de casos que, por ejemplo, cuestionan acciones o políticas de índole climática en tutela de otros intereses ambientales o sociales[619], como también que buscan asegurar una distribución justa de los beneficios y cargas de estas políticas y proyectos. Esto es lo que se ha dado en llamar *litigación para una transición justa*[620].

---

617 LAND AND ENVIRONMENT COURT OF NEW SOUTH WALES: Gloucester Resources Limited v. Minister of Planning [2019] NSWLEC 7 (judgment of 8 February 2019); este caso será analizado con mayor detenimiento en el capítulo siguiente. Paradójicamente, en contra de los intereses de su promotor, se ha convertido en uno de los precedentes jurisprudenciales más importantes para la acción climática.

618 INTERNATIONAL CENTRE FOR SETTLEMENT OF INVESTMENT DISPUTES: RWE AG et al. v. Kingdom of the Netherlands, ICSID Case No. ARB/21/4, (petition of 2 February 2021), op. cit., la empresa demandante se basa en el Tratado sobre la Carta de la Energía.

619 Ejemplos de estos casos en jurisdicción británica son HIGH COURT OF JUSTICE QUEEN'S BENCH DIVISION ADMNINISTRATIVE COURT: Mr. William Corbett v. Cornwall Council, Case N° CO/7605/2012 (judgment of 12 December 2013), donde la Corte desestimó la demanda, o el caso *Bradford v. West Devon BC 2007* comentado por VANHALA, L., "The Comparative Politics...", op. cit. p. 465, donde el consentimiento para el desarrollo del proyecto fue finalmente denegado. Según este trabajo de Vanhala, los casos de molinos de viento han corrido diferente suerte en Australia (en comparación con Reino Unido), donde tribunales especializados han dado peso al principio de equidad intergeneracional en la toma de decisiones.

620 Véase SAVARESI, A., y SETZER, J., "Rights-based Litigation in the Climate Emergency: Mapping the Landscape and New Knowledge Frontiers", *Journal of Human Rights and the Environment,* Vol. 13, N° 1, 2022; TIGRE, M. A., et al., "Just Transition Litigation in Latin America: An Initial Categorization of Climate Litigation Cases Amid the Energy Transition", Sabin Center for Climate Change Law, 2023.

En este entendimiento, debe notarse que una falta de consideración adecuada de la participación de las comunidades, y especialmente de sus derechos humanos, a la hora de la promulgación de medidas para la transición energética podría generar conflictividad social con potencial para alcanzar los estrados judiciales.

Finalmente, es posible trazar una línea, aunque siempre nebulosa como advierte Duffy[621], entre litigios cuya motivación responde exclusivamente a los intereses particulares de los demandantes y aquellos de carácter o con finalidad estratégica. Estos últimos tienen la particularidad de pretender, mediante la iniciativa judicial, impulsar un cambio que excede la situación propia de los litigantes, como por ejemplo cambios sociales o jurídicos que aprovechen a grupos vulnerables o a la sociedad en su conjunto[622]. Así, la pretensión real de los promotores suele ir más allá de aquella declarada en la demanda, incluyendo, por ejemplo, la utilización del litigio como acción de comunicación, protesta, empoderamiento y divulgación dentro de una campaña más amplia de movilización.

3.4. Enfoques y tendencias de la litigación climática

Abordando de manera más detenida la sustancia de los casos, es posible catalogarlos a partir de las diversas estrategias o enfoques ensayados (ilustración 13) e identificar una serie de tendencias consolidadas y potenciales que, a grandes rasgos, marcan el paso de la litigación climática. Dada la magnitud del universo, la variedad de jurisdicciones y sistemas jurídicos implicados, y la propia dinámica del fenómeno, esta tarea solo puede hacerse bajo la mera pretensión de dar un panorama general y sin ánimo de agotar toda la diversidad existente. En este entendimiento, esta sección se concentra en aque-

---

621 DUFFY, H., *Strategic Human Rights Litigation: Understanding and Maximising Impact,* Hart Publishing, 2018, p. 48, 49.

622 Ídem; véase también ROSE, A., MLADENOVA, D., y NEWMAN, V., "The Crucial Role of Strategic Climate Litigation" en SINDICO, F., et al. (eds), L., *Research Handbook on Climate Change Litigation,* Edward Elgar, 2023 (en prensa); y CASPER, K., et al., "Breaking the Mould in the Strategic Design and Implementation of Climate Litigation", en SINDICO, F., et al. (eds), L., *Research Handbook on Climate Change Litigation,* Edward Elgar, 2023 (en prensa).

lla litigación promovida en foros domésticos con fines de impulsar la acción o responsabilidad respecto al cambio climático, la que, en definitiva, es la que especialmente interesa a esta investigación.

Es posible dividir los enfoques que se han desplegado en este tipo de litigación, en primer lugar, entre aquellos dirigidos contra gobiernos y aquellos promovidos contra corporaciones, sean de propiedad pública o privada. La legitimación pasiva es un buen primer parámetro para diferenciar diversas estrategias pues puede ser determinante de buena parte de los elementos que caracterizan cada litigio. En la ilustración 13 se otorga un panorama general de las estrategias o enfoques que se han presentado en la litigación para la promoción de la acción y/o responsabilidad climática. En las secciones siguientes, se desarrolla cada categoría a partir de la presentación de casos a modo ilustrativo.

Ilustración 12. Distintos enfoques de litigación climática en foros domésticos para la promoción de la acción y responsabilidad climática[623]

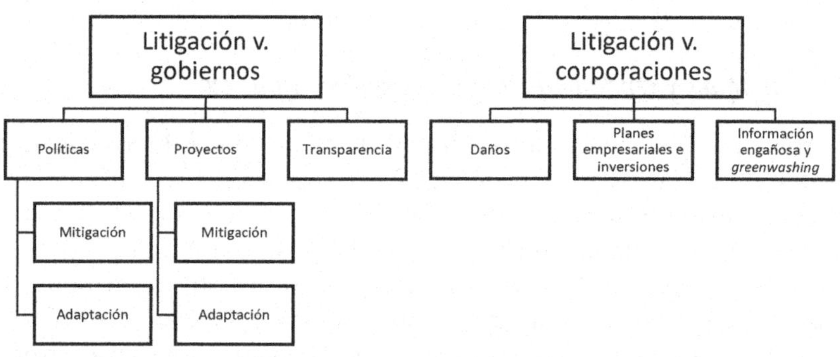

3.4.1. Litigación contra entes gubernamentales

Dentro de esta categoría de casos, un segundo parámetro de diferenciación refiere al objeto central del litigio, a partir del que es posible identificar, al menos, tres categorías: litigación con foco en políticas; litigación con foco en proyectos y litigación con foco en aspectos relativos

---

623 Elaboración propia.

a la transparencia de la toma de decisiones públicas. Según cuál sea el objeto núcleo del litigio, pueden anticiparse algunos u otros elementos comunes que, a grandes rasgos, trascienden las diferencias entre jurisdicciones. Por ejemplo, los cuestionamientos a proyectos suelen ser encaminados a través de aspectos procedimentales relativos a la EIA, mientras que iniciativas enfocadas en políticas (legislación, medidas administrativas, su falta o implementación) muestran una diversidad más amplia, adicionándose a los enfoques procedimentales, enfoques sustantivos relativos, por ejemplo, a derechos o deberes de diligencia. Estas categorías pueden, a su vez, discriminarse según apunten a sectores relativos a la mitigación o adaptación al cambio climático. Según Setzer y Byrnes en el universo de casos existe una notable supremacía de iniciativas relativas a la mitigación (80%) por sobre la adaptación[624].

Ejemplo paradigmático de la litigación contra gobiernos enfocada en políticas relativas a la mitigación es el ya varias veces mencionado *Urgenda v. Los Países Bajos*, cuyo núcleo fue la ambición en la meta de reducción de emisiones para 2020 (20% respecto 1990) estipulada por el Gobierno y entendida como insuficiente por la sociedad civil y, posteriormente, por los tribunales[625]. Asimismo, es posible destacar el caso *Thomson v. The Minister for Climate Change Issues*, en el que una joven estudiante de Derecho de Nueva Zelanda demandó al Gobierno exigiendo que revise sus objetivos de reducción a largo (2050) y mediano plazo (2030), contenidos en la legislación interna y en la NDC respectivamente, por considerarlos desactualizados e irrazonables frente a la mejor información científica disponible (IPCC)[626]; o el caso

---

624 Setzer y Byrnes, *Global trends in climate change litigation: 2019 snapshot*, op. cit., p. 5.

625 Corte Distrital de la Haya: Fundación Urgenda v. Los Países Bajos, ECLI:NL:RBDHA:2015:7196 (sentencia del 24 de junio de 2015), op. cit.; Corte de Apelaciones de la Haya: Fundación Urgenda v. Los Países Bajos, ECLI:NL:GHDHA:2018:2610 (sentencia del 9 de octubre de 2018), op. cit.; Corte Suprema de los Países Bajos: Fundación Urgenda v. Los Países Bajos, ECLI:NL:HR:2019:2007 (sentencia del 20 de diciembre de 2019), op. cit.

626 High Court of New Zealand Wellington Registry: Sarah Thomson v. The Minister for Climate Change Issues, CIV 2015-485-91 [2017] NZHC 733 (judgment of 2 November 2017); la Corte desestimó las vías de acción intentadas, aunque realizó una amplia revisión de los objetivos, desechando las alegaciones del Gobierno de que se trataba de actos enteramente cubiertos por el margen de discrecionalidad de la Administración.

Planet B Earth v. The Secretary of State en el que una ONG y ciudadanos británicos demandaron al Gobierno cuestionando su decisión de no revisar su objetivo de reducción de emisiones para 2050[627].

De igual manera, pueden resaltarse casos que dirigieron su descontento no hacia las metas de reducción de emisiones, sino hacia la política climática más general del Gobierno. Este es el caso del ya mencionado *Juliana v. USA* en el que un grupo de jóvenes de Estados Unidos cuestionaron al Gobierno federal por un conjunto de acciones que contradirían su voluntad de abordar adecuadamente la problemática del cambio climático, como ser la promoción continua de producción de combustibles fósiles (autorizaciones, subsidios, etc.) y la permisión incontrolada de emisiones de CO_2[628]. El mismo enfoque general presentó, por ejemplo, el caso *La Rose v. Canada,* en el que, interesantemente, se solicitó a una corte federal la declaración de la existencia de una obligación estatal de mantenimiento de un sistema climático estable[629].

---

627 HIGH COURT OF JUSTICE, QUEEN'S BENCH DIVISION, ADMINISTRATIVE COURT: Plan B Earth et al. v. The Secretary of State for Business, Energy and Industrial Strategy and The Committee on Climate Change, Case No.: CO/16/2018 (statement of facts and grounds of 8 December 2017); tanto la Corte de primera como de segunda instancia decidieron desestimar el caso, luego de considerar las obligaciones emanadas del Acuerdo de París, el margen de discrecionalidad de la Administración y la existencia de violaciones a derechos humanos; HIGH COURT OF JUSTICE, QUEEN'S BENCH DIVISION, ADMINISTRATIVE COURT: Plan B Earth et al. v. The Secretary of State for Business, Energy and Industrial Strategy and The Committee on Climate Change, Case No.: CO/16/2018 (judgment of 20 July 2018); COURT OF APPEAL, QUEEN'S BENCH DIVISION, CIVIL DIVISION: Plan B Earth et al. v. The Secretary of State for Business, Energy and Industrial Strategy and The Committee on Climate Change, Case No.: CO/16/2018 (judgment of 25 January 2019).

628 UNITED STATES DISTRICT COURT FOR THE DISTRICT OF OREGON EUGENE DIVISION: Kelsey Cascadia Rose Juliana, et al. v. United States of America, et al., Case No. 6:15-cv-01517-TC (Judgment of 10 November 2016), op. cit.; UNITED STATES COURT OF APPEALS FOR THE NINTH CIRCUIT: Kelsey Cascadia Rose Juliana, et al. v. United States of America, No. 18-36082, (judgment of 17 January 2020), op. cit.

629 FEDERAL COURT OF CANADA: La Rose et al. v. Her Majesty the Queen in Right of Canada and the Attorney General of Canada, Court File No. T-1750-19 (claim of 25 October 2019); el caso fue desestimado de forma prematura por la Corte de primera instancia, sosteniendo que los demandantes fallaron en presentar una causal de acción adecuada. La resolución fue apelada; FEDERAL COURT OF CANADA: La Rose, et al. v. Her Majesty the Queen in Right of Canada and the Attorney General of Canada, T-1750-19 (order and reasons of 27 October 2020).

En un acercamiento un poco más limitado, puede destacarse el caso *Khan v. Federation of Pakistan* donde un grupo de mujeres cuestionó diversas acciones y omisiones relativas a la política energética del Gobierno federal pakistaní y algunos entes administrativos, con la particularidad de introducir la cuestión de género, bajo el entendimiento que las mujeres son particularmente afectadas por la inacción gubernamental en tanto sufren impactos desproporcionados con respecto a su contribución al cambio climático[630]. Asimismo, debe resaltarse el caso *Greenpeace v. Los Países Bajos* en el que la ONG demandó al Gobierno alegando que su paquete de recuperación económica pos-COVID-19 para la aerolínea de bandera (KLM) violaba el deber de cuidado que el Estado tendría a la hora de prevenir un riesgo alto de cambio climático peligroso, al no incluir condiciones relativas a la reducción de emisiones de la compañía[631].

Los casos sobre políticas de mitigación no solo refieren a fuentes de emisión de GEI, sino que también pueden encontrarse casos que han abordado la conservación de sumideros de carbono. En esta categoría resaltan algunos casos latinoamericanos relativos a la desforestación de la Amazonía en Colombia, Perú y Brasil[632]. Además del ya mencionado caso *Futuras Generaciones v. Colombia* que dio lugar a la sentencia de la Corte Suprema de Justicia de ese país[633], es posible

---

630 Lahore High Court: Maria Khan et al. v. Federation of Pakistan et al., Writ Petition No. 8960 of 2019 (petition of 14 February 2019).

631 La Corte de primera instancia desestimó el caso sosteniendo que el Estado no tenía obligación de incluir este tipo de condiciones en su medida de recuperación económica, gozando de amplia discrecionalidad; Sabin Center for Climate Change Law y Arnold&Porter, Greenpeace Netherlands v. State of the Netherlands (judgment of 9 December 2020) <http://climatecasechart.com/non-us-case/greenpeace-netherlands-v-state-of-the-netherlands/> [Última consulta, 1 de febrero de 2021]

632 También puede verse Lahore High Court: Sheikh Asim Farooq v. Federation of Pakistan, et al., Writ Petition No. 192069 of 2018, (judgment of 30 August 2019), en el que ciudadanos demandaron a varias reparticiones del Estado alegando violaciones a obligaciones legales y derechos constitucionales en relación con la conservación y manejo de bosques. La Corte hizo lugar a la demanda e instó al Gobierno a la implementación de una serie de medidas.

633 Corte Suprema de Justicia de Colombia (Sala de Casación Civil): Futuras Generaciones v. Presidencia de la República de Colombia, STC4360-2018 (sentencia del 5 de abril de 2018), op. cit.

mencionar el caso Álvarez Cantoral v. Perú en el que se solicitó una orden para compeler al Gobierno peruano a alcanzar una meta de desforestación neta cero del Amazonas para 2025[634] y varios casos en Brasil, incluyendo el de *PSB v. Brasil*, donde varios partidos políticos demandaron a la Administración Bolsonaro por fallas en la implementación de las políticas contra la deforestación[635].

Respecto a casos sobre políticas de adaptación, el caso más comentado es *Leghari v. Pakistan*[636]. En él, un agricultor cuestionó de forma exitosa la falta de implementación de medidas de adaptación, alegando que la inacción gubernamental afectaba sus derechos constitucionales, especialmente a la vida y a la dignidad. La *Lahore High Court* ordenó al Gobierno, entre otras cosas, a presentar una lista de puntos de acción sobre adaptación y a constituir una comisión para monitorear el progreso de las políticas[637]. Como se mencionó previamente, es notoria la diferencia cuantitativa entre casos relativos a mitigación y adaptación.

En cuanto a casos enfocados en proyectos por preocupaciones relativas a la mitigación, estos serán ampliamente abordados en el capítulo siguiente. A modo de adelanto puede mencionarse el caso *Earthlife Africa Johannesburg v. The Minister of Environmental Affairs* donde se requirió la impugnación de una serie de actos administrativos relativos a la aprobación de un proyecto de una central de energía a base de carbón por considerar que el análisis de los impactos climáticos en la EIA era un requisito legal y constitucional que no había sido respetado[638].

---

634 JUZGADO CONSTITUCIONAL DE TURNO DE LA CORTE SUPERIOR DE JUSTICIA DE LIMA: Álvarez Cantoral y ots. v. Estado peruano (demanda del 10 de diciembre de 2019).

635 SUPREMO TRIBUNAL FEDERAL DO BRASIL: Partido Socialista Brasileiro et al. v. União (arguição de descumbrimento de preceito fundamental do 11 de novembro de 2020); véase también JUIZADO FEDERAL DE CURITIBA: Instituto de Estudos Amazônicos v. União (Ação civil pública do 8 de outubro de 2020).

636 LAHORE HIGH COURT: Ashgar Leghari v. Federation of Pakistan, et al., Case No: W.P. No. 25501/2015 (judgment of 4 September 2015).

637 Ídem.

638 HIGH COURT OF SOUTH AFRICA (GAUTENG DIVISION, PRETORIA): Earthlife Africa Johannesburg v. The Minister of Environmental Affairs et al., Case number: 65662/16 (judgment of 8 March 2017).

A diferencia de lo que sucede con casos relativos a políticas, sí existen numerosos casos sobre proyectos en relación con la adaptación, especialmente en Australia. Ejemplo de esto es el caso *Gippsland Coastal Board v. South Gippsland Shire Council* de esa jurisdicción. En este caso, el *Victorian Civil and Administrative Tribunal* revocó, en aplicación del principio precautorio, las autorizaciones dadas por la Administración local a un desarrollo residencial en zona costera, en razón de considerar que la zona planificada era inadecuada dadas las proyecciones de aumento del nivel del mar y las posibilidades de eventos meteorológicos extremos a consecuencia del cambio climático[639].

Finalmente, en lo que hace a la categoría sobre transparencia, es posible señalar algún caso como *Greenpeace Luxemburgo v. Schneider* en el que la ONG presentó una acción contra el Ministerio de Seguridad Social de Luxemburgo debido a su falta de respuesta sobre un pedido de información relativo a cómo el fondo de pensiones soberano del país planeaba alinear sus inversiones con los objetivos del Acuerdo de París y a los riesgos financieros relacionados con el cambio climático[640]. Por su parte, en *Famílias Pelo Clima v. Governo do Estado de*

---

639 Victorian Civil and Administrative Tribunal: Gipssland Coastal Board v. South Gippsland Shire Council et al. [2008] VCAT 1545 (judgment of 29 July 2008); según Okubo, esta decisión tuvo impactos en la política de planificación local. Por un lado, en diciembre de 2008 el Gobierno presentó un nuevo departamento para el manejo de riesgos e impactos del cambio climático en las costas. Por otro, la aplicación del principio de precaución en las decisiones de planificación en relación a los riesgos del cambio climático se convirtió en parte de la política de planeamiento; Okubo, N., "Climate Change Litigation: A Global Tendency", en Ruppel, O., Roschmann, C. y Ruppel-Schlichting K. (eds.), *International Law and Global Governance,* Nomos Verlagsgesellschaft, Vol. 1, 2013, p. 755; sobre litigación relativa a adaptación en Estados Unidos y Australia puede verse Peel, J. y Osofsky, H., "Sue to adapt?", *Minnesota Law Review,* Vol. 99, Nº 6, 2015.

640 Sabin Center for Climate Change Law y Arnold&Porter, Greenpeace Luxembourg v. Schneider, <http://climatecasechart.com/non-us-case/greenpeace-luxembourg-v-schneider/> [Última consulta, 13 de diciembre de 2019]; véase también Corte Administrativa de Berlín: Federación Alemana para el Ambiente y la Conservación v. Ministerio de Comercio y Trabajo, [2006] VG 10 A 215.04 (sentencia del 3 de febrero de 2006) en el cual la Corte alemana ordenó al Gobierno a entregar información sobre los impactos climáticos de créditos de exportación para proyectos climáticamente disruptivos; y Federal Court of Australia: Kathleen O'Donnell v. Commonwealth of Australia et al.

São Paulo (2020) un grupo comunitario demandó al estado regional persiguiendo el acceso a información sobre los impactos climáticos y presupuestarios de un fondo para incentivar la industria automotriz[641]. Asimismo, podría incluirse en esta categoría el caso *Save Lamu v. National Environmental Management Authority* en el que el Tribunal ambiental nacional de Nairobi (Kenia) anuló la licencia otorgada a una planta térmica a base de carbón por, entre otras razones, la falta de participación adecuada y significativa del público en el proceso[642].

3.4.2. Litigación contra corporaciones

En cuanto a la litigación contra corporaciones, esta categoría puede subdividirse en casos que persigan la atribución de responsabilidad por impactos del cambio climático y sus costes, casos que busquen la impugnación de planes corporativos y casos que pretendan la supresión de *climatewashing* y la transparencia en información relevante para la toma responsable de decisiones financieras.

En cuanto a la primera subcategoría, son ejemplos paradigmáticos aquellos casos que han constituido la (hasta ahora infructuosa) ola de litigios que, en implementación de las lecciones aprendidas en la litigación por asbestos y tabaco[643], están llevando adelante entes gubernamentales de Estados Unidos contra los llamados *carbon majors.* Más allá de algunos ejemplos ya descriptos, pueden resaltarse los casos de *City of New York v. BP* o *State of Rhode Island v. Chevron,* donde los entes subnacionales demandaron a una serie de estas corporaciones productoras de combustibles fósiles solicitando que, dada su con-

---

(concise statement of 22 July 2020), en el que se demandó al Gobierno de Australia sosteniendo que este había fallado en informar riesgos relativos al cambio climático para inversores tenedores de bonos públicos.

641 TRIBUNAL DE JUSTIÇA DO ESTADO DE SÃO PAULO: Clara Leonel Ramos et al. v. Estado de São Paulo, Processo nº: 1047315-47.2020.826.0053 (Decisão Interlocutória do 12 de janeiro de 2021).

642 NATIONAL ENVIRONMENTAL TRIBUNAL AT NAIROBI: Save Lamu et al. v. National Environmental Management Authority et al., NET 196 of 2016 (judgment of 26 June 2019).

643 LIPANOVICH, A., "Smoke before oil: Modeling a suit against the auto and oil industry on the tobacco tort litigation is feasible", *Golden Gate University Law Review,* Vol. 35, Nº. 3, 2005.

tribución (consciente) a la problemática, se las condenase al pago de los millonarios costes de la infraestructura que en la actualidad y en el futuro deberá realizarse para adaptarse al cambio climático[644].

En relación con la segunda categoría, un caso especialmente interesante es el de *Milieudefensie v. Royal Dutch Shell,* de jurisdicción de los Países Bajos[645]. En este, un grupo de ONG, siguiendo el precedente de *Urgenda,* solicitaron a la Corte Distrital de la Haya que ordenase a la empresa reducir las emisiones de GEI de sus actividades y productos en concordancia con lo que solicita la mejor ciencia disponible, a los fines de evitar un cambio climático peligroso[646]. A partir de ello, en una sentencia histórica, la Corte ordenó a la compañía que asegurase en su plan corporativo una reducción de emisiones del 45% respecto 2019 para 2030[647]. De igual manera, ONG y municipalidades de Francia han interpuesto una demanda contra la compañía Total solicitando la adecuación de sus actividades y planes para hacerlos compatibles con la meta de un calentamiento global no superior a 1,5 °C[648]. Asimismo, puede destacarse el caso *ClientEarth v. Enea* donde la ONG, en su carácter de accionista de la empresa energética polaca, demandó a esta última buscando la nulidad de una resolu-

---

644 United States District Court Southern District of New York: City of New York v. BP PLC et al. No. 18 Civ. 182 (JFK) (judgment of 19 July 2018), op. cit.; Bristol County Superior Court: State of Rhode Island v. Chevron Corp. et al. Case No. PC-2018-4716 (complaint of 2 July 2018), op. cit.; otros ejemplos son Superior Court of the State of California in and for the County of Santa Cruz: The County of Santa Cruz v. Chevron Corp. et al., Case No. 17CV03243 (complaint of 20 December 2017); Superior Court of the State of California in and for the County of San Francisco: Pacific Coast Federation of Fishermen's Associations, inc. v. Chevron Corp., et al., Case No. CGC-18-571285 (complaint of 14 November 2018).

645 Corte Distrital de la Haya: Milieudefensie et al. v. Royal Dutch Shell plc., (demanda del 5 de abril de 2019, traducción no oficial).

646 Ídem.

647 Corte Distrital de la Haya: Milieudefensie et al. v. Royal Dutch Shell plc., C/09/571932/HA ZA 19-379 (sentencia del 26 de mayo de 2021); la argumentación de la Corte es similar a la de *Urgenda* con la construcción de un deber de cuidado a partir de una variedad de elementos jurídicos y extrajurídicos: "… *when determining the Shell group's corporate policy, RDS must observe the due care exercised in society*".

648 Tribunal judiciaire de Nanterre: Notre Affaire à Tous et autre v. Total S.A. (demande du 28 janvier 2020).

ción de su junta que otorgaba consentimiento para la construcción de una planta térmica a base de carbón, en el entendimiento de que ello dañaría los intereses económicos de la empresa debido a los riesgos financieros relativos al cambio climático (v. gr., aumento de impuestos al carbono, competencia con energías renovables, políticas climáticas de la Unión Europea)[649].

Respecto al tercer enfoque, un ejemplo resonante es el del caso *Massachusetts v. Exxon Mobil,* donde el procurador general de este estado demandó a la empresa utilizando la ley de defensa del consumidor y alegando que había incurrido en prácticas fraudulentas contra inversores y consumidores con relación a información sobre riesgos climáticos, prácticas empresariales, publicidad engañosa de sus productos, falta de información sobre los impactos de estos en el cambio climático y participación en campañas de *greenwashing*[650]. Asimismo, la *Australian Competition and Consumer Commission* ha llevado adelante una serie de presentaciones exitosas contra empresas por publicidad engañosa relacionada con la performance climática de sus productos[651].

3.4.3. Tendencias de la litigación climática

El informe del PNUMA sobre litigación climática de 2020 identificó seis tendencias en las que podrían incluirse la gran mayoría de los casos: (a) utilización de derechos humanos y derechos fundamentales para promover la acción climática (*climate rights*); (b) cuestionamientos a la implementación (o falta de ella) de leyes o

---

649 SABIN CENTER FOR CLIMATE CHANGE LAW y ARNOLD&PORTER, ClientEarth v. Enea, op. cit.; interesantemente, la Corte hizo lugar a la demanda.

650 MASSACHUSETTS SUPERIOR COURT: Commonwealth of Massachusetts v. Exxon Mobil Corporation, Case Number: 19-3333, (complaint of 24 October 2019).

651 AUSTRALIAN COMPETITION & CONSUMER COMMISSION, *Goodyear Tyres Pty Ltd-s.87B undertaking,* <https://www.accc.gov.au/public-registers/undertakings-registers/s87b-undertakings-register/goodyear-tyres-pty-ltd-s87b-undertaking> [Última consulta, 13 de diciembre de 2019]; AUSTRALIAN COMPETITION & CONSUMER COMMISSION, *Company admits misleading consumers about marketing carbon credits,* 11 de marzo de 2010, <https://www.accc.gov.au/media-release/company-admits-misleading-consumers-about-marketing-carbon-credits> [Última consulta, 13 de diciembre de 2019]

políticas climáticas (*domestic enforcement*); (c) litigación para asegurar la no extracción de nuevos combustibles fósiles (*keeping fossil fuels in the ground*); (d) atribución de responsabilidad corporativa (*corporate liability and responsibility*); (e) cuestionamiento de fallas en la adaptación e impactos de la adaptación (*failure to adapt and the impacts of adaptation*), y (f) difusión de información sobre riesgos financieros relativos al cambio climático y cuestionamiento a conductas de *greenwashing* (*climate disclosures and greenwashing*)[652].

Estas tendencias son, por un lado, transversales a los enfoques de litigio señalados en las secciones precedentes, en el sentido de que dentro de cada estrategia pueden encontrarse casos que representen a varias tendencias. Esto es así, por ejemplo, en lo que hace a la relativa a información sobre riesgos financieros del cambio climático que bien puede estar representada por litigios contra gobiernos[653] como contra corporaciones[654]. Por otro, debe notarse que estas tendencias no representan compartimentos estancos, pues suelen superponerse unas con otras en los casos y estrategias. Un ejemplo claro de ello es el hecho de que la relativa a la utilización de derechos humanos y fundamentales para la promoción de la acción climática puede en-

---

652 PNUMA, *Global Climate Litigation Report...*, op. cit., p. 13.

653 SABIN CENTER FOR CLIMATE CHANGE LAW y ARNOLD&PORTER, Greenpeace Luxembourg v. Schneider, op. cit.; FEDERAL COURT OF AUSTRALIA: Kathleen O'Donnell v. Commonwealth of Australia et al. (concise statement of 22 July 2020), op. cit.

654 SUPERIOR COURT OF NEW JERSEY (APPELLATE DIVISION): City of Birmingham Relief and Retirement System, v. ExxonMobil Corporation, No. A-4279-17T3 (opinion of 6 May 2019), en el que inversores demandaron a la empresa ExxonMobil alegando que esta los había engañado sobre los riegos relativos al cambio climático de sus planes de negocio. La Corte desestimó la demanda, considerando la evidencia presentada como insuficiente; MASSACHUSETTS SUPERIOR COURT: Commonwealth of Massachusetts v. ExxonMobil Corporation, Case Number: 19-3333, (complaint of 24 October 2019), op. cit.; FEDERAL COURT OF AUSTRALIA: McVeigh v. Retail Employees Superannuation Pty Ltd [2019] FCA 14 (complaint of 23 July 2018), en el que un miembro de un fondo de pensión demandó a este último alegando que el mismo había fallado en proveer información relacionada con los riesgos climáticos de sus inversiones y sus planes para abordar tales riesgos. Antes de llegar a la etapa de juicio se anunció un acuerdo extrajudicial donde el fondo admitió que el cambio climático implica un riesgo financiero y se comprometió a, entre otras cosas, implementar una meta de huella de carbono cero para 2050.

contrarse tanto en casos referidos a cuestionamientos sobre políticas de mitigación[655] o adaptación[656] (tendencias b y e), como casos sobre proyectos de producción fósil[657] (tendencia c) o de responsabilidad corporativa[658] (tendencia d). Esta tendencia de apelar a argumen-

---

655 Véase, por ejemplo, TRIBUNAL SUPREMO DE ESPAÑA (SALA TERCERA CONTENCIOSO-ADMINISTRATIVO): Greenpeace España et al. v. Gobierno de España, Rec. 2/265/2020 (demanda de 15 de diciembre de 2020), en el que las ONG demandaron al Gobierno por inactividad en relación con la aprobación del Plan Nacional Integrado de Energía y Clima, haciendo alusión a derechos contenidos en la CEDH; TRIBUNAL ADMINISTRATIF DE PARIS: Association Oxfam France et autre. v. République Française, N° 1904967, 1904968, 1904972, 1904976/4-1 (decisión du 3 février 2021), en el que las ONG solicitaron se condenase al Gobierno a tomar las medidas necesarias para reducir las emisiones en consonancia con una trayectoria de calentamiento no superior a 1.5°C, utilizando igualmente argumentos relativos a derechos humanos contenidos en la CEDH; QUEBEC SUPERIOR COURT: Environnement Jeunesse v. Attorney General of Canada, 500-06-000955-183 (judgment of 11 july 2019), una ONG demandó al Gobierno de Canadá solicitando a la Corte que declarase que este violaba sus obligaciones de proteger derechos fundamentales de los jóvenes al adoptar objetivos de reducción de emisiones escasos y al omitir tomar medidas adecuadas para alcanzar estos objetivos. La Corte desestimó la demanda por considerar arbitraria la acción de clase constituida por menores de 35 años, aunque reconoció que el cambio climático podría ser una cuestión justiciable; CORTE CONSTITUCIONAL DE LA REPÚBLICA DE COREA: Do-Hyun Kim et al. v. La Asamblea Nacional de la República de Corea et al. (demanda del 13 de marzo de 2020, traducción no oficial), en el que un grupo de jóvenes demandó al Estado de Corea del Sur alegando que los compromisos de reducción de emisiones asumidos eran insuficientes para mantener un calentamiento por debajo de los 2°C y que esto afectaba sus derechos fundamentales, incluyendo su derecho a la vida y al ambiente sano.

656 LAHORE HIGH COURT: Ashgar Leghari v. Federation of Pakistan, et al., Case No: W.P. No. 25501/2015 (judgment of 4 September 2015), op. cit., donde la Corte se apoya en su sentencia en derechos fundamentales como el derecho a la vida, el derecho a un ambiente sano o el derecho a la dignidad.

657 LAND COURT OF QUEENSLAND: Waratah Coal Pty Ltd v. Youth Verdict Ltd & Ors (No 6) [2022] QLC 21 (decision of 25 November 2022), en el que un grupo de jóvenes interpusieron una objeción en el procedimiento ante la *Queensland Land Court* a la autorización de una mina de carbón alegando que con ella se afectaban, a través del cambio climático, sus derechos a la vida, la protección de los niños y la cultura contenidos en la legislación doméstica de derechos humanos.

658 ENVIRONMENTAL SCIENCE FOR SOCIAL CHANGE, Petition Requesting for Investigation of the Responsibility of the Carbon Majors for Human Rights Violations or Threats of Violations Resulting from the Impacts of Climate Change (Petition of 22 September 2015), op. cit.

tos relativos a los derechos humanos en los litigios es producto de la creciente consolidación y reconocimiento del vínculo entre estos últimos y los diferentes impactos del cambio climático, tal como fue previamente comentado[659].

El informe del PNUMA de 2020 también realiza algunas predicciones sobre el futuro de la litigación climática, a saber (a) proliferación de demandas sobre derechos del consumidor y fraude a inversores, (b) sobre fallas en el manejo de situaciones pre- y pos-desastre relacionados con eventos meteorológicos extremos; (c) desafíos en la implementación de sentencias, (d) un aumento en la atención en la atribución del cambio climático y sus impactos y (e) un crecimiento en el uso de foros jurisdiccionales internacionales[660]. Asimismo, el informe destaca que muchas de las predicciones del informe previo (2017) continúan vigentes, por ejemplo, en lo que hace a la proliferación de casos sobre migraciones transfronterizas e interiores y de casos en el Sur Global[661].

3.5. *Selección y aplicación del Derecho en la litigación climática*

La heterogeneidad de actores, foros, propósitos y enfoques es acompañada por una multiplicidad de insumos jurídicos a la que los litigantes y los tribunales echan mano a la hora de proponer una solución y efectivamente resolver los conflictos objeto de los casos. De este modo, elementos jurídicos de distintos niveles (desde locales hasta internacionales), origen (consuetudinario, convencional, constitucional, legal, administrativo) y materia (climática, ambiental, civil, comercial, financiera, etc.) compiten y/o se complementan para conformar el núcleo fundacional de la decisión judicial.

Al respecto puede destacarse el trabajo de de Vílchez Moragues, quien en su investigación doctoral identificó, al menos, tres fuentes jurídicas relevantes que han sido utilizadas en una generalidad de casos[662], pero específicamente en aquellos ocupados en desentrañar las

---

659 Véase capítulo I, apartado 4.

660 PNUMA, *Global Climate Litigation Report*..., op. cit., p. 27, 28.

661 Ídem, p. 29.

662 De Vílchez Moragues analiza principalmente 17 casos recientes (posteriores a 2015) relativos a individuos u ONG demandando al Estado por decisiones de

obligaciones de los Estados respecto al cambio climático. Estas son: las normas y principios que integran el régimen jurídico internacional antes examinado[663]; otros principios de orden consuetudinario, convencional, constitucional o legal del Derecho ambiental; y los derechos humanos y derechos fundamentales incluidos en los distintos instrumentos constitucionales.

En primer lugar, en cuanto al régimen jurídico internacional del cambio climático, de Vílchez Moragues observó que los tribunales refieren no solo a partes operativas de los instrumentos del régimen sino también a diversos elementos preambulares que ayudan a delinear su propósito y espíritu. Así, por ejemplo, los tribunales han extraído del preámbulo de la CMNUCC: la necesidad de cooperación por parte de todos los Estados en respuesta a la naturaleza global del cambio climático, la necesidad de actuar de manera efectiva y adecuada según el principio de CBDR, la existencia de un principio de prevención y de protección del sistema climático para las presentes y futuras generaciones, la responsabilidad histórica de los países desarrollados, la importancia de la ciencia para la toma de decisiones y el reconocimiento de especial vulnerabilidad de algunos Estados[664].

En lo que hace a las partes operativas, los tribunales refieren a los objetivos, principios y compromisos de la CMNUCC, con especial protagonismo del principio de CBDR, tanto para resaltar como para diluir la responsabilidad de los Estados según su responsabilidad histórica[665], y del principio precautorio para interpretar compromisos

---

políticas o proyectos directamente relacionados con mayores emisiones de GEI, DE VÍLCHEZ MORAGUES, *Domestic Climate Litigation…*, op. cit., p. 13; p. 162, 163.

663 Al respecto véase el capítulo I, apartado 6.

664 Ídem, p. 185; de Vílchez Moragues refiere a los casos CORTE DISTRITAL DE LA HAYA: Fundación Urgenda v. Los Países Bajos, ECLI:NL:RBDHA:2015:7196 (sentencia del 24 de junio de 2015), op. cit. y HIGH COURT OF NEW ZEALAND WELLINGTON REGISTRY: Sarah Thomson v. The Minister for Climate Change Issues, CIV 2015-485-91 [2017] NZHC 733 (judgment of 2 November 2017), op. cit.

665 DE VÍLCHEZ MORAGUES, *Domestic Climate Litigation…*, op. cit. p. 186, el autor refiere a los casos LAND AND ENVIRONMENT COURT OF NEW SOUTH WALES: Gloucester Resources Limited v. Minister of Planning [2019] NSWLEC 7 (judgment of 8 February 2019), op. cit.; CORTE DE APELACIONES DE LA HAYA: Fundación Urgenda v. Los Países Bajos, ECLI:NL:GHDHA:2018:2610 (sentencia del 9 de

gubernamentales, rechazar que la incertidumbre pueda justificar un nivel de ambición más bajo —sino más bien todo lo contrario debido a la posible existencia de 'puntos de inflexión'— y resaltar la inadecuación de descansar en técnicas de geoingeniería y captura de carbono en el diseño de escenarios de reducción de emisiones ("*taking irresponsible risks*")[666].

Respecto del Acuerdo de París, se ha observado que se repiten referencias jurisprudenciales a las metas de temperaturas dispuestas en el artículo segundo del instrumento como también a la obligación de presentar y actualizar las NDC. En este sentido, por un lado, el paso de una meta cualitativa (CMNUCC) a una cuantitativa (Acuerdo de París) ha implicado la posibilidad de contar con un parámetro claro para valorar la respuesta de los actores frente a la problemática[667], poniéndose foco: en los niveles de concentraciones de GEI en la atmósfera compatibles con la meta de temperatura, en la importancia de las emisiones acumulativas, en el escaso presupuesto de carbono disponible y en los riesgos de impactos graves a un mayor calentamiento[668]. Por otro lado, los compromisos relativos a la presentación

---

octubre de 2018), op. cit.; y High Court of South Africa (Gauteng Division, Pretoria): Earthlife Africa Johannesburg v. The Minister of Environmental Affairs et al., Case number: 65662/16 (Judgment of 8 March 2017), op. cit.

666 De Vílchez Moragues, *Domestic Climate Litigation...*, op. cit. p. 186; refiere a los casos Corte de Apelaciones de la Haya: Fundación Urgenda v. Los Países Bajos, ECLI:NL:GHDHA:2018:2610 (sentencia del 9 de octubre de 2018), op. cit.; Corte Suprema de los Países Bajos: Fundación Urgenda v. Los Países Bajos, ECLI:NL:HR:2019:2007 (sentencia del 20 de diciembre de 2019), op. cit. y High Court of South Africa (Gauteng Division, Pretoria): Earthlife Africa Johannesburg v. The Minister of Environmental Affairs et al., Case number: 65662/16 (judgment of 8 March 2017), op. cit.

667 Wegener, L, "Can the Paris Agreement Help Climate Change Litigation...", op. cit., p. 24: "*The Agreement's temperature goal contains strong language of legal effect, leaving no discretion for parties to follow divergent temperature goals*".

668 De Vílchez Moragues, *Domestic Climate Litigation...*, op. cit. p. 189, 190, el autor refiere a los casos Corte Suprema de los Países Bajos: Fundación Urgenda v. Los Países Bajos, ECLI:NL:HR:2019:2007 (sentencia del 20 de diciembre de 2019), op. cit.; Corte Administrativa Federal de Suiza: KlimaSeniorinnen et al. v. Departamento Federal de Ambiente, Transporte, Energía y Comunicaciones, sentencia A-2992/2017 del 27 de noviembre de 2018 (traducción no oficial); High Court of Justice, Queen's Bench Division, Administrative Court: Plan B Earth et al. v. The Secretary of State for Business, Ener-

y actualización de NDC y su requerida 'ambición' y 'progresividad' son elementos relevantes a considerar por los tribunales, aunque el alcance de tal consideración dependa de la naturaleza obligacional de cada compromiso. Como se afirmó previamente, aquí existe un juego entre obligaciones de resultado (presentación, actualización progresiva y ambiciosa[669] de NDC) y de medios (cumplimiento de NDC) que ha sido analizado por los tribunales, los que, entre otros aspectos, han notado que las NDC, por un lado, no serían vinculantes bajo el Derecho internacional[670] y por otro, cumplirían un rol al permitir contrastar si una determinada decisión de política o proyecto es o no consistente con la acción gubernamental comprometida y requerida en el abordaje de la problemática[671].

Como bien nota de Vílchez Moragues, el peso otorgado por parte de los tribunales a las normas y principios que surgen de esta fuente jurídica puede depender de si se afirma o no la aplicabilidad directa de la normativa internacional. Para esta cuestión, existen diversas respuestas que van incluso más allá del sistema monista o dualista de relación con el Derecho internacional existente en cada jurisdicción[672]. Puede resaltarse en este sentido, el 'efecto reflejo' reconocido por la Corte de primera instancia en *Urgenda v. Los Países Bajos* a diversos elementos de carácter internacional sobre el Derecho interno, los

---

gy and Industrial Strategy and The Committee on Climate Change, Case No.: CO/16/2018 (judgment of 20 July 2018), op. cit.; Corte Distrital de Oslo: Greenpeace Norden et al. v. Noruega, caso N°.: 16-166674TVI-OTIR/06 (sentencia del 4 de enero de 2018, traducción no oficial), op. cit.; Land and Environment Court of New South Wales: Gloucester Resources Limited v. Minister of Planning [2019] NSWLEC 7 (judgment of 8 February 2019), op. cit.

669 Por cierto, una calificación mayormente indeterminada y, por ello, de difícil evaluación, véase Wegener, L, "Can the Paris Agreement Help Climate Change Litigation…", op. cit., p. 27 y ss.

670 High Court of New Zealand Wellington Registry: Sarah Thomson v. The Minister for Climate Change Issues, CIV 2015-485-91 [2017] NZHC 733 (judgment of 2 November 2017), op. cit.; de Vílchez Moragues, *Domestic Climate Litigation…*, op. cit. p. 192.

671 High Court of South Africa (Gauteng Division, Pretoria): Earthlife Africa Johannesburg v. The Minister of Environmental Affairs et al., Case number: 65662/16 (judgment of 8 March 2017), op. cit.; De Vílchez Moragues, *Domestic Climate Litigation…*, op. cit. p. 192.

672 Ídem, p. 192, 193.

que servirían para precisar los deberes del Estado, el mínimo grado de cuidado y, consecuentemente, los niveles de discrecionalidad con los que cuenta para la toma de decisiones[673]. Asimismo, destaca el parámetro de la interpretación consistente del Derecho doméstico con el internacional[674], aludido por la Alta Corte de Pretoria en el caso *Earthlife Africa Johannesburg v. The Minister of Environmental Affairs*[675].

En segundo lugar, principios del Derecho ambiental (con inclusión de los antes mencionados) intervienen en el debate argumental de los casos. Debe notarse que no existe un listado consensuado de los principios que integran esta categoría, pudiendo provenir de distintas fuentes (Derecho internacional, *soft law*, jurisprudencia, normas constitucionales, leyes, etc.). Más allá de esta falta de certeza sobre su número, enunciado o incluso su contenido preciso, es posible señalar que estos están interrelacionados y son relevantes al proveer coherencia al sistema jurídico que los acoge, guiando la interpretación de normas, cubriendo vacíos y, así, ayudando a la resolución de posibles contradicciones, a la par que permitiendo una evolución del Derecho que garantice respuestas efectivas y adecuadas a través del tiempo[676]. De acuerdo con de Vílchez Moragues, en su análisis de casos contra gobiernos, seis son los principios identificados: principio de no dañar y de prevención[677], principio de precaución, principio

---

673 Corte Distrital de la Haya: Fundación Urgenda v. Los Países Bajos, ECLI:NL:RBDHA:2015:7196 (sentencia del 24 de junio de 2015), op. cit.; sobre el que la Corte Suprema parece coincidir, Corte Suprema de los Países Bajos: Fundación Urgenda v. Los Países Bajos, ECLI:NL:HR:2019:2007 (sentencia del 20 de diciembre de 2019), op. cit.

674 Véase al respecto, Colombo, E., "(Un)Comfortably Numb: The Role of National Courts for Access to Justice in Climate Matters", en Jendróska, J. y Bar, M. (eds.), *Procedural Environmental Rights: Principle X in Theory and Practice,* Intersentia, 2017, p. 437 y ss., en referencia a los casos *Urgenda Foundation v. The State of the Netherlands; Leghari v. Pakistan* y *Juliana v. USA* y concluyendo, entre otras cosas, que el Acuerdo de París 'se presta' para ser utilizado en la interpretación consistente del Derecho doméstico.

675 High Court of South Africa (Gauteng Division, Pretoria): Earthlife Africa Johannesburg v. The Minister of Environmental Affairs et al., Case number: 65662/16 (Judgment of 8 March 2017), op. cit. párr. 83.

676 De Vílchez Moragues, *Domestic Climate Litigation…*, op. cit. p. 215.

677 De Vílchez Moragues trata conjuntamente a estos dos principios alegando que están profundamente conectados y que el de prevención puede ser entendido como una evolución del de no dañar al adaptarse a los nuevos desafíos de la hu-

de desarrollo sostenible, principio de EIA, principio CBDR y principio de equidad intergeneracional[678].

Debe destacarse la preponderancia del principio precautorio en la cuestión, dada la comprobada gravedad de los impactos del cambio climático y, al mismo tiempo, la incertidumbre respecto del 'cuándo, dónde y en qué extensión' de su ocurrencia. Bajo la directriz de este principio, tal incertidumbre no puede servir como justificante de la falta de acción por parte de las autoridades. Un ejemplo claro de su aplicación bajo este entendimiento es el de los tribunales intervinientes en el caso *Urgenda v. Los Países Bajos*[679].

Asimismo, puede resaltarse la importancia del principio de equidad intergeneracional, dada la naturaleza inter-temporal de la problemática[680], lo que en los hechos implicaría la necesidad de considerar de manera particular en la toma de decisiones la protección de las futuras generaciones frente a un daño excesivo o injustificado generado por el cambio climático. Según el análisis de de Vílchez Moragues, en los casos analizados, esta necesidad se alega como derivada de normas convencionales (CMNUCC)[681], como también cons-

---

manidad relativos, por ejemplo, al ambiente; ídem, p. 219; véase especialmente sobre el principio de no dañar en el contexto del cambio climático VERHEYEN, R. y RODERICK, P., *Beyond Adaptation. The legal duty to pay compensation for climate change damage*, WWF-UK, 2008.

678 DE VÍLCHEZ MORAGUES, *Domestic Climate Litigation...*, op. cit. p. 218, 219.

679 CORTE DISTRITAL DE LA HAYA: Fundación Urgenda v. Los Países Bajos, ECLI:NL:RBDHA:2015:7196 (sentencia del 24 de junio de 2015), op. cit.; CORTE DE APELACIONES DE LA HAYA: Fundación Urgenda v. Los Países Bajos, ECLI:NL:GHDHA:2018:2610 (sentencia del 9 de octubre de 2018), op. cit.; CORTE SUPREMA DE LOS PAÍSES BAJOS: Fundación Urgenda v. Los Países Bajos, ECLI:NL:HR:2019:2007 (sentencia del 20 de diciembre de 2019), op. cit.; DE VÍLCHEZ MORAGUES, *Domestic Climate Litigation...*, op. cit. p. 246-251; de Víchez Moragues observa que no todos los tribunales han aceptado tal aplicación del principio en la problemática, siendo un ejemplo de ello la resolución en CORTE DISTRITAL DE OSLO: Greenpeace Norden et al. v. Noruega, caso N°.: 16-166674TVI-OTIR/06 (sentencia del 4 de enero de 2018, traducción no oficial), op. cit.; puede verse al respecto de la utilización de este principio, PEEL, J., *The Precautionary Principle in Practice: Environmental Decision-Making and Scientific Uncertainty*, The Federation Press, 2005.

680 Véase capítulo I, apartado 2.

681 CORTE DISTRITAL DE LA HAYA: Fundación Urgenda v. Los Países Bajos, ECLI:NL:RBDHA:2015:7196 (sentencia del 24 de junio de 2015), op. cit.

tucionales[682] y/o legales[683]. Además, como expresión de este principio puede reconocerse la apelación a una institución, de origen en el Derecho romano[684], pero particular de los sistemas jurídicos del *common law*, la *public trust doctrine*, especialmente en la jurisdicción de Estados Unidos[685], pero también en otras como India[686] y Pakistán[687]. Resulta interesante remarcar que a partir de ella se han planteado algunas estrategias novedosas para su utilización en el contexto de la litigación climática bajo el entendimiento de la atmósfera como *trust* que los gobiernos deben tutelar para el beneficio de las futuras

---

682 Corte Distrital de Oslo: Greenpeace Norden et al. v. Noruega, caso N°.: 16-166674TVI-OTIR/06 (sentencia del 4 de enero de 2018, traducción no oficial), op. cit.; United States District Court for the District of Oregon Eugene Division: Kelsey Cascadia Rose Juliana, et al. v. United States of America, et al., Case No. 6:15-cv-01517-TC (judgment of 10 November 2016), op. cit.

683 Land and Environment Court of New South Wales: Gloucester Resources Limited v. Minister of Planning [2019] NSWLEC 7 (Judgment of 8 February 2019), op. cit.; de Vílchez Moragues, *Domestic Climate Litigation…*, op. cit. p. 288 y ss.

684 Kwaterski Scalan, M., "The Evolution of the Public Trust Doctrine and the Degradation of Trust Resources: Courts, Trustees and Political Power in Wisconsin", *Ecology Law Quarterly*, Vol. 27, N°. 1, 2000; Huffman, J., "A Fish out of Water: The Public Trust Doctrine in a Constitutional Democracy", *Environmental Law*, Vol. 19, 1989.

685 United States District Court for the District of Oregon Eugene Division: Kelsey Cascadia Rose Juliana, et al. v. United States of America, et al., Case No. 6:15-cv-01517-TC (complaint for declaratory and injunctive relief of 12 August 2015), op. cit. párr. 310: "*As sovereign trustees, the affirmative aggregate acts of Defendants are unconstitutional and in contravention of their duty to hold the atmosphere and other public trust resources in trust. Instead, Defendants have alienated substantial portions of the atmosphere in favor of the interests of private parties so that these private parties can treat our nation's atmosphere as a dump for their carbon emissions. Defendants have failed in their duty of care as trustees to manage the atmosphere in the best interests of the present and future beneficiaries of the trust property, including, but not limited to, Plaintiffs. Such abdication of duty abrogates the sovereign powers of succeeding members of the Executive Branch and Congress to provide for the survival and welfare of our Nation's citizens and to promote the endurance of our Nation.*"; véase de Armenteras Cabot, M., "La aplicación de la doctrina del *public trust* en Estados Unidos: de la protección de los bienes comunes a la conservación del medio ambiente", *Daimon Revista Internacional de Filosofía*, N°. 81, 2020.

686 National Green Tribunal at Principal Bench, New Delhi: Ridhima Pandey v. Union of India et al. (complaint of 25 March 2017).

687 Véase Supreme Court of Pakistan: Rabab Ali v. Federation of Pakistan et al., (complaint of 1 April 2016), op. cit.

generaciones[688]. Ejemplos de estas son la llamada *atmospheric trust litigation,* cuyo objetivo es cuestionar la conducta de los gobiernos[689], y la *atmospheric recovery litigation,* enfocada en la responsabilidad de las corporaciones en la afectación del *trust*[690].

En tercer lugar, como remarcó el informe del PNUMA antes aludido, una tendencia relevante en la litigación climática, que solo puede crecer, es la apelación a derechos humanos y fundamentales de origen convencional y constitucional[691]. Dentro de esta tendencia, por un lado, se observa la alegación de derechos humanos tradicionales y de raíz individual, como el derecho a la vida, la salud, la vida familiar, en su conexión con el ambiente ('*greening of existing human rights*') y por otro, la utilización del derecho a un ambiente sano, de raíz colectiva y de creciente aceptación y reconocimiento. El vínculo entre el cambio climático y estos derechos crea obligaciones positivas y negativas para los gobiernos y otros actores relevantes[692], las que han sido (y están siendo) valoradas por los tribunales como

---

688 WOOD, M., y WOODWARD, C., "Atmospheric Trust Litigation and the Constitutional Right to a Healthy Climate System: Judicial Recognition at Last", *Washington Journal of Environmental Law & Policy,* Vol. 6, N° 2, 2016.

689 Ídem, p. 644: *"ATL seeks to accomplish through decentralized domestic litigation, in countries across the globe, what has thus far eluded the international diplomatic treaty-making process: concrete requirements for emissions reduction."*; como explican estos dos autores, la organización Our Children's Trust lanzó una campaña en Estados Unidos presentando peticiones y demandas similares en cada Estado para la reducción de emisiones de GEI y una demanda contra el Gobierno federal, el mencionado caso *Juliana v. USA;* WOOD, M., "Atmospheric Trust Litigation", en BURNS y OSOFSKY (eds.), *Adjudicating Climate Change...,* op. cit.; véase también ABATE, R., "Atmospheric Trust Litigation in the United States: Pipe Dream or Pipeline to Justice for Future Generations?" en ABATE, R. (ed), *Climate Justice: Case Studies in Global and Regional Governance Challenges,* Environmental Law Institute, 2016.

690 WOOD M., y GALPERIN, D., "Atmospheric Recovery Litigation: Making the Fossil Fuel Industry Pay to Restore a Viable Climate System", *Environmental Law,* Vol. 45, N° 2, 2015.

691 PEEL, J. y OSOFSKY, H., "A Rights Turn in Climate Change Litigation?", *Transnational Environmental Law,* Vol. 7, N°. 1, 2017, p. 40.

692 RELATOR ESPECIAL SOBRE LA CUESTIÓN DE LAS OBLIGACIONES DE DERECHOS HUMANOS RELACIONADAS CON EL DISFRUTE DE UN MEDIO AMBIENTE SIN RIESGOS, LIMPIO, SALUDABLE Y SOSTENIBLE, *Informe del Relator Especial sobre la cuestión de las obligaciones de derechos humanos relacionadas con el disfrute de un medio ambiente sin riesgos, limpio, saludable y sostenible,* A/74/161, op. cit.

puede observarse en varios de los litigios climáticos ya mencionados, entre ellos *Juliana v. USA*[693], *Greenpeace Norden v. Noruega*[694] y *Futuras Generaciones v. Colombia*[695]. Además de ello, se ha advertido que las cláusulas de derechos están siendo utilizadas por los tribunales como herramientas de interpretación a los fines desentrañar violaciones de otras obligaciones legales, relativas por ejemplo al Derecho de daños o a disposiciones administrativas[696]. En este sentido, cumplirían un rol de *'gap-filler'*[697].

Más allá de estos elementos, en el amplio universo de la litigación climática es también notoria la presencia de instituciones del Derecho de daños para, principalmente, la reclamación de compensación por impactos pasados, presentes y/o futuros del cambio climático. Así, por ejemplo, destacan las instituciones jurídicas de *nuisance* (interferencia irrazonable)[698], *trespass* (intrusión física), *negligence* (violación del deber de cuidado) o *strict liability* (responsabilidad objetiva) en la jurisdicción estadounidense[699]. Fuera de esta, puede mencionarse la apelación al Código Civil alemán, especialmente a una disposición relativa a las interferencias en la propiedad (*Beseitigungs- und Unterlassungsanspruch,* § 1004) en el caso *Lluiya v. RWE*

---

693 United States District Court for the District of Oregon Eugene Division: Kelsey Cascadia Rose Juliana, et al. v. United States of America, et al., Case No. 6:15-cv-01517-TC (judgment of 10 November 2016), op. cit.

694 Corte Distrital de Oslo: Greenpeace Norden et al. v. Noruega, caso N°.: 16-166674TVI-OTIR/06 (sentencia del 4 de enero de 2018, traducción no oficial), op. cit.

695 Corte Suprema de Justicia de Colombia (Sala de Casación Civil): Futuras Generaciones v. Presidencia de la República de Colombia, STC4360-2018 (sentencia del 5 de abril de 2018), op. cit.; véase, además, Savaresi, y Auz, "Climate Change Litigation and Human Rights…", op. cit.

696 Peel y Osofsky, "A Rights Turn in Climate Change Litigation?"…, op. cit., p. 41

697 Savaresi, y Auz, "Climate Change Litigation and Human Rights…", op. cit., p. 245.

698 Véase Grossman, D., "Tort-Based Climate Litigation", en Burns y Osofsky (eds.), *Adjudicating Climate Change…*, op. cit. 195.

699 Véase Hsu, S., "A Realistic Evaluation of Climate Change Litigation Through the Lens of a Hypothetical Lawsuit", *University of Colorado Law Review,* Vol. 79, N°. 3, 2008; Superior Court of the State of California in and for the County of San Francisco: Pacific Coast Federation of Fishermen's Associations, inc. v. Chevron Corp., et al., Case No. CGC-18-571285 (complaint of 14 November 2018), op. cit.

para la reclamación del pago de los costes de la adaptación al cambio climático[700].

Hecho este repaso vale remarcar que, como señala lucidamente de Vílchez Moragues, la búsqueda de respuestas respecto a las obligaciones y/o responsabilidades de diversos actores frente a la problemática del cambio climático dependerá de la apelación a una diversidad de fuentes jurídicas movilizadas a partir de la litigación, "... *just like a multiplicity of threads is necessary to compose a rich and meaningful tapestry*"[701]. Esto, además, se ve potenciado por el llamado *'ripple effect'*, es decir la replicación de litigios inspirados en uno precedente, y la fertilización cruzada entre tribunales de distintas jurisdicciones, fenómenos que se han observado en el ámbito de la litigación climática[702].

Un ejemplo paradigmático de esta afirmación es la sentencia de primera instancia del ya varias veces nombrado caso *Urgenda v. Los Países Bajos,* donde la Corte de distrito de la Haya apeló a una selección de elementos jurídicos y extrajurídicos diversos para la construcción del 'deber de cuidado' y la definición de la discrecionalidad de la Administración a la hora de garantizarlo. Entre estos elementos puede enlistarse el deber de cuidado contenido en el Código civil, interpretado a partir de las obligaciones y derechos relativos al Derecho de los derechos humanos (CEDH e interpretaciones del Tribunal Europeo de Derechos Humanos), las disposiciones de la CMNUCC, el Protocolo de Kioto y resoluciones de las COP, el Derecho de la Unión Europea (artículo 19 del Tratado de Funcionamiento de la Unión Europea), el derecho constitucional a un ambiente sano y la jurisprudencia de la Corte Suprema de los Países Bajos sobre negligencia peligrosa. Como se mencionó previamente, la Corte reconoció que, si bien no todos estos elementos gozaban de aplicación di-

---

700 CORTE DISTRITAL DE ESSEN: Saúl Ananías Luciano Lluiya v. RWE AG, 2 O 285/15 (sentencia del 15 de diciembre de 2016), op cit.

701 DE VÍLCHEZ MORAGUES, *Domestic Climate Litigation...*, op. cit. p. 162.

702 Preston señala que existen interacciones entre las sentencias y el Derecho (desarrollos legislativos), entre las sentencias y la sociedad (normas y percepciones sociales); y entre las sucesivas sentencias. PRESTON, B., "The Influence of the Paris Agreement on Climate Litigation: Causation, Corporate Governance and Catalyst (Part II)", *Journal of Environmental Law,* 2020, p. 21 y ss.

recta, sí ejercían un efecto de tipo reflejo sobre las obligaciones del estado[703]. La misma Corte volvió a expedirse sobre la existencia de un deber de cuidado, esta vez en cabeza de una corporación, en el caso *Milieudefensie v. Royal Dutch Shell*, el que integró, notablemente, con los 'Principios Rectores de la ONU sobre las empresas y los derechos humanos'[704] y los Objetivos del Desarrollo Sostenible[705], entre otros instrumentos de *soft law*[706].

La selección y aplicación de estos elementos jurídicos es acompañada y respaldada mediante elementos provenientes de las bases físicas del cambio climático en la construcción y estabilización de los hechos fundantes de los casos, por ejemplo en lo que refiere a la atribución de ciertos daños o riesgos del cambio climático y a la específica contribución de los demandados, al presupuesto de carbono restante y a la identificación de una trayectoria de emisiones que tenga una buena probabilidad de cumplir con las metas acordadas. Aquí, los informes del IPCC cumplen un rol relevante ya que son difícilmente cuestionables desde el punto de vista de la evidencia, dada su naturaleza, lo que se observa claramente en los casos y resoluciones. Sin embargo, estos informes refieren a información general y no son enteramente trasladables a los casos por lo que se vuelve fundamental la presencia de expertos que se expresen específicamente sobre los hechos. Allí, suelen surgir interpretaciones o conclusiones dispares y contrapuestas. El entendimiento y consideración por parte de los jueces de esta información es central para el devenir de los casos. Pueden resaltarse algunos ejemplos al respecto. En *Urgenda v. Los Países Bajos*, por ejemplo, los tribunales han referido extensamente a informes científicos para determinar el máximo nivel aceptable de

---

703 Corte Distrital de la Haya: Fundación Urgenda v. Los Países Bajos, ECLI:NL:RBDHA:2015:7196 (sentencia del 24 de junio de 2015), op. cit.

704 Oficina del Alto Comisionado para los Derechos Humanos, Principios Rectores sobre las empresas y los derechos humanos, 2011 <https://www.ohchr.org/Documents/Publications/GuidingPrinciplesBusinessHR_SP.pdf> [Última consulta 31 de mayo de 2021]

705 Asamblea General de la Organización de las Naciones Unidas, *Transformar nuestro mundo…*, op. cit.

706 Corte Distrital de la Haya: Milieudefensie et al. v. Royal Dutch Shell plc., C/09/571932/HA ZA 19-379 (sentencia del 26 de mayo de 2021), op. cit., párr. 4.4.11 y ss.

GEI en la atmósfera y, a partir de ello, el grado de discrecionalidad que detenta la autoridad y la posible violación del deber de cuidado[707]. De igual manera, es posible destacar la extensa consideración, clave para el razonamiento de los tribunales, del escaso presupuesto de carbono restante en *Neubauer v. Alemania*[708] y en *Gloucester Resources v. Minister for Planning*[709], a los fines de pronunciarse sobre la insuficiencia de la acción climática del Gobierno y la inviabilidad de un proyecto de minería de carbón, respectivamente.

Finalmente, conviene señalar, tal como lo hacen Fisher, Scotford y Barritt, que por su propia naturaleza el cambio climático da lugar a situaciones que son extrañas a la seguridad jurídica, la coherencia y cognoscibilidad, objetivos de los órdenes jurídicos y, en este sentido, es un fenómeno disruptivo, no pudiendo ser adecuadamente abordado por la aplicación convencional de las doctrinas jurídicas[710]. En este entendimiento, estas autoras identifican al cambio climático como una '*hot situation*' para el Derecho debido a que (a) sus causas y consecuencias son policéntricas, es decir acumulativas, indirectas, se dan a través de escalas y niveles y en diferentes jurisdicciones; (b) conlleva un grado de incertidumbre científica insuperable; (c) plantea serios debates en torno a cuestiones de justicia y equidad que pueden exceder el ámbito del Derecho; y (d) implica un desafío a la seguridad jurídica en cuanto a que las condiciones físicas del mundo, sobre las que se mueven las expectativas de vida, así como las jurídicas, ya no están garantizadas[711]. De esta manera, al momento de

---

707 CORTE DISTRITAL DE LA HAYA: Fundación Urgenda v. Los Países Bajos, ECLI:NL:RBDHA:2015:7196 (sentencia del 24 de junio de 2015), op. cit.; la Corte de segunda instancia agrega además un nuevo elemento al referirse a la relevancia de considerar posibles puntos de inflexión o '*tipping points*'; CORTE DE APELACIONES DE LA HAYA: Fundación Urgenda v. Los Países Bajos, ECLI:NL:GHDHA:2018:2610 (sentencia del 9 de octubre de 2018), op. cit.

708 CORTE CONSTITUCIONAL FEDERAL (SALA PRIMERA): Neubauer et al. v. Alemania, ECLI:DE:BVerfG:2021:rs20210324.1bvr265618 (sentencia del 24 de marzo de 2021, traducción oficial solo a fines informativos).

709 LAND AND ENVIRONMENT COURT OF NEW SOUTH WALES: Gloucester Resources Limited v. Minister of Planning [2019] NSWLEC 7 (judgment of 8 February 2019), op. cit.;

710 FISHER, E., SCOTFORD, E., y BARRITT, E., "The Legally Disruptive Nature of Climate Change", *The Modern Law Review,* Vol. 80, N° 2, 2017, p. 177.

711 Ídem, p. 178-181.

resolver, los jueces 'estabilizan' la disrupción jurídica reconciliando el conflicto con principios jurídicos ya consolidados[712], para lo que, muchas veces, deben recurrir a giros interpretativos que implican cierta innovación, en perjuicio del objetivo de seguridad y estabilidad del Derecho, lo que, como se verá en próximos apartados, puede dar lugar a críticas relativas a su rol frente al principio de separación de poderes que rige en los Estados de Derecho.

Así, no debería sorprender que la litigación climática genere un espacio propicio para la innovación jurisprudencial mediante interpretaciones inéditas de los derechos, doctrinas, principios o estándares jurídicos antes mencionados. Ejemplos claros de ello son la consideración de la existencia de un derecho no enumerado a un sistema climático capaz de sostener la vida humana por la jueza de primera instancia (Aiken) en *Juliana v. USA*, a partir de una interpretación evolutiva de la Constitución de Estados Unidos[713], o el reconocimiento de la cláusula ambiental de la Constitución de Noruega como un derecho sustantivo por la Corte Distrital de Oslo en *Greenpeace Norden v. Noruega*[714].

PARTE II: LA LITIGACIÓN EN LA ESTRUCTURA DE GOBERNANZA CLIMÁTICA

Una vez caracterizada como un fenómeno en expansión, no solo en número sino también en heterogeneidad, interesa ubicar a la litigación climática dentro del panorama más amplio del gobierno de la problemática del cambio climático. En otras palabras, es relevante preguntarse cuál es el lugar que ocupa la litigación (como herramienta al alcance de una variedad de actores) dentro

---

712 Ídem, p. 199.

713 United States District Court for the District of Oregon Eugene Division: Kelsey Cascadia Rose Juliana, et al. v. United States of America, et al., Case No. 6:15-cv-01517-TC (judgment of 10 November 2016), op. cit., p. 32.

714 Corte Distrital de Oslo: Greenpeace Norden et al. v. Noruega, caso Nº.: 16-166674TVI-OTIR/06 (sentencia del 4 de enero de 2018, traducción no oficial), op. cit., p. 18; algo que fue matizado por la Corte Suprema posteriormente.

de los mecanismos e instituciones que, coordinando las actividades de gobiernos y otros entes no gubernamentales, tienen como meta lograr la estabilización del sistema climático a un nivel seguro para la humanidad.

Para dar una respuesta, al menos parcial, a esta inquietud, esta segunda parte del capítulo se encarga de revisar cuatro cuestiones fundamentales relacionadas con el rol de la litigación respecto de la gobernanza. En primer lugar, cuáles han sido las razones que la doctrina ha encontrado en la proliferación de casos. Como se verá, se ha notado una íntima relación entre las vicisitudes de la gobernanza y la litigación climática. En segundo lugar, cómo se da la inserción de la litigación en el escenario de gobernanza, para lo que se analizan dos aspectos relativos a (a) el encuadre de la litigación en un enfoque multi-escala y policéntrico de la gobernanza climática; y (b) su rol, en concreto, en la nueva estructura del régimen jurídico internacional a partir del Acuerdo de París. En tercer lugar, cuáles son los posibles impactos regulatorios, directos e indirectos, que se le han atribuido a la litigación. Por último, se aborda la compleja cuestión de la legitimidad de la litigación como fenómeno de involucramiento del poder judicial en las decisiones que constituyen el gobierno del cambio climático, decisiones que muchas veces, se ha alegado, están primariamente reservadas a otros poderes del estado que representan, de manera más directa, la voluntad popular.

4. LAS RAZONES DE LA LITIGACIÓN CLIMÁTICA

La irrupción de la litigación en la gobernanza climática, especialmente a partir de la proliferación de casos en los últimos años, despertó el interés doctrinal en comprender sus causas o razones. En otras palabras, por qué diversos actores desde variadas latitudes se están volcando cada vez más asiduamente a los tribunales para discutir aspectos relativos a la regulación o responsabilidad de una problemática antes relegada, principalmente, a la diplomacia y cooperación internacional. Resulta evidente que la respuesta a este interrogante no puede ser única, especialmente dada la heterogeneidad de casos observada en los apartados previos. Así, diversas causas co-existen en un universo que integra litigios de carácter 'proactivo' y 'reactivo', como también litigios estratégicos y litigios enfocados solo en resolver la situación particular de los litigantes.

En lo que aquí interesa, la doctrina ha creído ver en la litigación una respuesta a fallas institucionales a nivel internacional y nacional. En su revisión de la literatura en la materia, Setzer y Vanhala observaron que el aumento de casos de los últimos años se ha relacionado con tres aspectos de gobernanza: (a) el fracaso del multilateralismo que implicó la COP de Copenhague de 2009 al fallar en alcanzar un acuerdo comprensivo y vinculante a nivel internacional para limitar las emisiones de GEI; (b) la escasez (o proliferación) de regulaciones climática a nivel nacional; y (c) la percepción de los tribunales como foros aptos para apoyar, cuestionar o incrementar la implementación y ejecución de la legislación y/o política climática[715].

En relación con el primer aspecto, es posible afirmar que, más allá de la decepción que causó Copenhague, el impulso de la litigación climática puede vincularse a la frustración que produce la marcha del régimen jurídico internacional, frustración que, vale destacar, se renueva cada tantos años[716]. Así, debe recordarse que casos e iniciativas se han relacionado directa y expresamente con decisiones relativas a la participación de algunos países, grandes emisores, en el régimen internacional, v. gr.,

---

715 De acuerdo con la definición del GLOBE Climate Legislation Study, 'legislación y/o políticas climáticas' son aquellas: "*Legislation, or regulations, policies and decrees with a comparable status, that refer specifically to climate change or that relate to reducing energy demand, promoting low carbon energy supply, tackling deforestation, promoting sustainable land use, sustainable transportation or adaptation to climate impacts.*"; NACHMANY, M., et. al., *The 2015 Global Climate Legislation Study. A Review of Climate Change Legislation in 99 Countries. Summary for Policy-makers,* Grantham Research Institute on Climate Change and the Environment, Globe, Inter-Parliamentary Union, 2015, p. 30; SETZER y VANHALA, "Climate change litigation…", op. cit., p. 7.

716 "*Announcements of climate litigation during the climate negotiations reflect the fact that failures by the international community to adequately address climate change will inevitably result in climate litigation.*" BOOM, K., RICHARDS, J. y LEONARD, S., *Climate Justice: The International Momentum Towards Climate Litigation,* Heinrich-Böll-Stuftung & Climate Justice Programme, 2016, p. 60; OSOFSKY, H., "The Geography of Climate Change Litigation Part II: Narratives of *Massachusetts v EPA*", *Chicago Journal of International Law,* Vol. 8, N° 2, 2008, p. 574.

Estados Unidos[717], Canadá[718] y Australia[719]. De acuerdo con Vanhala, la desilusión provocada por el lento progreso bajo la CMNUCC ha dado lugar a que se identifiquen a los tribunales como '*emerging policy actors*'[720]. A *contrario sensu*, Bouwer observó que:

> *Crudely, if the multilateral processes designed to address the issue do provide a meaningful response, this could justify an argument that—other than in certain rogue states—there is a no longer a need for litigation around climate change*[721].

La celebrada adopción y ratificación casi universal del Acuerdo de París, aunque cambió sustancialmente la situación del régimen jurídico internacional, lejos resultó de revertir la proliferación de casos[722]. Sobre esta situación, por un lado, Bouwer y Setzer observan que, a pesar de este progreso, los activistas todavía tienen razones suficientes para estar preocupados e incrementar la presión sobre gobiernos y grandes emisores, especialmente por razones de ambición

---

717 Respecto a su negativa a ratificar el Protocolo de Kioto, véase MARBURG, "Combating the Impacts of Global Warming...", op. cit.; STRAUSS, "The Legal Option...", op. cit; JACOBS, "Treading deep waters...", op. cit.

718 En el caso *Friends of the Earth v. Canada,* la ONG demandó al Gobierno canadiense ante su reticencia a cumplir con los compromisos del Protocolo de Kioto. El caso fue desestimado en primera y segunda instancia por considerarse la decisión del Gobierno como una cuestión no justiciable, FEDERAL COURT: Friends of the Earth v. Canada, 2008 FC 1183 [2009] 3 F.C.R. 201 (judgment of 20 October 2008); FEDERAL COURT OF APPEAL: Friends of the Earth v. The Minister of the Environment and The Governor in Council, 2009 FCA 297 (judgment of 15 October 2009). Sobre el caso véase VANHALA, "The Comparative Politics...", op. cit., p. 453, 454; HUNTER, D., "The Implications of Climate Change Litigation: Litigation for International Environmental Law-Making", en BURNS y OSOFSKY (eds.), *Adjudicating Climate Change...*, op. cit., p. 364; también infructuoso fue el caso *Turp v. Minister of Justice,* donde un ciudadano buscó la revisión judicial del Gobierno de retirarse del Protocolo de Kioto; FEDERAL COURT: Daniel Turp v. Minister of Justice and Attorney General of Canada, 2012 FC 893 (judgment of 17 July 2012).

719 Al respecto, PEEL y OSOFSKY, *Climate Change Litigation...*, op. cit., p. 21, refiriéndose al rechazo al Protocolo de Kioto por parte del Gobierno australiano como un incentivo para la litigación climática.

720 VANHALA, "The Comparative Politics...", op. cit., p. 447.

721 BOUWER, "The unsexy future of climate change litigation", op. cit., p. 9.

722 SETZER y BYRNES, *Global trends in climate change litigation: 2020 snapshot,* op. cit., p. 7.

y equidad. Los gobiernos y las corporaciones continúan comprometiéndose con actividades de alta emisión, inconsistentes con las trayectorias para alcanzar las metas acordadas, al mismo tiempo que fallan en tomar las medidas adecuadas para proteger a sus ciudadanos de los impactos climáticos[723]. Por otro lado, se ha sostenido que, en realidad, lo que el Acuerdo de París produjo fue una alteración en el tenor de las demandas que ahora —con base en el consenso político que este instrumento implica— persiguen su implementación y la de sus compromisos conexos (v. gr., las NDC)[724]. En este sentido, el Acuerdo y su estructura dotarían de mayor relevancia a la litigación doméstica en la búsqueda de la promoción de la acción climática. Sobre ello se volverá más adelante.

En relación con el segundo aspecto, se les ha asignado a los tribunales un rol de '*gap filler*' ante la incapacidad o negativa de los reguladores de promulgar legislación o políticas domésticas para abordar la cuestión[725]. En este sentido, según Vanhala, individuos, corporaciones, ONG y entes gubernamentales de varios niveles recurrirían a los tribunales para clarificar sus obligaciones (y derechos) bajo el ordenamiento jurídico nacional e internacional y/o anticipar futura acción regulatoria en la materia[726]. En Estados Unidos, como se mencionó, esto parece ser cierto con la denegatoria de la EPA y el Congreso de regular las emisiones de GEI y el caso *Massachussetts v. EPA* como ejemplo paradigmático[727]. De igual manera, la promulgación de regulaciones climáticas ha desatado litigios que buscan impedir

---

723 Bouwer y Setzer, *Climate Litigation ad Climate Activism…*, op. cit., p. 3, 4; véase capítulo I.

724 Setzer y Vanhala, "Climate change litigation…", op. cit., p. 7; Peel, J., Osofsky, H. y Foerster, A., "Shaping the 'next generation' of climate change litigation in Australia", *Melbourne University Law Review,* Vol. 41, N° 2, 2017, p. 807.

725 Vanhala, "The Comparative Politics…", op. cit., p. 447.

726 Ídem, p. 448.

727 Supreme Court of the United States: Massachusetts et. al. v. EPA, 549 U.S. 497 (judgment of 2 April 2007), op. cit.; un informe del Deutsche Bank Group de 2010 sobre la litigación climática con foco en Estados Unidos resaltaba: *"With the collapse of the latest efforts to enact comprehensive legislation in Congress, litigation will take on an even more central part."*; Fulton, M., et al., *Growth of U.S. Climate Change Litigation: Trends & Consequences,* Deutsche Bank Group, 2010, p. 2; también, Vanhala y Hilson, "Climate Change Litigation…", op. cit., p. 142; Fisher, "Climate Change Litigation, Obsession and Expertise…", op. cit.

tal desarrollo, algo que sucedió no solo durante la Administración Obama —*Coalition for Responsible Regulation v. EPA*[728]— sino también desde los inicios de la Administración Biden[729]. Asimismo, se ha observado que la litigación ha tenido un papel destacable a la hora de frenar las políticas anti-regulatorias de la Administración Trump[730], continuando con la 'batalla de asedio' entre casos pro- y anti-regulatorios observada por Markell y Ruhl en 2012[731].

Sin embargo, esta relación entre regulación y litigación parece no ser tan lineal más allá del contexto de los Estados Unidos. Fuera de esta jurisdicción, la vinculación directa entre falta de regulación y grandes niveles de litigación ha sido discutida y desechada, concluyendo Vanhala que ni la presencia ni la falta de legislación necesariamente llevan a la litigación[732]. Así, como resaltan Setzer y Vanhala, el aumento exponencial en las regulaciones climáticas reportado en los últimos años con más de 3.000 leyes y políticas alrededor del mundo[733], plantean la necesidad de revaluar el rol y las razones de la litigación en este nuevo ambiente rico en normativa[734].

El tercer aspecto marcado por Setzer y Vanhala es más general y refiere a la percepción, por parte de los litigantes, de que los tribunales constituyen foros alternativos accesibles y flexibles frente a la certeza de que otras vías de impacto regulatorio clásicas se encuentran cerradas[735]. La litigación climática se constituiría, de este modo, en expresión de la '*legal mobilization*', más concretamente el uso del

---

728 UNITED STATES COURT OF APPEALS FOR THE DISTRICT OF COLUMBIA CIRCUIT: Coalition for Responsible Regulation Inc. et al. v. Environmental Protection Agency, No. 09-1322 (judgment of 26 June 2012), op. cit.

729 GARRISON, J. y KING, L., "12 Republican state attorneys general sue President Biden over climate change order", USA Today <https://eu.usatoday.com/story/news/politics/2021/03/08/republican-led-states-sue-president-joe-biden-over-climate-change-order/4635600001/> [Última consulta, 13 de marzo de 2021]

730 SETZER y BYRNES, *Global trends in climate change litigation: 2020 snapshot,* op. cit., p. 11; puede perverse de este modo una nueva ola de litigios anti-regulatorios contra una anunciada política climática activa de la Administración Biden.

731 MARKELL y RUHL, "An Empirical Assessment...", op. cit.

732 VANHALA, "The Comparative Politics...", op. cit., p. 462.

733 GRANTHAM RESEARCH INSTITUTE ON CLIMATE CHANGE AND THE ENVIRONMENT, Climate Change Laws of the World, op. cit.

734 SETZER y VANHALA, "Climate change litigation...", op. cit., p. 8.

735 PEEL y OSOFSKY, *Climate Change Litigation...*, op. cit., p. 15.

Derecho a través de los tribunales para promover cambios sociales y legales, de otra manera inviables[736]. En este entender, se ha argumentado que la litigación surgiría cuando las oportunidades políticas son débiles frente a la percepción de mejores oportunidades legales[737], en el sentido de que la imposibilidad de éxito mediante, por ejemplo, el *lobby* haría dirigir los esfuerzos hacia la litigación y, subsidiaria o complementariamente, a la protesta social[738].

En cuanto a la debilidad de las oportunidades políticas existentes en esta problemática en particular, recuérdense aquí las alegaciones sobre la dificultad de avanzar hacia una transición energética (y más ampliamente, ecológica) como la que se requiere, especialmente a partir de la incapacidad de las instituciones representativas para promover ello, dada, entre otras cosas, la 'captura del regulador'[739].

En cuanto a las oportunidades legales, Hilson, al analizar el panorama de la litigación climática en Reino Unido, refiriere tanto a cuestiones estructurales como procedimentales relativas al acceso a la justicia —legitimación activa para demandar, regulación de los costes judiciales— y también cuestiones más sustantivas relativas al 'stock' legal —vías de acción disponibles— y a la receptividad y éxito judicial de los casos en la materia[740]. Al respecto, debe destacarse el reconocimiento creciente del derecho de acceso a la justicia ambiental, potentemente impulsado por el Principio 10 de la Declaración de Río de 1992[741] y consagrado normativamente, por ejemplo a nivel regional, por la Convención sobre el acceso a la información, la participación del público en la toma de decisiones y el acceso a la justicia en asuntos ambientales (Convención de Aarhus) de 1998[742] y por el

---

736 Druliolle, V., "Movilización legal", *Eunomia*, N°. 19, 2020.

737 Hilson, "Climate Change Litigation in the UK...", op. cit., p. 432-436; "...*structural openness or closedness of the political system, and... the more contingent receptivity of political élites to collective action.*" Hilson, C., "New Social Movements: The Role of Legal Opportunity", *Journal of European Public Policy*, Vol. 9, N° 2, 2002, p. 242.

738 Ídem, p. 239.

739 Véase capítulo I.

740 Hilson, "Climate Change Litigation in the UK...", op. cit., p. 432-436

741 Organización de las Naciones Unidas, *Declaración de Río...*, op. cit.

742 United Nations Treaty Collection, Convention on Access to Information, Public Participation in Decision-Making and Access to Justice in Environmental Matters, Aarhus, 25 de junio de 1998 <https://treaties.un.org/Pages/ViewDe-

Acuerdo Regional sobre el acceso a la información, la participación pública y el acceso a la justicia en asuntos ambientales en América Latina y el Caribe (Acuerdo de Escazú, 2018)[743]. En estos instrumentos, no solo se establecen condiciones mínimas de apertura de los procesos judiciales (legitimación activa amplia) sino también se regulan otros aspectos procedimentales básicos (costes, producción de la prueba, medidas cautelares, etc.) que son indispensables para permitir efectivamente acceder a una resolución judicial ambientalmente justa[744].

Además de ello, Hilson menciona otros posibles elementos (o impulsos) de la litigación que se relacionan con las oportunidades legales. Por ejemplo, la disponibilidad de recursos económicos y de *expertise* y la existencia de hechos detonantes que empujen la movilización legal, como podría serlo, en relación con lo que aquí importa, la apertura de una nueva mina de carbón contraria a la transición energética necesaria[745].

Sobre lo primero, resulta importante la referencia que hacen Vanhala y Hilson a la *'support structure for legal mobilization'* de Charles Epp, consistente en la existencia de organizaciones de defensa de los derechos, abogados capacitados y dispuestos a esta defensa y fuentes de financiamiento suficientes[746]. Esta estructura se observa cada vez

---

tails.aspx?src=TREATY&mtdsg_no=XXVII-13&chapter=27&clang=_en> [Última consulta, 29 de enero de 2021]

743 UNITED NATIONS TREATY COLLECTION, Regional Agreement on Access to Information, Public Participation and Justice in Environmental Matters in Latin American and the Caribbean, Escazú, 4 de marzo de 2018 <https://treaties.un.org/Pages/ViewDetails.aspx?src=TREATY&mtdsg_no=XXVII-18&chapter=27&clang=_en> [Última consulta, 29 de enero de 2021]

744 Sobre la Convención de Aarhus, véase PIGRAU SOLÉ, A. (Dir.), *Acceso a la información, participación pública y acceso a la justicia en materia de medio ambiente: diez años del Convenio de Aarhus,* Atelier, Barcelona, 2018; sobre el Acuerdo de Escazú, véase PRIEUR, M., SOZZO, G. y NÁPOLI, A. (Eds.), *Acuerdo de Escazú: Hacia la democracia ambiental en América Latina y el Caribe,* Ediciones UNL, 2020; MEDICI-COLOMBO, G., "El Acuerdo Escazú: La implementación del Principio 10 de Río en América Latina y el Caribe", *Revista Catalana de Dret Ambiental,* Vol. IX, Nº. 1, 2018.

745 Ídem; véase apartado 6, capítulo I.

746 EPP, C., *The Rights Revolution: Lawyers, Activists, and Supreme Courts in Comparative Perspective,* The University of Chicago Press, Chicago, 1998, p. 3; VANHALA y HILSON, "Climate Change Litigation…", op. cit., p. 143.

con mayor claridad y robustez en el ámbito de la litigación climática en parte debido al llamado '*ripple effect*' de ciertos casos de alto perfil, es decir la posibilidad de que litigios exitosos, no exitosos e incluso irresolutos inspiren nuevas demandas en la misma u otra jurisdicción, a la vez que engrosen la experiencia teórica y práctica de sus promotores[747].

Sobre lo segundo, otro detonante de la litigación que puede encontrarse claramente reflejado en las distintas demandas es la creciente consolidación y divulgación de la ciencia sobre las causas e impactos del cambio climático a través de principalmente los informes del IPCC y de la proliferación de investigaciones científicas dedicadas a la atribución de estos impactos (v. gr., el mencionado artículo de Richard Heede[748]), actualmente reunidas en la base de datos *Climate Attribution*[749].

---

747 PRESTON, "The Influence of the Paris Agreement on Climate Litigation… (Part II)", op. cit. p. 21 y ss., en referencia a los casos '*Urgenda*', '*Juliana*' y '*Gloucester*'.

748 PEEL, OSOFSKY y FOERSTER, "Shaping the 'next generation' of climate change litigation…", op. cit., p. 811-813; HEEDE, "Tracing Anthropogenic Carbon Dioxide…", op. cit.; véase capítulo I, apartado 3; numerosas demandas han utilizado sus cálculos de atribución para buscar la responsabilidad de empresas, por ejemplo, CORTE DISTRITAL DE ESSEN: Saúl Ananías Luciano Lluiya v. RWE AG, 2 O 285/15 (demanda del 23 de noviembre de 2015), op. cit.; CORTE DISTRITAL DE LA HAYA: Milieudefensie et al. v. Royal Dutch Shell plc., (demanda del 5 de abril de 2019, traducción no oficial), op. cit.; SUPERIOR COURT OF THE STATE OF CALIFORNIA IN AND FOR THE COUNTY OF SAN FRANCISCO: Pacific Coast Federation of Fishermen's Associations, inc. v. Chevron Corp., et al., Case No. CGC-18-571285 (complaint of 14 November 2018), op. cit.; la publicación de 2018 de Marjanac y Patton sobre atribución al cambio climático de eventos meteorológicos extremos intenta seguir el mismo recorrido, MARJANAC, S. y PATTON L., "Extreme weather event attribution science and climate change litigation: an essential step in the causal chain?", *Journal of Energy & Natural Resources Law*, Vol. 36, N°. 3, 2018; también puede destacarse la participación de científicos brindando testimonio experto en los litigios, por ejemplo, Will Steffen en el caso LAND AND ENVIRONMENT COURT OF NEW SOUTH WALES: Gloucester Resources Limited v. Minister of Planning [2019] NSWLEC 7 (judgment of 8 February 2019), op. cit.

749 SABIN CENTER FOR CLIMATE CHANGE LAW y LAMONT-DOHERTY EARTH OBSERVATORY, *Climate Attribution Database*, <https://climateattribution.org/> [Última consulta, 17 de febero de 2021]; la utilización de esta información para la litigación y la regulación climática es reconocida de manera expresa al presentarse la base de datos.

Asimismo, en este entendimiento de la litigación climática como forma de movilización legal, debe ponerse de relieve su utilización como técnica de activismo climático. Esto es evidente en campañas como la de '*Keep it in the Ground*'[750], compartida por un amplio espectro del movimiento social de justicia climática, y que tiene su correlación en los estrados judiciales con un profuso número de demandas contra proyectos de producción de combustibles fósiles, especialmente en la jurisdicción de Estados Unidos[751] pero también de Australia[752]. Bouwer y Setzer ensayan tres categorías que conectan a la litigación con estrategias de activismo. Una primera, que llaman '*hit the target*', integrada por litigios con foco en proyectos o políticas determinadas; una segunda, '*stepping stone*', integrada por litigios que forman parte y son serviles a una estrategia de activismo más amplia (v. gr., litigación como forma de dar visibilidad a una campaña, litigación penal reactiva frente a imputaciones por desobediencia civil); y una tercera, '*name and shame*', integrada por litigios cuyo objetivo principal es enfatizar una inconsistencia significativa entre el discurso de los actores implicados y su acción[753].

Finalmente, si se considera a la litigación climática como movilización legal debe reconocerse que se trata de una movilización de carácter transnacional, formada por diversos actores que participan e interactúan desde y entre distintos niveles, en reflejo de las propias características del cambio climático y la complejidad de su gobernanza[754], y en una reminiscencia a lo que se ha dado en llamar 'globalización desde abajo' ('*globalization from below*')[755] y su capítulo el 'cons-

---

750 #KEEPITINTHEGROUND, <http://keepitintheground.org/> [Última consulta, 18 de febrero de 2021]

751 WILDEARTH GUARDIANS, *Keep it in the ground*, <https://wildearthguardians.org/climate-energy/keep-it-in-the-ground/#:~:text=Americans%20own%20more%20than%20600%20million%20acres%20of%20public%20lands.&text=WildEarth%20Guardians%20is%20fighting%20for,fuel%20production%20in%20its%20tracks.> [Última consulta, 18 de febrero de 2021]

752 CLIMATE COUNCIL OF AUSTRALIA, *Unburnable Carbon: Why we need to leave fossil fuels in the ground*, 2015 <https://www.climatecouncil.org.au/uploads/a904b54ce67740c4b4ee2753134154b0.pdf> [Última consulta, 18 de febrero de 2021]

753 BOUWER y SETZER, *Climate Litigation as Climate Activism*..., op. cit., p. 7, 8.

754 Véase capítulo I, apartado 5.

755 SANTOS y RODRÍGUEZ GARAVITO, "El derecho, la política y lo subalterno...", op. cit.

titucionalismo desde abajo'[756]. En este sentido, debe notarse que, al igual que las confrontaciones que han dado vida a este paradigma, la litigación climática puede calificarse como 'contra-hegemónica' en el sentido de que las demandas que expresan la movilización legal transnacional reniegan de las soluciones tecno-corporativas a la vez que ponen de manifiesto la necesidad de priorizar la tutela climática (y todo lo que ello implica) por sobre el crecimiento económico que guía la gobernanza hegemónica. En este entender, muchas de las demandas buscan disputar el 'sentido común' de que la sociedad contemporánea puede seguir funcionando (tomando decisiones) de forma *business-as-usual* a partir de un supuesto balance entre intereses económicos, sociales y ambientales, que el paradigma del desarrollo sostenible toma como bandera y que se demuestra incapaz de afrontar la crisis ecológica y la problemática del cambio climático de la que es en buena parte culpable[757]. Asimismo, al disputarse directamente este 'sentido común' de las manos de los actores políticos de la democracia representativa —de baja intensidad— (gobierno y parlamentos), la litigación climática puede a su vez calificarse como contra-mayoritaria, lo que lleva a un cuestionamiento de su legitimidad, en la tensión entre democracia y jurisdicción. Esto se profundizará más adelante.

5. LA INSERCIÓN DE LA LITIGACIÓN EN LA GOBERNANZA DEL CAMBIO CLIMÁTICO

La bondad de la litigación como instrumento de gobernanza para el cambio climático no puede darse por supuesta, pues se han planteado justificadas dudas al respecto en consideración de sus limitaciones. Por un lado, la litigación ha sido caracterizada como costosa y '*time-consuming*', de efectos poco predecibles, altamente contenciosa —lo que podría evitar soluciones consensuadas— y deficiente respecto a la implementación de sentencias, la que resulta despareja a

---

756 ANDERSON, G., "Societal Constitutionalism, Social Movements, and Constitutionalism from Below", *Indiana Journal of Global Legal Studies,* Vol. 20, N°. 2, 2013.

757 SANTOS y RODRÍGUEZ GARAVITO, "El derecho, la política y lo subalterno…", op. cit.

nivel nacional y, especialmente, a nivel internacional[758]. Por otro, se ha observado que la litigación es un mecanismo fragmentario, fuertemente dependiente de los hechos específicos de cada caso particular y de la jurisdicción en la que se desarrolla, por lo que su capacidad de producir efectos regulatorios en un problema de dimensiones globales estaría, en principio, restringida[759].

Este apartado busca explicitar algunas de las razones por la cual, a pesar de estas certeras contraindicaciones, la litigación puede cumplir (y está cumpliendo) un rol relevante en el gobierno del cambio climático. Para ello se analizan, como se mencionó previamente, dos cuestiones relacionadas. En primer lugar, el encuadre de la litigación dentro del panorama de gobernanza de la problemática climática, no ya internacional sino multinivel y policéntrica, y, en segundo lugar, cómo esto se materializa a partir de la nueva estructura del régimen jurídico internacional consagrada por el Acuerdo de París.

5.1. La litigación en la gobernanza climática multinivel y policéntrica

Explica Osofsky que, debido a que las emisiones de GEI están fuertemente intrincadas en la economía global y el modo de vida contemporáneo y que los impactos de estas emisiones se manifiestan de maneras particulares en lugares diversos, es posible afirmar que el cambio climático interactúa simultáneamente con muchos niveles jurisdiccionales, competenciales y escalas espaciales y temporales[760].

Por un lado, las emisiones son resultado de decisiones de carácter individual, local, provincial, nacional, regional e internacional las que ocurren, no simplemente en un contexto sociocultural determinado, sino también en un contexto legal y competencial

---

758 DELLINGER, M., "See You in Court: Around the World in Eight Climate Change Lawsuits", *William & Mary Environmental Law and Policy Review*, Vol. 42, N°. 2, 2018, p. 527.

759 PEEL y OSOFSKY, *Climate Change Litigation…*, op. cit., p. 10.

760 OSOFSKY, H., *Scale of Law: Rethinking Climate Change Governance*, University of Oregon, Tesis doctoral, 2013, p. 52-59.

de carácter multi-escalar[761], integrado por planes locales (v. gr., de desarrollo urbano), normas provinciales (v. gr., límites de niveles de contaminación), nacionales (v. gr., de regulación de los sistemas de energía), regionales y/o internacionales (v. gr., acuerdos bilaterales de inversión, deuda externa o la propia CMNUCC). Así, todas las presentes y futuras trayectorias de emisiones son delineadas por estas dinámicas regulatorias multi-escala[762]. Por otro lado, los impactos del cambio climático se manifiestan de forma singular en cada lugar específico, no estando distribuidas de forma equitativa las probabilidades de que se produzcan impactos severos. Así, igual a lo que sucede con las emisiones y su mitigación, los diversos actores (individuos, gobiernos de diverso nivel, etc.) deben tomar decisiones sobre adaptación dentro de un marco regulatorio multi-escalar (v. gr., normas sobre uso del suelo, presupuesto para medidas de acción temprana o respuesta a desastres) y que tienen efectos en múltiples escalas de tiempo en tanto deben lidiar con impactos presentes y futuros[763].

Debido a esta especial naturaleza multi-escalar, multi-competencial y multi-jurisdiccional de la problemática, se sostuvo que un régimen jurídico internacional como el que se desarrolló en la materia difícilmente podría capturar todas las interacciones regulatorias que requiere la promoción efectiva y oportuna de la mitigación y la adaptación[764], siendo necesario adoptar modelos de gobernanza que sean capaces de capturar estas complejidades. Como se señaló en el capítulo primero, uno de estos modelos fue el propuesto por Elinor Ostrom quien, haciendo hincapié en la especial naturaleza del fenómeno, sugirió que un enfoque policéntrico, que permita la experimentación de soluciones, aprendizaje y obtención de bene-

---

761 Osofsky explica que el término 'escala' —de acuerdo con una de las conceptualizaciones que hizo Neil Brenner— refiere al nivel de resolución geográfica al cual un fenómeno dado es pensado, actuado o estudiado; Osofsky, H., "Climate change litigation as pluralist legal dialogue?", *Stanford Journal of International Law,* Vol. 26 y 43, N° conjunto, 2007, p. 225.

762 Osofsky, H., *Scale of Law...*, op. cit., p. 56, 60.

763 Ídem, p. 63, 64.

764 Peel y Osofsky, *Climate Change Litigation...*, op. cit., p. 13.

ficios en todas las escalas implicadas, sería más adecuado que uno enfocado solo en el nivel internacional[765].

Este tipo de modelos, afirman Peel y Osofsky[766], proveen la posibilidad de observar el rol de la litigación de una manera más fina, al presentar una visión inclusiva de lo que es el proceso de regulación que incluye a los tratados internacionales, pero también presta atención a las contribuciones de una gama diversa de actores en múltiples niveles[767]. En este entendimiento, superando las objeciones sobre su carácter fragmentario, puede apreciarse a la litigación como una fuente de regulación adecuada a partir de un mecanismo en el que interactúan intereses fluidos y de carácter multinivel —un espacio de diálogo— mediante estructuras jurídicas relativamente fijas situadas en diferentes escalas[768].

---

765 Véase capítulo I, apartado 4; OSTROM, "A polycentric approach for coping with climate change", op. cit.; OSTROM, "Polycentric systems for coping with collective action...", op. cit.

766 También se refieren al pluralismo jurídico global; PEEL y OSOFSKY, *Climate Change Litigation...*, op. cit., p. 13.

767 Ídem, p. 14; en este entendimiento, por ejemplo, según Osofsky, podría considerarse que California es un legislador internacional con respecto al cambio climático, entre otras cosas, a través de su participación en varios litigios e iniciativas regulatorias, algo que sería difícil de sostener bajo una narrativa tradicional del Derecho internacional. OSOFSKY, "Climate change litigation as pluralist legal dialogue?", op. cit., p. 208.

768 PEEL y OSOFSKY, *Climate Change Litigation...*, op. cit., p. 15; Osofsky contrasta el posible entendimiento del rol de la litigación climática entre tres enfoques: '*strict Westphalian*', '*modified Westphalian*' y '*pluralist*'. El primero consideraría a la litigación doméstica, o incluso aquella supranacional iniciada por actores no estatales que no produzcan obligaciones vinculantes, como irrelevante para el Derecho internacional excepto por su contribución a la mitigación y adaptación doméstica como parte del cumplimiento de un tratado u otra obligación internacional. Las demandas serían relevantes solo en tanto influyan las posiciones negociadoras o los esfuerzos de cumplimiento de obligaciones internacionales del Estado. Por su parte, el segundo enfoque, si bien mantendría el foco central en los Estados-nación participando en los procesos de legislación convencional del cambio climático, consideraría los casos como parte relevante de la historia sobre cómo estos tratados son construidos. Por ejemplo, haciendo foco en la forma en la cual la litigación contribuye al proceso de internalización de la norma que da apoyo al Derecho internacional. Las interacciones de los casos serían parte del proceso de 'interacción, interpretación e internalización' el cual ayuda a establecer las normas transnacionales de cambio climático y a

Osofsky estudió algunos casos relevantes para demostrar el rol de la litigación como parte de una estructura de gobernanza multi-escalar. Por ejemplo, al analizar el caso *Massachusetts v. EPA*, concluyó que este litigio funcionó como un espacio para la discusión a través de diversos niveles de gobierno y entre una variedad de actores interesados[769]. Así, el caso no podría ser categorizado ni como meramente doméstico, ni como internacional, ni local, ni como de Derecho público ni de Derecho privado, a partir de la participación de un mix de actores de diferentes escalas de regulación y parte de un entramado de relaciones y decisiones de naturaleza pública y privada[770].

De acuerdo con esta autora, el enfoque del '*transnational legal process*' proveería un lente adecuado para entender cómo la litigación alrededor del mundo, impulsada en foros correspondientes a diversos niveles de gobernanza, forma parte de la regulación climática global. Ello a partir de la explicación de cómo diversos actores a través de una variedad de interacciones llevan a la internalización transnacional de las normas[771]:

---

poner presión en los Estados para codificar compromisos en línea con esas normas en los procesos de legislación convencional. Esto presentaría a la litigación como parte de la legislación internacional más allá de la relevancia doméstica. Sin embargo, esta postura todavía se enfocaría en la consagración de tratados internacionales formales. Finalmente, Osofsky refiere al Estado 'enredado' y los enfoques pluralistas (*global legal pluralism*) y policéntricos que, al analizar los casos, descentralizarían totalmente al Estado, considerarían una concepción más amplia de qué constituiría el Derecho y reconocerían el rol de múltiples comunidades normativas en su construcción. En este caso, las dinámicas complejas de la litigación podrían ser aún más integradas con los tratados entre Estados como base de una narrativa de la creación de Derecho internacional, desde el entendimiento que el análisis jurídico internacional no debería privilegiar el Derecho internacional formal en la creación de modelos regulatorios. Así, plantea un nuevo entendimiento de cómo la litigación climática debería ser tenida en cuenta en un panorama más amplio de gobernanza regulatoria transnacional; OSOFSKY, H., *Scale of Law...*, op. cit., pp. 353 y ss.

769 OSOFSKY, H., *Scale of Law...*, op. cit., p. 78 y ss.

770 Osofsky refiere a esto como 'state-corporate regulatory dynamic' y pone como ejemplo el rol crítico de California (quien es uno de los actores en el caso analizado) y sus compañías; ídem, p. 90-93.

771 De acuerdo con Koh, *"Transnational legal process describes the theory and practice of how public and private actors —nation-states, international organizations, multinational enterprises, non-governmental organizations, and private individuals— interact in a*

> *Transnational legal process has four distinctive features. First, it is nontraditional: it breaks down two traditional dichotomies that have historically dominated the study of international law: between domestic and international, public and private. Second, it is nonstatist: the actors in this process are not just, or even primarily, nation-states, but include nonstate actors as well. Third, transnational legal process is dynamic, not static. Transnational law transforms, mutates, and percolates up and down, from the public to the private, from the domestic to the international level and back down again. Fourth and finally, it is normative. From this process of interaction, new rules of law emerge, which are interpreted, internalized, and enforced, thus beginning the process all over again. Thus, the concept embraces not just the descriptive workings of a process, but the normativity of that process. It focuses not simply upon how international interaction among transnational actors shapes law, but also on how law shapes and guides future interactions: in short, how law influences why nations obey*[772].

Según Osofsky, el rol de la litigación climática en la gobernanza puede ser explicado a través de este análisis en cuatro partes. Primero, los casos constituyen un diálogo regulatorio público-privado, constituyendo interacciones Estado-corporaciones-individuos sobre las emisiones de GEI o sus impactos. Segundo, la litigación climática es dominada por actores diferentes a los Estados, como se señaló previamente. Tercero, esta litigación es multi-escala, multi-rama y multi-actor, con casos y sus relaciones jurídicas y políticas moviéndose entre niveles de gobernanza, formando parte de interacciones regulatorias dinámicas y, así, creando espacios de disputa transnacional en los cuales la 'interacción, interpretación e internalización' tienen lugar. Finalmente, la litigación climática es, con regularidad, explícitamente normativa en sus propósitos e impactos[773].

Esta litigación, agrega Osofsky, sirve colectivamente como una conversación que se mueve desde lo local a lo internacional, desde una rama a otra del Estado, mientras incluye a una amplia gama de actores públicos y privados. Estas interacciones, permiten un proce-

---

variety of public and private, domestic and international fora to make, interpret, enforce, and ultimately, internalize rules of transnational law", KOH, H., "Transnational Legal Process", *Nebraska Law Review,* Vol. 75, 1996, p. 183, 184; OSOFSKY, "Is Climate Change 'International'?...", op. cit., p. 634.

772 KOH, "Transnational Legal Process", op. cit. p. 184.

773 OSOFSKY, "Is Climate Change 'International'?...", op. cit., p. 635, 636.

so en el cual las normas emergen, son traducidas e internalizadas, creando presión sobre los Estados u otros actores claves para tomar medidas sobre el cambio climático[774]. En conclusión, la litigación climática conforma un diálogo regulatorio de carácter diagonal[775], en tanto los casos involucran actores y acciones que interactúan a través de dimensiones horizontales y verticales[776]. Como estas contiendas se desarrollan en el poder judicial, la presión vertical, horizontal y diagonal que crean puede influir diálogos de políticas desde el nivel internacional hasta el local y promover mayor integración diagonal[777].

De este modo, al decir de Peel y Lin en alusión al trabajo de Osofsky, la litigación climática podría entenderse como un elemento parte del diálogo transnacional regulatorio del cambio climático que ayuda a moldear, de manera policéntrica, la gobernanza climática multinivel a través de los amplios efectos de los casos sobre la toma de decisiones de los gobiernos, el comportamiento de las empresas y el entendimiento del público sobre el fenómeno[778]. Estos efectos serán abordados con mayor detenimiento seguidamente.

---

774 Ídem, p. 636.

775 Osofsky complementa, desde el ámbito de la Geografía, su entendimiento de las dinámicas regulatorias de la litigación mediante el trabajo de Kevin Cox sobre 'network theory of scale', refiriéndose a lo que Cox llama 'espacios de dependencia' (*spaces of dependence*) y 'espacios de compromiso' (*spaces of engagement*). En el contexto del cambio climático, los espacios de dependencia, dice Osofsky, incluyen "*the way in which we estructure our personal and profesional lives on a day-to-day basis*", por ejemplo, qué tan lejos los habitantes de casa conducen al trabajo, a la tienda, etc. y cómo la estructura regulatoria impacta esas decisiones. Los espacios de compromiso, por su parte, "*are the spaces in which the politics of securing a space of dependence unfolds*" y, en el contexto de debate sobre regulación climática, podrían incluir a las instituciones políticas, los tribunales, la prensa o los grupos comunales. Las dinámicas entre espacios, según Cox, son mejor entendidas *"by viewing the spatial structure of scale as one comprised of networks"*. En el contexto de la litigación, esto implica que debe tratarse a las disputas como ocurriendo a través de intrincadas redes formales e informales, en lugar de simplemente caracterizar cada disputa individual como un debate entre actores desde múltiples niveles sobre qué debería tener lugar en qué particular nivel regulatorio, ídem, p. 639-641.

776 Ídem, p. 644.

777 Ídem, p. 645.

778 Peel y Lin, "Transnational Climate Litigation…", op. cit., p. 699.

Este rol de la litigación climática puede predicarse de manera general pues tiene que ver con la naturaleza misma del cambio climático y no con una particular estructura de un determinado litigio, ni con su magnitud, ni con un determinado sistema jurídico o jurisdicción. Por un lado, esto resalta la importancia de incluso aquellas disputas percibidas como locales, pequeñas o mundanas, tal como argumenta Bouwer[779], que además son las que más facilidades tienen para terminar frente a los tribunales. Por otro, remarca la importancia de la litigación más allá del contexto específico tratado por Osofsky, como resaltan Peel y Lin al referirse a la litigación en el Sur Global[780].

5.2. La litigación en la nueva estructura del régimen jurídico internacional del cambio climático

Se ha sostenido que, con su nueva estructura, el Acuerdo de París reconoció la lógica de la gobernanza policéntrica, remediando, al menos en parte, las falencias endilgadas al régimen jurídico internacional[781]. Como se analizó previamente, el régimen establece una serie de obligaciones de resultado y de medios que entrelazan los niveles internacionales, nacionales e incluso subnacionales. En este sentido, las Partes (todas y no solo un grupo reducido) deben presentar sus NDC, sujetas, primariamente, a procesos de revisión y evaluación (facilitadora, no punitiva) a nivel internacional y cuya ambición deberá incrementarse periódicamente. Al mismo tiempo, las Partes deben adoptar las medidas internas necesarias a los fines de alcanzar los objetivos generales del régimen y sus compromisos contenidos en las NDC[782].

Al hacer esto, el Acuerdo, por un lado, hace posible el encuadre de las políticas o actividades de actores gubernamentales o privados

---

779 BOUWER, "The unsexy future of climate change litigation", op. cit., p. 14.

780 PEEL y LIN, "Transnational Climate Litigation…", op. cit.

781 CONTIPELLI, "Polycentric Approach to Global Constitutionalism and Climate Change", op. cit., p. 23; BOUWER, "The unsexy future of climate change litigation", op. cit., p. 14; PEEL y LIN, "Transnational Climate Litigation…", op. cit., p. 698.

782 Véase capítulo I, apartado 5.

en el contexto de los compromisos asumidos a nivel internacional, lo que permite de forma clara su caracterización como beneficiosas o negativas[783]. Por otro, traslada el foco de atención del campo internacional hacia los esfuerzos regulatorios a nivel nacional y subnacional ('*a domestic turn*'[784]). Estos esfuerzos se desarrollarán en el ámbito de los ordenamientos jurídicos domésticos, bajo el imperio de las constituciones y el control de los tribunales, abriendo un espacio mucho más relevante para la litigación de lo que permitía un proceso de negociación de esfuerzos a nivel internacional.

En este entendimiento, Peel y Lin afirman que la efectividad del modelo de implementación adoptado por el Acuerdo depende de los esfuerzos domésticos de los actores no estatales y sub-nacionales en hacer rendir cuentas a cada Parte por sus compromisos[785]. Al respecto, parece coincidir el magistrado británico Lord Carnwath al manifestar que:

> *National legislatures bear the primary responsibility to give legal effect to the commitments undertaken by states under the Paris agreement. However, the courts will also have an important role in holding their governments to account, and, so far as possible within the constraints of their individual legal systems, in ensuring that those commitments are given practical and enforceable effect*[786].

Específicamente, los distintos elementos (mitigación, adaptación, finanzas, etc.) que trae consigo el Acuerdo de París, detallados en el capítulo anterior, deben ser reflejados, de una u otra manera, en las políticas y regulaciones nacionales, provinciales y locales, como así también en acciones de determinados actores privados. Esto podrá ser sometido al escrutinio de los tribunales domésticos[787]. De acuer-

---

783 PNUMA, *The Status of Climate Change Litigation...*, op. cit., p. 9.

784 Wegener, L, "Can the Paris Agreement Help Climate Change Litigation...", op. cit., p. 19; lo que Sozzo llama 'localización', Sozzo, G., "Luchar por el clima: las lecciones globales de la litigación climática para el espacio local", *Revista de Derecho Ambiental*, Abeledo Perrot, enero-marzo, 2021, p. 29.

785 Peel y Lin, "Transnational Climate Litigation...", op. cit., p. 698, 699.

786 Carnwath, R., "Climate Change Adjudication after Paris: A Reflection", *Journal of Environmental Law*, Vol. 28, 2016, p. 9.

787 Bouwer, "The unsexy future of climate change litigation", op. cit., p. 10, 14, 15; Bouwer cuestiona, específicamente, que la litigación climática pueda ser solo útil para promover o socavar la ambición en mitigación o adaptación y mantie-

do con Bouwer, y en coincidencia con otros comentaristas, en lugar de tornar innecesario cualquier recurso de la ciudadanía a los tribunales, el Acuerdo con su nueva estructura abrió espacio para nuevas y más específicas demandas a los fines de evaluar la efectividad y la coherencia de los procesos y políticas domésticas diseñadas para alcanzar las metas de los Estados Parte[788].

Wegener plantea que el Acuerdo de París y la litigación climática son elementos mutuamente integrables, en el sentido de que metas, NDC, estándares de transparencia, mecanismos de seguimiento, y la revisión de las medidas climáticas en los tribunales domésticos pueden interactuar funcionalmente, contribuyendo a la eficacia de la gobernanza climática[789]. La litigación, de acuerdo con este autor, podría suplementar al Acuerdo de París de varias maneras, reforzando su progreso hacia las metas, promoviendo o apoyando procesos de internalización (tal como se puso de relieve en la sección anterior), abordando aspectos incluidos en el Acuerdo, pero inabordables en el ámbito de negociación internacional y, en general, contribuyendo a la armonización del Derecho nacional e internacional en relación con el cambio climático de manera transnacional[790]. Concluye Wegener, "*enhanced 'cross-level' interaction enables domestic litigation to play a significant role in ratcheting up ambition in climate change mitigation efforts and enhancing the internalization of internationally agreed standards*"[791].

---

ne que todos los otros elementos que integran el Acuerdo de París (finanzas, creación de capacidades, transferencia de tecnologías, etc.) pueden abrir vías de acción relevantes.

788 Ídem, p. 14, 15; PEEL, OSOFSKY y FOERSTER, "Shaping the 'next generation' of climate change litigation...", op. cit.: *"Australia's participation* in the *Paris Agreement is thus likely to increase domestic and international scrutiny of its action on climate change"*; COX, R., *We must 'Reply All' to the Collective Action in Paris,* Centre for International Governance Innovation, 22 de diciembre de 2015, <https://www.cigionline.org/articles/we-must-reply-all-collective-action-paris> [Última consulta, 27 de enero de 2020]; STEFANINI, S., *Next Stop for Paris Climate Deal: the Courts,* Politico, 1 de noviembre de 2016, <https://www.politico.eu/article/paris-climate-urgenda-courts-lawsuits-cop21/> [Última consulta, 27 de enero de 2020]

789 WEGENER, L, "Can the Paris Agreement Help Climate Change Litigation...", op. cit., p. 18.

790 Ídem, p. 32.

791 Ídem, p. 36.

De esta manera, la litigación, especialmente la doméstica, permitiría hacer partícipes activos y necesarios a una variedad de actores desde distintos niveles y escalas jurisdiccionales, competenciales, espaciales y temporales (v. gr., futuras generaciones) del desarrollo, efectividad y éxito del régimen jurídico internacional y, en definitiva, de las oportunidades que la humanidad tiene de lidiar con la problemática climática.

Este juego amplio al que invita la litigación es, a su vez, relevante si se considera lo concluido por Aklin y Mildenberger sobre la importancia para el devenir de la política climática de los conflictos distribucionales en las estructuras económicas y sociales a nivel nacional (a la par que las vicisitudes de la acción colectiva)[792], conflictos que explícitamente se plantean en los diversos casos y se resuelven bajo el halo del Derecho.

De esta manera, la litigación se incorpora de manera relevante al conjunto de mecanismos de gobernanza, ofreciendo un espacio para un diálogo multi-escalar y policéntrico, el que la nueva estructura del Acuerdo de París, intencionalmente o no, acoge.

6. LOS IMPACTOS REGULATORIOS DE LA LITIGACIÓN CLIMÁTICA

Llegado este punto del análisis, no es motivo de sorpresa alguna el hecho de que la doctrina se haya interesado en tratar de entender y catalogar los impactos regulatorios de la litigación climática. Sobre todo, considerando que, como se observó, tales efectos son el primordial fin buscado en buena parte del universo retratado, principalmente en los litigios estratégicos que mayor atención han recabado. Debe recordarse, sin embargo, que más allá de estos casos de alto perfil, litigios que pueden definirse como mundanos también se tornan relevantes en el panorama general de gobernanza dado el carácter acumulativo y policéntrico del fenómeno, en el que decisiones cotidianas, 'grandes y pequeñas', públicas y privadas, de carácter individual, local, nacional o internacional —todas y cada una— afectan el éxito de su gestión[793].

---

792 AKLIN, M. y MILDENBERGER, M., "Prisoners of the Wrong Dilemma...", op. cit.

793 BOUWER, "The unsexy future of climate change litigation", op. cit.; Vallejo y Gloppen han argumentado, a partir del *Butterfly Politics* de Mackinnon, que los

La mayor parte de estas decisiones difícilmente acaban ante instancias jurisdiccionales de carácter internacional, siendo los distintos tribunales domésticos los que, como se viene mostrando, se constituyen en los foros más asiduos para su escrutinio y revisión.

Ahora bien, lo primero que debe resaltarse sobre esta cuestión es que el examen de los impactos de la litigación es una tarea compleja para la que no existe una metodología única. Setzer y Vanhala, en su revisión bibliográfica sobre litigación climática, resaltan esta dificultad al comentar que, para comenzar, no está claro quién debería ser el responsable de definir qué constituye un verdadero impacto (los propios litigantes o comentaristas imparciales u otros, etc.) y cómo podría reconocerse. Otros aspectos complejos tienen que ver con la perspectiva temporal en que sería adecuado analizar estos impactos y en dónde buscarlos[794]. Peel y Osofsky, por su parte, mencionan dos enfoques distintos para este análisis[795]: (a) uno que llaman 'linear-causal' que busca evidencia de vínculos de influencia entre la decisión judicial y el cambio de comportamiento de los actores claves[796] y (b) otro, *'constitutive analysis'*, por el cual se decantan, que se basa en un entendimiento relacional más complejo de las iniciativas de litigación dentro del contexto social[797].

---

litigios climáticos como acciones aparentemente menores en el ámbito jurídico, mediante la aplicación cruzada de precedentes, pueden intervenir en lo que es un sistema político inestable para producir grandes transformaciones a nivel social y cultural; Vallejo, C. y Gloppen, S., "En busca de sentencias climáticas con efecto mariposa", *OpenGlobalRights*, 11 de agosto de 2020 <https://www.openglobalrights.org/quest-for-butterfly-climate-judging/?lang=Spanish> [Última consulta, 4 de marzo de 2021]; Mackinnon, C., *Butterfly Politics: Changing the World for Women,* The Belknap Press of Harvard University Press, 2019.

794 Setzer y Vanhala, "Climate change litigation…", op. cit., p. 12.

795 Peel y Osofsky, "Climate Change Litigation", op. cit., p. 12; véase también Vanhala, L. y Kinghan, J., *Literature Review on the Use and Impact of Litigation,* PLP Research Paper, 2018.

796 Las autoras refieren a Rosenberg, G., *The Hollow Hope: Can Courts Bring About Social Change?,* University of Chicago Press, 2013.

797 Las autoras refieren a Epp C., "Law as an Instrument of Social Reform", en Caldeira, G., Kelemen, D. y Whittington, K., *The Oxford Handbook of Law and Politics,* Oxford University Press, 2008 y McCann, M., "Causal versus Constitutive Explanation (or, On the Difficulty of Being so Positive…), *Law & Social Inquiry,* Vol. 21, N°. 2, 1996.

Esta complejidad es advertida y tratada por Duffy en su trabajo sobre litigación estratégica en derechos humanos, al calificar a los impactos de la litigación como multidimensionales, multitemporales, contextuales y dependientes de la perspectiva asumida[798]. Sobre la multidimensionalidad de los impactos, enumera diversos enfoques de análisis según se ponga atención en el tipo de impacto (material e inmaterial, concreto o simbólico, etc.); qué o quién es afectado (víctimas, perpetradores, el Derecho, los tribunales, el público, etc.) o cómo la litigación impulsa el cambio[799] (a partir de procesos de desbloqueo, participación, reestructuración del marco, etc[800].).

En cuanto a la multitemporalidad, observa que no solo debe analizarse la trascendencia de las resoluciones judiciales, ya que el espectro de la litigación podría haber tenido efectos incluso antes de que el caso sea presentado, durante su tramitación y/o mucho después de su sentencia[801]. El deseo de evitar la litigación, los efectos de algunos eventos procesales (v. gr., audiencias públicas) y reacciones jurídicas, políticas o sociales positivas o negativas a largo plazo[802] son todos elementos relevantes a la hora de desentrañar el verdadero impacto de la litigación[803].

Sobre la contextualidad, Duffy sostiene que los contextos políticos y sociales y el *timing* tienen una influencia inmensa en los impactos que la litigación puede tener[804]. En el mismo sentido se expresan Peel y Osofsky al analizar jurisprudencia climática, advirtiendo que

---

798 DUFFY, *Strategic Human Rights Litigation…*, op. cit., p. 38.

799 En respuesta a esta multidimensionalidad, la autora propone en su trabajo analizar efectos en: víctimas, el Derecho, políticas y prácticas, instituciones, información y comunicación, cambio social y cultural, movilización y empoderamiento y democracia y estado de derecho; Ídem, p. 40.

800 En referencia a RODRÍGUEZ GARAVITO, C. y RODRÍGUEZ FRANCO, D., *Juicio a la exclusión: El impacto de los tribunales sobre los derechos sociales en el Sur Global,* siglo veintiuno, 2015.

801 Véase SOLANA, J., "Climate Change Litigation as Financial Risk", *Green Finance,* Vol. 2, N°. 4, 2020, p. 364, afirmando que costes directos de la litigación climática sobre las instituciones financieras pueden surgir tanto antes como después de la resolución del litigio.

802 BOUWER y SETZER, *Climate Litigation as Climate Activism…*, op. cit., p. 6, 7

803 DUFFY, *Strategic Human Rights Litigation…*, op. cit., p. 42.

804 Ídem, p 40 y ss.

las decisiones judiciales no son emitidas en un vacío social y, por lo tanto, la influencia de un caso particular está afectada por factores contextuales, incluyendo, entre otros, el entorno político prevaleciente, la interacción entre tribunales y otras ramas del Estado, las fuerzas económicas o de mercado existentes y el posicionamiento de la opinión pública respecto al cambio climático[805].

Por último, Duffy refiere a la necesidad reevaluar qué constituye un éxito y a la posibilidad de hablar de un 'éxito sin victoria' y de 'sacar provecho de la derrota'. En este sentido, un caso podría ser exitoso si, más allá de su resultado en los tribunales, fuerza a abrir espacios y debates políticos antes cerrados o expone una injusticia patente[806].

En cuanto a análisis específicos de impactos regulatorios de la litigación climática, Peel y Osofsky han presentado uno de los más detenidos a la hora de examinar la jurisprudencia de Estados Unidos y Australia[807]. En este, vale la pena mencionar, las autoras proponen una concepción amplia del término 'regulación' a la hora de definir qué constituye un impacto 'regulatorio'. Mientras que, en sentido estrecho, este concepto referiría tan solo a reglas gubernamentales para la implementación de un mandato legislativo, en sentido amplio podría comprendérselo como la actividad de intentar controlar, dirigir o influenciar el comportamiento de otros, lo que incluye un diverso abanico de acciones formales e informales por y para una diversidad de actores[808]. Así, aclaran que, bajo su entendimiento, impactos 'regulatorios' pueden manifestarse tanto en la estipulación de nuevas reglas, políticas o procedimientos de tomas de decisión, como también en situaciones donde la litigación influencia el 'fluir' de los acontecimientos, impactando tanto en las decisiones de los diversos entes gubernamentales de variados

---

805 Ídem, p. 37.

806 Ídem, p. 44.

807 PEEL y OSOFSKY, *Climate Change Litigation...*, op. cit.

808 A partir de la definición de BLACK, J., "Decentring Regulation: Understanding the Role of Regulation and Self-Regulation in a 'Post-Regulatory' World", *Current Legal Problems*, Vol. 54, N° 1, 2001; PEEL y OSOFSKY, *Climate Change Litigation...*, op. cit., p. 33; PEEL y OSOFSKY, "Litigation as a Climate Regulatory Tool", op. cit., 323.

niveles como en los patrones de comportamiento y decisiones de privados, sean ONG, individuos o corporaciones[809].

Partiendo de este entendimiento amplio de lo que constituye un impacto regulatorio, estas autoras dividieron a los impactos observados en directos e indirectos[810]. Esta división —aclaran— no siempre resulta cristalina, con casos que presentan efectos mixtos y no pudiéndose establecer, en todas las ocasiones, un nexo causal definitivo entre un litigio y su resultado y un cambio regulatorio[811]. Por un lado, impactos directos serían aquellos que implican cambios formales en la ley, políticas o decisiones, como también la promoción o anticipación de una nueva acción regulatoria o su prevención o postergación[812]. Por ejemplo, impugnación de autorizaciones de proyectos de combustibles fósiles, desarrollos jurisprudenciales en la interpretación del Derecho o anulación de regulaciones contrarias a la protección del clima.

En cuanto a un impacto directo claro de la jurisprudencia climática, Peel y Osofsky refieren en su trabajo a la generalización (*to mainstream*) de las consideraciones de cambio climático en la planificación y tomas de decisiones gubernamentales y privadas. Según su análisis, acumulativamente, los casos han establecido la relevancia de las emisiones de GEI y de otras cuestiones climáticas en las EIA e, incluso, en alguna ocasión han promovido el desarrollo de políticas de planeamiento que expresamente requieren la inclusión de las emisiones o impactos en este tipo de evaluación[813]. A su vez, en relación con impactos en las decisiones de carácter privado, estas autoras advirtieron que podrían generarse cambios en las prácticas de manejo de riesgos de las empresas por medio de los cuales la revelación de información climática podría volverse rutinaria y/o promoverse esfuerzos para compensar impactos en el diseño de proyectos a los fines de

809 Peel y Osofsky, *Climate Change Litigation…*, op. cit., p. 15, 16.

810 Ídem; de igual manera se expresa Preston, B., "The influence of climate change litigation on governments and the private sector", *Climate Law*, Vol. 2, 2011, p. 487.

811 Peel y Osofsky, *Climate Change Litigation…*, op. cit., p. 15, 16.

812 Ídem, p. 37, 38.

813 Ídem, p. 43.

minimizar las probabilidades de litigio[814]. Fuera del ámbito de estas jurisdicciones, el ejemplo más paradigmático es quizás el del mencionado caso *Urgenda* el que logró que en respuesta a su éxito jurídico el Gobierno anunciara una serie de medidas de fuerte impacto climático, incluyendo el cierre de instalaciones térmicas a base de carbón[815].

Por otro lado, los impactos regulatorios indirectos se darían a través de la influencia sobre normas y valores sociales y/o costes y riesgos que pueden repercutir en la percepción de las opciones de comportamiento disponibles de los diferentes actores —gobiernos, corporaciones, grupos, ONG, individuos—[816], en lo que podría calificarse como '*nudges*'[817]. Mientras que a través de este tipo de impactos no se afecta a la regulación en sentido formal, sí se lo hace con respecto a su sentido amplio, en tanto la actividad litigiosa influencia las decisiones para orientarlas hacia una reducción de emisiones o promoción de la adaptación que de otra manera no hubieran ocurrido.

Aquí resulta interesante el enfoque presentado por Kysar y Ewing sobre la función de los tribunales que ellos llaman '*prods and pleas*' (que puede traducirse como 'pinchazos y súplicas'). Según estos autores, a la par de la clásica función de '*checks and balances*' asignada a cada uno de los distintos poderes del Estado, se debe reconocer esta otra función que es especialmente desarrollada por los tribunales para incitar a las otras ramas del Estado a actuar en una determinada cuestión[818]. Un ejemplo de esta actuación podría ser la sentencia de la Cámara de Apelaciones en *Juliana v. USA* en la que la Corte, luego de rechazar la admisibilidad de la causa, afirmó:

---

814 Ídem, p. 44, 45.

815 WATTS, J., *Dutch officials reveal measures to cut emissions after court ruling,* The Guardian, 24 de abril de 2020 <https://www.theguardian.com/world/2020/apr/24/dutch-officials-reveal-measures-to-cut-emissions-after-court-ruling> [Última consulta, 03 de marzo de 2021]

816 PEEL y OSOFSKY, *Climate Change Litigation...*, op. cit., p. 47.

817 DELLINGER, "See You in Court:...", op. cit., p. 527 en referencia a THALER, R. y SUNSTEIN, C., *Nudge: Improving Decisions about Health, Wealth and Happiness,* Yale University Press, 2008.

818 EWING, B. y KYSAR, D., "Prods and Pleas: Limited Government in an Era of Unlimited Harm", *The Yale Law Journal,* Vol. 121, 2011; los autores revisaron la virtualidad de ciertos casos de litigación climática en Estados Unidos para funcionar de este modo.

> *The plaintiffs have made a compelling case that action is needed; it will be increasingly difficult in light of that record for the political branches to deny that climate change is occurring, that the government has had a role in causing it, and that our elected officials have a moral responsibility to seek solutions*[819].

Asimismo, como se mencionó, una de las vías indirectas para afectar la regulación es a través del aumento de costes y otros riesgos corporativos en las decisiones que contribuyan al cambio climático, como el aumento de condiciones para la aprobación de proyectos, el requerimiento de obtención de seguros de responsabilidad o el incremento de costes de las pólizas[820]. Incluso la sola amenaza de litigios contra un determinado proyecto podría tener fuertes implicaciones en su viabilidad[821]. Dependiendo de su fragilidad económica, este aumento de costes o riesgos podría tornar la actividad inviable y alejar posibles inversores.

En un adelanto de lo que se verá en el próximo capítulo, el caso *Gloucester Resources v. Minister for Planning* indujo fuertemente la interposición de nuevas condiciones de exportación por parte de la autoridad de planeamiento para proyectos de minas de carbón[822], con posibles impactos en la suerte de nuevas iniciativas. En este entender, la litigación podría implicar riesgos para actores privados que incluso no estén directamente implicados en los casos, como por ejemplo

---

819 United States Court of Appeals for the Ninth Circuit: Kelsey Cascadia Rose Juliana, et al. v. United States of America, No. 18-36082, (judgment of 17 January 2020), op. cit. p. 31, 32; aunque es ciertamente cuestionable que tal frase haya causado algún impacto en la postura de la, por entonces, Administración Trump.

820 Peel y Osofsky, *Climate Change Litigation…*, op. cit, p. 48.

821 Ídem, p. 48, 49.

822 Land and Environment Court of New South Wales: Gloucester Resources Limited v. Minister of Planning [2019] NSWLEC 7 (judgment of 8 February 2019), op. cit.; Bernasconi, A., *United Wambo open cut coal 'super pit' approved for NSW Hunter Valley with export conditions*, ABC, 30 de agosto de 2019, <https://www.abc.net.au/news/2019-08-29/united-wambo-approved-with-paris-climate-agreement-conditions/11460970> [Última consulta, 7 de octubre de 2019]; Independent Planning Commission, *Statement of reasons for decision*, 29 de agosto de 2019, <https://www.ipcn.nsw.gov.au/resources/pac/media/files/pac/projects/2018/11/united-wambo-open-cut-coal-mine-project-ssd-7142/determination/uwjv–sor–final.pdf> [Última consulta, 7 de octubre de 2019]

mediante el surgimiento de un deber de informar a accionistas la posible ocurrencia de litigios o de afectaciones en la reputación[823]. Interesantemente, Peel y Osofsky notan que este efecto puede ser potenciado por la acción de abogados y asesores jurídicos que, a partir de recomendaciones sobre riesgos, ayuden a cambiar las percepciones y respuestas de los tomadores de decisiones corporativos[824].

Además, las resoluciones de los casos y la publicidad que se haga de ellos pueden influenciar valores y normas sociales relativas al cambio climático, pudiendo utilizarse, como ya se mencionó, los litigios para apoyar los esfuerzos de movilización de la sociedad civil, aumentar el perfil del problema del cambio climático en las agendas de actores gubernamentales o aumentar el riesgo de reputación de empresas que se muestren indiferentes o rehacías a lidiar con la problemática[825]. En este sentido, litigios que se enfocan en proyectos tienen la potencialidad para instar normas morales contra la proliferación de combustibles fósiles o iniciativas que expandan su utilización, en los términos planteados por Green[826]. Así, los distintos demandantes, en general ONG, actúan como *norm entrepreneurs,* mientras que los tribunales que hacen suyos los cuestionamientos a estas iniciativas lo hacen como *norm champions,* adoptando la norma en forma temprana y presionando para su generalización[827].

También resulta relevante lo que expresa Nosek al notar que la litigación no es solo importante por su capacidad para producir cambios jurídicos sustantivos sino por su utilidad para lograr cobertura mediática y dar forma a discursos públicos y políticos. Utilizada adecuadamente, la litigación ofrecería una oportunidad única para redefinir la problemática del cambio climático, potenciar su movimiento social y superar algunos de los obstáculos cognitivos del público para percibir los verdaderos peligros del fenómeno[828]. Observa No-

---

823 PEEL y OSOFSKY, *Climate Change Litigation...*, op. cit., p. 51; SETZER y BYRNES, *Global trends in climate change litigation: 2020 snapshot,* op. cit., p. 25; véase también al respecto SOLANA, "Climate Change Litigation as Financial Risk", op. cit.

824 PEEL y OSOFSKY, *Climate Change Litigation...*, op. cit., p. 51

825 PEEL y OSOFSKY, *Climate Change Litigation...*, op. cit., p. 49.

826 GREEN, F., "Anti-fossil fuel norms", *Climatic Change,* Vol. 150, 2018.

827 Ídem, p. 105 y ss.

828 NOSEK, "Climate Change Litigation and Narrative...", p. 733.

sek que la estructura de la litigación, que requiere a los demandantes que tracen una conexión entre los daños sufridos y las acciones de los demandados, permite a los litigantes cuestionar la narrativa que alega que las amenazas del cambio climático son lejanas en tiempo y espacio, y por ello menos urgentes que otras amenazas. Así, la litigación posibilitaría perfilar al cambio climático en términos morales, lo que, de acuerdo con esta autora, es altamente motivante para el público[829].

De igual manera, los casos pueden desempeñar un rol relevante en los debates públicos sobre la ciencia del cambio climático, pues su aceptación por los tribunales le otorga cierta legitimidad que no logra por sí sola, sobreponiéndose así a los ataques de voces escépticas o negacionistas[830]. En este sentido, debe notarse que, mientras que la prensa suele otorgarles igual peso a miradas escépticas que a científicos climáticos reconocidos, esto no pasa en los fueros judiciales, donde aquellos que proclaman ir en contra del consenso deben otorgar pruebas concretas de sus afirmaciones. Así, la validación judicial del consenso científico y sus hechos básicos puede servir para cambiar la percepción de la sociedad sobre la ciencia climática y sus conclusiones[831].

En un sentido similar, Fisher manifiesta que, por un lado, el razonamiento judicial provee autoridad para actuar en respuesta a los problemas del cambio climático y, por el otro, que la litigación es un foro para la co-producción del entendimiento fáctico y social de la problemática. Asimismo, observa que la litigación funciona como una forma de legitimar preocupaciones sobre el cambio climático, no solamente declarando cuál es el Derecho, sino también cuáles son los hechos[832]. La utilización de audiencias públicas, en donde actores desde diversas áreas de conocimiento e intereses exponen abiertamente ante el tribunal, puede magnificar este impacto, ayu-

---

829 Ídem, p. 802, 803.

830 Peel y Osofsky, *Climate Change Litigation…*, op. cit., p. 49, 50.

831 Hunter, "The Implications of Climate Change Litigation…", op. cit., p. 363, 364.

832 Fisher, "Climate Change Litigation, Obsession and Expertise…", op. cit., p. 237-242, "*The narrative of climate change litigation has been a narrative of making climate change 'real'*".

dando a la promoción del debate público en contextos de gran división ideológica-partidista[833]. Un ejemplo claro de ello es la audiencia realizada por el Tribunal Superior de Brasil en el caso sobre el '*Fundo Clima*' contra la Administración Bolsonaro[834].

Asimismo, Hunter resalta que la litigación no solo se aprovecha de la ciencia y ayuda a su legitimidad, sino que también influencia su desarrollo en forma directa e indirecta, por ejemplo, mediante la solicitud de evaluaciones de impacto climático específicas o incentivando a la comunidad científica a priorizar ciertos enfoques sobre otros, como el de la atribución de impactos[835].

Por último, debe alertarse de posibles efectos no deseados por los demandantes, especialmente en lo que hace a reacciones políticas o jurídicas a los impactos de la litigación. Peel y Osofsky, por ejemplo, mencionan la jurisdicción australiana donde en respuesta a litigios que implicaban de algún modo vicisitudes para proyectos de combustibles fósiles, se ha echado mano a la promoción de legislación para sobreponerse o anular los efectos de una determinada resolución judicial, al apoyo público a los sectores industriales en su cuestionamiento a las decisiones judiciales y a la quita o restricciones de ayudas y financiación para las organizaciones ambientales que promovían los litigios[836]. En este sentido, pueden destacarse las diversas reacciones del Gobierno de New South Wales al mencionado caso *Gloucester Resources v. Minister for Planning*[837], las que fueron desde la promoción

---

833 Duffy también señala a este evento procesal como catalizador de efectos, con gobiernos reaccionando ante la posibilidad de exposición y condena internacional, Duffy, *Strategic Human Rights Litigation...*, op. cit., p. 43.

834 Supremo Tribunal Federal do Brasil: Partido Socialista Brasileiro et al. v. Presente da República e Congresso Nacional, 40741/2020 (Ação direta de inconstitucionalidade por omissão do 5 do junho do 2020), op. cit.

835 Hunter, "The Implications of Climate Change Litigation...", op. cit., p. 362, 363.

836 Peel y Osofsky, *Climate Change Litigation...*, op. cit., p. 301 y ss.; lo que no es una reacción menor considerando la relevancia de la 'estructura de soporte' para la movilización legal antes señalada; las reacciones en contra de las decisiones judiciales en la jurisdicción de Queensland son especialmente elocuentes.

837 Land and Environment Court of New South Wales: Gloucester Resources Limited v. Minister of Planning [2019] NSWLEC 7 (Judgment of 8 February 2019), op. cit.

de legislación para restringir los efectos del fallo[838] hasta la revisión de la autoridad administrativa independiente que comenzó a aplicar los estándares consagrados por la decisión judicial[839].

7. LA LEGITIMIDAD DE LA LITIGACIÓN COMO PARTE DE LA GOBERNANZA DEL CAMBIO CLIMÁTICO

A partir de lo hasta aquí desarrollado y, específicamente, del papel de la litigación climática como movilización legal y de sus posibles impactos regulatorios surge inevitablemente la cuestión controversial del apropiado rol de los tribunales en la gobernanza y de su encaje con el principio de la separación de poderes. Mientras que este último indicaría que el rol de los tribunales está limitado a la selección, interpretación y aplicación del Derecho en el marco de disputas individuales, se ha planteado la inquietud de que estos, cuyos miembros no representan la voluntad de la mayoría coyuntural, puedan escrutar y afectar la toma de decisiones de órganos sí representativos y, por ello, expuestos ya a control social. Ello, especialmente, cuando las decisiones requieren la ponderación de diversos intereses en pugna, tarea para lo cual, se alega, los tribunales no solo no cuen-

---

838 Cox, L., *NSW considers laws to stop courts and planners blocking coalmines on climate grounds*, The Guardian, 1 de octubre de 2019, <https://www.theguardian.com/environment/2019/oct/02/nsw-considers-laws-to-stop-courts-and-planners-blocking-coalmines-on-climate-grounds> [7 de octubre de 2019]; Cox, L., *NSW moves to stop mine projects being blocked because of their overseas emissions*, The Guardian, 22 de octubre de 2019, <https://www.theguardian.com/environment/2019/oct/22/nsw-to-try-to-stop-mine-projects-being-blocked-because-of-their-overseas-emissions?CMP=twt_a-environment_b-gdneco> [Última consulta, 22 de octubre de 2019].

839 Knaus, C., *NSW Minerals Council pressured 'publicly and privately' for review of planning body*, The Guardian, 21 de octubre de 2019, <https://www.theguardian.com/australia-news/2019/oct/21/nsw-minerals-council-pressured-publicly-and-privately-for-review-of-planning-body> [Última consulta, 25 de noviembre de 2019]; Commissioner For Productivity, *Terms of Reference, Review of Independent Planning Commission*, <http://productivity.nsw.gov.au/sites/default/files/2019-10/IPC%20Review%20Terms%20of%20Reference.pdf> [Última consulta, 25 de noviembre de 2019].

tan con legitimidad sino tampoco con la requerida capacidad (visión general, *expertise* técnica, etc.)[840].

Debe notarse que esta inquietud no es particular de la litigación climática, habiéndose planteado como objeción a la litigación como movilización legal en general, ya sea para el desarrollo de los derechos civiles[841], ya sea para el de los derechos sociales[842]. Más allá de ello, en el caso de la litigación climática, parece ser que la cuestión se torna especialmente controvertida debido a algunos rasgos particulares.

En primer lugar, su carácter contra-mayoritario se magnifica debido a la pesada carga ideológica-partidaria que sobre el fenómeno se ha alimentado en ciertas jurisdicciones. Igualmente, buena parte de la litigación climática tiene carácter contra-hegemónico en el sentido de cuestionar la posibilidad de gestionar la problemática climática a partir de los marcos dominantes de la cooperación internacional, los mecanismos de mercado, las soluciones tecno-corporativas y el paradigma del desarrollo sostenible y, en general, las respuestas desde arriba (*top-down*). En este sentido, Jaria-Manzano observa que el grado de virulencia del conflicto entre el principio de constitucionalidad y el principio democrático depende tanto de la evolución de la opinión pública como de que los casos en que se presente refieran a aspectos claves de la política económica y el modelo de desarrollo de la sociedad[843].

En segundo lugar, como se remarcó previamente, la propia naturaleza del cambio climático da lugar a situaciones extrañas a la seguridad jurídica, la coherencia y cognoscibilidad, por lo que en gran medida no puede ser abordado por la aplicación convencional de las doctrinas jurídicas. Esto lleva a los tribunales a recurrir a una inter-

---

840 RODRÍGUEZ GARAVITO y RODRÍGUEZ FRANCO, *Juicio a la exclusión...*, op. cit., p. 227.

841 EPP, *The Rights Revolution...*, op. cit.

842 RODRÍGUEZ GARAVITO y RODRÍGUEZ FRANCO, *Juicio a la exclusión...*, op. cit., p. 227.

843 JARIA-MANZANO, J., "La protección del medio ambiente en el marco del conflicto entre el principio democrático y el principio de constitucionalidad', Materiales de la asignatura 'Fundamentos de Derecho público ambiental', Máster Universitario en Derecho Ambiental, Universitat Rovira i Virgili. Tarragona, 2018, p. 12.

pretación legal que implica cierta innovación[844], lo que puede llegar a verse más que como una forma de adjudicación como una forma de regulación, que excede las fronteras de su legitimidad[845].

De este modo, en buena parte de los casos de la litigación climática, la cuestión general de la división de poderes ha surgido en sus variadas formas, ya sea en alegaciones dentro de los propios procesos, ya sea en reacciones de comentaristas posteriores a las decisiones judiciales. Un ejemplo claro de ello fueron las reacciones a la sentencia de primera instancia en *Urgenda*[846], con voces sosteniendo que la Corte había ido más allá de su autoridad, debiendo haber sido más cauto con relación a los poderes discrecionales del Gobierno, desde que el rol regulatorio está reservado a este último, pues la capacidad de tomar decisiones en consideración de todos los diferentes intereses en juego está fuera del alcance de un tribunal[847]. En este avasallamiento, la Corte habría interpretado el Derecho más allá de lo razonable creando nuevas normas, en lugar de aplicar las existentes, y quebrado así la legalidad[848].

Asimismo, en el panorama jurisprudencial de Estados Unidos, esta cuestión es especialmente relevante con demandados y gobiernos alegando que las pretensiones de los demandantes constituyen cuestiones políticas no justiciables (*political question doctrine*), cuestiones cuyo abordaje ya fue asignado a otras ramas del estado sobre las que los tribunales no pueden avanzar (*displacement*) o cuestiones sobre las que los tribunales no pueden brindar reparación alguna (afectando el *standing*)[849].

---

844 Fisher, Scotford y Barritt, "The Legally Disruptive Nature of Climate Change", op. cit., p. 177 y ss.

845 Peel, J., "Issues in Climate Change Litigation", *Carbon & Climate Law Review,* Vol. 5, N°. 1, 2011, p. 23.

846 Corte Distrital de la Haya: Fundación Urgenda v. Los Países Bajos, ECLI:NL:RBDHA:2015:7196 (sentencia del 24 de junio de 2015), op. cit.

847 de Graaf, K. y Jans, J., "The Urgenda Decision: Netherlands Liable for Role in Causing Dangerous Global Climate Change", *Journal of Environmental Law,* Vol. 27, 2015, p. 524.

848 Bergkamp, L. y Hanekamp, J., "Climate Change Litigation against States: The Perils of Court-Made Climate Policies", *European Energy and Environmental Law Review,* Vol. 24, N°. 5, 2015, p. 106.

849 Peel y Osofsky, *Climate Change Litigation*..., op. cit., p. 270 y ss.

Otra forma en la que se expresa este principio y que está presente en diversos casos del universo de la litigación climática es en la distinción entre revisión de legalidad y revisión de mérito de las decisiones administrativas, estando esta última generalmente vedada a los órganos judiciales. Los parámetros de legalidad suelen limitarse al cumplimiento de los procedimientos dispuestos, incluyendo en determinados casos la participación del público y la adecuada consideración de sus observaciones, el correcto balance de los intereses en juego (socio-económicos, financieros, ambientales, etc.) y la razonabilidad de las decisiones, siempre garantizando una amplia deferencia a las autoridades[850].

A estos criterios propios del control de la actividad administrativa, debe sumársele el control constitucional a partir de, principalmente[851], la tutela de los derechos fundamentales, los que restringen el ámbito de discrecionalidad gubernamental. Al respecto, resulta interesante el planteamiento de Burgers, quién analiza los límites democráticos de la actividad judicial en una democracia constitucional a partir de la teoría política de Habermas sobre democracia deliberativa. De acuerdo con esta autora, bajo esta teoría, el carácter contramayoritario de los litigios no es un problema, ya que los tribunales pueden asumir este papel, a través de interpretaciones dinámicas de la Constitución, cuando los derechos fundamentales estén en juego, en tanto son estos derechos los que garantizan la democracia como tal, pues es necesario asegurar la autonomía privada de los individuos para asegurar la autonomía pública. Estas interpretaciones constitucionales no serían caprichosas sino una respuesta de los tribunales a cambios que ya se sucedieron en la sociedad pero que los poderes legislativos todavía no pudieron plasmar jurídicamente[852]. Así, los tribunales de segunda (Corte de Apelaciones) y tercer instan-

---

850 Ídem, p. 276 y ss., respecto a Australia; véase FISHER, E., LANGE, B. y SCOTFORD, E., *Environmental Law: Text, Cases, and Materials,* Oxford University Press, 2013, respecto a Reino Unido; sobre esta cuestión se volverá más adelante al analizar la jurisprudencia seleccionada.

851 También puede incluirse aquí el Derecho internacional, bien principios, bien normas consuetudinarias o convencionales (control convencional).

852 BURGERS, "Should Judges Make Climate Change Law?, op. cit.; a partir de ello la autora resalta la relevancia de fundamentar los casos climáticos en derechos fundamentales (o derechos humanos) a los fines de dotar de legitimidad la res-

cia (Corte Suprema) en el caso *Urgenda* hicieron hincapié en el rol democrático que los tribunales detentan en la tutela de los derechos fundamentales cuando estos están en riesgo y, de allí, la legitimidad de su intervención[853].

Asimismo, Preston destaca el rol democrático del control judicial a la hora de revisar las decisiones de los poderes representativos:

> *By setting aside legislative or executive decisions made outside power or not in accordance with law and by remitting the matters to the legislature and executive to be decided afresh in accordance with the court's decision, courts force the legislature and executive to act according to law. In so doing, courts are not usurping the functions of the political branches of government, but rather uphold and enforce the law and make the theoretical processes of democracy work more effectively in practice*[854].

Sin perjuicio de ello, un aspecto a considerar es la amplitud de esta actuación judicial en detrimento de la actividad discrecional de los poderes representativos del Estado. Al respecto, la Corte de primera instancia en *Urgenda* fue contundente al expresar que mientras que una orden de reducción de emisiones resultaba dentro de sus atribuciones, la elección de medidas sobre cómo esta reducción debía cumplirse quedaba fuera de su arbitrio[855]. De igual manera, como Preston señala, la impugnación de una decisión gubernamental llevaría a su reenvío para ser considerada nuevamente de acuerdo con los parámetros legales individualizados por el tribunal y no a una

---

puesta judicial, como asimismo valora los procesos de constitucionalización del ambiente y ecologización de los derechos fundamentales.

853 Corte de Apelaciones de la Haya: Fundación Urgenda v. Los Países Bajos, ECLI:NL:GHDHA:2018:2610 (sentencia del 9 de octubre de 2018), op. cit., párr. 69; Corte Suprema de los Países Bajos: Fundación Urgenda v. Los Países Bajos, ECLI:NL:HR:2019:2007 (sentencia del 20 de diciembre de 2019), op. cit., párr. 8.3.3: *...The protection of human rights... is an essential component of a democratic state under the rule of law.*

854 Preston, B., "The Contribution of the Courts in Tackling Climate Change", *Journal of Environmental Law,* Vol. 28, 2016, p. 13, 14.

855 Corte Distrital de la Haya: Fundación Urgenda v. Los Países Bajos, ECLI:NL:RBDHA:2015:7196 (sentencia del 24 de junio de 2015), op. cit., párr. 4.94 y ss.

regulación judicial sustitutiva[856]. Sobre esta limitación, como observa de Vílchez Moragues, se ha ido desarrollando cierta consciencia por parte de los litigantes y, debido a ello, cautela mayor en cuanto a hacer sentir a los tribunales incómodos a la hora de responder a las pretensiones[857]. Esta consciencia, como bien remarca el autor, suele ser explícitamente manifestada por los litigantes a los fines de delimitar el objeto de su demanda en relación con los poderes constitucionalmente asignados al tribunal[858].

La línea entre una actuación (auto)percibida como legítima o ilegítima es fina y dependerá de la postura particular de cada tribunal sobre el juego entre el principio de constitucionalidad y el principio democrático, no pudiendo determinarse en abstracto el grado de legitimidad de la actuación del poder judicial en la cuestión climática. Esto dependerá, al menos, de las circunstancias del caso concreto, el grado de deferencia administrativa que rige la actuación judicial y de posturas sobre qué significa *aplicar la ley* y cuál es el adecuado rol de los tribunales en el estado de Derecho[859]. Sin perjuicio de ello, sí puede afirmarse que tanto tribunales como la doctrina parecen coincidir que el cambio climático no está por su sola naturaleza fuera de cualquier escrutinio judicial.

---

856 PRESTON, "The Contribution of the Courts in Tackling Climate Change", op. cit., p. 13, 14.

857 DE VÍLCHEZ MORAGUES, *Domestic Climate Litigation...*, op. cit., p. 146 y ss.

858 Véase por ejemplo, Urgenda v. Reino de Los Países Bajos (demanda del 25 de junio de 2014, traducción no oficial), s. 309, 404-421; HIGH COURT OF JUSTICE, QUEEN'S BENCH DIVISION, ADMINISTRATIVE COURT: Plan B Earth et al. v. The Secretary of State for Business, Energy and Industrial Strategy and The Committee on Climate Change, Case No.: CO/16/2018 (statement of facts and grounds of 8 December 2017), op. cit.; DE VÍLCHEZ MORAGUES, *Domestic Climate Litigation...*, op. cit. p. 146 y ss.

859 Paradigmática por su estrechez en la posibilidad de control es la resolución del caso FEDERAL COURT: Friends of the Earth v. Canada, 2008 FC 1183 [2009] 3 F.C.R. 201 (judgment of 20 October 2008), op. cit.; FEDERAL COURT OF APPEAL: Friends of the Earth v. The Minister of the Environment and The Governor in Council, 2009 FCA 297 (judgment of 15 October 2009), op. cit.; donde los tribunales rechazaron la posibilidad de revisar la denegatoria del Gobierno a implementar los compromisos del Protocolo de Kioto aún ante la presencia de una legislación doméstica que así lo exigía; véase al respecto DE VÍLCHEZ MORAGUES, *Domestic Climate Litigation...*, op. cit. p. 143 y ss.

Ahora bien, la legitimidad de la litigación climática puede sostenerse de manera general a partir de la necesidad de reevaluación del rol del Derecho y, en particular, de la Constitución ante la crisis ecológica de la cual el cambio climático es parte, a la vez que paradigma del paso hacia el Antropoceno. En este sentido, Jaria-Manzano plantea que no solo se requiere un constitucionalismo basado en elementos sustanciales nuevos (valores fundamentales de la sostenibilidad y justicia), sino también una transformación de la idea de Constitución, en el entendimiento de que su concepción formal es ahora insuficiente. En la superación del formalismo contractualista, la Constitución formal requiere ser complementada por una de carácter material constituida, no ya por un único texto de aspiración sagrada, sino por una complejo de normas materialmente constitucionales que permitan un ejercicio de creación constitucional continuo por parte de diversos actores sociales y que eclosiona, particularmente, en las decisiones jurisdiccionales[860].

De este modo, la actividad de selección, interpretación y aplicación del Derecho permitiría actualizar sucesivamente el contenido de la Constitución a partir del diálogo entre las diferentes argumentaciones sobre el alcance y el sentido que se le debe atribuir a un debate determinado. La operación de concreción del contenido de la Constitución deviene, entonces, fragmentaria y subjetiva, a partir de los procesos jurisdiccionales, pero también de los discursos constitucionales que los actores sociales desplieguen para legitimar su praxis[861]. El órgano jurisdiccional debería utilizar la argumentación jurídica para construir marcos normativos complejos apropiados para resolver los conflictos sociales, con el horizonte en el control del poder y la garantía del estatus de las personas. En este contexto, el juez tendría a su disposición instrumentos para intentar estrategias contrahegemónicas que están vedadas al legislador en el contexto socioeconómico global del capitalismo tardío[862].

---

860 Jaria-Manzano, *La Constitución del Antropoceno,* op. cit., p. 303.

861 Ídem, 303, 312, 313.

862 Ídem, p. 313, 314; afirma Jaria-Manzano que "...la interpretación jurídica que lleva a la decisión jurisdiccional no se limita a una mera aplicación subsuntiva... o a una simple ponderación..., sino que aparece como un acto complejo en el que se argumenta sobre la selección, jerarquización y dotación de sentido de los

Estas alegaciones sobre el rol de los tribunales en el nuevo paradigma constitucional, en consideración de los problemas de representatividad de las instituciones democráticas a partir de la captura del regulador, implican una reválida de la legitimidad de su intervención, a la vez que coinciden ajustadamente con el observado papel de la litigación climática en el panorama de gobernanza policéntrica y su carácter de diálogo regulatorio multi-escalar antes delineado. Esto no es, por supuesto, una coincidencia, en tanto la litigación climática expresa en buena medida este nuevo paradigma constitucional. Así, la reunión de elementos normativos variados de carácter doméstico e internacional pero también transnacional observada en la litigación climática (*the 'rich and meaningful tapestry'* observado por de Vílchez Moragues) concreta el entendimiento de Jaria-Manzano de la Constitución material como un *pluriverso normativo* abierto tanto a los elementos constitucionales del Derecho internacional público como a la comparación jurídica, los trasplantes y la fertilización cruzada[863].

Asimismo, la litigación climática acompaña la definición de este autor de la nueva Constitución como 'Derecho de frontera' en el sentido de que lo jurídico queda matizado por su cercanía a la política lo que indica una naturaleza especialmente conflictiva de la constitución y del Derecho efectivamente vigente y sus fundamentos[864]. De igual modo, la litigación climática, como lo han destacado Fisher, Scotford y Barritt, desata a partir de la innovación cierta incomodidad para la seguridad jurídica, la que, en el contexto de incertidumbre del Antropoceno, y por ello en el nuevo paradigma constitucional —afirma Jaria-Manzano— debería verse seriamente discutida, de modo que el Derecho debería superar su aspiración a la fijación incontrovertible y a la previsibilidad de sus contenidos[865].

---

materiales normativos en presencia. Así, el juez (re-)crea el Derecho en el acto concreto de decisión, donde, al mismo tiempo, resuelve un conflicto y controla el ajuste de las normas en presencia del núcleo axiológico del sistema. A partir de aquí, como corresponde a una discusión constitucional seria, en realidad se trata de decidir sobre el discurso hegemónico que enmarca el conflicto."

863 Ídem, p. 312.

864 Ídem, p. 307.

865 FISHER, SCOTFORD y BARRITT, "The Legally Disruptive Nature of Climate Change", op. cit.; JARIA-MANZANO, *La Constitución del Antropoceno*, op. cit., p. 310.

Previsibilidad que, además, parece ser cada vez más ilusoria ante un escenario normativo cada vez más complejo, dada una producción de normas masiva, volátil y abundante de tecnicismos y una expansión hacia nuevos centros de producción más allá de las fronteras nacionales, producto de la globalización y del surgimiento de focos de poder no estatal. En este contexto, la práctica tradicional de la selección y aplicación del Derecho consistente en la mera subsunción del caso concreto a una norma de referencia claramente identificable, estable y apropiada, base del positivismo jurídico y garante de la legitimidad, es, más que otra cosa, una ficción[866].

En cuanto a la crítica relativa a la legitimidad democrática del papel de los tribunales en este nuevo esquema constitucional[867], Jaria-Manzano observa que esta debe ser al menos matizada en tanto el ya mencionado fenómeno de la captura del regulador que afecta a los Estados, principalmente debido a la dependencia de acceso a capital externo, a lo que puede agregarse la falta de responsabilidad política y mecanismos de control social que en la práctica existe respecto de los otros poderes representativos[868]. De esta manera, alegaciones sobre la separación de poderes, sostiene Jaria-Manzano pueden estar, en realidad, amparando el fenómeno de captura, de modo que no se garantiza la democracia, a la vez que no se protege efectivamente la

---

866 Jaria-Manzano, J., "La identificación del Derecho aplicable en un contexto normativo complejo", en Centre d'Estudis Jurídics i Formació Especialitzada, *Diálogos sobre la justicia y los jueces,* 2015; véanse los considerandos del magistrado Ramírez Cardona en su voto en disidencia de la sentencia de primera instancia en el caso *Futuras Generaciones v. Colombia, Salamanca Mancera et al. v. Colombia et al. (Tribunal Superior de Distrito Judicial de Bogotá D.C., Sala Civil Especializada en Restitución de Tierras, sentencia del 12 de febrero de 2018).*

867 Advierte Jaria-Manzano que tampoco puede caerse en una concepción idealizada de la judicatura como garante de la Constitución, existiendo, por un lado, un decalaje entre la exigencia de una argumentación consistente y fundamentada y la praxis real de los jueces y, por otro, la posibilidad de que los procesos de selección del Derecho se utilicen para favorecer una concepción mayoritarista y deferente del poder. Ante esto, el autor apela a un mayor escrutinio público sobre los jueces, en la exigencia de que la argumentación judicial interpele a la opinión pública y se superen los mecanismos de protección ante el control social, principalmente sostenidos en la apelación a la capacitación técnica; ídem, p. 321, 322.

868 Rodríguez Garavito y Rodríguez Franco, *Juicio a la exclusión...,* op. cit., p. 229.

división de poderes, sino su colonización por actores opacos carentes de toda legitimidad[869].

En relación con ello, vale concluir haciendo referencia a lo afirmado por Epp al defender la movilización legal de la revolución de los derechos civiles en Estados Unidos:

> *If the rights revolution developed out of the growth of a broad support structure in civil society, if rights litigation commonly reflects a significant degree of organized collective action, and if judicially declared rights remain dead letters unless they gain the backing of a broad support structure, then the rights revolution was not undemocratic or antidemocratic, even in the process that created it*[870].

Y agrega:

> *And if the evidence and analysis in support of that proposition is persuasive, then critics bear the burden of explaining why we should return to a time when only large businesses and the wealthy commanded the organizational strength, resources, and legal expertise to mobilize constitutional law in their favor*[871].

---

869 JARIA-MANZANO, *La Constitución del Antropoceno*, op. cit., p. 319.
870 EPP, *The Rights Revolution…*, op. cit., p. 5.
871 Ídem.

Capítulo III
LA LITIGACIÓN SOBRE PROYECTOS QUE CONTRIBUYEN AL CAMBIO CLIMÁTICO

1. OBJETO Y METODOLOGÍA DEL ANÁLISIS DE CASOS

Como ya se ha adelantado, este trabajo se concentra en tan solo una parte del universo de casos descripto en el capítulo anterior: la litigación climática sobre proyectos. Específicamente, en aquellos litigios a través de los que se cuestionan de forma directa los impactos que ciertos proyectos de infraestructura tienen sobre el sistema climático[872]. Diversas investigaciones han abordado varios sectores del cada vez más heterogéneo universo de la litigación climática, como así mismo panoramas generales de la litigación climática en jurisdicciones determinadas. Sin embargo, pareciese existir por el momento cierto vacío en la bibliografía de análisis específicos y críticos sobre el escenario global de este tipo de litigios desde una perspectiva comparativa transnacional.

Esta perspectiva transnacional es característica de la bibliografía en la materia en la medida que se observa como especialmente adecuada dada la propia naturaleza de la problemática climática ya ampliamente comentada en capítulos anteriores, lo que conlleva a que casos particulares de carácter doméstico, incluso local, puedan tener, de alguna u otra forma, valor para iniciativas de jurisdicciones alternas, insertas y dependientes de sus propios ordenamientos jurídicos. Así, observa Preston que:

---

872 Asimismo, se ha incluido algún caso que no trata sobre proyectos, por ejemplo, sobre reglas de eficiencia energética en combustibles, pero cuya resolución tiene un impacto claro en futuros casos que si aborden infraestructuras. Sobre todo, ello se ha hecho cuando el caso es relevante por ser el único en su jurisdicción identificado al respecto (v. gr., México) o cuando ha sido base para desarrollos posteriores que aquí interesan (v. gr., Estados Unidos).

> *While the global nature of climate change may increase the complexity of climate litigation, it also 'lend[s] itself to remarkably comparative approaches of courts in an inter-jurisdictional discourse'*[873].

Como se verá, el universo de casos objeto de estudio de este capítulo se encuentra constituido, casi en su totalidad, por controversias relativas a infraestructuras para la producción, transporte o consumo de combustibles fósiles. Esto no es sorprendente en absoluto dado que estos productos han sido identificados, desde el primer momento, como los principales contribuidores al cambio climático. De esta manera, las controversias refieren a proyectos para su suministro, como minas de carbón, pozos petroleros o gasoductos, y para su consumo a gran escala, por ejemplo, centrales térmicas, aeropuertos o autopistas.

Examinar las iniciativas judiciales que abordan este tipo de proyectos tiene especial interés debido a la alarmante discrepancia existente entre la infraestructura planificada por los gobiernos y las corporaciones, y los niveles de emisión y producción de combustibles fósiles coherentes con las metas acordadas en el régimen internacional del cambio climático. Metas que son, a su vez, apenas consistentes con los parámetros físicos descriptos por la mejor ciencia disponible para evitar un cambio climático peligroso. La dificultad de hacer frente a esta discrepancia se ve profundizada, como se adelantó en el primer capítulo, por el funcionamiento de procesos de '*carbon entanglement*' y '*carbon lock-in*' que pueden comprometer trayectorias de emisiones altas poco eficientes en materia ambiental, social y económica (v. gr., riesgo de activos varados)[874]. De este modo, existiendo un reconocimiento común respecto a que las decisiones que se tomen en los próximos cortos años serán determinantes para el éxito o fracaso de la gestión de la problemática, resulta relevante emprender un estudio sobre el funcionamiento de los mecanismos de rendición de cuentas y control existentes sobre este tipo de decisiones, entre ellos el de la litigación y la intervención judicial.

El examen de estas iniciativas podría adquirir una variedad de formas según se trate de un análisis de carácter sociológico o estric-

---

873 PRESTON, "The Influence of the Paris Agreement… (Part II)", op. cit., p. 22.

874 Véase capítulo I, especialmente apartado 7.

tamente jurídico y según cuál sea su objeto: litigantes intervinientes, impactos de las sentencias, utilización de los litigios como parte de campañas de movilización social, etc. Por este motivo, conviene aclarar de forma temprana el enfoque elegido y, así, reducir las extensas expectativas que puede producir un título tan pretencioso.

El limitado objeto de estudio de este capítulo y, principalmente, de esta investigación es indagar sobre la respuesta judicial suscitada ante las mencionadas iniciativas de litigación. Específicamente, observar cómo los tribunales han desarrollado los procesos de (a) estabilización de los hechos; (b) selección, interpretación y aplicación del Derecho; y (c) internalización de las normas jurídicas, en lo que hace a la valoración de la legalidad (o el mérito) de las decisiones gubernamentales sobre proyectos, exclusivamente, en relación con sus impactos sobre el sistema climático. Como se manifestó en el capítulo anterior, estos tres procesos se han reconocido como parte fundamental de la tarea de los tribunales a partir de la instancia de los litigantes, quienes participan de forma directa y relevante en ellos. En este sentido, los análisis que se desarrollan seguidamente hacen foco en los considerandos judiciales de las diversas resoluciones, en conjunto con las alegaciones de los litigantes en su disputa por conformar esa voluntad judicial.

En cuanto a la metodología para la búsqueda y selección de casos, se utilizaron para su identificación las mencionadas bases de datos del *Sabin Center for Climate Change Law* y *Arnold&Porter* (Estados Unidos)[875], del *Grantham Research Institute on Climate Change and the Environment* (Reino Unido)[876] y de la Universidad de Melbourne (Australia)[877]. Debe notarse que se trata de fuentes de información desarrolladas por centros académicos del Norte Global cuyo trabajo se desarrolla principalmente en inglés y, en buena medida, a partir de contribuciones voluntarias de ocasionales relatores alrededor del

---

875 Sabin Center for Climate Change Law y Arnold & Porter, Climate Change Litigation Databases, op. cit.

876 Grantham Research Institute on Climate Change and the Environment, Climate Change Laws of the World, op. cit.

877 University of Melbourne, Australian Climate Change Litigation Database, op. cit.

mundo[878]. En lo que hace a las dos bases de datos de alcance global, esto puede implicar alguna limitación en la recopilación de casos de jurisdicciones alejadas del 'epicentro' occidental, debido a vicisitudes relacionadas con el idioma, el conocimiento y/o el acceso[879].

A partir de los listados y sinopsis de casos provistos por estas bases de datos, se realizó una primera selección (abril 2020) que incluyó todas las jurisdicciones a nivel global, la que luego ha sido objeto de actualizaciones parciales. En cuanto a qué considerar como litigio climático a los fines de esta investigación, se limitó la selección a iniciativas desarrolladas en sede judicial[880] doméstica[881] en las que se aborde, especialmente a través de las resoluciones de los tribunales y de manera central, la problemática climática y, en específico, los impactos de los proyectos sobre el sistema climático. Asimismo, se incluyeron algunos casos que se encuentran en una instancia previa a la sentencia, debido al interés que las alegaciones de los litigan-

---

878 Estas eran las bases de datos disponibles al momento de realizar el grueso de la investigación. Posteriormente, se han desarrollado una variedad de bases de datos sobre este fenómeno, cubriendo diversos aspectos. Por mencionar alguna, en el ámbito latinoamericano se lanzó la Plataforma de Litigio Climático para América Latina y el Caribe <https://litigioclimatico.com/es> [Última consulta 26 de mayo de 2023]; de igual manera, la metodología de estas bases ha ido evolucionando. Por ejemplo, el Sabin Center implementó un sistema de relatores nacionales (o jurisdiccionales) para el seguimiento de casos, véase Columbia Law School, Sabin Center's Peer Review Network of Climate Litigation <https://climate.law.columbia.edu/content/global-network-peer-reviewers-climate-litigation> [Última consulta, 26 de mayo de 2023]

879 Peel y Osofsky, "Climate Change Litigation", op. cit., p. 8.

880 Esto hace que se hayan excluido iniciativas de carácter administrativo. Entre estas, destaca la solicitud de Micronesia al Gobierno de República Checa de iniciar una EIA transfronteriza a la hora de aprobar planes para modernizar y extender la operación de una planta térmica a base de carbón, debido a su contribución al cambio climático y, por ello, a los impactos que podría sufrir el país de Oceanía; véase Sabin Center for Climate Change Law y Arnold & Porter, Micronesia Transboundary EIA Request, op. cit.

881 Lo que ha dejado fuera, por ejemplo, al caso Sabin Center for Climate Change Law y Arnold&Porter, Center for Food and Adequate Living Rights et al. v. Tanzania and Uganda, op. cit., o Sabin Center for Climate Change Law y Arnold&Porter, Humane Being v. the United Kingdom <http://climatecasechart.com/non-us-case/factory-farming-v-uk/> [Última consulta 26 de mayo de 2023], en el cual se cuestionó las actividades de cría intensiva de animales. El caso fue inadmitido por la Corte.

tes podrían tener, al expresar argumentaciones jurídicas maduras, producto de la experiencia judicial desarrollada hasta el momento, o por su particularidad, cuando son los únicos casos en una jurisdicción determinada.

De este modo, se utiliza una definición de 'litigio climático' de carácter limitado, requiriéndose una discusión expresa de la cuestión climática en el caso, y especialmente, en las resoluciones judiciales. En este sentido, considerando las conceptualizaciones de 'litigación climática' descriptas en el capítulo anterior, puede afirmarse que los casos seleccionados se identifican, por un lado, con el concepto de Markell y Ruhl y, por otro, se ubican en el primer círculo interno de la definición gráfica de Peel y Osofsky, es decir, litigios donde el cambio climático es una cuestión central[882]. Este límite es relevante, existiendo una vasta cantidad de litigios que cuestionan proyectos con importantes impactos climáticos sin realizar siquiera una mención ocasional de esta problemática, v. gr., por razones de estrategia jurídica. Esto es evidente al observar los porfolios de casos llevados adelante por, por ejemplo, la ONG ClientEarth[883]. En este entender, la presente investigación, al analizar lo que está sucediendo cuando los impactos climáticos sí son puestos en el centro de la controversia jurídica, puede otorgar elementos que guíen futuras decisiones de estrategia argumental judicial.

En cuanto a la metodología de análisis, esta se encuentra limitada al estudio de las sentencias, y, en ciertos casos, a otro tipo de documento procesal como demandas o *amicus*. El acceso a estos documentos se obtuvo principalmente a través de las mismas bases de datos mencionadas, como también de los registros que ofrecen algunos de los órganos judiciales intervinientes. Se analizan documentos oficiales en idioma español, inglés, francés y portugués y se utilizan traducciones o resúmenes, a veces provistas por fuentes no oficiales (v. gr., litigantes) para el análisis de documentos en otros idiomas. En ciertas jurisdiccio-

---

882 Véase capítulo II, apartado 2.

883 Véase, por ejemplo, ClientEarth, ClientEarth Litigation Summary: October. December 2018, <https://www.clientearth.org/latest/latest-updates/news/clientearth-litigation-summary-october-december-2018/> [Última consulta, 22 de abril de 2021]

nes (v. gr., Japón) no se han encontrado traducciones disponibles, por lo que su análisis quedó limitado a las sinopsis provistas por las bases de datos, notas periodísticas y/o doctrina. El examen de esta documental es acompañado por revisión de doctrina especializada sobre jurisdicciones o casos particulares, notándose que algunas regiones o casos han despertado mayor interés académico que otras.

Debe ponerse de relieve que en los litigios bajo estudio se despliegan argumentos sobre un gran abanico de hechos, normas y jurisprudencia, a partir de los cuales los diferentes litigantes desarrollan interpretaciones contendientes a los fines de conformar la voluntad judicial. Dado el limitado objetivo de esta investigación, no se realiza una descripción general de los casos, dejando de lado aspectos que, debe reconocerse, pueden haber sido relevantes en el desarrollo y/o definición del caso particular (v. gr., cuestiones relativas a la legitimación o a otros argumentos sustantivos no climáticos). Esto implicará, en ciertas ocasiones, incurrir en cierto grado de simplificación sobre particularidades fácticas, institucionales o incluso jurídicas de los litigios o las jurisdicciones donde se desarrollan. Dicho esto, cuando tales particularidades se consideren relevantes para el entendimiento de las cuestiones aquí examinadas, se acompañarán las aclaraciones pertinentes[884].

Finalmente, conviene mencionar que esta investigación trata sobre el estudio de un objeto en pleno desarrollo y, por ello, en constante cambio. Esto no solo refiere a la presentación de nuevas demandas ni al dictado de nuevas resoluciones sino también a la presencia de cambios regulatorios importantes, muchas veces propiciados por la propia actividad judicial bajo análisis.

El siguiente apartado (sección 2) introduce el universo de casos identificados en respuesta al objeto y metodología descripto, a la vez que destaca tres de sus aspectos centrales. Los apartados siguientes desarrollan el estudio de casos, primero en el Norte Global (sección 3) y luego en el Sur Global (sección 4). El capítulo cierra con un balance transnacional (sección 5) que destaca los elementos más relevantes observados en el estudio de casos y da pie al cuarto y último capítulo de esta investigación.

---

[884] Un ejemplo de ello es la variante de revisión de mérito por parte de algunos tribunales presentes en la jurisdicción australiana, véase *infra*.

2. EL UNIVERSO DE CASOS IDENTIFICADOS

El proceso de selección otorgó como resultado un profuso listado de 116 casos repartidos en 25 jurisdicciones, el que se expone en la Tabla 3. De estas jurisdicciones, 13 corresponden al Norte Global y 12 al Sur, estando concentrados más de la mitad de los casos en Estados Unidos (30)[885], Australia (22) y Reino Unido (13) y la vasta mayoría (84) en jurisdicciones del Norte Global. En este sentido, el universo de casos identificado sigue un patrón de división geográfica similar al del universo general de la litigación climática retratado en el capítulo anterior.

Tabla 3. Universo de casos identificados y revisados

	Jurisdicción	Cantidad de casos identificados	Casos con resolución
Norte Global	Estados Unidos	30	30
	Australia	22	22
	Reino Unido	13	12
	Nueva Zelanda	5	5
	Canadá	2	1
	Francia	2	2
	Noruega	1	1
	Irlanda	1	1
	Austria	1	1
	España	1	1
	Japón	4	4
	Polonia	1	0
	Bélgica	1	0

[885] Debe aclararse que, mientras en el caso del resto de jurisdicciones se trata de todos los casos que pudieron ser identificados, en el caso de Estados Unidos se trata de una discreta selección de casos relevantes, siendo muchos más los que cumplirían con los parámetros de búsqueda.

	Jurisdicción	Cantidad de casos identificados	Casos con resolución
Sur Global	Sudáfrica	7	2
	Kenia	1	1
	India	2	2
	Papúa Nueva Guinea	1	1
	Pakistán	1	0
	Indonesia	1	0
	Chile	3	3
	México	1	1
	Ecuador	2	2
	Brasil	2	1
	Argentina	9	0
	Guyana	2	0
Total	25 (13/12)	116 (84/32)	93 (80/13)

En cuanto al aspecto temporal, el análisis abarca resoluciones de casos que van desde 1990 hasta 2023, no habiéndose realizado ningún recorte respecto esta variable. Ello da la oportunidad de observar si se ha producido o no, y hasta qué punto, una evolución en las discusiones judiciales, en relación con avances en el conocimiento científico respecto a la problemática, en el régimen jurídico internacional o en la propia jurisprudencia transnacional.

De los casos identificados expuestos en la Tabla 3, en 23 no se han dictado aún resoluciones relevantes sobre el asunto que aquí interesa, por lo que su inclusión responde a la relevancia de los planteamientos de los demandantes y a la posibilidad de que se dicten sentencias de interés para esta investigación en el futuro. De estos 23 casos, 19 corresponden a jurisdicciones del Sur Global, lo que implica que tan solo 13 casos de este conjunto han alcanzado una resolución judicial de interés al momento de escribir, en contraposición a los 80 casos con resolución en el Norte Global. En este sentido, puede decirse que la jurisprudencia en el Sur Global sobre proyectos por sus impactos sobre el sistema climático se encuentra aún en una etapa embrionaria.

Si bien no es objeto concreto de análisis en esta investigación, de una simple observación de los casos, puede afirmarse que las ONG ambientales ocupan un rol principal a la hora de su instancia, no solo como sujetos demandantes sino también como objetores a los proyectos en los procedimientos administrativos que luego dan lugar a las instancias judiciales. Asimismo, debido al tipo de litigio de que se trata, entes gubernamentales de carácter nacional o subnacional son los demandados por excelencia, muchas veces en conjunto con los promotores de los proyectos, los que también pueden estar presentes en el litigio en carácter de terceros interesados.

En cuanto a los tribunales intervinientes, entre los casos seleccionados se observa una variedad de entes judiciales, desde cortes de jurisdicción federal hasta subnacional, como también de diversa jerarquía, incluyendo algunas cortes supremas. Asimismo, debe resaltarse que en algunas jurisdicciones intervienen tribunales especializados en materia ambiental (Australia, Chile) y en una jurisdicción en particular (Australia) algunos tribunales subnacionales ejercen una doble función de revisión de legalidad y de mérito de las decisiones administrativas, lo que constituye una característica tanto única como relevante dentro del estudio realizado.

Por su parte, antes de pasar al análisis propiamente dicho, tres aspectos centrales del universo jurisprudencial identificado pueden señalarse. En primer lugar, y como se adelantó previamente, la gran mayoría de las controversias judiciales refiere a cuestionamientos al desarrollo de infraestructura relativa a las varias etapas de la cadena de suministro y consumo de combustibles fósiles. Proyectos para su producción: explotación de minas de carbón y de yacimientos de gas y petróleo *onshore* y *offshore* tanto en su versión convencional como no convencional (fractura hidráulica). Proyectos sobre infraestructura para su transporte: vías ferroviarias para el transporte de carbón y ductos para el transporte de gas y petróleo. Proyectos sobre terminales de exportación para estos productos. Y proyectos que implican su consumo a gran escala, principalmente centrales térmicas, pero también aeropuertos y autopistas. Asimismo, se han incluido algunos litigios que refieren a reglas o políticas directamente relacionadas con estos proyectos en los que también se abordan sus impactos climáticos. Ejemplo de ello son casos relativos a planes para el desarrollo de centrales térmicas, reglas sobre el consumo de combustible o políticas sobre infraestructura energética. El impacto climático principal atribuido a estos proyectos es, por supuesto, la liberación, directa o indirecta, de emisiones de GEI, si bien puede observarse algún caso que hace foco en la pérdida de sumideros de carbono.

Debe recordarse aquí que los combustibles fósiles, foco principal de los casos, constituyen la mayor fuente de contribución al cambio climático, representando el 75% de las emisiones de GEI y el 90% de las de CO_2. Dado que, al mismo tiempo, son la mayor fuente de energía global (81% del total de energía primaria)[886], existe una dualidad en su carácter que hace que su producción y consumo sean percibidos desde dos perspectivas en constante tensión: contaminación (climática y ambiental) y desarrollo[887].

Bajo el primer enfoque, productores y consumidores son considerados responsables de diversos impactos negativos al ambiente, tanto de alcance local (v. gr., contaminación de acuíferos y suelos) como de alcance global (cambio climático). Asimismo, muchas de las actividades relacionadas son señaladas como responsables de otros impactos adicionales de carácter social como ser la desposesión de comunidades locales, las violaciones a derechos humanos, la concentración de riqueza y poder, la creación de sobre-dependencia macroeconómica e inestabilidad geopolítica, entre otros[888]. En contrapartida, bajo el segundo enfoque, estas actividades se entienden como una contribución clave al desarrollo de la economía y con ella de la sociedad, partiendo de la premisa de que los países obtienen beneficios netos de su explotación, por ejemplo, a través de la obtención de energía asequible que garantice la seguridad del sistema energético, la estimulación del empleo, los réditos del comercio exterior y el aumento del poder geopolítico[889].

Por el momento, ni la política ni la tecnología han podido abstraer a los combustibles fósiles de esta tensión que, por un lado, se encuentra en un punto álgido, tal cual lo reconocen los informes

---

886 PNUMA, *The Production Gap: The discrepancy...*, op. cit., p. 8.
887 KARTHA, LAZARUS, y TEMPEST, *Fossil Fuel Production in a 2°C World...*, op. cit., p. 1.
888 Ídem, p. 4.
889 Ídem.

sobre las brechas de emisiones de GEI y producción de estos productos[890] y, por otro, se encuentra explícita en una gran mayoría de los litigios analizados. En este sentido, la bondad de decisiones sobre la extensión de la producción y consumo de combustibles fósiles, alguna vez incuestionada, reviste creciente conflictividad que, entre otros ámbitos[891], se expresa en la litigación.

En segundo lugar, vale la pena destacar de forma preliminar el lugar central que ocupa la normativa sobre evaluación ambiental en el universo de casos identificados. Conviene mencionar aquí que la EIA es una herramienta de gestión ambiental nacida en Estados Unidos a partir de la *National Environmental Policy Act* (NEPA) a principios de la década del 70 y al calor de la profunda consciencia ambiental que había florecido unos años antes[892]. A pesar de este modesto origen doméstico, esta herramienta proliferó a nivel global, pues para 2017 se enlistaban más de 185 países con normativa relacionada[893].

---

890 Véase capítulo I, sección 7.

891 Véase, por ejemplo, la iniciativa para la celebración de un tratado de no proliferación de los combustibles fósiles, The Fossil Fuel Non-Proliferation Treaty <https://fossilfueltreaty.org/> [Última consulta, 22 de abril de 2021]

892 Morgan, R., "Environmental Impact Assessment: The State of the Art", *Impact Assessment and Project Appraisal,* Vol. 30, Nro. 1, 2012, pp. 5-14, p. 5; National Environmental Policy Act of 1969 [Public Law 91-190] [As Amended Through P.L. 108-204, Enacted March 2, 2004], disponible en: <https://www.govinfo.gov/content/pkg/COMPS-10352/pdf/COMPS-10352.pdf> [Última consulta, 21 de abril de 2021], sección 102: *"The Congress authorizes and directs that, to the fullest extent possible:... (2) all agencies of the Federal Government shall — (C) include in every recommendation or report on proposals for legislation and other major Federal actions significantly affecting the quality of the human environment, a detailed statement by the responsible official on — (i) the environmental impact of the proposed action, (ii) any adverse environmental effects which cannot be avoided should the proposal be implemented, (iii) alternatives to the proposed action, (iv) the relationship between local short-term uses of man's environment and the maintenance and enhancement of long-term productivity, and (v) any irreversible and irretrievable commitments of resources which would be involved in the proposed action should it be implemented..."*; El *'detailed statement'* mencionado en esta disposición tomaría el nombre de '*environmental impact statement*' (declaración de impacto ambiental) y se convertiría en uno de los documentos más relevantes del sistema de planeamiento federal de Estados Unidos; Mandelker, D., "The National Environmental Policy Act", en Paddock, L, Glicksman, R. y Bryner, N. (eds.), *Elgar Encyclopedia of Environmental Law: Decision Making in Environmental Law,* Edward Elgar, Vol. II, 2016, p. 272.

893 PNUMA, *Environmental Rule of Law: First Global Report,* 2019, p. 127.

Es posible entonces referirse a una verdadera universalización del instrumento[894] que, como destaca Craik, no sólo es impactante por su extensión, sino también por el hecho de que su adopción atraviesa jurisdicciones sin importar su nivel de desarrollo o la naturaleza de sus estructuras políticas, económicas o jurídicas[895].

El carácter universal alcanzado le ha valido a la EIA ser reconocida, ya no solo como una herramienta de gestión digna de toda buena práctica administrativa, sino como un verdadero principio jurídico[896], recogido por la Declaración de Río sobre el Medio Ambiente y el Desarrollo de 1992 en su Principio 17[897], y objeto de importantes desarrollos normativos más allá de los ordenamientos jurídicos nacionales. Por ejemplo, en el ámbito de la Unión Europea, su preeminencia la ha llevado a ser objeto de sucesivas regulaciones —la primera en 1985[898]— integrantes del derecho derivado de la organización, específicamente directivas de carácter vinculante para los Estados Miembros, hoy vigente la Directiva 2011/92/UE del 11 de diciembre de 2011 relativa a la evaluación de las repercusiones de determina-

---

894 MORGAN, "Environmental Impact Assessment…", op. cit., p. 6.

895 CRAIK, N., "Environmental Impact Assessment", en KRÄMER, L. y ORLANDO, E., *Elgar Encyclopedia of Environmental Law: Principles of Environmental Law,* Edward Elgar, Vol. VI, 2018, p. 197; esto, por supuesto, no implica que su regulación, ni mucho menos su implementación, sean equivalentes en todas y cada una de las jurisdicciones, pues existen no solamente variaciones en el carácter —supranacional, constitucional (véase Constitución de la República Federal de Brasil, artículo 225.1.IV) legal— y contenido de la normativa que diseña y regula la herramienta, sino también diferencias sustanciales en las capacidades de implementación de los actores responsables, tanto relativas a su preparación técnica como a los recursos presupuestarios y humanos con los que cuentan.

896 CRAIK, "Environmental Impact Assessment", op. cit.

897 "…deberá emprenderse una evaluación de impacto ambiental, en calidad de instrumento nacional, respecto de cualquier actividad propuesta que probablemente haya de producir un impacto negativo considerable en el medio ambiente y que esté sujeta a la decisión de una autoridad nacional competente." ORGANIZACIÓN DE LAS NACIONES UNIDAS, *Declaración de Río…,* op. cit.

898 DIARIO OFICIAL DE LAS COMUNIDADES EUROPEAS, Directiva 85/337/CEE del Consejo, de 27 de junio de 1985, relativa a la evaluación de las repercusiones de determinados proyectos públicos y privados sobre el medio ambiente, Nro. 175, 5 de julio de 1985.

dos proyectos públicos y privados sobre el medio ambiente[899] con las modificaciones realizadas por la Directiva 2014/52/UE[900]. Este marco fue complementado por la Directiva 2001/42/CE, ampliando el ámbito de implementación sustantivo del instrumento hacia planes y programas, en lo que se conoce como evaluación ambiental estratégica (EAE)[901]. Como se verá, estos desarrollos normativos aparecen en algunos de los casos identificados.

En el ámbito interamericano, en uno de los más recientes y relevantes desarrollos jurídicos en la materia, la Corte IDH, en confirmación de su vigencia y valor, calificó a la realización de EIA como un deber de derechos humanos para los Estados surgido de la obligación de prevención consagrada en la Convención Americana de Derechos Humanos (CADH) y estableció una serie de estándares mínimos vinculantes, elevando a la institución al rango de verdadera garantía jurídica[902].

Asimismo, puede destacarse que, en el plano del Derecho internacional, la preocupación por los impactos ambientales transfronterizos llevó a que se adoptara ya en 1991 el Convenio de Espoo[903],

---

899 Diario Oficial de la Unión Europea, Directiva 2011/92/UE del Parlamento Europeo y del Consejo, de 13 de diciembre de 2011, relativa a la evaluación de las repercusiones de determinados proyectos públicos y privados sobre el medio ambiente, Nro. 26, 28 de enero de 2012.

900 Diario Oficial de la Unión Europea, Directiva 2014/52/UE del Parlamento Europeo y del Consejo, de 16 de abril de 2014, por la que se modifica la Directiva 2011/92/UE, relativa a la evaluación de las repercusiones de determinados proyectos públicos y privados sobre el medio ambiente, Nro. 124, 25 de abril de 2014.

901 Diario Oficial de las Comunidades Europeas, Directiva 2001/42/CE del Parlamento Europeo y del Consejo de 27 de junio de 2001 relativa a la evaluación de los efectos de determinados planes y programas en el medio ambiente, Nro. 197, 21 de julio de 2001.

902 Corte IDH, Opinión Consultiva OC-23/17 de 15 de noviembre de 2017..., op. cit, párr. 144 y ss.

903 United Nations Treaty Collection, Convention on Environmental Impact Assessment in a Transboundary Context, Espoo, Finlandia, 25 de febrero de 1991, <https://treaties.un.org/Pages/ViewDetails.aspx?src=TREATY&mtdsg_no=XXVII-4&chapter=27&clang=_en> [Última consulta, 20 de abril de 2020]

complementado por el Protocolo de Kiev sobre EAE[904]. Al respecto, la CIJ, en su sentencia del caso relativo a las papeleras del Río Uruguay (Argentina v. Uruguay, 2010), en cierta manera confirmando el trabajo de la Comisión de Derecho Internacional[905], afirmó que, en base a la práctica constante de los Estados[906], podría reconocerse como un requerimiento del Derecho internacional general la realización de una EIA previa a la implementación de un proyecto que implique riesgo de impactos adversos en el contexto transfronterizo[907]. Sorprendentemente, entre los casos identificados no se han observado planteamientos en sede judicial respecto a este requerimiento[908].

Con la consolidación del cambio climático como una grave preocupación ambiental se planteó la necesidad y utilidad de incluir esta variable en las EIA y EAE[909]. Esta inclusión implica una ampliación

---

904 UNITED NATION TREATY COLLECTION, Protocol on Strategic Environmental Assessment to the Convention on Environmental Impact Assessment in a Transboundary Context, Kiev, 21 de mayo de 2003, <https://treaties.un.org/Pages/ViewDetails.aspx?src=TREATY&mtdsg_no=XXVII-4-b&chapter=27&clang=_en> [Última consulta, 20 de abril de 2020]

905 COMISIÓN DE DERECHO INTERNACIONAL, Proyecto de artículos sobre la prevención del daño transfronterizo por actividades peligrosas de 2001, artículo 7, <https://legal.un.org/ilc/texts/instruments/english/commentaries/9_7_2001.pdf> [Última consulta, 24 de abril de 2020]

906 Numerosos tratados internacionales han contemplado este requerimiento, entre ellos la Convención relativa a los Humedales de Importancia Internacional, la Convención sobre el Derecho del Mar y la CMNUCC.; véase comentarios de la Comisión de Derecho Internacional a su artículo 7 de su proyecto de artículos; ídem, p. 158

907 INTERNATIONAL COURT OF JUSTICE: Case Concerning Pulp Mills on the River Uruguay (Argentina v. Uruguay), judgment of 20 April 2010, p. 83; la CIJ volvió a reiterar sus considerandos en INTERNATIONAL COURT OF JUSTICE, Certain Activities Carried Out by Nicaragua in the Border Area (Costa Rica v. Nicaragua) and Construction of a Road in Costa Rica along the San Juan River (Nicaragua v. Costa Rica), judgment of 16 December 2015.

908 Lo que sí ha sido planteado en SABIN CENTER FOR CLIMATE CHANGE LAW y ARNOLD & PORTER, Micronesia Transboundary EIA Request, op. cit., sin alcanzar los estrados judiciales; al respecto véase KRAVCHENKO, S., "Procedural Rights as a Crucial Tool to Combat Climate Change", *Georgia Journal of International & Comparative Law,* Vol. 38, N°. 3, 2010.

909 GERRARD, M, "Climate Change and the Environmental Impact Review Process", *Natural Resources & Environment,* Vol 22, Nro. 3, 2008, p. 20.

del proceso evaluativo en dos sentidos. Primero, en lo relativo a los impactos de las actividades sobre el sistema climático, típicamente la emisión de GEI a la atmósfera o la reducción de sumideros (sobre lo que trata la jurisprudencia aquí analizada). Segundo, en lo relativo a los impactos del cambio climático en las actividades evaluadas, por ejemplo, el aumento del nivel del mar sobre un desarrollo en zona litoral, o en los recursos a utilizar por la actividad, dentro de lo que se ha denominado 'evaluación ambiental inversa'. Si bien este trabajo no aborda esta última cuestión, no puede dejarse de reconocer su creciente importancia, principalmente en lo que respecta a planes, programas y proyectos en materia urbanística[910].

Más allá de que algunas jurisdicciones han incorporado explícitamente este nuevo requisito en la normativa de evaluación ambiental, como por ejemplo, la mencionada Directiva 2014/52/EU[911] en el ámbito de la Unión Europea, la ley nº 12.187 de Brasil[912] y la ley 16/2017 de Cataluña[913], numerosos interrogantes persisten respecto

---

910 Véase al respecto, Agrawala, S., et al, "Incorporating climate change impacts and adaptation in Environmental Impact Assessments: Opportunities and Challenges", OECD Environmental Working Paper No. 240, OECD Publishing, 2010; Wentz, J., "Considering the Effects of Climate Change on Natural Resources in Environmental Review and Planning Documents: Guidance for Agencies and Practitioners", *Sabin Center for Climate Change Law, Columbia Law School,* 2016; Webb, R., et al., "Evaluating Climate Risk in NEPA Reviews: Current Practices and Recommendations for Reform", Sabin Center for Climate Change Law, 2022.

911 Diario Oficial de la Unión Europea, Directiva 2014/52/UE..., op. cit., anexo IV sobre insumos para el informe de EIA (artículo 5.1), al manifestar que este debe contener: "una descripción de los posibles efectos significativos del proyecto en el medio ambiente, derivados, entre otras cosas, de lo siguiente... f) el impacto del proyecto en el clima por ejemplo, la naturaleza y magnitud de las emisiones de gases de efecto invernadero) y la vulnerabilidad del proyecto con respecto al cambio climático...".

912 Diário Oficial da União, Lei Nº 12.187, de 29 de dezembro de 2009, disponible en: <http://www.planalto.gov.br/ccivil_03/_ato2007-2010/2009/lei/l12187.htm> [Última consulta, 15 de agosto de 2021]; su artículo 6 dispone que: "*São instrumentos da Política Nacional sobre Mudança do Clima... XVIII- a avaliação de impactos ambientais sobre o microclima e o macroclima*".

913 Diari Oficial de la Generalitat de Catalunya, Llei 16/2017, de l'1 d'agost, del canvi climàtic, núm. 7426, de 3 de agosto de 2017, disponible en: <https://www.boe.es/buscar/pdf/2017/BOE-A-2017-11001-consolidado.pdf> [Última consulta, 15 de agosto de 2021], artículo 21.2: "*Els promotors de la planificació...*

a, por ejemplo, (i) si esto es exigible aún en aquellas jurisdicciones donde no está así previsto, (ii) el modo en que la evaluación debería ser llevada a cabo en tal caso y (iii) las implicancias que esto tendría para la decisión final. Buena parte de estas incertidumbres está relacionada con la naturaleza particular de la problemática, es decir su dimensión global, su causalidad difusa y acumulativa y las incertezas que la envuelven, todo lo que invita a cuestionamientos sobre la capacidad y la bondad de su abordaje por parte de las autoridades, territorial y competencialmente limitadas, al mando de los procesos de evaluación ambiental[914]. Como se verá a continuación, es aquí donde los tribunales son llamados a intervenir.

En este sentido, en tercer y último lugar, debe resaltarse, por un lado, que el control judicial de los procesos de toma de decisión gubernamental no es una práctica nueva, sino más bien recurrente, en el Derecho administrativo y constitucional en general y en el Derecho ambiental en particular. Por otro, que la herramienta de la

---

i... dels projectes... han d'incorporar, en el marc de l'avaluació ambiental estratègica de plans i en el marc de l'avaluació d'impacte ambiental de projectes:... L'avaluació de la seva contribució a les emissions de gasos amb efecte d'hivernacle, inclòs el seu impacte sobre l'estoc de carboni i la capacitat d'embornal del territori afectat. Aquesta avaluació ha d'incloure, per a cada una de les alternatives considerades, una estimació de les emissions de gasos amb efecte d'hivernacle. En el cas dels projectes constructius de noves infraestructures, aquesta avaluació ha de tenir en compte tant la fase de construcció com la d'explotació". Además, debe mencionarse que se han desarrollado varias guías al respeto en el ámbito domestico y regional, véase por ejemplo en Canadá THE FEDERAL-PROVINCIAL-TERRITORIAL COMMITTEE ON CLIMATE CHANGE AND ENVIRONMENTAL ASSESSMENT, *Incorporating Climate Change Considerations in Environmental Assessments: General Guidance for Practitioners,* 2003; en Estados Unidos: COUNCIL OF ENVIRONMENTAL QUALITY, *Final Guidance for Federal Departments and Agencies on Consideration of Greenhouse Gas Emissions and the Effects of Climate Change in National Environmental Policy Act Reviews,* 2016 <https://ceq.doe.gov/docs/ceq-regulations-and-guidance/nepa_final_ghg_guidance.pdf> [Última consulta, 20 de abril de 2020]; en el ámbito de la Unión Europea: EUROPEAN COMMISSION, *Guidance on Integrating Climate Change and Biodivesity into Environmental Impact Assessment,* 2013 <https://ec.europa.eu/environment/eia/pdf/EIA%20 Guidance.pdf> [Última consulta, 22 de abril de 2021]

914 Morgan, en esta línea, se refiere a que la evaluación de impactos climáticos puede plantear nuevos desafíos a los responsables de su implementación, en tanto los gobiernos luchan para reconciliar los procesos de toma de decisión a nivel nacional con los acuerdos globales de reducción de emisiones, MORGAN, "Environmental Impact Assessment...", op. cit., p 7.

evaluación ambiental vino a limitar un espacio en el que la administración gozaba de amplias facultades discrecionales como es el del planeamiento, ante el temor de que se prioricen de forma indiscriminada diversos intereses a expensas del ambiente[915].

Así, el control judicial se concentra, a la hora de garantizar estos límites, primeramente, en asegurar que se haya seguido el procedimiento reglado (*procedural (im)propriety*) y, seguidamente, en que, allí donde prima la discrecionalidad, esta haya sido ejercida en concordancia con los principios de razonabilidad y proporcionalidad, parámetros de control recurrentes en diversos sistemas jurídicos continentales y del *common law* (v. gr., *Wednesbury test*[916] en el derecho británico y australiano y *rule of reason* en el estadounidense). Asimismo, los tribunales suelen estar llamados a garantizar que con la actuación administrativa no se vulneren derechos fundamentales de los administrados, los que constituyen límites de carácter constitucional.

Por su parte, igualmente común a una mayoría de sistemas jurídicos es la restricción a la que están sometidos los órganos judiciales, en virtud del principio de separación de poderes, de sustituir la voluntad de la administración en el "ejercicio de sus legítimas opciones de gobierno"[917]. Esta regla delinea al control judicial, estableciendo cierto nivel de deferencia debida para con la actividad administrativa[918]. Sin embargo, como notan Fisher, Lange y Scotford, al referirse

---

915 Benjamin, A., "Os Princípios do Estudo de Impacto Ambiental como Limites da Discricionaridade Administrativa", *Biblioteca Digital Jurídica do Superior Tribunal de Justiça,* Vol. 317, 1992, p. 1; Mandelker, "The National Environmental...", op. cit. p. 272.

916 'Wednesbury unreasonableness' en referencia al precedente *Associated Provincial Picture Houses Ltd. v. Wednesbury Corporation, Court of Appeal, judgment of 10 November 1947).*

917 Laguna de Paz, J., "El control judicial de la discrecionalidad administrativa", *Revista española de Derecho administrativo,* Vol. 186, 2017, p. 5-7.

918 Por ejemplo, en el ámbito jurídico de Estados Unidos, Burger y Wentz explican que, mientras las agencias deben realizar un '*hard look*' sobre las consecuencias ambientales de las propuestas y sus alternativas, los tribunales deben controlar si se han dejado de lado un aspecto importante y/o si se ha explicado adecuadamente una decisión que parezca contradecir la evidencia presentada. El estándar que aplicar para este control es el de arbitrariedad (*arbitrary and capricious standard*) de la ley de procedimiento administrativo (Administrative Procedure Act), que pone en foco la racionalidad (*rule of reason*) del proceso de toma de

al control de razonabilidad, estos límites son difusos: "*An argument about irrationality can look too close to an argument about the merits of a particular decision, which is beyond the institutional, and arguably the constitutional, competence of the courts*"[919]. Como se verá, esta deferencia y sus difusos contornos es parte central de la jurisprudencia analizada a continuación.

3. ESTUDIO DE LA JURISPRUDENCIA EN EL NORTE GLOBAL

Se han identificado y revisado casos en 13 jurisdicciones del Norte Global, dentro de las que se encuentran las más prolíficas, Estados Unidos, Australia y Reino Unido. Con 30, 22 y 13 casos respectivamente, su estudio jurisprudencial ocupa la mayor parte de este capítulo. Luego de su abordaje el estudio avanza hacia otras jurisdicciones con casos de interés con resolución judicial: Nueva Zelanda, Canadá, Francia, Noruega, Irlanda, Austria, España y Japón. Se dejan entonces para el final aquellas en las que los casos identificados no presentan aún resoluciones judiciales (Polonia y Bélgica), residiendo su interés en la posibilidad de que ensanchen, en un futuro cercano, tanto cuantitativa, como cualitativamente, el universo de sentencias aquí estudiado.

3.1. Estados Unidos

Como ya se ha puesto de relieve, la jurisdicción de Estados Unidos es ampliamente la más prolífica en lo que hace a la litigación climática en general, lo que se refleja directamente en el universo

---

decisión llevado adelante. La aplicación de este estándar implica un alto grado de deferencia a la agencia y una presunción de validez que debe ser desvirtuada por quien alega la arbitrariedad; BURGER y WENTZ, "Downstream and Upstream Greenhouse Gas Emissions...", op. cit., p. 144; véase por ejemplo los considerandos de la Corte en un caso que será objeto de análisis a continuación: UNITED STATES COURT OF APPEALS, TENTH CIRCUIT: WildEarth Guardians, et al. v. United States Bureau of Land Management, No. 15-81109 (opinion of 15 September 2017), p. 18, 19.

919 FISHER, LANGE y SCOTFORD, *Environmental Law...*, op. cit., p. 293.

abordado por esta investigación. De hecho, la magnitud de casos en esta jurisdicción es tal que fueron necesarias ciertas restricciones a la hora de la selección y análisis de casos a los fines de hacer de ello una empresa factible en una investigación cualitativa como la presente. En primer lugar, se decidió limitar el universo de casos a aquellos relativos a la jurisdicción federal, lo que excluye iniciativas desarrolladas en los distintos y numerosos foros estatales que existen en este país. En segundo lugar, se lo restringió a aquellos cuyo foco está en la interpretación y aplicación de la mencionada NEPA (*NEPA litigation*), es decir casos sobre el procedimiento de evaluación ambiental de acciones federales, lo que deja fuera de este estudio litigios que hayan ensayado un enfoque diferente para el cuestionamiento de los impactos climáticos de proyectos. A pesar de estos recortes, los litigios que quedan comprendidos en el universo estudiado son, a la vez, cuantiosos y relevantes[920].

Sobre lo primero, la magnitud de casos supera largamente a la de todos los demás conjuntos analizados de otras jurisdicciones e implica un desafío en lo que a su selección y análisis respecta[921]. Por ello, a diferencia de lo que sucede con el resto de las jurisdicciones, este apartado saca provecho, para la selección y examen de casos, de doctrina que ha analizado específicamente cuestiones que son de interés aquí y que ha identificado las resoluciones más relevantes y representativas. Específicamente, destacan una serie de aportaciones doctrinales de Michael Gerrard[922], Michael Burger y Jessica Wentz[923].

Sobre lo segundo, debe alertarse que la mencionada normativa NEPA regula, en lo que aquí interesa, los procesos de evaluación am-

---

920 En su estudio de casos hasta 2010, Markell y Ruhl observaban que "*...the overwhelming majority of climate change litigation matters are concentrated in claims involving substantive challenges to agency permits and rules and in claims challenging agency environmental impact assessments...*"; Markell y Ruhl, "An Empirical Assessment...", op. cit., p. 38.

921 Al día 24 de mayo de 2021, se identificaban 305 casos sobre NEPA de acuerdo con las bases de datos del Sabin Center; Sabin Center for Climate Change Law y Arnold & Porter, Climate Change Litigation Databases, op. cit.

922 Gerrard, M, "Climate Change and the Environmental...", op. cit.

923 Burger, M. y Wentz, J., "Downstream and Upstream Greenhouse Gas Emissions...", op. cit.; Burger, M. y Wentz, J., "Evaluating the Effects of Fossil Fuel Supply Projects...", op. cit.

biental de acciones federales relativas a la producción e infraestructura de transporte de combustibles fósiles. En este sentido, los casos estudiados refieren a la evaluación de concesiones para la exploración y explotación de carbón, petróleo y gas sobre tierras y aguas públicas federales, como también de desarrollos de ductos (petróleo y gas) y viales ferroviarios (carbón) y de terminales para la exportación de estos productos. Asimismo, pueden requerir de evaluación ambiental en los términos de NEPA otro tipo de acciones relacionadas con la oferta de combustibles fósiles como, por ejemplo, decisiones sobre financiación de proyectos en el exterior o propuestas a nivel reglamentario o programático. Todas estas actividades son relevantes ya que la extracción de combustibles fósiles sobre tierras públicas federales constituye el 24% de las emisiones de GEI de Estados Unidos. Si estas tierras fueran por sí solas un estado, sus emisiones ocuparían el quinto lugar del ranking mundial. En este sentido, se ha alegado que desarrollos futuros de los combustibles que se encuentran en tierras federales estadounidenses aún no explotadas representarían una 'bomba de carbono' con la capacidad de llevar por sí solos al cambio climático global a niveles catastróficos[924].

En lo que hace al marco normativo de los casos, una serie de reglamentaciones, originarias de 1978, desarrollan la implementación de NEPA, a partir de reglas vinculantes para las distintas agencias intervinientes en los procesos de autorización. A la par, una variedad de guías emitidas por el Council of Environmental Quality (CEQ), en calidad de recomendaciones, complementan el panorama regulatorio. Siendo que, como se mencionó, NEPA constituye la norma seminal a partir de la cual proliferó universalmente la EIA como herramienta de gestión ambiental, el análisis de esta jurisprudencia y sus interpretaciones sobre la norma tiene un valor adicional en el estudio comparado de la cuestión.

Debe alertarse aquí que esta estructura de reglamentaciones y recomendaciones fue parcialmente desarmada por la Administración

---

924 Véase, por ejemplo, United States District Court for the District of Columbia: WildEarth Guardians et al. v. David Bernhardt et al., Case No. 1:20-cv-00056 (complaint for declaratory judgment and injuctive relief of 9 January 2020), p. 2.

Trump en los últimos años. Por un lado, se derogó la guía de CEQ para la consideración del cambio climático bajo NEPA y se emitió un nuevo borrador más restrictivo[925], por otro, en julio de 2020, se reformaron las reglamentaciones de NEPA[926]. Este cambio regulatorio no es ajeno a la jurisprudencia analizada a continuación, sino más bien todo lo contrario, pues uno de sus objetivos evidentes fue el de desarticular el andamiaje de estándares jurídicos relativos a la forma en que las agencias deben abordar en sus EIA las contribuciones al cambio climático de las acciones federales[927].

En cuanto a los alegatos de los demandantes que aquí importan, estos pueden resumirse, a grandes rasgos, en el argumento de que las diferentes agencias federales no han realizado un análisis adecuado de los impactos climáticos de las acciones bajo NEPA, específicamente de sus emisiones de GEI. Al respecto, se sostiene que es deber de las agencias realizar un '*hard look*' sobre los impactos directos, indirectos y acumulativos, los que incluirían las emisiones de GEI *downstream* (de flujo descendiente) y *upstream* (de flujo ascendente) de las acciones federales. Entre los errores atribuidos se enumeran la falta de inclusión de estas emisiones como impactos, de su cuantificación y/o de una valoración adecuada de su relevancia, a partir de análisis arbitrarios o no razonables (v. gr., mediante la utilización de paráme-

---

925 Council of Environmental Quality, *Draft National Environmental Policy Act Guidance on Consideration of Greenhouse Gas Emissions*, 26 de junio de 2019, <https://www.govinfo.gov/content/pkg/FR-2019-06-26/pdf/2019-13576.pdf> [Última consulta, 14 de abril de 2021]

926 Council of Environmental Quality, Regulations for Implementing the Procedural Provisions of the National Environmental Policy Act (Redline), disponible en: <https://ceq.doe.gov/docs/laws-regulations/ceq-final-rule-redline-changes-2020-07-16.pdf> [Última consulta, 1 de octubre de 2020]

927 Sabin Center for Climate Change Law, *CEQ Finalizes NEPA Regulation Amendments*, <https://climate.law.columbia.edu/content/ceq-finalizes-nepa-regulation-amendments> [Última consulta, 30 de septiembre de 2020]; debe destacarse que se han presentado algunas demandas cuestionando la nueva regulación; por ejemplo, *Alaska Community Action On Toxics v. Council on Environmental Quality (United States District Court for the Northern District of California, Complaint for Declaratory and Injunctive Relief of 29 July 2020); Wild Virginia v. Council on Environmental Quality (United States District Court for the Western District of Virginia, Complaint of 29 July 2020);* como es de público conocimiento, unos meses más tarde, la Administración federal cambiaría de manos y de signo político, por lo que es posible que se produzca un nuevo cambio regulatorio.

tros o supuestos inadecuados). Estos errores, según los demandantes, repercutirían en la validez de las evaluaciones realizadas[928].

A partir de esto, es posible dividir el análisis del universo de casos de acuerdo con tres grandes cuestiones que han ocupado los desarrollos jurisprudenciales. En primer lugar, la cuestión básica de si las agencias deberían considerar los impactos de las acciones federales sobre el sistema climático a la hora de llevar adelante sus evaluaciones. En segundo lugar, la cuestión más específica sobre la extensión de los impactos sobre el sistema climático a considerar. Y, en tercer lugar, la cuestión de la valoración de la relevancia de las emisiones de GEI como impactos ambientales. Antes de pasar al análisis de estas cuestiones, la Tabla 4 presenta un listado de los casos examinados.

Tabla 4. Listado de casos seleccionados en jurisdicción de Estados Unidos

	Casos	Tipo de propuesta	Resoluciones
ESTADOS UNIDOS (selección de casos a partir de Gerrard (2008) y Burger y Wentz (2017, 2020))	City of Los Angeles v. National Highway Traffic Safety Administration	Estándar de eficiencia energética	24/08/1990 (Court of Appeals, Columbia Circuit)
	Border Power Plant Working Group v. Department of Energy	Líneas de transmisión de electricidad transfronterizas	02/05/2003 (Southern District Court of California)
	Mid States Coalition for Progress v. Surface Transportation Board	Infraestructura de transporte (vías de ferrocarril) para carbón	02/10/2003 (Court of Appeals, 8th Circuit)
	Friends of the Earth v. Mosbacher	Créditos de exportación para proyectos de combustibles fósiles	30/03/2007 (Nothern District of California)

928 Véase por ejemplo, UNITED STATES DISTRICT COURT FOR THE DISTRICT OF COLORADO: High Country Citizen's Alliance et al. v. U.S. Forest Service, et al., Civil Action 13-cv-01723 (complaint for declaratory and injunctive relief and petition for review of agency action of 2 July 2013); UNITED STATES DISTRICT COURT FOR THE DISTRICT OF MONTANA, GREAT FALLS DIVISION: Northern Plains Resource Council et al. v. Shannon et al. CV 17-31-GF-BMM (first amended complaint for declaratory and injunctive relief of 24 May 2017); UNITED STATES DISTRICT COURT FOR THE DISTRICT OF NEW MEXICO: WildEarth Guardians v. David Bernhardt et al., Case No. 1:19-CV-00505 (petition for review of agency action of 3 June 2019).

	Casos	Tipo de propuesta	Resoluciones
ESTADOS UNIDOS (selección de casos a partir de Gerrard (2008) y Burger y Wentz (2017, 2020)	Center for Biological Diversity v. National Highway Traffic Safety Administration	Estándar de eficiencia energética	15/11/2007 (Court of Appeals 9th Circuit)
			18/08/2008 (Court of Appeals, 9th Circuit)
	Northern Plains Resources Council v. Surface Transportation Board	Infraestructura de transporte (vías de ferrocarril) para carbón	29/12/2011 (Court of Appeals, 9th Circuit)
	High Country Conservation Advocates v. U.S. Forest Services	Acciones relativas a la expansion de una mina de carbon	27/06/2014 (District Court of Colorado)
	Diné Citizens Against Ruining Our Environment v. U.S. Office of Surface Mining, Reclamation and Enforcement	Expansión de una mina de carbón (no refiere a emisiones de GEI)	02/03/2015 (District Court of Colorado)
	WildEarth Guardians v. U.S. Office of Surface Mining, Reclamation and Enforcement	Enmienda de planes de minería de carbón (no refiere a emisiones de GEI)	08/05/2015 (District Court of Colorado)
	WildEarth Guardians v. U.S. Office of Surface Mining, Reclamation and Enforcement	Enmienda de planes para expansión de mina de carbón (no refiere a emisiones de GEI) (misma propuesta que WildEarth v. Zinke)	23/10/2015 (District Court of Montana, Billing Division)
	WildEarth Guardians v. U.S. Forest Services	Concesiones para la explotación de carbón	17/08/2015 (District Court of Wyoming)
			15/09/2017 (Courts of Appeals 10th Circuit) (WildEarth Guardians v. U.S. BLM)
	Montana Environmental Information Center v. U.S. Office of Surface Mining, Reclamation and Enforcement	Modificación de plan de minería de carbón (misma propuesta que 350 Montana v. Bernhardt)	14/08/2017 (District Court of Montana, Missoula Division)

	Casos	Tipo de propuesta	Resoluciones
ESTADOS UNIDOS (selección de casos a partir de Gerrard (2008) y Burger y Wentz (2017, 2020)	Sierra Club v. Department of Energy	Exportaciones de gas natural licuado	15/08/2017 (Court of Appeals D. Columbia Circ.)
	Sierra Club v. Federal Energy Regulatory Commission	Gasoducto	22/08/2017 (Court of Appeals D. Columbia Circ.)
	Western Organization of Resource Councils v. U.S. Bureau of Land Management	Plan de manejo de recursos de gas, petróleo y carbón	26/03/2018 (District Court of Montana, Great Falls Division)
	San Juan Citizens Alliance v. U.S. Bureau of Land Management	Concesiones para la explotación de gas y petróleo	14/06/2018 (District Court of New Mexico)
	High Country Conservation Advocates v. U.S. Forest Services	Acciones relativas a la explotación de una mina de carbón	10/08/2018 (District Court of Colorado)
			02/03/2020 (Court of Appeals, 10th Circuit)
	Wilderness Workshop v. U.S. Bureau of Land Management	Plan de manejo de recursos de petróleo y gas	17/10/2018 (District Court of Colorado)
	Indigenous Environmental Network v. U.S. Department of State	Infraestructura de transporte de combustibles fósiles (Keystone XL Pipeline)	08/11/2018 (District Court of Montana)
	WildEarth Guardians v. Zinke	Enmienda de planes para la expansión de mina de carbón (misma propuesta de WildEarth v. U.S. OSMRE)	11/02/2019 (District Court of Montana)
			03/02/2021 (District Court of Montana)
	WildEarth Guardians v. Zinke	Concesiones para la explotación de gas y petróleo	19/03/2019 (District Court of Colorado)
	Citizens for a Healthy Community v. U.S. Bureau of Land Management	Autorizaciones para explotación de gas y petróleo	27/03/2019 (District Court of Colorado)
	350 Montana v. Bernhardt	Modificación de plan de minería de carbón	09/03/2020 (District Court of Montana)

	Casos	Tipo de propuesta	Resoluciones
ESTADOS UNIDOS (selección de casos a partir de Gerrard (2008) y Burger y Wentz (2017, 2020))	Gulf Restoration v. Zinke	Explotación de gas y petróleo *offshore*	21/04/2020 (District Court of Columbia)
	WildEarth Guardians v. U.S. Bureau of Land Management	Concesiones para la explotación de gas y petróleo	01/05/2020 (District Court of Montana, Great Falls Division)
	WildEarth Guardians v. Bernhardt	Concesiones para la explotación de gas y petróleo	18/08/2020 (District Court of New Mexico)
	WildEarth Guardians v. Bernhardt	Concesiones para la explotación de gas y petróleo	23/10/2020 (District Court of Columbia)
	Center for Biological Diversity v. Bernhardt	Concesiones para la explotación de gas y petróleo *offshore*	07/12/2020 (Court of Appeals, 9th Circuit)
	Vecinos para el bienestar de la comunidad costera v. Federal Energy Regulatory Commission	Terminal de exportación para gas natural licuado	03/08/2021 (Court of Appeals, Columbia Circuit)
	Friends of the Earth v. Haaland	Concesiones para la explotación de gas y petróleo *offshore*	27/01/2022 (District Court of Columbia)

3.1.1. La consideración de los impactos sobre el sistema climático

La cuestión más básica sobre si las agencias debían o no considerar los impactos sobre el sistema climático de las acciones en los procesos reglados por NEPA fue abordada por una serie de casos tempranos, dentro de los que se incluye el primer litigio identificado como climático a nivel global resuelto en 1990. En estos primeros casos, los tribunales aceptaron, interpretando la reglamentación de NEPA, que los impactos sobre el sistema climático de una variada gama de acciones representaban una cuestión apropiada a ser evaluada por las agencias en los procesos de EIA, a pesar de que la normativa no hiciera ninguna mención expresa de esta problemática ambiental[929].

---

[929] Gerrard, "Climate Change and the Environmental...", op. cit., p. 20.

De acuerdo con Gerrard, destacan en esta primera etapa los casos siguientes[930]:

- *City of Los Angeles v. National Highway Traffic Safety Administration* (1990)[931].
- *Border Power Plant Working Group v. Department of Energy* (2003)[932].
- *Mid States Coalition for Progress v. Surface Transportation Board* (2003)[933].
- *Friends of the Earth, Inc. v. Mosbacher* (2007)[934].
- *Center for Biological Diversity v. National Highway Traffic Safety Administration* (2007, 2008)[935].

Estos trataron sobre un abanico de acciones, a saber, la estipulación de estándares de eficiencia energética, la financiación internacional de proyectos y el desarrollo de proyectos de líneas de transmisión de electricidad y de infraestructura de transporte de carbón. Debe observarse que no existieron diferencias en lo que aquí intere-

---

930 Ídem, 20, 21.

931 UNITED STATES COURT OF APPEALS FOR THE DISTRICT OF COLUMBIA CIRCUIT: City of Los Angeles et al. v. National Highway Traffic Safety Administration et al., No: 86-1649, 86-1651, 86-1652. 89-1277, 89-1403, (opinion of 24 August 1990), op. cit.

932 UNITED STATES DISTRICT COURT FOR THE SOUTHERN DISTRICT OF CALIFORNIA: Border Power Plant Working Group v. Department of Energy, et al. Case No. 02-CV-513-IEG (POR), (opinion of 2 May 2003).

933 UNITED STATES COURT OF APPEALS FOR THE EIGHTH CIRCUIT: Mid States Coalition for Progress v. Surface Transportation Board, No. 02-1359, 02-1481, 02-1482, 02-1767, 02-1785, 02-1792, 02-1794, 02-1804, 02-1863, (opinion of 2 October 2003).

934 UNITED STATES DISTRICT COURT FOR THE NORTHERN DISTRICT OF CALIFORNIA: Friends of the Earth, Inc. et al. v. Robert Mosbacher Jr. et al., No. C 02-04106 JSW (opinion and order of 30 March 2007); donde la Corte sostuvo que NEPA requiere a las agencias considerar los impactos de las emisiones de GEI de proyectos de combustible fósiles que estas soporten en países en desarrollo.

935 UNITED STATES COURT OF APPEALS FOR THE NINTH CIRCUIT: Center for Biological Diversity v. National Highway Traffic Safety Administration, No. 06-71891, 06-72317, 06-72641. 05-72694, 06-73807, 06-73826, (opinion of 15 November 2007; opinion and order of 18 August 2008).

sa entre el análisis de acciones programáticas o de políticas y el de proyectos particulares[936].

De las resoluciones de estos casos, destaca la de *City of Los Angeles v. National Highway Traffic Safety Administration* (1990), al incluir ya en ese entonces una discusión sobre el calentamiento global y su carácter de daño ambiental serio a ser considerado en la evaluación ambiental:

> *Given the broad congressional mandate of NEPA, it can hardly be argued that NRDC's concerns about global warming do not fall within the zone of interest of NEPA... The environmental problems associated with increases in global temperatures may be complex, but the resultant harms are real and undisputed enough to fall within the areas of specific congressional concern*[937].

Asimismo, esta resolución se destaca al rechazar que pueda ignorarse la cuestión debido al carácter acumulativo e incremental de sus impactos:

> *...the evidence in the record suggests that we cannot afford to ignore even modest contributions to global warming. If global warming is the result of the cumulative contributions of myriad sources, any one modest in itself, is there not a danger of losing the forest by closing our eyes to the felling of the individual trees?*[938]

Esto fue recordado, ya mucho más cerca en el tiempo, por la Court of Appeal (9th Circuit) en su categórica afirmación en el caso *Center for Biological Diversity v. National Highway Traffic Safety Administration* (2007): *"The impact of greenhouse gas emissions on climate change is precisely the kind of cumulative impacts analysis that NEPA requires agencies to conduct"*[939].

---

936 Weiland, P., Horton, R. y Beck, E., "Environmental Impact Review", en Gerrard, M. y Freeman, J. (eds), "Global Climate Change and U.S. Law", American Bar Association, 2014, p. 161.

937 United States Court of Appeals for the District of Columbia Circuit: City of Los Angeles et al. v. National Highway Traffic Safety Administration et al., No: 86-1649, 86-1651, 86-1652. 89-1277, 89-1403, (opinion of 24 August 1990), op. cit., párr. 74.

938 Ídem, párr. 105.

939 United States Court of Appeals for the Ninth Circuit: Center for Biological Diversity v. National Highway Traffic Safety Administration, No. 06-71891,

De esta manera, la consideración de los impactos sobre el sistema climático de las acciones sería un requisito nacido de los lineamientos regulatorios que solicitaban considerar los impactos de carácter acumulativo de las acciones propuestas[940]. Debe observarse que la regulación de NEPA exigía, para la consideración de este tipo de impactos, que sean 'razonablemente previsibles', algo que podría ponerse en entredicho ante cierta incertidumbre causal. Sin embargo, el CEQ aceptó tempranamente que, dada la evidencia científica al respecto, el cambio climático era un hecho 'razonablemente previsible' y, por ello, que podía ser evaluado en los documentos exigidos por la normativa[941], algo refrendado por la jurisprudencia[942].

3.1.2. La extensión de la consideración de los impactos sobre el sistema climático

Establecida en esta primera etapa la pertinencia y necesidad de incluir análisis sobre los impactos climáticos de los proyectos en los procesos bajo NEPA, la segunda cuestión a resolver por los tribunales fue la de la extensión que estas evaluaciones debían tener, específi-

---

06-72317, 06-72641. 05-72694, 06-73807, 06-73826, (opinion of 15 November 2007; opinion and order of 18 August 2008), op. cit., párr. 22.

940 Véase OWEN, D., "Climate Change and Environmental Assessment Law", *Columbia Journal of Environmental Law,* Vol. 33, 2008, p. 57, interpretando del mismo modo la 'NEPA' californiana.

941 GERRARD, "Climate Change and the Environmental…", op. cit., p. 20 sobre un borrador de guía de implementación de NEPA publicado por el CEQ en 1997.

942 En su momento, una reglamentación promovida por la Administración Trump eliminó cualquier referencia a impactos acumulativos, con el fin explícito de evitar que las agencias discutan los impactos sobre el cambio climático de las acciones; EWING, K., et al., *Trump Administration Publishes Final Revisions to NEPA Regulations,* Energy Legal Blog, 16 de julio de 2020, <https://www.energylegalblog.com/blog/2020/07/16/trump-administration-publishes-final-revisions-nepa-regulations-0#.XxGt2oj7JR4.twitter> [Última consulta, 30 de septiembre de 2020]; la Administración Biden volvió a modificar estas reglas para garantizar una mayor consideración de los impactos climáticos, THE WHITE HOUSE, "Biden-Harris Administration Releases New Guidance to Disclose Climate Impacts in Environmental Reviews", 6 January 2023 <https://www.whitehouse.gov/ceq/news-updates/2023/01/06/biden-harris-administration-releases-new-guidance-to-disclose-climate-impacts-in-environmental-reviews/> [Última consulta, 26 de mayo de 2023]

camente, si debían incluirse en ellos solo los impactos (emisiones de GEI) directos de la acción evaluada o si correspondía también incluir otro tipo de impactos de alguna forma relacionados. Esta cuestión, como se verá también en los análisis de otras jurisdicciones, es relevante en tanto determinados proyectos, especialmente los de extracción de combustibles fósiles, pueden producir cantidades no significativas de emisiones de manera directa, pero son determinantes para la liberación de grandes magnitudes de GEI por otras actividades *downstream*, particularmente mediante la quema de los combustibles fósiles.

Sobre esto, los tribunales fueron desarrollando ciertos estándares a partir de la interpretación de NEPA y sus regulaciones, específicamente, de las disposiciones que definían qué tipo de impactos las agencias debían considerar. En especial, en lo que aquí interesa, la jurisprudencia se pronunció sobre las exigencias de considerar efectos 'indirectos', causados por la acción pero que pueden ocurrir con cierta dilación temporal y distanciamiento geográfico, siendo aun así razonablemente previsibles[943], e impactos 'acumulativos', resultado del impacto incremental de las acciones evaluadas al agregarse a otras acciones pasadas, presentes y futuras razonablemente previsibles, sin importar qué agencia (federal o no) o persona lleve adelante tal acción[944]. A continuación, se abordan los desarrollos más relevantes a partir de estos dos requisitos[945].

---

943 Council of Environmental Quality, Regulations for Implementing the Procedural Provisions of the National Environmental Policy Act, Reprint, 40 CFR Parts 1500-1508 (2005), disponible en: <https://www.energy.gov/sites/default/files/NEPA-40CFR1500_1508.pdf> [Última consulta, 15 de agosto de 2021], 1508.8.

944 Ídem, 1508.7.

945 Burger y Wentz especulan, además, sobre la posibilidad de que el requisito de considerar impactos de 'acciones relacionadas' (1508.25.(a)(1)) pueda utilizarse en la litigación climática; Burger, y Wentz, "Downstream and Upstream Greenhouse Gas Emissions...", op. cit., p. 169-174; Burger, y Wentz, "Evaluating the Effects of Fossil Fuel Supply Projects...", op. cit. p. 440, 475-488.

3.1.2.1. Emisiones de GEI como efectos 'indirectos' de las acciones

De acuerdo con las reglamentaciones y la jurisprudencia, para ser entendido como 'indirecto', un impacto (emisión de GEI) debe tener un nexo causal con la propuesta y, a la vez, ser 'razonablemente previsible'. Un nexo causal suficiente existe si la acción propuesta es causa *sine qua non* del impacto (*but for rule*) y si se comprueba una relación causal razonablemente cercana semejante a la causa próxima (*proximate cause*) del derecho de daños[946]. Un impacto es 'razonablemente previsible' (*reasonably foreseeable*) si la probabilidad de su ocurrencia es suficiente como para que una persona de prudencia ordinaria lo tenga en cuenta al tomar la decisión (*sufficiently likely to occur that a person of ordinary prudence would take it into account in reaching a decision*)[947].

Según explican Burger y Wentz, algunos de los factores relevantes para llevar a cabo este análisis son la probabilidad del impacto, la utilidad de la información sobre el mismo para la toma de decisión y el hecho de que la ausencia de tal información imposibilite su consideración posterior. Las agencias deberían, sin recurrir a la adivinación, utilizar una predicción y especulación razonable para evaluar los impactos, incluso donde exista incerteza sobre su naturaleza u oportunidad, procurarse la información necesaria al respecto cuando esté disponible y atender a aquella provista por el público[948].

A partir de estos estándares, los tribunales fueron expidiéndose sobre si emisiones de GEI indirectas, *downstream* o *upstream*, de los proyectos debían ser consideradas en las evaluaciones de acciones federales en los términos de NEPA. En lo que respecta a proyectos de extracción de combustibles fósiles, varias resoluciones comenzaron a delinear una respuesta:

---

946 Ídem, p. 455, mencionan el caso *Department of Transportation v. Public Citizens (Supreme Court of the United States, judgment of 7 June 2004).*

947 Ídem, mencionan el caso *City of Shoreacres et al. v. Waterworth et al (United States Court of Appeals, Fifth Circuit, judgment of 8 August 2005).*

948 Ídem, mencionan los casos *Sierra Club et al. v. Marsh et al. (United States Court of Appeal, First Circuit, judgment of 30 September 1992)*; *Scientists' Institute for Public Information, Inc. v. Atomic Energy Commission et al. (United States Court of Appeals, District of Columbia Circuit, judgment of 12 June 1973).*

- *High Country Conservation Advocates v. U.S. Forest Services* (2014)[949].
- *Diné Citizens against Ruining Our Environment v. U.S. Office of Surface Mining, Reclamation and Enforcement* (2015)[950].
- *WildEarth Guardians v. U.S. Office of Surface Mining, Reclamation and Enforcement* (Colorado, 2015)[951].
- *WildEarth Guardians v. U.S. Office of Surface Mining, Reclamation and Enforcement* (Montana, 2015)[952].
- *WildEarth Guardians v. U.S. Forest Service* (2015)[953].

En los primeros cuatro casos, los tribunales determinaron que las agencias habían fallado en realizar una observación detenida (*hard look*) de las emisiones *downstream* relativas a la combustión de carbón como 'efectos indirectos' de las acciones, mientras que, en el último, la Corte sostuvo que el análisis de la agencia era adecuado debido, en parte, a que había informado la cantidad de emisiones de este origen. Las cinco resoluciones refirieron a acciones relativas a la minería de carbón, pero tan solo la primera y la última específicamente a emisiones de GEI[954]. Un segundo conjunto de resoluciones ha ido reforzando y detallando este entendimiento:

---

949 UNITED STATES DISTRICT COURT FOR THE DISTRICT OF COLORADO: High Country Conservation Advocates, et al. v. United States Forest Services et al., Civil Action No. 13-cv-01723-RBJ (order of 27 June 2014).

950 UNITED STATES DISTRICT COURT FOR THE DISTRICT OF COLORADO: Diné Citizens Against Ruining Our Environment, et al. v. United States Office of Surface Mining, Reclamation and Enforcement, et al., Civil Action No. 12-cv-01275-JLK (memorandum opinion and order of 2 March 2015).

951 UNITED STATES DISTRICT COURT FOR THE DISTRICT OF COLORADO: WildEarth Guardians v. United States Office of Surface Mining, Reclamation and Enforcement, et al., Civil Action No. 13-cv-00518-RBJ (judgment of 8 May 2015).

952 UNITED STATES DISTRICT COURT FOR THE DISTRICT OF MONTANA, BILLINGS DIVISION: WildEarth Guardians v. U.S. Office of Surface Mining, Reclamation and Enforcement, CV 14-13-BLG-SPW-CSO, CV-14-103-BLG-SPW-CSO, (finding and recommendations of 23 October 2015).

953 UNITED STATES DISTRICT COURT FOR THE DISTRICT OF WYOMING: WildEarth Guardians et al. v. United States Forest Service, Case No. 12-CV-85-ABJ, 13-CV-42-ABJ, 13-CV-90-ABJ (opinion and order of 17 August 2015).

954 La inclusión de estos casos que no hacen referencia a emisiones de GEI es una excepción a la metodología planteada previamente que se justifica en la relevancia que la doctrina les ha otorgado en la construcción de la interpretación de NEPA.

- *Montana Environmental Information Center v. U.S. Office of Surface Mining* (2017)[955].
- *WildEarth Guardians v. U.S. Bureau of Land Management* (2017)[956].
- *Western Organization of Resource Councils v. U.S. Bureau of Land Management* (2018)[957].
- *San Juan Citizens Alliance v. U.S. Bureau of Land Management* (2018)[958].
- *Wilderness Workshop v. U.S. Bureau of Land Management* (2018)[959].
- *WildEarth Guardians v. Zinke* (Montana, 2019[960], 2021[961]).
- *WildEarth Guardians v. Zinke* (Columbia, 2019)[962].

955 UNITED STATES DISTRICT COURT FOR THE DISTRICT OF MONTANA, MISSOULA DIVISION: Montana Environmental Information Center v. U.S. Office of Surface Mining, et al., CV 15-106-M-DWM (order of 14 August 2017).

956 UNITED STATES COURT OF APPEALS, TENTH CIRCUIT: WildEarth Guardians, et al. v. United States Bureau of Land Management, No. 15-81109 (opinion of 15 September 2017).

957 UNITED STATES DISTRICT COURT FOR THE DISTRICT OF MONTANA, GREAT FALLS DIVISION: Western Organization of Resource Councils, et al., v. U.S. Bureau of Land Management, et al., CV 16-21-GF-BMM (opinion and amended order of 26 March 2018).

958 UNITED STATES DISTRICT COURT FOR THE DISTRICT OF NEW MEXICO: San Juan Citizens Alliance, et al., v. United States Bureau of Land Management, et al., No. 16-cv-376-MCA-JHR (memorandum opinion and order of 14 June 2018).

959 UNITED STATES DISTRICT COURT FOR THE DISTRICT OF COLORADO: Wilderness Workshop, et al., v. United States Bureau of Land Management, et al., Civil Action No. 1:16-cv-01822-LTB (memorandum opinion and order of 17 October 2018).

960 UNITED STATES DISTRICT COURT FOR THE DISTRICT OF MONTANA, BILLINGS DIVISION: WildEarth Guardians et al. v. Ryan Zinke et al., CV 17-80-BLG-SPW-TJC, (findings and recommendations of 11 February 2019).

961 UNITED STATES DISTRICT COURT FOR THE DISTRICT OF MONTANA, BILLINGS DIVISION: WildEarth Guardians et al. v. David Bernhardt et al., CV 17-80-BLG-SPW (order re magistrate's finding and recommendations of 3 of February 2021).

962 UNITED STATES DISTRICT COURT FOR THE DISTRICT OF COLUMBIA: WildEarth Guardians et al., v. Zinke, et al., Civil Action No.: 16-1724 (RC), (memorandum opinion of 19 March 2019).

- *Citizens for a Healthy Community. v. U.S. Bureau of Land Management* (2019)[963].
- *WildEarth Guardians v. U.S. Bureau of Land Management* (2020)[964].

A diferencia de las resoluciones del conjunto anterior, en todas estas sí se discutió explícitamente la consideración de las emisiones de GEI y sus efectos sobre el sistema climático, clarificándose que una amplia consideración de las emisiones de GEI debe realizarse sin importar el tipo de combustible (carbón, petróleo o gas), el tipo de propuesta (a nivel proyecto, a nivel planes o programas), el tipo de evaluación bajo NEPA (completa o simplificada) o el tipo de emisiones *downstream* (combustión, procesamiento, transporte, CO_2, otros GEI, etc.) de que se trate[965].

En lo que hace a proyectos de infraestructura de transporte de combustibles fósiles, también varias resoluciones se han expedido sobre esta cuestión. En primer lugar, pueden resaltarse dos casos tempranos sobre ferrocarriles para el transporte de carbón. En el ya mencionado *Mid States Coalition for Progress v. Surface Transportation Board* (2003), la Corte de Apelaciones (8th Circuit) requirió a la agencia considerar las emisiones *downstream* de la combustión del producto transportado[966] y en *Northern Plains Resource Council Inc. v. Surface Transportation Board* (2011) la Corte de Apelaciones (9th Circuit) solicitó la consideración de las emisiones *upstream* de la minería del carbón[967].

---

963 United States District Court for the District of Colorado: Citizens for a Healthy Community, et al. v. United States Bureau of Land Management, et al., Civil Case No. 1:17-cv-025519-LTB-GPG (judgment of 27 March 2019).

964 United States District Court for the District of Montana, Great Falls Division: WildEarth Guardians, et al. v. U.S. Bureau of Land Management et al., CV-18-73-GF-BMM (order of 1 May 2020).

965 Burger, y Wentz, "Evaluating the Effects of Fossil Fuel Supply Projects…", op. cit. p. 459 y ss.

966 United States Court of Appeals for the Eighth Circuit: Mid States Coalition for Progress v. Surface Transportation Board, No. 02-1359, 02-1481, 02-1482, 02-1767, 02-1785, 02-1792, 02-1794, 02-1804, 02-1863, (opinion of 2 October 2003), op. cit.

967 United States Court of Appeals for the Ninth Circuit: Northern Plains Resource Council et al. v. The Surface Transportation Board et al., No. 97-70037, 97-70099, 97-70217, 07-74348 (opinion of 29 December 2011).

En segundo lugar, en relación con propuestas de gasoductos, es posible resaltar el caso *Sierra Club v. Federal Energy Regulatory Commission* (2017) donde la Corte de Apelaciones (Columbia Circuit) resolvió que las emisiones *downstream* del proyecto debían considerarse y cuantificarse ya que eran efectos 'indirectos', más que razonablemente previsibles (*'the project's entire purpose'*) y consecuencia de la autorización[968]. Mientras que, respecto a emisiones *upstream*, los tribunales han encontrado adecuada su consideración en los casos *Sierra Club v. U.S. Department of Energy* (2017) sobre emisiones de exportaciones de gas natural licuado[969] e *Indigenous Environmental Network v. U.S. Department of State* (2018) sobre el famoso ducto Keystone XL[970].

De este modo, los tribunales han concluido que las emisiones *downstream* de la extracción de combustibles fósiles —procesamiento, transporte y consumo (combustión)— y las *downstream* y *upstream* de la infraestructura para su transporte deben ser consideradas, en los términos de NEPA, como efectos 'indirectos' de las propuestas. Estas emisiones deben ser cuantificadas cuando ello sea posible, lo que en general sucede cuando las agencias cuentan con estimaciones sobre la cantidad de producto a extraer o transportar. En este sentido, se ha entendido que existe un nexo causal suficiente entre la autorización de estas acciones y las emisiones de GEI de toda la cadena de suministro de combustible fósil, siendo efectos razonablemente previsibles[971].

---

968 United States Court of Appeals for the District of Columbia Circuit: Sierra Club, et al. v. Federal Energy Regulatory Commission, et al., No. 16-1329 (opinion of 22 August 2017), p. 19.

969 United States Court of Appeals for the District of Columbia Circuit: Sierra Club v. United States Department of Energy, No. 15-1489 (opinion of 15 August 2017).

970 United States District Court for the District of Montana, Great Falls Division: Indigenous Environmental Network, et al. v. United States Department of State, et al., CV-17-29-GF-BMM, CV-17-31-GF-BMM (order of 8 November 2018); estableciendo límites a este estándar, véase *Birckhead v. Federal Energy Regulatory Commission (United States Court of Appeals for the District of Columbia Circuit, opinion of 4 June 2019);* Burger y Wentz, "Evaluating the Effects of Fossil Fuel Supply Projects…", op. cit. p. 466-470.

971 Burger, y Wentz, "Downstream and Upstream Greenhouse Gas Emissions…", op. cit.; Burger, y Wentz, "Evaluating the Effects of Fossil Fuel Supply Projects…", op. cit. p. 466.

Burger y Wentz explican que, en contra de este entendimiento, se han esgrimido tres argumentos principales, los que han sido desechados por los tribunales pero que vale la pena mencionar. El primero, que llaman el del '*statu quo*', surgió en el contexto de evaluaciones de expansiones de minas de carbón y consiste en la alegación de que con tal acción no se incrementaría la tasa de extracción del producto y, por ello, de su consumo (combustión), no debiéndose considerar, entonces, sus efectos. Los tribunales, sin embargo, lo han rechazado sosteniendo que la operación continúa de las minas sí genera emisiones adicionales en el tiempo, incluso si no cambia la tasa de extracción[972]. Así, lo determinó la Corte Distrital de Colorado en el caso *Diné Citizens Against Ruining Our Environment v. U.S. Office of Surface Mining, Reclamation and Enforcement* (2015):

> *Even if the proposed expansion will not result in an increase to the rate of coal combustion at the Four Corners Power Plant, it will result in the combustion of an additional 12.7 million tons of coal over the term of the coal supply contract*[973].

El segundo argumento es el de la sustitución perfecta de emisiones (MSA) por el que se alega que la autorización de una nueva fuente de extracción de combustibles fósiles no causará un incremento de su consumo ya que, si la agencia no lo hace, la misma cantidad de combustible será igualmente producida en otro lugar y, eventualmente, consumida. En *High Country Conservation Advocates v. U.S Forest Services* (2014), la Corte Distrital de Colorado rechazó este argumento como ilógico debido a que incrementar la oferta de carbón afectaría el precio y demanda del producto en relación con otras fuentes energéticas[974]. Este rechazo fue compartido por otros tribu-

---

972 Ídem, p. 457, 458; los autores refieren aquí también al caso *South Fork Band Council of Western Shoshone of Nevada, et al. v. United States Department of Interior et al (United States Court of Appeal, Ninth Circuit, judgment of 3 December 2009).*

973 United States District Court for the District of Colorado: Diné Citizens Against Ruining Our Environment, et al. v. United States Office of Surface Mining, Reclamation and Enforcement, et al., Civil Action No. 12-cv-01275-JLK (memorandum opinion and order of 2 March 2015), op. cit., p. 16.

974 United States District Court for the District of Colorado: High Country Conservation Advocates, et al. v. United States Forest Services et al., Civil Action No. 13-cv-01723-RBJ (order of 27 June 2014), op. cit., p. 30; Burger, y Wentz, "Evaluating the Effects of Fossil Fuel Supply Projects…", op. cit. p. 458.

nales[975], destacándose la resolución de la Corte de Apelaciones (10th Circuit) en *WildEarth Guardians v. U.S. Bureau of Land Management* (2017)[976]. Sobre este argumento se volverá más adelante.

El tercer argumento, bautizado por Burger y Wentz como 'no es nuestra tarea' ('*It's Not Our Call*'), refiere a la alegación de que las agencias, aprobando propuestas de producción de combustibles fósiles, no tienen competencia sobre las actividades *downstream*, tales como el consumo, y que, por lo tanto, no se encuentran obligadas a considerar los efectos de esas actividades[977]. Tal argumento se basó en un fallo de la Corte Suprema[978] en el que consideró que una agencia no estaba obligada a considerar efectos ambientales en sus evaluaciones de NEPA cuando no tenía 'capacidad' (*ability*) para adoptar un curso de acción que pudiera prevenir o de alguna manera influir en tales efectos. Sin embargo, de acuerdo con la jurisprudencia, esto no sería aplicable al contexto de propuestas de provisión de combustibles fósiles en las cuales las agencias sí tienen la capacidad de afectar con sus decisiones las emisiones *downstream* que de estas surgirán, especialmente restringiendo o limitando las concesiones de tierras y aguas federales para la explotación[979].

---

975 UNITED STATES DISTRICT COURT FOR THE DISTRICT OF MONTANA, BILLINGS DIVISION: WildEarth Guardians et al. v. Ryan Zinke et al., CV 17-80-BLG-SPW-TJC, (findings and recommendations of 11 February 2019), op. cit.; UNITED STATES DISTRICT COURT FOR THE DISTRICT OF MONTANA, MISSOULA DIVISION: Montana Environmental Information Center v. U.S. Office of Surface Mining, et al., CV 15-106-M-DWM (order of 14 August 2017), op. cit.

976 UNITED STATES COURT OF APPEALS, TENTH CIRCUIT: WildEarth Guardians, et al. v. United States Bureau of Land Management, No. 15-81109 (opinion of 15 September 2017), op. cit.

977 BURGER, y WENTZ, "Evaluating the Effects of Fossil Fuel Supply Projects...", op. cit. p. 458.

978 *Department of Transportation et al. v. Public Citizen et al. (Supreme Court of the United States, judgment of 7 June 2004).*

979 UNITED STATES DISTRICT COURT FOR THE DISTRICT OF COLORADO: Diné Citizens Against Ruining Our Environment, et al. v. United States Office of Surface Mining, Reclamation and Enforcement, et al., Civil Action No. 12-cv-01275-JLK (memorandum opinion and order of 2 March 2015), op. cit., p. 22: *"Because OSM has the authority to deny NTEC's Permit Revision Application based on its consideration of combustion-related effects, it was obligated to consider combustion-related effects in its EA for the proposed expansion".*

Las guías del CEQ sobre la implementación de NEPA y sus reglamentaciones han ido acompañando —en casos recogiendo, en casos reforzando— al menos parte de esta jurisprudencia. Es así que la guía CEQ 2016 sobre la consideración de emisiones de GEI en NEPA sugería a las agencias que se incluyan las emisiones de actividades que tengan una relación causal cercana, tales como aquellas que podrían realizarse como antesala a la acción analizada (emisiones *upstream*) o como consecuencia de esta (emisiones *downstream*)[980]. Esta guía, como se advirtió, fue derogada por la Administración Trump, que expidió un nuevo 'borrador final de guía' que buscó explícitamente minimizar (sino eliminar) los deberes de las agencias en torno a la consideración de impactos sobre el cambio climático[981]. Tal empresa fue finalmente completada con la mencionada modificación de las reglamentaciones de NEPA, eliminando aquellas disposiciones que fundamentaban gran parte de la jurisprudencia revisada[982]. La Administración Biden volvió a modificar estas reglas para dirigir a las agencias hacia una consideración más detenida de estos impactos[983].

3.1.2.2. Emisiones de GEI como impactos acumulativos

Como se explicó, de acuerdo con la normativa de esta jurisdicción, impactos 'acumulativos' son aquellos que resultan del impacto incremental de las acciones al agregarse a otras acciones pasadas, presentes y futuras razonablemente previsibles, sin importar qué agencia o persona lleve adelante tal acción[984]. La diferencia entre este requisito y el de considerar efectos 'indirectos' es que, mientras que la consideración de estos últimos pertenece a análisis verticales de la cadena de

---

980 COUNCIL OF ENVIRONMENTAL QUALITY, *Final Guidance for Federal...*, 2016, op. cit., p. 13, 14.

981 COUNCIL OF ENVIRONMENTAL QUALITY, *Draft National Environmental Policy Act Guidance on Consideration of Greenhouse Gas Emissions*, op. cit.

982 Por ejemplo, se sostiene que ya no alcanza con un nexo causal bajo la regla del *conditio sine qua non* (*but for rule*) para considerar determinados efectos consecuencia de la propuesta.

983 Véase, THE WHITE HOUSE, "Biden-Harris Administration Releases New Guidance..., op. cit.

984 COUNCIL OF ENVIRONMENTAL QUALITY, "Regulations for Implementing...", op. cit., 1508.7.

provisión de combustibles fósiles, el requisito de considerar impactos 'acumulativos' refiere a un análisis horizontal del efecto agregado de múltiples actividades con impactos sobre el ambiente. Mientras que el nexo causal es necesario a la hora de propugnar la consideración de efectos 'indirectos', no es así en lo que refiere a la consideración de impactos 'acumulativos'[985].

Como regla general, una amplia deferencia rige para con las decisiones de las agencias respecto a la consideración de este tipo de impactos. Sin embargo, Burger y Wentz resaltan que existen ejemplos de intervención judicial, especialmente cuando la agencia ha ignorado emisiones que pueden considerarse acumulativas de múltiples concesiones que están simultáneamente pendientes ante sí.

Así, en *WildEarth Guardians v. Zinke* (Columbia, 2019) se consideró que la agencia había violado las disposiciones de NEPA al no cuantificar de manera agregada las emisiones de 11 subastas (*lease sales*) relativas a 473 concesiones de gas y petróleo en tres estados (Wyoming, Utah y Colorado). La Corte Distrital de Columbia explicó aquí que considerar cada proyecto de perforación de forma individual, en el vacío, despojaba a la agencia y al público del contexto necesario para evaluar las perforaciones antes de comprometerse inevitablemente en tal empresa. De este modo, resaltó que la agencia debía considerar estos impactos 'acumulativos' al evaluar la contribución del programa de concesiones al cambio climático, incluso si determinaba que cada acción individual tendría solo un impacto desdeñable[986].

Asimismo, en la resolución del caso *WildEarth Guardians v. U.S. Bureau of Land Management* (2020), también relativo a concesiones para explotación de gas y petróleo, la Corte Distrital de Montana refirió al requerimiento sobre impactos acumulativos para concluir que la agencia violó las normas de NEPA (y la jurisprudencia al respecto) al no proveer un catálogo suficientemente detallado de las acciones pasadas, presentes y futuras razonablemente previsibles y al

---

985 Burger, y Wentz, "Evaluating the Effects of Fossil Fuel Supply Projects...", op. cit. p. 476.

986 United States District Court for the District of Columbia: WildEarth Guardians et al., v. Zinke, et al., Civil Action No.: 16-1724 (RC), (memorandum opinion of 19 March 2019), op. cit., p. 29-36;

no presentar un análisis adecuado sobre cómo sus impactos combinados (emisiones de GEI) afectarían al ambiente, no alcanzando con comparar emisiones con totales nacionales o estaduales:

> *...if BLM ever hopes to determine the true impact of its projects on climate change, it can do so only by looking at projects in combination with each other, not simply in the context of state and nation-wide emissions... Without doing so, the relevant 'decisionmaker' cannot determine 'whether, or how, to alter the program to lessen cumulative impacts' on climate change*[987].

Por su parte, en el ámbito de la infraestructura de transporte de combustibles fósiles, en el mencionado caso *Indigenous Environmental Network v. U.S. Department of State* (2018), la Corte Distrital de Montana afirmó que las emisiones de dos proyectos de oleoductos transfronterizos revisados por la agencia al mismo tiempo (el mencionado y el Alberta Clipper) debían ser considerados en el análisis de impactos acumulativos del primero, desde que compartían nexo geográfico y aunque transportaran petróleo a diferentes mercados de Estados Unidos[988].

Debe remarcarse también que, en varios casos, los tribunales han mezclado argumentos sobre la evaluación de emisiones acumulativas con aquellos sobre la necesidad de incluir evaluaciones sobre efectos *del* cambio climático, concluyendo que la cuantificación de emisiones 'acumulativas' no es requerida porque la cuantificación de 'impactos del cambio climático' no es posible[989]. Esto puede observarse en *Citizens for a Healthy Community v. U.S. Bureau of Land Management* (2019)[990] y en *Wilderness Workshop v. U.S. Bureau of Land Management*

---

987 United States District Court for the District of Montana, Great Falls Division: WildEarth Guardians, et al. v. U.S. Bureau of Land Management et al., CV-18-73-GF-BMM (order of 1 May 2020), op. cit., p. 29.

988 United States District Court for the District of Montana, Great Falls Division: Indigenous Environmental Network, et al. v. United States Department of State, et al., CV-17-29-GF-BMM, CV-17-31-GF-BMM (order of 8 November 2018), op. cit., p. 21

989 Burger, y Wentz, "Evaluating the Effects of Fossil Fuel Supply Projects...", op. cit. p. 478-481.

990 United States District Court for the District of Colorado: Citizens for a Healthy Community, et al. v. United States Bureau of Land Management, et al., Civil Case No. 1:17-cv-025519-LTB-GPG (judgment of 27 March 2019), op. cit., p. 21.

(2018)[991], donde la Corte Distrital de Colorado sostuvo que la agencia había ya realizado una adecuada observación detenida (*hard look*) de los impactos acumulativos, al proveer un análisis cualitativo del cambio climático y sus impactos potenciales. El juez para ello mencionó, por un lado, el principio general de deferencia y por otro, dio crédito a la afirmación de la agencia de que era imposible atribuir un impacto climático específico a las emisiones de GEI de una fuente particular.

3.1.3. La valoración de las emisiones de GEI como impactos sobre el sistema climático

La jurisprudencia desarrollada a partir de NEPA incursionó, de manera quizás tímida pero interesante, en el escrutinio de la práctica administrativa sobre la valoración de la relevancia de las emisiones de GEI de las acciones evaluadas como impactos sobre el sistema climático. A continuación, se destacan algunos de los casos en que demandantes, agencias y jueces se han volcado a discutir sobre la razonabilidad de los enfoques utilizados a la hora de esta valoración, pero antes de pasar a ello, deben ponerse de relieve algunas conclusiones, muy reveladoras, a las que han llegado Burger y Wentz sobre esta cuestión en su estudio de 2020.

En primer lugar, no se identifican casos en que las agencias hayan calificado a las emisiones de GEI, aún cuando se cuantificaran en millones de toneladas, como impactos significativos que justifiquen medidas de mitigación, elección de alternativas o, simplemente, el rechazo de la propuesta[992]. En segundo lugar, más relevante aún en lo que aquí importa, tampoco se identifican litigios en los que se haya intentado impugnar directamente la razonabilidad o legalidad de tales conclusiones de insignificancia sobre la base de que la magni-

---

991 UNITED STATES DISTRICT COURT FOR THE DISTRICT OF COLORADO: Wilderness Workshop, et al., v. United States Bureau of Land Management, et al., Civil Action No. 1:16-cv-01822-LTB (memorandum opinion and order of 17 October 2018), op. cit.

992 BURGER, y WENTZ, "Evaluating the Effects of Fossil Fuel Supply Projects…", op. cit. p. 453.

tud de las emisiones era demasiado grande para ser vista de esta manera[993]. Al respecto, explican estos autores que tal cuestionamiento directo a las conclusiones de la agencia podría chocar con la amplia deferencia debida y con la subjetividad que caracteriza al concepto de *significancia* (relevancia) y, por ello, todos los litigios se enfocan en la razonabilidad de las asunciones y de los análisis que fundamentan tales determinaciones de insignificancia.

En este sentido, a través de su escrutinio, la jurisprudencia ha ido moldeando la tarea de las agencias, rechazando determinados enfoques en nombre de la razonabilidad y apoyando otros en nombre de la discrecionalidad administrativa. El desarrollo jurisprudencial sobre esta cuestión, a diferencia de las anteriores, se encuentra, más bien, en una fase inicial de gestación de estándares que promete aportaciones futuras relevantes. Tres aspectos son los que a continuación se examinan sobre esta valoración: la utilización de emisiones netas (o alternativa 'cero'); el uso de parámetros de relevancia y la consideración de otras alternativas.

3.1.3.1. Utilización de emisiones netas

A los fines de valorar los impactos ambientales de las acciones propuestas es usual que los evaluadores comparen la situación en la que la propuesta se desarrolla ('con proyecto') con aquella en la que esto no sucedería ('sin proyecto'). En este sentido, las agencias federales han utilizado el término de 'emisiones netas' para referirse a aquellas emisiones que excederían (o disminuirían) a las de la alternativa 'sin acción'. Debe alertarse aquí que, en este ejercicio, las agencias no han entendido que la opción 'sin proyecto' implicase emisiones iguales a cero, sino que han asumido que otras fuentes alternativas se desarrollarían en respuesta al rechazo de la acción evaluada. De alguna manera, entonces, este análisis buscaría valorar cómo el incremento de la producción de combustibles fósiles o de la capacidad de su transporte proveniente del proyecto afectaría a los patrones más amplios de producción y consumo de energía.

---

993 Ídem, p. 506.

Sin embargo, curiosamente, una primera práctica de las agencias consistió en deslindarse de cualquier análisis, meramente asumiendo que se daría la ya mencionada MSA, para el caso de que no se autorizase la acción evaluada. Una cantidad similar o incluso mayor de emisiones de GEI se sucedería de no llevarse adelante la acción, ya que lo que importa es la demanda y no la oferta del combustible fósil. Como se mencionó previamente, esto había sido planteado, sin éxito, a la hora de denegar la consideración y/o cuantificación de emisiones 'indirectas'. En los mismos términos, los tribunales han despojado de todo valor a esta mera asunción, catalogándola como irracional y/o infundada y, por ello, no suficiente para eximir a la agencia de realizar una valoración sobre las emisiones de las propuestas. El razonamiento principal que acompañó este rechazo se basó en el principio económico básico de que la oferta adicional (nueva producción) de un producto (combustible fósil) impactará en su precio y, así, en su demanda con relación a otros productos con los que compite (fuentes alternativas de energía). Por ello, cualquier alegación en contrario debería estar debidamente fundada y probada[994].

Así es que, cuando en *Montana Environmental Information Center v. U.S. Office of Surface Mining* (2017) la agencia, luego de estimar las emisiones *downstream* de la acción, rechazó valorarlas alegando que se daría una sustitución perfecta, la Corte Distrital de Montana afirmó al respecto:

> *...this conclusion is illogical, and places the [agency's] thumb on the scale by inflating the benefit of the action while minimizing its impacts. It is the kind of "[i]naccurate economic information" that "may defeat the purpose of [NEPA analysis] by impairing the agency's consideration of the adverse environmental effects and by skewing the public's evaluation of the proposed agency action*[995].

En *WildEarth Guardians v. Zinke* (Montana, 2019), la agencia en su alegación de la MSA cambió su posición de 'impacto nulo' a 'im-

---

994 BURGER, y WENTZ, "Evaluating the Effects of Fossil Fuel Supply Projects...", op. cit. p. 490, 491.

995 UNITED STATES DISTRICT COURT FOR THE DISTRICT OF MONTANA, MISSOULA DIVISION: Montana Environmental Information Center v. U.S. Office of Surface Mining, et al., CV 15-106-M-DWM (order of 14 August 2017), op. cit., p. 46.

pacto incierto', pero aun así la Corte entendió que esto era arbitrario ya que la asunción no estaba apoyada en información fidedigna del mercado, aun existiendo herramientas (modelos de mercado) para obtenerla[996]. Por su parte, en *WildEarth Guardians v. U.S. Bureau of Land Management* (2017) la Corte de Apelaciones (10th Circuit) manifestó que la agencia no podía justificar su asunción en análisis incompletos e irracionales de los mercados de energía. En este caso, la Corte sostuvo que la argumentación de la agencia de que una reducción en la oferta no tendría impacto en el precio o que cualquier incremento en el precio no haría más atractivas a otras formas de energía ni disminuiría la participación del carbón en el *mix* energético, aunque sea escasamente, no tenía apoyo documental. Así, explicó que:

> *BLM did not point to any information (other than its own unsupported statements) indicating that the national coal deficit of 230 million tons per year incurred under the no action alternative could be easily filled from elsewhere, or at a comparable price. It did not refer to the nation's stores of coal or the rates at which those stores may be extracted. Nor did the BLM analyze the specific difference in price between PRB coal and other sources; such a price difference would effect* [sic] *substitutability*[997].

La Corte de Apelaciones fue, incluso, más allá al notar que:

> *Even if we could conclude that the agency had enough data before it to choose between the preferred and no action alternatives, we would still conclude this perfect substitution assumption arbitrary and capricious because the assumption itself is irrational (i.e., contrary to basic supply and demand principles)*[998].

Así, concluyó que basarse en una asunción sin fundamento económico para valorar los impactos de la alternativa era un abuso en la discreción de la agencia y a partir de ello, le ordenó modificar y

---

996 United States District Court for the District of Montana, Billings Division: WildEarth Guardians et al. v. Ryan Zinke et al., CV 17-80-BLG-SPW-TJC, (findings and recommendations of 11 February 2019), op. cit., p. 29.

997 United States Court of Appeals, Tenth Circuit: WildEarth Guardians, et al. v. United States Bureau of Land Management, No. 15-81109 (opinion of 15 September 2017), p. 20.

998 Ídem, p. 24.

suplementar su valoración, aunque rechazó especificar qué enfoque debía tomar, puesto que "*NEPA does not require agencies to adopt any particular internal decisionmaking structure*" y, por ello, la elección de no adoptar una técnica particular no tornaría la evaluación arbitraria[999].

Debe advertirse que una variante al planteamiento de la MSA, pero de características más generales respecto a cualquier impacto ambiental y no solo a los relativos al sistema climático, fue acogida en una resolución relativa a la explotación de gas y petróleo en el Golfo de México. En el caso *Gulf Restoration Network v. Bernhardt (Zinke)* (2020), la Corte Distrital de Columbia aceptó la alegación de la agencia de que la alternativa 'sin proyecto' no presentaría ninguna variable a la 'con proyecto' ya que de no autorizarse tales concesiones, otras similares se autorizarían en el mismo lugar, debido a que "*…the Gulf of Mexico is a hotbed for oil and gas leases generally*" y que los antecedentes históricos y las planificaciones en vigor marcan que previsiblemente esto seguirá siendo así[1000].

Más allá de esta última excepción, el rechazo general a la MSA por parte de los tribunales llevó a las agencias a refinar su análisis mediante la modelación de mercados energéticos:

> *Not drilling at the proposed site may cause global oil supply to fall, demand to rise, and, as a result, require drilling and oil extraction elsewhere. To capture these indirect downstream emissions, BOEM used a market-simulation model to predict the greenhouse gas emissions for energy sources that would substitute for the oil not produced at Liberty*[1001].

---

999 Ídem, p. 29; Burger, y Wentz, "Evaluating the Effects of Fossil Fuel Supply Projects…", op. cit. p., 492-495.

1000 United States District Court for the District of Columbia: Gulf Restoration Network, et al. v. David Bernhardt, et al., Civil Action no. 18-1647 (RBW) (memorandum opinion of 21 April 2020), p. 19. La Corte se apoya en el precedente *Oceana v. Bureau of Ocean Energy Management (United States District Court for the Disctrict of Columbia, Opinion of 31 March 2014)*. Sobre la misma cuestión, al momento de escribir, se encuentra pendiente el caso *Healthy Gulf v. David Bernhardt (United States District Court for the District of Columbia, complaint for declaratory and injunctive relief of 13 march 2019)*; debe decirse que tal asunción quita toda sustancia a la comparativa respecto de la alternativa 'sin proyecto' y desvirtúa el eje central del propio instituto de le EIA.

1001 United States Court of Appeals for the Ninth Circuit: Center for Biological Diversity et al. v. David Bernhardt et al., No. 18-73400 (opinion of 7 December 2020), p. 14.

Los tribunales han aceptado esta práctica. Sin embargo, al considerar si esto es realmente un paso adelante en relación con la mera aceptación de la MSA, deben tenerse en cuenta, al menos, dos cuestiones. Por un lado, el uso de este tipo de herramientas, técnicamente más complejas, garantiza a las agencias un mayor grado de deferencia por parte de los órganos judiciales. Por otro, los modelos dependen de determinadas asunciones y parámetros, que pueden ser fácilmente alterados para obtener los resultados queridos, por lo que un cierto escrutinio judicial sobre la razonabilidad de estas variables es crítico. Burger y Wentz señalan que la práctica de las agencias en la aplicación de esta herramienta ha sido inconsistente, con algunas concluyendo que resultaba imposible realizar una proyección suficientemente precisa para ser útil y otras buscando condicionar los resultados de tales procesos[1002]. En este sentido, estos autores resaltan ciertos aspectos examinados por la jurisprudencia a los fines de asegurar la adecuación de este tipo de análisis: (i) la utilización de asunciones razonables sobre los parámetros técnicos para la proyección de precios de la energía, alternativas, demanda y consumo; (ii) la necesidad de actualizar o suplementar los análisis para reflejar nuevos desarrollos tales como los cambios en la política climática y (iii) la necesidad de utilizar análisis suficientemente ajustados a las propuestas bajo revisión[1003].

En *Sierra Club v. U.S. Department of Energy* (2017)[1004], por ejemplo, en un caso sobre la exportación de gas natural licuado, la agencia en su análisis de mercado comparó las posibles emisiones del proyecto con las de alternativas de producción energética a base de carbón y otras fuentes de gas, pero no con fuentes renovables. Ello llevó a los demandantes a solicitar la impugnación del análisis, alegando que era probable que las exportaciones del proyecto compitiesen con este último tipo de fuentes en las regiones importadoras (Europa y Asia). La Corte de Apelaciones (Columbia Circuit), sin embargo, apenas

---

1002 Burger, y Wentz, "Evaluating the Effects of Fossil Fuel Supply Projects…", op. cit. p. 489, 490.

1003 Ídem, p. 498.

1004 United States Court of Appeals for the District of Columbia Circuit: Sierra Club v. United States Department of Energy, No. 15-1489 (opinion of 15 August 2017), op. cit.

mostró interés sobre la cuestión y práctico deferencia, aceptando el argumento de la agencia de que sumar nuevas variables al análisis sería demasiado dificultoso y tendría resultados especulativos[1005]. Otra cuestión aquí objetada fue que los informes utilizados por la agencia para su análisis del ciclo de vida de las emisiones de GEI de las exportaciones eran generales y no consideraban específicamente la acción a evaluar y, por ello, el volumen de exportaciones previstos. La Corte reconoció esta limitación, pero la consideró insuficiente como para impugnar el análisis[1006].

Por su parte, en *High Country Conservation Advocates v. U.S. Forest Service* (2018)[1007], los demandantes alegaron que la agencia, al momento de realizar la modelación del mercado energético, no había considerado el incremento en la demanda (y uso) de electricidad que se podría dar a partir de la disminución del precio por el aumento de oferta que implicaba la concreción del proyecto. La agencia había admitido que esto podría ocurrir, pero había catalogado tal efecto como demasiado especulativo, con otros factores, además del precio, influyendo en el consumo de electricidad[1008]. La Corte Distrital de Colorado fue deferente con esta afirmación, a la vez que desestimó, la objeción de los demandantes de que la agencia debería haber actualizado su análisis para considerar nuevos hechos regulatorios relevantes, como el rechazo del Clean Power Plan por parte de la Administración Trump[1009].

En contraposición, en *Indigenous Environmental Network v. United States Department of State* (2018)[1010], la Corte Distrital de Montana ordenó a la agencia suplementar su análisis para reflejar nueva infor-

---

1005 Ídem, p. 22.

1006 Ídem, p. 20.

1007 UNITED STATES DISTRICT COURT FOR THE DISTRICT OF COLORADO: High Country Conservation Advocates, et al. v. United States Forest Service, et al., Civil Action No. 17-cv-03025-PAB (order of 10 August 2018).

1008 Ídem, p. 33, 35.

1009 Ídem, p. 37-41.

1010 UNITED STATES DISTRICT COURT FOR THE DISTRICT OF MONTANA, GREAT FALLS DIVISION: Indigenous Environmental Network, et al. v. United States Department of State, et al., CV-17-29-GF-BMM, CV-17-31-GF-BMM (order of 8 November 2018), op. cit.

mación significativa sobre los mercados de petróleo[1011]. El análisis original había asumido que el precio del petróleo se mantendría entre 100 y 140 dólares/barril por los próximos veinte años, cuando, al momento de la publicación de la evaluación (2014), este precio había caído a 38 dólares/barril y las predicciones indicaban un precio inferior a 100 dólares/barril por varias décadas. La Corte admitió que este cambio era relevante para la consideración de cómo el proyecto afectaría la producción y consumo de petróleo, ordenándose su actualización[1012].

De igual manera, en *Center for Biological Diversity v. Bernhardt* (2020)[1013], la Corte de Apelaciones (9th Circuit) intervino para revisar la adecuación del análisis de modelación de mercado que, curiosamente, había concluido que la alternativa 'sin proyecto' implicaría hasta un tercio más de emisiones de GEI que la acción propuesta (producción *offshore* de petróleo), ya que la demanda sería cubierta por producción en lugares con estándares de protección ambiental menores, además de mayores emisiones de GEI por el transporte del combustible[1014]. De acuerdo con los demandantes, el análisis no consideraba el incremento en el consumo de petróleo dado por el aumento de la oferta (y reducción de precio) que implicaba la autorización del proyecto, como así tampoco el efecto contrario de la

---

1011 Las reglamentaciones de NEPA requieren suplementación si una agencia hace cambios sustanciales en la acción propuesta que son relevantes para la performance ambiental de la acción o si se presentan nuevas circunstancia o información relevante en torno a ello; Council of Environmental Quality, "Regulations for Implementing...", op. cit., 1502.9.

1012 United States District Court for the District of Montana, Great Falls Division: Indigenous Environmental Network, et al. v. United States Department of State, et al., CV-17-29-GF-BMM, CV-17-31-GF-BMM (order of 8 November 2018), op. cit., p, 16-18; la Administración Trump revocó el permiso y dictó uno nuevo para superar las trabas judiciales. Algo que tuvo un éxito parcial ya que, si bien logró desvirtuar el primer litigio, otro se presentó cuestionando el nuevo permiso presidencial. Véase *Indigenous Environmental Network, et al. v. President Donald J. Trump, et al. (United States District Court for the District of Montana, Great Fall Division, Complaint for Declaratory and Injunctive Relief of 05 April 2019).*

1013 United States Court of Appeals for the Ninth Circuit: Center for Biological Diversity et al. v. David Bernhardt et al., No. 18-73400 (opinion of 7 December 2020), op. cit.

1014 Ídem, p. 15, 16.

alternativa 'sin proyecto' de contracción de la oferta (aumento de precios) y reducción del consumo. Estos efectos tendrían consecuencias en las emisiones de GEI a cuantificar que debían ser consideradas. La Corte aceptó este argumento, afirmando, por ejemplo, que "*BOEM's conclusion that* not *drilling will result in more carbon emissions than drilling is counterintuitive*", y ordenó la revisión del análisis[1015]. De forma similar, en *Friends of the Earth v. Haaland* (2023), la Corte Distrital de Columbia cuestionó la decisión de la agencia de no considerar, al momento de valorar los impactos de la alternativa sin proyecto (a partir de la modelación de mercado), la reducción de emisiones producto de un menor consumo en terceras jurisdicciones[1016].

3.1.3.2. La valoración de la relevancia de las emisiones de GEI

De acuerdo con Burger y Wentz, cuatro principios, a partir de las regulaciones y la jurisprudencia, rigen el análisis que deben realizar las agencias al respecto de la relevancia de las emisiones de las acciones: (i) deben considerarse todas las emisiones (directas, indirectas y acumulativas); (ii) deben utilizarse asunciones técnicamente correctas para estimar la magnitud de los impactos; (iii) debe aplicarse el criterio regulatorio de 'contexto' e 'intensidad' del impacto; y (iv) debe conducirse una evaluación adecuada del balance entre costes y beneficios[1017]. Como se mencionó, las decisiones hasta la fecha y los

---

1015 Ídem, p. 16, 21; interesantemente la propia sentencia refiere a publicaciones que han criticado y cuestionado la manera en que las agencias federales analizan los cambios en los modelos de mercado en estas evaluaciones, STOCKHOLM ENVIRONMENT INSTITUTE, "Impact of the Keystone XL pipeline on global oil markets and greenhouse gas emissions", 8 de agosto de 2014 <https://www.sei.org/publications/impact-of-the-keystone-xl-pipeline-on-global-oil-markets-and-greenhouse-gas-emissions/> [Última consulta, 23 de abril de 2021]; STOCKHOLM ENVIRONMENT INSTITUTE, "U.S. again overlooks top CO_2 impact of expanding oil supply, but that might change", 20 de abril de 2016 <https://www.sei.org/perspectives/us-co2-impact-oil-supply/> [Última consulta, 23 de abril de 2021]

1016 UNITED STATES DISTRICT COURT FOR THE DISTRICT OF COLUMBIA: Friends of the Earth et al v. Debra Haaland et al, CV-21-2317 (order of 27 January 2022).

1017 BURGER, y WENTZ, "Evaluating the Effects of Fossil Fuel Supply Projects...", op. cit. p. 505.

casos pendientes lidian con la razonabilidad de las asunciones y los análisis que fundamentan las determinaciones de (in)*significancia*.

Sobre el primer principio, como ya se puso de relieve previamente, existen casos en los que se han impugnado las determinaciones de las agencias por fallas en cuantificar emisiones 'indirectas' o 'acumulativas', donde se enfatizó en que se debe hacer esta valoración en el contexto de efectos acumulativos. Un caso notable es el de *Sierra Club v. Federal Energy Regulatory Commission* (2017) donde la Corte de Apelaciones (Columbia Circuit) sostuvo que la agencia debía corregir su evaluación para incluir no solo una cuantificación de las emisiones 'indirectas' sino también una discusión de la relevancia de estas y del impacto incremental de la acción al sumarse a otras acciones pasadas, presentes y futuras razonablemente previsibles, aunque no determinó qué es lo que debía implicar tal discusión[1018]. Según Burger y Wentz, el análisis posterior de la agencia, que consideró como no significativas emisiones anuales de 8,36 millones de toneladas de CO_2 al observar que no existía límite alguno para considerar lo contrario y que las emisiones de la alternativa 'sin proyecto' no eran previsibles, demuestra la facilidad con que las agencias desestiman este tipo de impactos y la necesidad de una intervención judicial[1019].

Sobre el segundo principio, relativo a las asunciones técnicas que deben utilizarse para valorar las emisiones, destacan algunos casos relativos al empleo de potenciales de calentamiento de emisiones distintas al CO_2 y de asunciones sobre emisiones de CH_4. Dos casos con resultados contrapuestos han abordado la alegación de que se emplearon potenciales de calentamiento arbitrariamente bajos, desactualizados e inadecuados (debido al horizonte temporal elegido) por parte de las agencias para estimar efectos del CH_4 en términos de $CO_{2\text{-}e}$. Mientras que en *Western Organization of Resource Councils v. U.S. Bureau of Land Management* (2018) la Corte Distrital de Montana sostuvo que la decisión de utilizar un hori-

1018 United States Court of Appeals for the District of Columbia Circuit: Sierra Club, et al. v. Federal Energy Regulatory Commission, et al., No. 16-1329 (opinion of 22 August 2017), op. cit. p. 24.

1019 Burger, y Wentz, "Evaluating the Effects of Fossil Fuel Supply Projects...", op. cit. p. 508.

zonte temporal más largo, estando disponible otro más apropiado calificaba como arbitraria[1020], en *Wilderness Workshop v. U.S. Bureau of Land Management* (2018) la misma Corte aceptó la decisión de la agencia, entendiéndola adecuadamente fundamentada[1021]. En este último caso, además, los demandantes alegaron que la agencia hizo una asunción inadecuada sobre la magnitud de las emisiones de CH_4, sin fundamento en tasas actuales o históricas sino en predicciones dependientes de asunciones erróneas de la implementación de tecnología de control. Si bien los demandantes ofrecieron cálculos alternativos, la Corte entendió no fundamentados adecuadamente estos cálculos ni persuasivamente explicada la incorrección alegada, por lo que practicó deferencia[1022].

Respecto del tercer principio, la reglamentación de NEPA refiere a que las agencias deben considerar, al evaluar la relevancia, el 'contexto' e 'intensidad'[1023], como también otros factores específicos para estimar esta última: por ejemplo (a) el grado en que la acción afecta la salud y seguridad pública, (b) el grado en que los efectos sobre la calidad del ambiente humano podrían ser altamente controversiales, (c) el grado en que estos efectos son inciertos o involucran riesgos únicos o desconocidos, (d) el grado en que la acción podría establecer un precedente para acciones futuras con efectos significativos y (e) el hecho de que la acción tenga efectos acumulativos significantes[1024].

1020 UNITED STATES DISTRICT COURT FOR THE DISTRICT OF MONTANA, GREAT FALLS DIVISION: Western Organization of Resource Councils, et al., v. U.S. Bureau of Land Management, et al., CV 16-21-GF-BMM (opinion and amended order of 26 March 2018), op. cit., p. 41.

1021 UNITED STATES DISTRICT COURT FOR THE DISTRICT OF COLORADO: Wilderness Workshop, et al., v. United States Bureau of Land Management, et al., Civil Action No. 1:16-cv-01822-LTB (memorandum opinion and order of 17 October 2018), op. cit., p. 26.

1022 Ídem, p. 27; BURGER, y WENTZ, "Evaluating the Effects of Fossil Fuel Supply Projects...", op. cit. p. 510, 511.

1023 COUNCIL OF ENVIRONMENTAL QUALITY, "Regulations for Implementing...", op. cit., 1508.27.

1024 BURGER, y WENTZ, "Evaluating the Effects of Fossil Fuel Supply Projects...", op. cit. p. 511.

En cuanto al contexto, Burger y Wentz explican que este debería ser definido por el hecho de que el cambio climático está causando y causará daño a la salud y la seguridad pública a escala global como también local y, en tanto ello, que debe rápidamente reducirse la dependencia en los combustible fósiles. Siendo que el Gobierno federal es capaz de actuar sobre ello, las agencias deberían estar atentas a los impactos de las propuestas en el contexto del presupuesto de carbono global, nacional o regional o local o de las metas de reducción de emisiones, a los fines de entender cómo la propuesta puede afectar el progreso hacia la descarbonización. Al respecto, aclaran que NEPA no requiere a las agencias evitar todo impacto significativo, pero si es necesaria una discusión al respecto para que los tomadores de decisiones puedan informarse sobre cómo proceder considerando a la transición una meta social crítica[1025].

En cuanto a la intensidad de los impactos, estos autores exponen que hay varias formas de evaluarla. Una opción, planteada por algunas de las guías CEQ y seguida en algunos casos por las agencias, sería proveer una descripción cualitativa de los impactos del cambio climático y utilizar las emisiones estimadas como una aproximación a la contribución de la propuesta a estos impactos. Sin embargo, advierten que esta opción tiene dos grandes limitaciones. Primero, las emisiones no proveen una imagen clara de la magnitud potencial de los impactos sobre las comunidades y ecosistemas y, segundo, cuando estas son comparadas con totales globales o nacionales, parecen inevitablemente pequeñas[1026]. Por ello, parece más adecuada la utilización de ciertas herramientas que permitan entender mejor la intensidad de estos impactos. Burger y Wentz mencionan: (i) la monetización de las emisiones a través de protocolos como el coste social del carbono (y variables sobre otros GEI) en los que se asigna un valor monetario a

---

1025 Ídem, p. 511, 512. En la resolución de United States District Court for the District of Wyoming: WildEarth Guardians et al. v. United States Forest Service, Case No. 12-CV-85-ABJ, 13-CV-42-ABJ, 13-CV-90-ABJ (opinion and order of 17 August 2015), op. cit., p. 50, la Corte destacó uno de los encabezados de los comentarios realizados por el Center for Biological Diversity en la evaluación de la acción: *"The Proper Context for an Analysis of the [Project] is the Climate Crisis"*.

1026 Council of Environmental Quality, *Final Guidance for Federal…*, 2016, op. cit. p. 11.

los impactos de las emisiones[1027], (ii) el establecimiento de límites de relevancia, (iii) el uso de calculadoras de equivalencias de emisiones de GEI y (iv) la evaluación de las emisiones en el contexto de presupuestos de carbono (global, nacional, regional, estadual)[1028].

Al respecto, algunos litigantes han impugnado las valoraciones de insignificancia por fallas en el uso de este tipo de herramientas que intentan aportar un mejor entendimiento de la intensidad y contexto de los impactos de las emisiones. Por ejemplo, se ha argumentado que las agencias deberían informar y valorar los costes sociales de las emisiones (coste social del carbono) en tanto que es una métrica fácil para los tomadores de decisiones y el público. Sin embargo, bajo la Administración Trump, las agencias han rechazado consistentemente utilizar esa métrica alegando que (i) esta no fue desarrollada para la evaluación de proyectos, (ii) NEPA no requiere un análisis de coste-beneficios o la monetización de los costes, (iii) la métrica no refleja con precisión los impactos de las emisiones incrementales de las propuestas (ya que existe incertidumbre sobre los costes reales y esta no captura todo los costes) y (iv) esta no es útil para los tomadores de decisiones porque presenta un abanico de posibles valores y no hay criterios o límites para estimar su relevancia[1029].

Algunos tribunales, por su parte, han requerido el uso de la métrica del coste social del carbono cuando las agencias han comunicado los beneficios económicos de las propuestas, pero fuera de ello han practicado deferencia con las agencias en su decisión de no utilizarla[1030]. Así, la regla indicaría que cuando una agencia monetiza los

---

1027 Los protocolos impulsados por las agencias federales fueron derogados por la Administración Trump. Sin embargo, se les ha reconocido su solidez científica. El coste social del carbono es una estimación monetizada de los daños asociados por un incremento de las emisiones en un año determinado. Al mismo tiempo, puede entenderse como el valor de los daños evitados por una reducción de emisiones. Véase Environmental Protection Agency, *The Social Cost of Carbon*, <https://19january2017snapshot.epa.gov/climatechange/social-cost-carbon_.html> [Última consulta, 5 de agosto de 2020].

1028 Burger, y Wentz, "Evaluating the Effects of Fossil Fuel Supply Projects...", op. cit. p. 512, 513.

1029 Ídem, p. 516, 517.

1030 Burger y Wentz mencionan aquí los casos sobre infraestructura de transporte de combustibles fósiles: *EarthReports, Inc, et al. v. Federal Energy Regulatory Commission*

beneficios de una propuesta debe también monetizar los costes de esta, incluyendo los costes de las emisiones de GEI. Esto, remarcan Burger y Wentz, fue primeramente articulado en *Center for Biological Diversity v. National Highway Traffic Safety Administration* (2008)[1031] en el que la Corte de Apelaciones (9th Circuit) sostuvo que era arbitrario ignorar los impactos de las emisiones de GEI incluso si existe incertidumbre al respecto: *"[W]hile the record shows there is a range of values, the value of carbon emissions reduction is certainly not zero"*. En *High Country Conservation Advocates v. U.S Forest Services* (2014), por su parte, la Corte Distrital de Colorado sostuvo que la agencia debía monetizar los impactos climáticos de las concesiones para la explotación de carbón si había hecho esto para sus beneficios económicos y ordenó a la agencia a utilizar el protocolo del coste social del carbono en su análisis de coste-beneficio:

> *Even though NEPA does not require a cost-benefit analysis, it was nonetheless arbitrary and capricious to quantify the* benefits *of the lease modifications and then explain that a similar analysis of the* costs *was impossible when such an analysis was in fact possible and was included in an earlier draft EIS*[1032] (resaltado en el original)

Luego de esta resolución, otros casos abordaron la cuestión, siendo el interrogante principal si la cuantificación de los beneficios implicaba de por sí un análisis de coste-beneficios y, por lo tanto, requería la cuantificación de costes. En todos los casos, las agencias cuantificaron beneficios (regalías, ingresos por nuevos empleos, etc.), pero argumentaron que no era exigible la monetización de los costes debido a que: (i) aquella cuantificación no implicaba un análisis coste-beneficios completo sino un mero análisis de impacto económico (o

---

(United States Court of Appeals for the District of Columbia Circuit, Opinion of 15 July 2016) y *Appalachian Voices, et al. v. Federal Energy Regulatory Commission (United States Court of Appeals for the District of Columbia Circuit, Judgment of 19 February 2019)*; ídem, p. 516.

1031 United States Court of Appeals for the Ninth Circuit: Center for Biological Diversity v. National Highway Traffic Safety Administration, No. 06-71891, 06-72317, 06-72641. 05-72694, 06-73807, 06-73826, (opinion of 15 November 2007; opinion and order of 18 August 2008), op. cit., 10823.

1032 United States District Court for the District of Colorado: High Country Conservation Advocates, et al. v. United States Forest Services et al., Civil Action No. 13-cv-01723-RBJ (order of 27 June 2014), op. cit., p. 19.

análisis económico regional) y/o (ii) la métrica de los costes sociales del carbono no proveía una estimación de costes lo suficientemente precisa y certera para ser útil a los tomadores de decisiones.

En solo dos casos, los tribunales requirieron a las agencias que informen los costes sociales del carbono. En *Montana Environmental Information Center v. U.S. Office of Surface Mining* (2017), la Corte Distrital de Montana (Missoula Division) rechazó el argumento de la agencia de que su análisis de impacto económico era diferente a un análisis coste-beneficio, notando que la agencia había informado los beneficios económicos de la propuesta (regalías, impuestos e impactos en el empleo local) y que quería marcar una diferencia donde no la había[1033]. En *WildEarth Guardians v. Zinke* (Montana, 2019), la Corte abordó otras justificaciones de denegatoria de monetizar los costes: (a) que no había consenso sobre la fracción del coste social de que debería asignarse al productor del carbón, (b) que era incierto que vaya a producirse una disminución de emisiones con la opción de 'no proyecto' ya que las plantas térmicas utilizarían otro carbón (sustitución perfecta), (c) que existían incertezas asociadas con asignar un coste social específico y preciso al carbono de la acción, (d) que para obtener resultados relevantes debían considerarse los beneficios más amplios de la producción del carbón, y (e) que el protocolo del coste social del carbono no debía ser utilizado ya que la Administración Trump lo había derogado. La Corte Distrital de Montana (Billings Division) rechazó todos y cada uno de estos argumentos[1034], lo que fue confirmado posteriormente en una sentencia de 2021[1035].

Contrariamente, en otros casos, los tribunales fueron deferentes a las alegaciones de las agencias de que no habían realizado un análisis

---

1033 UNITED STATES DISTRICT COURT FOR THE DISTRICT OF MONTANA, MISSOULA DIVISION: Montana Environmental Information Center v. U.S. Office of Surface Mining, et al., CV 15-106-M-DWM (order of 14 August 2017), op. cit., p. 40.

1034 UNITED STATES DISTRICT COURT FOR THE DISTRICT OF MONTANA, BILLINGS DIVISION: WildEarth Guardians et al. v. Ryan Zinke et al., CV 17-80-BLG-SPW-TJC, (findings and recommendations of 11 February 2019), op. cit., p. 27-30.

1035 UNITED STATES DISTRICT COURT FOR THE DISTRICT OF MONTANA, BILLINGS DIVISION: WildEarth Guardians et al. v. David Bernhardt et al., CV 17-80-BLG-SPW (order re magistrate's finding and recommendations of 3 of February 2021), op. cit.

coste-beneficios completo y por lo tanto no era necesaria la cuantificación de costes[1036]. En *Wilderness Workshop v. U.S. Bureau of Land Management* (2018) la Corte Distrital de Colorado aceptó el argumento de que el análisis de impacto económico de la agencia no es necesariamente la parte de 'beneficios' de un análisis coste-beneficios, aunque no explicó cuál era la diferencia[1037]. En *WildEarth Guardians v. Zinke* (Columbia, 2019) la Corte Distrital de Columbia practicó deferencia a la afirmación de que la agencia no había realizado un análisis coste-beneficio completo al discutir los beneficios económicos de la propuesta, afirmando que el precedente *High Country Conservation Advocates* (2014) no aplicaba porque aquí la discusión de los beneficios económicos era más abreviada, y también fue deferente con respecto a la afirmación de que las estimaciones de los costes sociales del carbón eran altamente especulativos, poco útiles para la toma de decisiones y el público[1038]. La Corte Distrital de Colorado, en *Citizens for a Healthy Community. v. U.S. Bureau of Land Management* (2019), llegó a la misma conclusión[1039].

Fuera del contexto de los análisis de coste-beneficio, la utilización de esta herramienta fue también rechazada en *WildEarth Guardians v. Bernhardt* (New Mexico, 2020)[1040], en una sentencia que aceptó que una comparación de la magnitud de las emisiones directas e indirec-

---

1036 Burger, y Wentz, "Evaluating the Effects of Fossil Fuel Supply Projects…", op. cit. p. 519-523.

1037 United States District Court for the District of Colorado: Wilderness Workshop, et al., v. United States Bureau of Land Management, et al., Civil Action No. 1:16-cv-01822-LTB (memorandum opinion and order of 17 October 2018), op. cit., p. 21.

1038 United States District Court for the District of Columbia: WildEarth Guardians et al., v. Zinke, et al., Civil Action No.: 16-1724 (RC), (memorandum opinion of 19 March 2019), op. cit., p. 48, 49; véase también United States District Court for the District of Montana, Missoula Division: 350 Montana, et al. v. David Bernhardt, et al., CV-19-12-M-DWM, (Opinion and Order of 9 March 2020), p. 16, resolviendo de la misma manera.

1039 United States District Court for the District of Colorado: Citizens for a Healthy Community, et al. v. United States Bureau of Land Management, et al., Civil Case No. 1:17-cv-025519-LTB-GPG (judgment of 27 March 2019), op. cit., p. 24, 25.

1040 United States District Court for the District of New Mexico: WildEarth Guardians v. David Bernhardt, et al. No. 1:19-cv-00505-RB-SCY (memorandum opinion and order of 18 August 2020).

tas con respecto a totales locales y regionales era un análisis suficiente y que sostuvo que dependería del Congreso exigir a las agencias análisis más específicos sobre la cuestión:

> *Court recognizes that climate change can elicit strong reactions. But the Court also notes that nothing in NEPA or its accompanying regulations mandates certain studies to account for this global problem. What should not be controversial is the Court's role in holding agencies accountable to congressional mandates. If Congress requires BLM to perform specific climate change-based studies, then the Court will uphold them. That time has not yet arrived*[1041].

Sin embargo, interesantemente, en una resolución de 2021 en *Vecinos para el Bienestar de la Comunidad Costera v. Federal Energy Regulatory Commission*[1042], la Corte de Apelaciones (Columbia Circuit) sostuvo que el coste social del carbono podría entenderse como un método generalmente aceptado para evaluar la relevancia de las emisiones de los proyectos como contribución al cambio climático en los términos de NEPA, a la vez que rechazó argumentos extras dados por la agencia para no utilizarlo, a saber, (a) que no existe consenso sobre la tasa de descuento apropiada a utilizar en análisis intergeneracionales[1043]; y (b) que no existe un criterio para definir cuando un valor monetario es significativo. La agencia, sostuvo la Corte, podría en todo caso elegir una tasa de descuento que crea apropiada o establecer su propio criterio de valoración[1044]. De esta manera, pidió nuevas explicaciones a la agencia respecto a los métodos a utilizar para la valoración de la relevancia de este tipo de impactos.

Finalmente, otra herramienta para valorar la intensidad (y relevancia) de las emisiones que las agencias podrían utilizar es la del presupuesto de carbono. Al menos en dos casos se ha alegado, sin éxito, que las agencias deberían examinar las emisiones a la luz de

---

1041 Ídem, p. 34.

1042 UNITED STATES COURT OF APPEALS: Vecinos para el Bienestar de la Comunidad Costera et al. v. Federal Energy Regulatory Commission, No. 20-1045, 20-093 (Opinion of 3 August 2021).

1043 Se volverá sobre esta cuestión en el capítulo IV.

1044 UNITED STATES COURT OF APPEALS: Vecinos para el Bienestar de la Comunidad Costera et al. v. Federal Energy Regulatory Commission, No. 20-1045, 20-093 (Opinion of 3 August 2021), op. cit., p. 11-13

este. En *Western Organization of Resource Councils v. U.S. Bureau of Land Management* (2018) la Corte Distrital de Montana sostuvo que la agencia no estaba obligada a utilizar el presupuesto de carbono global como un estándar con el cual medir los impactos de las emisiones ya que: "*Plaintiffs identify no case, and the Court has discovered none, that supports the assertion that NEPA requires the agency to use a global carbón Budget analysis*"[1045]. La Corte Distrital de Columbia coincidió con esto en *WildEarth Guardians v. Zinke* (Columbia, 2019)[1046].

Al respecto, comentan Burger y Wentz que es poco sorprendente que los tribunales sean esquivos a requerir el uso de una herramienta analítica en particular, pero que este podría ser un contexto en el que la intervención judicial tendría sentido. Según los autores, las exigencias de NEPA de que las agencias discutan la consistencia de la acción propuesta con cualquier plan o ley estadual o local, podría interpretarse como exigiendo una discusión sobre la consistencia de la acción con los presupuestos de carbono estaduales o locales o con las metas de reducción de emisiones. Asimismo, esta disposición podría interpretarse, afirman los autores, como solicitando la consideración de la propuesta con los presupuestos de carbono globales y nacionales desde que la excedencia de tales presupuestos implicaría el fracaso de los esfuerzos de reducir emisiones y pondría en peligro aquellos destinados a adaptarse al cambio climático[1047].

1045 United States District Court for the District of Montana, Great Falls Division: Western Organization of Resource Councils, et al., v. U.S. Bureau of Land Management, et al., CV 16-21-GF-BMM (opinion and amended order of 26 March 2018), op. cit., p. 35.

1046 United States District Court for the District of Columbia: WildEarth Guardians et al., v. Zinke, et al., Civil Action No.: 16-1724 (RC), (memorandum opinion of 19 March 2019), op. cit., 49; Burger, y Wentz, "Evaluating the Effects of Fossil Fuel Supply Projects…", op. cit. p. 517, 518. La cuestión está pendiente, al momento de escribir, en el caso *Wilderness Workshop v. U.S: Bureau of Land Management (United States District Court for the District of Colorado, complaint for declaratory and injunctive relief and petition for review of agency action of 26 April* 2018).

1047 Burger, y Wentz, "Evaluating the Effects of Fossil Fuel Supply Projects…", op. cit. p. 518, 519.

3.1.3.3. Consideración de alternativas

Por último, las regulaciones de NEPA requieren a las agencias explorar rigurosamente y evaluar objetivamente todas las alternativas razonables a la acción, y para aquellas alternativas no contempladas, discutir brevemente las razones de su desestimación. Los litigantes han utilizado estos requerimientos para exigir a las agencias considerar modificaciones a los proyectos para la reducción o eliminación de emisiones. Burger y Wentz notan que las agencias no son lo suficientemente rigurosas al evaluar alternativas, incluyendo la alternativa de no acción y alternativas de menores emisiones. Las agencias podrían comparar con alternativas de producción de energía renovable para cubrir necesidades energéticas, pero, sin embargo, en muchos casos, no dan consideración significativa a estos enfoques alternos. Esto, según estos autores, ocurre cuando el propósito y la necesidad de la propuesta son encuadrados estrechamente en términos del interés del promotor (v. gr., explotar minas de carbón) o se realizan afirmaciones genéricas como que la extracción continua de carbón es esencial para cubrir necesidad energéticas futuras del país[1048]. Esta situación es problemática desde que se asume que es necesario aumentar la oferta de combustibles fósiles en un momento en que la ciencia claramente ha indicado la necesidad de reducir su consumo[1049].

En el caso *Indigenous Environmental Network v. United States Department of State* (2018) la agencia tomó este tipo de enfoque definiendo al propósito y la necesidad de la infraestructura, en parte, en relación con el interés de los promotores. La Corte Distrital de Montana (Great Fall Division) sostuvo que esta práctica estaba permitida bajo la jurisprudencia y que, por ello, era razonable que la agencia descartara alternativas que no satisficieran tanto el interés público

---

1048 V. gr., UNITED STATES DISTRICT COURT FOR THE DISTRICT OF MONTANA, MISSOULA DIVISION: Montana Environmental Information Center v. U.S. Office of Surface Mining, et al., CV 15-106-M-DWM (order of 14 August 2017), op. cit., p. 21: *"...the continued extraction of coal is essential to meet the nation's future energy needs."*

1049 BURGER, y WENTZ, "Evaluating the Effects of Fossil Fuel Supply Projects...", op. cit. p. 523, 524.

como el privado. También observó que no era necesario considerar alternativas más ambientalmente beneficiosas sino, en cambio, solo aquellas que fuesen necesarias para una elección razonada a la luz del propósito y la necesidad[1050]. Esto, al decir de Burger y Wentz, permite a las agencias evitar cualquier consideración real de alternativas que podrían servir mejor al interés público[1051].

Este caso puede, sin embargo, ser contrastado con algunas decisiones que sostuvieron que las agencias fallaron en observar detenidamente (*hard look*) alternativas que habrían disminuido la magnitud de las concesiones de explotación de combustibles fósiles sobre tierras federales, las que demuestran que los tribunales podrían intervenir para exigir una consideración adecuada de las alternativas[1052].

En *Western Organization of Resource Councils v. U.S. Bureau of Land Management* (2018) *la Corte* hizo exactamente ello al afirmar que una observación más detenida de aquellas alternativas que habrían disminuido la cantidad de carbón disponible era necesaria debido a preocupaciones climáticas. La Corte sostuvo que la agencia tenía discreción para reducir o eliminar áreas a explotar y, por lo tanto, los escenarios de producción menor eran opciones de gestión razonables que deberían haber sido considerados para proveer una base adecuada para la toma de decisiones, particularmente a la luz de la magnitud de las emisiones de GEI a generar y los comentarios del público preocupado por los impactos de estas[1053]. De manera similar, en *Wilderness Workshop v. U.S. Bureau of Land Management* (2018) la Corte Distrital de Colorado entendió que la agencia debería haber consi-

---

1050 United States District Court for the District of Montana, Great Falls Division: Indigenous Environmental Network, et al. v. United States Department of State, et al., CV-17-29-GF-BMM, CV-17-31-GF-BMM (order of 8 November 2018), op. cit., p. 7-9.

1051 Burger, y Wentz, "Evaluating the Effects of Fossil Fuel Supply Projects…", op. cit. p. 524, 525.

1052 Ídem, p. 526.

1053 United States District Court for the District of Montana, Great Falls Division: Western Organization of Resource Councils, et al., v. U.S. Bureau of Land Management, et al., CV 16-21-GF-BMM (opinion and amended order of 26 March 2018), op. cit., p. 23, 24.

derado una alternativa a las concesiones para la explotación de gas y petróleo que habría limitado significativamente la producción[1054].

3.1.4. Consideraciones finales sobre esta jurisdicción

En su afamado artículo de 2012, Markell y Ruhl observaban que:

> *The actions to prevent authorization of a particular GHG emitting project that have had some resolution generally have not gone well for parties seeking to prevent approval because of the GHG emissions... While many decisionmaking bodies, administrative and judicial, have acknowledged the risks associated with GHG emissions, this concern has rarely led to rejection of projects. Courts in particular have been reluctant to second-guess permitting bodies, as those bodies have wrestled with how to incorporate GHG emissions and the risks they pose into permitting decisionmaking processes*[1055].

Esta afirmación continúa siendo válida una década después, pues no se ha identificado en esta jurisdicción ninguna resolución que haya directamente rechazado la autorización del proyecto. Los tribunales se han limitado a escrutar, con mayor o menor detalle y no siempre de forma consistente o clara, diversos parámetros utilizados por las agencias a la hora de llevar a cabo su tarea evaluadora. Cuando algún error de cierta gravedad se ha identificado, los tribunales han solicitado una nueva evaluación, lo que en una mayoría de casos deviene finalmente en la autorización de la acción. En este sentido, la cautela mostrada por los tribunales refleja un entendimiento eminentemente procesal y formal de la naturaleza de la EIA. Más

---

1054 UNITED STATES DISTRICT COURT FOR THE DISTRICT OF COLORADO: Wilderness Workshop, et al., v. United States Bureau of Land Management, et al., Civil Action No. 1:16-cv-01822-LTB (memorandum opinion and order of 17 October 2018), op. cit., p. 36, 37; en UNITED STATES COURT OF APPEALS FOR THE TENTH CIRCUIT: High Country Advocates, et al. v. United States Forest Service, No. 18-1374 (opinion of 2 March 2020), la Corte impugnó la decisión de la agencia por no considerar adecuadamente una de las alternativas presentadas por los litigantes, al mismo tiempo que rechazó la alegación de que debería haberse considerado otra alternativa que incluya quema de metano (*methane flaring*) por la incertidumbre existente en torno a esta técnica de reducción de emisiones.

1055 MARKELL y RUHL, "An Empirical Assessment...", op. cit., p. 47.

allá de esto, la jurisprudencia de NEPA aporta algunos desarrollos de interés.

En primer lugar, en esta se ha reconocido desde un primer momento —de hecho, desde el primer caso identificado como litigación climática a nivel global en 1990— la pertinencia de entender a los efectos de las acciones sobre el sistema climático (emisiones de GEI) como un impacto ambiental digno de ser tenido en cuenta en las evaluaciones.

En segundo lugar, los tribunales en este contexto han mayormente aceptado, a partir de la interpretación de la normativa, que una consideración amplia de estos impactos era necesaria, lo que incluye la cuantificación de emisiones directas, indirectas (*downstream* y *upstream*) y acumulativas de las acciones evaluadas. Así, reconoció la existencia de un nexo de causalidad suficiente entre proyectos de infraestructura fósil y las emisiones liberadas en las distintas etapas de la cadena de suministro de estos productos, las que se entendieron como consecuencias razonablemente previsibles.

En tercer lugar, mayor incertidumbre se observa en la respuesta jurisprudencial sobre cuestionamientos a la actividad de las agencias a la hora de valorar la relevancia de estas emisiones. Como se mencionó, las agencias son, por el momento, reacias a considerarlas como impactos significativos que puedan justificar la implementación de medidas de mitigación, consideración de alternativas o la denegatoria a la acción evaluada. Los cuestionamientos ante esta situación se enfocan en las asunciones, parámetros y análisis realizados. Al respecto, debe notarse que las agencias han buscado valorar emisiones netas en lugar de brutas, entendiendo que en la alternativa 'sin proyecto' se producirán igualmente emisiones. En este punto, es resaltable el paso adelante de la jurisprudencia al rechazar las meras alusiones a la MSA para evitar valorar las emisiones, lo que ha llevado a las agencias a emplear la modelización de mercados energéticos en su reemplazo.

Sin embargo, los casos demuestran que esta técnica puede reproducir los mismos problemas que la MSA, por lo que requiere un escrutinio judicial cuidadoso para garantizar que las agencias no utilicen asunciones erróneas, ignoren información relevante o manipulen sus análisis para subestimar los impactos. Para asegurar cierta precisión e integridad de los modelos las agencias deberían, de acuerdo con Burger y Wentz: (i) considerar todos los sustitutos energéticos posibles, incluyendo energías renovables, (ii) considerar escenarios múltiples de mercados energéticos, incluyendo aquellos consistentes con aumentos de temperatura media global de 1,5 y 2°C, (iii) utilizar la mejor y más actualizada información y proyecciones sobre precios y (iv) ser transparentes sobre asunciones y parámetros utilizados[1056].

Por su parte, estos autores destacan que el foco en emisiones netas de una acción no tiene por qué ser el único camino para valorar los impactos sobre el clima, pues sería también razonable valorar las emisiones brutas. Mientras que el primer enfoque —alegan— puede ser valorable en tanto permitiría una aproximación más fina a los efectos de la acción sobre el mercado energético, la complejidad de este hace que la certeza y, por ello, el valor de esta aproximación dependa de asunciones sobre respuestas económicas a largo plazo que siempre serán inherentemente especulativas[1057]. De no ser suficientemente razonables y ajustados los parámetros utilizados, el ejercicio evaluativo se ve totalmente desvirtuado, lo que muchas veces parece darse de forma intencional. Esto hace que pueda cuestionarse si es adecuado utilizar solo esta técnica para comprender los impactos de las propuestas sobre el sistema climático, en contraposición a la consideración de un inventario claro de emisiones brutas. Al respecto estos autores plantean que quizás sería lógico utilizar la modelación de mercados para proveer información útil —siempre que los *inputs*, asunciones y parámetros sean sólidos— a revisiones de acciones a nivel programático, mientras que, a nivel proyecto, el cálculo de emisiones brutas podría ser suficiente[1058].

Igualmente, la jurisprudencia ha abordado la cuestión de la utilización de parámetros para la valoración de la relevancia, aunque en este campo ha demostrado ejercer una gran deferencia, más allá de algunas intervenciones. Se ha planteado al respecto la necesidad

---

[1056] BURGER, y WENTZ, "Evaluating the Effects of Fossil Fuel Supply Projects...", op. cit. p. 505

[1057] Ídem, p. 504.

[1058] Ídem, p. 505.

de utilizar el coste social del carbono o el presupuesto de carbono global como criterios para valorar las emisiones. Mientras que los tribunales se han mostrado receptivos respecto a la utilización del primero, especialmente para calcular los costes de las emisiones de GEI cuando las agencias han hecho lo propio con los beneficios de los proyectos, el segundo parámetro ha sido desechado en más de una ocasión al no existir ni base normativa ni antecedentes jurisprudenciales para su aplicación.

Tres cuestiones finales pueden destacarse. En primer lugar, como ya se mencionó, la jurisprudencia desarrollada a partir de NEPA tiene un valor agregado al ser esta normativa que dio origen a la EIA que luego se universalizó y que está presente en las otras jurisdicciones que se analizarán a continuación y sus casos. En segundo lugar, debe destacarse que, a pesar de que esta jurisdicción ha sido uno de los centros más neurálgicos del negacionismo climático, las resoluciones identificadas no demuestran este sesgo, incluso aquellas tempranas. Finalmente, deben resaltarse las acciones de la Administración Trump para desarmar los estándares regulatorios que sustentan una evaluación amplia de los impactos climáticos de los proyectos bajo NEPA, lo que puede verse como una contraofensiva a los efectos de la litigación respecto de algunos proyectos de interés nacional (v. gr., Keystone XL). Más allá de que la Administración Biden haya dado pasos para revertir las medidas de su antecesora, este tipo de reacciones merecen seria consideración a la hora de analizar el fenómeno de la litigación climática y sus posibles impactos.

3.2. Australia

Australia es un líder histórico de la producción y exportación de carbón a nivel global. A pesar de las preocupaciones en torno al cambio climático, esto parece que no cambiará en el corto o mediano plazo. De hecho, se prevé que, más bien, pueda profundizarse a partir no solo de la disponibilidad de recursos naturales, sino también de un fuerte y múltiple apoyo público al sector[1059]. Esto explica

---

1059 PNUMA, *The Production Gap: The discrepancy…*, op. cit, p. 35.

que prácticamente todas las iniciativas judiciales identificadas en este apartado sean cuestionamientos a autorizaciones administrativas de nuevas minas de carbón, sus expansiones o decisiones directamente relacionadas.

Cuatro son las jurisdicciones domésticas en las que se identifican casos relevantes para esta investigación. Por un lado, la jurisdicción federal, con cuatro casos, y, por otro, cuatro jurisdicciones de carácter subnacional: Australia Meridional, Victoria, Queensland y Nueva Gales del Sur, con uno, dos, seis y nueve[1060] casos respectivamente. Sobre esta diversidad, Peel y Osofsky comentan que las limitadas posibilidades de la litigación a nivel federal promovieron el desarrollo de casos a nivel subnacional, a partir de normativa que ofrece variadas oportunidades para cuestionar la toma de decisión gubernamental a nivel proyecto y de tribunales especializados y con jurisdicciones de revisión de mérito[1061]. Las diferentes estructuras judiciales y regulatorias que subyacen a esta variedad jurisdiccional justifican realizar un análisis por separado de los casos según su correspondiente ámbito. Sin perjuicio de ello, se observa la existencia de elementos comunes entre los casos de las distintas jurisdicciones que vale la pena destacar tempranamente.

En primer lugar, resalta el enfoque de los litigios en los procesos y resultados de las EIA y su valoración a la hora de la toma de decisión sobre la autorización de los proyectos. Dado que la gran mayoría de los casos identificados corresponde a controversias en torno a la minería de carbón, el interrogante sobre cuál debería ser la extensión del análisis y la valoración de las emisiones de GEI 'indirectas', *downs-*

1060 Se tiene registro de que otra demanda se ha interpuesto en jurisdicción de Nueva Gales del Sur contra la aprobación del proyecto de gas 'Narrabri gas project', sin embargo al no poderse localizar acceso a los documentos del caso, este no se ha incluido en el análisis; al respecto véase ENVIRONMENTAL DEFENDERS OFFICE, "Community Files Appeal Against Santos' Narrabri Gas Project", <https://www.edo.org.au/2020/12/23/community-files-appeal-against-santos-narrabri-gas-project/> [Última consulta 23 de marzo de 2021]; Cox, L., "Farmers launch legal challenge against approval of $3.6bn Narrabri gas project", The Guardian, 22 de diciembre de 2020 <https://www.theguardian.com/australia-news/2020/dec/23/farmers-launch-legal-challenge-against-approval-of-36bn-narrabri-gas-project> [Última consulta, 23 de marzo de 2021]

1061 PEEL y OSOFSKY, *Climate Change Litigation…*, op. cit., p. 96.

tream o de *scope 3*[1062] de los proyectos es un elemento central en toda la jurisprudencia australiana. Aquí debe advertirse que, mientras que en la jurisprudencia de Estados Unidos un interrogante central es si las agencias en sus EIA deben incluir y cuantificar estas emisiones indirectas, en la mayoría de los casos en Australia tal información estaba ya presente en las EIA al momento de que se gestara la controversia judicial. Por ello, debe notarse que el interrogante central no refiere sobre el contenido adecuado de la EIA, sino sobre su consideración y valoración por parte de la autoridad. La excepción a esto es el caso *Gray v. The Minister for Planning* (2006), en el que, como se verá, no se habían incluido en la EIA las emisiones de *scope 3* del proyecto.

En segundo lugar, un elemento normativo que se repite una y otra vez sin importar la jurisdicción de que se trate es el de los llamados principios del desarrollo ecológicamente sostenible (*principles of ecologically sustainable development-ESD principles*). Estos principios, entre los que se incluyen el principio de precaución y el de equidad

---

1062 La categorización de emisiones en *scope 1, 2* y *3* es la utilizada en la gran mayoría de las EIA en esta jurisdicción a partir del documento titulado The Greenhouse Gas Protocol de 2004; en la sentencia del caso New South Wales Land and Environment Court: Gray v. The Minister for Planning, et al. [2006] NSWLEC 720 (judgment of 27 November 2006), op. cit., la jueza transcribe un fragmento que sirve aquí para ilustrar cada categoría: "*Scope 1: Direct GHG emissions...occur from sources that are owned or controlled by the company, for example, emissions from combustion in owned or controlled boilers, furnaces, vehicles, etc.; emissions from chemical production in owned or controlled process equipment... Scope 2: Electricity indirect GHG emissions. Scope 2 accounts for GHG emissions from the generation of purchased electricity consumed by the company. Purchased electricity is defined as electricity that is purchased or otherwise brought into the organizational boundary of the company. Scope 2 emissions physically occur at the facility where electricity is generated. Scope 3: Other indirect GHG emissions. Scope 3 is an optional reporting category that allows for the treatment of all other indirect emissions. Scope 3 emissions are a consequence of the activities of the company, but occur from sources not owned or controlled by the company. Some examples of scope 3 activities are extraction and production of purchased materials; transportation of purchased fuels; and use of sold products and services.*"; World Resources Institute y World Business Council for Sustainable Development, *The Greenhouse Gas Protocol: A Corporate Accounting and Reporting Standard (Revised Edition)*, 2004; también se hace referencia en este caso a las metodologías de las NSW Energy and Greenhouse Guidelines for Environmental Impact Assessment y Australian Greenhouse Office Factors and Methods Workbook December 2005.

intergeneracional, se encuentran integrados tanto en la normativa federal como en las distintas regulaciones subnacionales y ocupan un lugar central en una mayoría de las contiendas argumentales en la búsqueda de una evaluación y valoración más comprehensiva de los impactos climáticos.

En tercer y último lugar, la cuestión de la separación de poderes, en este caso en la forma de la debida deferencia judicial hacia las administraciones en la toma de decisión, está presente a lo largo de toda la jurisprudencia, con la particularidad de la ya mencionada jurisdicción de mérito que detentan algunos de los tribunales y de la que, como queda explícito del análisis realizado, se ha hecho un uso significativo[1063].

3.2.1. Jurisdicción federal

Como se adelantó, son cuatro los casos que se han identificado en esta jurisdicción. En todos estos intervino la Federal Court of Australia, actuando en revisión de legalidad de las decisiones administrativas cuestionadas. En este foro, la normativa central en torno a la cual giran los casos es la Environment Protection and Biodiversity Conservation Act 1999 (EPBC Act)[1064], una norma que, al estilo NEPA, regula los procedimientos relacionados con las EIA y que requiere el examen de ciertos tipos de acciones de tengan o puedan tener un impacto significativo en 'cuestiones de relevancia ambiental a nivel nacional', entre las que se comprenden la Gran Barrera de Coral, humedales internacionalmente protegidos y especies amenazadas[1065].

1063 Al respecto de la jurisdicción de revisión de mérito en Australia puede verse CANE, P., "Judicial Review and merits review: comparing administrative adjudication by courts and tribunals", en ROSE-ACKERMAN, S. y LINDSETH, P. (eds.), *Comparative Administrative Law,* Edward Elgar, 2010, p. 426 y ss.; debe notarse que en el Derecho australiano, los tribunales en revisión de mérito pueden tanto pronunciarse sobre cuestiones de oportunidad o bondad de la decisión y la valoración del trasfondo fáctico como también sobre cuestiones de legalidad de la misma.

1064 Environment Protection and Biodiversity Conservation Act 1999, Federal Register of Legislation <https://www.legislation.gov.au/Details/C2019C00275> [Última consulta, 31 de agosto de 2020]

1065 PEEL y OSOFSKY, *Climate Change Litigation...*, op. cit., p. 88.

Esta legislación, como NEPA, no incluye referencia específicas al cambio climático, lo que, sin embargo y al igual que en el caso de Estados Unidos, no llevó a grandes discusiones judiciales sobre si las emisiones de GEI podrían describirse como impactos ambientales en los términos de la normativa, lo que fue aceptado[1066]. La controversia central, como se verá a continuación, fue entonces si las agencias debían o no considerar las emisiones indirectas y, en tal caso, si deberían o no ser catalogadas como impactos significativos.

Tabla 5. Listado de casos identificados en la jurisdicción federal de Australia

	Casos	Tipo de propuesta	Resoluciones
AUSTRALIA (jurisdicción federal)	Wildlife Preservation Society of Queensland/ Whitsunday v. Minister for the Environment	Mina de carbón	15/06/2006 (Federal Court) Revisión de legalidad
	Anvil Hill Project Watch Ass. v. Minister for the Environment	Mina de carbón (Anvil Hill)	20/09/2007 (Federal Court) Revisión de legalidad
	Australian Conservation Foundation Inc. v. Minister for the Environment and Energy	Mina de carbón y vía de tren para su transporte	29/08/2016 (Federal Court) Revisión de legalidad
			25/08/2017 (Federal Court) Apelación
	Sharma v. Minister for the Environment	Mina de carbon	27/05/2021 (Federal Court) Revisión de legalidad
			08/07/2021 (Federal Court) Revisión de legalidad
			15/03/2022 (Federal Court) Apelación

1066 Esto, como se verá, es una diferencia con otras jurisdicciones (v. gr., Chile, Sudáfrica) donde la cuestión más básica sobre la inclusión de la problemática del cambio climático en los procesos de EIA fue, en lo que aquí interesa, el principal objeto del litigio.

El primer caso identificado en esta jurisdicción es *Wildlife Preservation Society of Queensland Proserpine/Withsunday Branch v. Minister for the Environment and Heritage* (2006)[1067] donde se discutió si la apertura de una nueva mina de carbón debía considerarse una actividad controlada por la EPBC Act y si, por ello, requería de una autorización específica. Los demandantes alegaron que esto era así ya que el proyecto, entre otros impactos, produciría emisiones de GEI en la extracción y en la eventual quema del carbón, las que afectarían a la Gran Barrera de Coral, elemento protegido por la norma. La Administración, por su parte, había entendido que las emisiones serían extremadamente pequeñas, además de especulativas (en parte debido a que se produciría una MSA) y, por ello, no significativas en los términos de la legislación:

> *...the possibility of increased concentration of greenhouse gases in the atmosphere resulting from each project was speculative and merely "theoretically possible". There was no suggestion that the mining of coal pursuant to these proposals would increase the amount of coal burnt in any particular year, or cumulatively. It was not suggested that in the absence of coal from these sources, less coal would be burnt*[1068].

El juez Dowsett aceptó las alegaciones de la Administración, afirmando que los impactos de las emisiones de la extracción, transporte y quema del carbón se habían considerado con suficiente detalle y que la conclusión alcanzada (insignificancia) era aceptable[1069]. En cuanto a las alegaciones de los demandantes, el juez rechazó que la EPBC Act debiese ser interpretada en concordancia con instrumentos internacionales como la Convención para la Protección Mundial Cultural y Natural[1070], la Convención sobre los Humedales de Importancia Internacional[1071], el Convenio sobre la Diversidad

---

1067 FEDERAL COURT OF AUSTRALIA: Wildlife Preservation Society of Queensland Proserpine/Whitsunday Branch Inc. v. Minister for the Environment and Heritage et al., 2006 FCA 736 (judgment of 15 June 2006).

1068 Ídem, párr. 18, 29, 43.

1069 Ídem, párr., 44.

1070 UNESCO, Convention Concerning the Protection of the World Cultural and Natural Heritage, París, 21 de noviembre de 1972 <https://whc.unesco.org/en/conventiontext/> [Última consulta, 26 de marzo de 2021]

1071 UNESCO, Convention on Wetlands of International Importance especially as Waterfowl Habitat, Ramsar, 2 de febrero de 1971, <https://www.ramsar.

Biológica[1072] o la CMNUCC[1073] (artículo 3.3.)[1074]. Tampoco aceptó la aplicación al caso de los *ESD principles*, específicamente del principio precautorio, al entender de que no se había demostrado la posibilidad de un daño grave o irreversible con el proyecto, ni la alegación de que los impactos de la mina deberían analizarse de forma acumulativa, afirmando que la norma requiere a la autoridad *"to address the impact of the proposed action, not the impact of the worldwide burning coal"*[1075]. En este sentido, el juez Dowsett se mostró escéptico sobre el nexo de causalidad entre las emisiones de GEI indirectas del proyecto (quema del carbón exportado) y los impactos del cambio climático sobre la Gran Barrera de Coral, lo que le llevó a sostener su carácter especulativo:

> *I am far from satisfied that the burning of coal at some unidentified place in the world, the production of greenhouse gases from such combustion, its contribution towards global warming and the impact of global warming upon a protected matter, can be so described* [as an impact of the proposed project][1076].

La misma cuestión sobre la naturaleza 'controlable' bajo la EPBC Act de un proyecto de minería de carbón fue abordada poco más tarde en el caso *Anvil Hill Project Watch Association Inc. v. Minister for*

---

org/sites/default/files/documents/library/current_convention_text_e.pdf> [Última consulta, 26 de marzo de 2021]

1072 United Nations Treaty Collection, Convention on Biological Diversity, Rio de Janeiro, 5 de junio de 1992 <https://treaties.un.org/Pages/ViewDetails.aspx?src=TREATY&mtdsg_no=XXVII-8&chapter=27&clang=_en> [Última consulta, 26 de marzo de 2021]

1073 United Nations Treaty Collection, United Nations Framework Convention on Climate Change, op. cit.

1074 Según el tribunal, estos instrumentos no ofrecían asistencia alguna al análisis sobre si existían o no posibles impactos significativos; Federal Court of Australia: Wildlife Preservation Society of Queensland Proserpine/Whitsunday Branch Inc. v. Minister for the Environment and Heritage et al., 2006 FCA 736 (judgment of 15 June 2006), op. cit., párr. 46, 47.

1075 Ídem, párr. 55.

1076 Federal Court of Australia: Wildlife Preservation Society of Queensland Proserpine/Whitsunday Branch Inc. v. Minister for the Environment and Heritage et al., 2006 FCA 736 (judgment of 15 June 2006), op. cit., párr. 72.

the Environment and Water Resources (2007)[1077]. En este caso, la Administración, a pesar de aceptar el vínculo general entre el aumento de de GEI en la atmósfera y el calentamiento, se mostró escéptica del vínculo específico entre las emisiones de la mina y los impactos en los bienes protegidos (humedales del estuario de Hunter y Gran Barrera de Coral), afirmando que los procesos del sistema climático eran inciertos y que las emisiones derivadas de la mina (incluidas aquellas de la quema de carbón) eran tan solo una proporción pequeña de la totalidad de las emisiones globales:

> *I found that, while it is clear that, at a global level, there is a relationship between the amount of carbon dioxide in the atmosphere and warming of the atmosphere, the climate system is complex and the processes linking specific additional greenhouse gas emissions to potential impacts on matters protected… are uncertain and conjectural. In light of this, and in light of the relatively small contribution of the proposed action to the amount and concentration of greenhouse gases in the atmosphere, I found that a possible link between the additional greenhouse gases arising from the proposed action and a measurable or identifiable increase in global atmospheric temperature or other greenhouse impacts is not likely to be identifiable*[1078].

La jueza Stone apeló al precedente de *Wildlife Preservation Society* para entender como aceptable esta conclusión de la autoridad y su valoración de las emisiones de GEI como impactos no significativos[1079].

Casi diez años después, la Federal Court volvió a abordar una controversia similar en *Australian Conservation Foundation v. Minister for the Environment* (2016)[1080]. En este caso, y a diferencia de los ante-

---

1077 FEDERAL COURT OF AUSTRALIA: Anvil Hill Project Watch Association Inc. v. Minister for the Environment and Water Resources [2007] FCA 1480 (judgment of 20 September 2007).

1078 Ídem, párr. 26.

1079 Ídem, párr. 40; según menciona Preston, estos casos demostraron la necesidad de reformar la EPBC Act para adecuarla a problemáticas ambientales como el cambio climático, lo que incluiría la fijación de un límite de emisiones, cuya excedencia dispararía la aplicación de las disposiciones de la ley. Esto fue sugerido por un comité independiente (fijando el límite en 500.000 toneladas de $CO_{2\text{-}e}$) pero fue descartado por el Gobierno; PRESTON, "The Influence of Climate Change Litigation…", op. cit., p. 505.

1080 FEDERAL COURT OF AUSTRALIA: Australian Conservation Foundation Incorporated v. Minister for the Environment [2016] FCA 1042 (judgment of 29 August 2016).

riores, la cuestión a resolver no era la 'controlabilidad' de la acción en los términos de la EPBC Act (algo que había sido ya aceptado) sino presuntos errores al decidir la autorización de una nueva mina de carbón e infraestructura asociada[1081], una vez más, en torno a los probables impactos de las emisiones de GEI (transporte y quema del carbón a exportar) del proyecto en la Gran Barrera de Coral.

La postura de la Administración fue que, aun considerándose todas las emisiones directas e indirectas, el proyecto no tendría un impacto inaceptable. Específicamente sobre las emisiones de *scope 3*, argumentó que la magnitud real de las emisiones 'adicionales' (a nivel global) que implicaría el proyecto dependería de una serie de variables entre las que incluyó: (a) si el carbón a extraer reemplazaría al de otros proveedores; (b) si se utilizaría como sustituto de otras fuentes de energía; y (c) la eficiencia de las plantas térmicas en las que se emplearía. Asimismo, observó que el régimen jurídico internacional (CMNUCC y Protocolo de Kioto) proveía ya de un mecanismo para abordar la problemática en términos globales, siendo los países importadores del carbón aquellos responsables de estas emisiones de *scope 3*, mientras que las de *scope 1* y *2* serían cubiertas por marcos regulatorios nacionales. En este sentido, las emisiones (y por ello los impactos alegados) serían especulativas y, en todo caso, estarían gestionadas y mitigadas a través de los marcos nacionales e internacionales en vigor[1082].

El juez Griffiths resaltó, primeramente, los límites de su rol en revisión de legalidad de la decisión administrativa, notando que debía ser cuidadoso de no convertir su decisión en una reconsideración de mérito[1083]. Así, se mostró deferente con la conclusión de la Administración sobre el carácter no significativo de las emisiones (especulativas), dadas las variables alegadas sobre su magnitud adicional y

---

1081 Previo a esta resolución, la misma mina había sido objeto de cuestionamiento judicial en un caso ante el Queensland Land Court, véase: LAND COURT OF QUEENSLAND: Adani Mining Pty Ltd v. Land Services of Coast and Country et al. [2015] QLC 48 (judgment of 15 December 2015), desarrollado *infra*.

1082 FEDERAL COURT OF AUSTRALIA: Australian Conservation Foundation Incorporated v. Minister for the Environment [2016] FCA 1042 (judgment of 29 August 2016), op. cit., párr. 58.

1083 Ídem, párr. 144, 145.

el abordaje regulatorio nacional e internacional en vigor[1084]. Asimismo, entendió no aplicable el principio precautorio al considerarse no probada la existencia de una amenaza de daño grave o irreversible[1085]. Finalmente, en cuanto a alegaciones de los demandantes respecto a la Convención para la Protección Mundial Cultural y Natural, el juez observó que este instrumento otorgaba amplitud a las autoridades a la hora de su implementación, no pudiendo establecerse que la aprobación del proyecto implicase su violación[1086].

De estos casos puede destacarse que la Federal Court se ha mostrado, en su rol de revisión de legalidad, ampliamente deferente de las conclusiones de la Administración sobre la (in)*significancia* de las emisiones de GEI (directas o indirectas) como impactos ambientales sobre los bienes tutelados por al EPBC Act. De ello, resalta, por un lado, cierto escepticismo compartido entre la Administración y la Corte sobre el vínculo causal entre los proyectos y los impactos del cambio climático sobre los bienes protegidos. Por otro, que han fallado argumentaciones en torno a la interpretación conforme de la normativa local respecto al Derecho internacional público, dado el carácter *soft* de algunas de sus disposiciones, y al principio precautorio, al considerarse no probada en ningún caso la existencia de una amenaza de daño grave o irreparable. En relación con ello, debe alertarse que la vigencia del régimen jurídico internacional, que impone responsabilidad sobre emisiones territoriales, ha servido para justificar la insignificancia de las emisiones como impactos debido a que ya estarían cubiertas (y mitigadas) en el marco de esta instancia regulatoria. Por su parte, si bien en estos casos no se discute ampliamente el argumento de la MSA, sí se observa cierta aceptación por parte de la Corte, en cuanto a que, al menos, existe incertidumbre al respecto de qué sucedería ante el rechazo de los proyectos.

1084 Ídem, párr. 165.

1085 Ídem, párr. 184.

1086 Ídem, párr. 199; esta decisión fue apelada sin éxito, interviniendo el mismo órgano judicial ahora en forma de tribunal colegiado. Esta nueva sentencia no aporta insumos de interés a los fines de este análisis; FEDERAL COURT OF AUSTRALIA: Australian Conservation Foundation Incorporated v. Minister for the Environment and Energy [2017] FCAFC 134 (judgment of 25 August 2017).

Buscando escapar a estas limitaciones en la revisión judicial sobre los procesos de EIA, un grupo de jóvenes presentó, en *Sharma v. Minister for the Environment* (2021)[1087], una acción en contra de la expansión de una mina de carbón sobre la base de la existencia de un deber de cuidado originado en el *common law* (negligencia) y en cabeza de la autoridad al momento de ejercer sus atribuciones bajo la EPBC Act. Según los demandantes, este deber se vería afectado en el caso de que se otorgue autorización al proyecto, algo que fue negado por la Administración, la que sostuvo que tal deber no existe y que sería contrario a la normativa y a los principios del Derecho público en general.

El juez Bromberg, luego de hacer un repaso del estado de la ciencia climática, incluyendo predicciones de calentamiento, retroalimentaciones del sistema climático, posibles puntos de inflexión y el presupuesto de carbono global restante[1088], encontró que tal deber de cuidado sí existía. Específicamente, que la autoridad (ministra Ley) debía ejercer un cuidado razonable para evitar el daño a la integridad de los niños de Australia al decidir si aprobaba o no el proyecto. De su análisis, puede destacarse respecto de la gravedad de la problemática y la vulnerabilidad de las futuras generaciones que:

> *It is difficult to characterise in a single phrase the devastation that the plausible evidence presented in this proceeding forecasts for the Children. As Australian adults know their country, Australia will be lost and the World as we know it gone as well. The physical environment will be harsher, far more extreme and devastatingly brutal when angry. As for the human experience —quality of life, opportunities to partake in nature's treasures, the capacity to grow and prosper— all will be greatly diminished. Lives will be cut short. Trauma will be far more common and good health harder to hold and maintain. None of this will be the fault of nature itself. It will largely be inflicted by the inaction of this generation of adults, in what might fairly be described as the*

1087 Federal Court of Australia: Sharma by her litigation representative Sister Marie Brigid Arthur v. Minister for the Environment [2021] FCA 560 (judgment of 27 May 2021), se solicitó infructuosamente una medida cautelar para frenar la autorización del proyecto.

1088 Es interesante la referencia a las investigaciones sobre la posibilidad de que se entre en un estadio de calentamiento continuo, en lo que Steffen et al. han llamado 'Hothouse Earth', ídem, párr. 30 y ss.; véase capítulo I; Steffen, "Trajectories of the Earth System…", op. cit

greatest inter-generational injustice ever inflicted by one generation of humans upon the next[1089].

Tales palabras parecen evidenciar una diferencia en la postura de la Corte respecto la problemática en un desplazamiento hacia la idea de emergencia o crisis. Más allá de esto, la Corte observó que el reconocimiento de la existencia de este deber de cuidado no dictaba, por sí solo, el rechazo de la extensión del proyecto, sino que imponía un deber de tomar aquellas medidas que una autoridad razonable con las mismas potestades y recursos tomaría en las presentes circunstancias[1090]. La violación del deber de cuidado podría o no ser declarada una vez tomada la decisión por la autoridad.

Esta resolución fue apelada por la ministra Ley, quien en septiembre 2021 autorizó igualmente la expansión del proyecto. En marzo de 2022, se expidió el pleno de la Corte Federal revocando la sentencia del juez Bromberg, con tres votos separados pero coincidentes en su decisión[1091]. De entre los extensos considerandos de los jueces Allsop, Beach y Wheelahan, destacan referencias a la división de poderes y a la falta de un nexo causal suficiente entre la autorización de la actividad y un daño futuro (personal) a los niños y jóvenes demandantes, en los términos del derecho de daños.

Mientras que el reconocimiento de la existencia de un deber de cuidado parecía abrir una interesante nueva vía para la discusión de los impactos climáticos de los proyectos —especialmente ante las limitaciones mostradas en el escrutinio judicial sobre los procesos de EIA—, su revocación por el pleno de la Corte Federal reafirmó su reticencia y cautela respecto a la intervención en decisiones que se entienden deudoras de deferencia hacia las administraciones, bien por su carácter técnico bien por su contenido político. En este sentido, una constante en los casos es el rechazo de la Corte a aceptar

---

1089 Federal Court of Australia: Sharma by her litigation representative Sister Marie Brigid Arthur v. Minister for the Environment [2021] FCA 560 (judgment of 27 May 2021), op. cit., párr. 293.

1090 Ídem, párr. 410, 412.

1091 Federal Court of Australia: Sharma by her litigation representative Sister Marie Brigid Arthur v. Minister for the Environment [2022] FCAFC 35 (judgment of 15 March 2022).

que exista un vínculo causal suficiente entre la autorización de los proyectos y daños o impactos sobre los bienes de interés nacional (v. gr., Gran Barrera de Coral) o sobre los individuos o grupos.

3.2.2. Australia Meridional y Victoria

Algunos pocos casos se han desarrollado en estas dos jurisdicciones, con la South Australian Environment, Resources and Development Court actuando en el único caso identificado en Australia Meridional (South Australia), y con el Victorian Civil and Administrative Tribunal haciendo lo propio en los dos casos identificados en Victoria[1092], tanto en revisión de legalidad como de mérito de las decisiones administrativas.

Tabla 6. Listado de casos identificados en la jurisdicción de Australia meridional (Australia)

	Casos	Tipo de propuesta	Resoluciones
AUSTRALIA (Australia meridional)	Thornton v. Adelaide Hills Council	Caldera térmica	06/06/2006 (South Australian Environment, Resources and Development Court) Revisión de legalidad

En cuanto al caso de la primera jurisdicción, *Thornton v. Adelaide Hills Council* (2006)[1093], se trató de un cuestionamiento a la aproba-

1092 En septiembre 2021, una nueva demanda de interés se presentó en esta jurisdicción. En esta, una ONG demandó a la agencia de protección ambiental y a varios operadores de centrales térmicas a base de carbón cuestionando la revisión de sus licencias respecto a los límites de emisiones de GEI dispuestos. Al momento de escribir, el caso continúa pendiente de resolución. Véase, SABIN CENTER FOR CLIMATE CHANGE LAW y ARNOLD&PORTER, Environment Victoria vs the EPA et al. <http://climatecasechart.com/non-us-case/environment-victoria-vs-the-epa-et-al/> [Última consulta, 29 de mayo de 2023]

1093 SOUTH AUSTRALIAN ENVIRONMENT, RESOURCES AND DEVELOPMENT COURT, Thornton et al. v. Adelaide Hills Council et al., [2006] SAERDC 41 (judgment of 6 June 2006).

ción de la autoridad local a la construcción de una caldera a base de carbón, en parte, debido a las emisiones de GEI que con su funcionamiento se liberarían. La Corte reconoció que aumentar las emisiones de GEI no era consistente con los *ESD principles*, incluyendo al principio de equidad intergeneracional y el principio precautorio. Sin embargo, observó que no se había provisto evidencia suficiente en el caso para tener como probado que con la autorización del nuevo proyecto se daría un aumento de emisiones de GEI respecto a la situación precedente, por lo que ello no podía justificar su rechazo[1094].

Tabla 7. Listado de casos identificados en la jurisdicción de Victoria (Australia)

	Casos	Tipo de propuesta	Resoluciones
AUSTRALIA (Victoria)	Australian Conservation Foundation v. Latrobe City Council	Mina de carbón (enmienda de un plan para suministro de central térmica)	29/10/2004 (Victorian Civil and Administrative Tribunal) Revisión de legalidad
	Dual Gas v. Environmental Protection Authoriry	Central térmica	29/03/2012 (Victorian Civil and Administrative Tribunal) Revisión de mérito

En cuanto a la jurisdicción de Victoria, el primero de los casos, *Australian Conservation Foundation v. Latrobe City Council* (2004)[1095], trató sobre la impugnación del proceso de aprobación de una enmienda de un plan que facilitaría la minería para proveer carbón a una planta térmica. En su sentencia, el magistrado Morris se expresó a favor de considerar los impactos de las emisiones de GEI a la hora de evaluar la enmienda[1096], incluyendo los de aquellas a producirse con la consecuente quema del carbón. Para ello, interpretó la nor-

---

1094 Ídem, párr. 47, 48.

1095 VICTORIAN CIVIL AND ADMINISTRATIVE TRIBUNAL: Australian Conservation Foundation v. Latrobe City Council, [2004] VCAT 2029 (judgment of 29 October 2004).

1096 La cuestión por resolver era si el panel de expertos independientes, cuya función era la deliberar sobre los impactos ambientales de las propuestas y recomendar a la Administración su aprobación o no, debería haber considerado este tipo de impactos; ídem.

mativa doméstica, entendiendo que tales emisiones 'indirectas' eran relevantes para la toma de decisión, desde que existía un nexo de causalidad suficiente entre la enmienda y los efectos ambientales de los GEI que probablemente generaría la planta térmica[1097]. En un interesante fragmento de la resolución, el magistrado hizo referencia al principio de equidad intergeneracional para resaltar la importancia de los intereses de las futuras generaciones para la toma de decisión:

> *Many would accept that, in present circumstances, the use of energy that results in the generation of some greenhouse gases is in the present interest of Victorians; but at what cost to the future interest of Victorians?*[1098]

Luego de esta decisión, el operador de la planta térmica ingresó en un plan de reducción de emisiones de GEI, el que, sin embargo, fue criticado por poco ambicioso[1099].

Por su parte, en *Dual Gas v. Environment Protection Authority* (2012)[1100], el Tribunal intervino en revisión de mérito[1101] al analizar la autorización de una central térmica de ciclo combinado y sus condiciones. Una de las particularidades de este caso fue que se discutió si los impactos del proyecto debían considerarse como positivos o negativos en términos climáticos. Para los promotores, el hecho de que una central de ciclo combinado implicase menores emisiones que una central convencional permitiría entender al proyecto como 'parte de la solución' del cambio climático, algo a lo que se opusieron los demandantes. El Tribunal entendió que el proyecto podía considerarse como la implementación de 'mejores prácticas' (reemplazo de fuentes de energía más carbono-intensivas), descartando alegaciones

---

1097 Ídem, párr. 41, 101. Aquí el juez refirió al caso *Minister for the Environment and Heritage v. Queensland Conservation Council (Federal Court of Australia, Judgment of 30 July 2004).*

1098 Ídem, párr. 43.

1099 PRESTON, "The influence of climate change litigation...", op. cit., p. 493; MCALLISTER, L., Litigating Climate Change at the Coal Mine", en BURNS y OSOFSKY (eds.), *Adjudicating Climate Change...*, op. cit., p. 55.

1100 VICTORIAN CIVIL AND ADMINISTRATIVE TRIBUNAL: Dual Gas Pty Ltd et al. v. Environment Protection Authority [20212] VCAT 308 (judgment of 29 March 20212).

1101 Sección 51 de la *Victorian Civil and Administrative Tribunal Act 1998.*

de que esto no podía ser así al existir, para la provisión de electricidad, energías renovables disponibles[1102].

De esta manera, el Tribunal consideró justificada la autorización al proyecto[1103], pero, interesantemente, en aplicación del principio precautorio y en vistas a la normativa climática regional (Climate Change Act 2010), impuso la condición de que los trabajos de construcción de la central no diesen inicio hasta que se asegurase el retiro de una capacidad equivalente de generación de energía carbono-intensiva en la región. Para el Tribunal, esto aseguraría una reducción neta de las emisiones de GEI del sector energético regional y facilitaría su transición[1104]. De acuerdo con Peel y Osofsky, esta condición determinó, al menos en parte, la suerte del proyecto, el que, debido a la incertidumbre regulatoria, perdió apoyo financiero y no se concretó. Igualmente, las autoras vinculan el caso a una reacción anti-regulatoria por parte del Gobierno regional respecto a la Climate Change Act 2010 que condujo, entre otras cosas, a la eliminación de su meta de reducción de emisiones[1105].

1102 VICTORIAN CIVIL AND ADMINISTRATIVE TRIBUNAL: Dual Gas Pty Ltd et al. v. Environment Protection Authority [20212] VCAT 308 (judgment of 29 March 20212), op. cit., párr. 4, 5, 163.

1103 Ídem, p. 178 y ss., incluso el Tribunal impugnó una condición impuesta por la autoridad que limitaba el tamaño del proyecto, rechazando que pueda existir inconsistencia entre el proyecto y los objetivos y principios ambientales (precautorio e intergeneracional) de la normativa o las metas climáticas regionales (por ejemplo, a partir de la limitación de oportunidades para el desarrollo de energía renovable). A pesar de ello, el Tribunal reconoció que *'...arguing that a single proposal or event is immaterial because it is a tiny percentage in terms of its impact fails to acknowledge cumulative and incremental impacts"*, en relación con la evidencia científica sobre la incertidumbre de los puntos de inflexión del sistema climático; ídem, párr. 246.

1104 Ídem, párr. 333-349, el tribunal sostuvo que el promotor había reconocido que la viabilidad económica del proyecto dependía de su capacidad de desplazar otras fuentes más contaminantes, por lo que la condición no tendría consecuencias comerciales significantes para el proyecto. Además, descartó eliminar la condición a partir de la implementación nacional del mercado de emisiones, escéptico sobre la efectividad de tal mecanismo y otorgando como ejemplo el bajo precio del carbono que estaba funcionando en ese entonces en el mercado de emisiones europeo. Otras condiciones impuestas fueron las de que el proyecto se encuentre preparado para implementar, si es factible, tecnología de captura y depósito de carbono (*CCS-ready*) y que respetase ciertos estándares de intensidad de emisiones.

1105 PEEL y OSOFSKY, *Climate Change Litigation...*, op. cit., p. 198, 305.

Mientras que el caso identificado en Australia Meridional no presenta gran interés, más allá del reconocimiento de la afectación de los *ESD principles*, la contribución de la jurisdicción de Victoria a este universo de casos puede definirse como modesta pero relevante, tanto en lo que hace a los considerandos de las sentencias como a sus impactos. En especial, debe resaltarse, por un lado, el reconocimiento de un nexo de causalidad suficiente entre emisiones (incluyendo de *scope 3*) y posibles impactos climáticos y las referencias a los principios de equidad intergeneracional y precaución a los fines de considerar las emisiones en la toma de decisiones. Por otro, en respuesta a esto y aprovechando la jurisdicción de mérito, la imposición por parte del Tribunal de una condición que buscaba, de forma contundente, promover la transición del sector energético regional, lo que, como se verá, es una práctica más bien excepcional en la jurisprudencia transnacional.

3.2.3. Queensland

Una de las jurisdicciones en donde se han dado desarrollos especialmente interesantes en lo que a esta investigación importa es la de Queensland, en la que se han identificado seis casos, todos relativos a la minería de carbón. Estos tienen su foco en el proceso de autorización administrativa de este tipo de proyectos, proceso sobre el que debe realizarse alguna aclaración previa, pues ha sido definido como 'un tanto inusual'[1106].

De manera simplificada, dos son las autorizaciones principales requeridas para la ejecución de un proyecto de este tipo: una concesión minera bajo la Mineral Resources Act 1989 y una licencia ambiental bajo la Environmental Protection Act 1994, ambas leyes de carácter subnacional. Al mismo tiempo, los proyectos mineros de gran envergadura requieren de un proceso de declaración de impactos ambientales bajo la State Development and Public Works Organization Act 1971, que puede llevar a la imposición de cier-

---

1106 Bell-James, J. y Ryan S., "Climate Change Litigation in Queensland: A Case Study in Incrementalism", *Environmental and Planning Law Journal*, Vol. 33, N°. 6, 2016, p. 518.

tas condiciones para su desarrollo. Tanto la legislación sobre minería como la ambiental exigen que se otorgue publicidad a las propuestas, permitiendo la presentación de objeciones, luego de lo que la autoridad debe emitir una decisión provisional aprobando el proyecto con o sin condiciones o rechazándolo. Si las objeciones se mantienen, la cuestión es presentada ante la Queensland Land Court que, luego de realizar una audiencia con las partes interesadas (promotor, Administración y objetores), emite una recomendación que, curiosamente, no es vinculante para la autoridad[1107], que, sin embargo, deberá tenerla en consideración al momento de tomar una decisión final[1108]. En el marco de este 'inusual' proceso de toma de decisiones y de participación del órgano jurisdiccional se desarrollan los casos identificados.

Tabla 8. Listado de casos identificados en la jurisdicción de Queensland (Australia)

<table>
<tr><th></th><th>Casos</th><th>Tipo de propuesta</th><th>Resoluciones</th></tr>
<tr><td rowspan="3">AUSTRALIA (Queensland)</td><td rowspan="2">Re Xstrata Coal Queensland
Queensland Cons. Counc. v. Xstrata Coal Queensland</td><td rowspan="2">Mina de carbón</td><td>15/02/2007 (Land and Res. Tribunal Queensland) Recomendación</td></tr>
<tr><td>12/10/2007 (Court of Appeal, Queensland) Apelación</td></tr>
<tr><td>Xstrata Coal Queensland v. Friends of the Earth</td><td>Mina de carbón</td><td>27/03/2012 (Land Court of Queensland) Recomendación</td></tr>
</table>

1107 Como se verá, esto es un diferencia importante con el rol de la NSWLEC.

1108 BELL-JAMES y RYAN, "Climate Change Litigation in Queensland...", op. cit., p. 518-521; los autores aclaran que no existe revisión alguna de las condiciones impuestas bajo el proceso de EIA y que nuevas condiciones impuestas o buscadas en los procesos ante la Corte deben ser consistentes con estas primeras, lo que limita las posibilidades de los litigantes y de la propia Corte.

	Casos	Tipo de propuesta	Resoluciones
AUSTRALIA (Queensland)	Hancock Coal v. Kelly Coast and Country Ass. of Queensland v. Smith	Mina de carbón	08/04/2014 (Land Court of Queensland) Recomendación
			04/09/2015 (Supreme Court of Queensland, Trial Division) Revisión de legalidad
			27/09/2016 (Supreme Court of Queensland, Court of Appeal) Revisión de legalidad
	Adani Mining v. Land Serv. of Coast and C.	Mina de carbón	15/12/2015 (Land Court of Queensland) Recomendación
	New Acland Coal v. Ashman	Mina de carbón	31/05/2017 (Land Court of Australia) Recomendación
	Waratah Coal v. Youth Verdict	Mina de carbón	25/11/2022 (Queensland Land Court) Recomendación

El primero de ellos es *Re Xstrata Coal Queensland* (2007)[1109]. La particularidad de este caso reside en la postura especialmente escéptica tomada por el juez Koppenol respecto de la ciencia del cambio climático y, a partir de ello, del interés general de la cuestión, a la hora de analizar la necesidad de imponer condiciones sobre las emisiones de GEI a un proyecto de minería de carbón. En un hecho al menos llamativo, el juez cuestionó las conclusiones del cuarto informe del IPCC sobre las causas antropogénicas del cambio climático y sus consecuencias, como así mismo los términos del afamado informe

1109 Land and Resources Tribunal Queensland: Re Xstrata Coal Queensland Pty Ltd et al., [2007] QLRT 33 (judgment of 15 February 2007).

'*Stern Review on the Economics of Climate Change*'[1110], al dar crédito a un artículo científico que desafiaba a estos documentos. Afirmó así que:

> *With all respect, a temperature increase of only about 0,45 °C* over 55 years *seems a surprisingly low figure upon which to base IPCC's concerns about its inducing many serious changes in the global climate system during the 21st century*[1111] (resaltado en el original).

Tal sentencia fue finalmente revocada en apelación por cuestiones de debido proceso relativas al tratamiento de la evidencia por parte del juez. La sentencia de segunda instancia, sin embargo, no abordó la discusión sobre si las emisiones de GEI del proyecto justificarían o no la imposición de condiciones[1112].

En este punto, debe decirse que, a pesar de este precedente, la jurisprudencia posterior no mostró signos de escepticismo sobre el trabajo del IPCC ni la ciencia climática en general. Su rasgo más destacado, como se verá a continuación, se encuentra en la recepción y aceptación continua de la controvertida MSA como enfoque para valorar (o, mejor dicho, evitar valorar) las emisiones de la quema del carbón o de *scope 3*.

La Corte se volvió a expedir sobre la cuestión unos años más tarde en *Xstrata Coal Queensland v. Friends of the Earth* ('*Wandoan mine case*', 2012)[1113], donde se cuestionó la autorización de una nueva mina de carbón para la exportación (a Asia y Sudamérica). Como en la mayoría de los casos, las emisiones de GEI (*scope 1, 2* y *3*[1114]) del proyecto habían sido identificadas y cuantificadas en la EIA, mediante un inventario que proyectó las emisiones anuales de cada GEI y el total de emisiones expresadas en $CO_{2\text{-}e}$ para los años de construcción y ope-

---

1110 STERN, *Stern Review...*, op. cit.

1111 LAND AND RESOURCES TRIBUNAL QUEENSLAND: Re Xstrata Coal Queensland Pty Ltd et al., [2007] QLRT 33 (judgment of 15 February 2007), op. cit., párr. 18.

1112 SUPREME COURT OF QUEENSLAND-COURT OF APPEAL: Queensland Conservation Council Inc. v. Xstrata Coal Queensland Pty Ltd, et al., 2007 QCA 338 (judgment of 12 October 2007).

1113 LAND COURT OF QUEENSLAND: Xstrata Coal Queensland Pty Ltd, et al., v. Friends of the Earth-Brisbane Co-Op Ltd, et al., [2012] QLC 13, (judgment of 27 March 2012).

1114 Incluyendo emisiones del transporte del carbón por tierra (tren) y mar y las de su combustión para producción eléctrica; ídem.

ración (30 años) de la mina. De este inventario, surgió que el 99% de las emisiones identificadas corresponderían a la quema del carbón a exportar[1115]. A partir de ello, la conclusión de la EIA fue que, por un lado, las emisiones de *scope 1* y *2* no eran materialmente relevantes en el contexto australiano (0,08% de las emisiones anuales) y que sumadas a las de *scope 3*, tampoco lo eran en el contexto global (0,17% de las emisiones anuales) y, por otro, que la demanda de carbón para la producción de energía existiría sin importar la localización de la fuente por lo que frenar el proyecto no afectaría la cantidad de carbón quemado a nivel global[1116] (MSA). Con estas conclusiones, coincidieron los promotores, al sostener la aplicabilidad de la MSA, la insignificancia de los impactos del proyecto sobre el cambio climático y la acidificación del océano, la preponderancia de los beneficios del proyecto por sobre sus impactos y la contradicción de la pretensión de la demanda con la agenda política del país[1117].

Los objetores, por su parte, sostuvieron, por un lado, que los impactos climáticos del proyecto contradirían el interés público y los *ESD principles* y, por otro, respecto a la MSA, que La Corte debía enfocarse en los impactos del proyecto en particular y no considerar posibles comportamientos de otros sujetos fuera de esta jurisdicción, como asimismo asumir, en todo caso, que otros gobiernos y tribunales actuarían responsablemente y considerarían los impactos climáticos de los proyectos bajo su jurisdicción[1118]. Para apoyar estas objeciones, se brindó el testimonio experto de científicos climáticos, entre los que se destaca el del Dr. Malte Meinshausen, quien puso de relieve la existencia de un limitado presupuesto de carbono global, del que las emisiones acumulativas de la mina en cuestión constituirían un 0,2%.

La jueza MacDonald analizó la cuestión dentro del marco regulatorio específico: la Mineral Resources Act 1989 y la Environmental

---

1115 Ídem, párr. 488-499.
1116 Ídem, párr. 503.
1117 Ídem, párr. 515, 516; la Corte en este punto aclara que la ciencia del cambio climático no es discutida por los litigantes, que no hay contradicción en cuanto a que las emisiones de GEI contribuirán al cambio climático y que esté resultará en un aumento de temperatura y de la acidificación de los océanos.
1118 Ídem, párr. 511, 512.

Protection Act 1994. En lo que aquí interesa, en cuanto a la primera, descartó que las emisiones de *scope 3* sean parte de lo que la norma refiere como 'cualquier impacto ambiental adverso causado por las operaciones y su alcance', a partir de una interpretación del término 'operaciones' limitada a aquellas actividades asociadas a la extracción del carbón en la mina[1119]. Además, destacó que la expresión 'causado por' imponía una prueba de causalidad entre las operaciones y un impacto ambiental específico que no había sido superada por los objetores. Al respecto, resaltó el testimonio de uno de los expertos presentados por estos últimos:

> *It is not possible to link these emissions to any particular impact on a specific part of the environment in Queensland, Australia or globally, other than to contribute to greenhouse gases in the atmosphere and thereby contribute to global warming and climate change. The impacts of greenhouse gas emissions from this mine should, therefore, be understood as contributing to the cumulative impacts of global warming and climate change*[1120].

Así, explicó el experto que, dado el funcionamiento del sistema climático, la atribución de un impacto particular a un proyecto específico podría ser especulativo y poco científico. Esta descripción del funcionamiento del sistema climático llevó a la jueza a restar credibilidad al testimonio del otro experto aportado por los objetores respecto a la vinculación de las emisiones del proyecto con un aumento de temperatura y la elevación del nivel del mar[1121].

Más allá de este cuestionamiento al nexo de causalidad, la jueza admitió que, aunque hubiese interpretado de otra manera la normativa, tampoco hubiese estado persuadida de que las emisiones de GEI del proyecto justificasen su rechazo, debido a dos razones. En primer lugar, dado que la denegatoria al proyecto no impactaría en

---

1119 Ídem, párr. 530; Mineral Resources Act 1989, s. 269(4)(j); la Corte se distanció de interpretaciones extensivas de tribunales sobre la legislación de orden federal (EPBC Act), diferenciando el significado, más restrictivo, del término 'operaciones' (en la legislación local) con respecto al más amplio de 'acciones' (en la federal); ídem, párr. 548; tampoco aceptó la jueza que el término 'ambiente' refiera al ambiente global y, por ello, a impactos globales; ídem, párr. 555.

1120 Ídem, párr. 550.

1121 Ídem, párr. 551, 552.

la demanda global de carbón que sería satisfecha por otras fuentes (MSA)[1122]. En segundo lugar, dado que cualquier comparación de las emisiones anuales del proyecto (*scope 1* y *2*) con emisiones totales anuales de Australia llevaría a la certeza de que las emisiones serían pequeñas[1123].

Por su parte, la jueza sí reconoció que el cambio climático era una cuestión de interés público, pero una cuestión entre muchas otras que debían ser sopesadas al tomar la decisión y, en este ejercicio de valoración, los probados beneficios económicos de la actividad prevalecerían ante la falta de evidencia de que el rechazo del proyecto produzca alguna diferencia (al menos sustancial) en los niveles de GEI en la atmósfera[1124]. A esta misma conclusión llegó al analizar la Environmental Protection Act[1125].

Como se verá a continuación, la interpretación sobre la normativa aplicable que la jueza MacDonald realizó en este caso marcó, en gran medida, las futuras discusiones en la jurisprudencia de esta jurisdicción.

Dos años más tarde, la Queensland Land Court tuvo la oportunidad de expedirse nuevamente sobre la cuestión en el caso *Hancock Coal v. Kelly* ('Alpha Coal case', 2014)[1126], esta vez con la intervención del juez Smith, quién, dadas las similitudes con el caso anterior, observó que este nuevo procedimiento podría entenderse como un cuestionamiento directo a las conclusiones de la jueza MacDonald[1127].

En cuanto a las alegaciones de las partes, por un lado, el promotor del proyecto (minería de carbón) alegó la insignificancia de sus emisiones respecto a emisiones anuales globales (0,16%), la aplicabi-

---

[1122] Ídem, párr. 559.

[1123] Ídem, párr. 570.

[1124] Ídem, párr. 571-581, en referencia a la Mineral Resources Act, s. 269(4)(k)

[1125] Advirtiendo, además, una limitación jurisdiccional en cuanto a las emisiones de *scope 3*, a la que los ESD principles, según la jueza, nada podían que aportar, ídem, párr. 586-605.

[1126] LAND COURT OF QUEENSLAND: Hancock Coal Pty Ltd v. Kelly et al. [2014] QLC 12 (judgment of 8 April 2014).

[1127] Ídem, párr. 201.

lidad del razonamiento de la MSA[1128] y la falta de nexo causal entre emisiones e impactos concretos. A la vez, sostuvo que este tipo de cuestionamientos buscaban, en realidad, imponer una nueva agenda política (contraria a la del Gobierno) que pretendía la eliminación de la minería de carbón, no siendo la vía judicial la adecuada para su promoción[1129]. Por otro, los objetores manifestaron (a) que el proyecto, al causar un daño serio al sistema climático global, era contrario al interés público y a la normativa doméstica, incluyendo *ESD principles*, e internacional (CMNUCC); (b) que sus emisiones sí eran significativas a nivel global al compararse con el presupuesto de carbono restante y con emisiones anuales en escenarios *business as usual* y de acción climática efectiva[1130]; y (c) que la MSA era especulativa e irrelevante a los fines de evaluar el proyecto y su aplicación contradecía el liderazgo de acción climática que según la CMNUCC los Estados desarrollados debían ejercer[1131].

El juez Smith abordó primeramente la cuestión de la relevancia de las emisiones, habiéndosele presentado dos enfoques diversos para ello: el comparativo porcentual con emisiones anuales globales (promotor) y el comparativo respecto al presupuesto de carbono y los escenarios de emisiones (objetores). Sin mayores explicaciones, el juez se decantó por el primero de estos, concluyendo que, si bien podría decirse que las emisiones de *scope 1* y *2* son infinitesimales respecto a las emisiones globales, esto no es así al sumarse las emisiones de *scope 3*, debido a que un porcentaje de 0,16% es, considerando las posibles repercusiones, una cantidad real y preocupante[1132].

1128 Se estimó que la producción de carbón podría ser reemplazada por proyectos en países menos desarrollados con estándares ambientales menores; ídem, párr. 11.

1129 Ídem.

1130 El *business-as-usual* es definido como toma de acción insuficiente (o nula), aumento de emisiones, calentamiento por encima de 4°C e impactos catastróficos; mientras que el de acción climática efectiva refiere a un *'best scenario'* donde las emisiones se limitan para permanecer dentro del presupuesto de carbono y debajo de los 2°C, aunque impactos negativos también se generan; ídem, párr. 206.

1131 Ídem, párr. 12.

1132 Ídem, párr. 209.

Ahora bien, aquí es donde entró en juego la aplicación de la MSA[1133]. Al respecto, por un lado, los objetores alegaron que no existía una demanda nueva por el carbón que esta mina produciría y que su rechazo generaría una presión hacia arriba de los precios, llevando a posibles consumidores hacia otras fuentes de energía más limpias. Por otro, los promotores sostuvieron que el mundo tiene abundantes recursos de carbón y que la cantidad de carbón utilizado, al menos en el actual escenario regulatorio, estaba dirigida por la demanda que, a su vez, era poco elástica[1134]. Ello implicaría que el rechazo de un proyecto en particular solo llevase a su reemplazo por otra producción[1135].

Mientras que los expertos llamados por ambas partes coincidieron en que la participación del carbón en el mix energético global probablemente caería dada la reducción del coste de las energías renovables, los expertos aportados por el promotor hicieron hincapié en que, globalmente, la industria del carbón continuaría expandiéndose rápidamente a partir del mayor consumo de energía global impulsado por las economías emergentes[1136]. En este sentido, alegaron que, en términos de eficiencia, un enfoque basado en la prohibición de nuevos proyectos sería posiblemente inefectivo y contraproducente a partir del desplazamiento de la producción. Concluyeron al respecto que no existía evidencia sobre que la demanda de carbón pudiese modificarse como resultado de un cambio de conducta de Australia[1137].

1133 Debe advertirse que el juez Smith, coincidió con la jueza MacDonald en que existía una limitación jurisdiccional respecto de las emisiones de *scope 3*, la que, sin embargo, no alcanzaba a la valoración que debía hacer respecto al interés público y el análisis coste-beneficios, ídem, párr. 219.

1134 En referencia a que los proveedores de energía no pueden modificar su decisión sobre el combustible a utilizar una vez que han hecho la inversión inicial en un determinado modo de producción; ídem, párr. 227.

1135 Ídem, párr. 222.

1136 Según las alegaciones, esto podría cambiar mediante un aumento del coste de carbón como combustible, por ejemplo, a través de la implementación extendida de un precio del carbono, ídem, párr. 224; este pronosticado aumento del consumo energético llevó al juez a mostrarse confiado en que el carbón producido en el proyecto será un componente significativo de la producción global de energía de los próximos 30 años, ídem, párr. 264-270.

1137 Ídem, párr. 224, 225.

El juez Smith se vio persuadido por esta última postura, concluyendo que, si bien podía simpatizar con la posición de los objetores, según la evidencia, es la demanda de electricidad a base de carbón, y no la oferta de carbón, la que está en el corazón del problema[1138]. En este sentido, que, claramente, la cuestión climática debe ser abordada por la comunidad internacional y el Gobierno federal[1139].

La desestimación del caso fue sostenida por la Corte Suprema de Queensland en dos ocasiones posteriores a partir de sendas apelaciones. En primer lugar, intervino el magistrado Douglas quién entendió correctas y justificadas las consideraciones del juez Smith[1140], en segundo lugar, tres magistrados, de los cuales la mayoría compartió la decisión precedente[1141].

Una vez más la cuestión fue abordada por la Queensland Land Court, un año más tarde, en *Adani Mining v. Land Services of Coast and Country* ('Charmichael mine case', 2015)[1142], en el que volvió a intervenir la jueza MacDonald. Como particularidad de este caso, debe resaltarse que el proyecto cuestionado era una mina de carbón de gran tamaño con una vida útil de aproximadamente 60 años y con unas de las emisiones acumulativas más altas a nivel global para un proyecto individual. Más allá de esto, las objeciones presentadas fueron similares a los casos previamente abordados, resaltándose la alegación de que la MSA es conflictiva respecto de las reglas básicas de la economía, pues niega que un aumento de la oferta lleve a una reducción del precio del carbón y a un consecuente incremento del

---

1138 Ídem, párr. 231.

1139 Ídem, párr. 232; este argumento llevo al magistrado también a rechazar la utilización del coste social del carbono a la hora de analizar los impactos económicos del proyecto, ídem, párr. 247, 249.

1140 SUPREME COURT OF QUEENSLAND: Coast and Country Association of Queensland Inc. v. Smith et al. [2015] QSC 260 (judgment of 4 September 2015), párr. 41.

1141 En minoría la jueza McMurdo sostuvo que la normativa ambiental sí otorgaba jurisdicción para valorar las emisiones de *scope 3*, pero que esto igualmente no tendría impacto en la decisión al aceptarse la MSA, SUPREME COURT OF QUEENSLAND: Coast and Country Association of Queensland Inc. v. Smith et al. [2016] QCA 242 (judgment of 27 September 2016).

1142 LAND COURT OF QUEENSLAND: Adani Mining Pty Ltd v. Land Services of Coast and Country et al. [2015] QLC 48 (judgment of 15 December 2015).

consumo[1143]. Esta objeción fue una vez más descartada por la jueza quién resaltó que su aceptabilidad ya había sido confirmada, tanto por otros jueces de la misma Corte como por la Corte Suprema de Queensland, para desestimar cualquier posible impacto negativo proveniente de las emisiones de GEI[1144].

Sin perjuicio del resultado del caso, pueden destacarse algunas afirmaciones de interés que hizo la jueza respecto al funcionamiento del sistema climático y a la valoración de las emisiones, que no se habían expresado de tal manera en los casos anteriores. La jueza MacDonald reconoció: (a) que siendo que el CO_2 se acumula en la atmósfera, son las emisiones acumulativas y no las anuales las que importan; (b) que al analizar la emisiones acumulativas adicionales del proyecto, este no debería verse en soledad sino en consideración de los cambios en las emisiones globales netas; (c) que todas las emisiones producto de la quema del carbón tienen impacto climático, existiendo un relación causa/efecto en términos físicos; y (d) que la 'adicionalidad' de los impactos respecto a la situación sin proyecto depende del incremento que se produzca en el consumo global de carbón, siendo las emisiones acumulativas calculadas el peor escenario de cambio neto posible en las emisiones globales[1145].

De forma consecuente con estas afirmaciones, la jueza resaltó, por un lado, que las emisiones de *scope* 1, *2* y 3 del proyecto equivaldrían a un 0,55% del total del presupuesto de carbono global restante y que, dejando fuera las emisiones de *scope 3*, este porcentaje caería a 0,01% y al 0,25% del presupuesto de Australia[1146]. Por otro, que, si bien los compromisos internacionales actuales son insuficientes para alcanzar la meta de los 2 °C, las políticas nacionales e internacionales podrían ser ajustadas para alcanzar tal meta, regulándose así las emisiones asociadas con la mina. De este modo, sostuvo la jueza MacDonald, la aprobación de la mina podría ser consistente o inconsistente con la meta de temperatura, dependiendo de una cantidad

---

1143 Ídem, párr. 439.

1144 Ídem, párr. 449, 453

1145 Ídem, párr. 429.

1146 Ídem, párr. 434: la resolución no aclara cómo se determinó este presupuesto de carácter nacional.

de factores externos como la economía de la cadena de provisión de carbón, la existencia de un final prematuro del proyecto o el grado de secuestro y depósito de carbono utilizado al quemar el carbón[1147].

Como se mencionó previamente, esto no alteró sustancialmente el resultado final del análisis judicial que volvió a concentrarse en la MSA como argumento para descartar cualquier impacto significativo relativo a las emisiones de GEI.

Los avances en la ciencia climática y en la jurisprudencia transnacional no alteraron la postura de la Corte que volvió, esta vez mediante el juez Smith, a resolver de la misma manera en el caso *New Acland Coal v. Ashman* (2017)[1148], sin que puedan destacarse elementos argumentativos nuevos.

Hasta aquí, las diferentes resoluciones demostraban que la viabilidad de los proyectos de minería de carbón estaba fuertemente resguardada de cuestionamientos relativos a sus impactos climáticos por un amplio respaldo jurisprudencial a la MSA. Al respecto del balance general de estos casos, Bell-James y Ryan alegaban que, más allá de esta percepción 'negativa', podría divisarse un progreso incremental en la jurisprudencia que incluía la aceptación de la ciencia climática; la consideración de las emisiones de *scope 3* como relevantes; la

---

1147 Ídem, párr. 435; otra cuestión de interés es el análisis de las trayectorias de los mercados de energía al momento de valorar la capacidad financiera del promotor, a partir de una discusión sobre el futuro de la demanda de acuerdo con los informes de la Agencia Internacional de la Energía (World Energy Outlook Report), el que sugiere que esta crecerá en un 15% para 2040, algo que es cuestionado por el experto proveído por los objetores alegando un sesgo profósil (subestimación de energías renovables) en los informes de este organismo, ídem, párr. 491.

1148 LAND COURT OF QUEENSLAND: New Acland Coal Pty Ltd v. Ashman et al. [2017] QLC 24 (judgment of 31 May 2017), esta sentencia fue posteriormente revocada por la Corte Suprema de Queensland debido a cuestiones ajenas al cambio climático (ruido y aguas subterráneas) y el caso será nuevamente resuelto por la *Queensland Land Court*, pudiendo volver a alegarse objeciones concernientes al cambio climático, véase Cox, L, "New Acland coal mine expansión to be reassessed after high court judgment", The Guardian, 3 de febrero de 2021 <https://www.theguardian.com/environment/2021/feb/03/new-acland-coal-mine-expansion-to-be-reassessed-after-high-court-judgment> [Última consulta, 19 de marzo de 2021]

afirmación de que los proyectos individuales podían llegar a ser significativos; y el reconocimiento de que estos debían ser evaluados de acuerdo con su impacto acumulativo[1149].

El abordaje judicial de la cuestión cambió sustancialmente en el caso *Waratah Coal v. Youth Verdict* (2022)[1150]. En este, un grupo de jóvenes entre 13 y 30 años volvieron a cuestionar un proyecto de minería de carbón, añadiendo ahora entre sus argumentos a la nueva ley sobre derechos humanos (Human Rights Act 2019), la que según ellos justificaría una recomendación negativa. Según explica Bell-James, esta legislación hace ilegal que una entidad pública tome una decisión que sea incompatible con los derechos humanos o que falle en dar una consideración adecuada a estos, lo que sucedería al aprobarse el proyecto de mina de carbón dado el claro vínculo entre el cambio climático y los derechos humanos[1151]. En noviembre 2022, la Corte recomendó el rechazo del proyecto. En una resolución de casi 400 páginas, la jueza Kingham analizó en profundidad distintos aspectos del proyecto incluyendo los impactos climáticos, los beneficios y costes sociales y económicos y la posible limitación a los derechos humanos en los términos de la mencionada norma.

Entre otras cosas, es posible destacar de esta decisión, en primer lugar, que, como en aquella sentencia del juez Bromberg en *Sharma*, la jueza Kingham parece aceptar la existencia de una situación de urgencia o crisis al notar la insuficiencia de los compromisos climáticos actuales y la posibilidad de que se produzcan puntos de inflexión en el sistema que limiten las posibilidades de respuesta por parte de la sociedad (par. 23, 723 y ss). En segundo lugar, descartó ignorar las emisiones producto de la combustión del carbón a extraer, pues la

---

1149 Bell-James, y Ryan, "Climate Change Litigation in Queensland…", op. cit.

1150 Land Court of Queensland: Waratah Coal Pty Ltd v. Youth Verdict Ltd & Ors (No 6) [2022] QLC 21 (decision of 25 November 2022), op. cit.

1151 Bell-James, J., *These young Queenslanders are taking on Clive Palmer's coal company and making history for human rights*, The Conversation, 20 de mayo de 2020, <https://theconversation.com/these-young-queenslanders-are-taking-on-clive-palmers-coal-company-and-making-history-for-human-rights-138732> [Última consulta, 5 de octubre de 2020]; véase también Bell-James, J. y Collins, B., Queensland's Human Right Act: A new frontier for Australian climate change litigation?, *University of New South Wales Law Journal*, Vol. 43, N°. 1, 2020.

propia justificación del proyecto estaba sostenida en la posibilidad de exportar este carbón para la generación de electricidad (par. 25). En tercer lugar, la jueza aceptó analizar los impactos del proyecto desde la perspectiva del presupuesto de carbono (par. 27, 28, 757 y ss.), enfoque que, como se verá, fue primeramente desarrollado en extensión por la sentencia del Juez Preston en *Gloucester Resources v. Minister for Planning*, en un caso en jurisdicción de Nueva Gales del Sur. Este enfoque, le permitió caracterizar las emisiones proyectadas de la mina de carbón como significativas (par. 29).

En cuarto lugar, a diferencia de la jurisprudencia anterior de esta jurisdicción, la jueza Kingham rechazó la MSA, luego de un análisis minucioso y cargado de evidencia sobre proyecciones del mercado internacional (par. 32). A grandes rasgos, podría decirse que lo que se desprende de este análisis es que la alegación de una sustitución perfecta ha de probarse ("*Perfect substitution is not self-evident*", par. 793)[1152] y que esta evidencia es especialmente dificultosa sino imposible ante las diversas especulaciones que sobre el futuro del mercado energético han de realizarse (incluyendo cómo lo afectará la política climática, par. 874). En relación con ello, la jueza examinó diversas proyecciones del mercado energético, incluyendo algunas de las provistas por la Agencia Internacional de la Energía, notando que los escenarios de "Net-Zero Emissions" y "Sustainable Development" proveen un puente entre las consideraciones climáticas que surgen de los análisis de los presupuestos de carbono y otras de carácter social y económico a tener en cuenta (par. 840). En quinto lugar, realizó un análisis de coste-beneficio el que, entre otras cosas, incluyó un escrutinio sobre la utilización de precios de carbono (par. 1194 y ss) y una tasa de descuento determinada ("...*favours the benefits to this generation over the costs to be borne by future generations*", par 1286), para

---

1152 La decisión refiere (par. 794, 795) a las sentencias en los casos revisados de jurisdicción de Estados Unidos UNITED STATES COURT OF APPEALS, TENTH CIRCUIT: WildEarth Guardians, et al. v. United States Bureau of Land Management, No. 15-81109 (opinion of 15 September 2017), op. cit. y UNITED STATES DISTRICT COURT FOR THE DISTRICT OF COLORADO: High Country Conservation Advocates, et al. v. United States Forest Services et al., Civil Action No. 13-cv-01723-RBJ (order of 27 June 2014), op. cit.

concluir que los beneficios económicos y sociales no superaban los costes ecológicos y climáticos del proyecto (par. 1287).

Finalmente, la jueza consideró que existe una conexión suficiente entre la autorización del proyecto y futuras limitaciones a derechos humanos, en los términos de la Human Rights Act (par. 41, par. 1352). Así, consideró que podrían verse limitados el derecho a la vida, los derechos culturales de pueblos indígenas, los derechos de los niños, el derecho a la propiedad, el derecho a la privacidad y el hogar y el derecho a disfrutar de los derechos humanos en condiciones de igualdad (par. 44). En su conclusión, la jueza diferencia su decisión de la sentencia del pleno de la Corte Federal en el caso *Sharma*, al observar que allí, los jueces se pronunciaron sobre la posible responsabilidad individual, en el marco de un deber de cuidado basado en el derecho de daños, situación jurídica disímil a la aquí abordada.

La decisión de la jueza Kingham es muy relevante pues cambia completamente el escenario jurisprudencial en la jurisdicción de Queensland respecto de los cuestionamientos a autorizaciones de este tipo de proyectos. Asimismo, vale mencionar que, según se ha reportado, el promotor decidió no apelar esta recomendación, quedando en manos de la Administración la decisión de autorizar la mina y siendo que históricamente la Administración ha seguido siempre las recomendaciones de la Corte[1153]. Para finalizar, resulta interesante destacar que, de acuerdo con Bell-James, el caso podría ser inmune a uno de los mayores inconvenientes de la litigación climática, las respuestas anti-regulatorias. Ello debido al alto coste político que podría tener una iniciativa que tratase de suprimir normativa relativa a los derechos humanos[1154].

1153 Environmental Defenders Office, *Galilee Coal Project dead in the water after Waratah Coal drops appeal against historic land court refusal,* 13 February 2023 <https://www.edo.org.au/2023/02/13/galilee-coal-project-dead-in-the-water-after-waratah-coal-drops-appeal-against-historic-land-court-refusal/> [Última consulta 29 de mayo de 2023]

1154 Bell-James, J., *These young Queenslanders are taking on Clive Palmer's coal company and making history for human rights,* op. cit.

3.2.4. Nueva Gales del Sur

La jurisdicción de Nueva Gales del Sur ha sido, por el momento, la más prolífica en Australia en lo que aquí interesa, con la NSWLEC, Corte especializada en materia ambiental, asumiendo la resolución de los casos a partir del mandato de la Environmental Planning and Assessment Act 1979 de intervenir en la revisión de la autorización de proyectos, no solo en lo que refiere a su legalidad sino también, alternativamente, en lo que hace a su mérito u oportunidad[1155]. En este último caso, la corte toma el lugar que previamente ocupó la autoridad y se constituye en el tomador final de la decisión, solo sujeta a revisión de legalidad ante su Corte superior, la Court of Appeal of New South Wales. Esta es una diferencia notable con respecto a la tarea de la Queensland Land Court, cuyas decisiones son recomendaciones. Como se observará a continuación, existe un sensible contraste en el tratamiento de la cuestión por parte del órgano judicial según se encuentre realizando una revisión de mérito o de legalidad.

Otra particularidad de esta jurisdicción que debe aclararse previo al estudio de casos es la existencia de una autoridad de planeamiento independiente (Independent Planning Commission) que otorga consentimiento a grandes proyectos de infraestructura, sin injerencias de la voluntad del Gobierno regional[1156]. Esta característica es relevante a la hora de observar el impacto de las resoluciones judiciales en el panorama de planeamiento de la región, como alguno de los casos demuestra.

[1155] Environmental Planning and Assessment Act 1979 N°. 203, disponible en: <https://legislation.nsw.gov.au/view/html/inforce/current/act-1979-203#sec.8.1> [Última consulta, 15 de agosto de 2021]

[1156] INDEPENDENT PLANNING COMMISSION, "About us", <https://www.ipcn.nsw.gov.au/about-us> [Última consulta, 7 de octubre de 2019]

Tabla 9. Listado de casos identificados en la jurisdicción de Nueva Gales del Sur (Australia)

	Casos	Tipo de propuesta	Resoluciones
AUSTRALIA (Nueva Gales del Sur)	Greenpeace Australia v. Redbank Power	Planta térmica	10/11/1994 (NSWLEC) Revisión de mérito
	Gray v. Minister for Planning	Mina de carbón	27/11/2006 (NSWLEC) Revisión de legalidad
	Hunter Environment Lobby v. Minister for Planning	Mina de carbón	24/11/2011 (NSWLEC) Revisión de mérito
			13/03/2012 (NSWLEC) Revisión de mérito
	Lester v. Minister for Planning	Mina de carbón (modificación)	30/11/2011 (NSWLEC) Revisión de legalidad
	Haughton v. Minister for Planning	Central térmica (decisiones previas)	02/12/2011 (NSWLEC) Revisión de legalidad
	Wollar Progress Ass. v. Wilpinjong Coal	Mina de carbón (continuación y extension)	19/06/2018 (NSWLEC) Revisión de legalidad
	Gloucester Resources v. Minister for Planning	Mina de carbón	08/02/2019 (NSWLEC) Revisión de mérito
	KEPCO Bylong Australia v. Independent Planning Commission	Mina de carbón	18/12/2020 (NSWLEC) Revisión de legalidad
			14/09/2021 (Court of Appeal of NSW) Apelación
	Mullaley Gas and Pipeline Accord v. Santos NSW	Extracción de gas no convencional e infraestructura asociada	18/10/2021 (NSWLEC) Revisión de legalidad

Pasando al estudio jurisprudencial, el primer caso identificado como 'litigación climática' fuera de Estados Unidos corresponde a esta jurisdicción: *Greenpeace Australia v. Redbank Power Company* (1994)[1157]. En este prematuro caso, la jueza Pearlman, en revisión de

[1157] Land and Environment Court of New South Wales: Greenpeace Australia Ltd. v. Redbank Power Co. (judgment of 10 November 1994), op. cit.

mérito, examinó la autorización para la construcción de una planta térmica. De acuerdo con los objetores, esta era inconsistente con los marcos regulatorios vigentes a nivel internacional (CMNUCC, artículo 4.a) y nacional (Intergovernmental Agreement on the Environment y National Greenhouse Response Strategy) y sus objetivos, y con la aplicación del principio precautorio. Esto fue descartado por la jueza quien sostuvo que estos marcos regulatorios no condicionaban a los gobiernos locales en la aprobación de un proyecto: "*There is nothing in those documents... which requires the Court to refuse to grant consent or which prohibit the development of power stations per se...*"[1158]. Igualmente, descartó alegaciones en torno a que no existía una demanda energética que justificase el proyecto o que este fuese a impedir el desarrollo de energías renovables[1159] y, si bien fue receptiva de la aplicación de principio precautorio, consideró que este no requería a la autoridad que otorgase un peso especial a las emisiones de GEI por otros factores a ser tenidos en cuenta:

> *The application of the precautionary principle dictated that a cautious approach should be adopted in evaluating the various relevant factors in determining whether or not development consent should be granted, but it did not require that the greenhouse issue should outweigh all other issues*[1160].

De esta manera, mientras que es notable que haya por entonces reconocido que las emisiones de GEI debían ser un elemento a considerar a la hora de evaluar los impactos ambientales de los proyectos, la Corte concluyó que, en el caso, esta preocupación no prevalecía sobre todos los demás factores relevantes para la toma de decisión:

> *All these matters lead, in my opinion, to a conclusion that the greenhouse issue should not outweigh all other factors relevant to a determination of whether or not to grant consent, but must be taken into account in the Court's overall assessment of the project*[1161].

1158 Ídem, p. 153.

1159 Ídem, p. 154, 155.

1160 Ídem, p. 154.

1161 Ídem, p. 155-157, por ejemplo, la Corte remarcó posibles beneficios ambientales del proyecto frente a otras fuentes de energía (principalmente relacionados con la eficiencia); puede destacarse además que la juez agregó en su aprobación una condición relativa a la mitigación de emisiones a través del establecimiento de un programa de forestación.

No fue hasta bien entrada la primera década del nuevo milenio que la NSWLEC volvió a expedirse sobre esta cuestión. En *Gray v. The Minister for Planning* (2006)[1162], la jueza Pain debió resolver sobre la validez de la aprobación de la EIA de un proyecto de mina de carbón para exportación[1163]. La EIA había incluido posibles emisiones de *scope 1* y de *scope 2*, pero no así las de *scope 3* (quema de carbón por terceras partes fuera del control del proponente) algo que fue refrendado por la Administración, al ser consistente con metodologías existentes. Los demandantes, sin embargo, alegaron que esta información era relevante para la toma de decisión y por ello debía ser incluida. En este sentido, argumentaron que en ausencia de disposiciones que restringiesen el ámbito de evaluación, este debía ser amplio, algo que, por lo demás, apoyaría una correcta consideración de los *ESD principles*, incluyendo el principio precautorio y el de equidad intergeneracional (Environmental Protection and Assessment Act 1979, Protection of the Environment Administration Act 1991).

La Administración argumentó, en contrapartida, (a) que contaba con suficiente discrecionalidad para determinar los elementos relevantes de la evaluación; (b) que, tal como lo había determinado la Corte Federal en *Wildlife Preservation Society of Queensland Proserpine*, no existía nexo de causalidad entre este tipo de emisiones y la actividad bajo evaluación —*"The GHG emissions from burning the coal will be released as a product of other activities, undertakings and development in Australia and overseas. These impacts are completely separate from the Anvil Hill Project"*—; (c) que las actividades de terceros estarían sujetas a sus propias regulaciones nacionales e internacionales; (d) que las tecnologías relativas a las emisiones podrían cambiar en las próximas décadas; y (e) que ninguno de los instrumentos metodológicos para el inventariado de emisiones requería esta consideración[1164].

1162 New South Wales Land and Environment Court: Gray v. The Minister for Planning, et al. [2006] NSWLEC 720 (judgment of 27 November 2006), op. cit.

1163 Esto, debe notarse, implica una diferencia importante en cuanto a que se extiende considerablemente la distancia temporal, pero, sobre todo, espacial entre la actividad bajo evaluación y la liberación de emisiones.

1164 New South Wales Land and Environment Court: Gray v. The Minister for Planning, et al. [2006] NSWLEC 720 (judgment of 27 November 2006), op. cit., párr. 46-56.

La jueza aceptó que la autoridad detentaba un margen de discrecionalidad considerable, pero entendió suficiente el nexo de causalidad, en cierta medida distanciándose del precedente de la Corte Federal[1165]:

> *Given the quite appropriate recognition by the Director-General that burning the thermal coal from the Anvil Hill Project will cause the release of substantial GHG in the environment which will contribute to climate change/global warming which, I surmise, is having and/or will have impacts on the Australian and consequently NSW environment it would appear that... test of causation based on a real and sufficient link is met*[1166].

Determinó entonces que ni la participación necesaria, voluntaria e independiente de un tercero quebraba este nexo de causalidad[1167], ni el hecho de que existiesen muchos contribuidores a nivel global significaba que la contribución de una única fuente importante, como el proyecto en cuestión, pueda ser ignorada en los procesos de EIA. De igual forma, aclaró que tampoco implicaba el quiebre de este nexo el hecho de que el impacto sea experimentado globalmente de una manera que actualmente no sea posible medir con certeza[1168]. Así, concluyó que:

> *...there is a sufficiently proximate link between the mining of a very substantial reserve of thermal coal in NSW, the only purpose of which is for use as fuel in power stations, and the emissions of GHG which contribute to climate change/global warming, which is impacting now and likely to continue to do so on the Australian and consequently NSW environment, to require assessment of that GHG contribution of the coal when burnt in an environmental assessment...*[1169]

Por su parte, sobre la alegación de que ninguno de los protocolos para el inventariado de emisiones requería esta consideración, la jueza Pain entendió que, si bien ello era verdad, esto era así debido a cuestiones metodológicas (v. gr., el doble conteo) importantes para la contabilización de emisiones en inventarios, pero no para las

---

1165 Ídem, párr. 93.
1166 Ídem, párr. 97.
1167 Ídem.
1168 Ídem, p. 98.
1169 Ídem, párr. 100.

EIA[1170]. En cuanto los *ESD principles* alegados por los demandantes, la jueza sostuvo que estos deberían haber sido tenidos en cuenta por la autoridad y que ello implicaba la inclusión de las emisiones de *scope 3* en la evaluación. Al respecto se refirió al principio de equidad intergeneracional y al principio de precaución como imponiendo la necesidad de considerar en las EIA impactos acumulativos de los proyectos y requiriendo al promotor la prueba de que no existe una amenaza de daño grave o irreversible (cambio en la carga de la prueba)[1171].

De esta manera, resolvió declarar a la aprobación de la EIA como nula, debiendo volver a presentarse, ahora respetando los parámetros del fallo. De acuerdo con Peel y Osofsky, si bien el litigio no previno la apertura de la mina, inmediatamente después, el Gobierno regional publicó una nueva regulación para actividades mineras que requería a las autoridades, al determinar el consentimiento de los proyectos, considerar la evaluación de las emisiones de GEI, incluyendo las emisiones *downstream*[1172].

Algún tiempo más tarde, esta Corte volvió a pronunciarse sobre la cuestión en dos casos que trataron específicamente sobre qué condiciones podrían o deberían imponerse a proyectos de minería de carbón respecto de sus emisiones de GEI. En el primero de estos casos, *Hunter Environment Lobby v. Minister for Planning* (2011)[1173], volvió a intervenir la jueza Pain, en esta ocasión en revisión de mérito. Aquí, los demandantes buscaron la imposición de condiciones adicionales a las impuestas por la autoridad (eficiencia energética, reducción de fuga de emisiones y plan de su gestión) relativas a la compensación de las emisiones de *scope 1* y *2* del proyecto a partir de la remisión de información periódica y a la, eventual, compra de créditos de

---

1170 Ídem, párr. 94.

1171 Ídem, párr. 116-130.

1172 Peel y Osofsky, *Climate Change Litigation...*, op. cit., p. 99 en referencia a la State Environmental Protection Policy (Mining, Petroleum Production and Extractive Industries), cl. 14(2).

1173 Land and Environment Court of New South Wales: Hunter Environment Lobby Inc. v. Minister for Planning [2011] NSWLEC 221 (judgment of 24 November 2011).

carbono, superado cierto límite de emisiones[1174]. Ante ello, la autoridad planteó que las condiciones solicitadas eran inconsistentes con la política del Gobierno de no utilizar los procesos de EIA para imponer obligaciones de compensación de emisiones debido a que, entre otras cosas, esto sería: (a) ineficiente, inefectivo e inequitativo (esto podría aplicarse solo a nuevos proyectos) y (b) inflexible y complejo de administrar, no existiendo uniformidad[1175]. Asimismo, sostuvo que, en lo que respecta a las emisiones de *scope 2*, requerir la compensación al promotor quitaría incentivos de mitigación a quién efectivamente las genera[1176].

La jueza aceptó la relevancia de las emisiones, la posibilidad de medir sus impactos, por ejemplo, mediante el coste social del carbono[1177], y reconoció su competencia amplia para la imposición de condiciones relativas a emisiones de *scope* 1. En lo que hace a las emisiones de *scope 2*, sin embargo, sostuvo que no estaba claro qué parte estaban realmente bajo el control del proponente por lo que aceptó que tal condición podría reducir los incentivos para que otros sujetos responsables se hagan cargo por sus propias emisiones, lo que daría lugar a un resultado pobre, en términos regulatorios[1178]. Por su parte, respecto al argumento de que la imposición de una condición era contraria a la política del Gobierno, aclaró que este no era un límite para la Corte, como igualmente, descartó que ello pudiera ser discriminatorio[1179].

1174 Ídem, párr. 34-38.

1175 Ídem, párr. 60.

1176 Ídem, párr. 65-80, algo con lo que coincidió el promotor.

1177 En cuanto a la relevancia resaltó que su magnitud es suficientemente grande como para disparar deberes de información bajo la normativa aplicable (National Greenhouse and Energy Reporting Act 2007); en cuanto a la posibilidad de medir los impactos climáticos de un proyecto individual sostuvo que: "*This evidence is significant because it demonstrates that it is methodologically possible to apply data from single (large) projects in a climate model to quantify to some extent at least the social cost of carbon. Such evidence means that the submission that a particular Project is but one of many contributors to a local, regional and global problem, while correct, can be subject to analysis of what the individual project's social cost of carbon is*"; ídem, párr. 96

1178 Ídem, párr. 93, 94.

1179 Ídem, párr. 98

De este modo, la jueza concedió autorización al proyecto, pero sujeto a condiciones adicionales a las impuestas por la autoridad, entre las que incluyó la de compensar las emisiones de *scope 1* que excedan un determinado presupuesto (de acuerdo con la EIA), sin determinar, sin embargo, si esto debería hacerse o no a través de la compra de créditos de carbono[1180]. Es interesante resaltar que, esta condición fue posteriormente derogada por la misma jueza luego de que se promoviera por parte del Gobierno un paquete legislativo que incluía la Clean Energy Act 2011, por la que entidades que emitiesen más de 25.000 toneladas de $CO_{2\text{-}e}$ (*scope 1*) por año, debían obtener unidades de carbono[1181].

La amplia intervención que tuvo la Corte en este caso puede contraponerse a la auto-restricción ejercida en el siguiente caso sobre la misma cuestión, *Lester v. Minister for Planning* (2011)[1182]. Aquí, el juez Moore debió resolver sobre la legalidad del accionar de la Administración que, preocupada por las emisiones de CH_4, había requerido al promotor en un primer momento que considerase la posibilidad de quemar (*flaring*) o reutilizar este gas para reducir las emisiones de GEI, en lugar de simplemente ventilarlo a la atmósfera, pero que había finalmente aceptado una condición menos gravosa (y de menor mitigación) ante la alegación por parte del promotor de que esto no era financieramente viable. Los demandantes objetaron que la autoridad no había valorado adecuadamente la cantidad de emisiones que este cambio produciría. El juez, sin embargo, fue ampliamente deferente con la decisión administrativa, expresando que la autoridad había tenido ante sí todo el material necesario para el análisis y que por ello no podía asumir la existencia de un error legalmente impugnable[1183].

1180 Ídem, párr. 104, 105.

1181 Land and Environment Court of New South Wales: Hunter Environment Lobby Inc. v. Minister for Planning [2012] NSWLEC 40 (judgment of 13 March 2012), párr. 16, 17; esta legislación fue, sin embargo, derogada más tarde por un nuevo Gobierno.

1182 Land and Environment Court of New South Wales: Lester v. Minister for Planning et al. [2011] NSWLEC 213 (judgment of 20 November 2011).

1183 Ídem, párr. 55-65.

Al poco tiempo, la Corte volvió a expedirse en revisión de legalidad, esta vez, respecto de los procesos de aprobación de dos centrales térmicas en *Haughton v. Minister for Planning* (2011)[1184]. Aquí, el juez Craig analizó si la autoridad había considerado adecuadamente las emisiones de GEI como impactos sobre el sistema climático a la hora de tomar la decisión. La autoridad había solicitado a los promotores una evaluación amplia de los efectos climáticos de los proyectos que comprendía: (a) una cuantificación de emisiones (en $CO_{2\text{-}e}$) que incluya emisiones de *scope 1, 2* y *3*; (b) una comparativa de la intensidad y eficiencia térmica de las emisiones respecto de las mejores prácticas y el promedio actual de la actividad en la región, a la vez, que una comparativa de la cantidad de emisiones respecto a totales anuales nacionales; (c) una evaluación de la disponibilidad y factibilidad de medidas para reducir y/o compensar las emisiones de GEI, incluyendo la opción de captura y almacenamiento de CO_2, demostrando la utilización de la mejor tecnología económicamente posible y previendo etapas para la incorporación progresiva de tecnologías de mitigación; y (d) una evaluación del proyecto según diversos precios de las emisiones de carbono de acuerdo con el esquema de reducción de emisiones que se emplazaría a nivel nacional[1185].

En su apreciación de la cuestión, el juez observó, por un lado, que debía ejercer cautela a la hora de valorar la tarea del tomador de decisión, dadas las limitaciones de la revisión de legalidad (en contraposición a la revisión de mérito), la necesidad de sopesar distintos intereses en juego en la consideración del interés público y la alta vara del análisis de irracionabilidad (Wednesbury)[1186]. Por otro, que la evidencia mostraba que la autoridad había otorgado suficiente

---

1184 NEW SOUTH WALES LAND AND ENVIRONMENT COURT: Haughton v. Minister for Planning et al. [2011] NSWLEC 217 (judgment of 2 December 2011); los actos que se cuestionaron fueron: '*critical frastructure declaration*' y '*concept plan approval*', instancias previas a la autorización de los proyectos, párr. 6; al respecto de la cuestión de legitimación activa abordada por la Corte, véase VARVASTIAN, S., "Access to Justice in Climate Change Litigation from a Transnational Perspective: Private Party Standing in Recent Climate Cases", en JENDRÓSKA y BAR (eds.), *Procedural Environmental Rights...*, op. cit., p. 496.

1185 Ídem, párr. 27.

1186 "*While epithets such as 'proper, genuine and realistic consideration' have been applied to this requirement* [to give weight to relevant considerations], *that epithet needs to be*

consideración a la cuestión, resaltando (a) que se había examinado la necesidad de cada proyecto y se habían evaluado las consecuencias de no permitirlos, (b) que se habían cuantificado todas las emisiones como medio para evaluar su contribución al cambio climático, (c) que se había considerado si un posible déficit en la oferta de energía podría ser satisfecho por otros medios menos carbono-intensivos, (d) que se habían valorado mejores prácticas y tecnología disponible respecto al diseño y eficiencia de los proyectos, (e) que se había solicitado una consideración del coste de las emisiones, (f) que se había valorado si la implementación de los proyectos era consistente con las metas de emisiones a nivel regional y nacional y (g) que se habían examinado las diferencias de emisiones entre diversas alternativas (carbón, gas y renovables), sin que la disponibilidad de utilizar renovables se haya valorado como determinante, dada la existencia de otros intereses en juego (seguridad energética)[1187].

Siete años e importantes desarrollos regulatorios transcurrieron hasta la sentencia del próximo caso identificado en esta jurisdicción, *Wollar Progress Association v. Wilpinjong Coal* (2018)[1188]. Se trató aquí de la revisión de legalidad sobre la autorización de continuación y extensión de una mina de carbón. Los demandantes alegaron que la autoridad de planeamiento (Independent Planning Commission) había fallado en considerar las 'políticas, programas o guías nacionales o locales'[1189], específicamente: (a) el Acuerdo de París y el compromiso asumido por Australia de reducción de emisiones (26-28% para 2030 respecto 2005) y (b) el NSW Climate Change Policy Framework, que determinaba una meta a largo plazo de cero emisiones netas para 2050. En este sentido, se alegó que no se había realizado ningún análisis sobre cómo las medidas de mitigación solicitadas en las condiciones de la autorización alcanzarían o promoverían estas

---

applied with caution lest it involve 'a slide into impermissible merit review", ídem, párr. 164, 217-221.

1187 Ídem, párr. 171-183.

1188 LAND AND ENVIRONMENT COURT OF NEW SOUTH WALES: Wollar Progress Association Incorporated v. Wilpinjong Coal Pty Ltd [2018] NSWLEC 92 (judgment of 19 June 2018).

1189 Tal como lo solicitaba la normativa: Cl. 14(2) Mining SEPP y s 79C (1)(a)(i) Environmental Planning and Assessment Act 1979 (NSW).

políticas[1190]. Para los demandantes, tratar a las emisiones de GEI como un área más de preocupación pública a ser sopesada con los beneficios socioeconómicos del proyecto no era lo que la normativa requería, habiendo la autoridad malinterpretado su tarea y por ello, siendo inválido su consentimiento[1191].

Tales alegaciones fueron contradichas por el promotor, quién sostuvo que, si bien los documentos mencionados adoptaban objetivos de reducción serios, no prescribían políticas específicas sobre cómo estos deberían ser alcanzados. Por este motivo, no podría requerírsele a una autoridad de planeamiento, a la hora de decidir sobre un proyecto con vida útil solo hasta 2033, que se expida sobre si estos compromisos de largo plazo serían mejor alcanzados con el rechazo o el consentimiento del proyecto, para lo cual debería analizar otros proyectos análogos en Australia y políticas sobre emisiones en otros ámbitos[1192]. En otras palabras, estos documentos mal podrían guiar la tarea de la autoridad de planeamiento, dada la cantidad infinitas de variables en juego, incluyendo desarrollos tecnológicos, la estructura de la economía del estado y las políticas climáticas futuras a nivel nacional y local[1193]. Específicamente, sobre el compromiso asumido por Australia en el Acuerdo de París, se manifestó que:

> *...is not directed to the process of assessment. Again, this target cannot be said to be a target capable of application by a consent authority. A consent authority in 2017 could not realistically form a view as to likely* national *emissions in 2030 and how a particular development might affect those emissions. The target is not something capable of application to the task of a consent authority*[1194] (resaltado en original).

El interesante contrapunto sobre la relación de estas normas y políticas internacionales y nacionales respecto al planeamiento de un proyecto en particular, sin embargo, no fue abordado con profundidad por el juez Sheahan, quien, en primer lugar, se refirió a la cautela que debía

---

1190 LAND AND ENVIRONMENT COURT OF NEW SOUTH WALES: Wollar Progress Association Incorporated v. Wilpinjong Coal Pty Ltd [2018] NSWLEC 92 (judgment of 19 June 2018), op. cit., párr. 128-135.

1191 Ídem, párr. 136.

1192 Ídem, párr. 140.

1193 Ídem, párr. 148.

1194 Ídem, párr. 149.

tener en una revisión de legalidad a la hora de escrutar la decisión y las razones dadas por la autoridad. A partir de ello, afirmó que la autoridad había realizado una consideración detenida de las cuestiones y del material ante sí y por ello no procedía su impugnación. Si bien el juez no reflexionó sobre si las políticas y normativa mencionada podrían merecer alguna consideración especial por parte de la autoridad, hizo énfasis, mediante una remisión final, en los argumentos dados por el promotor en sus alegaciones sobre la inadecuación de este tipo de compromisos para dirigir la toma de decisiones de planeamiento[1195].

La diferencia entre el rol de la Corte en revisión de legalidad y revisión de mérito es evidente si se contrastan la amplia deferencia ejercida en este último caso para con la actividad administrativa con el amplio y extenso escrutinio que, tan solo un año después, el juez Preston realizó sobre ella en uno de los casos más renombrados de la litigación climática: *Gloucester Resources v. Minister for Planning* (2019)[1196]. Una vez más el *sub-lite* giró en torno a la apertura de una nueva mina de carbón, con la particularidad de que lo que debía revisar el juez, en esta ocasión, era el mérito de una decisión denegatoria de consentimiento por parte de la autoridad al proyecto por cuestiones ambientales, pero ajenas al cambio climático. En este sentido, fue en el proceso ante la Corte, cuando una ONG intervino en defensa de la actuación administrativa e introdujo la problemática climática como cuestión relevante a los fines de determinar la suerte del proyecto.

En lo que aquí interesa, la asociación interviniente planteó, a partir de los informes del IPCC y de la actuación de expertos, que las emisiones directas e indirectas del proyecto impactarían sobre las medidas para limitar el cambio climático peligroso. Estas emisiones resultarían inconsistentes con el presupuesto de carbono disponible según las metas de aumento de la temperatura de 1.5° y 2 °C fijadas en el Acuerdo

---

1195 Ídem, párr. 180-183.

1196 LAND AND ENVIRONMENT COURT OF NEW SOUTH WALES: Gloucester Resources Limited v. Minister of Planning [2019] NSWLEC 7 (Judgment of 8 February 2019), op. cit.; para un análisis más detenido del caso, sus impactos y repercusiones, véase MEDICI-COLOMBO, G., "Presupuesto de carbono y autorización de proyectos de producción de combustibles fósiles: el caso 'Gloucester Resources Ltd. v. Minister for Planning'", *Revista Catalana de Dret Ambiental*, Vol. XI, N°. I, 2020.

de París[1197]. Específicamente, alegó (a) que cualquier análisis del presupuesto de carbono llevaría a la conclusión de que la quema de combustibles fósiles debería ser eliminada progresiva pero rápidamente; (b) que ello implicaría que la mayoría de las reservas de combustibles fósiles existentes en el mundo deberían quedar sin explotar y, por lo tanto, (c) que no tendrían que permitirse nuevos desarrollos de producción, pues los que están actualmente en explotación son suficientes para sobrepasar por sí solos el presupuesto, y por ello tales nuevos proyectos serían inconsistentes con el objetivo del Acuerdo de París[1198].

El promotor rechazó tal argumentación. En primer lugar, sostuvo que no existe ley o instrumento internacional que haya estipulado una política de prohibición total de nuevas minas de carbón. Los Estados, alegó, tienen total discreción en determinar cómo alcanzarán las reducciones de emisiones[1199], por lo que la Corte estaría violando su jurisdicción —excediendo su rol— si adoptase una política de prohibición general de proyectos de este tipo[1200]. En segundo lugar, manifestó que la decisión no puede contemplar los posibles impactos de las emisiones indirectas a producirse fuera de la jurisdicción australiana al quemarse el carbón exportado, desde que un Estado Parte del régimen internacional del cambio climático debe responder solamente por las emisiones generadas bajo su jurisdicción[1201]. En tercer lugar, argumentó que, de no cubrirse la demanda de carbón por proyectos mineros en suelo australiano, se daría una sustitución perfecta (MSA), es decir, esta sería cubierta por producción en otra parte del mundo (por ejemplo, India o Indonesia) con peores resultados en lo climático, lo económico y social[1202]. Por lo tanto, no habría un diferencial positivo, sino más bien negativo, entre los escenarios 'con

---

1197 LAND AND ENVIRONMENT COURT OF NEW SOUTH WALES: Gloucester Resources Limited v. Minister of Planning [2019] NSWLEC 7 (Judgment of 8 February 2019), op. cit., párr. 422; según los cálculos realizados por el experto presentado por la asociación, el presupuesto de carbono restante para un aumento de 2 °C era, en este momento, de 215 Gt C; ídem, párr. 443.

1198 Ídem, párr. 445-447.

1199 Ídem, párr. 452; al respecto, el promotor planteó la necesidad de considerar el principio de eficiencia en la mitigación a los fines de no desestabilizar la economía, ídem, párr. 459.

1200 Ídem.

1201 Ídem, párr. 453.

1202 Ídem, párr. 484.

proyecto' y 'sin proyecto'. Finalmente, en relación con el punto anterior, resaltó que, en todo caso, las emisiones estarían justificadas, ya que el carbón a producir es un insumo difícilmente sustituible para la producción de acero, indispensable para la sociedad actual[1203].

El juez Preston abordó extensamente las consideraciones de las dos partes[1204]. En primer lugar, se enfocó en las alegaciones del promotor para luego razonar sobre la argumentación planteada por la ONG. Así es que, primeramente y en contraposición a lo sostenido por el promotor, determinó, interpretando la normativa local (Environmental Planning and Assessment Act), que todas las emisiones, directas e indirectas —incluyendo aquellas de *scope 3*—, eran relevantes y debían ser consideradas a la hora de tomar la decisión[1205]. Según el juez, referencias normativas a *'downstream emissions'*[1206], 'impactos acumulativos del cambio climático'[1207] e 'impactos probables del proyecto'[1208], la necesidad de considerar el 'interés público'[1209], a la vez que los principios de precaución y de equidad intergeneracional (parte de los *ESD principles*), justificaban esta amplia consideración[1210], en consonancia con lo resuelto en diversos precedentes jurisprudenciales domésticos[1211] y de jurisdicción norteamericana[1212].

1203 Ídem, párr. 483.

1204 La sentencia trata, a su vez, de forma detenida, otros impactos ambientales y sociales del proyecto cuyo análisis excede el limitado objeto de esta investigación.

1205 Ídem, párr. 487.

1206 State Environmental Planning Policy 2007, Mining, Petroleum Production and Extractive Industries, Cl. 14(2).

1207 Gloucester Local Environmental Plan 2010.

1208 Environmental Planning and Assessment Act, s. 4.15.1.b; menciona aquí el caso *Minister for the Environment and Heritage v. Queensland Conservation Council (Federal Court of Australia, Judgment of 30 July 2004).*

1209 Environmental Planning and Assessment Act, s. 4.15.1.e

1210 Ídem, párr. 491-498.

1211 Ídem, párr. 499-503; el juez mencionó: VICTORIAN CIVIL AND ADMINISTRATIVE TRIBUNAL: Australian Conservation Foundation v. Latrobe City Council, [2004] VCAT 2029 (judgment of 29 October 2004), op. cit.; NEW SOUTH WALES LAND AND ENVIRONMENT COURT: Gray v. The Minister for Planning, et al. [2006] NSWLEC 720 (judgment of 27 November 2006), op. cit.; SUPREME COURT OF QUEENSLAND: Coast and Country Association of Queensland Inc. v. Smith et al. [2016] QCA 242 (judgment of 27 September 2016), op. cit.; LAND AND ENVIRONMENT COURT OF NEW SOUTH WALES: Wollar Progress Association Incorporated v. Wilpinjong Coal Pty Ltd [2018] NSWLEC 92 (judgment of 19 June 2018), op. cit.

En segundo lugar, el juez observó que todas las emisiones de GEI contribuyen al cambio climático, sin importar si en perspectiva global representan solo una pequeña fracción: "*The global problem of climate change needs to be addressed by multiple local actions to mitigate emissions by sources and remove GHGs by sinks*"[1213]. Al respecto, recordó que cierta jurisprudencia —incluidos los *leading cases Massachusetts v. EPA* y *Urgenda v. Los Países Bajos*[1214]— ya había reconocido que el cambio climático es producto de emisiones acumuladas de innumerables fuentes individuales y que su solución depende de la reducción de esas innumerables fuentes individuales[1215]. En este sentido, el magistrado consideró que existe un nexo causal entre las emisiones acumulativas del proyecto y el cambio climático y sus consecuencias: "*The Project's*

1212 Ídem, párr. 504-512; el juez mencionó: UNITED STATES DISTRICT COURT FOR THE SOUTHERN DISTRICT OF CALIFORNIA: Border Power Plant Working Group v. Department of Energy, et al. Case No. 02-CV-513-IEG (POR), (opinion of 2 May 2003), op. cit.; UNITED STATES COURT OF APPEALS FOR THE EIGHTH CIRCUIT: Mid States Coalition for Progress v. Surface Transportation Board, No. 02-1359, 02-1481, 02-1482, 02-1767, 02-1785, 02-1792, 02-1794, 02-1804, 02-1863, (opinion of 2 October 2003), op. cit.; UNITED STATES DISTRICT COURT FOR THE DISTRICT OF MONTANA, MISSOULA DIVISION: Montana Environmental Information Center v. U.S. Office of Surface Mining, et al., CV 15-106-M-DWM (order of 14 August 2017), op. cit.; UNITED STATES COURT OF APPEALS FOR THE DISTRICT OF COLUMBIA CIRCUIT: Sierra Club, et al. v. Federal Energy Regulatory Commission, et al., No. 16-1329 (opinion of 22 August 2017), op. cit.; UNITED STATES DISTRICT COURT FOR THE DISTRICT OF NEW MEXICO: San Juan Citizens Alliance, et al., v. United States Bureau of Land Management, et al., No. 16-cv-376-MCA-JHR (memorandum opinion and order of 14 June 2018), op. cit.

1213 LAND AND ENVIRONMENT COURT OF NEW SOUTH WALES: Gloucester Resources Limited v. Minister of Planning [2019] NSWLEC 7 (Judgment of 8 February 2019), op. cit., párr. 515.

1214 SUPREME COURT OF THE UNITED STATES: Massachusetts et. al. v. EPA, 549 U.S. 497 (judgment of 2 April 2007), op. cit.; CORTE DISTRITAL DE LA HAYA: Fundación Urgenda v. Los Países Bajos, ECLI:NL:RBDHA:2015:7196 (sentencia del 24 de junio de 2015), op. cit.; CORTE DE APELACIONES DE LA HAYA: Fundación Urgenda v. Los Países Bajos, ECLI:NL:GHDHA:2018:2610 (sentencia del 9 de octubre de 2018), op. cit.; también hizo referencia al precedente doméstico de VICTORIAN CIVIL AND ADMINISTRATIVE TRIBUNAL: Australian Conservation Foundation v. Latrobe City Council, [2004] VCAT 2029 (judgment of 29 October 2004), op. cit.

1215 LAND AND ENVIRONMENT COURT OF NEW SOUTH WALES: Gloucester Resources Limited v. Minister of Planning [2019] NSWLEC 7 (Judgment of 8 February 2019), op. cit., párr. 516-524.

cumulative GHG emission will contribute to the global total of GHG concentrations in the atmosphere. The global total of GHG concentrations will affect the climate system and cause climate change impacts"[1216].

Así, la aprobación del proyecto contradiría las acciones requeridas para curvar las emisiones tan pronto como fuera posible a los fines de alcanzar la neutralidad carbónica en la segunda mitad del siglo, meta aceptada globalmente en el artículo 4.1 del Acuerdo de París y que el Gobierno local ha respaldado[1217]. Si bien —reconoció el magistrado— ni el Acuerdo de París, ni las NDC de Australia, ni la legislación local prescriben cómo deben cumplirse las metas de reducción de emisiones, ni prohíben la aprobación de nuevas fuentes, la explotación y la quema de nuevas reservas no puede ayudar a alcanzar la rápida y profunda mitigación necesaria para el cumplimiento de los objetivos climáticos de mediano o largo plazo asumidos[1218].

En tercer lugar, el magistrado descartó las alegaciones por las que el promotor entendía que, a pesar de esta supuesta contraindicación, el proyecto debía ser igualmente aprobado. Primero, observó que no se había dispuesto ninguna medida de mitigación de emisiones ni se había probado que estas fueran a ser compensadas por reducciones más eficientes en otras fuentes. Por lo tanto, no sería racional aprobar el proyecto amparándose en la posibilidad teórica de mitigación por una acción inespecífica e incierta en el futuro o debido a que, especulativamente, sería posible reducir emisiones de manera más coste-efectiva[1219]. Segundo, distanciándose de toda la jurisprudencia precedente y, en especial, de la desarrollada en la jurisdicción de Queensland, tampoco consideró probado el hecho de que la demanda de carbón vaya a ser cubierta por otras nuevas fuentes[1220] (MSA) y,

---

1216 Ídem, párr. 525,

1217 Ídem, párr. 526.

1218 Ídem, párr. 527.

1219 Ídem, párr. 529-533.

1220 El juez recuerda que tal argumento fue desestimado en casos como CORTE DE APELACIONES DE LA HAYA: Fundación Urgenda v. Los Países Bajos, ECLI:NL:GHDHA:2018:2610 (sentencia del 9 de octubre de 2018), op. cit.; y UNITED STATES COURT OF APPEALS, TENTH CIRCUIT: WildEarth Guardians, et al. v. United States Bureau of Land Management, No. 15-81109 (opinion of 15 September 2017), op. cit.

por lo tanto, que no existiesen diferencias positivas en la situación climática entre el escenario 'con proyecto' y el escenario 'sin proyecto'. Sobre la hipótesis de que nuevas minas en Estados en vías de desarrollo puedan compensar la demanda no cubierta por este proyecto, el juez realizó dos interesantes observaciones.

Por un lado, que no hay certeza de que esto vaya a ocurrir y que, en todo caso, los Estados desarrollados tienen la responsabilidad de tomar el liderazgo en la lucha contra el cambio climático, según lo establecido en los distintos instrumentos internacionales sobre la materia. Específicamente, argumentó:

> *There is no certainty that there will be market substitution by new coking coal mines in India or Indonesia or any other country supplying the coal that would have been produced by the Project... countries around the world are increasingly taking action to reduce greenhouse gas emissions in their countries, not only to meet their nationally determined contributions but also to reduce air pollution...*[1221]
> *If approval for the Project in the developed country of Australia were to be refused, on grounds including the adverse effects of the mine's GHG emissions on climate change, there is no inevitability that developing countries such as India or Indonesia will instead approve a new coking coal mine instead of the Project, rather than following Australia's lead to refuse a new coal mine. Developed countries such as Australia have a responsibility, including under the Climate Change Convention, the Kyoto Protocol and the Paris Agreement, to take the lead in taking mitigation measures to reduce GHG emissions...*[1222]
> *Developing countries might consider that domestic mitigation measures to achieve their nationally determined contributions for reducing GHG emissions should include not approving new development for the exploitation of burning of fossil fuel reserves. Developing countries may be encouraged to take such mitigation measures by developed countries taking the lead in doing so in their countries. Hence, there is no certainty that refusal of consent to the Project will cause a new coal mine in another country to substitute coking coal for the volume lost in the open market by refusal of the Project...*[1223]

Y concluyó:

1221 LAND AND ENVIRONMENT COURT OF NEW SOUTH WALES: Gloucester Resources Limited v. Minister of Planning [2019] NSWLEC 7 (Judgment of 8 February 2019), op. cit., párr. 538.

1222 Ídem, 538, 539.

1223 Ídem, párr. 540.

> *Without any evidence about the existence and effect of these market forces on substitutability, no assumption can be made that there would be market substitution by coal from new coal mines in other countries if the Project were to be refused*[1224].

Por otro lado, sostuvo que existe un error lógico en considerar que impactos ambientales inaceptables de un proyecto puedan volverse aceptables debido a que un proyecto alternativo, hipotético e incierto pueda causar el mismo impacto inaceptable:

> *The environmental impact remains unacceptable regardless of where it is caused. The potential for a hypothetical but uncertain development to cause the same unacceptable environmental impact is not a reason to approve a definite development that will certainly cause the unacceptable environmental impacts*[1225].

Asimismo, el magistrado descartó que las nuevas emisiones del proyecto pudiesen estar justificadas por el mero hecho de que el carbón a producir sea utilizado para la manufactura de acero, fundamental para la sociedad contemporánea. La constatación de que existen otros proveedores en funcionamiento implicaría que el proyecto no es imprescindible para mantener cubierta la producción global de este bien[1226].

Descartadas las alegaciones del accionante, el juez se dispuso a considerar la cuestión de la viabilidad climática del proyecto, a partir del enfoque del presupuesto de carbono, algo que había sido propuesto en alguno de los casos antes revisados, pero que no había sido acogido por los tribunales. Específicamente, el juez se centró en una de las consecuencias lógicas principales de este enfoque: la mayoría de las reservas de combustibles fósiles debe quedar sin explotar[1227].

A partir de aquí, sin embargo, se distanció del razonamiento seguido por la ONG, reformulando las consecuencias de tal situación. Para el juez, el hecho de que 'la mayoría de las reservas de combustibles fósiles deba quedar sin explotar' no implica la prohibición au-

---

1224 Ídem, párr. 541.
1225 Ídem, párr. 545.
1226 Ídem, párr. 546-549.
1227 Ídem, párr. 550.

tomática de cualquier nuevo proyecto desde que este hecho admite que, en la actualidad y en el corto plazo, ciertas reservas pueden aún ser explotadas. Lo relevante es definir cuáles. La asociación —observó el magistrado— otorgó en su razonamiento cierta prioridad a las explotaciones en operación que podrían continuar por, al menos, un breve tiempo. Sin embargo, esta prioridad, si bien lógica, asume que todas las explotaciones en funcionamiento continuarán sin reducciones de emisiones —lo que no debe ser necesariamente así— y, además, advirtió el juez, convertiría a su resolución en una decisión de política general ('ningún nuevo desarrollo debería ser aprobado') fuera de su jurisdicción[1228].

Debido a ello, el juez Preston afirmó que un enfoque más adecuado consistiría en una evaluación caso por caso de los méritos de cada nuevo proyecto, que incluya la consideración de todas sus emisiones vinculadas y su contraste con el presupuesto de carbono restante. Dicha evaluación, de acuerdo con el juez, podría realizarse en términos absolutos o relativos[1229]. En términos absolutos, un proyecto podría, por sí solo, ser una fuente de emisiones suficientemente grande para justificar su rechazo dado el limitado presupuesto de carbono restante[1230]. En términos relativos, proyectos de tamaño similar con emisiones similares podrían tener impactos ambientales, sociales y económicos diferentes, los que deberían definir su suerte[1231]. Para el caso en cuestión, concluyó el juez Preston, los impactos climáticos (emisiones directas e indirectas) constituyen una razón extra a los inaceptables impactos de planificación, visuales y sociales que justifican la denegatoria del consentimiento al proyecto[1232].

El juez se inclinó entonces por denegar el consentimiento, observando que, tanto en perspectiva intra- como intergeneracional[1233], los impactos negativos del proyecto, incluyendo aquellos sobre el sis-

---

1228 Ídem, párr. 551, 552.
1229 Ídem, párr. 553.
1230 Ídem, párr. 554.
1231 Ídem, párr. 555.
1232 Ídem, párr. 556.
1233 Ídem, párr. 697.

tema climático, superaban los positivos[1234]. Resumiendo su extenso fallo, el juez Preston concluyó:

> *In short, an open cut coal mine in this part of the Gloucester valley would be in the wrong place at the wrong time. Wrong place because an open cut coal mine in this scenic and cultural landscape, proximate to many people's homes and farms, will cause significant planning, amenity, visual and social impacts. Wrong time because the GHG emissions of the coal mine and its coal product will increase global total concentrations of GHGs at a time when what is now urgently needed, in order to meet generally agreed climate targets, is a rapid and deep decrease in GHG emissions*[1235].

De este modo, una corte australiana denegaba, por primera vez, la autorización a un proyecto minero debido (aunque parcialmente) a sus impactos climáticos[1236].

Debe resaltarse que esta decisión y sus impactos en el escenario de planeamiento generaron algunas respuestas anti-regulatorias por parte del Gobierno regional el que, por un lado, instó la revisión de la estructura y funcionamiento de la autoridad de planeamiento independiente[1237] y, por otro, promovió legislación para impedir que puedan denegarse o condicionar el consentimiento a los proyectos

---

1234 Ídem, párr. 668.

1235 Ídem, párr. 699.

1236 White R., Hallinan J. y Rayment, B., "Climate Change Takes Centre Stage in Land and Environment Court", *Law Society of NSW Journal*, N°. 54, 2019, p. 80-82; esta Corte, también en revisión de mérito, se había volcado hacia el rechazo de la expansión de otra mina de carbón en *Bulga Milbrodale Progress Association Inc. v. Minister for Planning and Infraestructure et al.*, (Land and Environment Court of New South Wales, judgment of 15 April 2013) debido a sus impactos ambientales y sociales, sin embargo en este caso la cuestión de los impactos de las emisiones de GEI fueron solo tratados marginalmente, con una breve mención en la sentencia sobre la discusión entre los expertos sobre si los costes asociados a la quema del carbón deberían haber sido incluidos en el análisis de coste-beneficio y cuál debería haber sido el coste de las emisiones, discusión sobre la que el juez no se expidió ni consideró especialmente. Por este motivo, tal caso no es incluido en el análisis. Al respecto puede verse, Peel y Osofsky, *Climate Change Litigation…*, op. cit., p. 102.

1237 Commissioner for Productivity, "Terms of Reference, Review of Independent Planning Commission", op. cit.

debido al impacto climático de las emisiones de GEI que se liberen fuera del territorio australiano con la quema del carbón[1238].

Poco tiempo pasó para que la NSWLEC vuelva a expedirse sobre el consentimiento de una nueva mina de carbón, esta vez en revisión de legalidad de la autorización otorgada. En *Australian Coal Alliance v. Wyong Coal* (2019)[1239], el juez Moore diferenció expresamente el caso del precedente del juez Preston dado el rol más limitado que aquí debía ejercer[1240] y, a pesar de distanciarse expresamente de los méritos de la decisión administrativa, decidió no impugnarla:

> Although I have concluded that there was no error in the PAC's processes, that conclusion does not constitute any endorsement, on a merit basis, on the conclusion that that body reached concerning greenhouse gas emissions[1241].

Los demandantes habían alegado que la autoridad había fallado en valorar las emisiones *downstream*, tal como lo solicitaba la normativa[1242], el interés público y los *ESD principles*, incluyendo el principio precautorio y el principio de equidad intergeneracional[1243]. Pues, si bien la autoridad había considerado las emisiones de GEI, en lo que respecta a las emisiones *downstream* había señalado que, dado que existían fuentes alternativas para el caso de que este proyecto no prosperase, estas debían ser valoradas en el lugar donde efectivamente se liberen[1244]. Esto, que contradice de manera evidente los considerandos del juez Preston en *Gloucester Resources*, no fue entendido,

---

1238 NEW SOUTH WALES, "Environmental Planning and Assessment Amendment (Territorial Limits) Bill 2019", <https://www.parliament.nsw.gov.au/bill/files/3717/First%20Print.pdf> [Última consulta, 11 de febrero de 2020]

1239 LAND AND ENVIRONMENT COURT OF NEW SOUTH WALES: Australian Coal Alliance Incorporated v. Wyong Coal Pty Ltd [2019] NSWLEC 31 (judgment of 22 March 2019).

1240 Ídem, párr. 37.

1241 Ídem, párr. 41.

1242 State Environmental Planning Policy 2007, Mining, Petroleum Production and Extractive Industries, Cl. 14(2).

1243 LAND AND ENVIRONMENT COURT OF NEW SOUTH WALES: Australian Coal Alliance Incorporated v. Wyong Coal Pty Ltd [2019] NSWLEC 31 (judgment of 22 March 2019), op. cit., párr. 43, 45.

1244 Ídem, párr. 52.

sin embargo, como impugnable, dada la diferencia entre la jurisdicción de mérito y de revisión de legalidad[1245].

Resulta también relevante, el análisis de la autoridad administrativa respecto a la aplicación del principio de equidad intergeneracional. Sobre ello, esta sostuvo que reconocía los impactos de la combustión del carbón y el cambio climático en las futuras generaciones, pero "*...it also recognises that there remains for the foreseeable future a clear need to continue to mine coal deposits to meet society's basic energy needs*". Y agregó que, siendo el cambio climático un fenómeno global, la contribución del proyecto era muy pequeña, lo que se contraponía a beneficios que este tendría para las generaciones futuras en cubrir necesidades energéticas[1246]. La Corte, quizás sorprendentemente, no encontró ningún error legal impugnable en este análisis[1247].

Más allá de este último caso, la sentencia de Preston en *Gloucester Resources* tuvo impacto inmediato en la práctica de la autoridad independiente de planeamiento, la que utilizando expresamente muchos de sus argumentos, incluido el del enfoque del presupuesto de carbono y la desestimación de la MSA, denegó autorización a la apertura de una nueva mina de carbón, 'Bylong Coal Project'[1248]. Esta decisión generó un recurso judicial en el que intervino la NSWLEC

1245 Ídem, párr. 93.

1246 Ídem, párr. 99.

1247 Ídem, párr. 105.

1248 Cox, L, "Massive Bylong valley coalmine in NSW blocked on environmental grounds", The Guardian, 18 de septiembre de 2019 <https://www.theguardian.com/australia-news/2019/sep/18/massive-bylong-coalmine-in-nsw-blocked-on-environmental-grounds?CMP=share_btn_link> [última consulta, 2 de diciembre de 2019]; Independent Planning Commission, "Statement of reasons for decision", 18 de septiembre de 2019, <https://www.ipcn.nsw.gov.au/resources/pac/media/files/pac/projects/2018/10/bylong-coal-project/determination/bylong-coal-project-ssd-6367–statement-of-reasons-for-decision.pdf> [última consulta, 2 de diciembre de 2019]; también el fallo de Preston tuvo impacto en, al menos, otras dos decisiones de esta autoridad que, si bien fueron favorables a la apertura y expansión de minas de carbón, en un caso, redujo el plazo de extensión y, en el otro, impuso condiciones sobre la exportación del carbón, véase Independent Planning Commission, "Statement of reasons for decision", 9 de agosto de 2019, párr. 129 y 243, <https://www.ipcn.nsw.gov.au/resources/pac/media/files/pac/projects/2019/02/dartbrook-coal-mine-modification-7/determination/dartbrook-coal-mine-mod-7–statement-of-reasons-for-decision.

en revisión de legalidad en *KEPCO Bylong Australia v. Independent Planning Commission* (2020)[1249].

Aquí el promotor del proyecto frustrado cuestionó por varias razones la decisión de la autoridad de planeamiento, entre ellas, (a) que la autoridad había considerado el NSW Climate Change Policy Framework y su meta de aspiración de cero emisiones netas para 2050 y el Acuerdo de París, en contraposición a lo establecido por el precedente *Wollar Progress,* y (b) que la desestimación de la MSA se había realizado obviando evidencia relevante[1250] o, subsidiariamente que era irracional o irrazonable[1251]. La jueza Pain desechó ambos cuestionamientos afirmando, sobre el primero, que, al menos en lo que hace a este caso, el precedente de *Wollar* no impedía a la autoridad ejercer su discreción para la identificación de políticas que considere aplicables[1252]. Sobre el segundo, sostuvo que no eran en realidad cuestionamientos sobre la legalidad sino sobre el mérito de la decisión, la que, en cualquier caso, no se evidenciaba como irrazonable[1253]. Así, la jueza ratificó la legalidad de una decisión administrativa que denegó el proyecto siguiendo gran parte de los razonamientos del juez Preston en *Gloucester Resources,* dotando de mayor valor a este precedente. En septiembre de 2021, la Court of Appeal of New South Wales sostuvo la decisión de la juez Pain[1254]. De esta resolución, puede destacarse que la Corte despejó las dudas que dejó el precedente *Wollar* respecto a la utilización como criterio de valo-

---

pdf> [última consulta, 11 de febrero de 2020]; Independent Planning Commission, "Statement of reasons for decision", 29 de agosto de 2019, op. cit.]

1249 Land and Environment Court of New South Wales: KEPCO Bylong Australia Pty. Ltd. v. Independent Planning Commission (No 2) [2020] NSWLEC 179 (judgment of 18 December 2020).

1250 Curiosamente, en el caso, tanto la mina como las centrales térmicas donde el carbón sería, en principio, quemado (República de Corea) eran promovidos por la misma empresa. En este entender, se presentó una carta indicando a la autoridad que, de no aprobar la mina, se aprovisionarían las centrales con carbón de otras fuentes, posiblemente con peores impactos ambientales, ídem.

1251 Ídem, párr. 88 y ss., 163 y ss.

1252 Ídem, párr. 116.

1253 Ídem, párr. 241.

1254 Court of Appeal of New South Wales: KEPCO Bylong Australia Pty Ltd v. Bylong Valley Protection Alliance Inc [2021] NSWCA 216 (decision of 14 September 2021).

ración de la viabilidad del proyecto el contraste entre sus emisiones y las metas de reducción establecidas en la planificación, algo que es perfectamente válido para la Administración. En febrero de 2022 la High Court rechazó revisar el caso, dándolo por concluido[1255].

Finalmente, debe resaltarse el caso *Mullaley Gas and Pipeline Accord v. Santos* (2021)[1256] en el que un grupo comunal cuestionó judicialmente la decisión de la Independent Planning Commission de consentir el desarrollo de un proyecto de extracción de gas no convencional e infraestructura asociada (Narrabri Gas Project). Los demandantes alegaron que la autoridad había fallado en evaluar adecuadamente los impactos climáticos del proyecto (emisiones), particularmente cuestionando su valoración de las ventajas de este tipo de combustible sobre el carbón (gas como combustible de transición) y la determinación de que las emisiones de *scope 3*, estaban fuera del control directo del promotor y por ello no habían sido condicionadas. La NSWLEC (juez Preston) rechazó la demanda, sosteniendo que el IPC había realizado una correcta valoración de los impactos climáticos, incluyendo una valoración absoluta y relativa de las emisiones del proyecto, condiciones sobre las emisiones de *scope 1* y *2* y su correspondencia con políticas de transición. Por otro lado, el juez consideró razonable la decisión de la autoridad de no imponer condiciones respecto a emisiones de *scope 3*, desde que no se evidenció ningún nivel de control del promotor sobre posibles consumidores (por ejemplo, empresas subsidiarias). Finalmente, el juez Preston descartó que, en este caso en particular, puedan considerarse posibles impactos de un futuro gasoducto como impactos del proyecto de extracción, dada las incertezas aún existentes sobre esta infraestructura.

Hecho este repaso de jurisprudencia es posible afirmar que esta jurisdicción de Nueva Gales del Sur constituye uno de los foros más interesantes en cuanto a desarrollos argumentales sobre la cuestión

---

1255 Environmental Defenders Office, "It's Over: Final Victory as Bylong Coal Project Appeal Rejected", 10 February 2022 <https://www.edo.org.au/2022/02/10/its-over-final-victory-as-bylong-coal-project-appeal-rejected/> [Última consulta, 30 de mayo de 2023]

1256 Land and Environment Court of New South Wales: Mullaley Gas and Pipeline Accord Inc v. Santos NSW (Eastern) Pty Ltd [2021] NSWLEC 110 (decision of 18 October 2021.

aquí tratada. En este aspecto es notable la diferencia entre la actuación judicial a la hora de ejercer su función en revisión de legalidad y en revisión de mérito. Mientras que la debida deferencia hacia la autoridad administrativa ha marcado fuertemente las resoluciones judiciales en el primer caso, la NSWLEC ha dado importantes pasos en las ocasiones que ha podido actuar en revisión de mérito, siendo un ejemplo paradigmático de ello la sentencia del juez Preston en *Gloucester Resources v. Minister for Planning*.

Entre los desarrollos interesantes producidos en esta jurisdicción pueden remarcarse: la aplicación del principio precautorio, la necesidad de considerar todas las emisiones de GEI directas e indirectas de los proyectos en las EIA y la toma de decisión final, el reconocimiento de un nexo de causalidad suficiente entre las emisiones y el cambio climático y sus impactos, la posibilidad de imponer condiciones a los proyectos relativas a la mitigación de emisiones, el rechazo a la MSA y la utilización del presupuesto de carbono global como posible parámetro de viabilidad de los proyectos. En contrapartida, debe destacarse, los interrogantes que deja abiertos la sentencia de *Australian Coal Alliance* respecto a algunos de los desarrollos antes reseñados.

En relación con ello, podría creerse que los desarrollos en sede de revisión de mérito no tienen virtualidad de expandirse más allá de este limitado perímetro. Sin embargo, debe notarse que, en lo que respecta a la propia jurisdicción de Nueva Gales del Sur, la existencia de un órgano de planeamiento de carácter independiente ha permitido que los considerandos de *Gloucester Resources* se adopten para la toma de decisiones futuras sobre proyectos de minería de carbón, constituyéndose así en parámetros de actuación administrativa que, luego, han sido aceptados como no impugnables en sede judicial al revisarse la legalidad de las decisiones. Por otro lado, en lo que respecta a jurisdicciones extrañas, a nivel intra-nacional o transnacional, es posible especular sobre su recepción judicial, en primer lugar, dada su autoridad argumentativa (*persuasive authority*)[1257], y en segundo, dado que, al menos en el contexto transnacional, se diluyen las

---

[1257] HUGHES, L., "The Rocky Hill Decision: A Watershed for climate change action?", *Journal of Energy & Natural Resources Law*, Vol. 37, N°. 3, 2019.

posibles suspicacias relativas a la especial naturaleza (de mérito) del proceso en los que se han producido. La decisión en *Waratah Coal v. Youth Verdict* en la jurisdicción de Queensland es un claro ejemplo de ello.

3.2.5. Consideraciones finales de esta jurisdicción

Si bien no tan abundante como aquella sobre NEPA en Estados Unidos, la litigación desarrollada en Australia ha demostrado ser de gran interés, sobre todo, a partir de la variedad de enfoques presentados y de la profundidad del tratamiento de la cuestión en una mayoría de casos. Como ya se ha hecho hincapié, una de las particularidades de este universo de casos se encuentra en los diversos roles que han asumido los tribunales a la hora de su resolución, lo que incluye no solo revisiones de legalidad de la actuación administrativa, sino también recomendaciones y revisiones de mérito. En este sentido, los casos iluminan sobre los límites del rol de los tribunales y la separación de poderes, observándose diversas posturas al ejercer las diversas funciones.

Asimismo, resulta interesante observar cómo tribunales de distintas jurisdicciones subnacionales han mostrado posiciones contrapuestas respecto a cuestiones centrales a esta investigación. Entre estas, puede destacarse, en primer lugar, la aceptación o rechazo de la MSA con la fuerte postura contraria del juez Preston (*Gloucester Resources*) y la jueza Kingham (*Waratah Coal*), coincidente con varios de los precedentes de jurisdicción estadounidense, al calificarla como contra intuitiva y especulativa, en contraposición a su reiterada aceptación por parte de la mayoría de los jueces de Queensland, incluyendo su Corte Suprema.

En segundo lugar, se ha notado cierta tensión en cuanto a cuál es el rol que debe otorgarse a la regulación climática doméstica o internacional respecto de las autorizaciones de los proyectos. Así, mientras que se ha sostenido, por un lado, que estas autorizaciones contradirían a las diversas regulaciones y metas acordadas y, por ello, deberían ser legalmente impugnables, por otro, se ha alegado que la existencia de esta regulación dispensa a la autoridad de valorar ciertas emisiones de GEI o de considerarlas significativas a la hora de la evaluación del proyecto, en tanto ya estarían cubiertas por estos regímenes a nivel nacional o internacional.

En cuanto a la primera proposición, los tribunales en general se han mostrado reacios a contrastar los proyectos con las políticas y metas climáticas como parámetro para definir su legalidad, mientras que la NSWLEC y la Court of Appeal han aceptado que la autoridad administrativa pueda referir a estos compromisos para justificar su propio rechazo. En relación con ello, a la vez que una mayoría de los tribunales de Queensland han desestimado en distintas ocasiones las alegaciones respecto al escaso presupuesto de carbono global, la aceptación de este enfoque en *Gloucester Resources,* su posterior recepción por la autoridad administrativa independiente y su aval judicial implican un destacable desarrollo, que puede ser considerado el germen del cambio sustantivo que implicó la decisión en *Waratah* Coal. En cuanto a la segunda proposición, varios tribunales han aceptado que la vigencia de normativa y políticas domésticas e internacionales cubre las emisiones de los proyectos y por eso dispensa a la autoridad de su abordaje al momento de la toma de decisión, lo que ha sido así, incluso cuando se reconoció que las políticas eran insuficientes, desde que siempre sería posible su revisión y adecuación.

En tercer lugar, debe decirse que la jurisprudencia de todas las jurisdicciones, a pesar de algún precedente inicial, ha ido evolucionando hacia la aceptación de la existencia de un nexo de causalidad entre emisiones de GEI de los proyectos, el cambio climático y sus impactos, y hacia la necesidad de incluir las emisiones de *scope 3* en las EIA y valorar las emisiones de manera acumulativa. Sin embargo, la aceptación de la MSA por varios de los tribunales afecta las implicancias de estos reconocimientos, sobre todo en lo que hace a las emisiones de *scope 3*, las más significativas del tipo de proyectos bajo análisis. El cambio jurisprudencial propiciado por la jueza Kingham en *Waratah Coal* podría indicar el principio del fin para este argumento.

En cuarto lugar, puede destacarse en esta instancia, que esta jurisprudencia ha dado un paso más allá que la de Estados Unidos en cuanto al abordaje de la cuestión de las posibles condiciones a imponer a los proyectos para la mitigación de emisiones con, al menos, dos cortes tomando la iniciativa al respecto, aunque debe notarse, siempre en ejercicio de su función de revisión de mérito. Relacionado con esto, y como último punto, debe notarse que, al igual que en el caso de Estados Unidos, esta jurisprudencia ha tenido impactos que han, en varias oportunidades, llevado a reacciones anti-regulatorias de consideración.

3.3. Reino Unido

Reino Unido completa el podio de las jurisdicciones más prolíficas en litigación climática en general, luego de Estados Unidos y Australia. Esto es verdad también al observar el universo de casos más restringido aquí estudiado. El conjunto de casos identificados (13) en esta jurisdicción puede dividirse en dos grupos mayoritarios: uno relativo a expansiones de aeropuertos y otro a decisiones sobre extracción de combustibles fósiles. Fuera de estas categorías, completan el panorama jurisprudencial un caso relativo a la construcción de una red ferroviaria para un tren de alta velocidad y dos casos sobre el desarrollo del sector energético en base a combustibles fósiles. Debe advertirse tempranamente que se trata de una jurisprudencia concentrada en Inglaterra, habiéndose identificado tan solo un caso en jurisdicción escocesa (*Greenpeace v. United Kingdom*).

Del análisis jurisprudencial que se desarrollará a continuación, puede extraerse que el marco jurídico relevante para los casos se encuentra principalmente constituido por normativa doméstica de planeamiento[1258], a la que puede sumarse alguna mención a la normativa sobre evaluación ambiental del Derecho de la Unión Europea. En cuanto a la normativa doméstica, destacan dos leyes. Por un lado, la Town and Country Planning Act 1990 y sus reglamentaciones sobre EIA (Environmental Impact Assessment Regulations), encargadas de transponer la normativa comunitaria al respecto y, en lo que hace a planes y programas, la Environmental Assessment of Plans

---

[1258] Considerando la ubicación de los casos, la regulación de interés mencionada corresponde a la jurisdicción inglesa. Escocia, por ejemplo, presenta un marco regulatorio propio, como consecuencia, principalmente, de lo que se conoce como *devolution* (devolución de competencias); véase FISHER, LANGE y SCOTFORD, *Environmental Law...*, op. cit., p. 103 y ss.

and Programmes Regulations, que de igual manera incorpora la ya mencionada Directiva sobre evaluación estratégica. Esta normativa regula los procesos de creación de planes y políticas a nivel central (National Planning Policy Framework) y local (Local Developments Frameworks) y los procesos de otorgamiento de permisos en los que interviene inicialmente la autoridad local, con facultades de apelación y toma de decisión final en manos del Secretario/a de Estado (Secretary of State), a través de la intervención de un experto independiente (Inspector), todo lo que queda sujeto a revisión de legalidad ante la High Court[1259].

Por otra parte, la Planning Act 2008 regula los procesos de planeamiento para el otorgamiento de consentimiento para proyectos de infraestructura de relevancia nacional (*nationally significant infrastructure projects*), incluyendo la expedición de National Policy Statements por el Secretario/a de Estado, los que establecen la política del Gobierno respecto a un determinado sector de infraestructura[1260]. El marco jurídico de los casos es complementado por la normativa específica sobre cambio climático, la Climate Change Act 2008 que incluye metas a largo plazo y prevé el funcionamiento de un comité sobre cambio climático (Committee on Climate Change). En este contexto regulatorio, las menciones al Acuerdo de París no son constantes sino ocasionales.

Como se verá a continuación, los planes y políticas juegan un rol muy relevante a la hora de la toma de decisiones sobre permisos[1261] y su control judicial, al otorgar el contexto regulatorio

---

1259 Ídem, p. 794 y ss.

1260 La normativa de EIA para estas infraestructuras de relevancia nacional se encuentra en las Infrastructure Planning (Environmental Impact Assessment) Regulations.

1261 Respecto a la importancia de estos planes y políticas, la Corte Suprema en el caso del aeropuerto de Heathrow resaltó algunos problemas que podrían sucederse ante la ausencia de un marco de políticas nacional: (a) las autoridades (inspectors) deberían realizar asunciones sobre las políticas y necesidades nacionales, sin guía y con evidencia incompleta; (b) las decisiones de los ministros en casos individuales podrían convertirse en formas de expresión de la política nacional, en lugar de que estas decisiones estén encuadradas en un marco de políticas claro; (c) en la ausencia de un foro de consulta a nivel nacional, podría ser más dificultoso para el público o interesados participar en la formulación de

y siendo consideraciones materiales (*material considerations*) de las decisiones. Estos marcos de políticas ya integran de una u otra forma consideraciones sobre la problemática del cambio climático[1262], estableciendo cómo los impactos de los proyectos sobre el sistema climático deben ser valorados y fijando, de manera general, el peso que las autoridades de planeamiento deben asignar a diversos intereses como la seguridad energética y el desarrollo económico, por un lado, y la transición energética o la protección del sistema climático, por el otro.

En este sentido, la forma de valorar la viabilidad climática de los proyectos en esta jurisdicción, y a diferencia de las anteriormente examinadas, descansa mayormente en un análisis de su compatibilidad con estos marcos de políticas, lo que, en cierta manera, limita la amplitud del debate judicial sobre las emisiones de GEI como impactos de los proyectos sobre el sistema climático[1263]. Así, como se verá, en gran parte de los casos las discusiones en sede judicial se centran en (a) definir la compatibilidad de la decisión de autorización o denegatoria del proyecto con estos marcos de políticas, (b) definir la interpretación adecuada de estos últimos o, directamente, (c) buscar su impugnación judicial. Sin perjuicio de ello, en los casos sobre proyectos de extracción de

---

las políticas nacionales de infraestructura; (d) la habilidad de los promotores de tomar decisiones de inversión a largo plazo están influenciadas por la disponibilidad de declaraciones claras de políticas y objetivos, por lo que su ausencia les perjudicaría, Supreme Court: R (on the application of Friends of the Earth et al.) v. Heathrow Airport Ltd [2020] UKSC 52 (judgment of 16 December 2020), párr. 21.

1262 Por ejemplo, *Planning Act 2008, Part. 2*, 5(8), 10(3a); la determinación de una política requiere una evaluación de sostenibilidad, previéndose una etapa de consulta y publicidad. Específicamente entre las razones que deben acompañar la determinación, se debe incluir una explicación de cómo la política tuvo en cuenta las políticas gubernamentales sobre mitigación y adaptación del cambio climático; United Kingdom Parliament, Planning Act 2008, disponible en <https://www.legislation.gov.uk/ukpga/2008/29/contents> [Última consulta, 15 de julio de 2021]

1263 La *Planning Act 2008* s. 106 establece que, al decidir las solicitudes de autorización, el tomador de decisión puede no considerar alegaciones si entiende que son relativas a los méritos de la política dispuesta en las declaraciones de política nacional. Esto, aun requiriéndose la EIA en la etapa de aprobación específica del proyecto.

combustibles fósiles se observa un mayor grado de discusión sobre la forma y extensión en que deberían considerarse las emisiones de GEI consecuentes de la toma de decisión, en consonancia con lo que sucede en otras jurisdicciones.

En términos generales, debe ponerse de relieve que resulta difícil reconocer a un proyecto como definitivamente irreconciliable con políticas que mayormente se encuentran redactadas en términos amplios o con objetivos de largo plazo, algo que ha sido expuesto por los tribunales. En la cuestión más amplia sobre qué sectores de la economía deben ajustarse, cuáles crecer y cuáles sostenerse, la discrecionalidad administrativa prevalece, aún en lo que refiere a infraestructura fósil cuya ventana de oportunidad, como algún caso reconoce, está cerrándose. De este modo, como se verá a continuación, salvo alguna excepción, los tribunales de esta jurisdicción practican una amplia deferencia a la hora de revisar los procesos de toma de decisión objeto de este análisis.

3.3.1. Casos sobre la expansión de aeropuertos

El primer grupo de casos identificados corresponde a cuestionamientos a decisiones relativas a la expansión de aeropuertos, específicamente aquellos en las inmediaciones de la capital, Londres. Tal cual se adelantó, en estos casos la mayor parte de las discusiones en sede judicial refiere a la relación entre los proyectos y los marcos de políticas que les daban soporte, como así también a la adecuación de estos últimos respecto a las obligaciones y compromisos climáticos asumidos.

Tabla 10. Listado de casos identificados sobre expansión de aeropuertos en la jurisdicción de Reino Unido

	Casos	Tipo de propuesta	Resoluciones
REINO UNIDO (Expansión de aeropuertos)	Barbone v. Secretary of State for Transport	Modificación de condición para incrementar la capacidad de *Stanted*	13/03/2009 (High Court of Justice Administrative Court)
	R (on the application of Hillingdon LBC) v. Secretary of State for Transport	Decisión de apoyo a la expansión (tercera pista) de *Heathrow*	26/03/2010 (High Court of Justice Administrative Court)
	R (on the application of Griffin) v. London Borough of Newham	Expansión de *London City*	20/01/2011 (High Court of Justice Administrative Court)
	R (on the application of Neil Richard Spurrier) v. Secretary of State for Transport	Tercera pista *Heathrow*	01/05/2019 (High Court of Justice Planning Court, Divisional Court)
			27/02/2020 (Court of Appeal, Civil Division)
			16/12/2020 (Supreme Court)

El primero de los casos identificados es *Barbone v. Secretary of State for Transport* (2009)[1264]. En este se cuestionó la decisión de aumentar la intensidad de tránsito en el aeropuerto Stansted, entre otras cosas, por sus impactos sobre el cambio climático, los que, se alegó, no habían sido debidamente tenidos en cuenta. Específicamente, los demandantes señalaron que la política del Gobierno de abordar los impactos climáticos del transporte aéreo a través del esquema europeo de comercio de emisiones[1265] era, por entonces, especulativa y, por lo tanto, mientras esta posibilidad no se hiciese realidad, la única forma de seguir los compromisos climáticos era denegando

---

1264 High Court of Justice Queen's Bench Division Administrative Court: Carol Barbone, et al. v. The Secretary of State for Transport, et al. [2009] EWCH 463 (Admin) (judgment of 13 March 2009).

1265 Véase Comisión Europea, "Régimen de comercio de derechos de emisión...", op. cit.

autorización al proyecto[1266]. La autoridad disintió, sosteniendo que, por un lado, la política del Gobierno para el sector de la aviación (Future of Air Transport White Paper) que daba pie al proyecto había considerado los desafíos del cambio climático y, por otro, que los compromisos de reducción de emisiones no implicaban que cada sector de la economía debiese seguir el mismo camino. Respecto a ello se resaltó que, por muy válidos que sean los cuestionamientos a la eficacia y adecuación de las políticas gubernamentales, el procedimiento de autorización en cuestión no era el lugar adecuado para su abordaje, debiéndose tomar la decisión de acuerdo con la política vigente[1267]. El juez Forbes coincidió con el enfoque de la Administración, entendiendo que los impactos de las emisiones de GEI del proyecto habían sido adecuadamente considerados en el contexto de la política gubernamental vigente, que era la que debía regir la toma de decisión[1268].

Por su parte, en *R (on the application of Hillingdon LBC) v. Secretary of State for Transport* (2010)[1269] se cuestionó la validez de una decisión —no a nivel proyecto, sino a nivel política— de promover la expansión del aeropuerto de Heathrow. Esta decisión daría pie a que el promotor del proyecto presentase bajo este marco su solicitud individual para el permiso. Con ello en mente, y considerando la imposibilidad de discutir la política al momento del proceso de otorgamiento del permiso (tal como se había resuelto en *Barbone*) los demandantes alegaron que tal política era inválida, pues debería haberse reabierto la consulta previa a la decisión debido a algunos cambios en la política climática, particularmente la consagración de un objetivo de reducción de emisiones a 2050 para el sector de la aviación. El juez Carnwath reconoció que estos desarrollos eran relevantes y, claramente,

---

1266 High Court of Justice Queen's Bench Division Administrative Court: Carol Barbone, et al. v. The Secretary of State for Transport, et al. [2009] EWCH 463 (Admin) (judgment of 13 March 2009), op. cit., párr. 74.

1267 Ídem, párr. 80.

1268 Ídem, párr. 85; véase también Hilson, "Climate Change Litigation in the UK...", op. cit., p. 9.

1269 High Court of Justice Queen's Bench Division Administrative Court: R (on the Application of London Borough of Hillingdon et al.) v. Secretary of State for Transport et al. [2010] EWCH 626 (Admin) (judgment of 26 March 2010).

debían ser tenidos en cuenta por la autoridad, sin embargo, se negó a impugnar la decisión cuestionada al sostener que el procedimiento de aprobación del proyecto se encontraba aún en una etapa temprana y, por ello, que estos desarrollos podrían ser aún considerados oportunamente, tal como lo solicitaba la *Planning Act 2008*[1270].

La relación entre la toma de decisiones sobre proyectos y los marcos de políticas se puso en foco, una vez más, en un caso, *R (on the application of Griffin) v. London Borough of Newham* (2011)[1271], que cuestionó la ampliación del aeropuerto de London City por razones relativas a sus impactos climáticos. Aquí, el acto controvertido fue la decisión de la autoridad de variar las condiciones de la autorización del aeropuerto para garantizar un aumento del tránsito aéreo. La autoridad afirmó que había considerado la cuestión climática a la hora de tomar su decisión y que la forma adecuada de gestionar estos impactos estaba determinada por las políticas y la posición del Gobierno, en este caso a través de incentivos fiscales o mediante el comercio de emisiones. En este sentido, entendió que el proyecto no contradecía la política gubernamental en cuestión[1272]. Los demandantes alegaron que la consagración de una nueva meta para el sector para 2050 había cambiado sustancialmente la política del Gobierno en que se basaba la autoridad (principalmente el Future of Air Transport White Paper de 2003), mencionando las consideraciones de Carnwarth en *Hillingdon*, y que, por lo tanto, se debería haber rechazado el permiso[1273]. Ante esto, la autoridad, comentó que no es tarea de las autoridades locales de planeamiento decidir cómo la meta será alcanzada en procesos de autorizaciones[1274]. Una

---

1270 La decisión impugnada debería transitar todo un procedimiento hasta convertirse en National Policy Statement en los términos de la ley, que incluía una consideración de la cuestión climática. A su vez, el proyecto luego requeriría una aprobación específica. En este sentido, la toma de decisión se encontraba en una etapa inicial frente a la cual muchas oportunidades de consideración e impugnación existían; ídem, párr. 69, 77.

1271 High Court of Justice Administrative Court: R (on the Application of Anne Marie Griffin) v. London Borough of Newham et al. [2011] EWHC 53 (Admin) (judgment of 20 January 2011).

1272 Ídem, párr. 15.

1273 Ídem, párr. 18.

1274 Ídem, párr. 32.

vez más, la Corte (jueces Pill y Roderick) coincidió con la autoridad, sosteniendo que no se había producido ningún cambio sustancial en la política gubernamental que implicara una limitación a un posible aumento en la capacidad del aeropuerto y que los interrogantes que planteaba alcanzar la meta fijada requerirían de guía a nivel nacional y no de especulación por parte de las autoridades locales[1275].

El último y más resonante caso identificado de este conjunto es el de *R (on the application of Neil Richard Spurrier) v. Secretary of State for Transport* (2019, 2020)[1276], donde una vez más se abordó la expansión (tercera pista) del aeropuerto de Heathrow, alcanzando la controversia esta vez los estrados de la Corte Suprema. Los demandantes argumentaron que la declaración de política (Airports National Policy Statement: new runway capacity and infrastructure at airports in the South East England[1277]), dictada bajo la sección quinta de la Planning Act 2008, violaba esta última norma al no haberse considerado adecuadamente al momento de su gestación, entre otras cosas, las obligaciones del Gobierno bajo el Acuerdo de París, lo que era particularmente significativo dado de que el objetivo climático doméstico para 2050 era insuficiente. Los magistrados Hickinbottom y Holgate disintieron con esta apreciación, sosteniendo que la autoridad no tenía obligación alguna de considerar los objetivos del Acuerdo de París —el que, por su parte, no impone a los Estados ninguna obligación individual de implementar estos objetivos de alguna forma en

---

1275 Ídem, párr. 38, 45.

1276 High Court of Justice Queen's Bench Division Planning Court Divisional Court: R. (on the Application of Neil Richard Spurrier) et al. v. The Secretary of State for Transport et al. [2019] EWCH 1070 (Admin) (judgment of 01 May 2019).

1277 Puede destacarse la disposición 5.82 de este instrumento la cual establecía: *"Any increase in carbon emissions alone is not a reason to refuse development consent, unless the increase in carbon emissions resulting from the project is so significant that it would have a material impact on the ability of Government to meet its carbon reduction targets, including carbon budgets"*; Department of Transport, "Airports National Policy Statement: new runway and infrastructure at airports in the south-east of England (web version)", 5 de junio de 2018, disponible en: <https://www.gov.uk/government/publications/airports-national-policy-statement> [Última consulta, 21 de julio de 2021]

particular[1278]— sino que correctamente, y dentro de su discrecionalidad, había tenido en cuenta los objetivos climáticos domésticos[1279].

La Court of Appeal, sin embargo, revocó esta sentencia, entendiendo contrariamente que la autoridad sí debía haber considerado (y explicado cómo lo había hecho) los compromisos del Acuerdo de París (artículo 2.1) a la hora de la toma de decisión. Para ello, aceptó que el acuerdo internacional (no estando aún incorporado mediante normativa doméstica) constituía, en los términos de la Planning Act 2008, por un lado, parte de la 'política gubernamental' a considerar (sección 5.8) y, por otro, una cuestión relevante (*material consideration,* sección 10.3) para la toma de decisión[1280]. Asimismo, la Corte entendió que ello también era exigido por la Directiva de la Unión Europea sobre evaluación estratégica (2001/42/CE) (párr. e) Anexo I)[1281]. Finalmente, los magistrados entendieron que, en cumplimiento de los requisitos estipulados por la Planning Act 2008, se deberían

---

1278 High Court of Justice Queen's Bench Division Planning Court Divisional Court: R. (on the Application of Neil Richard Spurrier) et al. v. The Secretary of State for Transport et al. [2019] EWCH 1070 (Admin) (judgment of 01 May 2019), op. cit., párr. 607, la Corte expresó, luego de recordar que en el Derecho inglés rige un sistema dualista respecto al Derecho internacional: "*But, in any event...whilst expressing international objectives —notably, to hold the increase in the global average temperature to well below 2°C above pre-industrial levels and to pursue efforts to limit the temperature increase to 1.5°C above pre-industrial levels— the Paris Agreement imposes no obligation upon any individual state to limit global temperatures or to implement the objective in any particular way. It expresses global objectives, and aspirations in respect of national contributions to meet those objectives; and it obliges each state party to "prepare, communicate and maintain successive nationally determined contributions that it intends to achieve". Parties are required to pursue domestic mitigation measures, with the aim of achieving the objectives; and ensure they meet the requirement for successive nationally determined contributions to be progressive (article 4). But it clearly recognises that the action to be taken in terms of contributions to the global carbon reduction will be nationally determined "in the light of different national circumstances" (article 2(2)); and that, in that determination of national contributions, economic and social (as well as purely environmental) factors and the consideration of how other states are proposing to contribute will or may play a proper part. It is clearly recognised on the face of the Paris Agreement that the assessment of the appropriate contribution will be complex and a matter of high level policy for the national government.*"

1279 Ídem, párr. 619.

1280 Court of Appeal (Civil Division): Plan B Earth v. Secretary of State for Transport et al [2020] EWCA Civ 214 (judgment of 27 February 2020), párr. 233, 237.

1281 Ídem, párr. 246.

haber considerado los impactos de las emisiones más allá de 2050, como también los impactos de las emisiones de gases diferentes al CO_2, pudiendo resaltarse la reflexión de la Corte sobre la aplicación de principio precautorio respecto a la incertidumbre de los efectos climáticos de este tipo de gases: *"In line with the precautionary principle, and as common sense might suggest, scientific uncertainty is not a reason for not taking something into account at all, even if it cannot be precisely quantified at that stage"*[1282]. La decisión, que ordenó al Gobierno a reconsiderar la política antes de la construcción del proyecto, fue apelada ante la Corte Suprema que se expidió un tiempo después.

La Corte Suprema, en cambio, revocó la decisión de segunda instancia y desestimó los cuatro argumentos que había esgrimido la Corte inferior para impugnar la política[1283]. Luego de un largo repaso por el funcionamiento de los procesos de planeamiento y del desarrollo de los compromisos y metas climáticas del Gobierno nacional, los magistrados abordaron una a una las alegaciones. Sobre la primera cuestión referente a qué debería entenderse por 'política gubernamental' a considerar, en los términos de la sección 5.8 de la Planning Act 2008, sostuvieron que el término debía interpretarse de manera restringida no incluyendo ni declaraciones de funcionarios ni al Acuerdo de París:

> *The fact that the United Kingdom had ratified the Paris Agreement is not of itself a statement of Government policy in the requisite sense. Ratification is an act on the international plane. It gives rise to obligations of the United Kingdom in international law which continue whether or not a particular government remains in the office and which, as treaty obligations, 'are not part of UK law and give rise to no legal rights or obligations in domestic law'... Ratification does not constitute a commitment operating on the plane of domestic law to perform obligations under the treaty. Moreover, it cannot be regarded in itself as a statement devoid of relevant qualification for the purpose of domestic law, since if treaty obligations are to be given effect in do-*

1282 Ídem, párr. 258; se cree que en consideración de estos gases los efectos de calentamiento de la aviación podrían ser el doble que aquellos producidos solo por la liberación de CO_2.

1283 SUPREME COURT: R (on the application of Friends of the Earth et al.) v. Heathrow Airport Ltd [2020] UKSC 52 (judgment of 16 December 2020), op. cit.

> *mestic law that will require law-making steps which are uncertain and unspecified at the time of ratification*[1284].

En cuanto al segundo argumento relativo a si el Acuerdo de París debía considerarse una cuestión relevante (*material consideration*) en los términos de la sección 10 de la Planning Act 2008, la Corte, primeramente, recordó que existen tres categorías de consideraciones: aquellas que deben ser tenidas en cuenta por pedido expreso de la norma, aquellas que deben ser ignoradas por pedido expreso de la norma y aquellas sobre las que es la discreción del tomador de decisiones la que determinará o no su consideración[1285]. Dentro de esta última categoría, "*...the test whether a consideration... is 'so obviously material' that it must be taken into account is the familiar* Wednesbury *irrationality test*"[1286] (resaltado en el original). Establecido cuál es el parámetro de revisión, observó que la autoridad al tomar la decisión sí tuvo en cuenta al Acuerdo de París, solo que lo hizo a partir de considerar las medidas dispuestas en la normativa doméstica (Climate Change Act 2008 y sus *carbon budgets*), las que, según la Corte, cubren las obligaciones y metas del tratado internacional[1287]. Más allá de esto, la autoridad tenía discreción para asignar un peso mayor o menor al Acuerdo de París en su decisión, no existiendo violación alguna de la racionalidad de la decisión[1288].

1284 Ídem, párr. 108.

1285 Ídem, párr. 116.

1286 Ídem, párr. 119.

1287 Ídem, párr. 122 y ss.; "*Notwithstanding the common objectives set out in articles 2 and 4(1), the Paris Agreement did not impose an obligation on any state to adopt a binding domestic target to ensure that those objectives were met. The specific legal obligation imposed in that regard was to meet any NDC applicable to the state in question. So far as concerns the United Kingdom, it is common ground that the relevant NDC is that adopted and communicated on behalf of the EU, which set a binding target of achieving 40% reduction of 1990 emissions by 2030. This is less stringent than the targets which had already been set in the fourth and fifth carbon budgets issues pursuant to section 4 of the CCA 2008, which were respectively a 50% reduction on 1990 levels for the period 2023-2027 and a 57% reduction for the period 2028-2032*", ídem, párr. 71.

1288 Ídem, párr. 132: "*The view formed by the Secretary of State, that the international obligations of the UK under the Paris Agreement were sufficiently taken into account for the purposes of the designation of the ANPS by having regard to the obligations under the CCA 2008, was in our judgment plainly a rational one*".

La Corte se mostró segura respecto a que se garantizaría una adecuada consideración de la cuestión climática, al disponer la política impugnada que, al momento de otorgarse la autorización particular al proyecto, se tendrían en cuenta los presupuestos de carbono domésticos actualizados, los que reflejarán la mejor ciencia disponible y cualquier cambio en las obligaciones del país bajo el Acuerdo de París. Asimismo, la autoridad podría enmendar la declaración de política si existiese alguna inconsistencia entre esta y las obligaciones emanadas del tratado internacional[1289].

En relación con el tercer argumento, los magistrados señalaron que falta de mención expresa del Acuerdo de París en el informe ambiental, en cumplimiento con la Directiva de la Unión Europea sobre evaluación estratégica, no implicaba que este no se haya considerado, cuando la evidencia sugería lo contrario. Una vez más, la Corte señaló que existía un margen de discrecionalidad para la autoridad a la hora de decidir qué información debería contener el informe, solo sujeto a revisión bajo Wednesbury. De este modo, descartó un enfoque exageradamente legalista, reconoció la existencia de cierta discreción editorial y advirtió que el informe había cumplido adecuadamente en proveer al público una explicación apropiada y comprensible del contexto de políticas relevante, incluyéndose en el proceso menciones a la compatibilidad de la política con las obligaciones climáticas internacionales del país[1290].

Finalmente, la Corte abordó la última cuestión sobre la consideración de los efectos de las emisiones posteriores a 2050 y de aquellas diferentes a las de CO_2. Una vez más, los magistrados advirtieron que el test de irracionalidad de Wednesbury debía ser aquí aplicado. Así, por un lado, afirmaron que la autoridad había actuado racionalmente al tener en cuenta y modelar las emisiones posteriores a 2050 (hasta 2085/2086), algo que no cambiaba por el hecho de que no las haya contrapuesto a políticas futuras aún no determinadas[1291]. Por otro, que, dadas las incertidumbres so-

---

[1289] Ídem, párr. 132.
[1290] Ídem, párr. 140 y ss.
[1291] Ídem, párr. 155 y 156.

bre la cuantificación de este tipo de emisiones, el enfoque de la autoridad de restringir el análisis en las emisiones de CO_2, a la vez que mantener una revisión de la política respecto de las otras emisiones y requerir al promotor utilizar la mejor ciencia disponible a la hora de calcular los impactos climáticos en la futura EIA, era un enfoque racional[1292].

Como se observa, todos estos casos tratan sobre la relación entre los planes y políticas y los proyectos, más que con la consideración de los efectos de estos últimos sobre el sistema climático específicamente. En este sentido, se pone en foco la coherencia regulatoria entre distintas etapas del proceso de planeamiento de infraestructura. En la intervención de la Corte Suprema en el último caso analizado esto es muy claro al reafirmar en varias ocasiones la compatibilidad de la política nacional con las obligaciones emergentes del Acuerdo de París, por un lado, y, la necesidad de que un futuro consentimiento a nivel proyecto sea a su vez compatible con la política nacional vigente. El parámetro de revisión para ello es, como se reconoce en varias ocasiones, el del test de razonabilidad de Wednesbury que implica una vara alta de deferencia al órgano administrativo.

1292 Ídem, párr. 161; "*...it is not reasonably arguable that the Secretary of State acted irrationally in not addressing the effect of the non-CO_2 emissions in the ANPS for six reasons. First, his decision reflected the uncertainty over the climate change effects of non-CO_2 emissions and the absence of an agreed metric which could inform policy. Secondly, it was consistent with the advice which he had received from the CCC. Thirdly, it was taken in the context of the Government's inchoate response to the Paris Agreement. Fourthly, the decision was taken in the context in which his department was developing as part of that response its Aviation Strategy, which would seek to address non-CO_2 emissions. Fifthly, the designation of the ANPS was only the first stage in a process by which permission could be given for the NWR Scheme to proceed and the Secretary of State had powers at the DCO stage to address those emissions. Sixthly, it is clear from both the AoS and the ANPS itself that the applicant for a DCO would have to address the environmental rules and policies which were current when its application would be determined*"; ídem, párr. 166.

3.3.2. Casos sobre decisiones relativas a la producción de combustibles fósiles

El segundo grupo de casos identificados gira en torno a decisiones relativas a la extracción de combustibles fósiles. Específicamente, cinco tratan sobre autorizaciones de proyectos de exploración y explotación de gas, petróleo y carbón[1293] y una sobre la impugnación de una política que da pie a este tipo de infraestructura. Como ya se mencionó, en comparación con los casos sobre expansión de aeropuertos, en estos se observa una discusión más detenida de la forma y extensión en que las autoridades deberían considerar las emisiones de GEI de los proyectos.

1293 Puede agregarse a este listado el caso *R (on the application of Marianne Bennett) v. Cumbria County Council et al. (High Court Queen's Bench Division Planning Court, claim of 12 December 2019)*; en este, la demandante alegó una serie de irregularidades en la evaluación y autorización de una mina de carbón. El caso no es incluido en el análisis ya que fue resuelto mediante un acuerdo en mayo 2020, sin resolución judicial mediante; véase Sabin Center for Climate Change Law y Arnold&Porter, Bennet v. Cumbria County Council <http://climatecasechart.com/climate-change-litigation/non-us-case/bennett-v-cumbria-county-council/> [Última consulta, 9 de julio de 2021]; igualmente, en torno a la minería de carbón en Cumbria, puede destacarse un caso en el que el promotor de una mina ha demandado a la autoridad por su decisión de posponer la autorización al proyecto. No estando incluido, al momento de escribir, este litigio en las bases de datos consultadas ni habiéndose encontrado acceso a documental del caso, se ha decidido no considerarlo; véase BBC News, "Whitehaven coal mine firm seeks judicial review of council U-turn", 7 de marzo de 2021 <https://www.bbc.com/news/uk-england-cumbria-56311890> [Última consulta, 31 de marzo de 2021]

Tabla 11. Listado de casos identificados sobre producción de combustibles fósiles en la jurisdicción de Reino Unido

	Casos	Tipo de propuesta	Resoluciones
REINO UNIDO (Producción de combustibles fósiles)	R (on the application of Friends of the Earth and Frack Free Ryedale)	Producción de gas no convencional	10/12/2016 (High Court of Justice, Planning Court)
	Preston New Road Action v. Secretary of State for Comm. And Local Gov.	Exploración de gas no convencional	12/04/2017 (High Court of Justice, Planning Court)
			12/01/2018 (Court of Appeal, Civil Division)
	H J Banks & Company v. Secretary of State for Housing Communities and Local Gov	Mina de carbón	23/11/2018 (High Court of Justice Administrative Court, Planning Court)
	Stephenson v. Secretary of State for Housing and Comm. and Local Gov.	Disposición pro-fracking dentro del marco de planeamiento	06/03/2019 (High Court of Justice, Administrative Court)
	R (Sarah Finch) v. Surrey County Council	Expansión de pozos de petróleo	21/12/2020 (High Court of Justice, Division Planning)
			17/02/2022 (Court of Appeal, Civil Division)
	Greenpeace v. United Kingdom	Extracción de petróleo *offshore*	07/10/2021 (Court of Session)

El primero de estos casos es *R (on the application of Friends of the Earth and Frack Free Ryedale) v. North Yorkshire County Council* (2016)[1294]. En este caso, se solicitó la revisión judicial de una autorización de la autoridad local[1295] para la realización de *fracking*, a los fines de proveer gas a la planta térmica Knapton. En lo que aquí interesa, los demandantes alegaron que la autoridad había fallado en tener en

[1294] HIGH COURT OF JUSTICE QUEEN'S BENCH DIVISION PLANNING COURT: Friends of the Earth Limited and Frack Free Ryedale v. North Yorkshire County Council et al. [2016] EWCH 3303 (Admin) (judgment of 20 December 2016)

[1295] Town and Country Planning Act 1990 y de sus reglamentaciones de la EIA.

cuenta, como parte de su consideración de los impactos ambientales de la propuesta, una evaluación de impactos climáticos indirectos/secundarios/acumulativos a producirse con la quema gas en la central térmica y la necesidad de cubrir la demanda energética con otras fuentes menos contaminantes. En contrapartida, la autoridad sostuvo que no tenía competencia para valorar los efectos de estas emisiones que se producirían fuera del sitio del proyecto a aprobarse, que tales emisiones podían no ser calculadas y que, en cualquier caso, tales emisiones no excederían los niveles permitidos en la autorización ambiental de la central térmica[1296].

La jueza Lang, en primer lugar, descartó que al promotor se le haya requerido incluir en la EIA estas emisiones provenientes de la quema del gas, tal como habían alegado los demandantes[1297]. Igualmente, entendió que la falta de consideración de estos impactos en la EIA no la convertía en legalmente defectuosa, siendo que la autoridad, en el ejercicio de su discrecionalidad, podía concluir que esta evaluación extensiva no era necesaria dado que: (a) la central térmica es un proyecto diferente que cuenta con autorización específica para sus emisiones; (b) el proyecto bajo revisión no implicaría un incremento en la capacidad de la central térmica, estando las emisiones actuales autorizadas y reguladas bajo regímenes de control de emisiones que la autoridad debe asumir que funcionarán correctamente; y (c) el gas a proveer por el proyecto será indistinguible del gas proveído por otras fuentes por lo que su impacto ambiental no podría cuantificarse separadamente[1298]. Por lo demás, la jueza se mostró satisfecha con que la autoridad estuviera al tanto de la pro-

---

1296 HIGH COURT OF JUSTICE QUEEN'S BENCH DIVISION PLANNING COURT: Friends of the Earth Limited and Frack Free Ryedale v. North Yorkshire County Council et al. [2016] EWCH 3303 (Admin) (judgment of 20 December 2016), op. cit., párr. 11, 12.

1297 El promotor había solicitado una *scoping opinion* por parte de la autoridad; en la evaluación ambiental habían sido identificadas como emisiones de GEI de la fase de producción las correspondientes a fugas de los pozos, las que fueron caracterizadas como de impacto no significativo (0,0014% del total de las emisiones de Reino Unido proveniente del sector de la energía en 2013), ídem, párr. 27, 44.

1298 Ídem, párr. 38, 39.

blemática climática al momento de otorgar la licencia, no habiendo probado los demandantes que esta no había sido considerada[1299].

La extracción de combustibles fósiles mediante la técnica del *fracking* volvió a ser objeto de controversia judicial en *Preston New Road Action Group v. Secretary of State for Communities and Local Government* (2017)[1300], en donde la High Court se expidió sobre la validez de una autorización de la autoridad local[1301] para trabajos exploratorios con el fin de evaluar la factibilidad de una futura producción. En el caso, originariamente el órgano de planeamiento local había denegado consentimiento al proyecto por sus impactos inaceptables en el paisaje, la visual y el ruido, lo que derivó en una revisión administrativa de la decisión en la que se ampliaron las objeciones, incluyendo las relativas al cambio climático. En particular, se objetó —testimonio experto mediante— que el desarrollo de gas no convencional era incompatible con el compromiso climático del país, incluso bajo un entendimiento conservador del Acuerdo de París y que, específicamente, no había lugar dentro del presupuesto de carbono nacional para este gas, aún bajo el rótulo de energía transicional[1302]. Se alegó, en este sentido, la preocupación de que el desarrollo de gas no convencional, en lugar de crear un puente hacia la transición, pudiese resultar en una mayor y extendida dependencia en las fuentes fósiles, llevando al incumplimiento de los objetivos climáticos nacionales e internacionales[1303]. En contrapartida, se sostuvo que el Gobierno había reconocido la necesidad de explotar recursos nacionales de petróleo y gas no convencional en razón de sus beneficios para la seguridad energética, el crecimiento económico y la transición baja en emisiones de GEI[1304].

La 'Inspector' interviniente concluyó, contrariamente a los objetores, que la cuestión de cómo el gas no convencional encajaría en las obli-

---

1299 Ídem, párr. 48, 50, 51.

1300 High Court of Justice Queen's Bench Division Planning Court: Preston New Road Action Group et al. v. Secretary of State for Communities and Local Government et al. [2017] EWHC 808 (Admin) (judgment of 12 April 2017).

1301 Town and Country Planning Act y sus reglamentaciones sobre EIA.

1302 Ídem, párr. 27, 54.

1303 Ídem, párr. 29.

1304 Ídem, párr. 30, 54.

gaciones climáticas del Gobierno correspondía a las políticas nacionales a futuro y no era algo a resolver en un proceso de autorización de un proyecto[1305]. Aquí, sostuvo, el análisis debía limitarse a la consideración de las emisiones del proyecto exploratorio durante su desarrollo (construcción, operación, cierre). Estas emisiones, en comparación con las emisiones anuales locales o nacionales, representaban un porcentaje ínfimo. Así, en consideración de la política nacional de gas no convencional, las emisiones del proyecto serían razonables y estarían enteramente justificadas, por lo que, en términos de impactos serían insignificantes para la política nacional sobre cambio climático[1306].

La autorización del Secretario de Estado, en base a los considerandos del Inspector, fue impugnada en sede judicial, alegándose que la EIA realizada era defectuosa, ya que no proveía una evaluación comprensiva de los impactos acumulativos del proyecto, limitándose a los efectos del proceso de exploración y no incluyendo los de la inyección temporal del gas a la red (para pruebas) ni los de la producción subsiguiente[1307]. Sobre esto último, se alegó que las guías de planeamiento (Planning Practice Guidance on Minerals) que requerían una consideración independiente y limitada de la fase de exploración eran incompatibles con la Directiva de la Unión Europea sobre EIA, 2011/92/EU[1308]. Para responder a estas objeciones, el

1305 Ídem, párr. 54.

1306 Ídem; interesantemente, la sentencia resaltó que durante este proceso administrativo, el Comité sobre Cambio Climático publicó un informe sobre la producción *onshore* de combustibles fósiles y los presupuestos de carbono del Reino Unido que establecía que: "*Our assessment is therefore that onshore petroleum extraction on a significant scale is not compatible with UK climate targets unless three tests are met: Test 1: Well development, production and decommissioning emissions must be strictly limited. Emissions must be tightly regulated and closely monitored in order to ensure rapid action to address leaks... Test 2: Consumption – gas consumption must remain in line with carbon budgets requirement... This means that UK shale gas production must displace imported gas rather than increasing domestic consumption. Test 3: Accommodating shale gas production emissions within carbon budgets. Additional production emissions from shale gas wells will need to be offset through reductions elsewhere in the UK economy*"; promotores y objetores disentían en si esto apoyaba la aprobación o el rechazo del proyecto; ídem, párr. 58, 61.

1307 Ídem, párr. 69, 114-116.

1308 Se solicitó que, en caso de dudas, se requiriese una cuestión prejudicial ante el Tribunal de Justicia de la Unión Europea. Vale transcribir las preguntas sugeridas: "*1. Should national courts treat differently the avoidance of environmental effects*

juez analizó la normativa doméstica de transposición de la Directiva (EIA Regulations), la jurisprudencia del Tribunal de Justicia de la Unión Europea[1309] y de los tribunales nacionales, incluyendo el caso precedentemente analizado (*Frack Free Ryedale*)[1310].

A partir de este análisis, el juez Dove llegó a la conclusión de que, contrariamente a lo objetado, en lo que hace a emisiones de una posible futura extracción de gas, no existen impactos indirectos, secundarios o acumulativos que deban ser evaluados, desde que no se deben examinar en esta etapa posibles impactos más allá de la propia solicitud de exploración, debiendo tener la etapa de extracción su propia autorización e EIA[1311]. Por su parte, sobre las emisiones correspondientes a la exploración (provisión temporal a la red), el juez volvió sobre el precedente *Frack Free Ryedale* y afirmó que, en una interpretación análoga, no existía evidencia de que esta provisión de gas vaya a aumentar el consumo y por lo tanto las emisiones de GEI:

> *...any gas provided to the grid during the extended flow phase will simply replace gas that would otherwise be consumed by residential and industrial users supplied by the grid, and thus there is no evidence that*

---

of a project depending upon whether the assessment being reviewed by the national courts relates to screening as to whether EIA is required or assessing the nature and scope of an Environmental Statement that has been produced? In other words, is the jurisprudence on circumventing EIA in Abraham, Ecologistas, etc equally applicable to projects that are regarded as within the scope of the Directive but where it is alleged that the environmental information/statement and subsequent assessment is inadequate in its scope through the exclusion of consideration of future impacts and effects of exploitation? 2. In relation to the exploration for shale gas via unconventional extraction methods (fracking) and the necessary assessment under the EIA Directive, is national policy requiring the decision-maker to ignore the production stage that flows from exploration incompatible with the Directive having regard to the need to consider the cumulative impacts and effects of exploration including the indirect, secondary, tertiary and long term effects?", ídem, párr. 60, 117, 121.

1309 *Abraham et al. v. Région Wallone, et al. (Court of Justice of the European Communities, judgment of 28 February 2008); Ecologistas en Acción-CODA v. Ayuntamiento de Madrid (Court of Justice of the European Communities, judgment of 25 July 2008)*

1310 High Court of Justice Queen's Bench Division Planning Court: Preston New Road Action Group et al. v. Secretary of State for Communities and Local Government et al. [2017] EWHC 808 (Admin) (judgment of 12 April 2017), op. cit, párr. 119 y ss.

1311 Ídem, párr. 126, 127, 129; tampoco existía, al respecto, incompatibilidad alguna con la norma de la Unión Europea.

there would actually be any increase in gas usage and or greenhouse gas emissions[1312].

Esta decisión fue apelada y en lo que aquí interesa, los apelantes plantearon: (a) que, en los términos de la Directiva, la Administración había fallado en considerar los efectos indirectos, secundarios o acumulativos del proyecto, de la etapa exploratoria consistente en la conexión temporal a la red para el aprovisionamiento de gas a consumidores y de la producción subsiguiente, pues la exploración era realizada sólo a los efectos de una producción posterior, que es razonablemente previsible; (b) que, en los términos del régimen de EIA, la autoridad había fallado en actuar de acuerdo con el principio de que los potenciales efectos ambientales significativos deben ser tenidos en cuenta en la etapa más temprana posible; y (c) que las decisiones eran inconsistentes porque habían considerado los beneficios de la producción de gas no convencional y no los efectos dañosos de esta[1313].

Para la Court of Appeal, sin embargo, el análisis del juez Dove fue correcto, siendo no solo innecesario e inapropiado incluir los efectos ambientales de una posible producción en la EIA, sino que también imposible, dada la incertidumbre al respecto de su magnitud. De acuerdo con los magistrados, ello no cambiaba por el hecho de que el propósito específico de la exploración sea la extracción comercial de gas, ya que ambas operaciones seguían siendo divisibles, no debiendo considerarse los efectos del segundo como efectos acumulativos, indirectos o secundarios del primero[1314]. Por su parte, en cuanto a las emisiones de la propia exploración, la Corte advirtió que, por un lado, las emisiones del *flaring* estarían alcanzadas por el régimen de comercio de derechos de emisión de la Unión Europea y medidas de mitigación y, por otro, coincidió con el juez Dove en que la conexión provisional a la red no generaría un aumento de emisiones de GEI, ya que el gas nuevo pasaría a ser parte indistin-

---

1312 Ïdem, parr. 128.

1313 Court of Appeal (Civil Division): Preston New Road Action Group et al. v. Secretary of State for Communities and Local Government, et al. [2018] EWCA Civ 9 (judgment of 12 January 2018), párr. 6.

1314 Ídem, párr. 63-67.

guible de la oferta (en referencia a *Frack Free Ryedale*)[1315]. En cuanto a la tercera objeción, la Corte sostuvo que los apelantes en su alegación no reflejaban adecuadamente las conclusiones del tomador de decisión, quién entendió que, según la política nacional, el gas no convencional es compatible (y asiste a) las metas de reducción de emisiones en la transición hacia una economía baja en carbono, lo que no constituye error impugnable alguno[1316].

Otro caso resonante al respecto es el de *H J Banks & Company v. Secretary of State for Housing Communities and Local Government* (2018)[1317] en el que la High Court revisó la legalidad de la decisión de la autoridad[1318] de no autorizar el desarrollo de una nueva mina de carbón, expresamente en consideración de los efectos adversos de las emisiones de GEI. El demandante (promotor) alegó que la autoridad había cometido un error en su interpretación del marco de planeamiento nacional (National Planning Policy Framework), omitiendo en consecuencia considerar beneficios relevantes del proyecto. Además, en cuanto a las emisiones de GEI, argumentó que se daría una sustitución si el proyecto no se aprobaba (MSA), en el sentido de que la autoridad había erróneamente concluido que el proyecto llevaría a un incremento de emisiones de GEI, en contraposición a lo que decisiones previas habían resuelto. En contrapartida, la autoridad argumentó que estas emisiones eran una consideración relevante (*material consideration*) sobre la que podía otorgar el peso que estimase adecuado, habiendo explicado suficientemente sus razones para ello[1319].

Antes de abordar el análisis de la sentencia, debe resaltarse que, en el proceso administrativo, el 'Inspector' había recomendado la au-

---

1315 Ídem, párr. 72, 73.

1316 Ídem, párr. 76, 83.

1317 HIGH COURT OF JUSTICE QUEEN'S BENCH DIVISION ADMINISTRATIVE COURT PLANNING COURT: H J Banks & Company Ltd v. Secretary of State for Housing Communities and Local Government et al. [2018] EWHC 3141 (Admin) (judgment of 23 November 2018).

1318 *Town and Country Planning Act 1990.*

1319 HIGH COURT OF JUSTICE QUEEN'S BENCH DIVISION ADMINISTRATIVE COURT PLANNING COURT: H J Banks & Company Ltd v. Secretary of State for Housing Communities and Local Government et al. [2018] EWHC 3141 (Admin) (judgment of 23 November 2018), op. cit., párr. 3.

torización de la mina, algo que el Secretario de Estado no compartió. Durante este proceso se habían considerado los diferentes impactos ambientales y sociales, incluidos los beneficios sobre el empleo y la economía, como también los efectos adversos sobre el cambio climático, incluida la proposición de que la aprobación daría una señal equivocada a los inversores en energía[1320]. El 'Inspector' resaltó que existía una probable necesidad nacional por el carbón en cuestión y que su extracción, procesamiento, transporte y combustión para la generación de electricidad beneficiaría la economía, concluyendo que los beneficios sobrepasarían sus posibles impactos adversos, no siendo la propuesta inconsistente con los marcos de política vigente. Asimismo, afirmó que una 'ventana' existía para el uso del carbón de este proyecto antes de que las políticas climáticas del Gobierno reduzcan sustancialmente su necesidad[1321]. El Secretario de Estado, por su parte, aceptó que tal necesidad y ventana podían existir, que podrían reconocerse beneficios de empleo local y que no había contradicción con los marcos de políticas, sin embargo, concluyó que estos beneficios no sobrepasarían *claramente* los probables impactos adversos como para justificar su autorización[1322].

Como se mencionó, la primera objeción del promotor tuvo que ver con la interpretación del marco de planeamiento que establecía que no se deberían otorgar permisos para la extracción de carbón a menos que la propuesta sea ambientalmente aceptable o pueda serlo mediante el establecimiento de condiciones, o si otorga beneficios nacionales, locales o comunales que *claramente* sobrepasen sus impactos[1323]. Para analizar esto, el juez Ouseley realizó un sorprendentemente minucioso análisis[1324] del razonamiento seguido por el 'Inspector' y el Secretario de Estado, especialmente respecto a la consideración adecuada de un beneficio moderado para la biodiversidad que entrañaban las condiciones impuestas al proyecto. Mediante este examen el juez llegó a la conclusión de que este beneficio

1320 Ídem, párr. 7, 11.

1321 Ídem, párr. 9, 12.

1322 Ídem, párr. 13-16.

1323 Ídem, párr. 17.

1324 En consideración de la deferencia mostrada por los tribunales en los casos anteriores.

había sido ignorado y que su correcta consideración podría haber sido decisiva para la decisión[1325].

En cuanto a la segunda objeción sobre la consideración de la autorización respecto del mercado de carbón y una posible sustitución de emisiones de GEI, el 'Inspector' había realizado varias observaciones. Entre ellas, había afirmado que, si bien la demanda de carbón estaba cayendo, existía evidencia de que continuaría siendo parte importante del mix energético nacional, particularmente durante el invierno, período en el que se esperaba que la demanda superase a la oferta. La demanda de carbón sería improbablemente influenciada por la autorización de este proyecto y, en cualquier caso, sería arriesgado concluir que no continuaría habiendo demanda o necesidad de carbón en el período de funcionamiento de la mina (2018-2025). Aunque reconoció que la ventana de oportunidad se estaba cerrando, sostuvo que el ritmo de cierre dependería del enfoque regulatorio que el Gobierno determinase en el futuro[1326]. Asimismo, descartó que otorgar la autorización pudiese tener un efecto significativo negativo en inversiones futuras en energía renovable, siendo consistente con la política climática y transicional del Gobierno[1327].

Específicamente en lo que hace al argumento de la MSA, el 'Inspector' manifestó que, contrariamente a lo alegado por el promotor (sustitución por carbón importado), existía cierta incertidumbre sobre qué fuente de energía podría ocupar esta demanda y por lo tanto sobre la cantidad de emisiones de GEI a producirse, las que, de provenir de otra fuente, serían menores. Así, concluyó que la extracción, procesamiento y combustión del carbón resultaría en emisiones de GEI significativas que impactarían adversamente las medidas para limitar el cambio climático. Estas emisiones liberadas a corto, mediano y largo plazo tendrían un efecto acumulativo en la atmósfera por lo que debían considerarse como impactos adversos significativos, con

---

1325 High Court of Justice Queen's Bench Division Administrative Court Planning Court: H J Banks & Company Ltd v. Secretary of State for Housing Communities and Local Government et al. [2018] EWHC 3141 (Admin) (judgment of 23 November 2018), op. cit., párr. 17-66.

1326 Ídem, párr. 73-75.

1327 Ídem, párr. 80, 81.

peso considerable en la decisión[1328]. Sin embargo, entendió que los beneficios de la autorización superaban tales impactos negativos y por ello, aconsejó su autorización. El Secretario de Estado, por su parte, aceptó este razonamiento sobre la sustitución de emisiones, pero otorgó un peso distinto a los impactos adversos de las emisiones de GEI, lo que lo llevó a concluir que los beneficios del proyecto no los superaban *claramente,* como exigía la normativa y, por lo tanto, se inclinó por la denegatoria del consentimiento[1329].

En su revisión de legalidad el juez Ouseley sostuvo que la alegación de que existiría incertidumbre respecto a la sustitución de emisiones era legalmente inadecuada y, de acuerdo con la evidencia del caso, irracional, pues la autoridad había aceptado que existía cierta necesidad de carbón, sin explicar cómo esta sería cubierta o si lo haría mediante energías renovables o bajas en carbono: *"If there is a need for this coal, the emissions are inevitable"*[1330]. Así, la decisión de no autorización de la mina de carbón debía ser impugnada.

Directamente relacionado con los casos anteriores está *Stephenson v. Secretary of State for Housing and Communities and Local Government* (2019)[1331]. Aquí no se discutió la validez de una licencia para un proyecto específico, sino la de una disposición del marco de planifica-

---

[1328] Ídem, párr. 78.

[1329] Ídem, párr. 88.

[1330] Ídem, párr. 96-106; con respecto a los casos antes analizados, *Frack Free Ryedale* y *Preston New Road,* la abogada del promotor había sostenido que en ellos se postuló que la posición clara del Gobierno había sido que las emisiones de GEI no se incrementarían como resultado de la quema del carbón o gas en las centrales térmicas existentes, salvo que se demostrase lo contrario, y que un cambio en tal postura, como la que parecieran haber adoptado aquí las autoridades, tendría amplias implicaciones en la apreciación de posibles inversores sobre la posibilidad de solicitar autorización para nuevos desarrollos de combustibles fósiles. El abogado de la autoridad, en contrapartida, alegó que tales decisiones no habían establecido que las emisiones de GEI eran legalmente irrelevantes, ni tampoco estipulado ningún requisito de evidencia al respecto. El juez concluyó, al respecto, que estas sentencias no condicionaban a la autoridad en su decisión y que, si las razones dadas hubiesen sido adecuadas, no habría habido motivo de impugnación; ídem, párr. 118-121.

[1331] HIGH COURT OF JUSTICE QUEEN'S BENCH DIVISION ADMINISTRATIVE COURT: Claire Stephenson v. Secretary of State for Housing and Communities and Local Government [2019] EWHA 519 (Admin) (judgment of 06 March 2019).

ción (National Planning Policy Framework), que, como se observó, tiene gran preeminencia a la hora de definir los procesos de toma de decisión de proyectos particulares. Específicamente, se solicitó la impugnación del párrafo 209.a que disponía que las autoridades de planeamiento deberían a la hora de la toma de decisiones (a) reconocer los beneficios de los desarrollos de gas y petróleo *onshore*, incluyendo los hidrocarburos no convencionales, para la seguridad de la provisión de energía y para el apoyo a la transición hacia una economía baja en carbono y (b) tomar políticas que faciliten su exploración y extracción[1332].

El magistrado Dove impugnó la disposición por fallos en el proceso de consulta pública, particularmente falta de consideración de los méritos de la norma (se trataba de una transcripción de un documento previo) y de las alegaciones del público contrarias a la misma. En relación con ello, el juez observó que la autoridad no había considerado evidencia relevante respecto de una posible subestimación de las emisiones fugitivas de GEI resultantes de las operaciones de explotación de gas no convencional, en contradicción con la supuesta naturaleza de combustible puente sobre la que se basaba la disposición[1333]. Contrariamente, el juez rechazó impugnar la disposición ante alegaciones de que no se habían considerado o explicado los impactos de tal disposición en las obligaciones del Gobierno emanadas de la Climate Change Act 2008 y de que debería haberse realizado una EAE[1334].

Según surge de la sentencia del siguiente caso analizado, la reacción gubernamental a este fallo fue hacer notar que, a los fines del marco de planificación, los desarrollos de hidrocarburos eran considerados como recursos minerales, con el párrafo 205 de este documento estableciendo que, al resolver solicitudes de desarrollo de estos recursos, las autoridades debían otorgar peso significativo a los beneficios de la extracción mineral, incluidos aquellos sobre la

---

1332 Ídem, párr. 2.

1333 Ídem, párr. 62, 68.

1334 Ídem, párr. 72, 74; el juez entendió que el marco de planeamiento no cumplía con los requisitos para ser considerado 'plan o programa' en los términos de la Directiva sobre evaluación estratégica de la Unión Europea.

economía[1335]. En este sentido, se buscó diluir sus efectos respecto a futuras decisiones de planeamiento sobre este sector.

Otro caso relevante es *R (Sarah Finch) v. Surrey County Council* (2020)[1336] en el que el objeto de controversia fue si la obligación del promotor bajo la normativa de EIA de proveer una declaración ambiental describiendo los probables efectos significativos, directos e indirectos, del desarrollo (pozos petrolíferos) requería de una evaluación de las emisiones de GEI que incluyese la estimación y valoración de emisiones del uso final del producto (combustión del petróleo)[1337]. Los demandantes alegaron que esto debía ser así a partir de la normativa doméstica pero también de la Directiva sobre EIA de la Unión Europea, la que también exigía que se tenga debidamente en cuenta los objetivos de protección ambiental nacionales, específicamente la necesidad de abordar la crisis climática y de alcanzar la meta de cero emisiones netas para 2050[1338].

El juez Holgate analizó cuál debía ser la interpretación adecuada de la normativa[1339], enfocándose en la cuestión específica de qué debería considerarse un impacto *del* proyecto, ya sea directo o indirecto. Al respecto señaló que los demandantes alegaron que las

---

1335 HIGH COURT OF JUSTICE QUEEN'S BENCH DIVISION PLANNING COURT: R (Sarah Finch) v. Surrey County Council, Case N°. CO/4441/2019 (judgment of 21 December 2020), párr. 56.

1336 Ídem; al momento de escribir este caso no se encuentra aún en las bases de datos consultadas.

1337 Algo que curiosamente la autoridad en una *scoping opinion* había sugerido pero que el promotor rechazó, aceptando la autoridad las razones para ello, ídem, párr. 72, 73, 76, 79.

1338 Ídem, párr. 17; durante el proceso administrativo, la cuestión de la incompatibilidad del proyecto con los objetivos nacionales e internacionales climáticos surgió. La autoridad contestó que el Gobierno había dejado en claro que el petróleo y el gas continuarán siendo parte importante del mix energético del país, por lo que el proyecto no estaba en conflicto con la agenda climática del Gobierno; esto en contrapartida a las alegaciones que sostuvieron que teniendo en cuenta el informe del IPCC sobre 1,5 °C, un proyecto carbono intensivo de 25 años de extensión es groseramente inconsistente con la urgencia que la comunidad científica ha planteado, ídem, párr. 85, 87.

1339 Primeramente, el juez aclaro (aunque tampoco esto se había alegado) que este no era el caso de un proyecto que era parte de otro mayor dividido artificialmente para evitar una evaluación más profunda de sus impactos, ídem, párr. 95.

emisiones de la combustión del petróleo serían 'efectos indirectos' *del* proyecto en los términos de la legislación. Sobre ello, se mostró escéptico al decir que si esto fuese así debería aplicarse mucho más allá que a los impactos relativos al cambio climático y a las emisiones de GEI, por ejemplo, a emisiones particuladas o de otros gases, no solo a la atmósfera sino también al agua y la tierra con efectos ambientales y en la salud que podrían ser significativos e importantes. Asimismo, observó que los demandantes sostuvieron que el destino inevitable del petróleo, luego de su extracción, es su refinación y quema, lo que producirá emisiones de GEI. Sin embargo, afirmó que esto no era una prueba (jurídica) suficiente para entender que estas emisiones deberían ser tratadas como efectos indirectos *del* proyecto a los efectos del caso[1340].

Ante la alegación de que, si estas emisiones no se controlan y evalúan en esta etapa, no existiría otro mecanismo que permita valorarlas como contribución a alcanzar la meta de cero emisiones netas para 2050 de la Climate Change Act 2008, el juez sostuvo que esto no es así, existiendo varios mecanismos para la reducción del consumo (demanda) de estos productos como la monetización (*pricing*) o instrumentos fiscales o controles sobre fuentes[1341]. Asimismo, ante el contraargumento de que tales medidas no afectan al consumo de estos productos en otros países, el juez recordó que el Acuerdo de París fue firmado por la mayoría de los países del mundo y puso en cabeza de cada uno la responsabilidad de determinar su propia contribución para alcanzar las metas[1342].

Por su parte, el juez sostuvo que los demandantes no habían podido proveer ningún criterio o prueba por la cual los tomadores de decisiones podrían distinguir entre efectos indirectos que califiquen para ser considerados en la EIA del proyecto de aquellos que no[1343]. En este sentido, afirmó que la normativa doméstica no requiere que la EIA cubra efectos ambientales de otros proyectos en un sitio alejado a menos que se trate de un proyecto artificialmente dividido, o

1340 Ídem, párr. 99-101.
1341 Ídem, párr. 103, 105.
1342 Ídem, párr. 106.
1343 Ídem, párr. 111.

sea relevante evaluar los efectos acumulativos del proyecto respecto otros proyectos, siendo estos aún efectos *del* proyecto[1344]. Igualmente, el juez resaltó que existía cierta incongruencia en los argumentos de los demandantes, pues no habían alegado que se habría debido considerar también las emisiones de GEI del proceso intermedio de refinamiento del petróleo[1345].

En este entendimiento, el juez interpretó que la Directiva de la Unión Europea sobre EIA, al solicitar que se abordasen los efectos directos e indirectos de los proyectos sobre el cambio climático, no incluye, al evaluarse proyectos de extracción de combustibles fósiles, las emisiones de GEI liberadas al momento de la combustión, aun cuando este sea su principal destino. Sobre esto, descartó que el precedente del Tribunal de Justicia de la Unión Europea *Abraham v. Wallonia* sea determinante, incluso al haberse afirmado allí:

> *It would be simplistic and contrary to that approach to take account, when assessing the environmental impact of a project or of its modification, only of the direct effects of the works envisaged themselves, and not of the environmental impact liable to result from the use and exploitation of the end product of those works*[1346].

Para el juez, en *Abraham* el Tribunal estaba aún refiriéndose a impactos *del* proyecto, a diferencia de lo que, según él, eran los alegados por los demandantes en este caso[1347].

Finalmente, el juez Holgate sostuvo que los demandantes no habían aportado ningún argumento en contra de lo que la Court of Appeal había aceptado en *Preston New Road* al observar que no existía obligación de evaluar en el proceso de EIA las emisiones de GEI del uso de gas producido por el promotor, al no demostrarse que el pro-

---

1344 Ídem, párr. 112.

1345 Ídem, párr. 113.

1346 *Abraham v. Wallonia (Court of Justice of the European Union, judgment of 28 February 2008)*, párr. 43.

1347 Ídem, párr. 115, 116; "*Abraham cannot be taken as laying down any principle that an EIA should assess the environmental effects of the use by consumers of an 'end product', that is an article or item sold or distributed from a processing facility using a raw material produce don the development site.*"

yecto resultaría en un incremento general del consumo de gas y por lo tanto en mayores emisiones[1348].

En un fallo dividido (2-1), la Court of Appeal sostuvo la resolución del juez Holgate[1349]. Principalmente, la Corte de segunda instancia se expidió sobre si la Directiva 2011/92 y la regulación doméstica sobre EIA exigían a la autoridad de planeamiento evaluar las emisiones producto de la combustión del combustible como efectos 'indirectos' de su extracción. La decisión mayoritaria (juez Lindblom) observó que, en realidad, Holgate no estaba en lo correcto al expresar que legalmente estas emisiones no podrían ser parte de la EIA, si no que se trataba de una cuestión de valoración de hecho por parte de la Administración, valoración sujeta a un restringido control judicial (par. 43). Asimismo, observó que la jurisprudencia europea no obligaba a la consideración de estas emisiones (par 44 y ss). En definitiva, la cuestión estaría sujeta a una revisión de razonabilidad (*Wednesbury*) y no de legalidad y la opinión mayoritaria fue que no era irrazonable su desconsideración como efectos indirectos del proyecto (par. 61). Es interesante notar que esta decisión hizo mención de varios de los casos resueltos en forma opuesta en otras jurisdicciones (v. gr., *Gloucester Resources, WildEarth Guardians,* etc.) para luego observar, sin mayor detenimiento, que estos no ayudaban en nada a la resolución del caso dado que se desarrollaron en contextos legales diferentes (par. 78). En este sentido, ni siquiera se consideró relevante la jurisprudencia sobre NEPA, norma que, como se observó en apartados anteriores, es el antecedente principal de la normativa de EIA a nivel global.

En cuanto a la decisión minoritaria, el juez Moylan entendió que una correcta interpretación de la normativa europea, especialmente luego de su modificación para incluir aspectos climáticos, indicaría que este tipo de emisiones deberían ser consideradas en las EIA (par.127). Si la Administración decidiese no incluirlas, debería

---

1348 Ídem, párr. 125.

1349 Court of Appeal (Civil Division): R (Sarah Finch) v. Surrey County Council et al [2022] EWCA Civ 187 (judgment of 17 February 2022); el caso fue apelado ante la Corte Suprema la que, al momento de escribir, aun no se había pronunciado.

justificarlo adecuadamente (par. 129), algo que, según el juez, no sucedió en este caso. De esta manera, el juez Moylan concordó con los demandantes en que "... *it is not difficult to describe the combustion of material obtained from a development whose sole purpose is to obtain that material for combustion as being an environmental effect of the development*" (par. 138). Y concluyó:

> *...the fact that the EIA failed to identify, describe and assess the 'scope 3' or 'downstream' greenhouse gas emissions which will be produced through the commercial use of the oil extracted from the well site means that the EIA failed to assess the relevant and required effects of the proposed development* (par. 139) (resaltado en el original).

Por último, un caso más puede reseñarse: *Greenpeace v. United Kingdom* (2021)[1350]. En octubre 2020, Greenpeace demandó al Gobierno del Reino Unido luego de que otorgara permisos para le extracción de petróleo en el Mar del Norte, cuestionando, entre otras cosas, que no se hayan considerado las emisiones producto de su futura combustión ni evaluado cuánto *gas flaring* se realizaría. Un año más tarde, la Scottish Court of Sessions rechazó la demanda, compartiendo los considerandos al respecto del juez Holgate (par. 64) y sosteniendo que, en realidad, se trata de una cuestión política (par. 68).

Como se observa, la mayoría de los casos sobre producción de combustibles fósiles en esta jurisdicción han sido resueltos en contra de los intereses de aquellos que se oponían a los proyectos. Los tribunales así han determinado que no es necesaria la inclusión ni consideración de las emisiones de GEI consecuencia de la quema del combustible fósil (*downstream* o *scope 3*) en los procesos de EIA y toma de decisión de planeamiento de este tipo de infraestructura, lo que es un fuerte contrapunto respecto de los desarrollos jurisprudenciales en las jurisdicciones de Estados Unidos y Australia. En este sentido, se ha entendido aquí que estas emisiones no podrían ser consideradas como impactos (incluso indirectos) de los proyectos evaluados, sino de proyectos diferentes, no existiendo criterios para distinguir estos de otros posibles efectos indirectos que no ameriten

---

[1350] Court of Session (Inner House, First Division): Greenpeace Ltd v. Secretary of State for Business, Energy and Industrial Strategy et al. [2021] CSIH 53 (opinion of 7 October 2021).

consideración[1351]. En el precedente *Sarah Finch,* luego sostenido en *Greenpeace v. United Kingdom,* se interpretaron de esta manera incluso los requerimientos de la normativa comunitaria.

Además, los tribunales sostuvieron que la nueva producción de combustibles fósiles no generaría, en definitiva, nuevas emisiones ya que el gas o petróleo se mezclaría en las redes de provisión, sin que su consumo aumentase, estando las emisiones generadas cubiertas por permisos ambientales en vigor y medidas nacionales e internacionales. Esto, debe decirse, parece ignorar efectos del aumento de la producción en el mercado, como también las dinámicas de *lock-in* que la nueva infraestructura podría generar. Asimismo, las alegaciones sobre la contradicción o incompatibilidad de los proyectos y la promoción de nuevas fuentes de combustibles fósiles con respecto a la requerida transición energética y los objetivos climáticos (incluyendo el presupuesto de carbono) han sido descartadas por tratarse de una cuestión a ser resuelta por los marcos de políticas y no por los procesos de licenciamiento individual, reconociéndose, en estos marcos, objetivos como el de la seguridad energética y el crecimiento económico.

En general, como en los casos relativos al subconjunto anterior, se observa una amplia deferencia por parte de los tribunales a las decisiones administrativas. La excepción es el caso de *H. J. Banks* en el que, curiosamente, la resolución volvió a ser contraria de quienes buscaban evitar el desarrollo de infraestructura fósil, pues la Corte impugnó, luego de un análisis quisquilloso del razonamiento y valoración de costes y beneficios de la autoridad, la decisión de denegar la apertura de una mina de carbón.

La decisión minoritaria en el caso *Sarah Finch* es la única que, en mayor coincidencia con los desarrollos jurisprudenciales de otras jurisdicciones, aceptó, en principio, la necesidad de realizar una evaluación de impactos climáticos más detenida y extensiva. La futura resolución en la apelación por parte de la Corte Suprema en este caso como también las decisiones a darse en una variedad de casos

---

1351 Teniendo en cuenta la jurisprudencia comparada anteriormente analizada, resulta extraño que no se haya aludido a criterios como la causalidad o la razonable previsibilidad para este análisis.

pendientes sobre la cuestión[1352], determinarán si esta opinión en disidencia quedará meramente como una anécdota o será la base de un cambio jurisprudencial sustancial en línea con los desarrollos en otras jurisdicciones.

3.3.3. Otros casos relevantes

Tres casos completan el repertorio de jurisprudencia de interés en esta jurisdicción[1353]: uno relativo a la autorización de un proyecto ferroviario de alta velocidad, otro sobre la expansión de una planta térmica a base de gas y un tercero, aún pendiente, sobre el cuestionamiento del marco de políticas de energía que dio soporte a este último proyecto.

1352 SABIN CENTER FOR CLIMATE CHANGE LAW y ARNOLD&PORTER, Greenpeace Ltd v (1) Secretary of State for Business, Energy and Industrial Strategy and (2) the Oil and Gas Authority; and Uplift v (1) SSBEIS and (2) the OGA (North Sea oil and gas licensing) <http://climatecasechart.com/non-us-case/greenpeace-ltd-v-1-secretary-of-state-for-business-energy-and-industrial-strategy-and-2-the-oil-and-gas-authority-and-uplift-v-1-ssbeis-and-2-the-oga-north-sea-oil-and-gas-licensing/> [Última consulta 30 de mayo de 2023]; SABIN CENTER FOR CLIMATE CHANGE LAW y ARNOLD&PORTER, Friends of the Earth v. Secretary of State for Levelling Up, Housing and Communities; and South Lakeland Action on Climate Change v. SSLUHC (Whitehaven coalmine) <http://climatecasechart.com/non-us-case/friends-of-the-earth-v-secretary-of-state-for-levelling-up-housing-and-communities-and-south-lakeland-action-on-climate-change-v-ssluhc-whitehaven-coalmine/> [Última consulta, 30 de mayo de 2021]; SABIN CENTER FOR CLIMATE CHANGE LAW y ARNOLD&PORTER, CAN (Coal Action Network) v. Coal Authority and Welsh Ministers <http://climatecasechart.com/non-us-case/can-coal-action-network-v-coal-authority-and-welsh-ministers/> [Última consulta 30 de mayo de 2023]; SABIN CENTER FOR CLIMATE CHANGE LAW y ARNOLD&PORTER, Greenpeace v. North Sea Transition Authority <http://climatecasechart.com/non-us-case/greenpeace-v-north-sea-transition-authority/> [Última consulta, 30 de mayo de 2023]

1353 La cuestión climática también fue planteada en un temprano litigio sobre una fábrica para cemento. Sin embargo, fue descartada por el juez, de manera sucinta, por cuestiones procesales; véase *R. (on the application of Littlewood v. Bassetlaw District Council (High Court of Justice Queen's Bench Division Administrative Court, judgment of 20 Junes 2008).*

Tabla 12. Listado de casos identificados respecto a otras cuestiones relevantes en la jurisdicción de Reino Unido

	Casos	Tipo de propuesta	Resoluciones
REINO UNIDO (Otros casos relevantes)	R (on the application of Packham) v. Secretary of State for Transport	Red ferroviaria	06/04/2020 (High Court of Justice, Divisional Court)
			31/07/2020 (Court of Appeal, Civil Division)
	R (on the application of ClientEarth) v. Secretary of State	Planta térmica a base de gas	22/05/2020 (High Court of Justice, Planning Court)
			21/02/2021 (Court of Appeal, Civil Division)
	R (on the application of Vince) v. Secretary of State for Business, Energy and Industrial Strategy	Declaraciones de políticas nacionales sobre infraestructura energética	Pendiente (High Court of Justice, Administrative Court, Planning Court)

En el primero de estos, *R (on the application of Packham) v. Secretary of State for Transport* (2020)[1354], el demandante cuestionó la decisión de aprobar la construcción de un proyecto de infraestructura ferroviaria (HS2 Project) para un tren de alta velocidad, incluyendo una medida cautelar para frenar los trabajos. En lo que respecta a los argumentos relativos al cambio climático, se argumentó que no se había considerado adecuadamente las emisiones de GEI durante la etapa de construcción y que no se habían evaluado apropiadamente los efectos del proyecto en la etapa previa a 2050. Esto fue descartado por los jueces Coulson y Holgate, quienes concluyeron que la evaluación de estos impactos había sido correcta y sostuvieron que, dependiendo de la eficiencia de la etapa de construcción, el proyecto podría ser incluso carbono neutral en consideración de sus beneficios frente a otros medios de transporte. Asismismo, concluyeron que sí se habían considerado los efectos de las emisiones en el período previo a 2050, tal como lo pedía la ley de cambio climático y el Acuerdo

---

1354 High Court of Justice Queen's Bench Division Divisional Court: Christopher Packham CBE v. The Secretary of State for Transport et al. [2020] EWCH 829 (Admin) (judgment of 6 April 2020).

de París, distinguiéndose de la resolución de la Court of Appeal en el caso *Heathrow (Spurrier)*[1355]. La Corte de segunda instancia confirmó la decisión del primero[1356].

En cuanto al segundo, *R (on the application of ClientEarth) v. Secretary of State for Business, Energy and Industrial Strategy* (2020)[1357], se buscó impugnar judicialmente la autorización de expansión de una planta térmica a base de gas (Drax Power Station). En el procedimiento administrativo, un panel que debía examinar la propuesta y otorgar recomendaciones a la autoridad, sugirió la denegación del consentimiento. Sin embargo, la autoridad decidió, en contrario, otorgar la autorización, sin condiciones respecto al plazo de operación. Los demandantes presentaron objeciones a la autorización alegando que los impactos adversos del proyecto superarían sus beneficios, que no existía necesidad para tal desarrollo y que tendría impactos ambientales adversos, particularmente respecto a las emisiones de GEI, el riesgo de '*carbon lock-in*' y los impactos sobre el cambio climático[1358]. El promotor, por su parte, argumentó que la necesidad del proyecto estaba establecida en las declaraciones de política nacional[1359] y que debería atribuirse un peso sustancial a su contribución a cubrir la capacidad energética adicional necesaria para la transición hacia una economía baja en carbono. Esto superaría el peso de los impactos adversos[1360].

El panel concluyó que mientras las declaraciones de política nacional apoyaban la necesidad de infraestructura energética adicional en general, el promotor no había demostrado que este proyecto en particular cubriera una necesidad específica y que, entre otras cosas,

---

1355 Ídem, párr. 89 y ss.

1356 COURT OF APPEAL (CIVIL DIVISION): Christopher Packham v. Secretary of State for Transport et al. [2020] EWCA Civ 1004 (judgment of 31 July 2020), párr. 92.

1357 HIGH COURT OF JUSTICE QUEEN'S BENCH DIVISION PLANNING COURT: ClientEarth v. Secretary of State for Business, Energy and Industrial Strategy [2020] EWCH 1303 (Admin) (opinion of 22 May 2020).

1358 Ídem, párr. 10, la EIA presentada había constatado un incremento neto del 90% de las emisiones del proyecto para el período 2020 a 2050.

1359 Específicamente el Overarching National Policy Statement for Energy y la National Policy Statement for Fossil Fue Electricity Generating Infrastructure, dictadas bajo la sección quinta de la Planning Act 2008.

1360 Ídem, párr. 11.

este socavaría los compromisos gubernamentales de recortar emisiones de GEI, según lo dispone la Climate Change Act 2008. En este sentido, los impactos adversos superaban los beneficios y la autorización no debía otorgarse[1361]. La Secretaria de Estado estuvo en desacuerdo con tal valoración, entendiendo que los beneficios sí superaban a los impactos (emisiones) y, por ello, otorgó autorización[1362].

En su demanda, la ONG alegó, entre otras cosas, que la autoridad había malinterpretado las declaraciones de política nacional en su valoración de la necesidad del proyecto, la evaluación de emisiones de GEI y los requisitos impuestos por la Planning Act 2008, y no había considerado adecuadamente las implicaciones del nuevo objetivo de 'emisiones netas cero' para 2050 dispuesto en la ley de cambio climático[1363]. El juez Holgate descartó todos y cada una de las alegaciones presentadas. En cuanto a lo que aquí interesa pueden destacarse algunos puntos de tratamiento judicial.

En primer lugar, en cuanto a la valoración de la necesidad del proyecto, el panel había entendido que debían tenerse en cuenta los cambios en la capacidad de generación energética transcurridos desde la publicación de la declaración de políticas (2011). En este sentido, había resaltado que en la actualidad existía una necesidad significativa de incrementar la tecnología baja en carbono y de reducir la dependencia de los combustibles fósiles, encontrándose la contribución del proyecto limitada a proveer flexibilidad para apoyar la generación de energía renovable[1364]. Así, para el panel (y los demandantes), la interpretación sobre la necesidad de este tipo de proyectos debería ir evolucionando para reflejar los cambios en el mercado energético en transición, por lo que los promotores deberían demostrar la existencia de una necesidad específica del proyecto en términos cuantitativos[1365]. Contrariamente, la Secretaria de Estado interpretó que la declaración de política nacional establecía una necesidad a nivel estratégico, no requiriéndose al tomador de

---

1361 Ídem, párr. 17, 18.
1362 Ídem, párr. 19, 21.
1363 Ídem, párr. 23.
1364 Ídem, párr. 122, 123.
1365 Ídem, párr. 135, 136.

decisión una evaluación de cómo el proyecto en particular cubriría una necesidad identificada[1366]. El juez Holgate, aceptó este último entendimiento, sosteniendo que la declaración de política crea una asunción general de necesidad para todas las propuestas de infraestructura dentro de su ámbito[1367].

En segundo lugar, en cuanto al balance de los impactos y beneficios del proyecto, el juez observó que no existía nada reprochable en el accionar de la Secretaria de Estado, al considerar que, mientras que las emisiones son reconocidas como un impacto adverso significativo, en el contexto de las declaraciones de política nacional vigentes, estas no pueden justificar por sí solas la denegatoria del proyecto, cuyos beneficios las exceden[1368]. Asimismo, el juez aceptó la postura de la Secretaria de Estado de que el establecimiento de la meta de emisiones netas cero para 2050 (Climate Change Act 2008 (2050 Target Amendment) Order 2019) no tornaba incompatible la aprobación del proyecto. En este sentido, el juez interpretó que los demandantes habían planteado que las declaraciones de política nacional que daban soporte al proyecto habían quedado desactualizadas a partir de la consagración de esta nueva meta y observó que tal cuestionamiento debería encausarse mediante un proceso de revisión de las declaraciones (sección 6, Planning Act 2008) y no de un proyecto específico, como era este el caso[1369]. Esto fue justamente lo que se planteó el siguiente caso, como se verá a continuación.

Tras su apelación, la sentencia del juez Holgate fue sostenida por la Court of Appeal, la que entendió que el procedimiento y razonamiento seguido por la Secretaria de Estado en su autorización había sido impecable, descartando todas las alegaciones de los demandados[1370]. Más allá de esto, la Corte hizo un reconocimiento relevante,

---

1366 Ídem, párr. 124.

1367 Ídem, párr. 138.

1368 Ídem, párr. 179, 180, en referencia a la mención en las declaraciones de políticas sobre que: "...*CO_2 emissions are not reasons to prohibit the consenting of projects which use these technologies...*".

1369 Ídem, párr. 243.

1370 Court of Appeal (Civil Division): R. (on the application of ClientEarth) v. Secretary of State for Business, Energy and Industrial Strategy et al., Case Nº. C1/2020/0998/QBACF (judgment of 21 January 2021), párr. 74, 84, 102;

en contraposición con lo resuelto por el juez de primera instancia, al notar que las políticas, correctamente entendidas, no impedirían que en un caso particular el tomador de decisión considerase que las emisiones de GEI, por sí solas o en conjunto con otros impactos relevantes, son lo suficientemente significativas para justificar el rechazo del proyecto[1371].

Más allá de que se desestimó la demanda en ambas instancias, debe observarse que, tras el derrotero judicial y la oposición del activismo climático, el promotor decidió desistir del proyecto[1372].

Tal cual se mencionó previamente, el cuestionamiento directo a las declaraciones de políticas sobre el sector energético se concretó en vía judicial con el caso *R (on the application of Vince) v. Secretary of State for Business Energy and Industrial Strategy* (2020)[1373], el que, al momento de escribir, no ha sido aún resuelto. En este los actores cuestionaron la omisión de las autoridades de revisar (bajo la sección 6 de la Planning Act 2008) las declaraciones de política nacional sobre infraestructura de energía (incluyendo las dos que fundamentaban la decisión en el caso anterior), debido a los cambios evidentes de

---

véase aquí material audiovisual de las audiencias ante la Court of Appeal: Court of Appeal-Civil Division-Court 70, ClientEarth —v—The Secretary of State for Business, Energy & Industrial Strategy, YouTube, 17 de noviembre de 2020 <https://www.youtube.com/watch?v=B9HPQh06bUg&ab_channel=CourtofAppeal-CivilDivision-Court70> [Última consulta, 1 de abril de 2021]; Court of Appeal-Civil Division-Court 70, ClientEarth —v— The Secretary of State for Business, Energy & Industrial Strategy, YouTube, 17 de noviembre de 2020 <https://www.youtube.com/watch?v=LBcB8srLWwI&ab_channel=CourtofAppeal-CivilDivision-Court70> [Última consulta, 1 de abril de 2021]

1371 Court of Appeal (Civil Division): R. (on the application of ClientEarth) v. Secretary of State for Business, Energy and Industrial Strategy et al., Case N°. C1/2020/0998/QBACF (judgment of 21 January 2021), op. cit., párr. 87.

1372 Ambrose, J., "Drax scraps plan for Europe's largest gas plan after climate protests", The Guardian, 25 de febrero de 2021 <https://www.theguardian.com/business/2021/feb/25/drax-scraps-plan-yorkshire-gas-plant-climate-protests?CMP=twt_a-environment_b-gdneco> [Última consulta, 1 de abril de 2021]

1373 High Court of Justice Administrative Court Planning Court: Dale Vince et al. v. Secretary of State for Business, Energy and Industrial Strategy, CO/1832/2020 (amended statement of facts and grounds of 29 June 2020).

circunstancias desde la publicación de tales políticas en 2011, especialmente la introducción de un nuevo objetivo de emisiones netas cero para 2050 en la legislación climática —que refleja la más actualizada información científica sobre la urgencia climática y la escala de la acción requerida—, los compromisos nacionales bajo el Acuerdo de Paris y la declaración unánime del Parlamento británico de emergencia climática[1374].

Debe advertirse que, tras la interposición de ese litigio y más allá de que no se ha dictado aún resolución alguna al respecto, el Gobierno ha confirmado la revisión de estas políticas, aunque se ha negado a suspenderlas por el plazo que esta revisión dure[1375].

Al igual que en los subconjuntos anteriormente abordados, los dos casos resueltos aquí han sido contrarios a los intereses de los demandantes que buscaban la paralización de proyectos que contribuirían al cambio climático. Es notable, sin embargo, que en el caso de *ClientEarth*, el objetivo finalmente se concretó ante la deserción del promotor. Ahora bien, en cuanto a los desarrollos jurisprudenciales, estos continúan siendo negativos para quienes se oponen a los proyectos, remarcando los tribunales, al igual que en los casos previamente analizados, que las alegaciones contra las decisiones de infraestructura constituyen, en realidad, argumentos en contra de la compatibilidad de los marcos de políticas que les dan soporte (asunción general de necesidad) con los objetivos climáticos, algo que no puede ser cuestionado en procesos sobre las decisiones de planeamiento individuales. A pesar de ello, el reconocimiento por parte de la Court of Appeal de que las autoridades podrían denegar autorización debido a los impactos climáticos de los proyectos, revirtiendo la interpretación de la Corte de primera instancia, es un precedente de valor para la futura litigación en esta jurisdicción.

1374 HIGH COURT OF JUSTICE ADMINISTRATIVE COURT PLANNING COURT: Dale Vince et al. v. Secretary of State for Business, Energy and Industrial Strategy, CO/1832/2020 (amended statement of facts and grounds of 29 June 2020), op. cit.

1375 Véase CROWDJUSTICE, *We can't keep developing new fossil fuel projects*, <https://www.crowdjustice.com/case/no-new-fossilfuel-projects/> [última consulta, 1 de abril de 2021]

3.3.4. Consideraciones finales sobre esta jurisdicción

Como es evidente de la revisión realizada, la jurisprudencia en esta jurisdicción ha sido especialmente contraria a los diversos argumentos de aquellos que han buscado impugnar el desarrollo de proyectos que contribuirían al cambio climático, ya sea expansiones de aeropuertos, producción de combustibles fósiles o infraestructura de transporte o de producción eléctrica. Si bien ya se han ido remarcando las cuestiones más relevantes observadas en cada subconjunto, pueden destacarse aquí, a modo de cierre de esta sección, dos aspectos centrales de la jurisprudencia de esta jurisdicción.

En primer lugar, la coherencia entre distintos niveles de planeamiento (objetivos climáticos, políticas de planeamiento y autorizaciones individuales) es un tema recurrente y principal en los casos, sobre el que los tribunales han observado que rige una amplia deferencia debida a las autoridades. El reconocimiento en estos marcos de políticas de objetivos como el de seguridad energética y crecimiento económico otorga un amplio margen a la autoridad (e incluso llevan a una asunción de necesidad por este tipo de infraestructura) que hace de la posibilidad de impugnación judicial en base a una alegada incoherencia regulatoria una situación excepcional.

En segundo lugar, en cuanto a la valoración de las emisiones de GEI como impactos ambientales negativos a considerar a la hora de la toma de decisión, por un lado, puede destacarse la postura particular de los tribunales al descartar que los impactos *downstream* o de *scope 3* de los proyectos de producción de combustibles fósiles puedan ser considerados como impactos indirectos en los términos de la normativa doméstica y también de la comunitaria. Como ya se afirmó, esto se contrapone a los desarrollos jurisprudenciales en las jurisdicciones antes analizadas.

Por otro, debe resaltarse la afirmación en *ClientEarth* de que las autoridades de planeamiento estarían lisa y llanamente impedidas de denegar autorización a los proyectos en razón de las emisiones de GEI. Si bien esta última interpretación fue revocada por la Court of Appeal, el panorama general observado para este tipo de iniciativas no resulta muy alentador. Por un lado, dado que los marcos de política solicitan a las autoridades otorgar peso al desarrollo de infraestructura fósil, en nombre de la necesidad de un puente para la transición energética. Por otro, siendo que el escrutinio judicial sobre qué constituye impactos climáticos de los proyectos y cuándo estos son significativos descansa en un juicio de razonabilidad (*Wednesbury*), en el que la vara de revisión se encuentra especialmente alta[1376].

3.4. *Otras jurisdicciones del Norte Global con casos de interés*

Luego del análisis de las tres jurisdicciones más prolíficas en lo que hace a la litigación climática de interés para este trabajo, resta examinar desarrollos en una variedad de jurisdicciones cuyos aportes al universo jurisprudencial han sido más modestos en cantidad, pero no en calidad, pues presentan nuevos argumentos y enfoques en contextos diversos, lo que ha atraído gran atención doctrinal y mediática. En esta sección se revisarán entonces casos en las jurisdicciones de Nueva Zelanda (5), Canadá (2), Francia (2), Noruega (1), Irlanda (1), Austria (1), España (1) y Japón (4)[1377]. Además, la

---

1376 FISHER, LANGE y SCOTFORD, *Environmental Law...*, op. cit., p. 893.

1377 Un caso en Estonia contra el desarrollo de una central térmica, al parecer desestimado en primera y segunda instancia, también reviste cierto interés, aunque la escasa información disponible al respecto hizo que se haya decidido no incluirlo en el análisis, véase SABIN CENTER FOR CLIMATE CHANGE LAW y ARNOLD&PORTER, Friday for Future Estonia v. Eesti Energia <http://climatecasechart.com/non-us-case/11477/> [Última consulta, 01 de junio de 2023]; igualmente dos casos de cierta relevancia sobre los que no se ha encontrado suficiente información se observan en Alemania. Por un lado, en *Homeowners v. District Goverment of Arnsberg* se alegó que la histórica consideración de la extracción de carbón como una actividad de interés público, ya no puede legalmente sostenerse en la era del cambio climático. En este sentido, la legislación que así lo considera debe ser entendida como inconstitucional. El foco particular del caso es una norma reciente relativa a la eliminación progresiva del carbón que otorga carácter de interés público a la expansión de una mina debido a cuestiones de seguridad energética y económica y que implicaría la desaparición de ciertos poblados y granjas. En primera y segunda instancia el caso fue desestimado, véase SABIN CENTER FOR CLIMATE CHANGE LAW y ARNOLD&PORTER, Homeowners v. District Government of Arnsberg <http://climatecasechart.com/non-us-case/homeowners-v-district-government-of-arnsberg/> [Última consulta, 02 de junio de 2023]. Por otro, en *Deutsche Umwelthilfe (DUH) v. Stralsund Mining Authority*, se cuestionó la autorización de un gasoducto ruso debido a sus emisiones de metano. El caso fue desestimado, véase SABIN CENTER FOR

sección cerrará con una breve mención a jurisdicciones en los que se identificaron casos de interés, pendientes de resolución, específicamente: Polonia y Bélgica.

3.4.1. Nueva Zelanda

En la jurisdicción de Nueva Zelanda se han identificado cinco casos, cuatro de los cuáles se han dado en el período comprendido entre 2002 y 2012, correspondiéndose con la primera ola de litigación climática. La resolución del caso restante es de 2022. El resultado negativo de las incursiones tempranas para quienes buscaban un mayor escrutinio sobre el desarrollo de infraestructura climáticamente problemática quizás pueda explicar la brecha temporal en la segunda década de este siglo. Estos casos iniciales abordaron específicamente la interpretación de la normativa de planeamiento (Resources Management Act 1991), contestando por la negativa el interrogante básico de si los impactos sobre el sistema climático merecían atención a la hora de la toma de decisiones sobre proyectos. Esta respuesta impidió un desarrollo mayor de la jurisprudencia, incluyendo el abordaje de cuestiones más específicas, como se ha observado en otras jurisdicciones. El caso de 2022 se dio luego de un desarrollo normativo que parecía asegurar un mayor consideración de estas cuestiones en la toma de decisiones sobre planeamiento. Sin embargo, su sentencia, como se verá, pone esto en cuestión.

Climate Change Law y Arnold&Porter, Deutsche Umwelthilfe (DUH) v. Stralsund Mining Authority <http://climatecasechart.com/non-us-case/duetsche-umwelthilfe-v-stralsund-mining-authority/> [Última consulta, 03 de junio de 2023]

Tabla 13. Listado de casos identificados en la jurisdicción de Nueva Zelanda

	Casos	Tipo de propuesta	Resoluciones
NUEVA ZELANDA	Environmental Defence Society v. Auckland Regional Council	Planta térmica a base de gas	06/09/2002 (Environment Court)
	Greenpeace New Zealand v. Northland Regional Council	Planta térmica a base de carbón	11/07/2006 (Environment Court)
			12/10/2006 (High Court)
	Genesis Power v. Greenpeace New Zealand	Planta térmica a base de gas	11/12/2007 (Court of Appeals)
			19/12/2008 (Supreme Court)
	West Coast Ent Inc. v. Buller Coal	Mina de carbón	30/04/2012 (Environment Court)
			30/07/2012 (High Court)
			19/09/2013 (Supreme Court)
	Students for Climate Solutions Inc. v. The Minister of Energy and Resources	Exploración de petróleo	24/08/2022 (High Court)

El primer caso identificado es el de *Environmental Defence Society v. Auckland Regional Council* (2002)[1378] que abordó la autorización de una planta térmica a base de gas en Auckland. En él, los demandantes buscaron la imposición de una condición por la cual se requiriese la compensación total de las emisiones acumulativas de GEI mediante la creación de sumideros de carbono[1379]. A partir de ello, una

[1378] ENVIRONMENT COURT: Environmental Defence Society (Incorporated v. Auckland Regional Council et al., [2002] NZRMA 492 (judgment of 06 September 2002), párr. 3. La cuestión fue también planteada en *Environmental Defence Society v. Taranaki Regional Coucil (Environmental Court,* judgment of 6 September 2002), con considerandos en los mismos términos por parte de la Corte.

[1379] Se solicitaba una hectárea de bosque exótico de producción por cada 112 toneladas de carbono o, alternativamente, una hectárea de bosque nativo por cada 200 toneladas de carbono; ídem, apéndice 1.

cuestión inicial a resolver fue si la autoridad, a la hora de conceder el permiso y decidir sobre la imposición de condiciones, debía o no tener en cuenta los impactos sobre el sistema climático del proyecto.

Para contestar este interrogante, la Environment Court (juez Whiting) analizó, en primer lugar, el contexto normativo en materia climática y, en especial, la CMNUCC y el Protocolo de Kioto (entonces próximo a ratificarse), y afirmó que, mientras estos instrumentos establecían un compromiso general para los países desarrollados de reducción de emisiones y promoción de sumideros, eran los gobiernos a nivel nacional quienes deberían adoptar las políticas que considerasen adecuadas para cumplir con tales compromisos[1380]. En este entender, observó que el Gobierno había afirmado que no se esperaba que las autoridades locales desarrollasen o aplicasen reglas o condiciones sobre permisos de planeamiento en respuesta a la problemática climática, las que podrían tener un efecto distorsionador de las responsabilidades gubernamentales, a la vez que ser un modo no coste-efectivo de gestionar las emisiones de GEI: "*The RMA consenting and planning process means that there will always be a risk of inconsistent treatment and costs of implementing and managing requirements for different regions*"[1381].

En línea con esto, la autoridad había argumentado que no debían interpretarse referencias a 'efectos acumulativos' en la normativa de planeamiento como incluyendo efectos de carácter global como el cambio climático[1382]. La Corte, sin embargo, disintió. Según este último, no había nada en la legislación que permitiera limitar la consideración de efectos a aquellos que se produjesen dentro de la jurisdicción local. De este modo, sostuvo que el cambio climático era una cuestión de preocupación seria con efectos significativos para el ambiente global, incluyendo el de Nueva Zelanda y el de la región de Auckland, a la que debía tenerse debida consideración a la hora de tomar la decisión[1383].

1380 Ídem, párr. 20.

1381 Ídem, párr. 18.

1382 Ídem, párr. 61; la definición de 'efectos' en la ley incluye *"any cumulative effects which arise over time or in combination with other effects…"*.

1383 Ídem, párr. 63-65.

Más allá de este reconocimiento, la Corte desestimó imponer la condición solicitada al plantear dudas acerca de su eficacia, adecuación y razonabilidad. Al hacer esto, alegó, entre otras cosas, que no se encontraba capacitado para evaluar adecuadamente, de acuerdo con la evidencia, las consecuencias nacionales e internacionales de tal imposición, así como sus consecuencias económicas o sociales; que, además, el Gobierno había fijado la postura de que las emisiones de GEI debían ser gestionadas a nivel nacional; y que la eficacia de la condición en el contexto global era dudosa[1384].

La incertidumbre que dejó este precedente respecto a las implicaciones de considerar los impactos sobre el clima bajo la legislación de planeamiento se intentó resolver con una reforma legislativa[1385]. Tal como comenta Foster, en 2004 se incluyeron en la Resources Management Act algunas disposiciones para explicitar que las autoridades, a la hora de considerar las autorizaciones de proyectos que puedan significar emisiones de GEI, no debían tener en cuenta sus efectos sobre el sistema climático, a los fines de garantizar eficiencia en el manejo de estos impactos[1386]. Así, entre otras disposiciones de la ley, las secciones 104E y 104F dispusieron:

> 104E. Applications relating to discharge of greenhouse gases — *When considering an application for a discharge permit or coastal permit to do something that would otherwise contravene section 15 or section 15B relating to the discharge into air of greenhouse gases, a consent authority must not have regard to the effects of such a discharge on climate change, except to the extent that the use and development of renewable energy enables a reduction in the discharge into air of greenhouse gases, either — (a) in absolute terms; or (b) relative to the use and development of non-renewable energy.*
> 104F. Implementation of national environmental standards — *If a national environmental standard is made to control the effects on climate change of the discharge into air of greenhouse gases, a consent authority, when considering an application for a discharge permit or coastal permit to do something that would otherwise contravene section 15 or section 15B, — (a) may grant the application, with or without con-*

1384 Ídem, párr. 88.

1385 VAN BOHEMEN, G., "Climate change and resource consent decisions", *Resource Management Journal,* Vol. XI, N°. 1, 2004, p. 14-17.

1386 FOSTER, C., "Climate Change Litigation in New Zealand", en SINDICO y MBENGUE, (eds.), *Comparative Climate Change Litigation…*, op. cit., p. 237.

> *ditions, or decline it, as necessary to implement the standard; but (b) in making its determination, must be no more or less restrictive than is necessary to implement the standard*[1387].

La interpretación de estas normas fue la que ocupó el centro de las discusiones en los tres casos siguientes[1388]. En el primero, *Greenpeace New Zealand v. Northland Regional Council* (2006)[1389], se cuestionó la autorización de la operación de una planta térmica a base de carbón (Marsden B Power Station). Greenpeace sostuvo que la norma antes transcripta no debía interpretarte como una prohibición absoluta para la autoridad de considerar los efectos sobre el cambio climático del proyecto. Según su interpretación, la autoridad debería haber otorgado especial peso a los beneficios a derivarse del uso y desarrollo de energía renovable, en el entendimiento de que la planta térmica, a la par que emitiría grandes cantidades de GEI, incrementaría las trabas para la generación de este tipo de energía en Nueva Zelanda, a partir de la externalización de costes de la industria del carbón, lo que hacía a esta última más competitiva[1390].

En contraposición, el promotor alegó que la disposición disponía que la autoridad solo podría considerar los efectos de las emisiones de GEI sobre el cambio climático en el contexto de solicitudes de uso o desarrollo de energía renovable, las que reducirían las emisiones, y no en solicitudes que impliquen un aumento de emisiones. En cuanto a la sección 104F, sostuvo que solo ante la existencia de un estándar ambiental sobre emisiones de GEI determinado a nivel nacional, la autoridad podría implementarlo en los planes regionales o las autorizaciones[1391]. No existiendo ningún estándar nacionalmente fijado por el momento —adujo— las autoridades de planeamiento

---

1387 Resources Management Act 1991.

1388 En *Todd Energy Limited v. Taranaki Regional Council (Environmental Court, judgment of 7 December 2005),* la Corte ya había notado que la reforma implicaba un cambio en la situación jurídica de la cuestión respecto a los casos precedentes, pues la intención del Gobierno de que la cuestión no se aborde a nivel local o regional se había consagrado normativamente.

1389 Environment Court: Greenpeace New Zealand Incorporated v. Northland Regional Council et al., [2006] NZEnvC 238 (judgment of 11 July 2006), párr. 12.

1390 Ídem.

1391 Ídem, párr. 13.

no podrían considerar los efectos sobre el cambio climático de las emisiones de GEI de los proyectos[1392].

La Environment Court (juez Newhook) coincidió con esta última postura al notar que la reforma había tenido el fin de llevar la regulación de estas emisiones a nivel nacional y no regional o local y, por lo tanto, que la interpretación correcta era que aquella limitaba la actuación de la autoridad en su consideración de las emisiones de GEI a la implementación de algún estándar determinado a nivel nacional que, en el caso, aún no existía[1393]. Esta decisión, sin embargo, fue unos meses más tarde revocada por la High Court que entendió que la disposición no implicaba una prohibición total para la autoridad regional de considerar los impactos del proyecto sobre el cambio climático, los que podrían ser evaluados en comparación a la posible utilización de energía renovable[1394].

Dada la incerteza que esta nueva interpretación generó en el sector energético fósil, prontamente la cuestión volvió a estar bajo escrutinio judicial, ahora en el caso *Genesis Power Limited v. Greenpeace New Zealand* (2007)[1395] donde, en el contexto de una autorización de una planta térmica a base de gas, su promotor buscó expresamente obtener un nuevo giro interpretativo. La Court of Appeal, luego de analizar las sentencias del caso anterior, concluyó que la High Court había errado en su interpretación. Un entendimiento adecuado —sostuvo— era que, en la toma de decisiones sobre proyectos de energía no renovable, la autoridad no tenía la necesidad de: (a) comparar la propuesta con una hipotética propuesta renovable; (b) tratar la utilización de fuentes no renovables como un factor contrario a la autorización; ni (c) evaluar la extensión en la cual las emisiones de GEI impactarían sobre el cambio climático[1396]. Greenpeace apeló tal

---

1392 Ídem, párr. 17.

1393 Ídem, párr. 47.

1394 High Court of New Zealand: Greenpeace New Zealand v. Northland Regional Council et al., [2007] NZRMA 87 (HC) (judgment of 12 October 2006); luego de esta resolución, los proponentes decidirían abandonar el proyecto.

1395 Court of Appeal of New Zealand: Genesis Power Ltd v. Greenpeace New Zealand Inc, [2007] NZCA 569, (judgment of 11 December 2007).

1396 Ídem, párr. 41.

resolución dando lugar a la intervención de la Corte Suprema, la que de manera no unánime sostuvo la resolución apelada[1397].

La cuestión fue finalmente planteada de manera similar en *Buller Coal v. West Coast* (2012)[1398], en el contexto de la autorización de apertura de una mina de carbón. El foco del debate giró en torno a la consideración, como impactos sobre el clima, no ya de las emisiones directas del proyecto sino de las emisiones relativas a la combustión del carbón a consumir localmente o a exportar[1399]. Los demandantes alegaron que aquí, y a diferencia de los casos anteriores, la autoridad no debía expedirse sobre licencias para emisiones sino sobre uso de suelo para minería y, de esta manera, la limitación normativa discutida no aplicaba al caso. En contrapartida, los promotores sostuvieron que, si las emisiones no debían considerarse bajo las licencias de emisión, según lo había establecido la propia Corte Suprema, menos aún deberían considerarse en una autorización para uso de suelo que, además, en todo caso, implicaría emisiones en el exterior y no en territorio nacional, por ello fuera del alcance de la normativa[1400].

La Environment Court (juez Newhook) entendió que, a pesar de no aplicarse la sección 104E, la sentencia de la Corte Suprema en *Genesis Power Limited* dirigía la interpretación del propósito de la ley (y su reforma) en general, la que en definitiva pedía a las autoridades locales que consideren los efectos *del* cambio climático (riesgo de inundaciones, aumento del nivel del mar, etc.) pero no los efectos de los proyectos *sobre* el sistema climático[1401]. Ni la High Court, la que asumió una postura escéptica respecto a la existencia de jurisdicción por parte de las autoridades locales a la hora de considerar

---

1397 Supreme Court of New Zealand: Greenpeace New Zealand Inc v. Genesis Power Ltd, [2008] NZSC 112 (judgment of 19 December 2008); véase, para un análisis crítico más detenido de las diferentes interpretaciones de los tribunales sobre la norma en el caso, Burgess, A., *Climate Change and the RMA,* University of Otago, 2015.

1398 Environment Court: Buller Coal Limited et al. v. West Coast Ent. Incorporated, [2012] NZEnvC 80 (judgment of 30 April 2012).

1399 Ídem, párr. 4.

1400 Ídem, párr. 18, 19.

1401 Ídem, párr. 51.

las emisiones a generarse fuera del territorio nacional[1402], ni la Corte Suprema, una vez más con un voto en disidencia, iban a torcer este entendimiento[1403].

En su resolución de mayoría, esta última corte cuestionó, además, que las emisiones de la quema del carbón puedan ser una consideración relevante para la toma de decisión de la autoridad aún en el caso de que la legislación lo permitiese, debido a su naturaleza remota, la posible falta de jurisdicción y la intangibilidad de sus impactos. Interesantemente, al afirmar esto, realizó referencias expresas a algunos de los casos de jurisdicción australiana ya mencionados: *Wildlife Preservation Society of Queensland Proserpine/Whitsunday Branch Inc. v. Minister for the Environment and Heritage* (2006) y *Xstrata Coal Queensland Pty Ltd v. Friends of the Earth* (2012). Específicamente, la Corte Suprema recordó que, en estos casos, por un lado, los tribunales habían sido escépticos con la posibilidad de demostrar una conexión entre las emisiones de la quema del carbón y un efecto sobre el cambio climático y, por otro, acogieron la asunción de la MSA al considerar los efectos de no autorizar los proyectos[1404].

Como se observa, la jurisprudencia neozelandesa en la cuestión limitó tempranamente las posibilidades de abordaje de los impactos climáticos en los procesos de autorización de infraestructura de energía fósil a partir de la interpretación de la normativa, la que, debe decirse, luego de su reforma, buscó expresamente tal limitación. Al respecto puede notarse que, de acuerdo con Climate Action Tracker, esta opción legislativa ha sido el mayor impedimento en Nueva Zelanda para la prevención de proyectos de alta emisión de GEI, no habiéndose dictado, por el momento, los estándares ambientales nacionales para el control de las emisiones de GEI que la

---

1402 HIGH COURT OF NEW ZEALAND: Royal Forest and Bird Protection Society of New Zealand Incorporated et al. v. Buller Coal Limited et al. [2012] NZHC 2156 (judgment of 24 August 2012), párr. 52.

1403 SUPREME COURT OF NEW ZEALAND: West Coast Ent Incorporated et al. v. Buller Coal Limited et al., [2013] NZSC 87 (judgment of 19 September 2013), párr. 175. La magistrada en disidencia sostuvo que la exclusión que generó la reforma de la ley no aplica a autorizaciones distintas a las de emisiones contaminantes, párr. 4, 94.

1404 Ídem, párr. 123.

norma preveía[1405]. Esto, según Jenkins, ha llevado a que, mientras que en regiones de Australia la consideración de emisiones de GEI en los procesos de EIA ha repercutido favorablemente en la toma de medidas de mitigación, en Nueva Zelanda su exclusión determinó un aumento de las emisiones[1406]. Debido a este problemático panorama, las controvertidas disposiciones de la normativa de planeamiento han sido eliminadas en su última reforma, en concordancia con la Climate Change Response (Zero Carbon) Amendment Act 2019 que expresamente permite a los tomadores de decisiones considerar objetivos de reducción de emisiones, presupuestos de carbono y planes de reducción de emisiones[1407].

Este cambio normativo parecería ser relevante para los procesos de autorización de infraestructura fósil. Sin embargo, la sentencia en *Students for Climate Solutions v. Minister of Energy and Resources* (2022)[1408] pone ello en duda. En este caso, la High Court analizó si estas nuevas provisiones deberían afectar la tarea del tomador de decisión bajo la Crown Mineral Resources Act en la autorización de actividades de exploración de petróleo. Los demandantes habían sostenido que la autoridad no había adecuadamente considerado los impactos climáticos de la decisión, haciendo hincapié en que, según la Climate Change Commission, el país no estaba en la trayectoria adecuada para cumplir con sus metas climáticas, por lo que debía evitarse el *lock-in* de activos fósiles, y que la Agencia Internacional de la Energía (Informe "Net Zero by 2050") había referido a la innecesaridad de nuevos desarrollos fósiles.

1405 Climate Action Tracker, New Zealand: Current Policy Projections, <https://climateactiontracker.org/countries/new-zealand/current-policy-projections/> [Última consulta, 24 de mayo de 2021]

1406 Jenkins, B., "The role of EIA in greenhouse gas mitigation", *IAIA17 Conference Proceedings,* 37th Annual Conference of the International Association for Impact Assessment, 2017.

1407 Resource Management Amendment Bill, disponible en: <https://www.legislation.govt.nz/bill/government/2019/0180/latest/whole.html#LMS259082> [Última consulta, 24 de mayo de 2021]

1408 High Court of New Zealand: Students for Climate Solutions Inc. v. The Minister of Energy and Resources [2022] NZHC 2116 (judgment of 24 August 2022).

El juez Cooke entendió, sin embargo, que las cuestiones relativas al cambio climático eran irrelevantes en lo que a este proceso de autorización refería (par. 62), por lo que la autoridad no debía tenerlas en consideración. Esto así debido a que la Crown Mineral Resources Act busca promover la extracción de combustibles fósiles y no contempla la valoración de cuestiones como el cambio climático ni da guía de cómo deberían ser abordadas estas por la autoridad a la hora de su autorización (par. 72). De esta manera, afirmó que el conflicto entre normativa promoviendo combustibles fósiles y la necesidad de restringir su utilización debido a su contribución al cambio climático no debía ser resuelto por los tomadores de decisiones en un proceso de autorización bajo la Crown Mineral Resources Act, sino a nivel de política general (par. 74).

En lo que hace específicamente a las nuevas provisiones de la Climate Change Response Act, el juez, en primer lugar, sostuvo que la disposición no obligaba necesariamente a la consideración de estas cuestiones (*no mandatory considerations*) (par. 77). En segundo lugar, que, según su interpretación, el propósito de la Crown Mineral Resources Act indicaría que la consideración de este tipo de cuestiones ha de evitarse, pues si el legislador hubiese querido que se tuviesen en cuenta, hubiera sido más explícito en ello (par. 79). De este modo, el juez negó incluso la posibilidad de que los tomadores de decisiones considerasen cuestiones climáticas y con ello pudiesen rechazar o condicionar proyectos, bajo la Crown Mineral Resources[1409].

[1409] Otro aspecto interesante de esta resolución es que el juez se expresó sobre si, en cuestiones relativas al cambio climático, cabía una revisión judicial de la actuación de la autoridad más detenida o fuerte (como lo sostenían los demandantes y cierta jurisprudencia (*Hauraki Coromandel Climate Action Inc v Thames-Coromandel District Council [2021]*), dada la gravedad de los impactos climáticos o si, por el contrario, cabía una mayor restricción judicial (como lo sostenían los demandantes), dado su complejidad y naturaleza policéntrica. El juez rechazó ambas posturas, siendo escéptico sobre la posibilidad de que corresponda realizar más que una revisión que asegure que se cumpla con lo que la ley requiere (par. 39 y ss).

3.4.2. Canadá

En Canadá, a diferencia de su país vecino, tan solo dos casos relevantes se han identificado[1410] en lo que a esta investigación importa. De ellos, uno no ha alcanzado, al momento de escribir, sentencia sobre su fondo. Ambos casos refieren a cuestionamientos sobre iniciativas para la extracción de combustibles fósiles, uno en relación con su evaluación a nivel proyecto, otro respecto a una evaluación a nivel programático.

Tabla 14. Listado de casos identificados en la jurisdicción de Canadá

	Casos	Tipo de propuesta	Resoluciones
CANADÁ	Pembina Institute v. Attorney General of Canada	Arenas petrolíferas	05/03/2008 (Federal Court)
	Sierra Club, Ecology Action v. Minister of Environment and Climate Change	Exploración de petróleo y gas *offshore*	Pendiente 11/05/2020 (Federal Court)

En primer lugar, se indentificó el caso *Pembina Institute for Appropriate Development v. Attorney General of Canada* (2008)[1411] en el cual se solicitó judicialmente la impugnación del informe de un panel[1412] que, luego de analizar la EIA, recomendó la aprobación de un proyecto de arenas petrolíferas (Kearl Project). Específicamente, en lo que aquí interesa, se alegó que el órgano falló en proveer razones sobre su conclu-

---

[1410] De acuerdo con Preston, existe otro caso en desarrollo donde se cuestionó judicialmente la expansión de un gasoducto (Trans Mountain) por fallos en considerar sus impactos *downstream* sobre el sistema climático. Sin embargo, al momento de escribir este caso no se encuentra en las bases de datos utilizadas ni ha sido posible localizar algún documento relevante para su análisis; véase PRESTON, "The Influence of the Paris Agreement on Climate Litigation... (Part II)", op. cit. p. 29, en referencia al caso *Raincoast Conservation Foundation v. Attorney General of Canada (Federal Court of Appeals of Canada).*

[1411] FEDERAL COURT OF CANADA: Pembina Institute for Appropriate Development, et al. v. Attorney General of Canada, et al., 2008 FC 302 (judgment of 5 March 2008).

[1412] Joint Review Panel Established by the Alberta Energy and Utilities Board and the Government of Canada.

sión de que los efectos ambientales adversos de las emisiones de GEI del proyecto serían insignificantes y en explicar la efectividad de las medidas de mitigación[1413], especialmente objetivos límite de intensidad (y no de magnitud) de emisiones de GEI por barril a producir. La jueza Tremblay-Lamer de la Federal Court, a pesar de reconocer que debía amplia deferencia al órgano en virtud de su *expertise*, impugnó el informe observando que, dada la magnitud de las emisiones de GEI y que las medidas de limitación de intensidad no implicaban una forma directa su reducción, el panel debería haber justificado su conclusión de que las emisiones podrían considerarse como insignificantes[1414].

Tiempo después de este caso, se promulgó en Canadá una nueva ley de EIA, la que expresamente prevé que las evaluaciones deben tener en cuenta la extensión en la cual los efectos de los proyectos perjudican o contribuyen a la capacidad del Gobierno de alcanzar sus obligaciones ambientales y sus compromisos climáticos (Impact Assessment Act, S. 22(1)(i), 63(e))[1415]. Bajo este nuevo marco regulatorio, se presentó otra demanda, *Sierra Club Canada Foundation v. Minister of Environment and Climate Change* (2020)[1416] con el objetivo de

---

1413 De acuerdo con la EIA, las emisiones del proyecto representarían el 0,51% y 1,7% de las emisiones anuales de Canadá y Alberta respectivamente, ídem, párr. 70.

1414 Ídem, párr. 78-80; de acuerdo con Mayer, posteriormente el panel revisó el informe y resaltó que no existía evidencia de que las emisiones del proyecto pudiesen tener impacto significativo en el sistema climático global; MAYER, B., "Climate Assessment as an emerging obligation under customary international law", *International and Comparative Law Quaterly*, Vol. 68, 2019, p. 295.

1415 Véase al respecto CHOQUETTE C., KLAUDT. D. y LYNES L., "Climate Change Litigation in Canada", en SINDICO y MBENGUE, (eds.), *Comparative Climate Change Litigation…*, op. cit., p. 179; curiosamente en el caso *Dini Ze' Lho'Imggin et al. v. Her Majesty the Queen in the Right of Canada (Federal Court of Canada, complaint of 10 February 2020)*, los demandantes solicitaron a la Corte, entre otras cosas, que ordene al Gobierno enmendar el marco regulatorio de evaluación ambiental aplicable a proyectos perjudiciales para el cambio climático para permitir la cancelación de las autorizaciones en el caso de que el país, de forma constatable, no sea capaz de alcanzar sus compromisos bajo el Acuerdo de París. La Corte Federal desestimó el caso sosteniendo que se trataba de un reclamo no justiciable, véase SABIN CENTER FOR CLIMATE CHANGE LAW y ARNOLD&PORTER, Lho'Imggin et al. v. Her Majesty the Queen <http://climatecasechart.com/non-us-case/gagnon-et-al-v-her-majesty-the-queen/> [Última consulta, 1 de abril de 2021]

1416 FEDERAL COURT OF CANADA: Sierra Club Canada Foundation et al. v. Minister of Environment and Climate Change et al. (complaint of 11 May 2020); véase

lograr la impugnación de un informe de evaluación a nivel programa (*regional assessment*) de perforaciones exploratorias de gas y petróleo *offshore* que, se alega, llevaría a obviar la realización de EIA para este tipo de proyectos bajo la mencionada ley. Específicamente, los demandantes sostienen que el órgano administrativo falló, entre otras cosas, en evaluar la extensión en la que estas actividades promoverían o perjudicarían las obligaciones y compromisos climáticos asumidos por el Gobierno, y en considerar información científica relativa a los efectos acumulativos de las fugas de CH_4 en este tipo de proyectos[1417]. En una primera resolución, la Federal Court, sin entrar en el fondo del asunto, rechazó desestimar tempranamente el caso, al mismo tiempo que negó a los demandantes una medida cautelar[1418].

Como se observa el desarrollo jurisprudencial en Canadá en lo que aquí importa es, por el momento, escaso. Ahora bien, es posible presumir que, en un contexto de creciente conflictividad para el desarrollo de infraestructura fósil, la nueva normativa que expresamente solicita la consideración de los efectos de los proyectos sobre el cumplimiento de los compromisos climáticos del Gobierno abrirá caminos para la proliferación de nuevos litigios en el futuro próximo.

3.4.3. Francia

En cuanto a la primera jurisdicción de Europa continental aquí analizada, dos casos de interés para esta investigación se han identificado[1419]. Uno de ellos, no sorprendentemente, relativo a la extrac-

---

también Sabin Center for Climate Change Law y Arnold&Porter, Sierra Club Canada Foundation et al. v. Minister of Environment and Climate Change Canada et al. <http://climatecasechart.com/non-us-case/sierra-club-canada-foundation-et-al-v-minister-of-environment-and-climate-change-canada-et-al/> [Última consulta, 01 junio de 2023]

1417 Ídem, párr. 18, 20 y 29 y ss.

1418 Federal Court of Canada: Sierra Club Canada Foundation, et al. v. Minister of Environment and Climate Change et al., 2020 FC 663 (order and reasons of 3 June 2020).

1419 De acuerdo con Torre-Schaub, un caso se ha presentado ante el Tribunal Administrativo de Cergy impugnando la autorización otorgada a Total por el prefecto de Guyana para actividades de perforación petrolífera marina, alegando la falta de una evaluación adecuada de los impactos climáticos. El caso no se encuen-

ción de combustibles fósiles, el otro, quizás más interesante, relativo a la producción energética a partir de biocombustibles y a sus efectos sobre la conservación de sumideros de carbono.

Tabla 15. Listado de casos identificados en la jurisdicción de Francia

	Casos	Tipo de propuesta	Resoluciones
FRANCIA	IPC Petroleum France v. Francia	Extracción de combustibles fósiles	18/12/2019 (Consejo de Estado)
	Association Les Amis de la Terre v. Le Préfet des Bouches-du-Rhône	Biorrefinería	01/04/2021 (Tribunal Administratif de Marseille)

En cuanto al primero, este presenta un enfoque un tanto diferente al de la mayoría de los que este trabajo viene abordando, discutiéndose aquí los impactos del proyecto de manera indirecta. En *IPC Petroleum France v. Francia* (2019)[1420], una empresa solicitó judicialmente la extensión de sus permisos de extracción de combustibles fósiles más allá de 2040, luego de que la ley 2017-1839 prohibiese la exploración y explotación de nuevas fuentes de combustibles fósiles con posterioridad a ese año y, consecuentemente, limitase la extensión de los permisos existentes. Según la empresa, por un lado, la fecha de expiración del permiso violaba su derecho de propiedad contenido en el artículo primero de la Carta de Derechos Fundamentales de la Unión Europea, por el otro, el código nacional de minería permitía extensiones mayores por motivos económicos. El Conseil D'Etat, sin embargo, desestimó la demanda concluyendo que, si bien es verdad que el mentado código permitía una extensión mayor, esta posibilidad requería sopesar la extensión contra el interés público. En este sentido, entendió que la fecha de extensión otorgada expresaba un

---

tra, al momento de escribir, en las bases de datos y no se ha encontrado documental que facilite su incorporación. Esta misma autora señala que se prevé la interposición de otros litigios similares, por ejemplo, contra la ampliación del aeropuerto Charles de Gaulle en París; TORRE-SCHAUB, M., "Nuevos desarrollos de los litigios climáticos: tendencias, oportunidades y obstáculos", en TORRE-SCHAUB, M. y SORO MATEO, B. (dir.), *Litigios climáticos y justicia: luces y sombras"*, Laborum ediciones, 2020, p.161.

1420 CONSEIL D'ESTAT: IPC Petroleum France S.A. v. France, ECLI:FR:XX:2019: 421004.20191218 (jugement du 18 décembre 2019).

balance adecuado entre los derechos de propiedad de la empresa y los compromisos climáticos nacionales[1421].

En segundo lugar, en *Association Les Amis de la Terre France v. Le Préfet des Bouches-du-Rhône* (2021)[1422], el Tribunal Administratif de Marseille impugnó parcialmente el permiso otorgado a la empresa Total para continuar operando una refinería para la fabricación de biocombustibles (refinería de crudo reconvertida) y le ordenó al promotor la realización de un estudio de los impactos sobre el sistema climático de la producción del aceite de palma, importado principalmente desde Indonesia y Malasia para aprovisionar su operación (*upstream*). Los demandantes habían argumentado, entre otras cosas, que la producción de biocombustibles implicaba riesgos de cambio de uso de suelo como efectos indirectos, lo que iría en contra de los compromisos internacionales de reducción de GEI, siendo que no existía garantía alguna que asegurase la sostenibilidad de la producción de la materia prima que el promotor pretendía utilizar masivamente[1423]. En este sentido, alegaron que el análisis realizado por la autoridad sobre los impactos climáticos del proyecto era insuficiente.

El Tribunal reconoció el riesgo alegado respecto de la producción de aceite de palma, específicamente la extensión del suelo agrícola sobre áreas de reserva de carbono como bosques, humedales y turberas[1424]. En este sentido, observó que las emisiones de GEI vinculadas a estos cambios de uso de suelo podrían anular, en parte o en su totalidad, las reducciones de las emisiones de GEI vinculadas a la producción de biocombustibles, tal como lo reconoce la normativa doméstica y de la Unión Europea[1425]. Así, sostuvo que:

> *Compte tenu de l'impact sur le climat que l'utilisation d'huile de palme dans la production de biocarburants est susceptible de générer et des quantités substantielles susceptibles d'être utilisées pour le fonctionne-*

1421 Ídem, p. 5.

1422 Tribunal Administratif de Marseille: Association Les Amis de la Terre France et al. v. Le Préfet des Bouches-du-Rhône et al, N° 1805238 (jugement du 1 avril 2021).

1423 Ídem, p. 2.

1424 Ídem, párr. 46.

1425 Ídem, párr. 47, 48; en referencia a la Directiva 2008/2001 y al Reglamento 2019/807 de la Comisión del 13 de marzo.

> *ment de la bioraffinerie de La Mède, l'étude d'impact du projet devait ainsi comporter une analyse de ses effets directs et indirects sur le climat, notion qui ne saurait être entendue de manière strictement locale dans le seul périmètre immédiat du projet*[1426].

En este sentido, el Tribunal afirmó que el estudio de impacto ambiental había resaltado los beneficios climáticos del proyecto, pero no incluido los impactos de la utilización de cantidades relevantes de aceite de palma, lo que constituía una falencia que posiblemente había perjudicado la información disponible para el público e influido en la decisión, particularmente en lo que hace a las restricciones cuantitativas de utilización de esta materia prima[1427]. De acuerdo con los demandantes, quienes acogieron con agrado la decisión, este fallo constituyó la primera vez que un tribunal francés estableció la obligación de considerar en el estudio de impacto ambiental los impactos sobre el cambio climático generados por las actividades de producción de la materia prima a utilizar. Más allá de esto, afirmaron que están considerando una apelación de la resolución, al entender que el Tribunal debió haber anulado por completo la autorización[1428].

Si bien discreta, la jurisprudencia en esta jurisdicción presenta dos casos de sumo interés por su enfoque diverso. En el primero, resalta la cuestión implícita del balance entre, por un lado, los impactos climáticos del proyecto y su afectación al interés público y los compromisos climáticos asumidos y, por otro, el alegado derecho de propiedad del promotor del emprendimiento. Si bien en este caso el condicionamiento estaba dispuesto vía legislación, este tipo de limi-

---

1426 Ídem, párr. 50: ...teniendo en cuenta el impacto sobre el sistema climático que probablemente tendrá el uso de aceite de palma en la producción de biocombustibles y las cantidades sustanciales a utilizarse para el funcionamiento de la biorrefinería, el estudio de impacto ambiental del proyecto debió incluir un análisis de sus efectos directos e indirectos sobre el sistema climático, elemento que no puede entenderse como de carácter estrictamente local dentro del perímetro inmediato del proyecto... (traducción no literal aportada por el autor).

1427 Ídem, párr. 51-53.

1428 Greenpeace, "Total La Mède: prise en compte des impacts climatiques, le tribunal ordonne à Total de revoir sa copie", 1 de abril de 2020 <https://www.greenpeace.fr/espace-presse/total-la-mede-prise-en-compte-des-impacts-climatiques-le-tribunal-ordonne-a-total-de-revoir-sa-copie/> [Última consulta, 7 de abril de 2021]

tación es el que podría esperarse por parte de las autoridades de planeamiento a la hora de imponer condiciones a las autorizaciones de proyectos en consideración de la problemática climática y en ejercicio de un balance entre intereses contrapuestos. En el segundo, una de las cuestiones ya tratadas por los casos anteriormente analizados muestra una nueva faceta al abordarse los impactos *upstream* de una biorrefinería relativos al posible cambio de uso de suelo (pérdida de sumideros y reservorios de CO_2) en un tercer país a partir de la demanda de un insumo (aceite de palma) para el funcionamiento del proyecto. En este sentido, el reconocimiento por parte del Tribunal de la necesidad de una nueva evaluación que considere estos impactos es muy relevante.

3.4.4. Noruega

A pesar de su fama como líder ambiental y climático a nivel global, la economía y bienestar de Noruega se asienta en gran medida en la existencia de una fuerte industria fósil, siendo el tercer mayor exportador de gas y el decimoquinto de petróleo[1429]. Más allá de que el escenario de litigación climática doméstica[1430] en esta jurisdicción se encuentra limitado a un solo litigio, este ha sido objeto de gran atención mediática y doctrinal debido a que apuntó al centro de la economía nacional. Como fue adelantado en el capítulo anterior, el caso *Greenpeace Norden v. Noruega* (2018, 2020) giró en torno al cuestionamiento judicial de la validez de la decisión por la que se otorgaron diez licencias de exploración de petróleo y gas[1431] en dos

---

1429 Voigt, C., "The Climate Judgment of the Norwegian Supreme Court: Aligning the Law with Politics", *SSRN Electronic Journal*, 2021, p. 2, 3.

1430 Las bases de datos incluyen también un reclamo de 2011 ante el punto focal nacional de la Organización para la Cooperación y el Desarrollo Económicos contra la compañía petrolífera estatal noruega Statoil por violación de las guías de este organismo en relación con una inversión en Canadá para la explotación de arena bituminosas; Sabin Center for Climate Change Law y Arnold&Porter, Norwegian Climate Network et al vs. Statoil <http://climatecasechart.com/climate-change-litigation/non-us-case/norwegian-climate-network-et-al-vs-statoil/> [Última consulta, 28 de abril de 2021]

1431 Las licencias en cuestión abarcan desde la fase de exploración hasta la de explotación y pueden imponer condiciones a las actividades. Una vez hecho algún

zonas del Mar de Barents (zona sur y zona sureste). Tal exploración, y una posible consecuente explotación, fueron catalogadas como inéditas en tanto implicarían la afectación de áreas nunca explotadas y, por ello, sin infraestructura preexistente, en un contexto de crisis climática como el presente[1432].

Tabla 16. Listado de casos identificados en la jurisdicción de Noruega

	Casos	Tipo de propuesta	Resoluciones
NORUEGA	Föreningen Greenpeace Norden v. Noruega	Exploración de gas y petróleo offshore	04/01/2018 (Corte Distrital de Oslo)
			23/01/2020 (Corte de Apelaciones)
			20/12/2020 (Corte Suprema)

Más allá de la expectativa que el caso provocó, las pretensiones de los demandantes fueron finalmente rechazadas en las tres instancias judiciales domésticas. Tanto la Corte Distrital de Oslo (*Oslo Tingrett*) como la Corte de Apelaciones (*Borgarting Lagmannsrett*) y la Corte Suprema descartaron que los argumentos expuestos por las organizaciones puedan llevar a una impugnación judicial de las licencias. Las tres resoluciones abordan, de forma más o menos detenida, varios de los aspectos que interesa revisar en esta investigación.

En cuanto a las alegaciones de los demandantes, estos argumentaron principalmente que la decisión gubernamental implicaría mayores emisiones de GEI[1433] en contradicción con lo que solicita la mejor

descubrimiento, los promotores deben someter a aprobación un plan para su desarrollo y operación basado en una evaluación de impacto específica. Además, las actividades petrolíferas deben estar en línea con el plan de gestión del área marítima; CORTE DISTRITAL DE OSLO: Greenpeace Norden et al. v. Noruega, caso N°.: 16-166674TVI-OTIR/06 (sentencia del 4 de enero de 2018, traducción no oficial), op. cit., p. 4.

1432 CORTE DISTRITAL DE OSLO: Greenpeace Norden et al. v. Noruega, (demanda del 18 de octubre de 2016, traducción no oficial), p. 3.

1433 También se incluyen preocupaciones respecto a posibles riesgos ambientales de carácter local que exceden el objeto de este estudio.

ciencia disponible y los compromisos asumidos en el Acuerdo de París, en consideración del acotado presupuesto de carbono disponible y la especial posición que Noruega ocupa como país desarrollado[1434]. La estrategia argumental puede dividirse en dos grandes vías, una de carácter sustantivo y otra de carácter procedimental.

Respecto la primera, se sostuvo que la mencionada contradicción constituiría una violación al derecho fundamental constitucional de cada persona, incluyendo a las futuras generaciones, a un ambiente saludable (artículo 112 de la Constitución de Noruega[1435]). Según los demandantes, esta disposición establece un límite absoluto por el cual determinadas afectaciones al ambiente por su especial seriedad no pueden ser justificadas con base en propósito alguno y, en ningún caso, debido a sus beneficios económicos. Subsidiariamente, se alegó que esta provisión estipularía una evaluación de proporcionalidad para aquellas decisiones que afecten el ambiente, en el sentido de que, si la decisión constituyera una afectación ambiental desproporcionada comparada con sus beneficios, debería considerarse como contraria a la norma constitucional. De acuerdo con los demandantes, al interpretar la cláusula ambiental constitucional, la Corte debía

---

1434 Se mencionan los informes cuarto y quinto del IPCC, véase capítulo I. Además, se acompañó el testimonio experto de un científico climático, partícipe del quinto informe del IPCC. Las licencias, se alegó, tienen el objetivo de mantener los niveles de producción actuales, cuando lo que debe hacerse es reducir progresiva pero rápidamente el consumo de estos productos. Asimismo, se sostuvo que la decisión estimularía inversiones y desarrollo tecnológico que contribuiría al incremento de la producción, en una tendencia difícilmente reversible; véase al respecto las referencias al *carbon entaglement* y *carbon lock-in* en el capítulo I, apartado 7; Corte Distrital de Oslo: Greenpeace Norden et al. v. Noruega, caso N°.: 16-166674TVI-OTIR/06 (sentencia del 4 de enero de 2018, traducción no oficial), op. cit., p. 7, 8.

1435 *"Every person has the right to an environment that is conducive to health and to a natural environment whose productivity and diversity are maintained. Natural resources shall be managed on the basis of comprehensive long-term considerations which will safeguard this right for future generation as well. In order to safeguard their right in accordance with the foregoing paragraph, citizens are entitled to information on the state of the natural environment and on the effects of any encroachment on nature that is planned or carried out. The authorities of the state shall take measures for the implementation of these principles."*, Lovdata, *The Constitution of the Kingdom of Norway,* artículo 112 (traducción no oficial), <https://lovdata.no/dokument/NLE/lov/1814-05-17?q=grunnloven#KAPITTEL_5> [Última consulta, 22 de febrero de 2021]

prestar especial atención a las obligaciones internacionales de Noruega[1436], incluyendo aquellas de carácter climático[1437], de derechos humanos[1438] y los principios del Derecho ambiental[1439]. Tanto en forma absoluta como en forma relativa (proporcionalidad) las licencias, adujeron los demandantes, violaban la disposición constitucional[1440].

En relación con la vía procedimental, las ONG sostuvieron, alternativamente, que en la toma de decisión existían errores procedimentales relativos a la consideración de los impactos climáticos y ambientales de las licencias[1441]. Se alegó que los requisitos procedimentales deberían ser evaluados de manera rigurosa debido a la irreversibilidad de la decisión que contraviene a los intereses salvaguardados por la cláusula constitucional. Asimismo, se alegó que, si bien

---

1436 La demanda refiere al '*presumption principle*' que solicitaría la interpretación del Derecho doméstico en concordancia con el Derecho internacional, CORTE DISTRITAL DE OSLO: Greenpeace Norden v. Noruega, (demanda del 18 de octubre de 2016, traducción no oficial), op. cit., p. 36.

1437 Principalmente aquellas que surgen del Acuerdo de París.

1438 Los litigantes refieren a los artículos 2 (vida) y 8 (privacidad y vida familiar) de la CEDH y 12 del Pacto Internacional de Derechos Civiles y Políticos (libre tránsito), ídem, p. 38.

1439 Ídem, p. 36, 37; los litigantes plantearon que el principio precautorio, además de su entendimiento común de que la falta de certeza científica no puede justificar la falta de medidas para evitar el daño ambiental serio o irreversible, debía entenderse como revirtiendo la carga de la prueba. Asimismo, en lo que hace al daño ambiental transfronterizo, se hizo referencia al principio de no discriminación y al de no dañar, alegando que debían interpretarse en el sentido de que la cláusula constitucional imponía limitaciones también en lo referente a impactos negativos ambientales a darse total o parcialmente fuera del territorio de Noruega.

1440 Ídem, p. 5, 6; en cuanto al aspecto de proporcionalidad, se alegó que los beneficios identificados (retornos fiscales y empleo) en consideración de los costes de la producción, incluyendo los costes de exploración, desarrollo e infraestructura, la incertidumbre asociada al valor futuro de la producción y el limitado presupuesto de carbono existente, no justificarían los particularmente serios impactos asociados con la decisión, ídem, p. 6; al respecto véase COLOMBO, E., "A legal and reputation scandal looming days ahead of Norway's climate case", Harvest, 22 de octubre de 2020 <https://www.harvestmagazine.no/pan/a-legal-and-reputation-scandal-looming-days-ahead-of-norways-climate-case-start-before-the-supreme-court?fbclid=IwAR36MmeRWRmDu85U9bqTydjUe-dNAUEebNRL8hyZZRi7JsgEtjbHPVED5_s> [Última consulta, 22 de febrero de 2021]

1441 En referencia a las disposiciones de la Ley de Petróleo (sección 3-1), la Ley de Procedimiento Administrativo (sección 17) y la Constitución (artículo 112).

se trataba de licencias de exploración, era en este momento en el que la Administración estaba en la posición de realizar una evaluación general de si las áreas debían ser expuestas o no a la producción. Respecto a ello, los demandantes advirtieron que previamente el Parlamento (Storting) había resuelto abrir estas áreas a la producción de hidrocarburos, pero que esta decisión no era legamente recurrible[1442].

Específicamente, las ONG afirmaron que existió una evaluación inapropiada de la relación de las licencias con las obligaciones climáticas del país, evaluación que fue realizada previa al quinto informe del IPCC y a la consagración del Acuerdo de París, siendo dos elementos críticos para la decisión bajo análisis. En este sentido, que no se analizó si era posible alcanzar la reducción de emisiones comprometida mientras se mantienen los niveles de producción más allá de 2030[1443]. Asimismo, que, contrariamente a lo que es requerido, no se realizó una correcta evaluación de proporcionalidad entre beneficios e impactos de la decisión, entre otros motivos ya que, para calcular los beneficios, se utilizó un precio estimado del petróleo utópico en comparación al precio actual, cuestionándose la rentabilidad de los futuros desarrollos[1444]. Si estas cuestiones hubiesen sido debi-

---

1442 Ídem, p. 6, 7; según la Ley de Petróleo, al momento de decidir sobre la apertura de nuevas áreas para la producción deben sopesarse diversos intereses, a partir de una evaluación de impactos de las actividades sobre el comercio, la industria y el ambiente y los posibles riesgos de contaminación, como también los efectos sociales y económicos. Luego de ello, se remite la evaluación y consulta al Parlamento al que se le explica cómo se han evaluado los impactos, los comentarios recibidos y su relevancia. El Parlamento decide finalmente si aceptar o no la apertura. En el caso, una de las zonas (sur) había sido abierta a la producción en 1989, con su evaluación respectiva; la otra (sureste) había sido abierta en 2013 sobre la base de un tratado internacional con Rusia sobre delimitación y cooperación en la zona, Corte Distrital de Oslo: Greenpeace Norden et al. v. Noruega, caso N°.: 16-166674TVI-OTIR/06 (sentencia del 4 de enero de 2018, traducción no oficial), op. cit., p. 3.

1443 Ídem, p. 8, 9; también se alegó que no se realizó una evaluación sobre las inversiones y desarrollo tecnológico en el sector o sobre si un sistema de mercado de emisiones podría ser efectivo.

1444 Tampoco —se sostuvo— se consideró el coste social de las emisiones de GEI, ídem, p. 9.

damente tenidas en cuenta, afirmaron los demandantes, la decisión hubiese sido otra[1445].

Como se adelantó, las tres instancias judiciales resultaron contrarias a estas alegaciones. Los tribunales analizaron principalmente, en cuanto a la vía sustantiva, la naturaleza de la cláusula ambiental constitucional y sus implicaciones para los deberes y la discrecionalidad de los órganos representativos a la hora de tomar la decisión; la relevancia o irrelevancia de las emisiones a producirse fuera del territorio noruego con la combustión del hidrocarburo a exportar; la magnitud del riesgo de daño dado por las emisiones; y la adecuación de las medidas tomadas por el Gobierno. En cuanto a la vía procedimental, los tribunales examinaron si existían errores en las evaluaciones de impacto y de coste-beneficio de suficiente entidad como para afectar la toma de decisión.

La Corte de primera instancia (Corte Distrital de Oslo) abordó, en primer lugar, la discusión sobre si la cláusula ambiental de la Constitución de Noruega (artículo 112) establecía o no un derecho subjetivo, cuestión en la que las partes del litigio disintieron[1446]. En un hito jurisprudencial, la Corte resolvió este interrogante en sentido afirmativo, luego de analizar el texto constitucional y los trabajos preparatorios y antecedentes que dieron lugar a la inclusión de esta disposición[1447]. En lo que hace al caso en particular, la Corte observó que el artículo 112 era aplicable a cualquier daño ambiental, incluyendo el deterioro climático, siempre y cuando este daño vaya más allá de cierto límite y las autoridades no tomen las medidas apropiadas, necesarias y suficientes para reducir la transgresión bajo este límite de tolerancia. Según la Corte, el término 'medidas' en el artículo debía interpretarse en forma amplia, lo que incluiría legislación, regulaciones y otros actos de carácter administrativo[1448]. La cuestión

---

1445 CORTE DISTRITAL DE OSLO: Greenpeace Norden et al. v. Noruega, (demanda del 18 de octubre de 2016, traducción no oficial), op. cit., p. 31-33.

1446 El Gobierno sostuvo que la cláusula no podría ser entendida como derecho subjetivo, sino que tan solo protegía intereses comunes, CORTE DISTRITAL DE OSLO: Greenpeace Norden et al. v. Noruega, caso Nº.: 16-166674TVI-OTIR/06 (sentencia del 4 de enero de 2018, traducción no oficial), op. cit., p. 10.

1447 Ídem, p. 14-18.

1448 Ídem, p. 18, 19.

por resolver era, entonces, qué nivel de discrecionalidad debía asegurarse a los tomadores de decisiones y qué tipo de medidas eran adecuadas y suficientes para evitar la mencionada contravención.

Previo a ello, debía establecerse, sin embargo, si las emisiones producto de la combustión del gas y petróleo a exportar (mayor impacto de la decisión cuestionada) debían o no ser tenidas en cuenta. Al respecto la Corte observó que, mientras estaba claro que en cuanto a las emisiones nacionales el Gobierno podría tomar medidas como la imposición de impuestos al carbono y esquemas de autorización de emisiones, este tipo de medidas no estaban disponibles frente a las emisiones a producirse fuera del territorio nacional. Asimismo, que bajo el Derecho internacional cada país es responsable de las emisiones territoriales y por ello, ni Noruega ni otros países tienen ningún deber de tomar medidas para compensar los efectos de los combustibles fósiles exportados. De este modo, concluyó que estas emisiones eran irrelevantes para el análisis de la contravención del artículo 112[1449].

Asimismo, otra cuestión previa era la del nexo de causalidad entre la decisión y los posibles impactos ambientales no deseados, lo que, de acuerdo con la Corte, implicaría prestar atención al grado de certeza de riesgo de que estos se produzcan y a la determinación de un riesgo aceptable. Sobre esto, según la Corte, debía reconocerse gran deferencia ante la intervención del Parlamento (decisión de apertura de las zonas para exploración y explotación), a partir de su base democrática[1450]. Al respecto, la Corte sostuvo que en la etapa de licenciamiento exploratorio la extensión real de las reservas a explotar era incierta, pues dependería de los futuros hallazgos. Ahora bien, más allá de ello, reflexionó que, dado que las emisiones de Noruega constituyen el 0,15% de las emisiones globales, y de este porcentaje solo el 28% corresponde al sector de los hidrocarburos, aun asumiendo un escenario de alta producción, el aumento individual de las emisiones sería extremadamente marginal para el total de

1449 Ídem, p. 19, 20.
1450 Ídem, p. 21,22.

emisiones de Noruega y del sector petrolero. El riesgo ambiental, por lo tanto, lo caracterizó como limitado[1451].

Así la Corte entendió que las medidas del Gobierno debían valorarse teniendo en cuenta que las emisiones de los productos exportados no eran relevantes, que el riesgo era limitado y que se le debía deferencia a la Administración y al Parlamento. En este sentido, según la Corte, debía comprenderse que el Parlamento había considerado que el riesgo para el ambiente y el clima era aceptable[1452]. A esto, remarcó, debe sumársele el hecho de que el Gobierno había tomado varias medidas sobre el tema (impuesto al carbono, sistema de comercio de emisiones y prohibición de determinadas técnicas como la quema de exceso de gas) y de que podría imponer algunas extras a la hora de solicitarse por parte del promotor la autorización para desarrollo y operación de los bloques[1453]. En este sentido, la Corte sostuvo que no existió una violación de los límites impuestos por el artículo constitucional, a la vez que afirmó que varias de las preocupantes cuestiones alegadas por los demandantes serían mejor analizadas por procesos políticos, no estando los tribunales capacitados para ello[1454].

Finalmente, sobre las alegaciones procedimentales, la Corte de primera instancia observó que la evaluación de impactos a realizar antes de la decisión impugnada debía principalmente evaluar los efectos de la fase de exploración, ya que en tal etapa era incierta la magnitud de los descubrimientos y si ellos finalmente se desarrollarían. De este modo, preocupaciones respecto a si sería posible alcanzar los niveles de reducción de emisiones mientras se mantenían los niveles de producción no correspondían a esta etapa exploratoria, más allá de que la evaluación de impactos había definido a las emi-

---

1451 Ídem, p. 22-24.

1452 Al respecto, el Gobierno alegó que hubo un amplio acuerdo parlamentario a la hora de abrir las zonas marítimas en cuestión a la producción de hidrocarburos tanto en 1989 como en 2013, como así mismo que las licencias habían sido sometidas a voto ante esta institución en 2014, 2015 y 2016. Al resolver de este modo, aceptó las alegaciones del gobierno respecto a la vara alta de revisión judicial, ídem, p. 11.

1453 Ídem, p. 25-27.

1454 Ídem, p. 28.

siones territoriales como marginales. Así, sostuvo que no había motivos para creer que se no se habían considerado adecuadamente los impactos climáticos[1455]. De igual manera, descartó que se hubieran producido errores de sobreestimación de beneficios o subestimación de costes (v.g. no utilización del coste social del carbono) reiterando que considerar los impactos de las emisiones a producirse fuera del territorio nacional era innecesario[1456].

Por su parte, la Corte de Apelaciones, si bien alteró parcialmente sus considerandos, coincidió en el resultado alcanzado por la Corte inferior[1457]. En este sentido, reafirmó el carácter de derecho subjetivo del artículo 112, su *justiciabilidad* y su aplicación a todo daño ambiental, pero se apartó de la conclusión de la Corte de primera instancia sobre que las emisiones resultantes de la combustión fuera del territorio noruego eran irrelevantes, dada la íntima relación entre producción y combustión y la consideración constitucional de las futuras generaciones[1458].

Asimismo, interesantemente, aceptó que el daño climático debería considerarse en perspectiva acumulativa, dado su especial naturaleza. De este modo, la existencia de espacio para nuevas emisiones dependería, según la Corte, de medidas dirigidas a otras emisiones y a una estrategia general a tomar dentro del margen de discrecionalidad que los órganos representativos detentan[1459]. Para clarificar cuál es el límite de tolerancia aceptable y las medidas apropiadas para no violar la cláusula constitucional, observó la Corte, los instrumentos internacionales podrían ser elementos útiles, en el sentido de que

---

1455 Ídem, p. 34, 35.

1456 Ídem, p. 43-45.

1457 Corte de Apelaciones de Borgarting: Greenpeace Norden et al. v. Noruega, No. 18-060499ASD-BORG/03 (sentencia del 23 de enero de 2020, traducción no oficial).

1458 Dijo la Corte que, si bien es correcto que el régimen internacional hace responsable a cada país por las emisiones territoriales, esto no implicaba que el artículo 112 debía interpretarse restrictivamente. La regulación internacional, agregó, está basada en consideraciones prácticas y no en alguna limitación de orden legal, tal como lo demuestra el régimen jurídico de tutela de la capa de ozono, ídem, p. 21.

1459 Ídem, p. 20, 21.

contradicciones de las decisiones o medidas respecto a los tratados podrían ser un elemento importante en la evaluación[1460].

En cuanto a las medidas, la Corte destacó la incorporación de Noruega al sistema de mercado de emisiones de la Unión Europea, considerando que, si su funcionamiento era correcto, las emisiones incrementales (territoriales) no afectarían el total de emisiones para los que existen permisos. Igualmente, volvió a mencionar otras medidas como el impuesto de carbono y restricciones técnicas[1461]. Asimismo, observó que mientras las reducciones de emisiones necesarias con base en el Acuerdo de París y la posición de Noruega como país desarrollado apuntan en contra de las nuevas exploraciones, existe un margen para que el Gobierno decida cómo alcanzar tales reducciones, algo sobre lo que la Corte no debe expedirse[1462]. En este sentido, la Corte de alzada coincidió con su antecesor en que la vara de revisión de la decisión era alta[1463] y que, analizando el posible daño en conjunto con las medidas tomadas, el límite impuesto por el artículo 112, no había sido excedido[1464].

Sobre el rol de los tribunales en la cuestión y su relación con los otros poderes es interesante transcribir un fragmento de la sentencia en el que se delinea la posibilidad de control cuando valores constitucionales estén en juego, pero con cierta cautela de no invadir áreas sobre las cuáles otros poderes deben pronunciarse:

1460 Ídem, p. 22.

1461 Ídem, p. 27; resulta interesante mencionar que la Corte notó que el Acuerdo de París acepta en sus artículos 4.16 y 6 mecanismos de mercado. Sin perjuicio de ello, observó que podría afirmarse que tales mecanismos están en las antípodas del principio CBDR y del requerimiento de la mayor ambición posible.

1462 Ídem; la Corte sostuvo que, frente a la variedad de medidas posibles, eliminar las actividades petrolíferas del país podría no ser coste-efectivo. Agregó, además, que la propia participación del país en el Acuerdo de París podría ser vista como una medida que contribuye a la reducción global de las emisiones de combustión.

1463 La Corte coincidió con su antecesor en que el Gobierno tenía amplia discreción en qué medidas tomar y en el balance entre el daño ambiental y otros intereses. Además, sostuvo que existe cierta restricción para los tribunales a la hora de revisar decisiones que han sido objeto de procesos políticos en el Gobierno y el Parlamento, ídem, p. 19.

1464 Ídem, p. 7-11.

> *Decisions in cases involving fundamental environmental issues often entail political balancing and prioritisation as well. Democratic considerations indicate that decisions requiring such assessments should be made by popularly elected bodies and not by the courts. Judicial review in this area might juridify topics that are at the centre of the political debate. In this case, this consideration comes to the fore, in that Norway's most important industry from a socio-economic perspective —the petroleum activities— and what many believe is the most important environmental challenge the world is facing —climate change— are arrayed against each other... The Court of Appeal points out the rule of law considerations indicating that courts must be able to set a limit as well for a political majority when the matter involves protecting constitutionally established values. The environment is fundamental in the broadest sense for humans' living conditions, and when compared with other rights the courts have been assigned to protect, it does not seem unnatural to understand Article 112 to mean that in this area as well, the courts must be able to set a limit on Government's actions*[1465].

Más allá de esto, la Corte decidió ejercer deferencia al notar que propuestas para la eliminación progresiva de las actividades de hidrocarburos habían sido discutidas en varias ocasiones por el Parlamento, el que las rechazó en todas las oportunidades por una amplia mayoría, sobre la base de la importancia de esta actividad en la economía nacional y sobre el entendimiento de que aún existe espacio para el gas y el petróleo noruego[1466].

Al respecto de posibles violaciones a la CEDH, la Corte rechazó las alegaciones al no observar que pueda existir riesgo real e inminente a los derechos alegados a causa de la decisión cuestionada tanto dentro como fuera de su territorio, aunque aclaró sobre esto último que las consecuencias globales del cambio climático están fuera de las obligaciones de Noruega bajo este instrumento[1467]. Así, la Corte

---

1465 Ídem, p. 17.

1466 Ídem, p. 30, 31.

1467 Véase DUFFY, H. y MAXWELL, L., "People v. Artic Oil before Supreme Court of Norway – What's at stake for human rights protection in the climate crisis", *Ejil:Talk!*, 13 de noviembre de 2020, <https://www.ejiltalk.org/people-v-arctic-oil-before-supreme-court-of-norway-whats-at-stake-for-human-rights-protection-in-the-climate-crisis/> [Última consulta, 23 de febrero de 2020] para un comentario respecto de la extraterritorialidad de las obligaciones de derechos humanos bajo la CEDH y el requisito de riesgo real e inminente en relación con este caso.

marcó diferencias con respecto al precedente de *Urgenda*, advirtiendo que en este último lo que estuvo en discusión eran objetivos generales de emisiones y no emisiones futuras específicas de proyectos individuales[1468].

Finalmente, en cuanto a los alegados errores procedimentales, la Corte de alzada entendió como suficiente el nivel de detalle de las evaluaciones de impactos y beneficios previas a la decisión[1469]. En este sentido, la falla en considerar las emisiones producto de la combustión (las que simplemente podrían haberse calculado a partir de las estimaciones de producción) no era de magnitud suficiente para afectar la decisión[1470].

En tercera instancia, fue la Corte Suprema la que se expidió sobre el litigio[1471]. Si las consideraciones de la Corte de Apelaciones habían sido más receptivas de los argumentos de los demandantes respecto a las de la Corte Distrital, la Corte Suprema fue especialmente contraria a estas[1472]. En un fallo que ha sido señalado como una 'ráfaga del pasado' (*gust from the past*) que ha buscado "*...hurriedly align the law with the politics of continuous, unfettered petroleum extraction*"[1473], el máximo tribunal resolvió de forma unánime que el artículo 112 de la Constitución no podría invocarse, en principio, cuando en las decisiones intervenga el Parlamento, funcionando solo como 'válvula

---

1468 CORTE DE APELACIONES DE BORGARTING: Greenpeace Norden et al. v. Noruega, No. 18-060499ASD-BORG/03 (sentencia del 23 de enero de 2020, traducción no oficial), op. cit., p. 34, 35.

1469 Para la Corte, no existía la obligación de considerar el coste social de las emisiones; ídem, p. 38-40.

1470 La Corte destacó que, a partir de la Directiva europea 2001/42/CE, los impactos climáticos debían tenerse en cuenta en la toma de decisión, lo que fue realizado en un nivel de detalle aceptable; ídem, p. 41, 42.

1471 CORTE SUPREMA DE NORUEGA: Greenpeace Norden et al. v. Noruega, Case No. 20-051052SIV-HRET (sentencia del 20 de diciembre de 2020, traducción oficial a fines informativos).

1472 SUPREME COURT OF NORWAY, *Article 112 of the Constitution and the validity of a royal decree to gran production licences,* op. cit.; como mencionamos previamente, el caso fue llevado ante el Tribunal Europeo de Derechos, véase SABIN CENTER FOR CLIMATE CHANGE LAW y ARNOLD&PORTER, Greenpeace Nordic Ass'n v. Ministry of Petroleum and Energy, op. cit.

1473 VOIGT, C., "The Climate Judgment of the Norwegian Supreme Court...", op. cit., p. 1.

de seguridad' para el caso que este último órgano ignore de forma grotesca sus deberes[1474]. En este sentido, la vara de control judicial fue establecida extremadamente alta frente a este tipo de decisiones, lo que ha sido calificado como 'deferencia extrema' por parte de la Corte y una renuncia a sus propias atribuciones de control[1475]. De esta manera, la Corte no observó violación alguna de la cláusula ambiental constitucional. De igual forma, rechazó la afectación de los derechos contenidos en la CEDH (y sus equivalentes en la Constitución nacional), sosteniendo que no observaba un riesgo 'real e inmediato' y diferenciando, una vez más, este caso con *Urgenda*[1476].

En cuanto a algunos aspectos positivos de la sentencia, Voigt remarca: (a) el reconocimiento de la situación de crisis climática, a partir de los informes del IPCC; (b) el reconocimiento de la trascendencia jurídica del Acuerdo de París; y (c) la inclusión de las emisiones de la quema de combustibles fósiles exportados dentro del escrutinio a realizar bajo el artículo 112, aunque no debido a impactos en las futuras generaciones (como planteó la Corte de Apelaciones), sino en razón de los impactos en Noruega que tendrían estas emisiones extraterritoriales[1477].

Por último, en lo que hace a las alegaciones procedimentales, la mayoría (11) de los magistrados no hallaron errores sustanciales en las evaluaciones de impactos y beneficios, incluida la alegada falla en la utilización de un coste del CO_2[1478] y la de no considerar las emisiones

---

1474 De acuerdo con Voigt, la Corte Suprema sostuvo que el artículo 112 es una guía para el Parlamento, una guía para la toma de decisiones ejecutivas, un principio de interpretación y un estándar de revisión judicial respecto a problemas ambientales sobre los que el legislador no se ha pronunciado; ídem, p. 8; Corte Suprema de Noruega: Greenpeace Norden et al. v. Noruega, Case No. 20-051052SIV-HRET (sentencia del 20 de diciembre de 2020, traducción oficial a fines informativos), op. cit., párr. 138 y ss.

1475 Voigt, C., "The Climate Judgment of the Norwegian Supreme Court...", op. cit., p. 13 y ss.

1476 Corte Suprema de Noruega: Greenpeace Norden et al. v. Noruega, Case No. 20-051052SIV-HRET (sentencia del 20 de diciembre de 2020, traducción oficial a fines informativos), op. cit., párr. 168, 173.

1477 Corte Suprema de Noruega: Greenpeace Norden et al. v. Noruega, Case No. 20-051052SIV-HRET (sentencia del 20 de diciembre de 2020, traducción oficial a fines informativos), op. cit., párr. 149.

1478 Ídem, párr. 179 y ss.

de la combustión en la evaluación. Al respecto, la Corte entendió que este tipo de análisis debía hacerse en una etapa posterior de autorización y que, además, el Parlamento había tenido ante sí en varias ocasiones información sobre este tipo de impactos, descartando una y otra vez limitar, por ello, la producción de hidrocarburos futura[1479]. Por su parte, una minoría (4) sostuvo que, durante la apertura de una de las zonas del Mar de Barents, sí se deberían haber considerado las emisiones de la combustión, cuya relevancia respecto los compromisos y objetivos nacionales e internacionales de Noruega debería haber sido evaluada[1480]. De esta manera, que esto era un error procedimental que afectaba la decisión, por lo que debía considerarse nuevamente[1481].

En lo que aquí interesa, y más allá del resultado frustrante para los demandantes[1482], el caso aporta algunas cuestiones relevantes que conviene remarcar. Por un lado, este es el primero de los litigios aquí estudiados cuyo foco central ha sido la violación de una disposición de derechos y, específicamente, una provisión constitucional sobre el derecho al ambiente sano. En ninguna de las jurisdicciones hasta ahora mencionadas, todas pertenecientes a sistemas del *common law*, este enfoque se había propuesto. Como se pudo observar, esta alegación fue infructuosa al prevalecer la amplia deferencia debida a decisiones tomadas en el seno del Gobierno, pero, principalmente, por el Parlamento. A raíz de ello, los tribunales mostraron una consideración benévola de las medidas que el Gobierno había tomado para abordar la cuestión climática de forma genérica. Asimismo, fracasaron los argumentos relativos a la violación de derechos contenidos en la CEDH, inspirados en el precedente de *Urgenda*. Sobre ello, los tribunales marcaron una diferencia en el enfoque de ambos litigios y cuestionaron, en el caso, la existencia de riesgo real e inminente y la jurisdicción de Noruega, en los términos de la CEDH, respecto de impactos del cambio climático a producirse más allá de su territorio.

1479 Ídem, párr. 216 y ss.

1480 Ídem, párr. 267.

1481 Ídem, párr. 288.

1482 En junio de 2021, los demandantes decidieron llevar la cuestión al Tribunal Europeo de Derechos Humanos; puede verse el documento de presentación en SABIN CENTER FOR CLIMATE CHANGE LAW y ARNOLD&PORTER, Greenpeace Nordic Ass'n v. Ministry of Petroleum and Energy, op. cit.

Por otro lado, en este caso vuelve a plantearse la cuestión de la consideración de las emisiones liberadas a la hora de la quema del combustible fósil a exportar (*scope 3*). Mientras que la Corte Distrital descartó su relevancia, la Corte de Apelaciones y la Corte Suprema se mostraron más abiertas a tal evaluación amplia, aunque por razones diferenciadas y sin que ello implicase la impugnación de la decisión gubernamental.

Finalmente, debe decirse que esta sentencia es paradigmática en cuanto al lugar que ocupa Noruega como país (ultra)desarrollado y su compromiso de asumir el liderazgo en el abordaje de la cuestión. En este sentido, la prevalencia de intereses socioeconómicos nacionales, dada por el Parlamento y reconocida por los tribunales, por sobre intereses climáticos de carácter global, es, en términos de equidad, como mínimo, controversial. Si bien puede alegarse que esto es una cuestión política ajena al escrutinio judicial, en lo que aquí interesa, es posible cuestionar la razonabilidad de una decisión que entiende que parte del escasísimo presupuesto de carbono restante puede ser ocupado por este país y no, justamente, para garantizar la seguridad energética de su población.

3.4.5. Irlanda

El único caso de interés para este trabajo identificado en Irlanda, *Friends of the Irish Environment v. Fingal County Council* (2017)[1483], trata, al igual que varios de los observados en Reino Unido, sobre el cuestionamiento a la expansión de un aeropuerto, en esta oportunidad el de Dublín.

Tabla 17. Listado de casos identificados en la jurisdicción de Irlanda

	Casos	Tipo de propuesta	Resoluciones
IRLANDA	Friends of the Irish Environment v. Fingal County Council	Expansión de aeropuerto	21/11/2017 (High Court)

[1483] HIGH COURT OF IRELAND: Friends of the Irish Environment CLG et al. v. Fingal County Council et al., [2017] IECH 695 (judgment of 21 November 2017).

Debe advertirse tempranamente que la decisión aquí cuestionada no fue la que otorgó autorización al proyecto de expansión y nueva pista (dictada años antes), sino la de extender el plazo de autorización para la ejecución del proyecto por cinco años más, dado que en los primeros diez años el proyecto apenas había avanzado[1484]. Esta circunstancia fue crucial en los considerandos de la High Court para desestimar los fundamentos de impugnación presentados por los demandantes, entre los que se encontraban aquellos relativos al impacto de la expansión sobre el cambio climático. En este sentido, la Corte diferenció entre el proceso de autorización propiamente dicho, que incluye un espacio amplio de participación pública y discrecionalidad administrativa, con el proceso de extensión del plazo de los permisos ya otorgados ante imposibilidad justificada de realizar a tiempo el proyecto, de limitada discrecionalidad y nula participación[1485]. A partir de ello, la Corte negó que los demandantes pudieran cuestionar en este proceso la decisión original de autorización y que tuvieran legitimación para impugnar esta nueva decisión.

Más allá de esto, la High Court decidió extender sus argumentos, a los fines de dejar establecida su postura frente a una posible apelación. En lo que aquí interesa, uno de los demandantes había alegado que la nueva pista incrementaría las emisiones de GEI con efectos sobre el cambio climático. Para fundamentar esto, presentó como evidencia los informes del IPCC y un testimonio experto. Sin embargo, la Corte entendió que este material era el que debería haberse puesto frente a la autoridad a la hora de decidir la autorización del proyecto y no a la hora de decidir sobre la extensión de tal autorización[1486].

Por su parte, se alegó que la ley de cambio climático (Climate Action and Low Carbon Development Act 2015) establecía la obligación de considerar (*have regard to*), a la hora de la toma de decisión, la promoción del objetivo de transición nacional y del objetivo de mitigación y de adaptación al cambio climático[1487]. Esto, según los

---

1484 Ídem, párr. 11, 12.

1485 Ídem, párr. 16, 17, 61, 156, la Corte afirmó la no aplicabilidad de la Directiva EIA al proceso.

1486 Ídem, párr. 210.

1487 Ídem, párr. 211.

demandantes, implicaba que, si la autoridad tomaba una decisión contraria a estos objetivos, debía, al menos, explicar o justificar esta decisión y no, simplemente, mencionar el contexto regulatorio de la cuestión, como se alega que se hizo en este caso[1488]. Al respecto, la Corte no encontró ilegalidad alguna en el accionar de la autoridad, entendiendo que la falta de un otorgamiento de razones más completo tuvo que ver, por un lado, con la observación de que 'el control de las emisiones de la aviación internacional requiere un enfoque colaborativo multilateral' (a través de Organización de Aviación Civil Internacional o la Unión Europea, por ejemplo) y con el hecho de que el mandato de 'tener consideración de' (*have regard to*) es un mandato limitado[1489]. En este sentido, la Corte entendió de manera muy limitada las implicaciones de la ley de cambio climático sobre el proceso de extensión temporal de la autorización en cuestión.

Por lo demás, el caso destacó por el reconocimiento judicial inédito de la existencia de un derecho subjetivo a un ambiente consistente con la dignidad humana y el bienestar de la ciudadanía, no numerado en la Constitución irlandesa. Este reconocimiento, debe decirse, fue una gran victoria para los litigantes más allá de que tampoco fue útil para alterar los resultados de la impugnación, en tanto la Corte entendió que no se había demostrado que la decisión implicase una interferencia desproporcionada sobre este derecho[1490].

Si bien este caso ha atraído una gran atención debido al importante reconocimiento del derecho constitucional al ambiente[1491], en lo que a esta investigación hace no aporta elementos de gran interés. En este sentido, el hecho de que la Corte no haya analizado la autorización del proyecto sino una decisión sobre expansión de su plazo evitó un escrutinio judicial más detenido de las cuestiones objeto de este estudio. Más allá de esto, se observa, una vez más, un tribunal ejerciendo amplia deferencia a la hora de analizar la actuación de la Administración, y sosteniendo que las emisiones de GEI de la avia-

---

1488 Ídem, párr. 215, 216.

1489 Ídem, párr. 219, 220.

1490 Ídem, párr. 264.

1491 Véase, por ejemplo, De Vílchez Moragues, *Domestic Climate Litigation...*, op. cit., p. 65 y ss.

ción internacional deberían ser abordadas a un nivel superior, lo que reduce la posibilidad de su escrutinio a nivel local. Igualmente, como en el caso de Noruega, el planteamiento de la violación de un disposición de derechos mediante la autorización administrativa ha sido rechazada, ante la necesidad de demostrar una interferencia de carácter desproporcionada.

3.4.6. Austria

Al igual que en Irlanda, en Austria solo se ha identificado un caso relevante a los fines de esta investigación relativo a la expansión de un aeropuerto. Se trata del caso *sobre la expansión del Aeropuerto Viena-Schwechat* (2017)[1492], donde se cuestionó judicialmente la autorización del proyecto de construcción de una nueva pista debido a sus impactos adversos, incluidos aquellos de las emisiones de GEI sobre el sistema climático, los que contradirían el interés público del proyecto. La controversia se decidió en dos instancias, interviniendo en primer lugar la Corte Administrativa Federal y, en segundo, la Corte Constitucional, las que mostraron entendimientos opuestos sobre la extensión en la cual deberían considerarse los impactos climáticos del aumento de tráfico aéreo consecuencia del proyecto y sobre la construcción hermenéutica del concepto de 'interés público' como base para la valoración de estos impactos.

Tabla 18. Listado de casos identificados en la jurisdicción de Austria

	Casos	Tipo de propuesta	Resoluciones
AUSTRIA	Sobre la expansion del Aeropuerto Viena-Schwechat (2017)	Expansión de aeropuerto	02/02/2017 (Corte Federal Administrativa)

En cuanto a la sentencia de la Corte Administrativa Federal, en primer lugar, esta revisó de manera minuciosa las implicancias climática del proyecto a partir de información recogida en el procedi-

1492 CORTE ADMINISTRATIVA FEDERAL: sobre la expansión del Aeropuerto Viena-Schwechat, W109 2000179-1/291E (sentencia del 2 de febrero de 2017, traducción no oficial de Pooja Chawda).

miento de EIA, en un análisis que tuvo en cuenta tanto emisiones de GEI bajo el control del operador del aeropuerto (*scope 1* y *2*) como también emisiones de *scope 3* relativas al aumento de tráfico aéreo no directamente controlables por el operador. Asimismo, en su resolución discutió la cuestión de si deberían considerarse en este análisis, además de las emisiones de GEI a producirse en despegues y aterrizajes en el aeropuerto, las emisiones que se liberen durante el trayecto de los vuelos (emisiones crucero), algo que la Corte aceptó.

En segundo lugar, respecto a la ilegalidad de la decisión, la Corte resaltó que, si bien la autoridad detentaba discreción para sopesar distintos intereses, en el caso había valorado los impactos favorables del proyecto y no aquellos opuestos a él, como los relativos al cambio climático, concretamente las emisiones de GEI[1493]. En este sentido, afirmó que, cuando circunstancias relevantes no han sido adecuadamente abordadas, la Corte puede suplementar la indagación de tales circunstancias y ejercer su propia discreción[1494]. En su consideración, la Corte observó que el incremento de las emisiones de GEI al autorizarse el proyecto hubiera sido significativo (entre 1,79 y 2,02% del total de emisiones nacionales), sobre todo al tener en cuenta (a) que se espera que las emisiones del sector del transporte se reduzcan en los próximos años, (b) que el cambio climático está impactando e impactará fuertemente en la salud, economía y agricultura del país y (c) que no es posible tomar medidas que puedan reducir significativamente estas emisiones.

Para determinar el balance entre los diferentes intereses públicos, la Corte hizo alusión, entre otros, a declaraciones de los órganos de gobierno representativos, al Acuerdo de París, a disposiciones del Derecho de la Unión Europea (artículo 37 de la Carta de Derechos Fundamentales de la Unión) y de carácter nacional (Ley federal constitucional para la sostenibilidad, Ley de protección del clima). Así, llegó a la conclusión de que la construcción y operación de una nueva pista sería contraria al interés público[1495] de la protección am-

---

1493 Ídem, p. 113, 117.

1494 Ídem, p. 114.

1495 La Corte entendió que la evaluación del interés público no es absoluta y está sujeta a cambios en el tiempo y en este sentido, que en el contexto actual el cambio climático es uno de los problemas más urgentes; ídem, p. 124.

biental y climática, al cual la Constitución federal y la regional otorgan especial prioridad[1496].

Unos meses después, sin embargo, la Corte Constitucional revocó esta sentencia, siendo muy crítica de los considerandos de su predecesora. De esta manera, entre otras cosas, observó: (a) que si bien la protección ambiental detentaba cierta importancia, no era posible interpretar que esta tuviese precedencia absoluta sobre otros factores determinantes[1497]; (b) que al evaluar los impactos ambientales, la Corte Federal había considerado incorrectamente las emisiones de GEI de los trayectos de los vuelos (emisiones crucero); (c) que a los fines de valorar las emisiones y sopesar los diferentes intereses, había utilizado disposiciones de carácter supranacional, entre ellas el Protocolo de Kioto y el Acuerdo de París, que no eran directamente aplicables y de las que no puede extraerse ninguna conclusión negativa sobre la aprobación del proyecto[1498]; (d) que había obviado la consideración del abordaje cooperativo de las emisiones provenientes de la aviación internacional; y (e) que la Corte Federal había incorrectamente considerado intereses públicos que no surgían de la normativa sobre aviación que es la que regulaba la autorización[1499]. En conclusión, la Corte Constitucional afirmó que la Corte inferior había errado ampliamente en su decisión, malinterpretando numerosas disposiciones lo que implicaba un vicio de arbitrariedad[1500].

De acuerdo con Saiger, a partir de estas decisiones, la cámara baja del Parlamento federal votó por un cambio constitucional mediante el cual se integraron objetivos de crecimiento económico, empleo y competitividad económica en la Ley federal constitucional para la sostenibilidad, reduciendo la capacidad de los tribunales de referir a

---

1496 Ídem, p. 118, 127; véase también sobre esta sentencia: SAIGER, A. "Climate Change Protection Goes Local – Remarks on the Vienna Airport Case", VerfBlog, 20 de marzo de 2017, <https://verfassungsblog.de/climate-change-protection-goes-local-remarks-on-the-vienna-airport-case/> [Última consulta, 16 de octubre de 2020]

1497 CORTE CONSTITUCIONAL DE AUSTRIA: sobre la expansión del aeropuerto Viena-Schwechat, E 875/2017, E 886/2017, (sentencia del 1 de junio de 2017), p. 5.

1498 Ídem, p. 6-9.

1499 Ídem, p. 10, 12.

1500 Ídem, p. 13.

la protección climática y de conectar las obligaciones internacionales (de conducta) con obligaciones domésticas (de resultado)[1501].

Mas allá de esta reacción anti-regulatoria, pueden destacarse dos interesantes cuestiones relativas a la argumentación de los tribunales. Por un lado, la inclusión de las emisiones crucero de los vuelos en la evaluación de los impactos de la expansión de la infraestructura, lo que fue rechazado finalmente por la Corte Constitucional. Por otro, la conformación del concepto indeterminado de interés público, en su rol como parámetro para evaluar la viabilidad del proyecto. Mientras que la Corte de primera instancia utilizó diversos elementos (incluidos de Derecho internacional) para ello, la Corte Constitucional rechazó efusivamente esta posibilidad, asumiendo un enfoque mucho más restrictivo, limitado a la utilización de la normativa doméstica específica.

3.4.7. España

Fuera de las bases de datos consultadas (al menos al momento de escribir), se ha identificado un caso de interés para esta investigación en jurisdicción española. Se trata del caso *Associació Salvem Pinya de Rosa v. Departamento de Territorio y Sostenibilidad de la Generalitat de Cataluña* (2019)[1502] referido a un proyecto de prolongación de una autopista.

Tabla 19. Listado de casos identificados en la jurisdicción de España

	Casos	Tipo de propuesta	Resoluciones
ESPAÑA	Associació Salvem Pinya de Rosa v. Departmento de Territorio y Sostenibilidad de la Generalitat de Cataluña	Prolongación de una autovía	09/07/2019 (Tribunal Superior de Justicia de Cataluña)

1501 Saiger, "Domestic Courts and the Paris Agreement's Climate Goals…", op. cit., p. 17, 18.

1502 Tribunal Superior de Justicia de Cataluña, Sala de lo Contencioso Administrativo: Associació Salvem Pinya de Rosa, et al. v. Departamento de Territorio y Sostenibilidad de la Generalitat de Cataluña, Recurso ordinario nº 299/2018 (auto del 9 de julio de 2019).

El caso reviste cierto interés ya que es el primer y único caso identificado que lidia con los requisitos impuestos sobre la evaluación de proyectos por la Ley catalana 16/2017, de 1 de agosto, de Cambio Climático. En este sentido, el caso otorga indicios sobre cómo tal disposición puede llegar a implementarse y controlarse. El fallo analizado trata sobre la adopción de una medida cautelar de suspensión de la ejecutividad de resoluciones que aprueban de manera definitiva el estudio informativo (artículo 15.1 Decreto Legislativo 2/2009, de 25 de agosto) y la declaración de impacto ambiental (Ley 21/2013, de 9 de diciembre) del proyecto de prolongación de la autopista C-32, y consecuente suspensión de obras de deforestación y explanación de terrenos.

En favor del otorgamiento de la medida cautelar, se alegó, como uno de los fundamentos principales, la omisión, en el estudio de impacto ambiental, de la evaluación requerida por el artículo 21.2 de la Ley catalana de cambio climático que, entre otras cosas, dispone que los promotores de los proyectos deben incorporar en el marco de la evaluación ambiental de planes y proyectos (a) la definición de objetivos de reducción de emisiones de GEI, el análisis de vulnerabilidad a los impactos del cambio climático y el establecimiento de un mecanismo de seguimiento; y (b) la evaluación de la contribución del proyecto a las emisiones de GEI, incluido su impacto sobre la capacidad de sumidero del territorio afectado, con estimación de las emisiones de GEI[1503].

El Tribunal Superior de Justicia de Cataluña, luego de analizar la documental del caso, coincidió con los demandantes al encontrar una serie de irregularidades en la evaluación (fundamental para la selección entre alternativas) respecto a los requerimientos de la mencionada ley. De estas fallas, destaca la omisión de (a) la evaluación de impacto sobre la capacidad de sumidero del territorio afectado, (b) la definición de objetivos de reducción de emisiones de GEI, (c) la evaluación sobre la vulnerabilidad del proyecto al cambio climático[1504]

1503 Ídem, p. 8, 9.

1504 Esto queda fuera de lo que a esta investigación interesa, siendo una preocupación sobre adaptación y no mitigación. Los demandados alegaron que el estudio hidrológico podría equipararse a esta cuestión. Al respecto, el Tribunal sostuvo que el estudio hidrológico omitió información relevante como la simulación de inundabilidad a 10, 100 y 500 años, ídem, p. 19.

y (d) el establecimiento de sistemas de monitorización[1505]. Los demandados habían alegado que la resolución de aprobación de la declaración de impacto ambiental fijó una superficie mínima a compensar, por la ocupación de bosque, que representaría el restablecimiento de la capacidad de sumidero del territorio afectado a fin de neutralizar las emisiones de GEI. Sin embargo, el Tribunal encontró que esta superficie de compensación no respondía a esta finalidad sino a la pérdida de biodiversidad según la propia declaración y la documentación aportada[1506].

De este modo, el Tribunal, si bien aclaró que no prejuzgaba sobre si la alternativa elegida en el estudio informativo era la más adecuada y viable, aclaró que el hecho de que el procedimiento de evaluación haya omitido lo requerido por la Ley de cambio climático hacía que esto no pudiese asegurarse[1507]. Ello llevó al Tribunal a otorgar la medida cautelar de suspensión de la ejecutividad de las resoluciones, lo que supuso una paralización de las obras[1508].

Como se mencionó, el interés de este caso radica en ser pionero en el escrutinio de la práctica administrativa bajo esta ley autonómica de cambio climático. Así, en una revisión estrictamente procedimental de la actuación administrativa, el Tribunal buscó asegurar que la autoridad realice una evaluación lo suficientemente específica de la cuestión climática, tal como lo solicita la normativa, incluyendo interesantemente la afectación de la capacidad de sumidero del territorio afectado y la definición de objetivos de reducción de emisiones, todo ello a los fines de poder valorar adecuadamente la alternativa más adecuada.

3.4.8. Japón

En cuanto a Japón, varias demandas se han presentado en reacción a una serie de proyectos de centrales térmicas. Se han identificado cuatro casos en los que ciudadanos han demandado a los Gobiernos por

---

1505 Ídem, p. 11.
1506 Ídem, p. 14.
1507 Ídem, p. 26, 27
1508 Ídem, p. 28.

la aprobación de este tipo de infraestructura. Entre otros argumentos se ha sostenido que el Gobierno ha fallado al no imponer estándares regulatorios consistentes con el Acuerdo de París[1509] y que las autorizaciones violan derechos, incluidos el de gozar de un clima estable[1510].

Tabla 20. Listado de casos identificados en la jurisdicción de Japón

	Casos	Tipo de propuesta	Resoluciones
JAPÓN	Sendai Citizens v. Sendai Power Station	Central térmica a base de carbón	Sendai District Court (28/10/2020)
			Sendai High Court (27/04/2021)
	Citizens' Committee on the Kobe Coal-Fired Power Plant v. Japan	Central térmica a base de carbón	15/03/2021 (Osaka District Court)
			26/04/2022 (Osaka High Court)
			09/03/2023 (Supreme Court)
	Yokosuka Citizens v. Japan	Central térmica a base de carbón	27/01/2023 (Tokyo District Court)
	Citizens' Committee on the Kobe Coal-Fired Power Plant v. Kobe Steel Ltd.	Central térmica a base de carbón	20/03/2023 (Kobe District Court)

1509 SABIN CENTER FOR CLIMATE CHANGE LAW y ARNOLD&PORTER, Citizens' Committee on the Kobe Coal-Fired Power Plant v. Japan <http://climatecasechart.com/non-us-case/citizens-committee-on-the-kobe-coal-fired-power-plant-v-japan/> [Última consulta, 05 de mayo de 2023]

1510 SABIN CENTER FOR CLIMATE CHANGE LAW y ARNOLD&PORTER, Citizens' Committee on the Kobe Coal-Fired Power Plant v. Kobe Steel Ltd. et al. <http://climatecasechart.com/climate-change-litigation/non-us-case/citizens-committee-on-the-kobe-coal-fired-power-plant-v-kobe-steel-ltd-et-al/> [Última consulta, 05 de mayo de 2023]; SABIN CENTER FOR CLIMATE CHANGE LAW y ARNOLD&PORTER, Yokosuka Climate Case <http://climatecasechart.com/non-us-case/yokosuka-climate-case/> [Última consulta, 05 de mayo de 2023]; SABIN CENTER FOR CLIMATE CHANGE LAW y ARNOLD&PORTER, Sendai Citizens v. Sendai Power Station <http://climatecasechart.com/non-us-case/sendai-citizens-v-sendai-power-station/> [Última consulta, 05 de mayo de 2023]

Los tribunales de Tokio, Kobe, Osaka y Sendai, como también las Cortes de segunda instancia y, en un caso, la Corte Suprema, rechazaron las demandas. De estas decisiones es posible destacar la negativa de los tribunales a considerar que los actores tenían legitimación para demandar en relación con los posibles futuros impactos climáticos, desde que se trataba de una preocupación común que debe ser abordada por los otros poderes del Estado, que no era posible conectar los impactos de los proyectos con daños futuros indeterminados a causa del cambio climático global y que no se había demostrado que la autorización de los proyectos imposibilitara el cumplimiento de los compromisos de reducción de emisiones asumidos.

3.4.9. Jurisdicciones con casos pendientes: Polonia y Bélgica

Finalmente, vale destacar dos casos pendientes en las jurisdicciones de Polonia y Bélgica. Estos tienen interés en tanto, probablemente, serán los primeros en abordar la cuestión aquí tratada en los contextos jurídicos nacionales de estos países. Además, existe la posibilidad de que presenten nuevos enfoques o, simplemente, debates más 'maduros' sobre la cuestión, al aprovecharse de la experiencia desarrollada en otras jurisdicciones.

Tabla 21. Listado de casos identificados en las jurisdicciones de Polonia y Bélgica (pendientes)

	Casos	Tipo de propuesta	Resoluciones
POLONIA	ClientEarth v. Polska Grupa Energetyczna	Central térmica a base de carbón	Pendiente 2019 (Regional Court in Lódz)
BÉLGICA	ClientEarth v. Flemish Region	Planta petroquímica	Pendiente 2022

En cuanto a Polonia, ClientEarth, ha impulsado una serie de iniciativas contra desarrollos fósiles en en esta jurisdicción[1511]. En lo que

1511 Si bien no relacionada con alegaciones sobre los impactos climáticos de los proyectos, debe destacarse el caso *ClientEarth v.* Enea, en que la ONG en su carácter

aquí interesa, en *ClientEarth v. Polska Grupa Energetyczna* (2019), se cuestionó judicialmente la contribución al cambio climático de la mayor planta térmica a base de carbón de Europa (Belchatow), alegándose que el promotor no había presentado ningún plan para reducir sus impactos climáticos. A partir de la legislación doméstica que permite demandar medidas preventivas ante actividades dañosas del ambiente, se pretende una reducción de emisiones de GEI para 2035. Debe resaltarse que, en septiembre de 2020, el juez instó a la empresa demandada a negociar con la ONG para intentar alcanzar un acuerdo sobre un plan de mitigación progresiva de emisiones[1512]. En cuanto a Bélgica, también ClientEarth, esta vez junto a otras ONG, ha impulsado un litigio relevante contra la autorización de una planta petroquímica (INEOS) en Amberes, alegando, entre otras cosas, que no se han evaluado adecuadamente sus impactos sobre el cambio climático, en contraposición a la normativa doméstica y europea[1513].

4. ESTUDIO DE LA JURISPRUDENCIA EN EL SUR GLOBAL

El universo de casos identificado en el Sur Global, como ya se adelantó, es mucho más modesto que el desarrollado en el Norte Global. Esto nada tiene que ver con una menor tasa de conflictividad ambiental o climática en el Sur Global, pues lo contrario es cierto[1514], sino con la

---

de accionista de la empresa demandada, solicitó la anulación judicial de la decisión de construir una planta térmica a carbón (Ostrołęka C), alegando que la decisión dañaría los intereses económicos de la compañía debido a sus riesgos financieros relativos al cambio climático, lo que incluye aumento de los precios del carbono, competencia con energía renovables e impacto de reformas regulatorias de la Unión Europea sobre subsidios a fósiles. Se ha reportado que la Corte interviniente hizo lugar a la demanda, anulando la decisión. Sin embargo, no se ha obtenido acceso a la sentencia y sus considerandos; véase SABIN CENTER FOR CLIMATE CHANGE LAW y ARNOLD&PORTER, ClientEarth v. Enea, op. cit.

1512 SABIN CENTER FOR CLIMATE CHANGE LAW y ARNOLD&PORTER, ClientEarth v. Polska Grupa Energetyczna, op. cit.

1513 SABIN CENTER FOR CLIMATE CHANGE LAW y ARNOLD&PORTER, ClientEarth v. Flemish Region <http://climatecasechart.com/non-us-case/clientearth-v-flemish-region/> [Última consulta, 01 de junio de 2023]

1514 Tan solo hace falta observar los datos del *Global Atlas of Environmental Justice*: de los 3417 conflictos ambientales identificados, 2512 se ubican en zonas del

limitada conceptualización de litigio climático utilizada en este trabajo. En este sentido, un sin número de iniciativas judiciales en el Sur Global cuestionan el desarrollo de proyectos con importantes impactos sobre el sistema climático, v. gr., casos sobre *fracking* o venteo o quema de gas, entre muchos otros, sin realizar mención alguna a esta problemática específica, ya sea por razones de estrategia procesal ya sea porque su objetivo primordial refiere a impactos ambientales de carácter local o regional.

Hecha esta aclaración, se han identificado casos en doce jurisdicciones del Sur Global repartidas en tres regiones: África —Sudáfrica y Kenia[1515]—, Asia y Oceanía—India, Pakistán, Indonesia y Papúa Nueva Guinea— y Latinoamérica —Chile, México, Brasil, Argentina, Ecuador y Guyana—. A diferencia de lo que sucede con los casos en el Norte Global, todos los casos aquí identificados son posteriores a 2015, y una mayoría de ellos (19 sobre 32) son casos que aún se encuentran pendientes de resolución judicial. Así, los desarrollos jurisprudenciales en este subconjunto son más bien embrionarios, con el caso más relevante (y comentado) en la jurisdicción de Sudáfrica, que será analizada a continuación.

4.1. África

4.1.1. Sudáfrica

Sudáfrica es una de las jurisdicciones del Sur Global donde los tribunales han abordado con mayor detenimiento las cuestiones de interés

---

Sur Global, ENVIRONMENTAL JUSTICE ATLAS <https://ejatlas.org/> [Última consulta, 30 de abril de 2021]

1515 Un caso destaca en Nigeria, *Jonah Gbemre v. Shell Petroleum Development Company Nigeria et al. (Federal High Court of Nigeria, judgment of 14 November 2005)*, en el que cuestionó la práctica del venteo de gas por parte del demandado, entre otras cosas, por sus impactos climáticos. El juez interviniente reconoció la existencia de un derecho a un ambiente sano, el que sería violado por tal actividad, además de la falta de EIA, por lo que ordenó su cese inmediato. Dado que la sentencia no discute la cuestión climática, más allá de aceptar el argumento del demandante de que el venteo de gas contribuye al cambio climático, no se incluye en esta investigación; al respecto puede verse ETEMIRE, U., "Climate Change Litigation in Nigeria: Challenges and Opportunities", en SINDICO y MBENGUE, (eds.), *Comparative Climate Change Litigation...*, op. cit., p. 409 y ss.

para esta investigación. Allí se ubicó uno de los casos de litigación climática contra proyectos de mayor transcendencia a nivel global (*Earthlife Africa Johannesburg v. The Minister of Environmental Affairs*), al que debe sumarse algún otro caso resuelto en favor de los intereses pro-climáticos, además de varios casos pendientes de relevancia. Todos estos casos posteriores están fuertemente marcados por el éxito del primero.

Tabla 22. Lista de casos identificados en la jurisdicción de Sudáfrica

	Casos	Tipo de propuesta	Resoluciones
SUDÁFRICA	Earthlife Africa Johannesburg v. The Minister of Environmental Affairs	Central térmica a base de carbón (Thabametsi)	08/03/2017 (High Court, Gauteng Division)
	Sustaining the Wild Coast NPC v. Minister of Mineral Resources and Energy	Exploración de petróleo y gas *offshore*	28/12/2021 (High Court, Eastern Cape Division) 01/09/2022 (High Court, Eastern Cape Division)
	The Trustees for the Time Being of Groundwork Trust v. Minister of Environmental Affairs	Central térmica a base de carbón (KiPower)	Pendiente 05/09/2017 (High Court, Gauteng Division)
	The Trustees for the Time Being of Groundwork Trust v. Minister of Environmental Affairs	Central térmica a base de carbón (Khanyisa)	Pendiente 05/09/2017 (High Court, Gauteng Division)
	South Durban Community Environmental Alliance v. Minister of Forestry, Fisheries and the Environment	Central térmica de ciclo combinado (Richards Bay)	Pendiente 08/04/2021 (High Court, Gauteng Division)
	South Durban Community Environmental Alliance v. Minister of Environment, Forestry and Fisheries	Exploración de petróleo y gas *offshore*	Pendiente 14/06/2021 (High Court, Gauteng Division)
	Africa Climate Alliance v. Minister of Mineral Resources and Energy	Plan para aumento en la capacidad eléctrica a base de carbón	Pendiente 10/11/2021 (High Court, Gauteng Division)

En *Earthlife Africa Johannesburg v. The Minister of Environmental Affairs* (2017)[1516], los demandantes cuestionaron una decisión administrativa relativa a la autorización de construcción de una planta térmica a base de carbón (Thabametsi) para su operación hasta, al menos, 2061. El tema central que definir por la High Court (juez Murphy) fue el de si los impactos del proyecto sobre el sistema climático debían ser parte de la EIA, a pesar de no existir normativa que expresamente lo requiriese.

En los hechos, la EIA presentada por el promotor no abordaba la problemática climática, sino tan solo a partir de una breve mención de que determinadas emisiones contribuirían al calentamiento global y que tal contribución era considerada como pequeña en el contexto nacional y global, sin realizarse cuantificación alguna[1517]. Sobre la base de esta EIA, el Ministerio de Asuntos Ambientales, otorgó la autorización, la que fue apelada en sede administrativa. Ante esto, la autoridad sostuvo la autorización, pero, al mismo tiempo, solicitó al promotor la presentación de una evaluación específica de los impactos climáticos, de manera previa al inicio de la construcción del proyecto. Así las cosas, con la autorización ya concedida, el promotor presentó la nueva evaluación, cuyo contenido, en cierto sentido, contradijo la insignificancia de los impactos climáticos alegada en la EIA, al establecer que estos podrían llegar a constituir entre 1,9 y 3,9% de los GEI totales del país y que tales emisiones serían relativamente altas en términos de intensidad[1518].

1516 High Court of South Africa (Gauteng Division, Pretoria): Earthlife Africa Johannesburg v. The Minister of Environmental Affairs et al., Case number: 65662/16 (judgment of 8 March 2017), op. cit.; puede verse al respecto también Ashukem, J., "Setting the Scene for Climate Change Litigation in South Africa: Earthlifeafrica Johannesburg v. Minister of Environmental Affairs and others [20171 ZAGPPHC 58 (2017) 65662/16", *Law, Environment and Development Journal,* Vol. 13, 2017 y Kotzé, L. y du Plessis, A., "Putting Africa on the Stand: A Bird's Eye View of Climate Change Litigation on the Continent", *University of Oregon's Journal of Environmental Law and Litigation,* 2019.

1517 High Court of South Africa (Gauteng Division, Pretoria): Earthlife Africa Johannesburg v. The Minister of Environmental Affairs et al., Case number: 65662/16 (judgment of 8 March 2017), op. cit, párr. 42.

1518 Ídem, párr. 47.

Ante esta situación, se impugnó judicialmente la decisión del Ministerio por ilegal, irracional e irrazonable[1519]. Específicamente, los demandantes plantearon que la autoridad estaba obligada a considerar los impactos climáticos, tanto en lo que hace a mitigación como a adaptación, del proyecto en la EIA, con anterioridad al otorgamiento de la autorización. Al respecto, alegaron que la normativa doméstica (National Environmental Management Act) y sus reglamentaciones exigían que la EIA contuviese toda la información relevante sobre los impactos ambientales —incluyendo acumulativos— para que la autoridad pueda, al momento de la toma de decisión, considerar todos los factores significativos. Según los demandantes, esto incluía a los impactos climáticos, en especial si se interpretaba la norma en concordancia con las reglamentaciones, las políticas ambientales nacionales, la Constitución y las obligaciones internacionales asumidas. Una consideración adecuada de estos impactos debería comprender una evaluación de (a) la extensión en la cual el proyecto contribuiría al cambio climático a lo largo de su vida, cuantificándose emisiones a liberarse durante su construcción, operación y desmantelamiento; (b) la resiliencia del proyecto al cambio climático; y (c) posibles medidas de mitigación o remediación. Así, los demandantes argumentaron que, tal consideración era un paso crucial para poder determinar adecuadamente si la construcción debería ser autorizada y, en tal caso, qué condiciones y garantías imponerse para limitar estos impactos. Por ello, concluyeron los demandantes que su omisión no podía ser subsanada *ex post* la toma de decisión[1520].

El Ministerio, en contraposición, argumentó que no existía disposición alguna en la normativa, reglamentaciones o políticas que expresamente solicitase la realización de una evaluación de impactos climáticos previo al otorgamiento de autorización ambiental, como tampoco existía tal obligación como parte de compromisos asumidos internacionalmente:

> *South Africa's international obligations to reduce GHG emissions are broadly framed and do not prescribe particular measures that the government must implement to reduce emissions. Such measures, in its opinion, fall within the government's discretion. In the exercise of its*

[1519] Ídem, párr. 10.
[1520] Ídem, párr. 6-12.

> *discretion, the government is taking steps to address the issue of climate change and is in the process of developing a complex set of mitigation measures*[1521].

Para la autoridad, las medidas climáticas deberían ser balanceadas con las necesidades de desarrollo, incluyendo la crisis energética y la prioridad de abordar la pobreza y la inequidad[1522].

El juez Murphy acogió el razonamiento de los demandantes, entendiendo que la normativa sobre EIA, al requerir una consideración amplia de los impactos y la inclusión de toda la información relevante, exigía lógicamente la integración de la problemática climática, en línea con toda la normativa y políticas que ordenan a las autoridades a valorar cómo prevenir, mitigar o remediar los impactos ambientales[1523].

Asimismo, según el juez, toda la normativa de EIA (como la normativa en general) debería ser interpretada de acuerdo con su intención y en consonancia con la Constitución, prestando atención a su texto y contexto. Esto significaría, por un lado, que deben considerarse los principios rectores que guían la normativa, en este caso, el desarrollo sostenible y el principio preventivo, que implican que se debe asegurar que las necesidades de desarrollo se sopesen con la consideración completa de los impactos ambientales y que los tomadores de decisiones asuman un enfoque contrario al riesgo (*risk-averse*) y de cuidado, especialmente ante la falta de información completa[1524]. Por otro, que debe considerarse el derecho fundamental (y justiciable) al ambiente sano contenido en la Constitución, el que reconoce la interrelación entre el ambiente y el desarrollo bajo el paradigma del desarrollo sostenible. En este sentido, el juez afirmó que los efectos del cambio climático implicaban un riesgo sustancial al desarrollo sostenible de Sudáfrica y su dimensión de justicia intergeneracional y, por ello, debían ser considerados[1525]. Adicionalmente,

---

1521 Ídem, párr. 16.
1522 Ídem, párr. 18.
1523 Ídem, párr. 78, 79.
1524 Ídem, párr. 80.
1525 Ídem, párr. 82: "*Sustainable development is at the same time integrally linked with the principle of intergenerational justice requiring the state to take reasonable measures protect*

el juez entendió que la legislación de EIA debería ser también interpretada de forma consistente con el Derecho internacional. Esto permitiría considerar algunas disposiciones de la CMNUCC, como el principio precautorio (artículo 3.3) y la obligación de tener en cuenta al cambio climático en políticas y acciones domésticas y de minimizar los efectos adversos (artículo 4.1.f)[1526].

Contra este razonamiento, los demandados habían apuntado que una amplia interpretación de los requerimientos de la normativa podría violar el Estado de Derecho garantizado en la Constitución y que, si los demandantes consideraban que la Constitución lo requería, deberían haber cuestionado la norma como inconstitucional[1527]. Sin embargo, la Corte descartó esto, expresando que:

> *The absence of express provision in the statute requiring a climate change impact assessment does not entail that there is no legal duty to consider climate change as a relevant consideration... climate change impacts are undoubtedly a relevant consideration... A formal expert report on climate change impacts will be the best evidentiary means of establishing that this relevant factor in its multifaceted dimensions was indeed considered, while the absence of one will be symptomatic of the fact that it was not*[1528].

Interesantemente, los demandados argumentaron que el proyecto era consistente con las NDC de Sudáfrica bajo el Acuerdo de París que preveían que las emisiones de GEI tendrían su pico entre 2020 y 2025[1529]. El juez respondió, sin embargo, que:

> *...this contention misses the point. The argument is not whether new coal-fired power stations are permitted under the Paris Agreement and the NDC. The narrow question is whether a climate change impact assessment is required before authorizing new coal-fired power stations. A climate change impact assessment is necessary and relevant to ensuring that the proposed coal-fired power station fits South Africa's peak, plateau and decline trajectory as outlined in the NDC and its*

---

the environment "for the benefit of present and future generations" and hence adequate consideration of climate change. Short-term needs must be evaluated and weighed against long-term consequences."

1526 Ídem, párr. 83.

1527 Ídem, párr. 85, 86.

1528 Ídem, párr. 88.

1529 Ídem, párr. 90.

> *commitment to build cleaner and more efficient than existing power stations*[1530].

Así, el juez llegó a la convicción de que la autoridad no había podido considerar adecuadamente los impactos del cambio climático a la hora de tomar la decisión y, por ello, ordenó que se volviese a considerar la autorización, ahora teniendo en cuenta la nueva evidencia que se incluyó mediante la evaluación de impactos climáticos[1531].

De acuerdo con Humby, la sentencia no llevó al rechazo definitivo del proyecto que fue autorizado luego de que la autoridad considerara la evaluación de impacto climático y concluyera que, si bien las emisiones implicaban un alto coste social, los beneficios asociados justificaban su procedencia[1532]. Sin embargo, un nuevo litigio fue presentado contra esta decisión, la que finalmente fue también dejada sin efecto a partir de un acuerdo judicial. La incertidumbre creada a partir de estos casos respecto de la suerte del proyecto ha ido menguando significativamente su apoyo financiero[1533].

Otro caso relevante que puede definirse como de éxito para aquellos contrarios a los desarrollos de actividades fósiles es el de *Sustaining the Wild Coast NPC v. Minister of Mineral Resources and Energy* (2021, 2022), en el que los demandantes lograron impedir, al menos por el momento, el desarrollo de actividades de exploración de hidrocarburos *offshore*. En la demanda, se alegaron diversas cuestiones relativas a la falta de consulta y de autorización ambiental para las

---

1530 Ídem, párr. 90.

1531 Ídem, párr. 122.

1532 Humby. T.-L., "The Thabametsi Case: Case No 65662/16 Earthlife Africa Johannesburg v. Minister of Environmental Affairs", *Journal of Environmental Law*, N°. 30, 2018.

1533 Véase Centre for Environmental Rights, "Major climate impacts scupper another coal power plant", 11 de noviembre de 2020 <https://cer.org.za/news/major-climate-impacts-scupper-another-coal-power-plant> [Última consulta, 04 de abril de 2021]; Centre for Environmental Rights, "The proposed Thabametsi IPP: Earthlife Africa Johannesburg v. Department of Environmental Affairs, Thabametsi Power Project (PTY) Ltd and others" <https://cer.org.za/programmes/pollution-climate-change/litigation/the-proposed-thabametsi-ipp-earthlife-africa-johannesburg-v-department-of-environmental-affairs-thabametsi-power-project-pty-ltd-and-others> [Última consulta, 05 de abril de 2021]

actividades de exploración sísmica, con referencias a posibles daños a la biodiversidad marina, cultura, al ambiente en general y al clima. En fecha 01 de septiembre de 2022, y luego de haber otorgado una medida cautelar de suspensión de la actividad[1534], la South African High Court hizo lugar a la demanda y anuló el derecho de exploración[1535]. Respecto a lo que aquí interesa los demandantes habían alegado que, al momento de otorgar este derecho, la autoridad no había tenido en cuenta adecuadamente los impactos climáticos de la decisión, recalcando la imposibilidad de explotar nuevas reservas de hidrocarburos si se quiere permanecer bajo un aumento de temperatura de 1,5 °C y la inconsistencia de la decisión respecto a los compromisos climáticos a nivel internacional de Sudáfrica. En contrapartida, los demandados alegaron que estas cuestiones no debían valorarse en esta etapa de exploración sino en fases posteriores (par. 121, 122). El juez Mbenenge, sin entrar en un análisis detenido de esta cuestión, negó que pueda sostenerse tal fragmentación, sosteniendo que se trata de diversas etapas de un único proceso que culmina en la producción y combustión del petróleo y gas y la liberación de emisiones que exacerban la crisis climática (par. 123). De este modo, y siguiendo expresamente el precedente de *Earthlife Africa Johannesburg v. The Minister of Environmental Affairs,* sostuvo que la autoridad había fallado al no haber considerado adecuadamente las consecuencias climáticas del proyecto (y otras cuestiones) en esta etapa del proceso (par. 124, 125, 132).

En cuanto los casos pendientes, vale destacar que, sobre la base del precedente de *Earthlife Africa Johannesburg v. The Minister of Environmental Affairs,* se ha reportado la presentación de dos demandas que cuestionan, en similares términos, las plantas térmicas a base de carbón Kipower y Khanyisa[1536]. Asimismo, en *South Durban Community*

1534 HIGH COURT OF SOUTH AFRICA (EASTERN CAPE DIVISION, GRAHAMSTOWN): Sustaining the Wild Coast NPC et al. v. Minister of Resources and Energy et al, Case Nª 3491/2021 (decision of 28 December 2021).

1535 HIGH COURT OF SOUTH AFRICA (EASTERN CAPE DIVISION, GRAHAMSTOWN): Sustaining the Wild Coast NPC et al. v. Minister of Resources and Energy et al, Case Nª 3491/2021 (judgment of 01 September 2022).

1536 HIGH COURT OF SOUTH AFRICA, GAUTENG DIVISION, PRETORIA: The Trustees for the Time Being of Groundwork Trust v. The Minister of Environmental Affairs et al., 54087/17 (notice of motion of 05 September 2017); HIGH COURT OF

Environmental Alliance v. Minister of Forestry (2021) se ha solicitado la revisión judicial de la autorización de una planta térmica de ciclo combinado (Richards Bay Combined Cycle Power Plant), a aprovisionarse principalmente mediante gas y a funcionar por 30 años. Es notorio que, para este caso, la EIA ya incluía una consideración específica de los impactos climáticos del proyecto, en la que se había sostenido que estos serían significativos. Así, la demanda cuestionaba la coherencia de la autorización en relación con los resultados de las evaluaciones ambientales, como también la falta de consideración de alternativas renovables y vicios en el análisis de necesidad y deseabilidad del proyecto autorizado[1537]. Por su parte, en *South Durban Community Environmental Alliance v. Minister of Environment, Forestry and Fisheries* (2021)[1538] se cuestionó la decisión de autorización para la exploración de gas y petróleo *offshore*. Resumidamente, entre otras cosas, se sostuvo que la autoridad no tuvo en consideración la cuestión climática al evaluar la 'necesidad' y la 'deseabilidad' del proyecto, incluyendo alegaciones sobre el limitado presupuesto de carbono restante en comparación con las reservas de combustibles fósiles ya probadas, y que no se realizó una evaluación correcta de los impactos climáticos (v. gr., falta de cálculo y evaluación de las emisiones relativas a etapas posteriores a la exploración).

South Africa, Gauteng Division, Pretoria: The Trustees for the Time Being of Groundwork Trust v. The Minister of Environmental Affairs et al., 61561/17 (notice of motion of 05 September 2017); Respecto al caso de Khanyisa, se ha reportado que la High Court, sin referencias específicas a la cuestión que aquí interesa, ha declarado vencida la autorización ambiental otorgada, véase Centre for Environmental Rights, "Final nail in the coffin for proposed Khanyisa Coal Power Station", 3 de junio de 2021 <https://cer.org.za/news/final-nail-in-the-coffin-for-proposed-khanyisa-coal-power-station> [Últimca consulta 8 de junio de 2021]

1537 High Court of South Africa, Gauteng Division, Pretoria: South Durban Community Environmental Alliance et al. v. Minister of Forestry, Fisheries and the Environment et al. (founding affidavit of 8 April 2021); también se cuestionó la falta de consideración de las emisiones *upstream* (transporte y extracción y fugas en estos procesos) del uso del gas.

1538 High Court of South Africa, Gauteng Division, Pretoria: South Durban Community Environmental Alliance et al. v. Minister of Environment, Forestry and Fisheries et al. (founding affidavit of 14 June 2021).

Finalmente, en *African Climate Alliance v. The Minister of Mineral Resources and Energy* (2021), un grupo de ONG (algunas integradas por jóvenes) interpusieron una demanda constitucional cuestionando los planes del Gobierno de procurarse nueva capacidad energética a partir de centrales térmicas a base de carbón[1539]. La demanda, que gira en torno al derecho al ambiente sano reconocido por la Constitución (artículo 24), hace foco en los posibles impactos climáticos de tal plan, como también en otros impactos de índole ambiental (contaminación atmosférica, acuática y del suelo). Respecto a los primeros, refiere a que el plan impedirá a Sudáfrica alcanzar su contribución justa (*fair share)* para la meta de 1,5 °C y hará más difícil y costoso cumplir con sus actuales compromisos bajo la NDC.

De las resoluciones que por el momento se han emitido en esta jurisdicción puede destacarse, la interpretación conforme realizada por la Corte en *Earthlife Africa Johannesburg v. The Minister of Environmental Affairs* de la normativa a partir de la Constitución, específicamente el derecho al ambiente allí reconocido, y del Derecho internacional, especialmente la CMNUCC, a los fines de ampliar el ámbito investigativo de la EIA. Asimismo, resulta relevante el reconocimiento que realizó en cuanto a que una evaluación de este tipo de impactos es necesaria y relevante para poder asegurar que la autorización del proyecto sea coherente con los compromisos y metas climáticas adoptados por el Gobierno. Igualmente, debe destacarse el reconocimiento en *Sustaining the Wild Coast NPC v. Minister of Mineral Resources and Energy* de que los impactos climáticos han de considerarse a la hora de otorgar derechos de exploración, siendo todo un mismo proceso que lleva a la producción y combustión de combustibles fósiles y, consecuentemente, a la emisión de GEI que exacerban la crisis climática. Por último, debe notarse, en relación con los impactos de los litigios, que, si bien pueden no llevar por sí solos al abandono de los proyectos, tienen la capacidad de afectar de forma significativa su futura viabilidad financiera.

1539 High Court of South Africa, Gauteng Division, Pretoria: African Climate Alliance et al. v. The Minister of Mineral Resources and Energy et al., Case N° 56907/21 (founding affidavit of 10 November 2021).

4.1.2. Kenia

En cuanto a Kenia, un caso destaca en esta jurisdicción, *Save Lamu v. National Environmental Management Authority* (2019)[1540]. En este, una organización y un grupo de individuos cuestionaron judicialmente ante el National Environmental Tribunal la licencia otorgada a una planta térmica a base de carbón, la más grande de África del Este.

Tabla 23. Listado de casos identificados en la jurisdicción de Kenia

	Casos	Tipo de propuesta	Resoluciones
KENIA	Save Lamu v. National Environmental Management Authority	Central térmica a base de carbón	26/06/2019 (National Environmental Tribunal at Nairobi)

Entre otras alegaciones, se sostuvo que en el proceso de toma de decisión y EIA no se consideró adecuadamente la contribución del proyecto al cambio climático ni su consistencia con los compromisos nacionales de un desarrollo bajo en carbono[1541]. Específicamente, se alegó que el proyecto violaba las obligaciones nacionales bajo el Acuerdo de París. En contrapartida, el promotor objetó que, por un lado, el mencionado tratado había entrado en vigor posteriormente a la realización de la EIA y el otorgamiento de la licencia y, por otro, que los demandantes no habían demostrado cómo y hasta qué punto el proyecto propuesto violaba tales compromisos, especialmente a la luz de las medidas de mitigación y adaptación planteadas por el estudio de impacto ambiental[1542].

En lo que aquí interesa, el Tribunal afirmó que el cambio climático era una cuestión pertinente en proyectos de este tipo y a la que se debía consideración y cumplimiento de todas las nor-

---

1540 National Environmental Tribunal at Nairobi: Save Lamu et al. v. National Environmental Management Authority et al., NET 196 of 2016 (judgment of 26 June 2019), op. cit.

1541 Ídem, párr. 4.

1542 Ídem, párr. 135.

mas al respecto[1543] y, en el caso concreto, observó la existencia de omisiones en la consideración de la ley de cambio climático (Climate Change Act 2016). Así, según el Tribunal, cuando existe falta de claridad sobre las consecuencias de ciertos aspectos del proyecto, en aplicación del principio precautorio, corresponde su rechazo[1544]. De esta manera, impugnó la licencia alegando el carácter incompleto y científicamente insuficiente del estudio de evaluación ambiental, incluyendo omisiones relativas a los impactos climáticos, como también fallas en el procedimiento a la hora de garantizar una efectiva participación del público[1545]. Si bien la sentencia fue apelada, se ha reportado que, desde entonces, el proyecto ha ido perdiendo parte del apoyo financiero necesario para su desarrollo[1546].

4.2. Asia y Oceanía

4.2.1. India

India es la única jurisdicción del continente asiático donde se ha identificado algún caso, acorde a la metodología de esta investigación, con resolución.

1543 De acuerdo con Omuko-Jung, la Climate Change Act requiere a los Gobiernos nacional y subnacional incluir al cambio climático en la toma de decisión y planeamiento, OMUKO-JUNG, L., "Climate Change Litigation in Kenya: Possibilities and Potentiality", en SINDICO y MBENGUE, (eds.), *Comparative Climate Change Litigation...*, op. cit., p. 398.

1544 NATIONAL ENVIRONMENTAL TRIBUNAL AT NAIROBI: Save Lamu et al. v. National Environmental Management Authority et al., NET 196 of 2016 (judgment of 26 June 2019), op. cit., párr. 137-139.

1545 Ídem, párr. 151.

1546 SAVE LAMU, "ICBC withdraws financing from the Lamu Coal Plant", <https://www.savelamu.org/wp-content/uploads/2020/11/Press-release-on-ICBC-withdrawal-from-financing-coal.-1.pdf> [Última consulta, 5 de abril de 2021]

Tabla 24. Listado de casos identificados en la jurisdicción de India

	Casos	Tipo de propuesta	Resoluciones
INDIA	Society for Protection of Environment and Biodiversity v. Union of India	Construcción de viviendas	08/12/2017 (National Green Tribunal)
	Pandey v. India	Acción climática insuficiente	15/01/2019 (National Green Tribunal Principal Bench, New Delhi)

En *Society for Protection of Environment and Biodiversity v. Union of India* (2017), una ONG cuestionó la decisión del Gobierno de exceptuar a proyectos de construcción de viviendas para población vulnerable de los requisitos de EIA, alegando, entre otras cosas, que esto implicaba una violación de los compromisos internacionales del Estado, incluyendo aquellos bajo el Acuerdo de París. El National Green Tribunal aceptó las alegaciones de los demandantes y observó que, en consideración del principio de no regresión, la decisión debía anularse puesto que llevaría a mayor daño ambiental, incluyendo emisiones de GEI, en contradicción con el Acuerdo de París[1547].

Por su parte, en *Pandey v. India* (2019)[1548] un niño de 9 años demandó al Gobierno ante este mismo Tribunal alegando una acción climática

1547 National Green Tribunal, Society for Protection of Environment and Biodiversity v. Union of India, Case No. 677 of 2016 (judgment of 8 December 2017).

1548 Otro caso incluido en las bases de datos es *Hanuman Laxman Aroskar v. Union of India (Supreme Court of India, Civil Appellate Jurisdiction, judgments of 29 March 2019 and 16 January 2020)*; en este la Corte suspendió la autorización ambiental para un aeropuerto debido a fallas en el proceso de EIA. Aunque la cuestión de los impactos del proyecto sobre el cambio climático no fue abordada por la Corte, puede destacarse la mención del Acuerdo de París y la NDC de India al referirse al Estado de Derecho Ambiental y la relevancia del respeto de los procesos de EIA y autorización de proyectos. Tiempo después, la Corte levantó la suspensión luego de que se presentaran nueva información y compromisos de protección ambiental, incluyendo el de asegurar una operación del aeropuerto carbono neutral. Igualmente, puede mencionarse el caso *Association for Protection of Democratic Rights v. The State of West Bengal et al (Supreme Court of India Civil Appellate Jurisdiction, order of 25 March 2021)* donde en una muy breve resolución la Corte ordenó la creación de un comité de expertos para evaluar los impactos

insuficiente[1549]. Según el demandante, la doctrina del fideicomiso público (*public trust doctrine*), los compromisos bajo el Acuerdo de París y la normativa y políticas ambientales nacionales obligaban al Gobierno a aumentar sus acciones de mitigación. Asimismo, interesantemente, la demanda hace referencia a varias de las causas más resonantes de la litigación como *Urgenda, Leghari* y *Juliana*. En lo que aquí interesa, entre otras cosas, se solicitó al Tribunal que ordenase al Gobierno a incluir al cambio climático entre las cuestiones a considerar en las EIA, asegurándose de que los proyectos estén sujetos a los estándares de emisiones según el presupuesto de carbono nacional que también se solicita que se ordene fijar[1550].

En este sentido, de acuerdo con la demanda:

> *...after perusal of some of the available documents on the website of the Respondent No. 1, it is very apparent that the attitude of both the Respondent No. 1 and the Expert Appraisal Committee is one of absolute neglect and negligence towards the issue of climate change. After scrutinizing a few thermal power projects and coal-mining projects which have been granted environmental clearance by the Respondent No. 1 and perusing the information given... with respect to impact on climate, it was found that no such information is ever provided...*
> *...That upon analysis of the minutes of the meetings of the various appraisal committees before and after the ratification of the Paris Agreement, it has been found that there has been no change at all in the approach of these bodies while appraising the viability of the various projects. There is no discussion at all, with respect to climate change. Further, these committees do not deliberate upon alternatives, no project option, or even renewable energy alternatives*[1551].

Asimismo, el documento observó que en la autorización de determinados tipos de proyectos que podrían ser considerados pequeños en escala no estaba requerida la realización de EIA, aunque estos pudiesen contribuir al cambio climático de forma significativa cuan-

y posibles medidas compensatorias, del corte de árboles, algunos centenarios, para la construcción de caminos, en reconocimiento de su valor de secuestro de carbono y recordando los compromisos climáticos del país.

1549 NATIONAL GREEN TRIBUNAL PRINCIPAL BENCH, NEW DELHI: Ridhima Pandey v. Union of India, op. cit.

1550 Ídem, p. 50.

1551 Ídem, p. 20.

do los impactos acumulativos son considerados (caminos, líneas de transmisión de energía, etc.)[1552].

En enero de 2019, el Tribunal desestimó la demanda en una breve resolución de dos páginas. Sin embargo, sostuvo que, de acuerdo con su interpretación, aun sin entrar a analizar los hechos alegados, la cuestión del cambio climático debía estar ciertamente cubierta por los procesos de EIA. Más allá de esto, afirmó que no existían razones para presumir que el Acuerdo de París y otros acuerdos internacionales no se reflejaban en las políticas del Gobierno y no se estaban teniendo en consideración al otorgar autorizaciones ambientales[1553].

4.2.2. Papúa Nueva Guinea

Más allá de los casos en Australia y Nueva Zelanda que han sido abordados al analizar las jurisdicciones del Norte Global, se ha identificado un caso más en Oceanía relevante para este trabajo en la jurisdicción de Papúa Nueva Guinea.

Tabla 25. Listado de casos identificados en la jurisdicción de Papúa Nueva Guinea

	Casos	Tipo de propuesta	Resoluciones
PAPÚA NUEVA GUINEA	Saonu and Morobe Provincial Government v. Minister for Environment and Conservation and Climate Change	Mina de oro y plata	20/09/2021 (Court of Justice at Waigani)

1552 Ídem, p. 21.

1553 NATIONAL GREEN TRIBUNAL PRINCIPAL BENCH, NEW DELHI: Ridhima Pandey v. Union of India et al., 187/2017 (order of 1 January 2019); esta afirmación puede, al menos, controvertirse si se observan los planes gubernamentales de desarrollo de infraestructura fósil; véase: ELLIS-PETERSEN, H., *India plans to fell ancient forest to create 40 new coalfields*, The Guardian, 8 de agosto de 2020 <https://www.theguardian.com/world/2020/aug/08/india-prime-minister-narendra-modi-plans-to-fell-ancient-forest-to-create-40-new-coal-fields> [Última consulta, 20 de octubre de 2020]

En *Saonu and Morobe Provincial Government v. Minister for Environment and Conservation and Climate Change* (2021)[1554], el Gobierno provincial de Morobe cuestionó la autorización de una mina de oro y plata otorgada por la autoridad nacional. En lo que aquí interesa, en una sentencia (interlocutoria), el juez Kandakasi recordó los compromisos internacionales en materia de climático, observando que estos informan la normativa nacional (par. 69) y notó la gravedad que para un país como Papúa Nueva Guinea implica el cambio climático y el aumento del nivel del mar. Aunque los mayores impactos de una actividad como la propuesta no son las emisiones de GEI, el juez resaltó la necesidad de incluir en la EIA de la actividad información sobre qué riesgos climáticos han sido identificados y que programas de adaptación y mitigación se han previsto y cómo se monitorearán (par. 116). En este sentido, se reconoce el deber de integrar esta cuestión en los procesos de toma de decisiones sobre proyectos.

4.2.3. Jurisdicciones con casos pendientes: Pakistán e Indonesia

A su vez, en esta región se han identificado dos casos pendientes en Pakistán e Indonesia[1555].

1554 COURT OF JUSTICE AT WAIGANI: Hon. Ginson Goheyy Saonu and Morobe Provincial Government v. Minister for Environment and Conservation and Climate Change et al., OS (JR) 35 of 2021 (decision of 10 September 2021).

1555 Otro caso pendiente de posible interés sobre el cual no se ha encontrado suficiente información es el caso *Residents of Omkoi v. Expert Committee on EIA consideration and the Office of Natural Resources and Environmental Policy and Planning,* en jurisdicción de Tailandia, en el que se cuestionó la autorización a una mina de carbón, entre otras cosas, alegando sus impactos climáticos, véase SABIN CENTER FOR CLIMATE CHANGE LAW y ARNOLD&PORTER, Residents of Omkoi v. Expert Committee on EIA consideration and the Office of Natural Resources and Environmental Policy and Planning <http://climatecasechart.com/non-us-case/fifty-representatives-of-the-residents-of-omkoi-v-expert-committee-on-eia-consideration-in-the-mining-and-extracting-industry-and-the-office-of-natural-resources-and-environmental-policy-and-planning/> [Última consulta, 03 de junio de 2023]

Tabla 26. Listado de casos identificados en las jurisdicciones de Pakistán e Indonesia (pendientes)

	Casos	Tipo de propuesta	Resoluciones
PAKISTÁN	Ali v. Federation of Pakistan	Plan para desarrollar minería de carbón	Pendiente 01/04/2016 (Supreme Court)
INDONESIA	Greenpeace Indonesia v. Bali Provincial Governor	Expansión de una central térmica	Pendiente 24/01/2018 (State Administrative Court of Denpasar)

En lo que hace a la primera, destaca el caso *Ali v. Pakistan* (2016)[1556], en donde una niña de 7 años cuestionó judicialmente varias acciones y omisiones de los Gobiernos federal y regional directamente ante la Corte Suprema, alegando que estas violaban sus derechos constitucionales y los deberes de los Gobiernos bajo la doctrina del fideicomiso público. La cuestión principal objeto de la demanda fue la aprobación de un plan de desarrollo de minas de carbón para la producción de energía y los consecuentes impactos de esta actividad sobre la atmósfera y el clima:

> *The Respondent's development of the Thar Coalfield will drastically increase Pakistan's CO_2 emissions, thus contributing to a destabilized Climate system, while ignoring the renewable technology of solar and wind energy*[1557].

Asimismo, se alegó que el demandando estaba impulsando aceleradamente el desarrollo del carbón en el país, con completa indiferencia de los efectos devastadores que esto tendrá sobre el pueblo con especial afectación a derechos fundamentales como el derecho a la vida y sus deberes bajo el *public trust*. En este sentido, se solicitó a la Corte, entre otras cosas, que ordenase al Gobierno dejar las reservas de carbón en el subsuelo, restringiendo cualquier nueva exploración o explotación[1558].

1556 Supreme Court of Pakistan: Rabab Alí v. Federation of Pakistan et al. (petition of 1 April 2016), op. cit.

1557 Ídem, p. 1.

1558 Ídem, p. 38.

Por su parte, en Indonesia, un grupo de ciudadanos junto con Greenpeace Indonesia interpusieron una demanda contra el Gobierno de la provincia de Bali, *Greenpeace Indonesia v. Bali Provincial Governor* (2018)[1559], en la que cuestionaron la autorización ambiental otorgada para la expansión de una planta térmica a base de carbón. Los demandantes adujeron que la autoridad violó la normativa doméstica en materia ambiental y los compromisos internacionales climáticos al otorgar esta autorización sin considerar en la EIA los impactos climáticos de la decisión[1560]. En este sentido, observaron, entre otras cosas, que la evaluación realizada no contenía una cuantificación de las emisiones de GEI previstas durante la operación de la planta ni una predicción de los impactos sobre el sistema climático. De este modo, alegaron que el Gobierno no podría evaluar si el proyecto estaba alineado con las NDC bajo el Acuerdo de París, siendo que su cumplimiento era fundamental para un país especialmente vulnerable a sus impactos como Indonesia[1561].

Asimismo, resulta interesante observar el *amicus curiae* presentado en el caso por una serie de ONG en apoyo a la demanda[1562]. En él se sostuvo que la EIA fracasó en la aplicación de los principios de gestión ambiental dispuestos en la normativa nacional y sus reglamentaciones al no incluir un análisis comprehensivo sobre los impactos climáticos y que, además, para alcanzar los compromisos climáticos asumidos a nivel internacional era necesario una precisa contabilización de los impactos climáticos de las grandes infraestructuras de combustibles fósiles, como el proyecto en cuestión, y una consideración sobre si el proyecto podría implementarse sin violar estos compromisos[1563]. Se agregó, por su parte, que una evaluación de estos impactos iría más allá de cuantificar las emisiones, debiendo incluir un análisis de las contribuciones directas del proyecto al cambio climático en todo su ciclo de vida, cuestiones relativas a la adaptación y cómo el cambio

---

[1559] STATE ADMINISTRATIVE COURT OF DENPASAR: I Ketut Mangku Wijana et al. v. Governor of Bali Province, 2/G/LH/2018/PTUN.DPS (complaint of 24 January 2018, traducción no oficial).

[1560] Ídem, párr. 60 y ss.

[1561] Ídem, parr. 65.

[1562] STATE ADMINISTRATIVE COURT OF DENPASAR: I Ketut Mangku Wijana et al. v. Governor of Bali Province, 2/G/LH/2018/PTUN.DPS (Amicus Curiae Brief of June 2018).

[1563] Ídem, p. 2.

climático impactará, a su vez, en otros efectos ambientales del proyecto sobre las comunidades. Para llevar adelante tal tarea, se sostuvo que, siendo que la evaluación de los impactos climáticos era una cuestión relativamente nueva, la Corte debería considerar las mejores prácticas de otras instituciones, entre las que se mencionó las ya comentadas resoluciones de los tribunales en *Earthlife Africa Johannesburg*, *Gray*, *Center for Biological Diversity* (2008) y *Border Power Plant*, como así también guías de la CEQ y la Comisión Europea, entre otros protocolos[1564].

4.3. América Latina y el Caribe

4.3.1. Chile

Tres casos marcan la evolución jurisprudencial en Chile respecto a la cuestión básica de si los impactos sobre el sistema climático deberían o no ser parte de los procesos de EIA.

Tabla 27. Listado de casos identificados en la jurisdicción de Chile

	Casos	Tipo de propuesta	Resoluciones
CHILE	Corporación Privada para el Desarrollo de Aysen v. SEA	Hidroeléctrica	04/01/2018 (Tercer Tribunal Ambiental)
	Simonetti Grez v. SEA	Proceso para la minería de carbón	20/08/2019 (Tercer Tribunal Ambiental)
	Galindo Gacitúa v. SEA	Central termoeléctrica	31/08/2021 (Corte de Apelaciones de Antofagasta)
			19/04/2022 (Corte Suprema)

1564 Ídem, p. 7 y ss.; se ha reportado que la Corte de primera instancia (Administrative Court of Denpasar) ha rechazado la demanda sin abordar la cuestión climática y que los demandantes han apelado la decisión; véase Wibisana, A y Cornelius, C., "Climate Change Litigation in Indonesia", en Lin y Kysar, *Climate Change Litigation in the Asia Pacific*, op. cit., p. 238, 239.

En *Corporación Privada para el Desarrollo de Aysén v. Servicio de Evaluación Ambiental* (2018)[1565], se discutió la legalidad de la decisión de calificar como ambientalmente favorable un proyecto de una central hidroeléctrica (Central Hidroeléctrica Cuervo). Los demandantes argumentaron que, entre otras cosas, en la EIA se había omitido considerar los impactos sobre el cambio climático del proyecto, específicamente sobre humedales y bosques en su rol de sumideros de CO_2, los que serían inundados[1566]. Según expresaron, la autoridad afirmó que los humedales, en lugar de sumideros, son fuentes de CO_2 y, por ello, el proyecto implica una disminución de emisiones que se ve 'compensada' por la pérdida de bosque nativo, lo que generaría un equilibrio de emisiones entre las opciones 'sin proyecto' y 'con proyecto'[1567]. Esto fue controvertido por los demandantes que alegaron que, si se inundaban estos reservorios de carbono, los mismos se convertirán en fuentes de GEI, principalmente CH_4, con mayor potencial de calentamiento que el CO_2, algo que no podría ser compensado mediante un plan de forestación con árboles que requerirían cientos de años para crecer y generar condiciones similares a los destruidos[1568].

En contrapartida, la autoridad señaló, por un lado, que en las EIA no se requería realizar un análisis de cuestiones referidas al cambio climático, sino que se evaluaban en concreto los impactos ambientales de un proyecto. Asimismo, sostuvo que, si bien Chile había suscrito el Protocolo de Kioto, el mismo no incluía metas de reducción de emisiones de GEI para Chile, no estando reguladas por la normativa vigente[1569].

El Tribunal, en primer lugar, observó que la autoridad se había contradicho al señalar que en el marco de las evaluaciones ambientales no se habían considerado aspectos del cambio climático, cuando sí fue un aspecto discutido, respecto del cual se proponían medidas de mitigación. Dicho esto, afirmó que el sistema de EIA estaba dise-

---

1565 TERCER TRIBUNAL AMBIENTAL: Corporación Privada para el Desarrollo de Aysén et al. v. Servicio de Evaluación Ambiental, R 42-2016 (sentencia de 4 de enero de 2018).

1566 Ídem, p. 33792, 33824.

1567 Ídem, p. 33826.

1568 Ídem, p. 33827.

1569 Ídem, p. 33828.

ñado para identificar, evaluar y —si corresponde— mitigar, compensar o reparar impactos ambientales significativos que se produzcan dentro del área de influencia del proyecto y, en este sentido, la evaluación ambiental estaba concebida únicamente en el ámbito local. Así, si bien observó que era deseable que la autoridad tenga en cuenta efectos positivos y negativos de los proyectos en el cambio climático, la normativa *desafortunadamente* no obligaba a tenerlo en cuenta. En este sentido, concluyó que ni el Tribunal ni la autoridad ni el Comité de Ministros podrían invadir las funciones propias del poder legislativo ni del ejercicio de la potestad reglamentaria de ejecución, siendo impropio sustituir dicha actividad por vía interpretativa, rechazándose la reclamación en este aspecto[1570].

La misma cuestión se volvió a plantear un tiempo más tarde en el caso *Simonetti Grez v. Director Ejecutivo del Servicio de Evaluación Ambiental* (2019)[1571]. En este caso, se cuestionó judicialmente la decisión de aceptar como ambientalmente favorable la declaración de impacto ambiental de un proyecto de incorporación de tronadura como método complementario en la extracción mecánica de material estéril —carbón— (Proyecto Tronaduras). Entre otras cosas, se alegó la falta de incorporación de la cuestión climática en la EIA, especialmente considerando que Chile tenía obligaciones internacionales para reducir los GEI (CMNUCC y Acuerdo de París) y que, a partir, de estos instrumentos, existiría la obligación de evaluar los efectos de los proyectos respecto al cambio climático en las evaluaciones ambientales, en aplicación del principio preventivo[1572].

Además, los demandantes insistieron en que, si bien la decisión de incentivar o eliminar la producción de carbón dependía de la política pública, la evaluación de sus impactos y el establecimiento de medidas de mitigación, compensación o reparación sí era una responsabilidad del Estado, y la falta de criterios expresos para tal evaluación no justificaba tal omisión, ya que el sistema jurídico per-

---

1570 Ídem, p. 33829, 33830.

1571 Tercer Tribunal Ambiental: Simonetti Grez et al. v. Director Ejecutivo del Servicio de Evaluación Ambiental, R-77-2018 (sentencia del 20 de agosto de 2019).

1572 Ídem, p. 22050, 22051.

mitiría integrar y cubrir vacíos legales existentes y que la institucionalidad ambiental contaba con guías, metodologías, normas de referencia, y estándares internacionales para todas aquellas variables no normadas[1573]. Asimismo, agregaron que, si bien el proyecto solo refería a la etapa extractiva, las emisiones de CO_2 asociadas a la quema del carbón implicarían una contribución relevante al calentamiento global y a sus efectos adversos sobre la salud, siendo que el carbón a extraer era de baja calidad por lo que su impacto climático sería muy significativo[1574].

En contrapartida, la autoridad sostuvo que, si bien podría resultar criticable que en el ámbito de la EIA no se considerasen los efectos del cambio climático, la realidad legislativa impedía hacerlo, por lo que su exigencia al promotor habría constituido un vicio anulable[1575]. Por su parte, afirmó que los instrumentos internacionales contenían en su mayoría obligaciones de carácter de *soft law*, generales y abiertas a la implementación discrecional nacional y que, como parte de las políticas climáticas nacionales adoptadas, se preveía para 2021 incorporar un enfoque de cambio climático en instrumentos como la evaluación ambiental[1576]. Así también, agregó que no existía prohibición alguna de proyectos de carbón, ni obligaciones relacionadas con la mitigación de efectos sobre el cambio climático exigibles a este proyecto, siendo que, en sí, el nuevo método de extracción no contribuye de forma significativa al aumento de GEI. Sobre la quema del carbón, sostuvo que el uso que pudiera darse con posterioridad al mineral escapaba del control y responsabilidad del promotor de la mina y que no sería procedente responsabilizarlo por aspectos vinculados a la matriz energética del país o a usos alternativos del producto en procesos industriales, los que, en todo caso, serían objeto de regulación y políticas públicas más allá del alcance de la EIA[1577]. De igual manera se expidió el promotor, recordando la resolución del caso precedente y que la Comisión Asesora Presidencial para la Eva-

---

1573 Citaron aquí los estándares de la Asociación Internacional de Evaluación de Impactos, en su guía sobre cambio climático.
1574 Ídem, p. 22151, 22152.
1575 Ídem, p. 22056.
1576 Ídem, p. 22154.
1577 Ídem.

luación del Servicio de Evaluación de Impacto Ambiental había establecido que el marco normativo no contemplaba de forma directa ni expresa la manera en que se debía abordar la variable del cambio climático en el contexto de la EIA[1578].

En cuanto al Tribunal, afirmó que coincidía con la autoridad en el sentido de que lo establecido en los instrumentos internacionales invocados eran compromisos de formular políticas, medidas, instrumentos de medición, en consideración de las capacidades y circunstancias específicas de cada estado, por lo que no se apreciaba la existencia de obligaciones o deberes específicos que sean directamente exigibles en el ámbito del procedimiento de EIA. En este sentido, sostuvo que, mientras no fuesen dictadas las respectivas normas internas, los órganos involucrados en el procedimiento de evaluación ambiental no podrían exigir a un titular de proyecto la evaluación de impactos sobre el cambio climático, sin ir más allá de sus competencias reconocidas en la normativa[1579].

Esta postura judicial, sin embargo, no iba a resistir la intervención de la Corte Suprema. En enero de 2021, el máximo tribunal resolvió un caso sobre la evaluación ambiental de la extensión de un yacimiento de cobre, en el que se discutió, entre otras cosas, la integración de la cuestión del cambio climático en relación con sus efectos sobre los recursos hídricos afectados por el proyecto[1580]. En este contexto, la Corte afirmó que el cambio climático era una cuestión que considerar en los proceso de EIA, pudiendo resaltarse el voto del magistrado Muñoz al expresar, previa alusión al Acuerdo de París y al Plan de Acción Nacional de Cambio Climático, que:

1578 Ídem, p. 22062, 22063; de igual manera se expresaron los sindicatos y el ente local que fueron parte del litigio, ídem, p. 22066.

1579 Ídem, p. 22155-22158.

1580 *Jara Alarcón Luis v. Servicio de Evaluación Ambiental, Corte Suprema de Chile, sentencia del 13 de enero de 2021;* véase al respecto MORAGA SARIEGO, P. y CORNEJO MARTÍNEZ, C., "Sentencia de la Corte Suprema dictada en causa "Jara Alarcón, Luis con Servicio de Evaluación Ambiental", Rol N° 8573-2019, de 13 de enero de 2021, *Actualidad Jurídica Ambiental,* 25 de febrero de 2021; el caso no es específicamente abordado en este trabajo debido a que se trata de una caso relativo a la adaptación al cambio climático.

> Queda en evidencia que en el escenario actual, el cambio climático constituye una variable que necesariamente debe ser incorporada en el análisis de los impactos medioambientales de todo proyecto que se someta al Sistema de Evaluación de Impacto Ambiental[1581].

El interrogante de si esta consideración, realizada por la Corte Suprema en un caso relativo a los impactos *del* cambio climático, podría ser válida también en casos que cuestionen la (no) integración de los impactos de proyectos *sobre* el sistema climático fue resuelto en *Galindo Gacitúa v. SEA* (2021)[1582]. Aquí, los demandantes objetaron la revisión de la resolución de calificación ambiental de una central térmica (Central Termoeléctrica Angamos) y sostuvieron que la autoridad incurrió en una ilegalidad y arbitrariedad, entre otras cosas, por no considerar los impactos sobre el cambio climático del proyecto. Específicamente, alegaron que la ratificación del Acuerdo de París y, específicamente, la consagración de la NDC, impone un límite normativo a las emisiones de CO_2 que no existía al momento de la evaluación ambiental del proyecto, no obstante se encontrara en vigencia la CMNUCC. Este cambio normativo, según los demandantes, implicaría la necesidad de evaluar y estimar cómo las emisiones del proyecto se ajustan a la meta autoimpuesta por el Estado y la consecuente necesidad de realizar las reducciones proporcionales que permiten cumplirla[1583]. Interesantemente, los demandantes no solo mencionan la sentencia de la Corte Suprema antes mencionada, sino también las resoluciones de los casos *Earthlife Africa Johannesburg* y *Australian Conservation Foundation* (2004)[1584]. Los demandantes, asimismo, aluden a la opinión

---

1581 *Jara Alarcón Luis v. Servicio de Evaluación Ambiental, Corte Suprema de Chile, sentencia del 13 de enero de 2021*, p. 73; también menciona el informe SUD-AUSTRAL CONSULTING SPA-NEOURBANISMO CONSULTORES SPA, *Consideración de variables de cambio climático en la evaluación de impacto ambiental de proyectos asociados al SEIA,* disponible en: <https://sea.gob.cl/sites/default/files/imce/archivos/2020/07/informe_final_consultoria_cambio_climatico.pdf> [Última consulta, 15 de agosto de 2021]

1582 CORTE DE APELACIONES DE ANTOFAGASTA: Galindo Gacitúa, Saba Ester et al. v. Servicio de Evaluación Ambiental de la Región de Antofagasta (Recurso de protección de julio de 2021).

1583 Ídem, p. 21.

1584 Ídem, p. 31, 32.

consultiva OC-23/17 de la Corte IDH y a los principios preventivo, contaminador-pagador y del desarrollo sustentable para justificar su postura y alegan violaciones a derechos sustantivos constitucionales, como el derecho a la vida y a la integridad física y psíquica y el derecho a vivir en un ambiente libre de contaminación, como también a la prohibición constitucional de apropiación de bienes comunes[1585].

Si bien en primer término, la Corte de Apelaciones de Antofagasta rechazó la demanda[1586] principalmente por cuestiones de índole procedimental (competencia, idoneidad de la acción intentada), la Corte Suprema revocó esta sentencia[1587], acogiendo los argumentos de los demandantes y sosteniendo que los compromisos asumidos a nivel internacional en relación con la mitigación de emisiones de GEI requerían de la integración de esta variable ya que es evidente que la actividad evaluada tiene el poder de generar impactos al respecto. Asimismo, manifestó que su no consideración generaría una eventual afectación del derecho a vivir en un medio ambiente libre de contaminación, lo que reviste de idoneidad a la acción constitucional intentada.

4.3.2. México

En México se ha identificado una sola resolución de interés en *Amparo sobre la modificación de la regla de etanol en combustibles* (2020)[1588].

1585 Ídem, p. 39-48.

1586 Corte de Apelaciones de Antofagasta: Galindo Gacitúa, Saba Ester et al. v. Servicio de Evaluación Ambiental de la Región de Antofagasta, Rol N° 6.930-2021 (sentencia del 31 de agosto de 2021).

1587 Corte Suprema de Justicia de Chile: Galindo Gacitúa, Saba Ester et al. v. Servicio de Evaluación Ambiental de la Región de Antofagasta, Rol N° 71.628-2021 (sentencia del 19 de abril de 2022).

1588 Corte Suprema de Justicia de México: Amparo en revisión 610/2019 (sentencia del 15 de enero 2020); la modificación aumentaría la liberación de ozono troposférico.

Tabla 28. Listado de casos identificados en la jurisdicción de México

	Casos	Tipo de propuesta	Resoluciones
MÉXICO	Amparo sobre la modificación de la regla de etanol en combustibles	Modificación de norma de contenido de gasolina	15/01/2020 (Suprema Corte de Justicia)

Este caso tuvo su foco no en un proyecto sino en la modificación por parte de la Comisión Reguladora de Energía de una regla relativa al porcentaje máximo de etanol como oxigenante en determinadas gasolinas[1589]. La Corte Suprema de Justicia de México anuló por inconstitucional esta regla, afirmando que, al encontrarse en debate la magnitud de los posibles daños a la calidad de aire, cobraba plena aplicación el principio precautorio que obliga a que se lleve a cabo una evaluación informada de estos daños. Esto implicaría que, en el proceso de toma de decisión, resultara indispensable la intervención y valoración de sectores especializados, la participación ciudadana y la consideración de la mayor información científica posible,

> ...bajo el contexto más amplio de los compromisos internacionales adquiridos por nuestro país para combatir el calentamiento global, conforme lo establece el llamado "Acuerdo de París", ya que el cambio climático puede poner en peligro el disfrute de una gran variedad de derechos humanos, en particular los derechos a la vida, a la salud, a la alimentación y al agua[1590].

Asimismo, prosiguió:

> ...se considera que los beneficios puramente económicos que, en su caso, pueda generar el incremento del porcentaje de etanol en las gasolinas... deben ser ponderados y confrontados contra los potenciales riesgos que ello podría deparar al medio ambiente y las obligaciones estatales de reducir las llamadas emisiones de 'gases invernadero'... y por tanto, combatir el fenómeno del cambio climático[1591].

1589 Si bien este caso, como algunos otros de jurisdicción de Estados Unidos, no trata sobre un proyecto de infraestructura, se ha incluido ya que aborda directamente la cuestión aquí estudiada con un impacto claro en futuros casos que sí traten sobre ese tipo de proyecto.

1590 Ídem, p. 2.

1591 Ídem.

Según la Corte, el hecho de que el crecimiento y desarrollo económico deba ser sostenible constituye un principio rector establecido por la propia Constitución y por diversos tratados internacionales, por lo que es su obligación vigilar que las autoridades cumplan con los derechos humanos, como lo es el derecho a un ambiente sano, a fin de que estos derechos fundamentales tengan una incidencia real y no se reduzcan a meros ideales o buenos deseos[1592].

4.3.3. Ecuador

Dos casos se han identificado en Ecuador con cierto interés para esta investigación. En primer lugar, en el caso *Baihua Caiga v. PetroOriental* (2021)[1593], los demandantes pertenecientes a la comunidad indígena Miwaguno solicitaron a la Corte que ordenase una prohibición de quema de gas a través de mecheros por parte de una empresa china debido, en parte, a su contribución al cambio climático. La Corte, sin embargo, entendió que los demandantes no habían podido probar que los mecheros en cuestión implicasen una afectación a los derechos de la Naturaleza (reconocidos en el ordenamiento jurídico ecuatoriano[1594]) o a sus propios derechos constitucionales.

Tabla 29. Listado de casos identificados en la jurisdicción de Ecuador

	Casos	Tipo de propuesta	Resoluciones
ECUADOR	Baihua Caiga v. PetroOriental	Mecheros	15/07/2021 (Unidad Judicial de Familia, Mujer, Niñez y Adolescencia, Cantón Francisco)
	Niñas indígenas v. Mecheros	Mecheros	29/07/2021 (Sala Multicompetente de la Corte Provincial de Justicia de Sucumbíos)

1592 Ídem, p. 3, 85.

1593 Unidad Judicial de Familia, Mujer, Niñez y Adolescencia con sede en el Cantón Francisco: Baihua Caiga y otros v. PetroOriental S.A. (sentencia del 15 de julio de 2021).

1594 Véase, por ejemplo, al respecto Berros, M. y Carman, M., "Los dos caminos del reconocimiento de los derechos de la Naturaleza en América Latina", *Revista Catalana de Dret Ambiental*, Vol. XIII, N°. 1, 2022.

En segundo lugar, en el caso *Niñas indígenas v. Mecheros,* nueve niñas demandaron al Gobierno por la quema y venteo de gas, solicitando que se revoquen las autorizaciones anuales otorgadas a todas las empresas petroleras que operan en la región amazónica, cuestionándose, entre otras cosas, sus impactos climáticos. Específicamente, se alegó que estas contradicen los compromisos climáticos del país (su prohibición representaría el 24% de los compromisos de reducción de emisiones de GEI del país), el derecho a un ambiente sano y ecológicamente equilibrado que es el que permite lograr el 'buen vivir' (*sumak kawsay*) y una vida digna y los derechos de la Naturaleza. Luego de un primer fallo desestimatorio, la Corte Provincial de Justicia de Sucumbíos, en apelación, aceptó la demanda y declaró que las autorizaciones de los mecheros, como actividad asociada a la producción de hidrocarburos, contradecían varios compromisos internacionales asumidos por el Estado, entre ellos la NDC y la iniciativa "Zero Routine Flaring 2030" —iniciativa impulsada por el Banco Mundial para terminar con esta práctica a corto plazo[1595]— y nacionales como la Estrategia Nacional de Cambio Climático. Como consecuencia, se ordenó revisar y actualizar un plan para su progresiva eliminación, de cara a una total supresión para 2030[1596].

4.3.4. Brasil

Brasil se ha convertido rápidamente en el punto más relevante de la litigación climática en América Latina, presentando una variedad

---

1595 BANCO MUNDIAL, "Zero Routine Flaring By 2030", <https://www.worldbank.org/en/programs/zero-routine-flaring-by-2030> [Última consulta 24 de marzo de 2023].

1596 SALA MULTICOMPETENTE DE LA CORTE DE JUSTICIA DE SUCUMBÍOS: Niñas indígenas v. Mecheros, Acción de protección No. 21201202000170, sentencia del 26 de enero de 2021, publicada 29 de julio de 2021); véase también AMAZON FRONTLINES, "Court Rules Against Ecuador's Oil Industry in Appeal by Children Living Next to 'Flares of Death'", 27 de enero de 2021, <https://www.amazonfrontlines.org/chronicles/amazon-lawsuit-gas-flaring/> [Última consulta, 29 de abril de 2021]; EL COMERCIO, "Corte de Ecuador acepta demanda de niñas para eliminar mecheros en la Amazonía", 26 de enero de 2021 <https://www.elcomercio.com/actualidad/corte-demanda-ninas-mecheros-amazonia.html> [Última consulta, 30 de abril de 2021].

destacable de casos, entre los que se incluyen dos de interés para esta investigación, uno de los cuáles aún está pendiente de resolución judicial.

Tabla 30. Listado de casos identificados en la jurisdicción de Brasil

	Casos	Tipo de propuesta	Resoluciones
BRASIL	Instituto Preservar et al. v. Copelmi Mineraçao	Mina de carbón y centrales térmicas	31/08/2021 (Corte Federal 9ª de Rio Grande do Sul)
	Ministério Público v. Estado do Rio Grande do Sul e FEMAM	Polo petroquímico	Pendiente 12/09/2019 (Tribunal de Justicia de Rio Grande do Sul)

En el caso *Instituto Preservar v. Copelmi Mineraçao* (2021)[1597], un grupo de ONG, luego apoyadas por el Ministerio Fiscal, accionó contra un promotor y la Administración alegando que existían irregularidades varias en el proceso de autorización ambiental de una mina de carbón para el suministro de una central térmica. Entre otras cosas, se cuestionó la falta de EAE y la adecuada consideración de los impactos climáticos. La Corte, con base en la normativa vigente, ordenó la inclusión en los términos de referencia de los procesos de autorización de las directrices previstas en la política climática nacional y estadual, particularmente en lo relativo a la necesidad de realizar una EAE.

Asimismo, en un caso todavía pendiente, el Ministerio Público del Estado de Río Grande del Sur demandó al Estado y la agencia ambiental cuestionando la implantación de un polo petroquímico[1598], entre otras cosas, por la falta de EAE y EIA que adecuadamente consideren los impactos climáticos de las actividades a desarrollarse en el complejo. La demanda, interesantemente, refiere a la ilegalidad de fragmentar la evaluación, a la preocupación por las emisiones de CH_4 fugitivas en este tipo de actividades y trae a colación lo resuelto por el Juez Preston en el caso *Gloucester Resources.*

1597 Corte Federal 9ª de Rio Grande do Sul: Instituto Preservar et al. v. Copelmi e IBAMA (decisao de 31 de agosto de 2021).

1598 Tribunal de Justiça do Rio Grande do Sul: Ministério Público do Estado do Rio Grande do Sul v. Estado do Rio Grande do Sul e FEPAM (demanda de 1 de setembro de 2019).

4.3.5. Jurisdicciones con casos pendientes: Argentina y Guyana

Más allá de las jurisdicciones mencionadas, en dos (Argentina y Guyana) se identificaron algunos casos con potencial para dar lugar a resoluciones judiciales de interés en lo que aquí importa.

Tabla 31. Listado de casos identificados en las jurisdicciones de Argentina y Guyana (pendientes)

	Casos	Tipo de propuesta	Resoluciones
ARGENTINA	FOMEA v. MSU S.A.	Central termoeléctrica	Pendiente 01/05/2017 (Tribunal Federal de San Nicolás)
	Carballo v. MSU S.A.	Central termoeléctrica	Pendiente 01/07/2017 (Tribunal Federal de Azul)
	Carballo v. Buenos Aires	Central termoeléctrica	Pendiente 20/10/2017 (Tribunal Administrativo de Azul)
	Hahn v. APR Energy S.R.L.	Central termoeléctrica	Pendiente 29/11/2017 (Tribunal Federal de Campana)
	Hahn v. APR Energy S.R.L. (II)	Central termoeléctrica	Pendiente 20/12/2017 (Tribunal Federal de Campana)
	OAAA v. Araucaria Energy S.A.	Central termoeléctrica	Pendiente 01/07/2018 (Tribunal Federal de Mercedes)
	Greenpeace Argentina v. Argentina	Exploración fósil *offshore*	Pendientes 2022 (Corte Federal de Mar del Plata)
	OAO v. Ministerio de Ambiente		
	Montenegro v. Ministerio de Ambiente		
GUYANA	Thomas & De Freitas v. Guyana	Licencias de exploración de petróleo	Pendiente 21/05/2021 (Supreme Court)
	Henry v. EPA	*Gas flaring*	Pendiente 21/01/2022 (High Court of the Supreme Court)

En primer lugar, en Argentina es posible destacar, por un lado, una serie de casos pendientes contra plantas térmicas que han hecho foco en la invalidez de las autorizaciones ambientales en consideración de impactos en la calidad del aire, incluyendo de las emisiones de CO_2 y su impacto sobre la atmósfera y en la necesidad de detener la construcción de los proyectos. A su vez, en estos se alegó, aunque de manera genérica, la contradicción de las iniciativas con respecto al Acuerdo de París, definiendo a los proyectos como 'no sustentables', entre otras cosas, debido a que no incorporan fuentes renovables para la producción de energía[1599].

Por otro lado, tres casos con alegaciones más detenidas y específicas a la cuestión climática se han presentado contra la autorización de un proyecto de exploración de combustibles fósiles en el Mar Argentino a desarrollar por la empresa noruega Equinor. En *Montenegro v. Ministerio de Ambiente* (2022)[1600], el demandante observó que el proyecto afectaría los compromisos climáticos asumidos por el país a nivel internacional, particularmente su NDC. Asimismo, alega que la Agencia Internacional de la Energía en 2021 sugirió que no se deberían autorizar nuevos proyectos de combustibles fósiles si se pretende limitar la temperatura a 1,5 °C. Por su parte, en *Organización de Ambientalistas Organizados v. Ministerio de Ambiente* (2022)[1601] también se hace referencia a los informes de la Agencia Internacional de la Energía y al enfoque del presupuesto de carbono, concluyendo que,

---

1599 Tribunal Administrativo de Azul: Sara Leticia Carballo et al. v. OPDS (demanda del 20 de octubre de 2017); Tribunal Federal de Azul: Sara Leticia Carballo et al. v. MSU S.A. (demanda del 1 de julio de 2017); Tribunal Federal de Campana: "Juvenir" Asociación Civil et al. v. Araucaria Energy Sociedad Anónima (demanda del 20 de diciembre de 2017); Tribunal Federal de Mercedes: "Organización de Ambientalistas Autoconvocados" Asociación Civil et al. v. Araucaria Energy Sociedad Anónima (demanda del 1 de julio de 2018); Tribunal Federal de Campana: Erica Graciela Hahn et al. v. APR Energy S.R.L. (demanda del 29 de noviembre de 2017); Tribunal Federal de San Nicolás: Asociación Civil Foro Medio Ambiental v. MSU S.A. et al. (demanda del 01 de mayo de 2017).

1600 Corte Federal de Mar del Plata: Guillermo Tristán Montenegro v. Ministerio de Ambiente y Desarrollo Sostenible (demanda del 13/01/2022).

1601 Corte Federal de Mar del Plata: Organización de Ambientalistas Organizados y otros v. Ministerio de Ambiente y Desarrollo Sostenible (demanda del 07/01/2022)

dada su escasez, la mayoría de las reservas globales de combustibles fósiles deberían quedar inexplotadas. Llevar adelante la exploración y posterior explotación, alegaron, implicaría el riesgo de utilizar una gran cantidad de recursos públicos en futuros activos varados, además de contradecir los compromisos y políticas asumidas en materia climática. Finalmente, en *Greenpeace Argentina v. Argentina* (2022)[1602], los demandantes fueron un poco más lejos presentando argumentos sobre la inadecuación de la NDC de Argentina en comparación con su presupuesto de carbono, la falta de ambición de las políticas actuales y la incoherencia de autorizar nuevos proyectos de exploración fósil y al mismo tiempo solicitar fondos para la transición energética en el Fondo Verde para el Clima. Adicionalmente, es interesante resaltar que los demandantes sostienen que Argentina no solo será responsable por las emisiones territoriales sino también por aquellas de la quema del combustible exportado que se produzca fuera de su jurisdicción. Según los demandantes, considerando estas emisiones, Argentina podría gastar hasta el 7% del presupuesto de carbono global para 2050. En definitiva, estos planteamientos llevan a los demandantes a solicitar la realización de una evaluación de impactos climáticos más estrictos de cara a la autorización del proyecto.

En cuanto a Guyana, dos demandas de cierto interés se encuentran pendientes. Por un lado, en 2021 se presentó una demanda de carácter constitucional en la que los litigantes alegaron que el Gobierno había violado sus derechos fundamentales al aprobar licencias de exploración de petróleo. Las cláusulas constitucionales sobre el derecho a un ambiente sano, el desarrollo sostenible y los derechos de las futuras generaciones requerirían al Gobierno, según los demandantes, frenar el otorgamiento de licencias a actividades que exacerben el cambio climático[1603]. Por otro, en 2022, tres ciudada-

---

1602 Corte Federal de Mar del Plata: Greenpeace Argentina y otros v. Argentina y otros (demanda del 13/01/2022)

1603 Sabin Center for Climate Change Law y Arnold&Porter, Thomas & De Freitas v. Guyana <http://climatecasechart.com/climate-change-litigation/non-us-case/thomas-de-freitas-v-guyana/> [Última consulta, 12 de julio de 2021]; véase también Center for International Environmental Law, "Guyanese Citizens File Climate Case Claiming Massive Offshore Oil Project is Unconstitutional", <https://www.ciel.org/news/guyana-consitutional-court-case-oil-and-gas/> [Última consulta, 12 de julio de 2021]; en esta jurisdicción

nos demandaron a la agencia ambiental por otra decisión de otorgar licencias a un *carbon major* (ExxonMobil) que autorizaban a realizar *gas flaring* en alegada violación de la normativa ambiental[1604].

4.4. Jurisdicciones ausentes: China y Qatar

Finalmente, es posible referirse brevemente a ciertas ausencias resonantes en este universo. Específicamente, a la del mayor emisor de GEI a nivel global actualmente, China, y a la de países que son históricamente grandes productores de combustibles fósiles, como por ejemplo Qatar.

En cuanto a China, la escasa doctrina que ha abordado esta jurisdicción ha observado que no existen, por el momento, casos que califiquen como litigación climática, ni bajo el limitado concepto aquí utilizado ni de ningún tipo[1605]. Sobre esto, Li observa que la 'economía fósil' de este país, es decir una economía cuyo crecimiento depende extensamente en el consumo de combustibles fósiles (especialmente, carbón), dificulta la posibilidad de desarrollo de este tipo de litigios. En palabras de Li:

---

también se ha identificado un caso en el que un ciudadano demandó a la agencia de protección ambiental alegando que permisos de exploración de petróleo de larga duración (23 años) violaban la normativa que limitaba tal extensión a tan solo cinco años. Según se ha reportado, el caso fue resuelto extrajudicialmente al aceptar la agencia realizar tal reducción en las licencias. No ha habido en este caso sentencia sobre el fondo de la cuestión, por lo que no se incluyó en esta investigación, véase SABIN CENTER FOR CLIMATE CHANGE LAW y ARNOLD&PORTER, Thomas v. EPA <http://climatecasechart.com/climate-change-litigation/non-us-case/thomas-v-epa/> [Última consulta, 12 de julio de 2021]

1604 HIGH COURT OF THE SUPREME COURT OF JUDICATURE OF GUYANA, CIVIL JURISDICTION: Henry v. EPA (Application of 21 January 2022).

1605 LI, J., "Climate Change Litigation: A Promising Pathway to Climate Justice in China?", en LIN y KYSAR, *Climate Change Litigation in the Asia Pacific*, op. cit., p. 335; He, sin embargo, parece atribuir la falta de consideración de casos en esta jurisdicción a definiciones estrechas de qué constituye un 'litigio climático'; HE, X., "Mitigation and Adaptation through Environmental Impact Assessment Litigation: Rethinking the Prospect of Climate Change Litigation in China", *Transnational Environmental Law*, First View, 2021, p. 3.

> *Given that more than 95 per cent of China's energy comes from the burning of fossil fuels, the majority of China's enterprises are responsible for the country's emissions, including state-owned enterprises and large private companies. If China opens it door to climate change litigation, these enterprises are likely defendants in lawsuits. This is an outcome that the Chinese government would like to avoid... allowing climate litigation to occur might open a Pandora's box and force the shift to a low-carbon economy at a speed that the government is uncomfortable with*[1606].

En relación con esto, este autor observa que los tribunales en China están altamente politizados y adolecen de falta de independencia, estando su trabajo sujeto al control del Partido Comunista. Por ello, concluye que es poco probable que un tribunal de esta jurisdicción asuma un enfoque proactivo o innovador al aceptar un litigio climático, a menos que el Gobierno así lo permitiese[1607].

En cuanto a países petroleros de Oriente Medio, lo comentado por Harmon y Truby sobre Qatar, al referirse específicamente a las posibilidades de litigio climático, puede ser ilustrativo. Estos autores resaltan que, siendo una monarquía con un poder ejecutivo muy fuerte, y a pesar de contar con una Constitución que en principio establece tres poderes diferenciados, la mayor parte de los cargos públicos son elegidos a voluntad del Emir y, por ello, los tribunales no tienen ni autoridad ni independencia para revisar la actuación ejecutiva o legislativa, por lo que un caso de litigio climático es más que improbable[1608]

Estos dos ejemplos de jurisdicciones donde se desarrollan actividades muy relevantes en lo que aquí interesa, marcan de forma clara que la litigación, como herramienta para el control del poder público, no está disponible en todos y cada uno de los Estados y que, por lo tanto, su capacidad para abordar un fenómeno de carácter global como este se encuentra significativamente limitada.

1606 Ídem, p. 352.

1607 Ídem, p. 353, 354; He, "Mitigation and Adaptation...", op. cit., p. 7.

1608 Harmon, A. y Truby, J. "Climate Change law, Policy and Litigation in Qatar", en Sindico y Mbengue, (eds.), *Comparative Climate Change Litigation...*, op. cit., p. 341.

5. BALANCE TRANSNACIONAL

A lo largo de las páginas precedentes se ha analizado una vasta cantidad de resoluciones judiciales en nada menos que 25 jurisdicciones en la búsqueda de entender cómo los tribunales han abordado las diversas alegaciones sobre los impactos en el sistema climático de proyectos en el marco de procesos de toma de decisión, en buena parte atravesados por los deberes de evaluación ambiental. Específicamente, se han identificado y estudiado 116 casos, en su mayoría ubicados en el Norte Global (especialmente en Estados Unidos, Australia y Reino Unido), pero en expansión hacia el Sur. Asimismo, se ha notado que la litigación de esta cuestión está ausente en algunas jurisdicciones en que su desarrollo podría ser relevante. Conviene finalizar el estudio aquí realizado con un balance transnacional de la información obtenida, como antesala del próximo capítulo que, de manera crítica y propositiva, profundizará algunos de los elementos más relevantes identificados.

En este sentido, debe reconocerse, como ya se había hecho tempranamente, el espacio central que ocupan los procesos de EIA en esta jurisprudencia. Al respecto, tres son las cuestiones principales que han abordado los tribunales: (a) la inclusión de la problemática climática en el ámbito investigativo de las evaluaciones; (b) la extensión que esta evaluación debería tener y (c) la forma en que deben evaluarse y valorarse los impactos climáticos identificados, a los fines de determinar si son significativos o no y, en tanto ello, si justifican la imposición de medidas de mitigación o condiciones, la selección de una u otra alternativa al proyecto o, lisa y llanamente, su rechazo. Estas cuestiones, debe decirse, no son exclusivas de los litigios enfocados en EIA, sino que aparecen en otros donde este tipo de proceso no es explícitamente abordado. Si bien se observan ciertas tendencias jurisprudenciales al respecto de estas cuestiones, no existe por el momento un consenso unánime o mayoritario transnacional.

En cuanto a la primera cuestión, como se examinó previamente, la jurisprudencia de Estados Unidos, a partir de la interpretación judicial de NEPA (norma seminal de la EIA a nivel global) reconoció desde un primer momento (1990) la pertinencia de abordar en estos procesos los impactos climáticos de las acciones federales. Esto fue también sostenido expresamente en otras jurisdicciones como Australia, Kenia, India, Papúa Nueva Guinea, Brasil y México, con una sentencia especialmente relevante al respecto en Sudáfrica. Sin embargo, en otras jurisdicciones los tribunales no han llegado a la misma conclusión, al menos en un primer momento. Por ejemplo, la Corte Suprema de Nueva Zelanda aceptó, a partir de un claro mandato legislativo, que los impactos climáticos de los proyectos debían ser marginados de la actuación de las autoridades de planeamiento, mientras no existiesen estándares fijados a nivel nacional para su control. Por su parte, en Chile, el Tercer Tribunal Ambiental negó la posibilidad de integrar el vacío legal al respecto (v. gr., mediante normativa internacional), sosteniendo que, sin regulación que lo solicite, las autoridades no estaban requeridas de incluir cuestiones relativas al cambio climático en los procesos de evaluación ambiental, algo que, sin embargo, fue rechazado por la Corte Suprema, la que finalmente reconoció esta necesidad de integración.

Respecto de la segunda cuestión, resulta importante el consenso al que han llegado algunos tribunales, por ejemplo, estadounidenses y australianos, sobre la necesidad de realizar una evaluación amplia que incluya la cuantificación de emisiones de GEI indirectas y acumulativas (*downstream* y *upstream*) de las acciones. En este sentido, puede destacarse, la extensión reconocida por el Tribunal Administratif de Marseille (Francia) a la hora de requerir la inclusión de los efectos *upstream* a producirse fuera de su jurisdicción debido a un posible cambio de uso de suelo con impactos climáticos. Más allá de esto, debe notarse que ciertos tribunales (v. gr., los de Reino Unido y Nueva Zelanda) se han mostrado reacios a requerir tal evaluación amplia, resaltándose, aunque en otro contexto fáctico, el rechazo de la Corte Constitucional austriaca a incluir las emisiones liberadas durante el trayecto de los vuelos (emisiones crucero) que despeguen o aterricen en el aeropuerto de Viena, a la hora de evaluar los impactos de su expansión.

Mayores incertidumbres reinan respecto a la cuestión de la valoración de la relevancia de las emisiones de GEI. En lo que hace a Estados Unidos, se ha observado que las agencias han sido renuentes a reconocer estas emisiones como impactos significativos dignos de atención y los tribunales han respondido de manera inconsistente a los cuestionamientos relativos a la razonabilidad de las asunciones y parámetros que guían este análisis. Análisis que, debe resaltarse, gracias a la propia jurisprudencia, pasó de la mera alegación de la MSA a la utilización de modelación de mercados energéticos, lo que implicó una tecnificación del proceso de valoración y, en consecuencia, el ejercicio de un mayor grado de deferencia judicial. En lo que hace a otras jurisdicciones, la jurisprudencia tampoco ha marcado estándares uniformes, con algunos tribunales aceptando la MSA en reiteradas ocasiones —lo que implica la desestimación de cualquier valoración de las emisiones— y con otros descartándola por ilógica e irracional —lo que pueda resultar en la utilización de emisiones brutas para esta valoración—.

Asimismo, la utilización de ciertos parámetros para la valoración de la relevancia de las emisiones ha sido objeto de controversia judicial. Por ejemplo, demandantes de distintas jurisdicciones han solicitado a los tribunales que exijan la aplicación del 'coste social del carbono' o del 'presupuesto de carbono global' como criterios para entender como significativas las emisiones de GEI de los proyectos. Mientras que, en general, los tribunales han mostrado gran deferencia a la decisión de las agencias de emplear o no tales herramientas, cada vez más resoluciones reconocen su relevancia, en algunos casos, incluso ordenando su aplicación o, directamente, empleándolos. Resulta de interés, reflexionar si y, en tal caso, cómo la utilización de estos parámetros puede desarrollarse en la jurisprudencia.

Sobre esta misma cuestión, debe observarse cuál es el rol otorgado por los tribunales a los marcos regulatorios climáticos, de carácter doméstico o internacional, a la hora de escrutar la actuación administrativa en la toma de decisión. En algunos casos, se ha sostenido que la regulación climática, incluyendo metas y compromisos asumidos en distintos niveles (leyes, NDC, etc.), debería ser un parámetro para el análisis de la viabilidad del proyecto, a los fines de garantizar coherencia regulatoria (v. gr., *Earthlife Africa Johannesburg*). En contrapartida, en otros litigios se ha alegado la existencia del régimen jurídico internacional y de regulaciones domésticas sobre la problemática a los fines de dispensar la valoración de las emisiones de los proyectos en las evaluaciones, en el entendimiento de que estás ya están cubiertas y, por ello, su análisis no corresponde a las autoridades de planeamiento local (v. gr., Reino Unido, Australia, Noruega).

Una cuestión final de interés para esta investigación es la de la posibilidad de cuestionar judicialmente la toma de decisión final de autorización de los proyectos dada su contradicción con la información ambiental que la autoridad tuvo a disposición y con posibles deberes de cuidado, surgidos de obligaciones de los Estados de prevenir futuras violaciones de derechos (humanos o constitucionales) o daños sobre los individuos bajo de su jurisdicción o control, en el contexto de la crisis climática. Se estima que este enfoque tiene potencialidad para desarrollarse a lo largo de las jurisdicciones y a través de los distintos sistemas jurídicos y podría significar un salto cualitativo en la jurisprudencia aquí estudiada, tanto en lo que hace al desarrollo teórico-práctico del Derecho, como también en lo relativo a sus impactos regulatorios, en los términos analizados en el capítulo II.

Capítulo IV
HACIA UN PUNTO DE INFLEXIÓN EN LA LITIGACIÓN CLIMÁTICA SOBRE PROYECTOS

1. OBJETO Y MARCO CONCEPTUAL DEL ESTUDIO CRÍTICO Y PROPOSITIVO

El objeto de este cuarto y último capítulo es el de realizar un estudio crítico y propositivo de la jurisprudencia previamente analizada. Especialmente, resulta interesante examinar (y especular sobre) la posibilidad de que se produzca un punto de inflexión (*tipping point*) en la litigación climática sobre proyectos, cuyo techo, por el momento, ha sido señalado en el logro de haber generalizado las consideraciones del cambio climático en los procesos de EIA y, en general, en la toma de decisiones sobre planeamiento[1609]. Este punto de inflexión estaría constituido por la conjunción de una serie de elementos (y argumentos) que llevarían a los tribunales a escrutar de forma más detenida la tarea de los tomadores de decisiones y, en ciertos casos, a determinar la antijuridicidad de la autorización de un proyecto en razón de sus impactos acumulativos sobre el sistema climático y de su contradicción con la transición requerida por la mejor ciencia disponible y la protección de los derechos humanos. En este sentido, de la misma forma que los impactos sobre el sistema climático amenazan con llevarlo irreversiblemente a un nuevo estadio[1610], los casos en diversas jurisdicciones irían aportando de forma

---

1609 Peel y Osofsky, *Climate Change Litigation...*, op. cit., p. 43.

1610 De acuerdo con el IPCC, un *tipping point* es: "*A level of change in system properties beyond which a system reorganizes, often abruptly, and does not return to the initial state even if the drivers of the change are abated. For the climate system, it refers to a critical threshold when global or regional climate changes from one stable state to another stable state.*" IPCC, *Global Warming of 1.5°C. An IPCC Special Report on the impacts of global warming of 1.5°C, above pre-industrial levels and related global greenhouse gas emissions*

acumulativa los elementos y argumentos necesarios para que se rompa la inercia jurisprudencial que hasta el momento ha persistido (en algunas jurisdicciones más que en otras) respecto del control sobre la autorización de ciertas actividades carbono-intensivas. Un cambio jurisprudencial transnacional al respecto tendría un impacto apreciable en el escenario regulatorio global, en los términos delineados en el capítulo II.

Esto sería especialmente importante en un momento en el que los gobiernos están delineando sus políticas de gestión de múltiples crisis, (v. gr., COVID-19, invasión de Rusia a Ucrania, etc.) al mismo tiempo que la ventana de oportunidad para abordar de manera exitosa la problemática climática está cerca de su cierre. Así, resulta clave poner el foco de atención sobre los procesos de toma de decisiones públicas, atravesados por los deberes de evaluación ambiental. Como se observó, estos procesos implican la apertura de espacios para la discusión, argumentación y escrutinio de las decisiones que, además, están sometidas a una revisión judicial que, sin perjuicio de una amplia deferencia debida, busca asegurar su correspondencia con los ordenamientos jurídicos nacionales e internacionales.

A los fines de determinar si este punto de inflexión podría darse, en este capítulo se analizan críticamente algunos de los elementos argumentativos más relevantes que se han observado en el estudio jurisprudencial precedente. Principalmente, la cuestión más básica de la inclusión del cambio climático en la toma de decisiones sobre proyectos, incluyendo beneficios de ello, posibles desarrollos argumentales y limitaciones (sección 2); la extensión de esta consideración, especialmente la interpretación del requerimiento sobre la inclusión de impactos 'indirectos' y la cuestión de la extraterritorialidad (sección 3); la MSA como límite a tal consideración (sección 4); la valoración razonable de los impactos, específicamente la utilización de criterios valorativos que reflejen su naturaleza compleja (sección 5); y la posible contradicción de las decisiones de autorización con el ordenamiento jurídico, a partir de una consideración irrazonable de

---

pathways, in the context of strengthening the global response to the threat of climate change, sustainable development, and efforts to eradicate poverty, Glossary, 2018, p. 50.

la información climática a disposición y la existencia de deberes de cuidado frente a la crisis climática (sección 6).

Vale la pena adelantar aquí que, a pesar de la falta de un consenso jurisprudencial transnacional, este estudio crítico parece apuntar en la dirección de que los elementos argumentales necesarios para que este *tipping point* judicial ocurra están presentes y es cuestión de tiempo que los diferentes puntos sean conectados, no existiendo barreras infranqueables de carácter general para que los tribunales den este paso. Al referir a esta 'conexión entre puntos', conviene tener presente, por un lado, lo postulado por de Vílchez Moragues respecto a la necesidad de apelar a una diversidad de fuentes jurídicas (*a multiplicity of threads*) y, por otro, a la caracterización del cambio climático como una '*hot situation*' (Fisher, Scotford y Barritt) y la necesidad de los tribunales de recurrir a giros interpretativos, posiblemente innovadores, para la estabilización de la disrupción jurídica que la problemática implica, en perjuicio de la seguridad jurídica. Sobre esto último, debe recordarse que, como plantea Jaria-Manzano, en un contexto de globalización y masificación normativa, la previsibilidad del Derecho, garantizada por la práctica judicial de subsunción del caso concreto a una norma de referencia claramente identificable, estable y apropiada, es, más que otra cosa, una ficción[1611].

Dicho esto, debe dejarse desde este primer momento aclarado que muchos de los elementos argumentales aquí analizados y propuestos podrán ser aceptables y/o adaptables en mayor o menor medida a cada jurisdicción dependiendo de su sistema y cultura jurídico-constitucional, siendo factores relevantes el grado de porosidad y recepción del Derecho internacional y el Derecho comparado y el rol asignado a los tribunales. También serán relevantes los contextos nacionales, entre otras cosas, la posición respecto a la responsabilidad climática, es decir, si se trata de países desarrollados o en vías de desarrollo o menos adelantados. Todo ello amerita un análisis más

---

1611 De Vílchez Moragues, *Domestic Climate Litigation...*, op. cit. p. 162; Fisher, Scotford y Barritt, "The Legally Disruptive Nature of Climate Change", op. cit., p. 178-181; Jaria-Manzano, "La identificación del Derecho aplicable en un contexto normativo complejo", op. cit.; véase capítulo II, apartados 3.5 y 7.

sensible de las condiciones particulares en los diversos ordenamientos jurídicos nacionales, algo que excede el objeto de este trabajo[1612].

Asimismo, parte importante de la postulación de un posible punto de inflexión judicial en la que se centra este capítulo tiene que ver con el desplazamiento conceptual que en los últimos años se ha dado del cambio climático como mera problemática ambiental a emergencia, urgencia o crisis climática. Este desplazamiento está dado, como se observó en el capítulo I, por un escaso presupuesto de carbono restante y una acción climática patentemente insuficiente que coloca a la sociedad contemporánea a las puertas de un nuevo estadio planetario —el Antropoceno—, provocado por la propia actuación de una parte de la Humanidad[1613] y caracterizado, entre otras cosas, por un cambio climático peligroso (posiblemente catastrófico) y cada vez más alejado del espacio seguro que alguna vez fue, tanto para el ser humano como para otros seres, valiosos en sí mismos[1614].

En relación con esto, al avanzar en los desarrollos de este capítulo, debe tenerse en consideración el marco epistemológico de quiebre para el Derecho y la gobernanza que plantea la narrativa del Antropoceno, de la que el cambio climático es su exponente más paradigmático. En palabras de Kotzé:

> *Law cannot continue to comfortably rest on foundations that evolved under the harmonious Holocene, because under the type of biospheric conditions in the Anthropocene, 'Holocene Law' will arguably be unable to establish a maintain the type of societal ordering it typically would have sought to achieve under 'normal' Holocene conditions...*

1612 SAIGER, "Domestic Courts and the Paris Agreement's Climate Goals...", op. cit., p. 16, 17; en lo que aquí interesa, esta autora remarca que, por ejemplo, conceptos jurídicos indeterminados del Derecho administrativo doméstico, como también el rol de las provisiones ambientales en las constituciones nacionales, moldean los márgenes abiertos para los tribunales. Así, la aplicabilidad y el significado sustantivo de las metas del Acuerdo de París dependen de las provisiones jurídicas nacionales, por lo que, sobre ello, solo se pueden dar respuestas a la luz de cada Derecho nacional. En este sentido, es probable que el análisis contenido en este capítulo ofrezca, a su vez, alguna información sobre las limitaciones del Derecho doméstico para abordar la problemática.

1613 Véase, MALM, A. y HORNBORG, A., "The geology of mankind? A critique of the Anthropocene narrative, *The Anthropocene Review*, Vol. I, N° I, 2014.

1614 CORTE IDH, Opinión Consultiva OC-23/17 de 15 de noviembre de 2017..., op. cit, párr. 62.

> *...for law and environmental law scholars specifically, the Anthropocene, acting as a current cognitive framework, is providing a unique opportunity to question and to re-imagine the juristic interventions that must ultimately be better able to respond to the current global socio-ecological crisis*[1615].

En términos similares se expresa Jaria-Manzano cuando afirma que:

> Es evidente que esto plantea desafíos muy significativos a los juristas, que no se pueden refugiar en las categorías tradicionales, sino que deben asumir, al mismo tiempo, el reto de incorporarse a la generación de conocimiento interdisciplinar requerido en esta nueva fase de la evolución social, así como a la necesidad de reconstruir su discurso y sus concepciones, con la finalidad última de generar instrumentos adecuados para afrontar las problemáticas que se generan en un contexto de creación social del Sistema Tierra[1616].

Igualmente, adscribe Sozzo a esta postura, al abordar el desarrollo del Derecho Privado Ambiental, y referirse a la necesidad de incorporar elementos propios de las ciencias físicas en el entramado político jurídico:

> El Antropoceno... plantea una necesidad más radical, que es la de considerar *the planetary boundaries* para la acción humana, que deben ser respetados por los seres humanos y sobre todo por quienes deciden bajo la forma de una obligación legal, produciendo una versión más robusta de la sustentabilidad, más centrada en la tierra[1617].

1615 KOTZÉ, *Global Environmental Constitutionalism in the Anthropocene,* op. cit., p. 7; en este sentido, resulta interesante lo observado por la Federal Court of Australia en el caso Sharma *v. Minister for the Environment*: *"...the law is being asked to respond to altering social conditions brought about by human interference to the natural environment"*; FEDERAL COURT OF AUSTRALIA: Sharma by her litigation representative Sister Marie Brigid Arthur v. Minister for the Environment [2021] FCA 560 (judgment of 27 May 2021), op. cit., párr. 117; véase también COCCIOLO, E., "Capitalocene, Thermocene and the Earth System: Global Law and Connectivity in the Antropocene Age", en JARIA-MANZANO, y BORRÀS, *Research Handbook on Global Climate Constitutionalism,* op. cit.; PHILIPPOPOULOS-MIHALOPOULOS, A., "Critical environmental law as method in the Anthropocene", en PHILIPPOPOULOS-MIHALOPOULOS, A. y BROOKS, V., *Research Methods in Environmental Law: A Handbook,* Edward Elgar, 2017.

1616 JARIA-MANZANO, J., "El Derecho, el Antropoceno y la Justicia", *Revista Catalana de Dret Ambiental,* Vol. VII, N°. 2, 2016, p. 12.

1617 SOZZO, G., *Derecho Privado Ambiental: El giro ecológico del Derecho Privado,* Rubinzal-Culzoni, 2019, p. 13.

Ahora bien, también debe advertirse, como lo hace este último autor, que el Derecho trabaja a partir de la sedimentación de paradigmas, lo que implica que en el campo institucional los paradigmas tienden a coexistir y no se reemplazan automáticamente unos a otros, por lo que, estando 'instalado' aquel dominante del desarrollo sostenible en las regulaciones internacionales, constitucionales, etc., su sustitución implicará un proceso gradual de implementación[1618]. En este sentido, los desarrollos de los próximos apartados pueden entenderse parte de este proceso gradual del paso hacia un nuevo paradigma del Derecho ambiental.

2. EL CAMBIO CLIMÁTICO EN LA TOMA DE DECISIONES SOBRE PROYECTOS

El elemento inicial que conformaría el punto de inflexión sobre el que aquí se especula es el de la integración del cambio climático en la toma de decisiones. Específicamente, la cuestión de si los tomadores de decisiones, a la hora de consentir el desarrollo de un determinado proyecto, tienen el deber de considerar sus posibles impactos sobre el sistema climático.

Como se mencionó, en algunas jurisdicciones, esta cuestión se encuentra resuelta de forma explícita por la afirmativa a partir de mandatos normativos sobre el contenido de los procesos de EIA (v. gr., leyes de España[1619] o Brasil[1620]) o, de manera más general, sobre las consideraciones relevantes que deben integrar la toma de decisiones de planeamiento (v. gr., Planning Act 2008 de Reino Unido[1621]). Asimismo, numerosas guías de implementación, con mayor o menor detalle, se han desarrollado para acompañar a este tipo de normativa y para direccionar a las autoridades competentes y/u otros imple-

---

1618 Ídem, p. 13, 14.

1619 BOLETÍN OFICIAL DEL ESTADO, Ley 21/2013, de 9 de diciembre, de evaluación ambiental, BOE núm. 296, de 11 de diciembre de 2013, BOE-A-2013-12913, legislación consolidada, disponible en: <https://www.boe.es/buscar/act.php?id=BOE-A-2013-12913> [Última consulta, 15 de agosto de 2021]

1620 DIÁRIO OFICIAL DA UNIÃO, Lei N° 12.187..., op. cit.

1621 UNITED KINGDOM PARLIAMENT, Planning Act 2008..., op. cit.

mentadores[1622]. En otras jurisdicciones, ante la falta de esta respuesta normativa explícita, los tribunales han sido llamados a pronunciarse. Del análisis jurisprudencial precedente surge que, en una mayoría de casos, los tribunales han reconocido la pertinencia de incluir a la problemática climática dentro de las cuestiones a considerar en la toma de decisiones sobre proyectos, principalmente a partir de su integración en el ámbito investigativo de los procesos de EIA.

Específicamente, de las 19 jurisdicciones en las que se han identificado casos con resoluciones judiciales, en ocho de ellas (Estados Unidos[1623], Australia[1624], Sudáfrica[1625], Kenia[1626] India[1627], Papúa Nueva Guinea[1628], México[1629] y Chile[1630]) los tribunales han sostenido

---

1622 Un repaso de la situación internacional de la inclusión del cambio climático en los procesos de evaluación ambiental a través de normativa y guías puede encontrarse en ENRÍQUEZ DE SALAMANCA SÁNCHEZ-CÁMARA, A., *Consideración del cambio climático en la evaluación de impacto ambiental de infraestructuras lineales de transporte,* Universidad Nacional de Educación a Distancia, Tesis doctoral, 2017; un listado de guías de implementación puede encontrarse en SABIN CENTER FOR CLIMATE CHANGE LAW, EIA Guidelines for Assessing the Impact of a Project on Climate Change <https://climate.law.columbia.edu/content/eia-guidelines-assessing-impact-project-climate-change> [Última consulta, 16 de julio de 2021]

1623 Véase, por ejemplo, UNITED STATES COURT OF APPEALS FOR THE DISTRICT OF COLUMBIA CIRCUIT: City of Los Angeles et al. v. National Highway Traffic Safety Administration et al., No: 86-1649, 86-1651, 86-1652. 89-1277, 89-1403, (opinion of 24 August 1990), op. cit.; UNITED STATES COURT OF APPEALS FOR THE NINTH CIRCUIT: Center for Biological Diversity v. National Highway Traffic Safety Administration, No. 06-71891, 06-72317, 06-72641. 05-72694, 06-73807, 06-73826, (opinion of 15 November 2007; opinion and order of 18 August 2008), op. cit.

1624 Véase, por ejemplo, LAND AND ENVIRONMENT COURT OF NEW SOUTH WALES: Greenpeace Australia Ltd. v. Redbank Power Co. (judgment of 10 November 1994), op. cit.

1625 Véase HIGH COURT OF SOUTH AFRICA (GAUTENG DIVISION, PRETORIA): Earthlife Africa Johannesburg v. The Minister of Environmental Affairs et al., Case number: 65662/16 (judgment of 8 March 2017), op. cit.

1626 Véase NATIONAL ENVIRONMENTAL TRIBUNAL AT NAIROBI: Save Lamu et al. v. National Environmental Management Authority et al., NET 196 of 2016 (judgment of 26 June 2019), op. cit.

1627 Véase NATIONAL GREEN TRIBUNAL, Society for Protection of Environment and Biodiversity v. Union of India, op. cit., y NATIONAL GREEN TRIBUNAL PRINCIPAL BENCH, NEW DELHI: Ridhima Pandey v. Union of India, op. cit.

1628 COURT OF JUSTICE AT WAIGANI: Hon. Ginson Goheyy Saonu and Morobe Provincial Government v. Minister for Environment and Conservation and Climate Change et al., op. cit.

expresamente que los impactos sobre el sistema climático deben ser una cuestión que considerar por las autoridades a la hora de la toma de decisiones sobre proyectos. Este reconocimiento se ha dado a partir de aceptar que el cambio climático es un problema ambiental complejo pero cuyos impactos son, de acuerdo con el estado de la ciencia, reales, previsibles y graves. En este sentido, el escepticismo sobre su realidad o gravedad, tan extendido en otros ámbitos, no ha tenido rol alguno en el judicial, pudiendo reconocerse una única excepción en la resolución del juez Koppenol en el caso de *Re Xstrata Coal Queensland* (Australia, 2007), la que, sin embargo, no tuvo mayor repercusión en la jurisprudencia posterior[1631].

En relación con ello, los tribunales han aceptado que existe un nexo causal suficiente entre la liberación de emisiones de GEI (u otros impactos, como la pérdida o reducción de sumideros de carbono) por parte de los proyectos, el calentamiento del sistema climático y sus impactos derivados, nexo que no se rompe por el hecho de que existan una variedad de causas que actúan de forma acumulativa[1632].

Debe decirse, sin embargo, que del análisis realizado surge que algunos tribunales han mostrado dudas al buscar un nexo de causali-

---

1629 Véase CORTE SUPREMA DE JUSTICIA DE MÉXICO: Amparo en revisión 610/2019 (sentencia del 15 de enero 2020), op. cit.; si bien no refiere a un proyecto sino a una decisión reglamentaria, las consideraciones de la Corte son claramente extrapolables.

1630 CORTE SUPREMA DE JUSTICIA DE CHILE: Galindo Gacitúa, Saba Ester et al. v. Servicio de Evaluación Ambiental de la Región de Antofagasta, Rol N° 71.628-2021 (sentencia del 19 de abril de 2022), op. cit.

1631 LAND AND RESOURCES TRIBUNAL QUEENSLAND: Re Xstrata Coal Queensland Pty Ltd et al., [2007] QLRT 33 (judgment of 15 February 2007), op. cit.

1632 Véase, por ejemplo, UNITED STATES COURT OF APPEALS FOR THE DISTRICT OF COLUMBIA CIRCUIT: City of Los Angeles et al. v. National Highway Traffic Safety Administration et al., No: 86-1649, 86-1651, 86-1652. 89-1277, 89-1403, (opinion of 24 August 1990), op. cit.; UNITED STATES COURT OF APPEALS FOR THE NINTH CIRCUIT: Center for Biological Diversity v. National Highway Traffic Safety Administration, No. 06-71891, 06-72317, 06-72641. 05-72694, 06-73807, 06-73826, (opinion of 15 November 2007; opinion and order of 18 August 2008), op. cit.; NEW SOUTH WALES LAND AND ENVIRONMENT COURT: Gray v. The Minister for Planning, et al. [2006] NSWLEC 720 (judgment of 27 November 2006), op. cit.; LAND AND ENVIRONMENT COURT OF NEW SOUTH WALES: Gloucester Resources Limited v. Minister of Planning [2019] NSWLEC 7 (Judgment of 8 February 2019), op. cit.

dad específico entre las emisiones de GEI del proyecto y un impacto del cambio climático concreto. Esto, por ejemplo, ha sucedido en la jurisdicción federal de Australia, al concentrarse la normativa aplicable (EPBC Act) en la protección de bienes de relevancia nacional, como la Gran Barrera de Coral, por lo que los tribunales han solicitado evidencia de un nexo causal entre el proyecto e impactos específicos e individualizados sobre este ecosistema[1633]. Con el correr de los casos y la intervención en estos de representantes de la comunidad científica como expertos, este requerimiento se ha demostrado tanto físicamente imposible como innecesario, pues las emisiones de GEI luego de ser liberadas se mezclan en la atmósfera y, por lo tanto, todas, a la vez que ninguna en particular, puede decirse que contribuyen a los impactos específicos del cambio climático[1634].

En este sentido, la aparente contradicción observada por la jueza MacDonald (Queensland Land Court, Australia) en *Xstrata Coal Queensland v. Friends of the Earth* (2012) entre el testimonio experto del Dr. Meinshausen (atribuyendo al proyecto un porcentaje de consumo del presupuesto de carbono) y el Dr. Lowe (sosteniendo que no es científicamente posible atribuir a un determinado proyecto un impacto particular del cambio climático) demuestra en realidad un error en el entendimiento del funcionamiento del sistema climático[1635]. Este, sin embargo, parece haberse subsanado, tiempo después, al reconocerse en *Adani Mining v. Land Services of Coast and Country* (2015) que todas las emisiones del proyecto tendrían un impacto cli-

---

1633 Federal Court of Australia: Wildlife Preservation Society of Queensland Proserpine/Whitsunday Branch Inc. v. Minister for the Environment and Heritage et al., 2006 FCA 736 (judgment of 15 June 2006), op. cit.; Federal Court of Australia: Anvil Hill Project Watch Association Inc. v. Minister for the Environment and Water Resources [2007] FCA 1480 (judgment of 20 September 2007), op. cit.

1634 Véase, por ejemplo, United States District Court for the District of Montana, Great Falls Division: WildEarth Guardians, et al. v. U.S. Bureau of Land Management et al., CV-18-73-GF-BMM (order of 1 May 2020), op. cit., p. 28: *"...even though BLM cannot ascertain exactly how all of these projects contribute to climate change impacts felt in the project area, it knows that less greenhouse-gas emissions equals less climate change."*

1635 Land Court of Queensland: Xstrata Coal Queensland Pty Ltd, et al., v. Friends of the Earth-Brisbane Co-Op Ltd, et al., [2012] QLC 13, (judgment of 27 March 2012), op. cit.

mático, existiendo una relación causa/efecto en términos físicos[1636]. En casos posteriores, otros tribunales de la jurisdicción australiana han aceptado esto, específicamente la NSWLEC en *Gloucester Resources v. Minister for Planning* (2019)[1637].

En cuanto a la selección, interpretación y aplicación del Derecho para justificar esta postura, los tribunales en estas jurisdicciones han entendido que la normativa sobre EIA, a pesar de no mencionar expresamente la cuestión climática, era lo suficientemente amplia para comprenderla dentro de su ámbito de actuación[1638]. Como se observó, la resolución más paradigmática al respecto fue la de *Earthlife Africa Johannesburg v. The Minister of Environmental Affairs* (Sudáfrica, 2017) con la Corte advirtiendo que, a pesar de que la normativa no lo solicitase expresamente, una interpretación convencional y constitucionalmente consistente de la legislación doméstica llevaba a la conclusión de que el cambio climático debía ser parte del ámbito investigativo de la EIA y, consecuentemente, de la toma de decisión sobre la viabilidad del proyecto. Los elementos normativos considerados por el juez Murphy (High Court) en el caso fueron los principios del desarrollo sostenible y de prevención, el derecho constitucional al ambiente sano (cuya dimensión de justicia intergeneracional es puesta en riesgo por el cambio climático) y el Derecho internacional, específicamente la CMNUCC, en lo que refiere a su mención del principio precautorio (artículos 3.3) y de la necesidad de integrar la cuestión climática en la toma de decisiones (artículo 4.1.f)[1639]. Asimismo, ha de destacarse que, al revertir la por entonces

---

1636 LAND COURT OF QUEENSLAND: Adani Mining Pty Ltd v. Land Services of Coast and Country et al. [2015] QLC 48 (judgment of 15 December 2015), op. cit.

1637 LAND AND ENVIRONMENT COURT OF NEW SOUTH WALES: Gloucester Resources Limited v. Minister of Planning [2019] NSWLEC 7 (Judgment of 8 February 2019), op. cit.

1638 Véase, por ejemplo, UNITED STATES COURT OF APPEALS FOR THE DISTRICT OF COLUMBIA CIRCUIT: City of Los Angeles et al. v. National Highway Traffic Safety Administration et al., No: 86-1649, 86-1651, 86-1652. 89-1277, 89-1403, (opinion of 24 August 1990), op. cit.; NATIONAL GREEN TRIBUNAL PRINCIPAL BENCH, NEW DELHI: Ridhima Pandey v. Union of India, op. cit.

1639 HIGH COURT OF SOUTH AFRICA (GAUTENG DIVISION, PRETORIA): Earthlife Africa Johannesburg v. The Minister of Environmental Affairs et al., Case number: 65662/16 (Judgment of 8 March 2017), op. cit.

negativa jurisprudencia sobre la cuestión en Chile, la Corte Suprema observó que eran los compromisos asumidos a nivel internacional en la materia los que requerían de esta integración, como así también la posible afectación del derecho a vivir en un ambiente libre de contaminación[1640].

Del resto de las jurisdicciones, en nueve (Reino Unido, Canadá, Francia, Noruega, Irlanda, Austria, España, Ecuador y Brasil) los tribunales no se han expedido específicamente sobre la cuestión, estando en las resoluciones implícito que el cambio climático debía o al menos podía ser parte de las consideraciones a tener en cuenta en la toma de decisión, en buena medida a partir de reconocimientos normativos expresos, v. gr., Directiva 2014/52/UE[1641].

Por su parte, tan solo en una jurisdicción[1642] los tribunales han llegado al convencimiento de que esta cuestión estaba excluida del núcleo informativo sobre el que se debían tomar las decisiones de planeamiento. En Nueva Zelanda, tal rechazo se encontró fundado en normativa que expresamente así lo disponía, respaldando el entendimiento gubernamental de que razones de coste-efectividad indicaban su mejor tratamiento a nivel nacional (y no local en la autorización de proyectos). En este sentido, los tribunales no encontraron motivos para desconocer o impugnar esta opción regulatoria[1643]. Ahora bien, esta negativa se mantuvo, al menos en un caso concreto, aún luego de que un cambio normativo propiciara la inclusión de esta variable, al entender el juez que esta última norma no aplicaba a los procedimientos de autorización de proyectos fósiles regidos por

---

1640 Corte Suprema de Justicia de Chile: Galindo Gacitúa, Saba Ester et al. v. Servicio de Evaluación Ambiental de la Región de Antofagasta, Rol N° 71.628-2021 (sentencia del 19 de abril de 2022), op. cit.

1641 Diario Oficial de la Unión Europea, Directiva 2014/52/UE del Parlamento Europeo y del Consejo, de 16 de abril de 2014, por la que se modifica la Directiva 2011/92/UE, relativa a la evaluación de las repercusiones de determinados proyectos públicos y privados sobre el medio ambiente, Nro. 124, 25 de abril de 2014.

1642 De la información disponible sobre los casos en la jurisdicción de Japón no es posible determinar cuál es la postura jurisprudencial respecto a esta cuestión.

1643 Véase, por ejemplo, Supreme Court of New Zealand: Greenpeace New Zealand Inc v. Genesis Power Ltd, [2008] NZSC 112 (judgment of 19 December 2008), op. cit.

una regulación que buscaba, específicamente, promover su desarrollo[1644].

Hecha esta recapitulación sobre la jurisprudencia pertinente, interesa aquí avanzar sobre sus posibles desarrollos y limitaciones. Sin embargo, conviene, previamente, resaltar los posibles beneficios que se han reconocido a la integración del cambio climático en la toma de decisiones sobre proyectos y, especialmente en los procesos de EIA, a los fines de determinar la utilidad de recorrer este camino.

2.1. *Beneficios de la inclusión del cambio climático en la toma de decisiones*

Ciertos beneficios se han resaltado de la integración de la variable climática en la toma de decisiones y, específicamente en los procesos de EIA. En primer lugar, su inclusión conlleva la generación y acceso a información relevante sobre la performance climática de proyectos (y planes, programas, etc.), tanto para las propias autoridades como para el público, a partir de la elaboración de estudios de impacto climático como parte del proceso de EIA (o de EAE). Esta información, que en caso contrario posiblemente no se generaría o haría pública, es la que permite realizar una valoración adecuada por parte de la autoridad de los riesgos climáticos, como así también de las posibles medidas de mitigación a aplicar en respuesta[1645], a la vez que es requisito para que pueda desarrollarse un escrutinio público al respecto. Esto implica una promoción de la transparencia y reducción de la arbitrariedad en sectores de políticas clave, especialmente el sector energético, a la vez que refuerza las capacidades gubernamentales y sociales. Así, permite poner el foco de atención en las consecuencias de emisiones de GEI irrestrictas[1646], incrementando la

---

1644 HIGH COURT OF NEW ZEALAND: Students for Climate Solutions Inc. v. The Minister of Energy and Resources, op. cit.

1645 DURRANT, N., *Legal Responses to Climate Change,* The Federation Press, 2010, p. 220; BENJAMIN, A., "Os Princípios do Estudo de Impacto Ambiental...", op. cit., p. 25.

1646 DURRANT, *Legal Responses to Climate Change,* op. cit., p. 230.

concientización de la ciudadanía y su compromiso[1647] y promoviendo un debate público informado con la capacidad de generar decisiones más justas[1648].

En segundo lugar, ubicar el abordaje de la problemática climática en los ámbitos de planificación local (y no meramente nacional o internacional) otorga a las comunidades la posibilidad de participar de la toma de decisiones de relevancia climática de forma más directa, a partir de los mecanismos de participación que este tipo de procesos garantiza, con una mayor oportunidad de incidir en la decisión final sobre cómo se utilizará el territorio en el que reside. De este modo, exclusiones normativas o jurisprudenciales de la cuestión en este nivel de planeamiento local, repercuten en una menor capacidad de incidencia para las comunidades, lo que lleva a una ampliación de la brecha de influencia con respecto a otros actores como, por ejemplo, las corporaciones con mayor habilidad de incidir en decisiones a más alto nivel. Asimismo, la capacidad de control judicial sobre decisiones más amplias (v. gr., las parlamentarias) son menores a partir de una mayor deferencia debida, dada la representatividad democrática que formalmente detentan estos órganos, como ilustra el caso de Noruega en relación con la decisión del Storting[1649] o algunos casos en Reino Unido, en relación con las declaraciones de políticas[1650]. En este sentido, y de acuerdo con lo referido en el primer capítulo de esta investigación, las dimensiones de justicia del reconocimiento y la participación podrían alegarse afectadas.

En tercer lugar, esta inclusión puede permitir asegurar coherencia regulatoria entre los distintos niveles de gobernanza climática, evaluándose si la actividad propuesta encuadra en las políticas, metas y compromisos climáticos más generales dispuestos a nivel doméstico y/o internacional, lo que no parece estar sucediendo, dada las bre-

---

1647 PNUMA, *Environmental Rule of Law…*, op. cit. p. 87 y ss.

1648 Sen, A., *The Idea of Justice*, Penguin Books, 2010.

1649 Corte Suprema de Noruega: Greenpeace Norden et al. v. Noruega, Case No. 20-051052SIV-HRET (sentencia del 20 de diciembre de 2020, traducción oficial a fines informativos), op. cit.

1650 Véase, por ejemplo, High Court of Justice Queen's Bench Division Administrative Court: Carol Barbone, et al. v. The Secretary of State for Transport, et al. [2009] EWCH 463 (Admin) (judgment of 13 March 2009), op. cit.

chas de gobernanza antes mencionadas. Esto ha sido expresamente reconocido por la High Court en *Earthlife Africa Johannesburg v. The Minister of Environmental Affairs* (Sudáfrica, 2017), al afirmar que una evaluación de impactos climáticos del proyecto era necesaria y relevante para asegurar que este encajara en las trayectorias de emisiones que el Gobierno sudafricano había dispuesto en su NDC[1651]. Al respecto, debe recordarse que la importancia de los compromisos y metas fijado a nivel internacional en el Acuerdo de París residen en su virtualidad para poner en marcha mecanismos regulatorios domésticos (como el de planeamiento), sin los cuales no son más que papel mojado. En la necesidad de garantizar esta coherencia, políticas, metas y compromisos de distintos niveles se convertirían en parámetros de control sobre la actividad a nivel proyecto. En otras palabras, la introducción de esta cuestión en los procedimientos de toma de decisión sería una forma de instrumentalizar los compromisos domésticos e internacionales asumidos, funcionando el sistema de planeamiento como parte relevante de los sistemas de implementación de la gobernanza climática[1652], en su entendimiento policéntrico y multinivel y como parte de la estructura híbrida del Acuerdo de París[1653]. Sobre la consecuencia de esto en el escrutinio judicial se volverá más adelante.

Más allá de estos beneficios, algunas dudas se han generado en torno a este nuevo desarrollo del ámbito de actuación de la EIA. Estas tienen que ver con el carácter especial de la problemática climática respecto de otros impactos calificados como ambientales. Específicamente, su dimensión global, su causalidad difusa y acumulativa y las incertezas que la envuelven. Estas características invitan a cues-

---

1651 HIGH COURT OF SOUTH AFRICA (GAUTENG DIVISION, PRETORIA): Earthlife Africa Johannesburg v. The Minister of Environmental Affairs et al., Case number: 65662/16 (judgment of 8 March 2017), op. cit, párr. 90; una postura similar puede encontrarse en UNITED STATES COURT OF APPEALS FOR THE DISTRICT OF COLUMBIA CIRCUIT: Sierra Club, et al. v. Federal Energy Regulatory Commission, et al., No. 16-1329 (opinion of 22 August 2017), op. cit., p. 24: "*Quantification would permit the agency to compare the emissions from this project to… regional or national emissions-control goals*".

1652 OWEN, "Climate Change and Environmental Assessment Law"…, op. cit., p. 107.

1653 PEEL, J., "Environmental impact assessments and climate change", en FAURE, *Elgar Encyclopedia of Environmental Law*, op. cit., p. 357.

tionamientos sobre la capacidad y la bondad de su abordaje por parte de las autoridades, territorial y competencialmente limitadas, al mando de los procesos de evaluación ambiental[1654]. Morgan, en esta línea, se refiere a que la evaluación de impactos climáticos puede plantear nuevos desafíos a los responsables de su implementación, en tanto los gobiernos luchan para reconciliar los procesos de toma de decisión a nivel nacional con los acuerdos globales de reducción de emisiones[1655].

Estos cuestionamientos, sin embargo, son limitados y no parecen haber tenido mayor impacto en la tendencia creciente de extender el ámbito investigativo de las EIA a la cuestión climática. En este sentido, diversos estudios técnicos que han analizado la cuestión desde la propia práctica de la EIA no refieren a contraindicaciones mayores[1656]. Principalmente, ha destacado como problemática la falta

---

1654 Owen, "Climate Change and Environmental Assessment Law"..., op. cit., p. 115 y ss: "*Local agencies, skeptics may suggest, have neither the authority nor the competence to address a problem with so many international dimensions, and response efforts ought to come from the federal or even international level. In its most extreme version, the argument suggests that local regulation will make climate change worse: by regulating internally, California might reduce the federal government's bargaining chips in international negotiations*". En respuesta, el autor sostiene que, las acciones que regulan estos procedimientos se encuentran dentro del ámbito de jurisdicción local, valorándose decisiones discrecionales de autoridades locales. A su vez, alega que este tratamiento a nivel local podría tener buenos resultados (en lugar de malos) en relación con las negociaciones internacionales.

1655 Morgan, "Environmental Impact Assessment...", op. cit., p 7.

1656 Véase, por ejemplo, Agrawala, S., et al, "Incorporating climate change impacts and adaptation in Environmental Impact Assessments...", op. cit.; Sok, V., Boruff, B. y Morrison-Saunders, A., "Addressing climate change through environmental impact assessment: international perspectives from a survey of IAIA members", *Impact Assessment and Project Appraisal,* Vol. 29, N°. 4, 2011; Hands, S. y Hudson, M., "Incorporating climate change mitigation and adaptation into environmental impact assessment: a review of current practice within transport projects in England", *Impact Assessment and Project Appraisal,* Vol. 34, N°. 4, 2016; Joseph, C., "Problems and resolutions in GHG impact assessment", *Impact Assessment and Project Appraisal,* Vol. 28, N°. 1, 2020; Enríquez de Salamanca Sánchez-Cámara, A., Martín-Aranda, R. y Díaz-Sierra, R., "Consideration of climate change in environmental impact assessment in Spain", *Environmental Impact Assessment Review,* Vol. 57, 2016; Byer, P. et al., "International Best Practice Principles: Climate Change in Impact Assessment", International Association for Impact Assessment, Special Publication Series N°. 8, 2018.

de especificaciones técnicas para este proceso, por ejemplo, la ausencia de parámetros para definir la relevancia de las emisiones de GEI dado el carácter global, difuso e incremental de los impactos climáticos[1657]. Mientras que esta es una limitación técnica importante, se han ensayado criterios para su definición que han sido objeto de cierto escrutinio judicial, como se observó en el capítulo anterior. En todo caso, esta limitación no es, en modo alguno, un problema insuperable en lo que aquí respecta.

2.2. Posibles desarrollos argumentales y limitaciones

Como previamente se sostuvo, ante la ausencia de prescripción normativa respecto a la inclusión del cambio climático en la toma de decisiones de planeamiento, la mayoría de los tribunales a los que se les ha planteado la cuestión han interpretado de forma amplia las regulaciones existentes, especialmente la de EIA, para dar lugar a su consideración, siendo paradigmática la resolución de la Corte sudafricana debido a la selección y aplicación de un conjunto de elementos normativos a estos fines. En este subapartado, primeramente, se proponen tres elementos argumentativos que pueden desarrollarse para llevar a los tribunales en esta misma dirección a partir del Derecho internacional, del Derecho de los derechos humanos, incluidos los derechos recogidos en las cláusulas constitucionales, y de los prin-

---

1657 El borrador de guía del CEQ de 2014 establecía como punto de referencia para el abordaje de las emisiones la cantidad de 25.000 toneladas métricas de CO2-e en base anual; este límite no determinaba, por sí solo, la caracterización de las emisiones como impactos significativos, pero sí sugería la necesidad de que, sobrepasado este límite, las emisiones merecían al menos un análisis cuantitativo; COUNCIL OF ENVIRONMENTAL QUALITY, *Revised Draft Guidance for Federal Departments and Agencies on Consideration of Greenhouse Gas Emissions and the Effects of Climate Change in NEPA Reviews,* 24 de diciembre de 2014, disponible en: <https://www.govinfo.gov/content/pkg/FR-2014-12-24/pdf/2014-30035.pdf> [Última consulta, 15 de julio de 2021];véase también disposiciones similares pero de carácter legislativo en Australia, AUSTRALIAN GOVERNMENT, *National Greenhouse and Energy Reporting Act 2007,* disponible en: <https://www.legislation.gov.au/Details/C2019C00263> [Última consulta 17 de octubre de 2020]; WENTZ, J., "Climate change and environmental impact assessment" en PADDOCK, GLICKSMAN y BRYNER (eds.), *Elgar Encyclopedia of Environmental Law...*, op. cit., p. 287.

cipios del Derecho ambiental. Seguido de ello, se hace referencia a posibles limitaciones para estos desarrollos, considerando la experiencia jurisprudencial antes revisada.

En cuanto a lo primero, tanto en el mencionado caso de Sudáfrica como en el de México, los tribunales hicieron alusión al régimen jurídico internacional como elemento interpretativo para sostener su decisión a favor de integrar la cuestión climática. Mientras que, como se adelantó, en el primero, la High Court se refirió a la CMNUCC, específicamente a sus artículos sobre el principio precautorio y la necesidad de integrar la cuestión en la toma de decisiones[1658], en el segundo la Corte Suprema de Justicia de México hizo mención del Acuerdo de París y los compromisos internacionales adquiridos por el Gobierno[1659]. Se trató en ambos casos de una utilización hermenéutica de estos elementos ya que, en principio, no existe una obligación clara en el Derecho internacional general de incluir al cambio climático en la toma de decisiones sobre proyectos. El artículo cuarto de la CMNUCC, aludido por la Corte sudafricana, solo 'alienta' pero no obliga a las Partes a ello[1660], siendo su uso como herramienta interpretativa del Derecho doméstico, la que lo convertiría en obligación.

Es verdad que, como se mencionó, la CIJ ha reconocido como una exigencia del Derecho internacional la realización de una EIA ante la posibilidad de que se produzcan impactos transfronterizos. Sin embargo, existe cierto consenso doctrinal de que esto no incluiría impactos exclusivamente globales, como aquellos prodigados a la atmósfera[1661]. Sin perjuicio de ello, hay quienes han sugerido que

---

1658 High Court of South Africa (Gauteng Division, Pretoria): Earthlife Africa Johannesburg v. The Minister of Environmental Affairs et al., Case number: 65662/16 (judgment of 8 March 2017), op. cit.

1659 Corte Suprema de Justicia de México: Amparo en revisión 610/2019 (sentencia del 15 de enero 2020), op. cit.

1660 Bodansky, Brunnée y Rajamani, *International Climate Change Law,* op. cit., p. 130.

1661 United Nations Treaty Collection, Convention on Environmental Impact Assessment in a Transboundary Context, op. cit., artículo 1: "...(viii) *"Transboundary impact" means any impact, not exclusively of a global nature, within an area under the jurisdiction of a Party caused by a proposed activity the physical origin of which is situated wholly or in part within the area under the jurisdiction of another Party"*; Mayer

esta obligación podría aplicar igualmente a la cuestión climática si se hace foco en algunos de sus impactos concretos (v. gr., aumento del nivel del mar afectando un pequeño estado insular) en su calidad de impactos transfronterizos de largo alcance[1662]. Así, el proyecto de artículos relativos al cambio climático de la Asociación de Derecho Internacional reza en su artículo 7B (principio precautorio, puntos 6 y 5) que ante una amenaza razonablemente previsible de que una actividad propuesta cause daño serio al ambiente de otro estado o áreas más allá de la jurisdicción nacional, *incluyendo daño irreversible a través del cambio climático a Estados vulnerables*, se requiere una EIA, a la vez que la necesidad de notificar y consultar al Estado afectado, difundiendo la información relevante y cooperando para alcanzar una decisión conjunta[1663]. En este entendimiento, como ya se mencionó, en un precedente peculiar, Micronesia solicitó la realización de una EIA transfronteriza ante un proyecto de ampliación de una planta térmica a base de carbón en República Checa, preocupada por su contribución al cambio climático y los consecuentes efectos sobre su territorio[1664].

---

entiende que las emisiones de GEI no constituyen daño ambiental transfronterizo pues no afectan ningún área particular, sino el sistema climático en su totalidad; MAYER, "Climate Assessment as an emerging obligation under customary international law", op. cit., p. 273; por su parte, la CIJ no ha aclarado cuál debería ser el contenido de la EIA transfronteriza; BOYLE y GHALEIGH, "Climate Change and International Law Beyond the UNFCCC", op. cit., p 44.

1662 Ídem.

1663 INTERNATIONAL LAW ASSOCIATION, Declaration of Legal Principles Relating to Climate Change, Resolution 2/2014; los artículos también refieren a equidad y principio CBDR; debe notarse que la Convención de las Naciones Unidas sobre el Derecho del Mar en su artículo 206 refiere al deber de evaluar potenciales cambios significativos y dañinos al ambiente marino de actividades bajo su jurisdicción y control, incluso si estos se dan más allá de los límites de la jurisdicción nacional; BOYLE y GHALEIGH, "Climate Change and International Law Beyond the UNFCCC", op. cit., p 44.

1664 SABIN CENTER FOR CLIMATE CHANGE LAW y ARNOLD & PORTER, Micronesia Transboundary EIA Request, op. cit.; en la declaración de impacto favorable emitida por el Gobierno checo, se afirmó que las emisiones de GEI de la planta eran marginales comparadas con las emisiones globales, a los fines de desestimar cualquier impacto en el territorio del país isleño. A pesar de ello, sí se tuvieron en cuenta las falencias del proyecto en cuanto a eficiencia energética, por lo que se solicitó a la compañía medidas de compensación de emisiones de GEI; véase ROBERT, M., et al. "Transboundary Climate Challenge to Coal",

Mayer, por su parte, sugiere que está emergiendo una nueva norma del Derecho internacional consuetudinario específica sobre la obligación de los Estados de llevar adelante una evaluación de los impactos climáticos antes de autorizar una actividad que podría contribuir significativamente a la problemática, a partir de una práctica general (suficientemente difundida, representativa y consistente) de los Estados aceptada como Derecho[1665]. Mayer enumera como elementos que justificarían esta apreciación algunos de los casos retratados en esta investigación, junto con normas, guías domésticas y regionales, y prácticas de organizaciones internacionales (v. gr., Banco Mundial) que han hecho explicito este requerimiento.

En relación con esto, puede destacarse el trabajo en desarrollo de la Comisión de Derecho Internacional en su Proyecto de Directrices sobre la protección de la atmósfera, el que, en su Directriz cuarta, sostiene que los Estados tienen una obligación de velar por que se realice una EIA de actividades bajo su jurisdicción o control que tengan probabilidades de ocasionar perjuicios sensibles, no ya de carácter transfronterizo, sino específicamente a la atmósfera[1666]. Asimismo, los Principios de Oslo sobre obligaciones globales respecto al cambio climático refieren a la necesidad de que se incluya en las EIA un análisis de la huella de carbono de los proyectos[1667].

---

en Gerrard, M., y Wannier, G., *Threatened Island Nations: Legal Implications of Rising Seas and a Changing Climate,* Cambridge University Press, 2013.

1665 Mayer, "Climate Assessment as an emerging obligation under customary international law", op. cit., p. 274.

1666 Comisión de Derecho Internacional, Protección de la atmósfera: Texto y título de los proyectos de directriz por el Comité de Redacción en segunda lectura, 15 de mayo de 2021, A/CN.4/L.951 <https://documents-dds-ny.un.org/doc/UNDOC/LTD/G21/108/21/PDF/G2110821.pdf?OpenElement> [Última consulta, 16 de julio de 2021]; China y Turquía han cuestionado que pueda existir una obligación internacional al respecto, véase Comisión de Derecho Internacional, Sexto informe sobre la protección de la atmósfera, 11 de febrero de 2020, A/CN.4/736 <https://documents-dds-ny.un.org/doc/UNDOC/GEN/N20/017/46/PDF/N2001746.pdf?OpenElement> [Última consulta, 16 de julio de 2021]; véase al respecto del proceso de elaboración y el contenido de la guías Mayer, B., "A Review of the International Law Commission's Guidelines on the Protection of the Atmosphere", *Melbourne Journal of International Law,* Vol. 2. N°. 2, 2019.

1667 Grupo de Expertos en Obligaciones sobre el Clima Global, Principios de Oslo sobre Obligaciones Globales respecto al Cambio Climático, disponible en:

En segundo lugar, la relación EIA, derechos humanos y cambio climático también puede ser un argumento relevante a la hora de desarrollar esta cuestión. La Corte Suprema en el caso de México, al argumentar en favor de la consideración del cambio climático en la toma de decisión y la obligación de las autoridades de velar por su protección, observó que esta problemática puede poner en peligro el disfrute de una gran variedad de derechos humanos[1668]. Como se ha puesto de relieve en el capítulo primero de esta investigación, el vínculo entre cambio climático y derechos humanos ha sido ampliamente reconocido en diferentes ámbitos de gobernanza global y regional. En este sentido, puede predicarse la extensión de obligaciones sustantivas y procedimentales de derechos humanos al ámbito de los impactos climáticos, lo que incluye la obligación de realizar EIA ante la posibilidad de que un proyecto ocasione daños significativos al ambiente.

Así, lo han recogido, en el ámbito internacional, por ejemplo, los Principios Marco sobre Derechos Humanos y el Medio Ambiente, adoptados por el Relator Especial de la ONU para los Derechos Humanos y Ambiente, en su principio octavo donde se sostiene que tal evaluación debería abordar todos los impactos ambientales potenciales, incluyendo los efectos transfronterizos y los acumulativos como resultado de la interacción de la acción evaluada con otras actividades[1669]. Igualmente, específicamente en relación con la cuestión climática, esto es mencionado por el informe del Relator Especial sobre la cuestión de las obligaciones de derechos humanos relacionadas con el disfrute de un medio ambiente sin riesgos, limpio, saludable y sostenible, A/74/161, del 15 de julio de 2019, al establecer que es una obligación de derechos humanos de carácter procesal:

<https://globaljustice.yale.edu/sites/default/files/files/Principios_de_Oslo.pdf> [Última consulta, 16 de julio de 2021]

1668 CORTE SUPREMA DE JUSTICIA DE MÉXICO: Amparo en revisión 610/2019 (sentencia del 15 de enero 2020), op. cit.

1669 RELATOR ESPECIAL SOBRE LA CUESTIÓN DE LAS OBLIGACIONES DE DERECHOS HUMANOS RELACIONADAS CON EL DISFRUTE DE UN MEDIO AMBIENTE SIN RIESGOS, LIMPIO, SALUDABLE Y SOSTENIBLE, *Informe del Relator Especial sobre la cuestión de las obligaciones de derechos humanos relacionadas con el disfrute de un medio ambiente sin riesgos, limpio y saludable y sostenible,* A/HRC/37/59, 24 de enero de 2018, principio 8.

> Evaluar las posibles repercusiones en materia de cambio climático y derechos humanos en todos los planes, políticas y propuestas, tanto los efectos en sentido ascendente como descendente (es decir, tanto las emisiones relacionadas con la producción como con el consumo)[1670].

A nivel regional, resulta interesante destacar que al respecto se ha expedido, por ejemplo, la Corte IDH en su opinión consultiva OC-23/17, al reconocer que la realización de una EIA es parte de la obligación de prevención (deber de diligencia debida) de los Estados frente a posibles violaciones de derechos humanos, en los términos previstos por la CADH. De acuerdo con la Corte IDH, uno de los estándares mínimos para la EIA es que deberían cubrirse impactos acumulativos de otros proyectos existentes y futuros (propuestos), incluyendo no solo los relacionados o asociados al proyecto principal sino también otros independientes, lo que permitiría a las autoridades evaluar la existencia de un riesgo de daño significativo[1671].

Según la Corte, a los fines de que no se impongan a las autoridades cargas imposibles o desproporcionadas, para hacer surgir obligaciones positivas debe establecerse, por un lado, la existencia de una situación de riesgo real e inmediato para la vida de un individuo o grupo de individuos determinados y, por otro, la existencia de un nexo de causalidad entre la afectación de derechos contenidos en la CADH (en este caso, impactos del cambio climático sobre individuos o grupos) y el daño significativo al ambiente (v. gr., emisiones de GEI)[1672]. Mientras que, como se mencionó previamente, varios de los casos analizados han abordado la cuestión del nexo de causalidad, concluyéndose a favor de su existencia, la cuestión del riesgo real e inmediato para la vida de individuos determinados se muestra como problemática en lo que hace a los impactos futuros y, en cierta medida, inciertos del cambio climático.

1670 Relator Especial sobre la cuestión de las obligaciones de derechos humanos relacionadas con el disfrute de un medio ambiente sin riesgos, limpio, saludable y sostenible, A/74/161, op. cit., p. 21.

1671 Corte IDH, Opinión Consultiva OC-23/17 de 15 de noviembre de 2017..., op. cit., párr. 160, 165.

1672 Ídem, párr. 120.

Sin embargo, tres aspectos tienen que considerarse al aplicar estos requerimientos a esta obligación positiva. En primer lugar, como sostienen Duffy y Maxwell al analizar la jurisprudencia del Tribunal Europeo de Derechos Humanos al respecto, el criterio de 'riesgo real e inmediato' no puede ser directamente transpuesto al contexto climático. Como bien marcan estas autoras, en *Urgenda*, la Corte Suprema de los Países Bajos, al referirse a este requisito, sostuvo que, en este especial contexto, lo que se requiere es un daño previsible y serio, mientras que no es necesario identificar víctimas individuales. Así, consideró que el riesgo de daño a producirse por el cambio climático, interpretado a la luz del principio precautorio, era suficiente para desencadenar las obligaciones positivas del Estado bajo los artículos 2 y 8 de la CEDH. Según estas autoras, esto coincide con buena parte del desarrollo jurisprudencial del propio Tribunal Europeo de Derechos Humanos[1673]. En segundo lugar, en el caso específico de la EIA, debe notarse que por su particular carácter circular, la manera de identificar si existirá un riesgo de daño significativo es justamente llevándola a cabo. En tercer lugar, estas condiciones refieren a la necesidad de evitar imponer cargas desproporcionadas sobre los Estados, algo que difícilmente puede sostenerse de la inclusión del cambio climático en los procesos de toma de decisión[1674].

1673 DUFFY, H. y MAXWELL, L., "People v. Artic Oil before Supreme Court of Norway – What's at stake for human rights protection in the climate crisis", *Ejil:Talk!*, 13 de noviembre de 2020, <https://www.ejiltalk.org/people-v-arctic-oil-before-supreme-court-of-norway-whats-at-stake-for-human-rights-protection-in-the-climate-crisis/> [Última consulta, 25 de mayo de 2021]; debe remarcarse, sin embargo, que esto no fue así entendido por la Corte Suprema de Noruega, en el caso sobre exploración de petróleo y gas, al observar que los posibles impactos sobre el cambio climático de la actividad bajo escrutinio serían discernibles solo en un futuro distante, CORTE SUPREMA DE NORUEGA: Greenpeace Norden et al. v. Noruega, Case No. 20-051052SIV-HRET (sentencia del 20 de diciembre de 2020, traducción oficial a fines informativos), op. cit., párr. 168; queda en el campo de la especulación si esto hubiera sido igual si lo que estaba en cuestión era un proyecto en fase de explotación o con emisiones de GEI directas, es decir con impactos más cercanos.

1674 Ha de notarse que, en su solicitud de Opinión Consultiva a la Corte IDH, Chile y Colombia, entre otras cuestiones, preguntan: ¿Qué consideraciones debe tomar un Estado para implementar su obligación de… requerir y aprobar estudios de impacto social y ambiental…[respecto de] las actividades dentro de su jurisdicción que agraven o puedan agravar la emergencia climática?, REPÚBLICA

Más allá de esto, este reconocimiento de la Corte IDH es un desarrollo muy relevante para la región en lo que aquí respecta, especialmente si se consideran las implicaciones de las opiniones consultivas de esta Corte, pues las interpretaciones sobre la CADH allí vertidas pasan a conformar el 'bloque de convencionalidad' del Sistema Interamericano (en una integración binomial 'norma-interpretación') que los tribunales domésticos deben aplicar, incluso sin petición expresa por las partes, al controlar la actividad de los Estados de la región[1675].

En esta misma línea, la utilización de derechos humanos sustantivos, internacional o constitucionalmente consagrados, como pautas para la interpretación de disposiciones de orden administrativo (como las de EIA) ha sido observada en la jurisprudencia analizada.

DE CHILE Y REPÚBLICA DE COLOMBIA, Solicitud de Opinión Consultiva sobre Emergencia Climática y Derechos Humanos a la Corte Interamericana de Derechos Humanos..., op. cit., p. 9.

1675 Véase al respecto, GUEVARA PALACIOS, A., *Los Dictámenes Consultivos de la Corte Interamericana de Derechos Humanos. Interpretación Constitucional y Convencional,* J M Bosch Editor, 2012; CORTE IDH, Caso Almonacid Arellano et al. v. Chile. Excepciones Preliminares, Fondo, Reparaciones y Costas, sentencia de 26 de septiembre de 2006, Serie C, No. 154; CORTE IDH, Caso Cabrera García y Montiel Flores v. México, Excepción Preliminar, Fondo, Reparaciones y Costas, sentencia de 26 de noviembre de 2010, Serie C, No. 2020; Corte IDH, Derechos y garantías de niñas y niños en el contexto de la migración y/o en necesidad de protección internacional, Opinión Consultiva OC-21/14 de 19 de agosto de 2014. Serie A No. 21; Palacios Guevara explica que la jurisdicción consultiva de la Corte IDH es un método de resolución de conflictos alternativo (al contencioso) que aborda disputas sobre la implementación o interpretación de una norma internacional relativa a la protección de los derechos humanos en los Estados Americanos. La naturaleza jurídica y las implicaciones de los dictámenes producidos bajo esta jurisdicción ha sido debatida por la doctrina especializada, principalmente debido a un marco normativo complejo (CADH, Reglamento y Estatuto de la Corte IDH y su jurisprudencia) y a un carácter único en el Derecho internacional comparado. La jurisdicción consultiva de la Corte IDH difiere de la de otros tribunales internacionales, pues la CADH regula una 'consulta interpretativa' más que una 'opinión consultiva' en los términos de la Carta de las Naciones Unidas o la CEDH; este entendimiento de la relevancia de las opiniones consultivas ha sido sostenido, por ejemplo, por la Corte Suprema de Chile, véase CORTE DE APELACIONES DE ANTOFAGASTA: Galindo Gacitúa, Saba Ester et al. v. Servicio de Evaluación Ambiental de la Región de Antofagasta (Recurso de protección de julio de 2021), op. cit., p. 34, 35.

En este sentido, vale la pena volver a mencionar los procesos de 'ecologización' de los derechos humanos tradicionales y de desarrollo de un derecho a un ambiente sano en distintos niveles y jurisdicciones. Así, puede destacarse su reconocimiento por la AGNU en julio 2022[1676], su reconocimiento por parte de la Corte IDH en su OC-23/17 como derecho justiciable bajo la CADH[1677] y su proliferación en los ordenamientos nacionales[1678].

Entre los casos analizados, el más paradigmático al respecto ha sido el de *Earthlife Africa Johannesburg v. The Minister of Environmental Affairs* (2017) y la utilización de la sección 24 de la Constitución (derecho a un ambiente sano) y su interrelación con el desarrollo sostenible por parte de la High Court para entender al cambio climático como una cuestión relevante para la toma de decisiones sobre las acciones gubernamentales[1679], algo que de manera similar hizo la Corte Suprema de México[1680]. Esta tendencia del uso de las constituciones (o instrumentos de derechos humanos) para la interpretación del resto del ordenamiento jurídico, bajo el nombre de 'constitucionalización' del Derecho, se ha extendido a lo largo de diversos sistemas jurídicos[1681].

1676 AGNU, *El derecho humano a un medio ambiente limpio, saludable y sostenible,* A/76/L.75, op. cit.

1677 Corte IDH, Opinión Consultiva OC-23/17 de 15 de noviembre de 2017..., op. cit., párr. 56 y ss.

1678 Véase, al respecto, PNUMA, *Environmental Rule of Law...*, op. cit. p. 146 y ss.

1679 High Court of South Africa (Gauteng Division, Pretoria): Earthlife Africa Johannesburg v. The Minister of Environmental Affairs et al., Case number: 65662/16 (judgment of 8 March 2017), op. cit.

1680 Corte Suprema de Justicia de México: Amparo en revisión 610/2019 (sentencia del 15 de enero 2020), op. cit.

1681 Por ejemplo, el artículo 1 y el 2 del Código Civil y Comercial argentino refiere a la aplicación e interpretación del Derecho de conformidad con la Constitución y los tratados de derechos humanos en los que el Estado sea parte; InfoLeg, Código Civil y Comercial de la Nación, Ley 26.994, 1 de octubre de 2014 <http://servicios.infoleg.gob.ar/infolegInternet/anexos/235000-239999/235975/norma.htm#2> [Última consulta, 16 de julio de 2021]; sobre el ordenamiento colombiano, puede verse Suárez-Manrique, W., "La constitucionalización del Derecho en el ordenamiento jurídico colombiano", *Vniversitas,* N°. 129, 2014; sobre el ordenamiento peruano, Alvites, E., "La constitucionalización del ordenamiento jurídico peruano: avances y obstáculos del proceso", *Derecho PUCP,*

En tercer lugar, los tribunales podrían recurrir al uso hermenéutico de principios del Derecho ambiental, entre los que destacan el principio precautorio, el del desarrollo sostenible y el de la equidad intergeneracional. Estos principios ocupan un lugar transcendental, como se observó, entre los elementos argumentativos de resoluciones de casos en Australia (*ESD principles*)[1682], Sudáfrica[1683], Kenia[1684] y México[1685]. Estos se encuentran contenidos en diversos instrumentos a diferentes niveles, desde el Derecho internacional, regional[1686] y doméstico —constitucional y legal— muchas veces intrincados con las cláusulas de derechos antes mencionadas. En este sentido, estos principios podrían requerir una consideración amplia de lo que constituye impactos ambientales, incluyendo aquellos sobre los que no hay certeza total (principio precautorio) y aquellos que podrían afectar a sujetos aún no presentes (principios del desarrollo sostenible y de la equidad intergeneracional)[1687].

En cuanto a las limitaciones, es posible referirse a ellas a partir de ciertos casos que se han decantado por la negativa a la inclusión de estos impactos. Así, en cuanto a la experiencia en Nueva Zelanda, si legislativamente se ha realizado una elección expresa sobre esta exclusión, los elementos argumentativos antes descriptos ya no pueden utilizarse para suplir un vacío legal, sino para cuestionar la validez

---

N°. 80, 2018; sobre el ordenamiento mexicano, CARBONELL, M. y SÁNCHEZ GIL, R. "¿Qué es la constitucionalización del Derecho?, *Quid Iuris*, N°. 15, 2011.

1682 Véase, por ejemplo, LAND AND ENVIRONMENT COURT OF NEW SOUTH WALES: Gloucester Resources Limited v. Minister of Planning [2019] NSWLEC 7 (Judgment of 8 February 2019), op. cit.

1683 HIGH COURT OF SOUTH AFRICA (GAUTENG DIVISION, PRETORIA): Earthlife Africa Johannesburg v. The Minister of Environmental Affairs et al., Case number: 65662/16 (judgment of 8 March 2017), op. cit.

1684 NATIONAL ENVIRONMENTAL TRIBUNAL AT NAIROBI: Save Lamu et al. v. National Environmental Management Authority et al., NET 196 of 2016 (judgment of 26 June 2019), op. cit.

1685 CORTE SUPREMA DE JUSTICIA DE MÉXICO: Amparo en revisión 610/2019 (sentencia del 15 de enero 2020), op. cit.

1686 Véase, por ejemplo, CORTE IDH, Opinión Consultiva OC-23/17 de 15 de noviembre de 2017..., op. cit., párr. 180.

1687 Por ejemplo, Lorenzetti, juez de la Corte Suprema de Justicia de Argentina, observa que la aplicación del principio precautorio requiere de una amplia consideración de los impactos ambientales; LORENZETTI, R., *Teoría del Derecho Ambiental*, Porrúa, 2008, p. 95.

de esta opción, a partir de un argumento de inconstitucionalidad (o violación del régimen supranacional) de la norma erigida, lo cual implica un vara de revisión judicial mayor y, dependiendo de la jurisdicción, un acceso a la justicia más restringido. En tal caso, el tribunal debería encomendarse a escrutar si la opción legislativa (no tratamiento de la cuestión a nivel planificación) implica una violación de derechos consagrados o de la debida diligencia requerida a partir, por ejemplo, de los derechos humanos o el derecho de daños (v. gr., *Urgenda*), dependiendo del régimen jurídico del que se trate.

Esto podría requerir de un análisis de la razonabilidad, propiedad y proporcionalidad de las medidas climáticas en vigor. Aquí, podrían entrar en juego argumentos sobre que la existencia de otros mecanismos formales para lidiar con las emisiones de GEI, por ejemplo, un impuesto sobre el CO_2 o un mercado de emisiones, harían de la consideración del cambio climático a nivel planificación una medida innecesaria. Debe notarse que, en varios de los casos analizados este argumento fue deslizado, con buena recepción judicial, no con respecto a esta cuestión más básica, sino en relación con la razonabilidad de considerar a las emisiones de GEI de los proyectos como no significativas, en tanto estarían cubiertas por estos otros mecanismos. Sobre ello de volverá más adelante.

En cuanto a algunos casos tempranos en Chile[1688], la limitación vino dada, no por una elección normativa previa, sino por la negativa del Tribunal a integrar un vacío legal mediante un proceso de interpretación como han hecho los demás tribunales. La autolimitación jurisdiccional, fundamentada en términos de división de poderes, bloquea la posibilidad de recorrer este camino por la vía de la litigación. En comparación con los desarrollos jurisprudenciales observados en el capítulo anterior, esta limitación tan marcada resulta extraña, sobre todo luego de que el Tribunal se refiriese a la deseabilidad de contar con esta inclusión y en tanto se trata de un

---

[1688] TERCER TRIBUNAL AMBIENTAL: Corporación Privada para el Desarrollo de Aysén et al. v. Servicio de Evaluación Ambiental, R 42-2016 (sentencia de 4 de enero de 2018), op. cit.; TERCER TRIBUNAL AMBIENTAL: Simonetti Grez et al. v. Director Ejecutivo del Servicio de Evaluación Ambiental, R-77-2018 (sentencia del 20 de agosto de 2019), op. cit.

tribunal especializado en materia ambiental, del cual se esperaría, quizás, un enfoque más progresista en la materia, a la manera de la NSWLEC[1689].

Ninguna de las dos limitaciones observadas parece ser escalable como para constituir una barrera a la futura jurisprudencia transnacional en la materia. Por un lado, parece improbable que proliferen normativas que busquen explícitamente excluir la consideración de este tipo de impactos de la toma de decisión sobre proyectos, si bien esto podría suceder como contraofensiva ante litigios que logren bloquear proyectos de cierta relevancia[1690]. Por otro, se observan como más bien excepcionales las interpretaciones judiciales que, ante vacíos legales o ante normativa favorable a la inclusión de esta cuestión en la toma de decisiones, se inclinen por su exclusión, tal como ha sucedido en Nueva Zelanda en el caso *Students for Climate Solutions*[1691]. Por lo demás, no se observa en el resto de los casos, ninguna objeción relevante a la pertinencia de abordar el cambio climático en los procesos de toma de decisión sobre proyectos y, específicamente, en la EIA.

En la medida en que diversas jurisdicciones se van sumando, vía legislativa o jurisprudencial, a la tendencia de incluir este tipo de impactos en la toma de decisiones sobre proyectos, el debate se traslada de la cuestión sobre si esto debe o puede ser así a la cuestión de cómo esto debería ser llevado a cabo. Como se adelantó previamente, las siguientes secciones abordan cuestiones más concretas relativas a la extensión de la consideración climática y a la valoración de la relevancia de las emisiones para los resultados de la toma de decisión.

[1689] Esta postura más conservadora podría responder a las especiales características de estos tribunales, en cuanto han sido creados como contrapeso de los poderes de la autoridad ambiental, y están compuestos por juzgadores que no provienen de la carrera judicial, prevaleciendo un rasgo político en sus nombramientos, y por ello, siendo más limitado su activismo; al respecto de su creación véase RIQUELME SALAZAR, C., "Los tribunales ambientales en Chile. ¿Un avance hacia la implementación del Derecho de Acceso a la Justicia Ambiental?", *Revista Catalana de Dret Ambiental,* Vol. 4, N°. 1, 2013. El cambio propiciado por la Corte Suprema en *Galindo Gacitúa* confirmaría, en cierto sentido, esta impresión.

[1690] Recuérdese que ello ha pasado en las jurisdicciones de Estados Unidos y Australia.

[1691] HIGH COURT OF NEW ZEALAND: Students for Climate Solutions Inc. v. The Minister of Energy and Resources..., op. cit.

3. ALCANCE DE LA CONSIDERACIÓN DE LOS IMPACTOS CLIMÁTICOS DE LOS PROYECTOS

Una vez establecida la pertinencia u obligatoriedad de incluir consideraciones sobre los impactos en el sistema climático de los proyectos en la toma de decisión, la segunda cuestión de interés que se ha visto abordada de forma relevante por la jurisprudencia es la de la extensión que tal consideración debiera tener. Esta es una cuestión no menor cuando los proyectos bajo revisión presentan modestos impactos de carácter inmediato, pero significativos si se consideran impactos más indirectos como, por ejemplo, emisiones producto de la combustión del carbón en la evaluación de una mina para su extracción.

Del análisis jurisprudencial realizado surge que se ha alcanzado consenso en algunas jurisdicciones sobre la existencia de un deber de realizar una evaluación amplia que incluya la cuantificación de impactos indirectos y acumulativos (*downstream* y *upstream*) de los proyectos, especialmente emisiones de GEI liberadas a lo largo de la cadena de suministro y consumo de combustibles fósiles, pero también otros impactos climáticos como la reducción o eliminación de sumideros de carbono. De las ocho jurisdicciones en que la cuestión fue abordada, en cinco (Estados Unidos, Australia, Francia, Noruega y Sudáfrica) los tribunales han aceptado la necesidad de considerar estos impactos para la toma de decisiones, mientras que en tres (Reino Unido, Nueva Zelanda y Austria) los tribunales han rechazado o, al menos, se han mostrado escépticos con un alcance semejante.

A grandes rasgos, los tribunales que han aceptado su inclusión lo han hecho interpretando que las referencias normativas al deber de considerar 'efectos indirectos' o 'acumulativos' de las acciones solicitaban una evaluación amplia que integrase este tipo emisiones. Esto, notablemente, ha dirigido, al menos en Estados Unidos y Australia, la práctica de la producción de los estudios de impacto ambiental hacia la inclusión de cuantificaciones de todo el espectro de emisiones de los proyectos. A continuación, se analizará críticamente, en primer lugar, los desarrollos jurisprudenciales respecto a la consideración de efectos indirectos en este contexto y, en segundo lugar, la cuestión de los efectos calificados como 'extraterritoriales', los que requieren de una atención especial.

3.1. Efectos 'indirectos' de los proyectos

Como se mencionó previamente, los tribunales que se han mostrado a favor de una evaluación más amplia de los impactos sobre el sistema climático en los procesos de toma de decisión lo han hecho, principalmente, a partir de interpretar referencias normativas a 'impactos indirectos' como incluyendo emisiones de GEI más alejadas temporal y espacialmente, como aquellas de *scope 2* y *3*[1692].

Esto sucedió, notablemente, en la interpretación de la norma seminal de la EIA (NEPA) por parte de los tribunales estadounidenses, los que han ido desarrollando estándares a partir de este requisito normativo de considerar 'efectos indirectos', causados por la acción pero que ocurren con cierta dilación temporal y distanciamiento geográfico, siendo aun así razonablemente previsibles. De esta manera, de acuerdo con la jurisprudencia revisada en el capítulo anterior, una amplia consideración de las emisiones de GEI de acciones relativas a la producción y transporte de combustibles fósiles debe realizarse, sin importar de qué combustible se trate (carbón, petróleo o gas), incluyendo emisiones *downstream* (principalmente, quema del combustible) o *upstream* (producción, al analizar acciones de transporte). En este entendimiento, para los tribunales, existe un nexo causal suficiente entre las acciones a autorizar y las emisiones de toda la cadena de suministro de combustibles fósiles, las que serían efectos razonablemente previsibles. Asimismo, argumentos relativos a la MSA y la falta de competencia de las agencias sobre este tipo de emisiones fueron descartados por los tribunales[1693].

En cuanto a la jurisdicción australiana, notablemente, en la gran mayoría de casos, al momento de alcanzar los estrados judiciales, las emisiones de *scope 3* ya habían sido integradas en la EIA y, por lo tanto, en el proceso de toma de decisiones. La excepción fue el famoso caso caso *Gray v. The Minister for Planning* (2006)[1694], resuelto por la NSWLEC, en donde estas emisiones habían sido excluidas de la eva-

---

1692 Véase nota 1062, para una definición de emisiones de *scope 1, scope 2* y *scope 3*.

1693 Véase capítulo III, sección 3.1.2.1.

1694 New South Wales Land and Environment Court: Gray v. The Minister for Planning, et al. [2006] NSWLEC 720 (judgment of 27 November 2006), op. cit.

luación, ante lo que la jueza Pain observó que existía un nexo causal suficiente entre el proyecto, sus emisiones directas e indirectas y los impactos del cambio climático, el que no se ve quebrado por la participación de terceros ni la naturaleza acumulativa de la problemática. En este sentido, remarcó que el único propósito de la producción de carbón era el de su utilización como combustible. Además, integró su razonamiento con la alusión a los *ESD principles*, específicamente el principio de equidad intergeneracional y el principio de precaución. De manera similar, el Victorian Civil and Administrative Tribunal en *Australian Conservation Foundation v. Latrobe City Council* (2004)[1695] trajo a colación los impactos sobre las generaciones futuras a la hora de interpretar que emisiones de la quema del carbón debían entenderse como emisiones 'indirectas', pero aún correspondientes a la acción bajo evaluación —una enmienda de un plan para la minería de carbón—, existiendo un vínculo de causalidad suficiente. Estos precedentes fueron luego recogidos en las resoluciones de *Gloucester Resources v. Minister for Planning* (2019)[1696] y *Waratah Coal v. Youth Verdict* (2022)[1697] para sostener la pertinencia y relevancia de la integración de las emisiones de *scope 3*, a partir también de referencias normativas a 'emisiones *downstream*', 'impactos acumulativos' y los *ESD principles.* Debe notarse que en estas resoluciones también se aludió a la jurisprudencia comparada de Estados Unidos para justificar ello.

Por su parte, el Tribunal que tuvo la oportunidad de expedirse al respecto en Francia, Tribunal Administratif de Marseille, entendió que el estudio de impactos del proyecto —bio-refinería— debía comprender tanto los efectos directos como indirectos sobre el clima, lo que, según su interpretación, se extendería más allá del ámbito estrictamente local y el perímetro inmediato del proyecto, para incluir, en este caso, impactos *upstream* extraterritoriales, como lo es la

---

1695 VICTORIAN CIVIL AND ADMINISTRATIVE TRIBUNAL: Australian Conservation Foundation v. Latrobe City Council, [2004] VCAT 2029 (judgment of 29 October 2004), op. cit.

1696 LAND AND ENVIRONMENT COURT OF NEW SOUTH WALES: Gloucester Resources Limited v. Minister of Planning [2019] NSWLEC 7 (Judgment of 8 February 2019), op. cit.

1697 LAND COURT OF QUEENSLAND: Waratah Coal Pty Ltd v. Youth Verdict Ltd & Ors..., op. cit.

reducción de sumideros de carbono para la producción de aceite de palma en Indonesia y Malasia[1698].

En cuanto a Noruega, en contraposición a la Corte Distrital, la Corte de Apelaciones y la Corte Suprema observaron que las regulaciones de EIA solicitaban la inclusión de efectos 'positivos, negativos, directos, indirectos, temporales, permanentes, de corta y larga duración', lo que debía interpretarse como incluyendo las emisiones de GEI a producirse con posterioridad a la exploración y extracción del petróleo y gas (combustión)[1699]. Igualmente, entendieron que estas emisiones debían considerarse a la hora de valorar la adecuación de la decisión con respecto al artículo constitucional del derecho a un ambiente sano (artículo 112 de la Constitución de Noruega). Esto fue justificado de manera disímil por la Corte de Apelaciones y la Corte Suprema. La primera lo hizo a partir del carácter intergeneracional de la cuestión[1700], la segunda en consideración de los impactos en Noruega y su población de estas emisiones extraterritoriales[1701]. De manera similar, la High Court en Sudáfrica, en *Sustaining the Wild Coast v. Minister of Resources and Energy* (2022), entendió que las posibles emisiones *dowstream* de un proyecto de exploración fósil han de considerarse en la toma de decisión ya que se trata de diversas etapas

---

1698 Tribunal Administratif de Marseille: Association Les Amis de la Terre France et al. v. Le Préfet des Bouches-du-Rhône et al, N° 1805238 (jugement du 1 avril 2021), op. cit.

1699 Corte de Apelaciones de Borgarting: Greenpeace Norden et al. v. Noruega, No. 18-060499ASD-BORG/03 (sentencia del 23 de enero de 2020, traducción no oficial), p. 41, sin embargo, entienderon que su falta de consideración no calificaba como un error que justificase la impugnación del acto; Corte Suprema de Noruega: Greenpeace Norden et al. v. Noruega, Case No. 20-051052SIV-HRET (sentencia del 20 de diciembre de 2020, traducción oficial a fines informativos), op. cit., párr. 216 y ss. y 267 y ss.; mientras que la mayoría de la Corte superior entendió que esta consideración extensiva debería darse en una evaluación de impacto posterior a la de la apertura de las zonas a la exploración, los magistrados en disidencia sí consideraron que tal error, en esta etapa, era suficiente para impugnar la decisión.

1700 Corte de Apelaciones de Borgarting: Greenpeace Norden et al. v. Noruega, No. 18-060499ASD-BORG/03 (sentencia del 23 de enero de 2020, traducción no oficial), op. cit., p. 21.

1701 Corte Suprema de Noruega: Greenpeace Norden et al. v. Noruega, Case No. 20-051052SIV-HRET (sentencia del 20 de diciembre de 2020, traducción oficial a fines informativos), op. cit., párr. 149.

de un único proceso que culmina en la producción y combustión del petróleo y gas y la liberación de emisiones que exacerban la crisis climática[1702].

En contrapartida, algunos tribunales entendieron que no era pertinente incluir en la toma de decisión (o el proceso de EIA) emisiones de GEI más alejadas en el tiempo o espacio. Notoriamente, en varias resoluciones en la jurisdicción de Reino Unido los jueces sostuvieron que prescripciones normativas sobre la inclusión de efectos 'indirectos' o 'acumulativos' no implicaban el deber de incluir impactos de la quema de los combustibles fósiles en proyectos sobre su producción. Entre los argumentos dados se deslizó (a) que las actividades que efectivamente liberaban las emisiones (v. gr., centrales térmicas) eran actividades diferentes, no pudiendo asumirse a estas emisiones como impactos 'indirectos' *del* proyecto bajo evaluación (v. gr., mina de carbón); (b) que con el nuevo proyecto no se aumentaría el consumo de estos productos, (c) que no se podría cuantificar el impacto ambiental particular de la nueva producción ya que se mezclaría con la producción de otras fuentes en la red[1703] y (d) que se produciría una MSA[1704]. Resulta relevante notar aquí que varias de estas resoluciones interpretaron de este modo restrictivo las disposiciones de la Directiva de la Unión Europea 2011/92/UE, especial-

---

1702 HIGH COURT OF SOUTH AFRICA (EASTERN CAPE DIVISION, GRAHAMSTOWN): Sustaining the Wild Coast NPC et al. v. Minister of Resources and Energy et al, Case Nª 3491/2021 (judgment of 01 September 2022), op. cit.

1703 HIGH COURT OF JUSTICE QUEEN'S BENCH DIVISION PLANNING COURT: Friends of the Earth Limited and Frack Free Ryedale v. North Yorkshire County Council et al. [2016] EWCH 3303 (Admin) (judgment of 20 December 2016), op. cit.; HIGH COURT OF JUSTICE QUEEN'S BENCH DIVISION PLANNING COURT: Preston New Road Action Group et al. v. Secretary of State for Communities and Local Government et al. [2017] EWHC 808 (Admin) (judgment of 12 April 2017), op. cit.; COURT OF APPEAL (CIVIL DIVISION): Preston New Road Action Group et al. v. Secretary of State for Communities and Local Government, et al. [2018] EWCA Civ 9 (judgment of 12 January 2018); HIGH COURT OF JUSTICE QUEEN'S BENCH DIVISION PLANNING COURT: R (Sarah Finch) v. Surrey County Council, Case Nº. CO/4441/2019 (judgment of 21 December 2020), op. cit.

1704 HIGH COURT OF JUSTICE QUEEN'S BENCH DIVISION ADMINISTRATIVE COURT PLANNING COURT: H J Banks & Company Ltd v. Secretary of State for Housing Communities and Local Government et al. [2018] EWHC 3141 (Admin) (judgment of 23 November 2018), op. cit.

mente el juez Holgate (quién entendió que las autoridades estaban vedadas a realizar tal inclusión) y la decisión mayoritaria de la Corte de Apelaciones (que entendió que no estaban obligadas a hacerlo) en su resolución en *R (Sarah Finch) v. Surrey County Council* (2020)[1705].

En cuanto a la jurisdicción de Nueva Zelanda, fue la Corte Suprema la que se mostró escéptica con la incorporación de emisiones de la combustión de carbón debido a su naturaleza remota, la falta de competencia para abordar estas emisiones y la intangibilidad de sus impactos, ante una falta de nexo causal y la actuación de la MSA[1706]. Igualmente, en el caso de Austria, en un contexto fáctico diverso, la Corte Constitucional rechazó que, a la hora de decidir sobre la autorización de la expansión del aeropuerto de Viena, la autoridad debiese considerar emisiones de *scope 3* del tráfico aéreo (emisiones crucero), no directamente controlables por el operador como parte de los impactos a evaluar[1707].

Mientras que los argumentos relativos a la extraterritorialidad de las emisiones y a la MSA serán abordados a continuación, resulta de interés aquí profundizar sobre la identificación de las emisiones de *scope 2* y *3* como impactos o efectos 'indirectos' de los proyectos. Específicamente, qué resultaría necesario para que sea interpretada de esta manera la normativa.

Aquí, pueden ser un punto de partida las regulaciones de NEPA, norma seminal de la EIA. En estas se establecía, como se mencionó, la necesidad de verificar la existencia de un nexo causal, lo que sucedería si la acción es causa *sine qua non* del impacto (*but for rule*) y

---

1705 High Court of Justice Queen's Bench Division Planning Court: R (Sarah Finch) v. Surrey County Council, Case N°. CO/4441/2019 (judgment of 21 December 2020), op. cit.; Court of Appeal (Civil Division): R (Sarah Finch) v. Surrey County Council et al [2022] EWCA Civ 187 (judgment of 17 February 2022), op. cit.; La postura del juez Holgate fue sostenida también en el caso Court of Session (Inner House, First Division): Greenpeace Ltd v. Secretary of State for Business, Energy and Industrial Strategy et al. [2021] CSIH 53 (opinion of 7 October 2021), op. cit.

1706 Supreme Court of New Zealand: West Coast Ent Incorporated et al. v. Buller Coal Limited et al., [2013] NZSC 87 (judgment of 19 September 2013)

1707 Corte Constitucional de Austria: sobre la expansión del aeropuerto Viena-Schwechat, E 875/2017, E 886/2017, (sentencia del 1 de junio de 2017), op. cit.

si este último es razonablemente previsible (*reasonably foreseeable*), en el sentido de que es suficientemente probable como para que una persona de prudencia ordinaria lo tenga en cuenta al tomar la decisión. Según Burger y Wentz, lo que se les pide con ello a las agencias es que utilicen una predicción y especulación razonable para evaluar los impactos, incluso donde exista incerteza sobre su naturaleza u oportunidad[1708].

Tanto los tribunales de Estados Unidos como de Australia (v. gr., *Gray v. The Minister for Planning* (2006): *'a sufficiently proximate link'*[1709]) entendieron expresamente que este nexo de causalidad existía, y no estaba afectado por el hecho de que interviniesen terceros en el proceso, ni que las emisiones se produjesen con cierta distancia espacial o temporal[1710]. Esto parece ser una interpretación razonable dado el irrefutable hecho de que el principal fin por el que el combustible se extrae es el de su quema para la producción de energía, la que inevitablemente causará emisiones de GEI.

En este sentido, la negativa de los tribunales del Reino Unido a considerar estos efectos como efectos 'indirectos' *de* los proyectos evaluados resulta al menos llamativa. El juez Holgate en *R (Sarah Finch) v. Surrey County Council* (2020) es el que con mayor detenimiento ha abordado la cuestión. En esta sentencia, el juez, que estaba interpretando no solo la normativa nacional sino también los requisitos de la Directiva 2011/92/UE, sostuvo en lo que aquí interesa que:

> *101. In my judgment, the fact that the environmental effects of consuming an end product will flow 'inevitably' from the use of a raw material in making that product does not provide a legal test for deciding whether they can properly be treated as effects 'of the development' on the site where the raw material will be produced for the purposes*

1708 Véase apartado 2.1.2.1., capítulo III; BURGER, y WENTZ, "Evaluating the Effects of Fossil Fuel Supply Projects...", op. cit. p. 455.

1709 NEW SOUTH WALES LAND AND ENVIRONMENT COURT: Gray v. The Minister for Planning, et al. [2006] NSWLEC 720 (judgment of 27 November 2006), op. cit., párr. 100.

1710 Como se observó en el capítulo anterior, en la jurisdicción australiana de Queensland, a pesar de un escepticismo inicial, los tribunales finalmente han aceptado la inclusión de las emisiones de *scope 3* como una cuestión de interés público o una 'buena razón para el rechazo' de los proyectos bajo la normativa de minería y ambiental; véase apartado 2.2.3, capítulo III.

> *of exercising planning or land use control over that development... Instead, the true legal test is whether an effect on the environment is an effect of the development for which planning permission is sought....*
> *102. The inevitability that the crude oil to be transported off site will eventually lead to additional GHG emissions when the end product is consumed is simply a response to the defendant's point that when the oil leaves the site it becomes and indistinguishable part of the international oil market, so that the GHG emissions generated by combustion in vehicles cannot be attributed to any particular oil well or well site...*
> *110. It is common ground that EIA should assess both the direct and indirect effects of the development for which planning permission is sought which are likely to be significant. 'Indirect effects' cover these consequences which are less immediate, but they must, nevertheless, be effect which* the development itself *has on the environment.* (resaltado en original).
> *111. One difficulty with the claimant's argument is that Mr. Willers QC was not able to offer any test or criteria by which decision-makers could distinguish between indirect effects which qualify for EIA from those which do not, if the former were to be treated as including matters as indirect as GHG emissions from the downstream combustion of refined oil products*[1711].

Este razonamiento es difícil de comprender ya que, por un lado, el juez descartó que la 'inevitabilidad' del impacto constituyese una prueba legal para determinar qué impactos pueden identificarse como 'indirectos' *del* proyecto, mientras por otro, reclamó que los demandantes no habían aportado ningún criterio para ello. La afirmación del juez de que "*the true legal test is whether an effect on the environment is an effect of the development for which planning permission is sought*" no parece aportar claridad alguna a la identificación de impactos 'indirectos'. Así, resulta llamativo, especialmente viendo la cuestión en perspectiva comparada, que el juez no refiera a la necesidad de buscar un nexo de causalidad entre la acción y el impacto y no explique, a continuación, por qué no existe tal nexo en el caso, como otros tribunales han reconocido.

Si se asume que el juez implícitamente sostuvo que el nexo de causalidad es afectado por la introducción del combustible fósil en

---

1711 High Court of Justice Queen's Bench Division Planning Court: R (Sarah Finch) v. Surrey County Council, Case N°. CO/4441/2019 (judgment of 21 December 2020), op. cit., párr. 101 y ss.

el mercado internacional y su mezcla con productos provenientes de otras fuentes, esto también puede ser cuestionable dado que, desde el punto de vista del nexo causal físico, tal mezcla no impide el cálculo de una cantidad de emisiones de GEI correspondiente a una cantidad de combustible extraído. Como la jurisprudencia lo ha remarcado, si es posible determinar una producción estimada, igualmente posible es determinar una cantidad de emisiones de GEI estimadas[1712].

El razonamiento de Holgate, como se remarcó, ha sido respaldado (aunque matizado) por la decisión mayoritaria de la Court of Appeal, la que negó que los precedentes jurisprudenciales de otras jurisdicciones que se expidieron de forma disidente sobre el tema tuviesen valor para el caso. Por su parte, la decisión minoritaria sí aceptó que existía un nexo causal suficiente respecto de las emisiones de *scope 3* del proyecto como para ser consideradas. Será la Corte Suprema la que definirá próximamente esta cuestión.

En definitiva, en lo que hace al análisis transnacional, parece más razonable decantarse, como lo ha hecho una mayoría de tribunales, por la existencia de un nexo de causalidad suficiente entre los proyectos y los impactos 'indirectos' sobre el sistema climático, al menos, a los fines de su consideración en la toma de decisión y, específicamente, en los procesos de EIA. Al respecto, debe advertirse que la Corte Distrital de la Haya, en otro tipo de litigio como lo es el caso *Milieudefensie v. Shell* (2021), adoptó un enfoque de 'control e influencia' por parte del demandado (Shell) sobre las emisiones a lo largo de la cadena de suministro y uso del combustible fósil que este produce[1713]. Este enfoque también apuntaría a una consideración extensiva de los impactos climáticos en el contexto de EIA.

1712 BURGER, y WENTZ, "Evaluating the Effects of Fossil Fuel Supply Projects…", op. cit. p. 457; esto fue reconocido por la decision mayoritaria de la Court of Appeal en *Sarah Finch*, aunque no se lo consideró algo determinante (part. 71); COURT OF APPEAL (CIVIL DIVISION): R (Sarah Finch) v. Surrey County Council et al [2022] EWCA Civ 187 (judgment of 17 February 2022), op. cit

1713 CORTE DISTRITAL DE LA HAYA: Milieudefensie et al. v. Royal Dutch Shell plc., C/09/571932/HA ZA 19-379 (sentencia del 26 de mayo de 2021), op. cit., párr. 4.4.18.

3.2. Emisiones 'extraterritoriales' de los proyectos

Cuando las emisiones de GEI consideradas impactos 'indirectos' de los proyectos se liberan fuera del territorio nacional (v. gr., proyectos para la producción de combustibles de exportación, emisiones de vuelos internacionales, etc.), entran en juego argumentos relativos a la atribución de responsabilidad de tales emisiones. Esto es especialmente así debido a que el régimen jurídico internacional climático ha optado por la atribución de responsabilidad territorial, es decir la jurisdicción responsable es aquella en la cual se liberan efectivamente las emisiones a la atmósfera y/o se reducen los sumideros de carbono[1714]. Esto puede parecer una elección lógica, pero difiere del antecedente más cercano y exitoso para la regulación de emisiones con efectos de carácter global: el régimen jurídico para la tutela de la capa de ozono, el que incluyó la regulación de las sustancias dañinas en el lugar de su producción[1715].

Mientras que, en una mayoría de casos y jurisdicciones esta cuestión de la extraterritorialidad de las emisiones no afectó su inclusión en el proceso de toma de decisión (v. gr., Francia[1716], Australia), en otros, como se ha observado, sí se ha planteado como un argumento en contra de su consideración por parte de las autoridades de planeamiento. Por ejemplo, este argumento fue aceptado por la Corte en el caso *Australian Conservation Foundation v. Minister for the Environment* (2016) respecto a las emisiones de la quema del carbón a exportar[1717]. Lo mismo fue planteado en jurisdicción inglesa en el

---

1714 PNUMA, *The Production Gap: The discrepancy...*, op. cit., p. 23.

1715 United Nations Treaty Collection, Vienna Convention for the Protection of the Ozone Layer..., op. cit.; United Nations Treaty Collection, Montreal Protocol on Substances that Deplete the Ozone Layer, Montreal, 16 de septiembre de 1987 <https://treaties.un.org/Pages/ViewDetails.aspx?src=TREATY&mtdsg_no=XXVII-2-a&chapter=27&clang=_en> [Última consulta, 19 de julio de 2021]

1716 Tribunal Administratif de Marseille: Association Les Amis de la Terre France et al. v. Le Préfet des Bouches-du-Rhône et al, N° 1805238 (jugement du 1 avril 2021), op. cit.

1717 Federal Court of Australia: Australian Conservation Foundation Incorporated v. Minister for the Environment [2016] FCA 1042 (judgment of 29 August 2016), op. cit.

caso *R (Sarah Finch) v. Surrey County Council* (2020)[1718] y en el caso de Noruega, donde la Corte de primera instancia resaltó que, dado que bajo el Derecho internacional cada país es responsable de las emisiones liberadas en su territorio, ni Noruega ni ningún país tienen deber alguno de tomar medidas respecto los efectos de los combustibles exportados:

> *...it is contrary to expectation for Norwegian authorities to have such a duty* [to assess climate consequences of CO_2 emissions from oil and gas exported abroad] *related to emissions that other countries are responsible for under international law*[1719].

Esto implica algunas consecuencias, al menos, controversiales, como remarca Shapovalova:

> *Under such a framework* [UNFCCC], *it is entirely acceptable for a state, such as Norway or the United Kingdom, to aim for carbon neutrality while concurrently approving large-scale fossil fuel production, providing subsidies to the fossil-fuel industry, managing state oil-and-gas companies involved in E&P* [exploration and production] *at home and abroad, and producing petroleum within the state's jurisdiction for export. All of this may be done without any requirement for being transparent about the potential extraterritorial contribution of these actions to climate change*[1720].

Lo que recuerda a la tesis sostenida por Stevenson respecto la gobernanza climática global:

> *...global climate governance is characterized by a serious paradox. Successful global action to avoid climate change depends on states complying with international agreements, but the present system induces states to comply with global norms in ways that actually exacerbate unsustainable development*[1721].

1718 HIGH COURT OF JUSTICE QUEEN'S BENCH DIVISION PLANNING COURT: R (Sarah Finch) v. Surrey County Council, Case N°. CO/4441/2019 (judgment of 21 December 2020), op. cit.

1719 CORTE DISTRITAL DE OSLO: Greenpeace Norden et al. v. Noruega, caso N°.: 16-166674TVI-OTIR/06 (sentencia del 4 de enero de 2018, traducción no oficial), op. cit., p. 45.

1720 SHAPOVALOVA, D., "Arctic Petroleum and the 2°C Goal: a Case for Accountability for Fossil-Fuel Supply", *Climate Law,* Vol. 10, 2020, p. 289.

1721 STEVENSON, H., *Institutionalizing Unsustainability*..., op. cit., p. 2.

Ahora bien, como reconoció la Corte de Apelaciones en el caso de Noruega, la elección realizada por el régimen jurídico internacional de atribución territorial de las emisiones de GEI fue resultado de los avatares de la negociación, a partir de consideraciones prácticas, y no constituye una limitación legal para la interpretación del Derecho doméstico[1722]. En este sentido, bien observada la cuestión, en ningún momento, el régimen jurídico internacional ha excluido la posibilidad de que los Estados Parte implementen, a la vez, restricciones, por ejemplo, respecto de la oferta de combustibles fósiles, las que pueden ser perfectamente complementarias con aquellas medidas sí requeridas.

Así, no existiría contradicción alguna entre el régimen jurídico y la posibilidad de considerar los efectos extraterritoriales de acciones autorizadas en sede nacional y, por ello, ninguna restricción legal a la hora de interpretar la normativa doméstica. De hecho, como bien remarca el Production Gap Report, las Partes pueden incluir en sus NDC objetivos y medidas para alinear la producción de combustibles fósiles con las metas del Acuerdo de París, independientemente de si esa producción se destina para el consumo interno o para la exportación[1723].

Esto mismo es alegable frente a argumentos que refieren al abordaje de otro tipo de emisiones de carácter extraterritorial, como las de la aviación internacional, que ha sido principalmente reservada por el régimen jurídico internacional para su manejo por la Organización de Aviación Civil Internacional, en cuyo seno se ha negociado un esquema para la reducción y compensación de emisiones el que, sin embargo, solo se prevé que tenga medidas vinculantes a partir de 2027[1724].

1722 Corte de Apelaciones de Borgarting: Greenpeace Norden et al. v. Noruega, No. 18-060499ASD-BORG/03 (sentencia del 23 de enero de 2020, traducción no oficial), op. cit., p. 21.

1723 PNUMA, *The Production Gap: The discrepancy…,* op. cit., p 50, véase al respecto Piggot, G. et al., Swimming upstream: addressing fossil fuel supply under the UNFCCC, *Climate Policy,* Vol. 18, N°. 9, 2018.

1724 Véase Bodansky, Brunnée y Rajamani, *International Climate Change Law,* op. cit., p. 270 y ss.; Organización de Aviación Civil Internacional, CORSIA: Plan de compensación y reducción de carbon para la aviación internacional,

Así, argumentos respecto a la indebida consideración de impactos (emisiones) 'extraterritoriales' de los proyectos debido a la estructura del régimen jurídico internacional no parecen suficientemente convincentes para descartar su apreciación en los procesos de toma de decisiones, mientras que otros argumentos a favor del interés de incluir este tipo de impactos en la base informativa de la toma de decisiones se han deslizado. Por ejemplo[1725], la Corte de Apelaciones y la Corte Suprema de Noruega, al revisar la resolución de primera instancia, coincidieron en la pertinencia de valorar estas emisiones debido a su impacto intergeneracional y a que, aún emitidas extraterritorialmente, estas contribuyen a impactos en el propio territorio nacional:

> *...if Norway is affected by activities taking place abroad that Norwegian authorities may influence directly on or take measures against, this must also be relevant to the application of Article 112. An example is combustion of Norwegian-produced oil or gas abroad, when this causes harm also in Norway*[1726].

4. LA SUSTITUCIÓN PERFECTA DE EMISIONES (MSA)

Como ya se mencionó previamente, la MSA es un argumento utilizado en los litigios por autoridades y promotores de los proyectos que sostiene, a grandes rasgos, que la autorización de una nueva fuente de combustibles fósiles no causará más emisiones que su denegatoria, puesto que en tal caso otras fuentes alternativas serán autorizadas para cubrir la demanda existente. En este sentido, que es la demanda de combustibles fósiles y no su oferta la que determina el consumo de combustibles fósiles y, por ello, la emisión de GEI. Esto hace que

---

plan de implementación, <https://www.icao.int/environmental-protection/Documents/CorsiaBrochure_8Panels-SPA-Web.pdf> [Última consulta, 19 de julio de 2021]

1725 Véanse, también, LAND AND ENVIRONMENT COURT OF NEW SOUTH WALES: Gloucester Resources Limited v. Minister of Planning [2019] NSWLEC 7 (Judgment of 8 February 2019), op. cit. y LAND COURT OF QUEENSLAND: Waratah Coal Pty Ltd v. Youth Verdict Ltd & Ors..., op. cit.

1726 CORTE SUPREMA DE NORUEGA: Greenpeace Norden et al. v. Noruega, Case No. 20-051052SIV-HRET (sentencia del 20 de diciembre de 2020, traducción oficial a fines informativos), op. cit., párr. 149.

pueda sostenerse que los escenarios 'con proyecto' o 'sin proyecto' no tendrían diferencias en cuanto a las emisiones de GEI (cero neto) o incluso que tendrían diferencias positivas dada la posibilidad de que las fuentes nuevas se produjesen en países en desarrollo con menores estándares ambientales o con reservas de combustibles de menor calidad. De este modo, restricciones de la oferta mediante el sistema de planeamiento, otras políticas gubernamentales o los tribunales no tendrían efecto positivo alguno sobre la cuestión climática, a la vez que efectos nocivos sobre la economía local y/o nacional.

Como se observó, este argumento ha sido planteado tanto para sostener que emisiones de la quema de combustibles fósiles no deben ser integradas en las EIA de los proyectos, como también, para argumentar que, en todo caso, estas emisiones (que representan la mayoría de las emisiones de proyectos de producción fósil) deben considerarse como impactos ambientales no significativos y/o especulativos. Del análisis realizado en el capítulo anterior surge que su recepción judicial, si bien mixta, ha ido decantándose hacia su rechazo.

En Estados Unidos, fue planteada a los fines de evitar la integración en el proceso de EIA de los impactos *downstream* de las acciones relativas a la producción de combustibles fósiles, como también para evitar su valoración en la toma de decisión. Los tribunales de esta jurisdicción, sin embargo, rechazaron rápidamente este argumento calificándolo como ilógico, irracional, infundado y/o arbitrario en tanto desafiaba, sin apoyo documental, las leyes clásicas de mercado, pues la asunción racional es que la autorización de nuevos proyectos implica un aumento en la oferta de combustibles fósiles, lo que deriva en una presión sobre el precio a la baja, lo que, a su vez, determina un aumento de la demanda en relación con otras fuentes energéticas competidoras[1727]. Al respecto, la Corte Distrital de Montana afirmó que la MSA implicaba una manipulación del análisis ('*to place the*

[1727] Véase, por ejemplo, United States District Court for the District of Colorado: High Country Conservation Advocates, et al. v. United States Forest Services et al., Civil Action No. 13-cv-01723-RBJ (order of 27 June 2014), op. cit.; United States District Court for the District of Montana, Billings Division: WildEarth Guardians et al. v. Ryan Zinke et al., CV 17-80-BLG-SPW-TJC, (findings and recommendations of 11 February 2019), op. cit.

thumb on the scale') a los fines de inflar los beneficios de la acción y minimizar sus impactos[1728] y la Corte de Apelaciones (10th Circuit) lo calificó como un abuso de discreción por parte de la agencia[1729]. Más allá de alguna excepción puntual a tal consideración[1730], su rechazo llevó a las agencias a cambiar de práctica, incorporando al análisis modelaciones de mercados de energía para reemplazar la mera asunción de sustitución. Sobre esto se volverá más adelante.

A diferencia de lo que sucedió en Estados Unidos, la MSA tuvo mayor aceptación por parte de los tribunales australianos, planteándose para desestimar la relevancia de las emisiones de la quema de los combustibles fósiles como impactos ambientales de la minería de carbón. Específicamente, esto se ha dado en la jurisdicción de Queensland, en la que la Queensland Land Court aceptó en reiteradas ocasiones el argumento. Así, destacan las resoluciones de *Xstrata Coal Queensland v. Friends of the Earth* (2012), en la que la jueza MacDonald aceptó la proposición de que "*stopping the project will not affect the amount of coal actually burned globally*", dado que otras fuentes ocuparían su lugar[1731], y de *Hancock Coal v. Kelly* (2014), posteriormente sostenida por la Corte Suprema de Queensland, en la que el juez Smith aceptó que es la demanda la que determina el consumo de carbón por lo que la cuestión debe ser abordada en otras instancias regulatorias mayores:

> *...it is the demand for coal-fired electricity, and not the supply of coal from coal mines, which is at the heart of the problem... clearly, the possibility of dire consequences from climate change is a matter which falls to be addressed by the international community and the Federal Government*[1732].

1728 UNITED STATES DISTRICT COURT FOR THE DISTRICT OF MONTANA, MISSOULA DIVISION: Montana Environmental Information Center v. U.S. Office of Surface Mining, et al., CV 15-106-M-DWM (order of 14 August 2017), op. cit., p. 46.

1729 UNITED STATES COURT OF APPEALS, TENTH CIRCUIT: WildEarth Guardians, et al. v. United States Bureau of Land Management, No. 15-81109 (opinion of 15 September 2017), op. cit.

1730 UNITED STATES DISTRICT COURT FOR THE DISTRICT OF COLUMBIA: Gulf Restoration Network, et al. v. David Bernhardt, et al., Civil Action no. 18-1647 (RBW) (memorandum opinion of 21 April 2020), op. cit.

1731 LAND COURT OF QUEENSLAND: Xstrata Coal Queensland Pty Ltd, et al., v. Friends of the Earth-Brisbane Co-Op Ltd, et al., [2012] QLC 13, (judgment of 27 March 2012), op. cit., párr. 559.

1732 LAND COURT OF QUEENSLAND: Hancock Coal Pty Ltd v. Kelly et al. [2014] QLC 12 (judgment of 8 April 2014), op. cit., párr. 231, 232; véase también LAND

De esta manera, la MSA se convirtió en el obstáculo por excelencia de cualquier mayor escrutinio sobre la viabilidad climática de los proyectos en Queensland[1733], hasta, al menos, el caso *Waratah v. Youth Verdict* (2022)[1734] en donde la jueza Kingham la rechazó, luego de un análisis detenido e intensivo en términos de evidencia al respecto. A grandes rasgos, sostuvo que la MSA, si se alega, ha de probarse, siendo una prueba compleja ante las diversas especulaciones que sobre el mercado futuro de energía han de realizarse.

Como se mencionó, este cambio jurisprudencial en la jurisdicción de Queensland tuvo como antesala el enérgico rechazo de la MSA en la jurisdicción de New South Wales (*Gloucester Resources v. Minister for Planning*, 2019), por el juez Preston (NSWLEC). Como se observó previamente, Preston dedicó algunos párrafos a refutar la MSA, resaltando que, en primer lugar, no podía entenderse probado sin más que la demanda de carbón fuese a ser cubierta por otras fuentes. Por un lado, no existía certeza alguna de que esto vaya a ocurrir, pues cada vez más países se comprometen a abordar la problemática climática y, en todo caso, son los Estados desarrollados, como Australia, los que tienen la responsabilidad de llevar el liderazgo en la toma de medidas para la mitigación de emisiones de GEI, debiendo actuar como modelo para instar a otros países a seguir sus pasos. Por otro, existía un error lógico en considerar que impactos ambientales inaceptables de un proyecto podrían volverse aceptables debido a que un proyecto alternativo, hipotético e incierto pueda causar el mismo impacto inaceptable[1735]. En este sentido, la MSA implicaría una práctica anómala en la EIA, en tanto no suele suponerse en las comparaciones entre los escenarios con proyectos o sin proyectos que otro emprendimiento ocupará el lugar del que se está evaluando en caso de ser denegado.

Court of Queensland: Adani Mining Pty Ltd v. Land Services of Coast and Country et al. [2015] QLC 48 (judgment of 15 December 2015), op. cit.

1733 Bell-James, y Ryan, "Climate Change Litigation in Queensland…", op. cit.

1734 Land Court of Queensland: Waratah Coal Pty Ltd v. Youth Verdict Ltd & Ors…, op. cit.

1735 Land and Environment Court of New South Wales: Gloucester Resources Limited v. Minister of Planning [2019] NSWLEC 7 (Judgment of 8 February 2019), op. cit., párr. 538 y ss.

Dicho esto, debe notarse que en una sentencia posterior en la jurisdicción de Nueva Gales del Sur (*Australian Coal Alliance v. Wyong Coal,* 2019), el juez Moore (NSWLEC) no entendió como impugnable la conclusión a la que llegó la autoridad de que, dado que existen otras fuentes de carbón disponibles para el mercado, las emisiones *downstream* del uso del carbón, deben ser consideradas, no en la evaluación de la mina, sino en el lugar donde se liberen[1736]. Al mismo tiempo, en *KEPCO Bylong Australia v. Independent Planning Commission* (2020), la jueza Pain (NSWLEC) no entendió como impugnable la desestimación de la MSA por parte de la autoridad de planeamiento en aplicación del precedente de Preston[1737], algo posteriormente avalado por la Court of Appeal of New South Wales[1738].

Asimismo, la MSA ha sido aceptada por los tribunales de Reino Unido, siendo especialmente destacable la conclusión a la que llegó el juez Ouseley en *H J Banks* de que: "*If there is a need for this coal, the emissions are inevitable*", pues la demanda sería cubierta por otras fuentes[1739], y ha sido considerada por la Corte de Apelaciones en el caso de Noruega al hacer referencia a varios estudios (definidos allí mismo como controversiales) que apuntaban a una sustitución de fuentes ante una eliminación gradual de las explotaciones nacionales[1740].

Ahora bien, más allá de estos antecedentes, el argumento de la MSA es controversial por varias cuestiones que justifican su rechazo en sede judicial. Esto incluye su ya criticada lógica desde el punto de

---

1736 LAND AND ENVIRONMENT COURT OF NEW SOUTH WALES: Australian Coal Alliance Incorporated v. Wyong Coal Pty Ltd [2019] NSWLEC 31 (judgment of 22 March 2019), op. cit., párr. 52.

1737 LAND AND ENVIRONMENT COURT OF NEW SOUTH WALES: KEPCO Bylong Australia Pty. Ltd. v. Independent Planning Commission (No 2) [2020] NSWLEC 179 (judgment of 18 December 2020), op. cit.

1738 COURT OF APPEAL OF NEW SOUTH WALES: KEPCO Bylong Australia Pty Ltd v. Bylong Valley Protection Alliance Inc [2021] NSWCA 216 (decision of 14 September 2021), op. cit.

1739 HIGH COURT OF JUSTICE QUEEN'S BENCH DIVISION ADMINISTRATIVE COURT PLANNING COURT: H J Banks & Company Ltd v. Secretary of State for Housing Communities and Local Government et al. [2018] EWHC 3141 (Admin) (judgment of 23 November 2018), op. cit., párr. 106.

1740 CORTE DE APELACIONES DE BORGARTING: Greenpeace Norden et al. v. Noruega, No. 18-060499ASD-BORG/03 (sentencia del 23 de enero de 2020, traducción no oficial), op. cit., p. 30.

vista del funcionamiento del mercado energético, su desidia respecto a la marcha de la gobernanza climática, sus implicaciones en términos de justicia y su ignorancia de los efectos de carácter tendencial (*carbon entanglement* y *carbon lock-in*) de la proliferación de infraestructura fósil.

En cuanto al funcionamiento del mercado energético, como remarcan Bell-James y Collins y algunas de las sentencias revisadas, la sustitución perfecta que plantea la MSA podría definirse como una anomalía económica en el cual la oferta y demanda no interactúan al determinar el nivel de consumo de un bien. En este sentido, la asunción desafía las nociones básicas de la economía y los postulados del juego entre la oferta, el precio y la demanda[1741]. Esto es especialmente controversial si se considera la creciente existencia de competidores energéticos, con opciones más sostenibles y cada vez más coste-eficientes, como la energía solar o eólica. Si bien es verdad que la demanda de combustibles tiende a ser poco elástica (v. gr., una planta térmica no puede alterar fácilmente su insumo energético), es cuestionable hasta qué punto esta poca elasticidad podría justificar la MSA, sobre todo teniendo en cuenta la transición energética ya en marcha. Diversos estudios han encontrado que una disrupción en la oferta sí tiene la capacidad de incrementar precios y con ello disminuir el consumo cuando otros productores no pueden compensar toda la oferta evitada, o lo pueden hacer solo a mayores costes[1742]. De acuerdo con Erickson et al., por cada barril de petróleo no desarrollado debido a una restricción en la oferta, el consumo global neto se reduce entre 0,2 y 0,6 barriles a largo plazo[1743].

1741 Bell-James, J. y Collins, B., "'If We Don't Mine Coal, Someone Else Will': Debunking the 'Market substitution Assumption' in Queensland Climate Change Litigation", *Environmental and Planning Law Journal*, Vol. 37, 2020, p. 174 y ss.

1742 Véase al respecto el *amicus* de Peter Erickson (Stockholm Environment Intitute) presentado en el caso de Corte Distrital de la Haya: Milieudefensie et al. v. Royal Dutch Shell plc., C/09/571932/HA ZA 19-379 (sentencia del 26 de mayo de 2021), op. cit.: Erickson, P., "Review of Mulder et al. 2020" <https://cdn.sei.org/wp-content/uploads/2021/05/erickson-shell-letter-final.pdf> [Última consulta, 1 de junio de 2021]

1743 Erickson, P, Lazarus, M. y Piggot, G., "Limiting fossil fuel production as the next big step in climate policy", *Nature Climate Change*, Vol. 8, 2018.

La idea de que los combustibles fósiles continuarán siendo una parte significativa del mix energético internacional en el mediano y largo plazo es otra asunción clave para la aceptación de la MSA, como varios casos lo exponen[1744]. Si bien esto podría sostenerse respecto al gas, en tanto ha sido catalogado por algunos como energía de transición, resulta más difícil de trasladar a otros combustibles, entre ellos, el petróleo no convencional (poco eficiente en términos energéticos) y el carbón, principal enemigo de la estabilidad climática. En este sentido, la MSA, especialmente aplicada a la minería de carbón (v. gr., Australia), al asumir una continuación del *status quo*, implica cierta desidia con respecto a la marcha de la gobernanza climática y su capacidad de impulsar la transición energética, especialmente al cubrir autorizaciones de proyectos de minería de carbón con una extensión de hasta 60 años de vida. Los desarrollos del régimen jurídico internacional y crucialmente el Acuerdo de París, sus metas y el carácter progresivo de sus compromisos (véase capítulo I) cuestionan seriamente la razonabilidad de este presupuesto y con ello de la MSA, lo que ha sido reconocido por Preston en *Gloucester Resources v. Minister for Planning* y por Kingham en *Waratah Coal v. Youth Verdict*.

Como se observó en algunos casos, es una práctica habitual en el sector recurrir a las predicciones de la Agencia Internacional de la Energía para justificar este *status quo*[1745]. Sin embargo, los últimos desarrollos de incluso esta 'conservadora' institución señalan que tal escenario ya no es asumible, salvo que se adopte una mirada cínica del comportamiento de los Estados (y otros actores relevantes) respecto a la marcha de la gobernanza climática y de la problemática en general. Especialmente relevante es la conclusión a la que llegó

1744 BELL-JAMES, J. y COLLINS, B., "'If We Don't Mine Coal, Someone Else Will'...", op. cit., p. 176 y ss.; HIGH COURT OF JUSTICE QUEEN'S BENCH DIVISION ADMINISTRATIVE COURT PLANNING COURT: H J Banks & Company Ltd v. Secretary of State for Housing Communities and Local Government et al. [2018] EWHC 3141 (Admin) (judgment of 23 November 2018), op. cit.

1745 UNITED STATES COURT OF APPEALS, TENTH CIRCUIT: WildEarth Guardians, et al. v. United States Bureau of Land Management, No. 15-81109 (opinion of 15 September 2017), op. cit., p. 8: "*...BLM concluded that because Energy Information Administration (EIA) projections indicated that population and energy demand would rise, and that coal would remain the largest fuel in the energy mix, demand for coal would remain static even in the face of the potential reduction in supply*".

en su informe "Net Zero by 2050: A Roadmap for the Global Energy Sector", publicado en mayo 2021[1746], de que en una trayectoria de neutralidad carbónica para 2050 consistente con un aumento de la temperatura media global de 1.5 °C es requerido un enorme declive del uso de carbón, petróleo y gas, manifestando su director ejecutivo Fatih Birol al respecto que: "*If governments are serious about the climate crisis, there can be no new investments in oil, gas and coal, from now – from this year*"[1747]. Esto, que se condice con las observaciones del informe sobre la brecha de producción sobre la urgente necesidad de declinar la producción en los próximos años tanto en escenarios de 1.5 como de 2 °C (véase capítulo I), sugiere que la asunción del *status quo* que, en parte, soporta la MSA ya no es razonable, lo que, notablemente, fue así sostenido por la Corte Distrital de la Haya en el caso *Milieudefensie v. Royal Dutch Shell* (2021)[1748], como también en *Waratah Coal v. Youth Verdict.*

Bell-James y Collins plantean además otros argumentos en contra de la aceptación de la MSA, al menos en el contexto judicial. Así, sostienen que, si los tribunales no están preparados para asumir que la MSA es una asunción fácticamente incorrecta, existen argumentos para sostener que es al menos incierta por lo que no supera la vara de probabilidad que cualquier hecho probado en el ámbito judicial debe trasponer. En este sentido, incertidumbres respecto a la marcha de la transición energética, condicionada por la gobernanza climática, hacen imposible realizar predicciones razonablemente precisas sobre el rol de los proyectos de combustibles fósiles en el mercado

---

1746 International Energy Agency, "Net Zero by 2050: A Roadmap for the Global Energy Sector", 2021, <https://iea.blob.core.windows.net/assets/4482cac7-edd6-4c03-b6a2-8e79792d16d9/NetZeroby2050-ARoadmapfortheGlobalEnergySector.pdf> [Última consulta, 1 de junio de 2021]; el siguiente paso sería que esta institución otorgue un lugar central a este escenario en su World Energy Outlook anual.

1747 Harvey, F., "No new oil, gas or coal development if world is to reach net zero by 2050, says world energy body", *The Guardian,* 18 de mayo de 2021 <https://www.theguardian.com/environment/2021/may/18/no-new-investment-in-fossil-fuels-demands-top-energy-economist> [Última consulta 1 de junio de 2021]

1748 Corte Distrital de la Haya: Milieudefensie et al. v. Royal Dutch Shell plc., C/09/571932/HA ZA 19-379 (sentencia del 26 de mayo de 2021), op. cit., párr. 4.4.50.

internacional en períodos de tiempo que van desde 30 a 60 años. En cualquier caso, sugieren estas autoras, esta incerteza apuntaría a tomar una postura en contra de la MSA dada la vigencia del principio precautorio[1749], tal como haría la jueza Kingham en *Waratah Coal*.

Por otro lado, se refieren a la dudosa calidad moral y ética de la asunción al ser utilizada para evadir responsabilidad ante un problema de carácter colectivo a partir del argumento de la 'no diferencia', por lo que se ha equiparado, no sin razones, a la MSA con la 'defensa del vendedor de droga' (*drug dealer's defence*) o el *mantra* "si no lo hago yo, otro lo hará"[1750]. Tal argumento contradice uno de los principios más importantes del régimen climático y del Derecho internacional en general, el principio de cooperación, encarnando su némesis, la competencia. Así, con la MSA, se vuelve al punto de partida de la tragedia de los comunes de Hardin[1751], prediciéndose que los diversos actores se comportarán dirigidos por la maximización del interés propio, en este caso la explotación máxima de las reservas fósiles. Sin embargo, esta predicción es cuestionable dado que refleja un entendimiento extremadamente limitado de la razón y la racionalidad del comportamiento, tal como han marcado Sen y Ostrom[1752]. Ya sea en el caso de que sea dirigida por el escrutinio de la crítica, como el primero plantea, o por la racionalidad de la cooperación, en los términos de la segunda (y prevalente en el Derecho internacional), su resultado en el contexto de la crisis climática será diferente al que asume la MSA. De este modo, si se debe decantar por alguna de las diferentes formas de predecir la conducta en este contexto, esta debe ser la de la cooperación al que los diversos Estados se han comprometido.

En relación con este argumento, debe notarse que la MSA es conflictiva con los principios de equidad intra-generacional e inter-generacional. En cuanto al primero, argumentos relativos a que otros

---

1749 BELL-JAMES y COLLINS, "'If We Don't Mine Coal, Someone Else Will'...", op. cit., p. 180, 181.

1750 Ídem, p. 184.

1751 HARDIN, "The Tragedy of the Commons", op. cit.; el régimen jurídico internacional, autoridad global, evitó regular la oferta de combustibles fósiles.

1752 SEN, *The Idea of Justice*, op. cit., p. 210, 211; OSTROM, E., *Governing the Commons: The Evolution of Institutions for Collective Action*, Cambridge University Press, 2015.

países en vías de desarrollo pueden desplazar en la producción a países desarrollados resultan contradictorios con el principio de CBDR y la asunción de liderazgo en la toma de medidas para la mitigación del cambio climático por estos últimos países[1753]. En este sentido, si países como Australia, Noruega, Reino Unido o Estados Unidos reniegan de la necesidad de dejar sus reservas fósiles inexplotadas, difícilmente puedan sostenerse argumentos de justicia que soliciten a los países en vías de desarrollo hacer lo propio. Si bien puede cuestionarse que este tipo de preocupación pueda tener lugar en los tribunales, lo cierto es que el régimen jurídico internacional del cambio climático sí ofrece sustento normativo para descartar el tipo de razonamiento especulativo que implica la MSA.

Asimismo, la MSA, al escudarse fuertemente en necesidades energéticas actuales, es conflictiva con el principio de equidad-intergeneracional, siendo un clásico ejemplo de trasladar los costes a las generaciones futuras (véase capítulo I) que tendrán que hacerse cargo de una transición más radical con los costes económicos, sociales y ambientales que ello implica. En este sentido, es relevante lo sostenido por la Corte Constitucional alemana en el caso *Neubauer v. Alemania* (2021), respecto a que el Estado debe evitar que las generaciones futuras asuman de manera desproporcionada las cargas (en términos de pérdidas de libertades) de restringir las emisiones de CO_2[1754]. Sostiene así la Corte que: "*In practical terms, respecting future freedom also requires initiating the transition to climate neutrality in good time*"[1755]. Y que:

> *Climate action measures that are presently being avoided out of respect for current freedom will have to be taken in future —under possibly even more unfavourable conditions— and would then curtail the exact same needs and freedoms but with far greater severity*[1756].

1753 Como se mencionó en el capítulo I, Rajamani ha afirmado que, si bien este principio no presenta un carácter de obligación jurídica por sí mismo, tiene suficiente peso para forma las bases filosóficas y jurídicas de la interpretación de las obligaciones climática existentes y de la elaboración de las futuras; RAJAMANI, "The Principle of Common but Differentiated Responsibility…", op. cit., p. 124.

1754 CORTE CONSTITUCIONAL FEDERAL (SALA PRIMERA): Neubauer et al. v. Alemania, ECLI:DE:BVerfG:2021:rs20210324.1bvr265618 (sentencia del 24 de marzo de 2021, traducción oficial solo a fines informativos), op. cit., párr. 194.

1755 Ídem, párr. 248.

1756 Ídem, párr. 120.

En este entender, un argumento extra contrario a la MSA es que su aceptación, y su presunción de que aceptar o rechazar la mina implicaría un impacto neutro, olvida los ya mencionados efectos de la proliferación de la infraestructura fósil respecto al *carbon entanglement* y el *carbon lock-in*, condicionantes de la posibilidad de transitar trayectorias climáticas futuras menos gravosas. Por ejemplo, Shapovalova sostiene que en el caso de los recursos hidrocarburíferos en el Ártico de Noruega, la alta inversión en infraestructura necesaria para su explotación previene que pueda explotarse la zona solo de forma limitada dada la necesidad de generar retornos a largo plazo para cubrir las inversiones[1757].

Como se observó, en Estados Unidos, el rechazo de la MSA llevó a una sofisticación de los análisis de los escenarios 'con' y 'sin proyecto' mediante la modelación de mercados energéticos[1758], lo que genera, al mismo tiempo, una tecnificación del proceso de evaluación y una ampliación de la deferencia hacia las conclusiones de las agencias. Sin embargo, como han destacado Burger y Wentz, este cambio puede ser conflictivo y no necesariamente un avance en la valoración de los impactos climáticos respecto a la mera alegación de la MSA[1759]. En realidad, buena parte de los problemas observados en la MSA se trasladan al proceso de modelación que incorpora presunciones, no siempre justificadas, respecto al futuro del mercado energético internacional, como precios de los combustibles[1760], oferta y demanda previsible, y la marcha de la gobernanza climática, incluido las variables axiológicas de la equidad intra- e inter-generacional. En este sentido, demandantes, tribunales y comentaristas han cuestionado los resultados de tales análisis, como así también sus interpretaciones por parte de las agencias.

1757 SHAPOVALOVA, "Artic Petroleum and the 2°C Goal...", op. cit., p. 294.

1758 También se utilizó en LAND COURT OF QUEENSLAND: Waratah Coal Pty Ltd v. Youth Verdict Ltd & Ors..., op. cit.

1759 BURGER, y WENTZ, "Evaluating the Effects of Fossil Fuel Supply Projects...", op. cit. p. 498.

1760 Véase, por ejemplo, UNITED STATES DISTRICT COURT FOR THE DISTRICT OF MONTANA, GREAT FALLS DIVISION: Indigenous Environmental Network, et al. v. United States Department of State, et al., CV-17-29-GF-BMM, CV-17-31-GF-BMM (order of 8 November 2018), op. cit., p. 16.

Esto ha quedado explícito en el caso *Center for Biological Diversity v. Bernhardt* (2020) en el que, tal como ha sido comentado en el capítulo anterior, la simulación de mercado realizada por la agencia dio como resultado que concretar el proyecto (producción *offshore* de petróleo equivalente a 8 mil millones de barriles) implicaría hasta un tercio *menos* de emisiones de GEI que no hacerlo, lo que llevó a la Corte de Apelaciones (9th Circuit) a impugnar la decisión luego de que los demandantes hayan notado que la modelación ignoraba los efectos de la extensión o contracción de la demanda que la autorización o su rechazo implicarían[1761]. De acuerdo con Erickson, en el caso, la agencia ignoró los efectos del aumento de la oferta en el mercado global (disminución de las importaciones de Estados Unidos mediante), equivalente a emisiones por hasta casi 2 mil millones de toneladas métricas de CO_2[1762].

Así las cosas, debe decirse que, por un lado, existen razones más que suficientes para desechar cualquier intención de utilizar la MSA para la consideración de los impactos climáticos de los proyectos. Por otro, la sofisticación del análisis mediante la modelación o simulación del mercado energético global mantiene buena parte de los inconvenientes de la llana utilización de la MSA, ya sea en la incorporación de asunciones cuestionables respecto al funcionamiento futuro del mercado y el desarrollo de los regímenes regulatorios (incluido el internacional), ya sea en la interpretación que de los resultados hacen las administraciones para justificar la viabilidad climática de los proyectos. En este sentido, cobra notoriedad la observación realizada por Burger y Wentz sobre el cuestionamiento a la bondad de insistir en la consideración de emisiones netas, por sobre la alternativa de considerar emisiones brutas en esta instancia investigativa[1763].

1761 United States Court of Appeals for the Ninth Circuit: Center for Biological Diversity et al. v. David Bernhardt et al., No. 18-73400 (opinion of 7 December 2020), op. cit.; véase también United States District Court for the District of Columbia: Friends of the Earth et al v. Debra Haaland et al, CV-21-2317 (order of 27 January 2022), op. cit.

1762 Stockholm Environment Institute, "U.S. again overlooks top CO_2 impact…", op. cit.

1763 Burger y Wentz, "Evaluating the Effects of Fossil Fuel Supply Projects…", op. cit., p. 504, 505.

5. VALORACIÓN RAZONABLE DE LOS IMPACTOS CLIMÁTICOS

Una cuestión transcendental sobre la que esta jurisprudencia debería avanzar es la del escrutinio sobre la valoración de la relevancia de los impactos climáticos. Como se mencionó previamente, se ha notado que a los actores involucrados en los procesos de EIA y toma de decisión parecen faltarles parámetros técnicos para tal valoración en el marco complejo que presenta la problemática. Así, en muchos casos, las autoridades apelan a, por ejemplo, la comparación de las emisiones anuales del proyecto con totales nacionales o globales, lo que casi siempre llevará a observar el impacto como nimio, sustentando el argumento conocido como 'la gota en el océano' (*the drop in the ocean*). Sin embargo, este razonamiento se ha ido reconociendo como ilógico e inadecuado, ya que no aporta información útil para la determinación real de la relevancia de los impactos en el contexto climático, sino solo refiere a su carácter incremental[1764].

La alternativa, mucho más razonable dada la propia naturaleza de la problemática, es la de considerar los impactos del proyecto de forma acumulativa. Dicho esto, esta tarea tampoco está exenta de complejidad dado el carácter global del sistema climático. Como observó la Corte de Apelaciones en el caso de Noruega, el cambio climático presenta una variante extrema de la necesidad de evaluar los impactos combinados de las actividades, puesto que no sólo las emisiones de un proyecto pueden calificarse comparativamente como insignificantes, sino también las de todo un país[1765].

A esta complejidad y falta de acuerdo respecto a parámetros razonables puede atribuírsele, al menos en parte, que dentro de la jurisprudencia de Estados Unidos no se haya identificado caso alguno en que las agencias hayan entendido como significativos los impactos

---

1764 JOSEPH, "Problems and resolutions in GHG impact assessment"..., op. cit., en especial referencia a la práctica en Canadá; el autor observa, además, que este argumento de minimización sería inaceptable para los proponentes del proyecto si fuese aplicado a la valoración de los beneficios del proyecto, p. 84.

1765 CORTE DE APELACIONES DE BORGARTING: Greenpeace Norden et al. v. Noruega, No. 18-060499ASD-BORG/03 (sentencia del 23 de enero de 2020, traducción no oficial), op. cit., p. 21.

climáticos de las acciones evaluadas, aun cuando las emisiones de GEI consecuentes se contabilizasen en millones de toneladas, lo que ha evitado la toma de medidas de mitigación, elección de alternativas o el liso y llano rechazo del proyecto. En la posibilidad de control judicial de estas decisiones, que en principio parecerían al menos irrazonables, entra en juego la amplia deferencia debida a la administración y sus equipos técnicos y la subjetividad del concepto de 'relevancia' (*significancia*)[1766].

Más allá de este panorama general, en la jurisprudencia estudiada se han ido proponiendo y escrutando algunos criterios que podrían utilizarse para una valoración más razonable de los impactos climáticos incrementales de los proyectos. Así, se han sugerido criterios tales como el coste social del carbono, el presupuesto global de carbono o la congruencia regulatoria. Dependiendo de la jurisdicción que se trate, estos criterios tienen la potencialidad de ir ganando lugar y permitir desarrollar una valoración más seria, acorde con la gravedad y complejidad de la problemática entre manos. A continuación, en primer lugar, se analiza críticamente la consideración en soledad de los impactos de los proyectos, para seguidamente abordar las posibilidades y limitaciones de los distintos criterios de valoración mencionados.

5.1. El argumento de la gota en el océano

Como punto de partida, vale la pena observar de manera más detenida la aceptación y rechazo jurisprudencial de la utilización de comparaciones con totales anuales nacionales y/o globales y la consecuente conclusión de que los impactos climáticos de los proyectos, sea cual sea su magnitud, son demasiado pequeños como para ser considerados significativos. Este argumento, que como se mencionó ha sido bautizado como '*the drop in the ocean*', estuvo en el centro de varios de los debates en los casos, con posturas judiciales contrapuestas al respecto.

1766 Burger, y Wentz, "Evaluating the Effects of Fossil Fuel Supply Projects...", op. cit. p. 453 y ss.

En Estados Unidos, varios tribunales han observado la inadecuación de tal proceder y de su conclusión, y han remarcado la necesidad de valorar los impactos acumulativamente. Así, como se observó, ya en la primera sentencia climática identificada, *City of Los Angeles v. National Highway Traffic Safety Administration* (1990), la Corte se mostró preocupada por la posibilidad de que este tipo de práctica oscureciese la evaluación, al evocar la alegoría de perder el bosque por restar importancia a la desaparición de árboles individuales[1767].

Esto fue, posteriormente, recordado por la Corte de Apelaciones (9th Circuit) en *Center for Biological Diversity v. National Highway Traffic Safety Administration* (2008), al afirmar que los impactos sobre el cambio climático son precisamente el tipo de impacto acumulativo que NEPA solicita analizar[1768]. Igualmente, la Corte Distrital de New Mexico, en *San Juan Citizens Alliance v. U.S. Bureau of Land Management* (2018), reafirmó:

> *It is the broader, significant 'cumulative impact' which must be considered by an agency, but which was not considered in this case. Without further explanation, the facile conclusion that this particular impact is minor and therefore 'would not produce climate change impacts that differ from the No Action Alternative', is insufficient to comply with Section 1508.7*[1769].

Fuera de los estrados judiciales, las guías de CEQ de 2016 contenían una clara recomendación en contra de la utilización de comparaciones de las emisiones con el total de emisiones a nivel nacional o global:

1767 UNITED STATES COURT OF APPEALS FOR THE DISTRICT OF COLUMBIA CIRCUIT: City of Los Angeles et al. v. National Highway Traffic Safety Administration et al., No: 86-1649, 86-1651, 86-1652. 89-1277, 89-1403, (opinion of 24 August 1990), op. cit., párr. 105.

1768 UNITED STATES COURT OF APPEALS FOR THE NINTH CIRCUIT: Center for Biological Diversity v. National Highway Traffic Safety Administration, No. 06-71891, 06-72317, 06-72641. 05-72694, 06-73807, 06-73826, (opinion and order of 18 August 2008), op. cit., p. 18057, 18058.

1769 UNITED STATES DISTRICT COURT FOR THE DISTRICT OF NEW MEXICO: San Juan Citizens Alliance, et al., v. United States Bureau of Land Management, et al., No. 16-cv-376-MCA-JHR (memorandum opinion and order of 14 June 2018), op. cit., p. 32, 33.

> *...a statement that emissions from a proposed Federal action represent only a small fraction of global emissions is essentially a statement about the nature of the climate change challenge, and is not an appropriate basis for deciding whether or to what extent to consider climate change impact under NEPA. Moreover, these comparisons are also not an appropriate method for characterizing the potential impacts associated with a proposed action and its alternatives and mitigations because this approach does not reveal anything beyond the nature of the climate change challenge itself: the fact that diverse individual sources of emissions each make a relatively small addition to global atmospheric GHG concentrations that collectively have a large impact. When considering GHG emissions and their significance, agencies should use appropriate tools and methodologies for quantifying GHG emissions and comparing GHG quantities across alternative scenarios. Agencies should not limit themselves to calculating a proposed action's emissions as a percentage of sector, nationwide, or global emissions in deciding whether or to what extent to consider climate change impacts under NEPA*[1770].

Ahora bien, quizás sorprendentemente, esto no ha llevado a los tribunales de esta jurisdicción a un rechazo total y continuo de esta práctica, ni, como se verá a continuación, a establecer la obligación de las agencias de utilizar parámetros específicos para valorar las emisiones en el contexto global. Sobre esta última obligación, puede destacarse la resolución judicial en *WildEarth Guardians v. Bernhardt* (New Mexico, 2020), al sostener sobre la valoración realizada por la agencia que *"If Congress requires BLM to perform specific climate change-based studies, then the Court will uphold them. That time has not yet arrived"*[1771].

En cuanto a Australia, la utilización de comparaciones con totales globales o nacionales para determinar la insignificancia de las emisiones como impactos ambientales ha sido aceptada por algunos tribunales en casos tempranos, como *Anvil Hill Project Watch Association Inc. v. Minister for the Environment and Water Resources* (Federal Court, 2007)[1772], *Xstrata Coal Queensland v. Friends of the Earth* (Queensland

---

1770 Council of Environmental Quality, *Final Guidance for Federal...*, 2016, op. cit. p. 11.

1771 United States District Court for the District of New Mexico: WildEarth Guardians v. David Bernhardt, et al. No. 1:19-cv-00505-RB-SCY (memorandum opinion and order of 18 August 2020), op. cit., p. 34.

1772 Federal Court of Australia: Anvil Hill Project Watch Association Inc. v. Minister for the Environment and Water Resources [2007] FCA 1480 (judgment

Land Court, 2012)[1773] y *Hancock Coal v. Kelly* (Queensland Land Court, 2014)[1774]. Sin embargo, en casos posteriores se ha observado un cambio en la postura judicial, con la jueza MacDonald en *Adani Mining v. Land Services of Coast and Country* (Queensland Land Court, 2015) afirmando que:

> *Because emissions of CO_2 effectively accumulate in the atmosphere, it is the cumulative not annual CO_2 emissions that matter for long-term climate change. In assessing the extent to which the proposed mine would cause additional cumulative emissions, the mine cannot be viewed in isolation but should be seen in terms of the change in global net emission…*[1775]

Asimismo, en *Gloucester Resources v. Minister for Planning* (2019), el juez Preston sostuvo que:

> *It matters not that this aggregate of the Project's GHG emissions may represent a small fraction of the global total of GHG emissions. The global problem of climate change needs to be addressed by multiple local actions to mitigate emissions by sources and remove GHGs by sinks. As Professor Steffen pointed out, 'global greenhouse gas emissions are made up of millions, and probably hundreds of millions, of individual emissions around the globe. All emissions are important because cumulatively they constitute the global total of greenhouse gas emissions, which are destabilising the global climate system at a rapid rate. Just as many emitters are contributing to the problem, so many emission reduction activities are required to solve the problem' (Steffen report, [57])*[1776].

---

of 20 September 2007), op. cit.

1773 LAND COURT OF QUEENSLAND: Xstrata Coal Queensland Pty Ltd, et al., v. Friends of the Earth-Brisbane Co-Op Ltd, et al., [2012] QLC 13, (judgment of 27 March 2012), op. cit.

1774 LAND COURT OF QUEENSLAND: Hancock Coal Pty Ltd v. Kelly et al. [2014] QLC 12 (judgment of 8 April 2014), op cit.; en este, sin embargo, el juez observó que un 0,16% de las emisiones globales era un porcentaje significativo ('real y preocupante'), aunque luego desestimó esta consideración al notar que se produciría una MSA.

1775 LAND COURT OF QUEENSLAND: Adani Mining Pty Ltd v. Land Services of Coast and Country et al. [2015] QLC 48 (judgment of 15 December 2015), op. cit., párr. 429.

1776 LAND AND ENVIRONMENT COURT OF NEW SOUTH WALES: Gloucester Resources Limited v. Minister of Planning [2019] NSWLEC 7 (Judgment of 8 February 2019), op. cit., párr. 515.

En este caso, el juez recordó, a su vez, que tanto la Corte Suprema de Estados Unidos en *Massachusetts v. EPA*[1777] como la Corte Distrital de la Haya y la Corte de Apelaciones en *Urgenda v. Los Países Bajos*[1778] habían rechazado la consideración en soledad de las emisiones[1779].

La cuestión también fue objeto de escrutinio judicial en *Greenpeace Norden v. Noruega*, donde la Corte Distrital de Oslo aceptó la conclusión de que el aumento de las emisiones de los proyectos sería extremadamente marginal para el total de emisiones del país, lo que la llevó a afirmar que los proyectos implicarían tan solo un riesgo limitado[1780]. La Corte de Apelaciones, sin embargo, sostuvo que la normativa solicitaba una evaluación combinada de los impactos sobre un mismo receptor (v. gr., efluentes a un río, en este caso la atmósfera) y que, si bien el cambio climático ofrecía una variante extrema de la cuestión, puesto que cualquier emisión particular podría ser calificada como marginal comparada con totales globales, una tutela efectiva indicaría realizar una evaluación acumulativa de las emisiones de GEI[1781].

Mientras que es cierto que los casos que han abordado específicamente la cuestión no son muchos ni concluyentes, los argumentos dados para sostener una valoración en soledad de los impactos climáticos de un proyecto parecen ser razonablemente contrarrestados por la necesidad de una valoración acorde a la naturaleza específica de la problemática, es decir acumulativa. Esto proveería información útil y sustancial a los tomadores de decisiones sobre los impactos climáticos del proyecto, más allá de su conocido carácter incremental.

1777 Supreme Court of the United States: Massachusetts et. al. v. EPA, 549 U.S. 497 (judgment of 2 April 2007), op. cit.

1778 Corte Distrital de la Haya: Fundación Urgenda v. Los Países Bajos, ECLI:NL:RBDHA:2015:7196 (sentencia del 24 de junio de 2015), op. cit.

1779 Land and Environment Court of New South Wales: Gloucester Resources Limited v. Minister of Planning [2019] NSWLEC 7 (Judgment of 8 February 2019), op. cit., párr. 519, 521.

1780 Corte Distrital de Oslo: Greenpeace Norden et al. v. Noruega, caso N°.: 16-166674TVI-OTIR/06 (sentencia del 4 de enero de 2018, traducción no oficial), op. cit., p. 34.

1781 Corte de Apelaciones de Borgarting: Greenpeace Norden et al. v. Noruega, No. 18-060499ASD-BORG/03 (sentencia del 23 de enero de 2020, traducción no oficial), op. cit., p. 21.

Esta evaluación acumulativa lejos está de ser una práctica extravagante, con numerosas normativas exigiendo tal análisis para impactos ambientales. Esto, por ejemplo, es así, en el ámbito de la Unión Europea con la Directiva 2011/92/UE[1782], mientras que, en el contexto interamericano, la Corte IDH, al referirse al requisito de realizar EIA ante posibles impactos ambientales significativos como deber de derechos humanos, sostuvo la necesidad de realizar una evaluación que comprenda los impactos acumulativos de los proyectos. Si bien la Corte no explicó, específicamente, a qué se refería con impactos acumulativos, la nota de referencia remite a un informe del PNUMA en el que se explica que:

> *...cumulative effects can result from a number of sources and processes taking place within a natural system, such a water catchment, airshed or coastal zone. These include changes introduced by a large number of small projects, which are individually minor, but collectively significant; or by a major new development combined with similar or unrelated activities over a certain time period... Proponents cannot be expected to take responsibility for the total impact but they should consider the cumulative effect of their development, taking into account other past, present and reasonably foreseeable activities that are proximate in time and space, using tools that are available for this purpose*[1783].

Ahora bien, una vez afirmada la necesidad de valorar estos impactos de manera acumulativa, no está claro cómo tal apreciación debe llevarse a cabo de forma razonable, dado el carácter global, pero también inter-temporal de la problemática. Como se ha mencionado, algunos parámetros o criterios han sido propuestos por los demandantes, siendo más excepcional que común su aceptación por los tribunales. Sobre esto tratan los apartados siguientes.

1782 DIARIO OFICIAL DE LA UNIÓN EUROPEA, Directiva 2011/92/UE..., op. cit.

1783 PNUMA, Environmental Impact Assessment and Strategic Environmental Assessment: Towards an Integrated Approach, 2004, p. 52, 53; puede razonablemente argumentarse que la proximidad temporal y espacial no aplican a la problemática climática, dado, por un lado, el carácter global de la atmósfera y, por otro, el tiempo de residencia de los GEI en ella.

5.2. El coste social del carbono

Cuando los tomadores de decisiones realizan análisis de coste-beneficios, una de las propuestas para la valoración de los impactos climáticos del proyecto ha sido la de emplear el coste social del carbono, a pesar de que su utilización común ha sido en el campo de la toma de decisión a nivel políticas como también para la determinación de instrumentos de fiscalidad (v gr., *carbon tax*).

El coste social del carbono ha sido definido, entre otras cosas, como "*The most important single economic concept in the economics of climate change*"[1784] y representa el intento de identificar el coste (valor monetario) que ocasiona una tonelada adicional de CO_2 emitida a la atmósfera[1785], a partir del entendimiento de que el cambio climático es una externalidad negativa que provoca una falla de mercado que debe ser corregida, mediante una asignación de valor[1786]. Este se calcula usando modelos que representan las dinámicas sociales, el sistema climático y la forma en que estos interactúan. A esto, se adhiere una tasa de descuento que transforma los costes futuros en dinero actual, dado que el cambio climático tendrá impactos por varios cientos de años, mientras que mitigar tiene un coste monetario presente. En este sentido, se ha definido como una conjunción entre física y economía[1787].

Asignar un precio al CO_2 hace al coste de las emisiones algo tangible para los tomadores de decisiones y por ello relevante para la toma de decisión[1788]. A mayor valor del coste social de carbono, mayores

---

[1784] Nordhaus, W., "Revisiting the social cost of carbon", *Proceedings of the National Academy of Sciences of the United States of America,* Vol. 114, N°. 7, 2017, p. 1518.

[1785] Alatorre, J. et al., "El costo social del carbono: una visión agregada desde América Latina", CEPAL, Estudios del cambio climático en América Latina, 2019, p. 5; de este modo, en realidad, se debería hablar de coste social del CO_2, existiendo metodologías diferentes para otros gases de GEI, véase, por ejemplo, Environmental Protection Agency, *The Social Cost of Carbon,...*, op. cit.

[1786] Stern, *Stern Review...*, op. cit.

[1787] CarbonBrief, Q&A: The social cost of carbon, 14 de febrero de 2017 <https://www.carbonbrief.org/qa-social-cost-carbon> [Última consulta, 21 de julio de 2021]

[1788] Squillace, M. y Hood A., "NEPA and Climate Change", *Legal Studies Research Paper Series,* Working Paper N°. 12-16, 2012, p. 27.

medidas de mitigación estarán económicamente justificadas. En lo que aquí interesa, un mayor coste puede cuestionar la viabilidad de un proyecto con altas emisiones, justificar la aplicación de condiciones de mitigación o llanamente la denegación de su autorización.

En varios casos en la jurisprudencia de Estados Unidos, como se observó en el capítulo anterior, este criterio fue propuesto por los demandantes y, en ciertas ocasiones, acogido como requisito por parte de los tribunales. Estos han sostenido que cuando las agencias cuantifican los beneficios económicos de las propuestas deben hacer lo mismo con respecto a los impactos, en este caso las emisiones de GEI, a través de este criterio. Así ha sido afirmado, primeramente, en *Center for Biological Diversity v. National Highway Traffic Safety Administration* (2008)[1789] y luego en *High Country Conservation Advocates v. U.S. Forest Services* (2014)[1790], en *Montana Environmental Information Center v. U.S. Office of Surface Mining* (2017)[1791] y en *WildEarth Guardians v. Zinke* (Montana, 2019[1792] y 2021[1793]). Asimismo, debe resaltarse que en una resolución de 2021 en V*ecinos para el Bienestar de la Comunidad Costera v. Federal Energy Regulatory Commission*[1794], la Corte de Apelaciones (Columbia Circuit) explícitamente reconoció que el

---

1789 UNITED STATES COURT OF APPEALS FOR THE NINTH CIRCUIT: Center for Biological Diversity v. National Highway Traffic Safety Administration, No. 06-71891, 06-72317, 06-72641. 05-72694, 06-73807, 06-73826, (opinion and order of 18 August 2008), op. cit., p 10823: "*While the record shows that there is a range of values, the value of carbon emissions reduction is certainly not zero*".

1790 UNITED STATES DISTRICT COURT FOR THE DISTRICT OF COLORADO: High Country Conservation Advocates, et al. v. United States Forest Services et al., Civil Action No. 13-cv-01723-RBJ (order of 27 June 2014), op. cit., p. 17.

1791 UNITED STATES DISTRICT COURT FOR THE DISTRICT OF MONTANA, MISSOULA DIVISION: Montana Environmental Information Center v. U.S. Office of Surface Mining, et al., CV 15-106-M-DWM (order of 14 August 2017), op. cit., p. 40.

1792 UNITED STATES DISTRICT COURT FOR THE DISTRICT OF MONTANA, BILLINGS DIVISION: WildEarth Guardians et al. v. Ryan Zinke et al., CV 17-80-BLG-SPW-TJC, (findings and recommendations of 11 February 2019), op. cit., p. 28.

1793 UNITED STATES DISTRICT COURT FOR THE DISTRICT OF MONTANA, BILLINGS DIVISION: WildEarth Guardians et al. v. David Bernhardt et al., CV 17-80-BLG-SPW (order re magistrate's finding and recommendations of 3 of February 2021), op. cit., p. 26.

1794 UNITED STATES COURT OF APPEALS: Vecinos para el Bienestar de la Comunidad Costera et al. v. Federal Energy Regulatory Commission, No. 20-1045, 20-093 (Opinion of 3 August 2021).

coste social de carbono podría ser un método válido bajo NEPA para evaluar la relevancia de las emisiones de los proyectos como contribución al cambio climático y sostuvo que la agencia debía explicar adecuadamente su no utilización (o la de otro método generalmente aceptado para ello).

La aceptación del uso del coste social por los tribunales, sin embargo, no ha sido unánime, pues en una serie de decisiones se ha rechazado la necesidad apelar a esta herramienta, al aplicar, los tribunales, deferencia al análisis de la autoridad y/o al notar, no convincentemente, que la cuantificación de impactos económicos no es necesariamente el lado 'beneficio' de los análisis de coste-beneficio que, en definitiva, las agencias no están obligadas a realizar. Esto ha sido así resuelto en *Western Organization of Resource Councils v. U.S. Bureau of Land Management* (2018)[1795], en *Wilderness Workshop v. U.S. Bureau of Land Management* (2018)[1796], en *WildEarth Guardians v. Zinke* (Columbia, 2019)[1797] y en *Citizens for a Healthy Community. v. U.S. Bureau of Land Management* (2019)[1798].

En otras jurisdicciones, la mención a esta herramientas en las resoluciones judiciales ha sido más bien excepcional. En Australia, en *Hunter Environment Lobby v. Minister for Planning* (2011), uno de los expertos aportados por las partes presentó una valoración de las emisiones producto del proyecto en los términos del coste social del carbono. La Corte tomó nota de ello y resaltó que la evidencia apor-

---

1795 United States District Court for the District of Montana, Great Falls Division: Western Organization of Resource Councils, et al., v. U.S. Bureau of Land Management, et al., CV 16-21-GF-BMM (opinion and amended order of 26 March 2018), p. 38.

1796 United States District Court for the District of Colorado: Wilderness Workshop, et al., v. United States Bureau of Land Management, et al., Civil Action No. 1:16-cv-01822-LTB (memorandum opinion and order of 17 October 2018), op. cit., p. 21.

1797 United States District Court for the District of Columbia: WildEarth Guardians et al., v. Zinke, et al., Civil Action No.: 16-1724 (RC), (memorandum opinion of 19 March 2019), op. cit., p. 49.

1798 United States District Court for the District of Colorado: Citizens for a Healthy Community, et al. v. United States Bureau of Land Management, et al., Civil Case No. 1:17-cv-025519-LTB-GPG (judgment of 27 March 2019), op. cit., p. 24.

tada era significativa ya que demostraba que era metodológicamente posible aplicar información sobre un proyecto particular en modelos climáticos a los fines de cuantificar su coste social[1799]. En *Waratah Coal v. Youth Verdict* (2022) se realizó un completo análisis de coste beneficio, calculándose los costes de las emisiones. La jueza, sin embargo, se mostró escéptica de la bondad de este tipo de análisis para valorar los impactos ambientales, incluidos los climáticos[1800]. De este modo, demostró desconfianza respecto a la no inclusión de los costes de las emisiones de *scope 3,* del valor asignado a cada tonelada de carbono, de la tasa de descuento utilizada y de la necesidad de prorratear el coste entre la población de Queensland como porcentaje de la población mundial (par. 1244). En este entendimiento, se decantó por una valoración cualitativa de los impactos del cambio climático (par. 1247).

En Noruega, por su parte, ante la alegación de que no se consideraron los costes de las emisiones en la evaluación económica del proyecto, la Corte Distrital de Oslo sostuvo que, de acuerdo con el Derecho internacional, no existía un deber de evaluar los costes de las emisiones a producirse extraterritorialmente[1801]. La afirmación por parte de la Corte de Apelaciones sobre la necesidad de considerar las emisiones extraterritoriales, sin embargo, no llevó a revisar la cuestión del coste social, desde que esta última sostuvo que no existía un deber de realizar este cálculo en esta etapa[1802]. La Corte Suprema, por su parte, se refirió a la incertidumbre sobre los precios de car-

1799 LAND AND ENVIRONMENT COURT OF NEW SOUTH WALES: Hunter Environment Lobby Inc. v. Minister for Planning [2011] NSWLEC 221 (judgment of 24 November 2011), op. cit., párr. 96.

1800 "*...the inadequacy of orthodox [cost-benefits analysis] practice in comprehensively and accurately valuing ecological impacts, and accounting for the global, local, and intergenerational aspects of the impacts of GHG emissions*" (par. 1240); LAND COURT OF QUEENSLAND: Waratah Coal Pty Ltd v. Youth Verdict Ltd & Ors..., op. cit.

1801 CORTE DISTRITAL DE OSLO: Greenpeace Norden et al. v. Noruega, caso Nº.: 16-166674TVI-OTIR/06 (sentencia del 4 de enero de 2018, traducción no oficial), op. cit., p. 45.

1802 CORTE DE APELACIONES DE BORGARTING: Greenpeace Norden et al. v. Noruega, No. 18-060499ASD-BORG/03 (sentencia del 23 de enero de 2020, traducción no oficial), op. cit., p. 40.

bono para descartar su aplicación[1803]. Asimismo, debe notarse que la utilización del coste social del carbono ha sido solicitada en el *amicus curiae* presentado en el caso identificado en Indonesia[1804].

De este análisis jurisprudencial, es posible advertir, en primer lugar, que no se han encontrado razones de peso para negar lisa y llanamente la posibilidad de integrar los análisis de los impactos de los proyectos con el coste social del carbono. Las razones dadas por las agencias para evitar ello, a saber (a) que esta no fue desarrollada para evaluación de proyectos; (b) que no refleja con precisión los impactos de las emisiones incrementales de los proyectos; (c) que no es útil para los tomadores de decisiones porque presenta un abanico de posibles valores; (d) que no hay consenso sobre la tasa de descuento apropiada; (e) que no existe un criterio para definir cuando un valor monetario es significativo, no tienen, en realidad, mayor importancia, como han notado Burger y Wentz, o pueden ser subsanadas por la discrecionalidad de las autoridades, bajo control de razonabilidad.

Así, (a) el hecho de que el coste social se haya desarrollado para la evaluación de políticas nada dice sobre su utilidad para los análisis sobre proyectos; (b) a pesar de que el coste social no capture de forma precisa todos los impactos de los proyectos, lo hace respecto a una parte importante, brindando información valiosa a los tomadores de decisiones, siempre pudiendo informarse limitaciones y costes extras no valorados; (c) el hecho de que las estimaciones presenten un abanico de valores es beneficial ya que de esta forma se permite a los tomadores de decisiones abordar la incerteza existente[1805]; (d) las autoridades puede definir la tasa de descuento

---

1803 Corte Suprema de Noruega: Greenpeace Norden et al. v. Noruega, Case No. 20-051052SIV-HRET (sentencia del 20 de diciembre de 2020, traducción oficial a fines informativos), op. cit., párr. 204.

1804 State Administrative Court of Denpasar: I Ketut Mangku Wijana et al. v. Governor of Bali Province, 2/G/LH/2018/PTUN.DPS (Amicus Curiae Brief of June 2018), op. cit., p. 14.

1805 Burger, y Wentz, "Evaluating the Effects of Fossil Fuel Supply Projects...", op. cit. p. 517; United States District Court for the District of Montana, Billings Division: WildEarth Guardians et al. v. Ryan Zinke et al., CV 17-80-BLG-SPW-TJC, (findings and recommendations of 11 February 2019), op. cit., p. 29.

apropiada; y (e) pueden hacer lo mismo con el límite de relevancia del coste[1806].

En segundo lugar, debe resaltarse que la jurisprudencia no ha avanzado en la posible existencia de una obligación por parte de las autoridades de utilizar esta herramienta, a excepción de los casos en jurisdicción estadounidense que han observado que, de hacerse un análisis coste-beneficio, es razonable valorar los costes de las emisiones de GEI de esta forma. En este sentido, se trata de una herramienta, entre otras, a disposición de las autoridades para realizar una valoración más razonable de los impactos climáticos, considerándose su carácter acumulativo e inter-temporal y evitándose que, al hacerse análisis de coste-beneficio, se les asigne a las emisiones de GEI un coste cero, lo que parece fuera de toda lógica.

Ahora bien, si se decide su utilización como método para exponer la relevancia de los impactos climáticos, un escrutinio más detenido por parte del órgano jurisdiccional puede ser necesario, pues el valor asignado a cada unidad carbono encierra una serie de asunciones que pueden no siempre estar alineadas con las que la justicia (o el ordenamiento jurídico) podría demandar.

Particularmente, la incertidumbre sobre las estimaciones del valor adecuado del coste social del carbono (v. gr., desde 5 hasta más de 400 dólares estadounidenses) tiene que ver con diferentes variables aplicadas en cada modelación, entre las que destacan dos por su fuerte impacto en el cálculo final del coste: la tasa de descuento aplicable y el alcance geográfico de los impactos climáticos considerados. No es este el lugar indicado para un amplio análisis de las controversias en torno a estas dos cuestiones, pero sí vale mencionar al menos algún punto central.

En cuanto a la tasa de descuento aplicable, cuanto mayor sea, menor será el coste social del carbono. El siguiente ejemplo, aportado por Roberts, grafica la trascendencia de este elemento:

1806 UNITED STATES COURT OF APPEALS: Vecinos para el Bienestar de la Comunidad Costera et al. v. Federal Energy Regulatory Commission, No. 20-1045, 20-093 (Opinion of 3 August 2021), op. cit., p. 11-13

> *To make it more vivid, imagine climate change were on track to cause $5 trillion ($5,000,000,000,000) in damages by the end of the century. That's an unthinkably large number... And it represents unthinkable suffering. But at a discount rate of 3 percent, it would be worth just $382 billion to us today to avoid it. For perspective, that's a little more than half the annual U.S. military budget*[1807].

Al respecto, existen dos posturas para la determinación de la tasa de descuento: la 'descriptiva' y la 'prescriptiva'. La 'descriptiva' observa cómo efectivamente se comportan los individuos en su toma de decisión. Así, se constituye principalmente a partir de la información de mercado sobre dos elementos, la *social time preference,* grado en que se prefieren beneficios presentes por sobre beneficios futuros, y el coste de oportunidad o tasa de retorno de la inversión[1808]. Este es el método elegido por una serie de economistas, incluido el premio Nobel William Nordhaus, y determina tasas de descuento más elevadas ya que se observa cierta tendencia de los individuos a valorar en mayor medida beneficios presentes sobre futuros[1809]. Con todo, el resultado es un traslado mayor de los costes a las generaciones futuras. Por otro lado, la postura 'prescriptiva' descansa explícitamente en juicios de valor sobre qué tasa de descuento es moralmente apropia-

---

1807 ROBERTS, D., "Discount rates: A boring thing you should know about (with otters!)", *Grist,* 24 de septiembre de 2021, <https://grist.org/article/discount-rates-a-boring-thing-you-should-know-about-with-otters/> [Última consulta, 21 de julio de 2021]

1808 Ídem.

1809 Otro argumento es que altas tasas de descuento harán que el dinero que se ahorra actualmente sea reinvertido, generando mayor bienestar general y una mayor riqueza de las futuras generaciones que dará mayores posibilidades de adaptación. Así, solo si inversiones en mitigación consiguen retornos mayores a otras opciones, valdría la pena mitigar. Respecto a esto, es, al menos controversial, sostener que ese dinero será redistribuido de una forma que beneficie al conjunto de la humanidad y las generaciones futuras, como así también, que el crecimiento de la economía global pueda mantenerse en escenarios con aumentos de la temperatura elevados, véase, ídem; CARBONBRIEF, Q&A: The social cost of carbon, op. cit.; KELLEHER, P., "Ethics and the Social Cost of Carbon", SAGE Weston Seminar Series, 3 de octubre de 2019 <https://mediasite.engr.wisc.edu/Mediasite/Play/7867a4928d024966972441ba2f0108171d?catalog=7b399ee95a21457491e921a3fe66a51b21> [Última consulta, 21 de julio de 2021]

da y ha sido adoptada, entre otros, por Nicholas Stern, en su afamado informe, abogando por una tasa de descuento cero[1810].

Con múltiples generaciones y múltiples sociedades implicadas en la problemática climática, la tasa de descuento se convierte en un elemento altamente controversial y, como se observó, con impactos severos en la utilidad misma del coste social del carbono. La postura 'descriptiva' se sostiene a partir de una supuesta asepsia contraria a un enfoque paternalista de la postura 'prescriptiva'. Sin embargo, se ha notado que la primera encubre igualmente juicios de valor moral determinados, siempre que, en definitiva y a diferencia de lo que sucede con decisiones individuales con consecuencias solo individuales, la cuestión de la mitigación de emisiones remite principalmente a la pregunta sobre cómo debemos comportarnos frente a otros individuos, una cuestión de carácter eminentemente moral. En este sentido, observar cómo se comporta un supuesto individuo racional, *homo œconomicus*, para generalizar y proyectar (y prescribir) cómo debe considerarse a las futuras generaciones en decisiones sobre políticas (o proyectos), lejos de la asepsia, reproduce y colectiviza la racionalidad individualista de la mal llamada 'teoría de la elección racional' y con ello sus propios valores morales, en lugar de reflejar una moral humana generalizable[1811]. De este modo, la utilización de determinadas tasas de descuento puede convertir al coste social del carbono en una herramienta conflictiva respecto a principios de equidad-intergeneracional, especialmente cuando lo que está en juego son derechos humanos de futuras generaciones[1812]. De aquí el mencionado escepticismo en los análisis coste-beneficios de Gardiner, como parte de su *theoretical storm*[1813].

1810 STERN, *Stern Review...*, op. cit.; véase al respecto CANEY, "Climate Justice", op cit.

1811 SEN, *The Idea of Justice*, op. cit., p. 62, LAWRENCE, *Justice for Future Generations...*", op. cit., p. 19.

1812 Veáse CANEY, S., "Human rights, climate change, and discounting", *Environmental Politics*, Vol. 17, No. 4, 2008; CANEY, S., "Climate change, intergenerational equity and the social discount rate", *Politics, Philosophy & Economics*, Vol. 14, No. 4, 2014; LAWRENCE, *Justice for Future Generations...*", op. cit., p. 19: "*High discount rates conflict with a* core human rights principle *according to which all persons born now and in the future have an equal right to life, health and subsistence...*" (resaltado en el original).

1813 GARDINER, S., *A Perfect Moral Storm...*, op. cit., p. 250 y ss.

De igual forma, se ha buscado limitar los cálculos del coste social del carbono a los daños a producirse solo en el territorio nacional, en lugar de considerar daños globales de las emisiones de CO_2. Una consideración restringida, reduce sustancialmente el coste social aplicable y traslada los costes de las emisiones a aquellos fuera de las fronteras nacionales, lo que puede ser seriamente conflictivo con el principio de equidad intra-generacional en los términos explicados en el primer capítulo[1814].

Más allá de estas dos limitaciones, otras relevantes han sido marcadas. Por ejemplo, no todo impacto climático futuro es pasible de una cuantificación adecuada, específicamente aquellos de carácter irreversible (v. gr., pérdida de biodiversidad, derretimiento de los polos, destrucción de corales) o aquellos que implican interacciones complejas entre las dinámicas sociales y el clima (v. gr., las migraciones)[1815]. Asimismo, tampoco es posible considerar adecuadamente en estas proyecciones la posibilidad de que se den retroalimentaciones del calentamiento o puntos de inflexión en el sistema climático.

De este modo, debe concluirse que, si bien el coste social del carbono puede aportar una forma más sustancial de valorar los impactos de los proyectos, y, por ello, ser exigido por los tribunales a la hora de garantizar una valoración razonable de estos, debe aplicarse con cautela y a plena consciencia de las limitaciones y vicios que su cálculo puede entrañar, pues la utilización de costes menores puede llevar a perpetuar injusticias o incluso magnificarlas.

5.3. El presupuesto de carbono global[1816]

El enfoque del presupuesto de carbono global para la valoración de los impactos acumulativos de los proyectos ha también hecho su aparición en algunos de los casos revisados, principalmente en Aus-

---

1814 LIVERMORE, M., "Setting the social cost of carbon" en FARBER, D. y PEETERS, M., (eds.), *Climate Change Law,* Edward Elgar, Vol. 1, 2016, p. 37, 38.

1815 ALATORRE et al., "El costo social del carbono…", op. cit., p. 6.

1816 Parte de este apartado fue publicado en el artículo MEDICI-COLOMBO, "Presupuesto de carbono y autorización de proyectos…", op. cit.

tralia[1817]. Como se mencionó en el primer capítulo, el presupuesto de carbono es un concepto recogido por el IPCC que describe la máxima cantidad de emisiones acumulativas de GEI que serían 'permisibles', en consideración de las propiedades físicas del sistema climático, a los fines de permanecer por debajo de un límite de calentamiento dado. De esta manera, constituye una forma relativamente simple y transparente de conectar los límites físicos del Planeta con las implicaciones de la política climática[1818]. Por ejemplo, más allá de las incertidumbres que existen en torno a su magnitud precisa, el IPCC ha llegado a la conclusión de que las emisiones provenientes de los combustibles fósiles que ya están comprometidas en la infraestructura de producción existente son más que suficientes para agotar el presupuesto y, por lo tanto, para exceder las metas de temperatura globalmente acordadas[1819].

Si bien su gesta data de 1989, en aquel entonces era visto como científicamente deficiente desde que se observaban, en los modelos climáticos para un mismo aumento de temperatura, diferencias no triviales en la cantidad acumulativa de emisiones dependiendo de cómo estas se distribuyeran en el tiempo. Esto significaba que la cantidad de emisiones 'permisibles' debía ser calculada en base a trayectorias de emisiones y no en base a emisiones acumulativas. Por esta razón, el peso del concepto fue mínimo en las décadas de los 90' y del 00'[1820].

Sin embargo, de acuerdo con Lahn, esto cambió a partir de dos causas. Por un lado, sobre finales de la primera década del nuevo milenio se consolidó un consenso político de establecer una meta relativa a un aumento de temperatura determinado, lo que finalmente

---

1817 Esta posibilidad fue sugerida, originalmente, por GERRARD, M. "Council on Environmental Quality Declares that Climate Change Is Already Covered in Environmental Impact Review, and No New Regulation Is Needed", *Climate Law Blog*, 13 de agosto de 2014, <http://blogs.law.columbia.edu/climatechange/2014/08/13/council-on-environmental-quality-declares-that-climate-change-is-already-covered-in-environmental-impact-review-and-no-new-regulations-needed/> [Última consulta, 25 de mayo de 2020]

1818 LAHN, "A History of the Global Carbon Budget", op. cit., p. 2, 3; ROGELJ et al., "Estimating and tracking the remaining carbon budget…", op. cit., p. 335.

1819 IPCC, *Global Warming of 1.5°C…* Chapter II…, op. cit., p. 113.

1820 LAHN, "A History of the Global Carbon Budget", op. cit., p. 3.

terminó consagrándose en el Acuerdo de París. Por otro, un entendimiento científico más profundo de las interacciones entre el sistema climático y el ciclo de carbono llevó a la certeza de que las emisiones acumulativas y el aumento de temperatura estaban casi linealmente correlacionados. En este entender, cada tonelada de CO_2 añadiría la misma cantidad de calentamiento, sin importar dónde ni cuándo se emita y, por lo tanto, cualquier meta de temperatura estaría necesariamente asociada con una cantidad fija de emisiones 'permisibles'[1821]. Esto condujo al convencimiento de que el concepto del presupuesto de carbono global proveería la forma más científicamente robusta de guiar la política climática, incluso por sobre las tasas de emisión y las concentraciones de CO_2 en la atmósfera[1822].

Es notable, sin embargo, la ausencia del concepto en el régimen jurídico internacional del cambio climático. Esto se ha relacionado con cierto escepticismo entre quienes consideran que su simplicidad, lejos de facilitar la toma de decisiones políticas, podría endurecer conflictos distribucionales entre Estados[1823] e incrementar la resistencia por parte de ciertos actores influyentes del sector energético[1824]. Sin duda, el concepto se convertiría en una especie de verdad incómoda para los Estados y otros actores relevantes, a la vez que en una idea especialmente atrayente para la sociedad civil organizada a la hora de enfatizar las brechas de la política climática y la necesidad de dejar sin explotar grandes reservas de combustibles fósiles y de desinvertir en los *carbon majors*. De este modo, no debería sorprender que litigantes hayan empezado a introducir este concepto en sus demandas, incluidas aquellas que aquí interesan relativas a los impactos climáticos de los proyectos, con la intención de integrar este concepto en el entramado político-jurídico de planeamiento.

1821 Rogelj et al., ""Estimating and tracking the remaining carbon budget...", op. cit., p. 335.

1822 Lahn, "A History of the Global Carbon Budget", op. cit., p. 3, 4. Meinshausen M. et al., "Greenhouse-gas emission targets for limiting global warming to 2°C", *Nature*, Vol. 458, N°. 7242, 2009.

1823 La dificultad política de atribuir presupuestos de carbono nacionales resulta evidente; sobre la distribución del presupuesto de carbono entre grupos de países, véase, por ejemplo, Duro, J., Giménez-Gómez, J. y Vilella, C., "The Allocation of CO2 emissions as a claims problem", *Energy Economics*, Vol. 86, 2020.

1824 Lahn, "A History of the Global Carbon Budget", op. cit., p. 4.

Así, como se observó, en la jurisprudencia de Estados Unidos, se planteó la necesidad de utilizar este parámetro para la valoración de las emisiones de GEI como impactos acumulativos de los proyectos evaluados bajo NEPA. Sin embargo, los tribunales fueron reacios a aceptar tal proposición. Tanto en *Western Organization of Resource Councils v. U.S. Bureau of Land Management* (2018)[1825], como en *WildEarth Guardians v. Zinke* (Columbia, 2019)[1826], los jueces han observado que los demandantes no han identificado caso alguno que apoye la postulación de que NEPA requiere a las agencias utilizar un análisis del presupuesto de carbono global.

Fue en Australia, donde finalmente, luego de algunas desestimaciones, se concretó una utilización más robusta de este concepto. En primer lugar, su utilización fue planteada en *Xstrata Coal Queensland v. Friends of the Earth* (Queensland Land Court, 2012)[1827] y en *Hancock Coal v. Kelly* (Queensland Land Court, 2014)[1828]. Interesantemente, en el primero, se presentó tal enfoque a partir de la presentación como experto del Dr. Meinhausen (referencia científica por excelencia en la materia), quien calculó que las emisiones acumulativas del proyecto ocuparían un 0,2% del presupuesto global. La Queensland Land Court, sin embargo, no prestó demasiado interés a este parámetro para analizar la relevancia de las emisiones en estos casos.

No fue sino hasta 2019, con el caso *Gloucester Resources v. Minister for Planning*, donde tomó un lugar central en el análisis judicial, a partir de su introducción por parte de los objetantes al proyecto mediante el testimonio experto del científico Will Steffen. Aquí, el juez Preston, aceptando la alegación de que la mayoría de las reservas de

---

1825 UNITED STATES DISTRICT COURT FOR THE DISTRICT OF MONTANA, GREAT FALLS DIVISION: Western Organization of Resource Councils, et al., v. U.S. Bureau of Land Management, et al., CV 16-21-GF-BMM (opinion and amended order of 26 March 2018), op. cit., p. 36.

1826 UNITED STATES DISTRICT COURT FOR THE DISTRICT OF COLUMBIA: WildEarth Guardians et al., v. Zinke, et al., Civil Action No.: 16-1724 (RC), (memorandum opinion of 19 March 2019), op. cit., p. 49.

1827 LAND COURT OF QUEENSLAND: Xstrata Coal Queensland Pty Ltd, et al., v. Friends of the Earth-Brisbane Co-Op Ltd, et al., [2012] QLC 13, (judgment of 27 March 2012), op. cit.

1828 LAND COURT OF QUEENSLAND: Hancock Coal Pty Ltd v. Kelly et al. [2014] QLC 12 (judgment of 8 April 2014), op cit.

combustibles fósiles deberían quedar sin explotar si no se quiere sobrepasar el presupuesto, se decantó (en revisión de mérito) en contra de la viabilidad climática de un proyecto de minería de carbón. Observó que, si bien no le correspondía decretar una denegatoria general de este tipo de proyectos (en parte debido a que ello está fuera de su jurisdicción), la especial urgencia climática ameritaba una evaluación caso por caso en la que se consideren los impactos de los proyectos sobre el presupuesto de carbono restante. Según el juez, tal evaluación podría llevar a la convicción de que el proyecto es suficientemente contaminante como para ser rechazado por su sola contradicción con el escaso presupuesto, o que esto es un factor más en contra del proyecto, debiendo valorarse otros aspectos ambientales, sociales y económicos para definir su suerte[1829]. Esta conclusión de que la afectación de presupuesto de carbono podría justificar por sí sola el rechazo del proyecto es de sumo interés, especialmente si se la pone en el contexto judicial transnacional estudiado.

Como se mencionó en el capítulo anterior, la resolución de este caso tuvo impactos varios en el panorama regulatorio regional, con la autoridad de planeamiento independiente utilizando los argumentos del juez Preston, incluido el del presupuesto de carbono, para condicionar o incluso rechazar determinados proyectos de minería de carbón. Especialmente, el rechazo del Bylong Coal Project dio lugar a un recurso judicial contra la decisión administrativa, con los demandantes observando que el razonamiento de la autoridad había sido arbitrario y por ello ilegal. No obstante, la jueza Pain en *KEPCO Bylong Australia v. Independent Planning Commission* (2020), observó que no había nada arbitrario en las conclusiones de la autoridad al aplicar, entre otras cosas, el enfoque del presupuesto de carbono global para valorar la viabilidad climática del proyecto[1830]. Esto lleva a sostener que, en lo que hace a este contexto jurisprudencial, la utilización del presupuesto de

---

1829 Land and Environment Court of New South Wales: Gloucester Resources Limited v. Minister of Planning [2019] NSWLEC 7 (Judgment of 8 February 2019), op. cit., párr. 553 y ss.

1830 Land and Environment Court of New South Wales: KEPCO Bylong Australia Pty. Ltd. v. Independent Planning Commission (No 2) [2020] NSWLEC 179 (judgment of 18 December 2020), op. cit.; algo sostenido en Court of Appeal of New South Wales: KEPCO Bylong Australia Pty Ltd v. Bylong Valley Protection Alliance Inc [2021] NSWCA 216 (decision of 14 September 2021), op. cit.

carbono global parece ser entendida como una buena práctica con validez legal, en el sentido de que, las autoridades no están obligadas a utilizarla, pero de hacerlo, nada puede reprochárseles. Esta idea se ve reforzada por su utilización extensa y detenida por parte de la jueza Kingham a la hora de recomendar el rechazo del proyecto de minería de carbón en *Waratah Coal v. Youth Verdict* (2022)[1831].

La cuestión de la contradicción de las emisiones de los proyectos con respecto al escaso presupuesto de carbono global también fue planteada (una vez más con la participación de Will Steffen) y abordada, en un contexto legal un tanto disímil, por la Federal Court en *Sharma v. Minister for the Environment* (2021). En este caso, la autoridad sostuvo que lo más probable era que las emisiones producto del proyecto fuesen emitidas dentro del presupuesto de carbono restante para un aumento de temperatura de 2 °C. Sin embargo, el juez no aceptó tal proposición afirmando que: *…there is evidence before me which tends to support the proposition that the 100 Mt of CO_2 will not be emitted as part of the available carbon budget necessary to achieve a 2* °C target[1832]. La evidencia mencionada por la Corte refiere a un trabajo de McGlade y Ekins[1833], apuntado por Steffen, que concluyó que el 62% de las reservas mundiales de combustibles fósiles (que se conocen y son económica y tecnológicamente viables de explotar[1834]) y el 90% de las de Australia, debían quedar inexplotadas para mantenerse dentro de este presupuesto. Al respecto, Steffen había señalado que:

> *The obvious conclusion from the carbon budget analysis above is that currently operating coal mines must be phased out as soon as possible (preferably no later than 2030), and that no new coal mines, or extensions to existing coal mines, can be allowed*[1835].

1831 LAND COURT OF QUEENSLAND: Waratah Coal Pty Ltd v. Youth Verdict Ltd & Ors…, op. cit.

1832 FEDERAL COURT OF AUSTRALIA: Sharma by her litigation representative Sister Marie Brigid Arthur v. Minister for the Environment [2021] FCA 560 (judgment of 27 May 2021), op. cit., párr. 87.

1833 MCGLADE, C. y EKINS, P., "The geographical distribution of fossil fuels unused when limiting global warming to 2 °C", *Nature*, Vol. 517, 2015.

1834 Dejando de lado los 'recursos' que solo se conoce su existencia.

1835 FEDERAL COURT OF AUSTRALIA: Sharma by her litigation representative Sister Marie Brigid Arthur v. Minister for the Environment [2021] FCA 560 (judgment of 27 May 2021), op. cit., párr 73.

A partir de ello, el juez Bromberg observó que:

> *There is no evidence sufficient to support a contention that the 100 Mt of CO2 from the Extension Project is earmarked for some priority treatment relative to other coal sufficient to put it in the top 10% of candidates for inclusion in the budget*[1836].

Si bien el juez no concluyó que esto, por sí solo, implicase que la autorización del proyecto constituiría una violación del deber de cuidado frente a los demandantes, sí influyó en su análisis, junto con la posibilidad de que se den puntos de inflexión en el sistema climático, sobre el riesgo al que estos están sujetos respecto a la decisión de la autoridad[1837].

Estos precedentes de interés hacen que sea posible especular sobre que nuevas iniciativas judiciales incluirán este enfoque dentro de su repertorio argumental, tal como sucedió en el caso pendiente *South Durban Community Environmental Alliance v. Minister of Environment, Forestry and Fisheries* (2021)[1838] en Sudáfrica o el caso *Greenpeace Argentina v. Argentina* (2022)[1839]. Además, debe notarse que esta noción está ganando protagonismo en litigios de gran impacto mediático y jurídico fuera del universo de casos aquí estudiado. Un ejemplo paradigmático de ello es el del caso *Neubauer v. Alemania* (2021)[1840], con la Corte Constitucional otorgándole un lugar central en su razonamiento a la hora de escrutar la suficiencia de los compromisos de reducción de emisiones a corto plazo del Gobierno alemán. La Corte entendió al presupuesto de carbono global (traducido en nacional

---

1836 Ídem, párr. 87.

1837 La decisión del pleno de la Federal Court rechazando la existencia de un deber de cuidado no impugnó las apreciaciones sobre la evidencia o relevancia del enfoque del presupuesto de carbono, véase FEDERAL COURT OF AUSTRALIA: Sharma by her litigation representative Sister Marie Brigid Arthur v. Minister for the Environment [2022] FCAFC 35 (judgment of 15 March 2022), op. cit.

1838 HIGH COURT OF SOUTH AFRICA, GAUTENG DIVISION, PRETORIA: South Durban Community Environmental Alliance et al. v. Minister of Environment, Forestry and Fisheries et al. (founding affidavit of 14 June 2021)

1839 CORTE FEDERAL DE MAR DEL PLATA: Greenpeace Argentina y otros v. Argentina y otros (demanda del 13/01/2022), op. cit.

1840 CORTE CONSTITUCIONAL FEDERAL (SALA PRIMERA): Neubauer et al. v. Alemania, ECLI:DE:BVerfG:2021:rs20210324.1bvr265618 (sentencia del 24 de marzo de 2021, traducción oficial solo a fines informativos), op. cit.

a partir de una división per cápita)[1841] como límite constitucional para la emisión de GEI[1842], lo que le lleva a observar que un gasto desproporcionado en el corto plazo implicará restricciones igual de desproporcionadas sobre libertades en el futuro:

> *...provisions that allow CO_2 emissions in the present pose an irreversible legal risk to future freedom because every amount of CO_2 that is allowed today irreversibly depletes the remaining budget that was predetermined in accordance with constitutional law, and any exercise of freedom involving CO_2 emissions will be subject to more stringent restrictions that will be necessary under constitutional law... if the CO_2 budget were to have already been largely depleted by 2030, there would be a heightened risk of serious losses of freedom because there would then be a shorter timeframe for the technological and social developments needed to enable today's still heavily CO_2-oriented lifestyle to make the transition to climate-neutral behaviour in a way that respects freedom*[1843].

De esta manera, el enfoque del presupuesto global de carbono empieza a tomar el centro de la escena y a ser desarrollado de forma más sustancial en los análisis judiciales de las tomas de decisión de las autoridades públicas, incluyendo sobre proyectos. Más allá de sus complejidades específicas, bien observado, este parámetro no es del todo extravagante pues se asemeja a la más clásica noción de capaci-

---

[1841] Esto es cuestionable desde el punto de vista de la equidad entre Estados y el principio de CBDR. Siendo que los países desarrollados han consumido la mayor parte del presupuesto de carbono global, realizar ahora una división per cápita del remanente, no parece del todo adecuado. La Corte dedica algún considerando a esto, pudiendo resaltarse que sostiene que la contribución alemana debe promover la confianza mutua en la voluntad de acción con las otras Partes del régimen internacional y que el principio CBDR puede ser un método para la asignación. Asimismo, refiere a la posibilidad de que este presupuesto nacional crezca mediante el uso de mecanismos de mercado o mediante técnicas de emisiones negativas, si bien aclara que estas dos últimas opciones todavía no están disponibles. En definitiva, sostiene que el presupuesto nacional podría ser tanto mayor o menor al distribuido per cápita, pero que las incertezas no justifican ignorarlo. Por ello, debe ser utilizado como un punto de referencia; Ídem, párr. 225 y ss.

[1842] *"Rather than being purely an expression of political will, the chosen temperature limit must indeed also be understood as being a specification of the climate action required under constitutional law"*; Ídem, párr. 209.

[1843] Ídem, párr. 186.

dad de carga de un determinado recurso o ecosistema, en este caso la atmósfera[1844].

Por su parte, debe notarse que su aplicación, por un lado, es extensible globalmente atento al carácter compartido del presupuesto entre, al menos, aquellos que han ratificado el Acuerdo de París y, por otro, que es de carácter progresivo, en el sentido de que a medida que el presupuesto de carbono se agote también lo debería hacer el margen de discrecionalidad administrativa, en este caso para la aprobación de ciertos proyectos[1845]. De este modo, su utilización implicaría, en cierta manera, la internalización de los límites físicos del Sistema Tierra en el entramado político-jurídico de la toma de decisiones sobre proyectos (u otras acciones), en correspondencia con lo exigiría la transición hacia un Derecho para el Antropoceno[1846].

Ahora bien, existen dudas respecto a cómo sería la aplicación efectiva de este criterio. En el campo propositivo, y al menos en parte en consonancia con lo reflexionado por el juez en *Sharma v. Minister*

1844 La guía de la Comisión Europea propone como formas de abordar algunos de los desafíos de integrar la cuestión climática en los procesos de EIA, trabajar con la noción de capacidad de carga o límites ambientales; EUROPEAN COMMISSION, *Guidance on Integrating Climate Change…*, op. cit.; en este caso, el concepto jurídico indeterminado de la capacidad de carga estaría ya rellenado por los objetivos de temperatura dispuestos en el Acuerdo de París y la mejor ciencia disponible (IPCC); véase al respecto SANTAMARÍA ARINAS, R., "Evaluando al evaluador: razones técnicas, jurídicas y políticas en la evaluación de impacto ambiental de proyectos", en GARCÍA URETA, A., (coord.), *La Directiva de la Unión Europea de evaluación de impacto ambiental de proyectos: balance de treinta años*, Marcial Pons, 2016.

1845 *"Within the balancing process, the obligation to take climate action is accorded increasing weight as climate change intensifies"; "As ever more of the CO_2 budget is consumed, the requirements arising from constitutional law to take climate action become ever more urgent and the potential impairments of fundamental rights that would be permissible under constitutional law become ever more extreme"; "As the finite CO_2 budget is increasingly consumed, it is constitutional law itself which makes it all the more urgent to prohibit any further exercise of freedom involving CO_2 emissions"*; CORTE CONSTITUCIONAL FEDERAL (SALA PRIMERA): Neubauer et al. v. Alemania, ECLI:DE:BVerfG:2021:rs20210324.1bvr265618 (sentencia del 24 de marzo de 2021, traducción oficial solo a fines informativos), op. cit., párr. 1, 120 y 187 respectivamente.

1846 Véase CARDESA-SALZMANN, A. y COCCIOLO E., "Global Governance, Sustainability and the Earth System: Critical Reflections on the Role of Global Law", *Transnational Environmental Law*, Vol. 8, N°. 3, 2019.

for the Environment (2020), es posible plantear que una consideración seria de la escasez del presupuesto apuntaría a que, en la actualidad, el desarrollo de nueva infraestructura carbono-intensiva debería ser solo estrictamente excepcional. Aplicar este enfoque consistiría, entonces, en reconocer la escasez como un 'indicio o presunción de relevancia'[1847] de los impactos de ciertos proyectos (o, más allá, sobre su inviabilidad) que las autoridades deberían desvirtuar si pretenden otorgar el consentimiento, por ejemplo, estableciendo condiciones que impliquen una mitigación efectiva y/o justificando sólidamente la necesidad de desarrollar ese nuevo proyecto en particular. En otras palabras, el indicio o presunción creería una obligación procedimental de justificar de forma agravada la necesidad de llevar adelante el proyecto en un contexto de escasez de recursos (atmósfera).

La existencia de presunciones o indicios sobre la aceptabilidad y/o conveniencia de proyectos no es algo extraño a los diferentes ordenamientos jurídicos, con numerosos ejemplos de normativa o políticas que refieren al interés público de nueva infraestructura energética, sobre el que se asientan las autorizaciones administrativas (v. gr., declaraciones de políticas en Reino Unido[1848]). De igual manera, es posible predicar presunciones o indicios de signo contrario o inviabilidad. La diferencia principal se encontraría en el carácter no explícito de tal presunción o indicio, requiriendo de una construcción hermenéutica del mismo, posiblemente de carácter consti-

---

1847 La utilización de un término u otro dependerá de su desarrollo concreto en cada jurisdicción; al respecto puede destacarse el reconocimiento de Esteve Pardo al rol de las presunciones como fórmulas del Derecho para resolver situaciones de incertidumbre. Con ellas no se aspira a dar con la verdad objetiva sino, simplemente, a resolver cuestiones que el Derecho tiene planteadas y que no pueden quedar sumidas en la incertidumbre permanente. Esteve Pardo da cuenta de su utilización usual en el ámbito de la tutela ambiental y de su función, no ya de aproximarse a la realidad, sino de la tutela de un sujeto o bien jurídico desprotegido ante la incertidumbre; ESTEVE PARDO, J., *El desconcierto del Leviatán: Política y derecho ante las incertidumbres de la ciencia,* Marcial Pons, 2009, p. 165 y ss.

1848 Véase la discusión en HIGH COURT OF JUSTICE QUEEN'S BENCH DIVISION PLANNING COURT: ClientEarth v. Secretary of State for Business, Energy and Industrial Strategy [2020] EWCH 1303 (Admin) (opinion of 22 May 2020), op. cit.; sobre la Overarching National Policy Statement for Energy y la National Policy Statement for Fossil Fue Electricity Generating Infrastructure.

tucional, en los términos planteados por la Corte Constitucional de Alemania. Esta construcción tendría como base las metas de temperatura del Acuerdo de París, que han fijado el presupuesto, la mejor ciencia disponible, los reconocimientos gubernamentales del estado de emergencia climática y los derechos fundamentales, entre ellos, el que garantiza un ambiente adecuado, no sólo para las presentes sino también para las futuras generaciones.

Debe notarse que aquí entrarían en juego cuestiones de equidad nada simples ni despreciables, principalmente con relación a cómo debería repartirse entre los Estados el limitadísimo presupuesto restante[1849]. Por ello, la aplicación del indicio o presunción sería fuertemente dependiente del caso, no solo respecto las características del proyecto mismo, sino al contexto regional y nacional en el que se propone. Mientras que en países desarrollados la vara debería ser especialmente alta, en países en desarrollo podría existir una mayor flexibilidad[1850]. Aun así, se debería explicar cómo es que el proyecto impulsa el desarrollo local (v. gr., cubriendo necesidades energéticas básicas), considerando todos los impactos negativos y los aspectos distributivos intra e intergeneracionales.

Con respecto a este último punto, la evaluación de los aspectos de equidad sobre la distribución de los beneficios y cargas del proyecto presente en la resolución de *Gloucester Resources v. Minister for Planning* (2019) resulta relevante[1851]. Aquí, el juez revisó algunas de las

---

1849 Kartha, Lazarus, y Tempest, *Fossil Fuel Production in a 2°C World...*, op. cit.; Shue, *Climate Justice...*, op. cit.; Gardiner, "Climate Justice", op. cit.; Van Berkel plantea que este punto es crucial para el éxito de la litigación futura, van Berkel, D., "How scientist can help lawyers on climate action", *Nature,* 20 de abril de 2020 <https://www.nature.com/articles/d41586-020-01150-w> [Última consulta, 21 de julio de 2021]; véase Dooley, K. et al., "Ethical choices behind quantifications of fair contributions under the Paris Agreement", *Nature Climate Change,* Vol. 11, 2021, para una crítica de los intentos de dividir las reducciones de emisiones necesarias.

1850 Sozzo plantea el problema de que el trasplante de estrategias de litigación climática generadas en el Norte Global pueda tener efectos perjudiciales en lo que se refiere a la equidad entre Estados desarrollados —mayores responsables— y en desarrollo; Sozzo, "Luchar por el clima...", op. cit., p. 45.

1851 Land and Environment Court of New South Wales: Gloucester Resources Limited v. Minister of Planning [2019] NSWLEC 7 (Judgment of 8 February 2019), op. cit., párr. 398 y ss.

observaciones de los expertos presentados por las partes respecto de la evaluación de impacto social del proyecto. Por ejemplo, uno de estos afirmó que, mientras que la mayoría de los impactos económicos y sociales del proyecto serían experimentados a nivel local:

> *The majority of the economic benefits of the Project will primarily go to the people who do not live in Gloucester Township: they will go to the mining Company and their shareholders by way of global flows of capital to the suppliers of the mine (presumably based in urban centres...), to... workers living outside of Gloucester, and to the NSW Government... by way of revenues... the economic good from the Project will primarily be distributed to people outside of Gloucester, any local benefits will be short-term...*[1852]

Ello llevó a la conclusión al juez de que el proyecto presentaría problemas de equidad distributiva, tanto intra-generacional como inter-generacional. Sobre esto último, resaltó que los beneficios económicos y sociales del proyecto solo existirían durante su vida útil, mientras que los impactos (incluidos los climáticos) existirían por un largo tiempo después[1853].

Esta proposición, como puede observarse, se condice que el principio octavo de los Principios de Oslo:

> Los Estados y las empresas deben abstenerse de iniciar nuevas actividades que generen emisiones de GEI excesivas incluyendo, por ejemplo, erigir o ampliar centrales térmicas de carbón sin tomar medidas compensatorias, a no ser que las actividades relevantes puedan ser consideradas como indispensables bajo ciertas circunstancias, como sería el caso, en particular, de los países menos desarrollados. Si las nuevas actividades se consideran indispensables, un país menos desarrollado estará obligado a optar por las que emitan menos GEI sólo si, y en la medida que, países desarrollados u otros entes le proporcionen medios para cumplir con esa obligación[1854].

1852 Ídem, párr. 401.

1853 Ídem, párr. 415

1854 GRUPO DE EXPERTOS EN OBLIGACIONES SOBRE EL CLIMA GLOBAL, Principios de Oslo..., op. cit.

5.4. Coherencia regulatoria a nivel doméstico

Un último enfoque para valorar la viabilidad climática del proyecto (y, en cierta medida, valorar sus impactos acumulativos) es el de buscar asegurar su coherencia con respecto a metas regulatorias nacionales o domésticas más generales, como NDC, planes de mitigación, presupuestos de carbono nacionales (independientes del global), planes de desforestación cero, etc[1855]. Este enfoque tiene especial interés ya que cada vez más gobiernos están estipulando metas de carbono-neutralidad para mediados de siglo, con la Agencia Internacional de la Energía observando que si se quiere implementar seriamente este tipo de compromisos no es posible invertir en nuevos proyectos de extracción de combustibles fósiles[1856].

En la jurisprudencia revisada en el capítulo anterior pueden observarse algunos planteos y consideraciones judiciales respecto a este parámetro. Así, en *Earthlife Africa Johannesburg v. The Minister of Environmental Affairs* (Sudáfrica, 2017) la Corte observó que la necesidad de integrar el cambio climático en la EIA respondía precisamente al deber de las autoridades de evaluar si los proyectos son compatibles con los compromisos asumidos[1857].

En Estados Unidos, según se ha observado, este tipo de argumentación no suele ser común en los litigios bajo NEPA, sin embargo, puede destacarse que la Corte de Apelaciones (Columbia Circuit) sostuvo en *Sierra Club v. Federal Energy Regulatory Commission* (2017) que la cuantificación de emisiones "*...would permit the agency to compa-*

1855 De forma similar, Mayer ha propuesto un test de 'consistencia interna' de las políticas respecto a las acciones del Estado como forma para valorar el cumplimiento de sus obligaciones de mitigación, desde un enfoque *bottom-up;* MAYER, B., "Interpreting States' general obligations on climate change mitigation: A methodological review", *Review of European, Comparative & International Environmental Law,* Vol. 28, 2019, p. 115.

1856 INTERNATIONAL ENERGY AGENCY, "Net Zero by 2050...", op. cit.

1857 HIGH COURT OF SOUTH AFRICA (GAUTENG DIVISION, PRETORIA): Earthlife Africa Johannesburg v. The Minister of Environmental Affairs et al., Case number: 65662/16 (judgment of 8 March 2017), op. cit, párr. 90; lo mismo se planteó por los demandantes en STATE ADMINISTRATIVE COURT OF DENPASAR: I Ketut Mangku Wijana et al. v. Governor of Bali Province, 2/G/LH/2018/PTUN.DPS (complaint of 24 January 2018, traducción no oficial), op. cit.

re the emissions from this project to... regional or national emissions-control goals[1858]. Asimismo, de acuerdo con Mayer, la Corte Suprema de California sostuvo que la consistencia respecto a metas de reducción de emisiones nacionales podría ser un criterio legalmente aceptable para determinar la relevancia de las emisiones de GEI para determinados proyectos en el caso *Center for Biological Diversity v. California Department of Fish and Wildlife* (2015)[1859].

Por su parte en Australia, el tema fue específicamente tratado en *Wollar Progress Association v. Wilpinjong Coal* (2018), donde el demandante cuestionó la coherencia de la aprobación del proyecto con respecto al Acuerdo de París, las NDC de Australia y la meta de neutralidad carbónica para 2050 de carácter local. El juez Sheahan (NSWLEC) no abordó de forma detenida la cuestión, pero se mostró escéptico a que tales metas puedan ser utilizadas por la autoridad de planeamiento para revisar la viabilidad del proyecto[1860]. En contrapartida, en *KEPCO Bylong Australia v. Independent Planning Commission* (2020), la jueza Pain (NSWLEC) no encontró nada impugnable en la decisión de la autoridad de rechazar el proyecto haciendo referencia a estas metas[1861]. La Court of Appeal of New South Wales al intervenir en este último caso se refirió específicamente al precedente *Wollar* despejando dudas acerca de la posibilidad de utilizar como criterio de valoración el contraste entre emisiones del proyecto y las metas de mitigación establecidas en la planificación, algo que observó como perfectamente válido para la Administración[1862].

1858 UNITED STATES COURT OF APPEALS FOR THE DISTRICT OF COLUMBIA CIRCUIT: Sierra Club, et al. v. Federal Energy Regulatory Commission, et al., No. 16-1329 (opinion of 22 August 2017), op. cit., p. 24.

1859 MAYER, "Climate Assessment as an emerging obligation under customary international law", op. cit., p. 298; un caso que quedó fuera del estudio de jurisprudencia de Estados Unidos al limitarse a litigación sobre NEPA.

1860 LAND AND ENVIRONMENT COURT OF NEW SOUTH WALES: Wollar Progress Association Incorporated v. Wilpinjong Coal Pty Ltd [2018] NSWLEC 92 (judgment of 19 June 2018), op. cit., párr. 180-183.

1861 LAND AND ENVIRONMENT COURT OF NEW SOUTH WALES: KEPCO Bylong Australia Pty. Ltd. v. Independent Planning Commission (No 2) [2020] NSWLEC 179 (judgment of 18 December 2020), op. cit.

1862 COURT OF APPEAL OF NEW SOUTH WALES: KEPCO Bylong Australia Pty Ltd v. Bylong Valley Protection Alliance Inc [2021] NSWCA 216 (decision of 14 September 2021), op. cit.

En esta línea, en Ecuador, la Corte Provincial de Justicia de Sucumbíos, en *Niñas Indígenas v. Mecheros* (2021), declaró que las autorizaciones de los mecheros contradecían varios compromisos internacionales asumidos por el Estado[1863] y, en Brasil, en el caso *Instituto Preservar v. Copelmi Mineraçao* (2021)[1864], la Corte ordenó la inclusión en los términos de referencia de los procesos de autorización de las directrices previstas en la política climática nacional y estadual, particularmente en lo relativo a la necesidad de realizar una EAE.

En cuanto a Reino Unido, los marcos de políticas se han observado como especialmente relevantes para la toma de decisión de planeamiento y su escrutinio judicial. En estos se establecen cómo los impactos de los proyectos deben ser valorados, fijándose el peso que las autoridades deben asignar a los diversos intereses en juego. Estas políticas deben tener en consideración las políticas de mitigación y adaptación al cambio climático (Planning Act 2008, part. 2, 5(8), 10(3a)). Un ejemplo claro es el del Airports National Policy Statement que establece, en su disposición 5.82:

> *Any increase in carbon emissions alone is not a reason to refuse development consent, unless the increase in carbon emissions resulting from the project is so significant that it would have a material impact on the ability of Government to meet its carbon reduction targets, including carbon budgets*[1865].

De manera similar, en Canadá, la Impact Assessment Act de 2019, así como también la normativa reguladora de la política energética (Canadian Energy Regulator Act, 2019) contienen disposiciones sobre la consideración de los impactos climáticos en los procesos de autorización que pone en foco explícitamente su correspondencia con la política climática nacional[1866].

1863 Sala Multicompetente de la Corte de Justicia de Sucumbíos: Niñas indígenas v. Mecheros, Acción de protección No. 21201202000170, sentencia del 26 de enero de 2021, publicada 29 de julio de 2021), op. cit.

1864 Corte Federal 9ª de Rio Grande do Sul: Instituto Preservar et al. v. Copelmi e IBAMA (decisao de 31 de agosto de 2021), op. cit.

1865 Department of Transport, "Airports National Policy Statement…", op. cit.

1866 Canadá, Impact Assessment Act, S.C. 2019, c. 28, s. 1, art. 22(1)(i), disponible en: <https://laws.justice.gc.ca/eng/acts/I-2.75/index.html> [Última consulta, 15 de agosto de 2021]; Canadá, Canadian Energy Regulator Act, S.C. 2019, c.

Ahora bien, lo que muestra una mayoría de la jurisprudencia es que los tribunales suelen otorgar una amplia discrecionalidad para con la autoridad a la hora de poder determinar si los proyectos podrían impactar su habilidad de alcanzar metas de reducción de emisiones, sobre todo a largo plazo. Puede presumirse que esto tiene que ver con la amplitud con que las políticas refieren a las metas, la complejidad propia de la cuestión, (con muchos sectores de la economía implicados) y la lejanía temporal de ciertas metas, todo lo que afecta la posibilidad de superar la alta vara de deferencia que implican las revisiones de razonabilidad. Un ejemplo de esta situación se observó en *R (on the application of ClientEarth) v. Secretary of State for Business, Energy and Industrial Strategy* (2020) con el juez siendo deferente de la decisión administrativa a la hora de valorar si el proyecto de planta térmica a base de gas (Drax) era compatible o no con la meta nacional de carbono neutralidad para 2050, sin mayor escrutinio[1867].

Una aplicación más seria de este enfoque implicaría que la autoridad deba explicar con cierto grado de detalle cómo encaja el proyecto en el paquete de medidas en vigor a los fines de cumplir con los compromisos climáticos nacionales y, en última instancia, con las metas del Acuerdo de París. En términos prácticos, este criterio impondría un deber procedimental sobre la autoridad, no siendo los objetores quienes deberían probar la inconsistencia de los proyectos con las metas, sino las propias autoridades su consistencia a la hora de la autorización. En la litigación, esto implicaría un cambio de carga de la prueba que, al menos, estaría justificado en el hecho de que es la autoridad la que se encuentra en mejor posición para probar la coherencia regulatoria de su decisión[1868].

28, s. 10, art. 183(2)(j), 262(2)(f) y 298(3)(f), disponible en: <https://laws-lois.justice.gc.ca/eng/acts/C-15.1/> [Última consulta, 15 de agosto de 2021]

1867 HIGH COURT OF JUSTICE QUEEN'S BENCH DIVISION PLANNING COURT: ClientEarth v. Secretary of State for Business, Energy and Industrial Strategy [2020] EWCH 1303 (Admin) (opinion of 22 May 2020), op. cit., párr. 254 y ss.

1868 En términos procesales, lo que sería una carga dinámica de la prueba; variante contemplada, por ejemplo, en el Acuerdo de Escazú, artículo 8.3; UNITED NATIONS TREATY COLLECTION, Regional Agreement on Access to Information, Public Participation and Justice in Environmental Matters in Latin American and the Caribbean…, op. cit.

La explicación de la autoridad podría hacer referencia a diversos mecanismos en vigor, por ejemplo, a la existencia de un mercado de carbono que cubra el grueso de las emisiones del proyecto. Asimismo, en este ejercicio, sería de gran utilidad la existencia de una EAE que, previamente, haya abordado la cuestión a nivel más general y en cuya estructura lógica pueda insertarse la EIA del proyecto[1869]. En algunos de los casos revisados, argumentos de este orden se han desarrollado, aunque no con el detalle esperable. Por ejemplo, en *Australian Conservation Foundation v. Minister for the Environment* (2016), la Corte aceptó que las emisiones podrían entenderse como no significativas dado que se encontraban en vigor otros recursos regulatorios nacionales o internacionales a través de los que estas se gestionarían o mitigarían[1870]. En Reino Unido, por su parte, algunos tribunales observaron que el abordaje de las emisiones de GEI producto de la extensión de aeropuertos debía realizarse a través del esquema europeo de comercio de emisiones, aunque en ese momento este ni siquiera estaba en vigor[1871]. De igual manera, en *Friends of the Irish Environment v. Fingal County Council* (Irlanda, 2017), la High Court sostuvo que el control de las emisiones de la aviación internacional requeriría de un enfoque colaborativo multilateral a través de por ejemplo la Organización de Aviación Civil Internacional o la UE[1872].

Sobre esto debe decirse que la sola mención de que existen otras opciones regulatorias parece insuficiente a la hora de garantizar una coherencia regulatoria mínima por la que entender que la autorización del proyecto no impactará negativamente en las posibilidades

---

1869 Véase Corte Federal 9ª de Rio Grande do Sul: Instituto Preservar et al. v. Copelmi e IBAMA (decisao de 31 de agosto de 2021), op. cit.; en referencia a esta jurisdicción de Brasil en general, véase Leal, G., "Estudo de Impacto Ambiental e Mudanças Climáticas", en Setzer, Cunha, y Botter Fabbri (coords.), *Litgância climática…*, op. cit., p. 315, 316.

1870 Federal Court of Australia: Australian Conservation Foundation Incorporated v. Minister for the Environment [2016] FCA 1042 (judgment of 29 August 2016), op. cit., párr. 165.

1871 High Court of Justice Queen's Bench Division Administrative Court: Carol Barbone, et al. v. The Secretary of State for Transport, et al. [2009] EWCH 463 (Admin) (judgment of 13 March 2009), op. cit.

1872 High Court of Ireland: Friends of the Irish Environment CLG et al. v. Fingal County Council et al., [2017] IECH 695 (judgment of 21 November 2017), op. cit.

de alcanzar las metas climáticas. Si estos mecanismos no están aún en vigor, si no capturan una parte importante de las emisiones, si son insuficientes, etc. es algo que la autoridad debería valorar en su evaluación y el juez escrutar en su revisión de las decisiones.

En el mismo sentido, debería tenerse especial cuidado a la hora de considerar la coherencia de los proyectos con metas a muy largo plazo. Como señala Hilson, este tipo de objetivos puede proveer certeza especialmente necesaria para el desarrollo de inversiones, pero también dar lugar a indeseables *lock-in* tecnológicos[1873] que impidan trayectorias bajas en emisiones coste-efectivas o que generen activos varados debido al desarrollo de la política climática internacional. Para disminuir estos riesgos, los análisis de coherencia regulatoria de los proyectos podrían ser integrados con evaluaciones sobre la posibilidad de que se den *lock-in* de carbonos a partir de la autorización de los proyectos, en los términos propuestos, por ejemplo, por Erickson et al[1874]. Los resultados de estos análisis pueden otorgar información sobre las bondades de distintas alternativas tecnológicas para la provisión de energía u otros fines sociales, poniendo sobre relieve los riesgos de proyectos capital-intensivos incompatibles con la transición energética requerida en el corto y mediano plazo para el cumplimiento de los compromisos nacionales.

En cuanto a otros límites de este enfoque, debe notarse que, si bien puede ser relevante para valorar los impactos climáticos de proyectos con grandes emisiones directas, resultará poco significativo al valorarse proyectos cuyos impactos climáticos más relevantes sean de carácter extraterritorial (v. gr., producción de combustibles fósiles para la exportación), ya que estas emisiones escaparán a las metas domésticas. Dicho esto, como se ha remarcado previamente, nada obsta a que se incluyan en los planes nacionales (y NDC) metas de reducción, por ejemplo, sobre la oferta de combustibles fósiles que permitan este contraste[1875]. Así también, es necesario resaltar que, si

---

1873 HILSON, C., "Hitting the Target? Analysing the Use of Targets in Climate Law", *Journal of Environmental Law,* Vol. 32, 2020, p. 220.

1874 ERICKSON, P., LAZARUS, M. y TEMPEST, K., "Carbon lock-in from fossil fuel supply infrastructure", *Stockholm Environment Institute,* Discussion Brief, 2015, p. 2; ERICKSON, P. et al., "Assessing carbon lock-in", op. cit.

1875 PNUMA, *The Production Gap: The discrepancy…,* op. cit., p 50.

bien este enfoque ayudaría a disminuir la brecha entre la planificación de infraestructura y las metas nacionales, no aborda la brecha entre estos compromisos y la acción realmente requerida, es decir la brecha de emisiones que los sucesivos informes del PNUMA han ido señalando. Así, adolecerá de todas las limitaciones que la propia meta doméstica presente, en cuanto a amplitud, ambición, etc., lo que incluye preocupaciones respecto a la consistencia climática de las metas de carbono neutralidad[1876].

6. LA DECISIÓN FINAL SOBRE EL PROYECTO: RAZONABILIDAD, DERECHOS HUMANOS Y DEBERES DE CUIDADO

Mientras que los apartados anteriores abordaron cuestiones relativas a la información ambiental que debe integrar la toma de decisión (qué debería incluir, en qué extensión, qué supuestos al respecto son aceptables, qué criterios se utilizan para la valoración de los impactos), este último refiere sobre algunos aspectos del análisis judicial de la decisión final sobre la autorización del proyecto, relativos a su razonabilidad, los parámetros de conducta esperable de la autoridad y su discrecionalidad.

Ante la autorización de un proyecto climáticamente controvertido, podría suceder que se alegue judicialmente una inconsistencia entre esta decisión y el reconocimiento de impactos climáticos significativos en la evaluación ambiental (sea por sus costes sociales, sea por su desproporcionado agotamiento del presupuesto de carbono,

---

1876 HILSON, "Hitting the Target?...", op. cit.; al respecto de las metas de neutralidad carbónica puede verse: BLACK, R. et al., "Taking Stock: A global assessment of net zero targets", *Energy & Climate Intelligence Unit and Oxford Net Zero,* 2021 <https://ca1-eci.edcdn.com/reports/ECIU-Oxford_Taking_Stock.pdf?mtime=20210323005817&focal=none> [Última consulta, 21 de julio de 2021]; DYKE, J., "Climate scientists: concept of net zero is a dangerous trap", *The Conversation,* 22 de abril de 2021 <https://theconversation.com/climate-scientists-concept-of-net-zero-is-a-dangerous-trap-157368> [Última consulta, 21 de julio de 2021]; ROGELJ, J. et al., "Net-zero emissions targets are vague: three ways to fix", *Nature,* 16 de marzo de 2021 <https://www.nature.com/articles/d41586-021-00662-3> [Última consulta, 21 de julio de 2021]

sea por su incoherencia regulatoria)[1877]. Dependiendo de cómo esté diseñado en cada jurisdicción el proceso de toma de decisión y los órganos intervinientes, esta inconsistencia podría encontrarse en el hilo de razonamiento de un único órgano que valora la información de los estudios de impacto ambiental y toma la decisión, o en una contradicción entre dos órganos distintos, como en el caso del Derecho español, donde un órgano ambiental se expresa sobre los resultados del proceso de EIA y un órgano sustantivo toma la decisión final sobre el proyecto[1878]. Sin perjuicio de esta diferencia, una cuestión relevante a considerar es cómo se entiende la relación entre los resultados de la EIA, generalmente definida como instrumental, con respecto a la decisión final, donde entran en juego otros intereses. Este interrogante solo puede ser contestado de acuerdo con cada ordenamiento doméstico, lo que queda fuera del alcance de esta investigación[1879], si bien puede aquí delinearse el entendimiento que se considera más adecuado.

Al respecto, debe notarse que la introducción de la evaluación ambiental ha venido a limitar un espacio en el que la administración gozaba de amplias facultades discrecionales como es el de planeamiento y el balance de diversos intereses presentes en cada decisión. Esta relación de restricción entre evaluación ambiental y discrecionalidad fue retratada por Hernan Benjamin —actual ministro del Superior Tribunal de Justicia de Brasil— de la siguiente manera:

> *Conforme o caso, a Administração Pública pode ser, a um só tempo, elemento mortal ou vital à proteção ambiental: cabe-lhe, via de regra, o poder de preservar ou mutilar o meio ambiente. Assim, na medida em que compete à Administração Pública o controle do processo de desenvolvimento, nada mais perigoso para a tutela ambiental do que*

1877 Es probable que una demanda de este tipo acumule este argumento con otros relativos a la forma en qué se realizó la evaluación climática, en términos similares a los expuestos en los apartados precedentes.

1878 Véase, por ejemplo, ALENZA GARCÍA, J., "El procedimiento de evaluación de impacto ambiental", en RUIZ DE APODACA ESPINOSA, Á., *Régimen jurídico de la evaluación ambiental: comentario a la Ley 21/2013, de 9 de diciembre, de evaluación ambiental,* Aranzadi, 2014.

1879 Por ejemplo, en el Derecho español, Alenza sostiene que el resultado de la EIA resulta 'determinante' para la decisión sustantiva, lo que quiere decir que existe una vinculación no absoluta; ídem, p. 386 y ss.

> *um administrador absolutamente livre ou que não sabe utilizar a liberdade limitada que o legislador lhe conferiu*[1880].

Este temor, expresado por Benjamin, fue aquel que justificó originariamente la necesidad de introducir un procedimiento como la EIA que asegurase la integración de la variable ambiental en los procesos de toma de decisiones públicas. Así lo reconoce Mandelker al afirmar, sobre el caso seminal estadounidense: *"Congress adopted NEPA to limit so-called mission-oriented agencies that had carried out their programs at the expense of the environment"*[1881]. Para el jurista brasileño, bajo este entendimiento, la efectividad de la tutela ambiental se afirma a costa de la discrecionalidad administrativa[1882].

Según Benjamin, en el plano teórico, existen dos formas de considerar los efectos de la EIA en el proceso de decisión. Una 'anticuada' que lo concibe como un mero elemento externo de la decisión administrativa, sin que restrinja de modo evidente el poder discrecional de la administración. Otra —más moderna— que limita este poder al exigir una motivación explícita o implícita de la decisión administrativa, en la búsqueda de una decisión óptima[1883]. En este último entendimiento, con la inclusión como requerimiento jurídico de la evaluación ambiental, el legislador reduciría la libertad del administrador en la apreciación de la conveniencia y oportunidad del acto administrativo de previsible impacto ambiental[1884].

En línea con esta última postura, se sostiene aquí que un entendimiento adecuado indicaría que, más que una 'ayuda' a disposición de la administración, debe entenderse a la EIA como un insumo de vital trascendencia para la construcción de la decisión. Sin prevalecer indefectiblemente sobre otras consideraciones, exige una contemplación singular (distintiva) por parte del decisor y un lugar prefe-

---

1880 Benjamin, "Os Princípios do Estudo de Impacto Ambiental...", op. cit., p 1.

1881 Mandelker, "The National Environmental...", op. cit. p. 272.

1882 Benjamin, "Os Princípios do Estudo de Impacto Ambiental...", op. cit., p. 1.

1883 Ídem, p. 7; Benjamin afirma que esta última opción es la recogida por el sistema brasilero.

1884 Ídem, p. 3.

rente en la inteligencia de la decisión[1885]. Esto es un entendimiento matizado entre la disyuntiva de una naturaleza procesal o sustantiva de la EIA[1886]. Siendo que este instrumento, al decir de Benjamin, representa un esfuerzo de integración de la variable ambiental, y no de dominación, sus resultados no eliminan, en su totalidad, la discrecionalidad de la administración que debe sopesar otros factores, pudiendo optar, inclusive, por una opción que no sea la óptima en términos ambientales. Sin embargo, cualquier elección, pero sobre todo aquella que se aparte del óptimo ambiental, deberá estar cubierta —afirma Benjamin respecto al ordenamiento jurídico brasileño— por la razonabilidad, ser motivada y haber tenido debidamente en cuenta los resultados de la evaluación ambiental[1887].

El control judicial sobre esto tienes rasgos comunes en, al menos, buena parte de los sistemas jurídicos occidentales. Laguna de Paz en un interesante resumen sobre el estado de la cuestión en algunos sistemas continentales europeos (España, Francia, Alemania e Italia) y del *common law* (Reino Unido y Estados Unidos), concluye que, si bien parece que el control es más limitado en los países anglosajones, las diferencias son menores. Se observan referencias recurrentes en todos los sistemas a los principios de razonabilidad (*Wednesbury test* en el Derecho británico —y australiano—, *rule of reason* en el Derecho estadounidense) y proporcionalidad como parámetros de control[1888], aunque siempre bajo un considerable margen de discrecionalidad.

1885 GARCÍA URETA, "Un comentario sobre la Ley 9/2018, de reforma de la Ley 21/2013, de evaluación ambiental", *Actualidad jurídica ambiental,* N°. 87, 2019, p. 6, 7.

1886 Véase CRAIK, N., *The International Law of Environmental Impact Assessment: Process, Substance and Integration,* Cambridge University Press, 2008, p. 36, 37, al respecto de qué implica el parámetro del *hard look* en la toma de decisión bajo NEPA.

1887 BENJAMIN, "Os Princípios do Estudo de Impacto Ambiental...", op. cit., p. 7. En los términos del Derecho español, "motivar con especial esmero", SANTAMARÍA ARINAS, "Evaluando al evaluador...", op. cit., p. 35.

1888 LAGUNA DE PAZ, "El control judicial de la discrecionalidad administrativa", op. cit., p. 5-7; por ejemplo en *South Durban Community Environmental Alliance v. Minister of Forestry, Fisheries and the Environment* (2021), luego de que el estudio de impacto ambiental concluyera que las emisiones de una planta térmica a base de gas eran significativas, los demandantes alegaron, entre otras cosas, que las decisiones administrativas de autorización: "*...were taken arbitrarily and ca-*

Ahora bien, en la cuestión que aquí interesa, se ha sostenido que el margen de discrecionalidad que detentan las autoridades, y que puede ser escrutado por los tribunales, está condicionado por la existencia de deberes de cuidado o diligencia relativos a la obligación de prevenir futuras violaciones de derechos humanos (o constitucionales) o daños mediante el cambio climático sobre aquellos individuos o grupos que se encuentren bajo su jurisdicción, tanto en su dimensión actual como futura[1889]. Este deber de cuidado o diligencia, extraído de las obligaciones de derechos humanos, otros derechos constitucionales o de reglas sobre negligencia —codificadas (códigos civiles) o no (*common law*)—, consiste en tomar todas las medidas razonables y apropiadas para evitar tales violaciones de manera efectiva, siendo lo relevante determinar qué medidas son exigibles (obligaciones positivas) o qué medidas deben evitarse (obligaciones negativas). Para responder a ello, se ha alegado que es necesaria una tarea hermenéutica de la normativa internacional, regional y doméstica, de carácter dinámico y que debe incluir elementos normativos relevantes como, principalmente, el Acuerdo de París[1890].

En este sentido, se ha resaltado que este instrumento internacional contiene diversas disposiciones que, más allá de su carácter obligacional, delinean el estándar de conducta esperable de los Estados Parte en su tarea de hacer frente a la problemática climática. Este es el caso del artículo 2.1 del Acuerdo de París que determina las metas

---

priciously ...were not rationally connected to the purpose for which they were taken ... were not rationally connected to the purpose of NEMA or the EIA Regulations ...were not rationally connected to the information before the Chief Director and the Minister ... were not rationally connected to the reasons provided by the Chief or the Minister; and ... were so unreasonable that no reasonable administrator could have taken them"; High Court of South Africa, Gauteng Division, Pretoria: South Durban Community Environmental Allance et al. v. Minister of Forestry, Fisheries and the Environment et al. (founding affidavit of 8 April 2021), op. cit., párr. 91; no es este el lugar para desarrollar qué implicaría un análisis de razonabilidad o proporcionalidad, lo que dependerá de la práctica judicial en cada jurisdicción; al respecto puede verse, por ejemplo, Zorzetto, S., "Reasonableness", *The Italian Law Journal*, Vol. 1, N°. 1, 2015.

1889 Voigt, C., "The Climate Change Dimension of Human Rights Obligation", SSRN, 2021, <https://papers.ssrn.com/sol3/papers.cfm?abstract_id=3839012> [Última consulta, 21 de julio de 2021]

1890 Ídem.

de temperatura para la comunidad internacional. Como se explicó en el capítulo I, para cumplir con estas metas, las Partes se comprometieron colectivamente a alcanzar el pico de emisiones tan pronto como sea posible, reconociendo que ello podría llevar más tiempo en países en desarrollo, y realizar reducciones rápidas de emisiones de acuerdo con la mejor ciencia disponible, para lograr el balance entre emisiones y absorciones por sumideros (neutralidad) en la segunda mitad del siglo (artículo 4.1). Esta meta está informada por la mejor ciencia disponible, principalmente los informes del IPCC, que indica que para alcanzarla se requiere de una descarbonización prácticamente total de la economía mundial en los próximos 30 años. A los fines de lograr este compromiso colectivo, los Estados Parte se comprometieron a preparar, comunicar y mantener NDC sucesivas y a implementarlas a partir de medidas de carácter doméstico. De acuerdo con el artículo 4.3. del Acuerdo, estas NDC deben reflejar la mayor ambición posible, teniendo en cuenta sus responsabilidades y capacidades[1891].

Así las cosas, las metas de temperatura, la necesidad de alcanzar rápidamente el pico de emisiones y realizar reducciones rápidas de acuerdo con la mejor ciencia disponible, para alcanzar la neutralidad carbónica en la segunda mitad del siglo, y la necesidad de acciones progresivas y lo más ambiciosas posibles marcan estándares de conducta exigible, que deberían examinarse en un análisis caso por caso. Asimismo, principios del Derecho ambiental, también incluidos en el régimen climático, como el de precaución, equidad intergeneracional y el de CBDR, forman parte del complejo normativo que determinaría los contornos de los deberes de cuidado o diligencia, en conjunto con disposiciones de ámbito regional o nacional de derechos humanos y de carácter constitucional[1892].

1891 Ídem.

1892 Por ejemplo, la Corte Constitucional de Alemania sostuvo que el artículo 2.2. de la Constitución comprende un deber de protección de la vida y la salud frente a los riesgos del cambio climático, CORTE CONSTITUCIONAL FEDERAL (SALA PRIMERA): Neubauer et al. v. Alemania, ECLI:DE:BVerfG:2021:rs20210324.1bvr265618 (sentencia del 24 de marzo de 2021, traducción oficial solo a fines informativos), op. cit., párr. 148.

Como se ha adelantado, se observa una emergente práctica transnacional respecto a la construcción judicial de estos deberes, tanto al escrutar decisiones sobre políticas más generales como sobre proyectos particulares[1893]. Entre otras, pueden destacarse, las resoluciones de *Urgenda v. Los Países Bajos* (Corte Distrital, 2015; Corte de Apelaciones, 2018; y Corte Suprema de los Países Bajos, 2019)[1894], de *Neubauer* (Corte Constitucional de Alemania, 2021)[1895], de *Gloucester Resources* (NSWLEC, 2019)[1896], de *Sharma* (Federal Court of Australia, 2021)[1897] y de *Waratah Coal* (Land Court of Queensland, 2022)[1898] en las que abundan las referencias a las metas del régimen internacional, los requerimientos de la mejor ciencia disponible y la escasez del presupuesto de carbono restante a los fines de definir los contornos de la discrecionalidad con la que cuentan las autoridades públicas.

La Corte Constitucional alemana, en un ejemplo de escrutinio de una decisión a nivel programático (ley de cambio climático), sostuvo que, si bien el tamaño del presupuesto de carbono no puede determinarse con suficiente precisión, el legislador no es completamente

---

1893 Como alerta Saiger, esto no se puede predicar universalmente, pues los caracteres particulares de cada ordenamiento doméstico y de cada tribunal inciden en la respuesta judicial, como la sentencia del caso del aeropuerto de Viena demuestra, véase Saiger, "Domestic Courts and the Paris Agreement's Climate Goals…", op. cit.

1894 Corte Distrital de la Haya: Fundación Urgenda v. Los Países Bajos, CLI:NL:RBDHA:2015:7196 (sentencia del 24 de junio de 2015), op. cit.; Corte de Apelaciones de la Haya: Fundación Urgenda v. Los Países Bajos, ECLI:NL:GHDHA:2018:2610 (sentencia del 9 de octubre de 2018), op. cit.; Corte Suprema de los Países Bajos: Fundación Urgenda v. Los Países Bajos, ECLI:NL:HR:2019:2007 (sentencia del 20 de diciembre de 2019), op. cit.

1895 Corte Constitucional Federal (Sala Primera): Neubauer et al. v. Alemania, ECLI:DE:BVerfG:2021:rs20210324.1bvr265618 (sentencia del 24 de marzo de 2021, traducción oficial solo a fines informativos), op. cit.

1896 Land and Environment Court of New South Wales: Gloucester Resources Limited v. Minister of Planning [2019] NSWLEC 7 (judgment of 8 February 2019), op. cit.

1897 Federal Court of Australia: Sharma by her litigation representative Sister Marie Brigid Arthur v. Minister for the Environment [2021] FCA 560 (judgment of 27 May 2021), op. cit.; si bien en apelación se desestimó la existencia del deber de cuidado con base en el *tort law* del *common law*.

1898 Land Court of Queensland: Waratah Coal Pty Ltd v. Youth Verdict Ltd & Ors…, op. cit.

libre en lo que hace a su margen de evaluación. En este caso, la Constitución (artículo 20a), ante la incerteza científica y la posibilidad de consecuencias irreversibles (principio precautorio), fija limites al legislador e impone un deber de cuidado especial que incluye responsabilidad frente a las futuras generaciones. En definitiva, marcó la Corte:

> *...the law must therefore take into account the IPCC's estimates on the size of the remaining global CO_2 budget and its consequences for remaining national emissions budgets... if these point to a possibility of exceeding the constitutionally relevant temperature limit*[1899].

Por su parte, en cuanto a decisiones sobre proyectos, en Australia, luego de lo que fue el frustrado reconocimiento de un deber de cuidado proveniente del *common law* (*negligence*) en *Sharma,* en *Waratah* la jueza Kingham observó, en relación con la Human Rights Act de 2019, una suficiente relación causal como para considerar que la autorización de una mina de carbón podría implicar límites injustificados a derechos humanos, en particular al derecho a la vida, a los derechos culturales de pueblos indígenas, a los derechos de los niños, al derecho a la propiedad, al derecho a la privacidad y el hogar y al derecho a disfrutar de los derechos humanos en condiciones de igualdad[1900].

Un elemento central de los deberes de cuidado o diligencia en este contexto, sea cual sea su fuente, es la idea de vulnerabilidad de los individuos y, especialmente, de las generaciones futuras frente al cambio climático. La vulnerabilidad justifica, en términos jurídicos y en términos de justicia, una intervención mayor por parte del Derecho, en este caso de los tribunales, en el ámbito de actuación de los actores públicos y privados, para garantizar la igualdad, no discriminación y protección del vulnerable (o, mejor, del 'vulnerabilizado'). De acuerdo con Alenza, el principio de protección de la vulnerabilidad exigiría, entre otras cosas, un refuerzo de los principios

---

1899 CORTE CONSTITUCIONAL FEDERAL (SALA PRIMERA): Neubauer et al. v. Alemania, ECLI:DE:BVerfG:2021:rs20210324.1bvr265618 (sentencia del 24 de marzo de 2021, traducción oficial solo a fines informativos), op. cit., párr. 229.

1900 LAND COURT OF QUEENSLAND: Waratah Coal Pty Ltd v. Youth Verdict Ltd & Ors..., op. cit.

de prevención y precaución, incluyendo la restricción de actividades que generen riesgos inasumibles[1901], y así una prevalencia de los intereses de los vulnerables por sobre otros intereses y derechos en competencia. En cierto sentido, el paso de los derechos a los deberes de cuidado o diligencia implicaría un cambio de eje desde el foco en la libertad individual a la responsabilidad común frente a la vulnerabilidad, lo que se observa como mucho más adecuado para afrontar una crisis como la climática[1902].

En definitiva, el ámbito de discrecionalidad de la autoridad a la hora de la toma de la decisión final se encontraría de este modo limitado tanto por la información provista en el proceso de evaluación ambiental como, conjuntamente, por deberes de cuidado o diligencia que los Estados tendrían para con aquellos bajo su jurisdicción o control frente a los riesgos del cambio climático. Estos deberes están informados por una diversidad de elementos jurídicos de distinto nivel, con los estándares de conducta surgidos del Acuerdo de París y de los regímenes de derechos humanos en el centro y tienen su foco en la idea de vulnerabilidad.

7. HACIA EL PUNTO DE INFLEXIÓN JUDICIAL

A lo largo de los apartados anteriores se han analizado crítica y propositivamente algunas de las cuestiones más relevantes observadas en el estudio de jurisprudencia desarrollado en el capítulo III, a los fines de poder especular sobre la posibilidad de que se produzca un punto de inflexión judicial a partir del que los tribunales comiencen a realizar un escrutinio más detenido de los procesos de toma de decisión de proyectos con impactos significativos sobre el sistema climático, y en ciertos casos, se determine incluso su contradicción con respecto al ordenamiento jurídico, específicamente al principio

---

1901 Alenza García, J., "Vulnerabilidad ambiental y vulnerabilidad climática", *Revista Catalana de Dret Ambiental,* Vol. 10, N°. 1, 2019, p. 41.

1902 Jaria-Manzano, J., Fallada García-Valle, J. y Román Marín, L., "Hacia un nuevo Derecho público en la transición geológica: derechos, vulnerabilidades y responsabilidades", Proyecto CONCLIMA, Informe N° 9, Universitat Rovira i Virgili, 2017-2019.

de razonabilidad y a los deberes de cuidado de las autoridades para con quienes se encuentran bajo su jurisdicción o control frente a los riesgos del cambio climático.

Así, en primer lugar, se ha abordado la cuestión básica de la integración de la variable climática en la base informativa de los procesos de toma de decisión y, específicamente, de EIA, apuntándose que la mayoría de la jurisprudencia ha reconocido el deber o, al menos, la pertinencia de que esto suceda. Se han resaltado, a su vez, los beneficios que tal integración tendría, entre ellos la utilización del sistema de planeamiento como elemento de implementación del Acuerdo de París y los compromisos climáticos en general, y se ha descartado que existan obstáculos o contraindicaciones de importancia para que ello suceda. Acto seguido, se han desarrollado algunos hilos argumentales que litigantes y tribunales de distintas jurisdicciones podrían desplegar a los fines de asegurar tal integración.

En segundo lugar, se analizó la cuestión de la debida extensión de esta consideración de los impactos climáticos en la toma de decisiones, observándose que una parte relevante de la jurisprudencia ha propugnado por una evaluación extensiva de los impactos climáticos de los proyectos, incluyendo emisiones de GEI de carácter *upstream* y *downstream,* a partir de requisitos normativos de considerar 'impactos indirectos' y dado el nexo de causalidad y previsibilidad que existe a lo largo de la cadena de emisión. A la vez, se ha observado que los argumentos en contra de esta consideración extensiva no parecen tener mayor mérito, sin aportar claridad sobre por qué debería adherirse a una versión restrictiva de qué constituye 'impactos indirectos'. Relacionado con ello, se han examinado las alegaciones que refieren a la exclusión de emisiones de carácter extraterritorial, notándose que, si bien el régimen internacional del cambio climático ha optado por asignar responsabilidad territorial, ni condiciona ni obsta de modo alguno la consideración de estas emisiones de acuerdo con la normativa doméstica. De hecho, se ha observado, por un lado, que tal exclusión puede tener consecuencias controversiales en términos de justicia y, por otro, que existen razones que justifican la consideración de este tipo de emisiones.

En tercer lugar, se abordó uno de los argumentos más discutidos de la jurisprudencia previamente analizada, la MSA. Al respecto, se resaltó la división que existe en la jurisprudencia sobre su aceptación que, vale destacar, es cada vez menor, a la vez que se otorgaron una serie de motivos de peso para su futura desestimación. Entre estos, destacan razones relativas a un entendimiento adecuado del funcionamiento del mercado, a predicciones respecto al futuro de los mercados energéticos y la marcha de la gobernanza climática, a la posibilidad de probar en el litigio de manera suficientemente certera tal asunción, a su dudosa calidad moral y ética, a su contradicción con principios de justicia relevantes en la materia y a su desconsideración de efectos tendenciales de la proliferación de la infraestructura fósil.

En cuarto lugar, se analizó una de las cuestiones más relevantes de la consideración de los impactos climáticos que no ha tenido, sin embargo, gran desarrollo a nivel jurisprudencial por el momento. Se trata de la valoración razonable de la relevancia de los impactos climáticos. Sobre esto, primeramente, se examinó la inadecuación, reconocida por algunos tribunales, de valorar de forma aislada los impactos climáticos de los proyectos. De esta manera, se sostuvo que lo adecuado es su valoración de carácter acumulativo, lo que implica, por la complejidad de la propia problemática, buscar y ensayar criterios que permitan hacerlo de manera razonable. Así, se examinaron los beneficios y limitaciones de tres posibles criterios: el coste social del carbono, el presupuesto global de carbono y la coherencia regulatoria doméstica. Estos criterios podrían ser utilizados de forma alternativa, complementaria o subsidiaria.

Finalmente, se avanzó sobre la cuestión del posible cuestionamiento a la toma de decisión final de autorización de los proyectos, notándose, por un lado, que la integración en el proceso decisorio de la variable climática implica una limitación de la discrecionalidad administrativa que puede ser controlada bajo principios de razonabilidad y proporcionalidad que son comunes a diversos sistemas jurídicos. Por otro, que el margen de discrecionalidad restante se encuentra a su vez restringido por deberes de cuidado o diligencia a partir de las obligaciones de los Estados prevenir futuras violaciones de derechos humanos (o constitucionales) o daños mediante el cambio climático, informados por estándares de conducta que surgen de diversos instrumentos en múltiples niveles, entre ellos, el Acuerdo de París y los derechos humanos.

Todo ello hace que se pueda postular que los elementos argumentales necesarios para que se produzca este punto de inflexión están presentes y es cuestión de tiempo que los puntos sean conectados, no existiendo barreras infranqueables de carácter general para que ello no suceda. Por supuesto, es difícil predecir en qué jurisdicción esto podría suceder dado que esto depende de aspectos y particularidades de los Derechos domésticos que han quedado fuera de esta investigación. Más allá de esto, puede afirmarse, sin lugar a duda, que la litigación climática sobre proyectos tiene aún potencial para continuar desarrollándose y afectar significativamente la gobernanza climática futura, en un momento de quiebre donde, entre otras cosas, la premisa de que 'los combustibles fósiles deberían quedar bajo tierra' está transitando un camino de transformación desde slogan del activismo a mandato legal.

CONCLUSIONES

PRIMERA.- Durante el último siglo, la apreciación del cambio climático como problemática se ha ido transformando (y escalando) de una simple conjetura a una 'preocupación común de la humanidad'. En la actualidad y desde hace unos años, el cambio climático se percibe como una crisis inédita, parte de una mayor crisis planetaria condensada en la idea del paso hacia el Antropoceno. Este desplazamiento conceptual —se ha sostenido— tiene (o debería tener) impacto en la (re)consideración del Derecho como herramienta útil para el mantenimiento del orden social.

El desplazamiento conceptual hacia la idea de crisis se relaciona, por un lado, con un entendimiento más claro de las causas y consecuencias del cambio climático. Causas que se encuentran en el centro del funcionamiento del sistema económico, social y político global. Consecuencias, presentes y futuras, que amenazan las bases de la vida planetaria y, con ello, un abanico muy importante de derechos humanos. Estas causas y consecuencias hacen del cambio climático una cuestión compleja y problemática en términos de justicia intrageneracional, intergeneracional e interespecie, como también en términos de gobernanza.

Por otro lado, este desplazamiento conceptual se relaciona con una ventana de oportunidad cada vez más estrecha. Incluso, tras el diseño, puesta en vigor y desarrollo de una respuesta regulatoria de gran volumen y alcance, como lo es el régimen jurídico internacional del cambio climático, las emisiones globales de GEI continúan incrementándose, tal como lo hacen las brechas en todos los pilares de la gobernanza climática. En este contexto, la década de los veinte se perfila como definitoria, máxime cuando los gobiernos están diseñando e implementando políticas de estímulo para superar varias crisis, como la del COVID-19 y la de la invasión rusa a Ucrania.

SEGUNDA.- La litigación climática es una estrategia alternativa, aunque complementaria a la principal respuesta regulatoria ensayada, consistente en la apelación a los poderes judiciales para la resolución de conflictos relativos al cambio climático. Esta respuesta, a pesar de sus particularidades y limitaciones, se reconoce como un elemento relevante y legítimo de la amplia estructura de gobernanza climática global.

Se trata de un fenómeno en crecimiento exponencial, en una tendencia difícilmente reversible en el corto plazo. Su expansión no es solo de carácter cuantitativo sino también cualitativo, pues cada nuevo caso aumenta su heterogeneidad, involucrando una amplia diversidad de actores (activos y pasivos), de foros (en diferentes niveles), de objetivos y estrategias, como también de elementos jurídicos (de una variedad de niveles, orígenes y materias) que informan el proceso de selección y aplicación del Derecho por parte de los tribunales. Este último proceso posee en este ámbito algunas particularidades relativas a la utilización conjunta y complementaria a una pluralidad de fuentes jurídicas ("a la manera de hilos en la conformación de un tapiz", según Vílchez Moragues); al uso intensivo de la ciencia física (principalmente, informes del IPCC y testimonios de expertos *ad hoc*); y a la necesidad de apelar a giros interpretativos de cierta innovación para estabilizar la disrupción jurídica que el cambio climático genera (Fisher, Scotford y Barritt).

El reconocimiento de la litigación como elemento integrante de la gobernanza climática emerge, por un lado, de su motivación expresamente regulatoria, promoviéndose en reacción a fallas institucionales concretas o bajo la intención de generar amplios cambios sociales y legales (*legal mobilization*) frente a la percepción de oportunidades políticas débiles. En este último aspecto, la litigación climática puede calificarse como un movimiento transnacional contra-mayoritario y contra-hegemónico, identificándose con aquellos que han integrado la llamada 'globalización desde abajo'. Por otro lado, este reconocimiento se relaciona con su encuadre dentro de un marco de gobernanza, no ya concebido en la esfera internacional, sino multinivel y policéntrico (Ostrom), de acuerdo con la propia naturaleza del fenómeno.

En este sentido, la reestructuración del régimen jurídico internacional, a partir del Acuerdo de París y su enfoque híbrido, ha reforzado el rol regulatorio de la litigación. La centralidad de las NDC, la 'autodiferenciación' (y con ello, la universalización) y la apuesta por la implementación de medidas de mitigación a nivel nacional permiten a la litigación tener un impacto más directo y relevante sobre la marcha de la gobernanza climática global.

Este rol regulatorio ha llevado a cuestionamientos sobre la legitimidad de la litigación en este contexto. Sin embargo, nada en la naturaleza del cambio climático permite descartar de manera general la intervención judicial en este ámbito. La legitimidad de la actuación habrá de determinarse en un análisis caso por caso y dependerá de la particular postura de los tribunales sobre el juego entre el principio de constitucionalidad y el principio democrático. Más allá de ello, la legitimidad de la litigación climática puede sostenerse de manera general a partir de la necesidad de repensar el rol del Derecho y la Constitución ante la crisis ecológica y el paso hacia el Antropoceno. En este escenario, el rol de los tribunales es clave para la necesaria actualización sucesiva del tejido constitucional para hacer frente a los desafíos a los que se enfrenta la sociedad del pos-Holoceno, a través del diálogo entre actores sociales, y en un contexto de representatividad limitada de las instituciones democráticas (Jaria-Manzano).

TERCERA.- Del amplio universo de la litigación climática, se identificaron un centenar de casos en los que se cuestionan de forma directa los impactos de proyectos de infraestructura sobre el sistema climático. Estos están repartidos en 25 jurisdicciones, correspondiendo 13 al Norte Global y 12 al Sur. Este universo sigue un patrón de división geográfica similar al universo general de la litigación climática, ubicándose la gran mayoría de casos (84), y especialmente aquellos con resolución judicial (80) en el Norte Global, particularmente en Estados Unidos, Australia y Reino Unido. Esto implica que, por el momento, el despliegue de este tipo de casos, y específicamente de argumentación, se encuentra en el Sur Global en una etapa embrionaria.

Esto, sin embargo, podría cambiar en el corto o mediano plazo. Por un lado, se han identificado más casos pendientes en el Sur que en el Norte Global[1903]. Por otro, es en estas jurisdicciones del Sur Global donde se encuentra la mayoría de las economías emergentes,

---

1903 Esto puede no ser así si se considera de manera completa el panorama de litigación en Estados Unidos, algo que, como se ha remarcado, no hizo esta investigación.

en las que es más probable que infraestructura climáticamente controversial todavía se siga desarrollando por algún tiempo. Dicho esto, debe notarse que varias de estas economías pertenecen a jurisdicciones donde la litigación, al menos por el momento, parece ser un camino vedado para la acción climática, a partir de la inexistencia de poderes judiciales independientes. Esto es un límite muy relevante en el papel que puede jugar esta herramienta para la gobernanza a nivel global.

Por su parte, debe alertarse que el universo de casos aquí identificado no agota, ni mucho menos, toda la conflictividad judicial relacionada con proyectos de infraestructura y cambio climático. Esto es así debido a una serie de restricciones metodológicas, entre las que destacan la utilización de una conceptualización estrecha de 'litigio climático' y posibles sesgos en las bases de datos. Respecto a la primera, al requerirse una discusión expresa de la cuestión climática, se ha excluido una vasta cantidad de litigios, entre ellos muchos en el Sur Global, que cuestionan proyectos con importantes impactos climáticos sin realizar siquiera una mención ocasional de la problemática (v. gr., por razones de estrategia jurídica). Respecto a la segunda, debe advertirse que las bases de datos consultadas dependen de centros académicos del Norte Global cuyo trabajo se desarrolla principalmente en inglés. Esto podría implicar alguna limitación en la recopilación de casos de jurisdicciones alejadas del epicentro occidental, especialmente del Sur Global, debido a vicisitudes relacionadas con el idioma y/o el acceso.

CUARTA.- Los casos que integran el universo transnacional estudiado están caracterizados por el rol central que en ellos ocupan los procesos de EIA y por su foco en la conflictividad que despiertan actualmente los combustibles fósiles. Ninguna de estas observaciones, debe reconocerse, es especialmente sorprendente.

En cuanto a la primera, la EIA es un proceso universalmente aceptado e ineludible en la toma de decisiones sobre grandes infraestructuras que, además, está transitando un proceso de transformación, de herramienta de gestión ambiental a principio o garantía jurídica relacionada con la tutela efectiva de los derechos humanos. Esta vino a limitar el espacio de amplia discrecionalidad que gozaba la administración, ante el temor de que se prioricen indiscriminadamente intereses diversos por sobre el ambiente, algo que, en última instancia, puede ser garantizado por la intervención judicial. Esto explica su rol vertebral en una gran mayoría de los casos sea cual sea la jurisdicción de que se trate.

La integración del cambio climático dentro del ámbito investigativo de los estudios de impacto ambiental es uno de los más recientes desarrollos en este ámbito y uno de los ejes de la litigación que aquí ha sido estudiada. En relación con ello, debe decirse que el objeto de esta investigación limitado a la problemática de los proyectos ha dejado mayormente de lado la cuestión de la integración del cambio climático en la toma de decisiones más generales como los planes, programas y políticas, en las que entran en juego los procesos de EAE. Si bien es verdad que la EAE no es una herramienta tan extensamente adoptada como la EIA, también es cierta su importancia para la gobernanza climática. En este sentido, una integración temprana de la cuestión climática en estos procesos (y decisiones) permitiría un encaje más fluido de las decisiones a nivel proyecto con respecto a metas generales establecidas a nivel nacional o internacional. De esta manera, la EIA y la decisión individual podrían descansar en buena medida en la evaluación y decisión estratégicas, reduciéndose las incertidumbres sobre la viabilidad climática de los proyectos.

En cuanto a la segunda, dado el rol preponderante de los combustibles fósiles como causa del cambio climático era esperable que la autorización de proyectos para su extracción, distribución o consumo a gran escala fuese el eje de la vasta mayoría de casos. En estos se expresa, de forma transparente, la tensión que implica el carácter dual de estos productos, como contaminación (climática y ambiental) y como desarrollo. Siendo que, por un lado, esta tensión se encuentra en un punto álgido ante la urgencia climática y, por otro, que ni la tecnología ni la política están pudiendo resolverla, su abordaje se está promoviendo a través del Derecho y, especialmente, a través de la litigación.

Fuera de este sector, se identificaron algunos casos sobre producción de energía hidroeléctrica y a partir de biomasa, en los que las discusiones giran hacia a la conservación de ecosistemas que funcionan como sumideros de carbono, lo que demuestra que puede existir también cierta conflictividad entre energías consideradas limpias y la problemática climática. Dado que existen otros sectores climáticamente conflictivos más allá del de los combustibles fósiles y, en general, el de la energía, es esperable que este tipo de cuestionamientos judiciales expandan su ámbito de actuación, por ejemplo, hacia el sector de la industria cárnica.

QUINTA.- La mayoría de los casos del universo estudiado aborda cuestiones relativas a la información climática que debe integrar la toma de decisión, especialmente como parte del ámbito investigativo de los estudios de impacto ambiental. Específicamente, ha sido objeto de debate en la jurisprudencia: (a) si la problemática climática debe ser incluida o no; (b) en qué extensión deben considerarse los impactos relacionados con ella; (c) qué supuestos son válidos en su evaluación; y (d) cómo los impactos identificados deben valorarse, a los fines de determinar si son significativos o no. Al respecto de estas cuestiones, debe advertirse, no se observa, por el momento, un consenso de carácter transnacional, pero sí ciertas tendencias relevantes.

En algunos casos, se han discutido otras cuestiones, sobre las que, por su desarrollo menor, no se ha profundizado en esta investigación. Específicamente, se trata del escrutinio judicial del tratamiento de alternativas en las evaluaciones, con foco de interés en la consideración de alternativas renovables para la generación de energía, y de la imposición de condiciones como respuesta a impactos climáticos significativos. Ambos ejes podrían dar lugar a investigaciones futuras.

SEXTA.- El estudio jurisprudencial demuestra que, en una mayoría de las jurisdicciones donde se ha planteado la cuestión, los tribunales han reconocido que, aún ante la falta de normativa expresa, la problemática del cambio climático debe ser parte de los considerandos de las autoridades en la toma de decisiones sobre proyectos, específicamente mediante su inclusión los procesos de EIA. Esto se fundamenta en el entendimiento de que se trata de un problema ambiental con impactos reales, previsibles y graves y de que existe un nexo causal suficiente entre las consecuencias de un proyecto, el calentamiento del sistema global y sus impactos derivados. En este sentido, más allá de alguna excepción puntual, no se han observado en la jurisprudencia posturas escépticas o negacionistas sobre la ciencia del cambio climático.

Asimismo, se sostiene que esta integración es beneficiosa en términos de transparencia, participación pública, justicia y gobernanza, por lo que sería loable dirigir en esta dirección la práctica administrativa en otras jurisdicciones. Esto puede lograrse a través de la litigación a partir de desarrollos argumentales relativos al Derecho internacional ambiental, a los derechos humanos, a los derechos constitucionales (principalmente, el derecho a un ambiente sano) y a los principios del Derecho ambiental.

SÉPTIMA.- No se ha observado un consenso judicial claro a nivel transnacional sobre la cuestión de la extensión en la que deben considerarse los impactos de los proyectos sobre el sistema climático. Por un lado, los tribunales de Estados Unidos y Australia han coincidido en la necesidad de realizar una evaluación amplia que incluya la cuantificación de emisiones de GEI indirectas y acumulativas (*downstream* y *upstream*) de los proyectos. Fuera de estos contextos, son notables la resolución del Tribunal Administratif de Marseille al requerir la inclusión en la toma de decisión de efectos *upstream* extraterritoriales del proyecto, ante un posible cambio de uso de suelo para la provisión de materia prima, y el reconocimiento de la Corte Suprema de Noruega respecto a las emisiones de la quema del combustible fósil a exportar. Por otro lado, en contrapartida, los tribunales de Reino Unido y Nueva Zelanda se han mostrado reacios a requerir tal extensión en la evaluación, de igual modo que la Corte Constitucional de Austria ha negado la necesidad de considerar las emisiones crucero de los aviones a la hora de decidir sobre la expansión del aeropuerto de Viena.

A grandes rasgos, puede afirmarse que los tribunales que han requerido una evaluación extensiva han entendido que ello era solicitado por las referencias normativas a considerar 'efectos indirectos' o 'acumulativos' de los proyectos, lo que en Estados Unidos y Australia ha influido en la práctica general de producción de estudios de impacto ambiental. En este sentido, se ha comprendido que existe un nexo de causalidad suficiente entre los proyectos y las emisiones de toda la cadena de suministro de combustibles fósiles, las que serían efectos razonablemente previsibles (o incluso inevitables) de la actividad. Sobre esto, debe resaltarse que los argumentos dados en contra de tal consideración, principalmente por los tribunales de Reino

Unido, no parecen convincentes, sobre todo en tanto no explican qué otro criterio, diferente al de la causalidad (v. gr., *conditio sine qua non,* causa próxima), utilizarían para identificar impactos *indirectos* de los proyectos.

Por su parte, se ha observado que el carácter extraterritorial de los impactos evaluados no ha afectado su consideración en una mayoría de casos, mientras que en una minoría se ha argumentado que, dado que el régimen jurídico internacional del cambio climático ha optado por una atribución territorial de las emisiones, las autoridades no deberían preocuparse por los mismos. Esto último lleva a la paradojal situación de países con metas ambiciosas de reducción de emisiones al mismo tiempo que con extensos y duraderos planes de producción de combustibles fósiles. Al respecto, debe resaltarse, por un lado, lo manifestado por la Corte de Apelaciones de Noruega respecto de que la elección del régimen internacional fue resultado de los avatares de la negociación y que no constituye un límite legal para la interpretación del Derecho doméstico. Por otro, que, bien mirado, el régimen jurídico internacional no excluye, en ningún momento, la posibilidad de abordar emisiones extraterritoriales con medidas complementarias (v. gr., restricción de la oferta de combustibles fósiles). Finalmente, que, como reconoció la Corte Suprema de Noruega, este tipo de emisiones extraterritoriales tendrá impactos sobre el propio territorio del país, por lo que, su consideración debería interesar a las autoridades.

OCTAVA.- Uno de los aspectos sobre los que se observó una mayor controversia en la jurisprudencia a nivel transnacional fue el de la utilización de la MSA como argumento para descartar la consideración de los impactos climáticos o su relevancia. Si bien, debe decirse, por el momento, su utilización está limitada principalmente a litigios en Estados Unidos, Australia y Reino Unido, su presencia bien podría saltar a otras jurisdicciones. En este sentido, el análisis de su recepción judicial tiene especial interés. Sobre ello, se ha notado que existen posturas contrapuestas, con tribunales aceptándola y otorgándole un lugar central en sus considerandos (v. gr., Queensland Land Court, tribunales en Reino Unido) y con otros practicando un efusivo rechazo (v. gr., United States Court of Appeals (10th. Circuit), NSWLEC). El cambio jurisprudencial que, respecto a esta cuestión, ha sucedido con el caso *Waratah Coal v. Youth Verdict* en una de las jurisdicciones en que más se había defendido la MSA podría indicar una cierta tendencia creciente hacia su rechazo.

Más allá de esto, se sostuvo que existen variadas razones de peso para desestimar su utilización. Estas se relacionan con el correcto entendimiento del mercado energético y su evolución futura; con una consideración adecuada de la marcha de la gobernanza climática; con la falta de certeza a nivel probatorio; con su dudosa calidad moral y ética; con su contradicción con varios principios que rigen el régimen internacional, entre ellos el principio de cooperación, los de equidad intra- e intergeneracional y el CBDR; y con su desconsideración de efectos tendenciales del desarrollo de infraestructura fósil.

Asimismo, se observó que el rechazo judicial a la MSA en Estados Unidos ha llevado a las agencias a la utilización de modelaciones de mercados energéticos a los fines de desentrañar las emisiones netas resultado de los proyectos. Esto implica una tecnificación del proceso de evaluación y, en consecuencia, un aumento de la deferencia judicial para con la *expertise* técnica de las autoridades. Sin embargo, debe alertarse que buena parte de los problemas de la MSA se repiten en esta práctica, al incorporar presunciones no siempre justificadas respecto del futuro del mercado energético internacional —precios, oferta y demanda previsibles— y de la gobernanza climática. Por ello, se coincide con Burger y Wentz en su cuestionamiento a la necesidad de considerar emisiones netas por sobre brutas en la toma de decisión sobre proyectos.

NOVENA.- Del estudio de jurisprudencia ha quedado claro que una cuestión transcendental es la forma en que se valora la relevancia de las emisiones (u otros impactos) de un proyecto. Mientras que algunos tribunales han aceptado una valoración en soledad —que indefectiblemente lleva a aceptar su insignificancia (*drop in the ocean*)—, otros han calificado esta práctica como ilógica en tanto no aporta información útil a los tomadores de decisiones más allá del conocido carácter incremental de las emisiones, siendo más adecuado considerarlas acumulativamente. Esto parece ser más razonable, dada la naturaleza de la problemática y siendo que no se trata de una práctica para nada extravagante en los procesos de EIA.

Ahora bien, dado el carácter global del cambio climático, no está del todo claro qué parámetros deberían utilizarse para este tipo de evaluación. A partir de la jurisprudencia estudiada, se han identificado algunos parámetros postulados que tienen potencial para nutrir los procesos de toma de decisión, específicamente (a) el coste social del carbono, (b) el presupuesto de carbono y (c) la coherencia regulatoria.

DÉCIMA.- El coste social del carbono ha sido propuesto, principalmente, en la jurisdicción de Estados Unidos. Si bien los tribunales no han establecido un deber general sobre su aplicación, sí se ha notado, por un lado, que las agencias no deberían cuantificar los beneficios y, a la vez, ignorar los costes de los proyectos, y, por otro, que su utilización es útil y adecuada para la valoración de los impactos sobre el sistema climático de las acciones propuestas en las evaluaciones bajo NEPA.

Dicho esto, se sostuvo que su utilización podría aun requerir de cierto control judicial pues la determinación del valor de cada unidad de carbono está sujeta a una serie de asunciones que podrían no estar alineadas con lo que la justicia o el ordenamiento jurídico demandan. Específicamente, asunciones relativas a la tasa de descuento aplicable pueden afectar seriamente la utilidad de la herramienta, llevando a resultados que contradigan al principio de equidad intergeneracional. De igual manera, limitar el cálculo a daños nacionales podría implicar trasladar los costes de las emisiones a quienes se encuentren fuera de las fronteras, lo que podría ser conflictivo con el principio de equidad intrageneracional, especialmente en la evaluación de proyectos en países desarrollados. Otra limitación que considerar tiene que ver con la imposibilidad de monetizar ciertos impactos, específicamente aquellos de carácter irreversible (v. gr., pérdida de biodiversidad) o que impliquen interacciones complejas entre dinámicas sociales y el clima (v. gr., migraciones).

DECIMOPRIMERA.- El presupuesto de carbono como parámetro para la valoración de los impactos de proyectos se ha propuesto en varios casos en las jurisdicciones de Estados Unidos y Australia. Sin embargo, recién a partir de 2019, y específicamente a partir del caso *Gloucester Resources v. Minister for Planning*, los tribunales comenzaron a aceptar su utilización con resultados beneficiosos para aquellos que buscaban una mayor acción climática, en este caso, mediante el rechazo de autorizaciones de los proyectos (v. gr., *Waratah Coal v. Youth Verdict*). Estos desarrollos, en conjunto con otros fuera del universo específico de casos aquí estudiados (v. gr., *Neubauer v. Alemania*), permiten especular sobre la proliferación de este enfoque en la futura postulación de demandas y en la resolución de los tribunales a la hora de escrutar la actuación de las administraciones.

Más allá de esto, por el momento, existen ciertas dudas sobre qué implica la aplicación efectiva del criterio. En este sentido, se propone que el enfoque podría aplicarse como un 'indicio o presunción de relevancia (*significancia*)' de las emisiones de ciertos proyectos que las autoridades deberían desvirtuar si pretenden otorgar el consentimiento, por ejemplo, estableciendo condiciones que impliquen una mitigación efectiva y/o justificando sólidamente la necesidad de desarrollar ese nuevo proyecto en particular. En otras palabras, el indicio o presunción crearía una obligación procedimental de justificar de forma agravada la necesidad de llevar adelante el proyecto en un contexto de escasez de recursos (atmósfera).

Debe notarse que aquí entrarían en juego cuestiones de equidad nada simples ni despreciables, principalmente con relación a cómo debería repartirse entre los Estados el limitadísimo presupuesto de carbono restante. Por ello, la aplicación del indicio o presunción sería fuertemente dependiente del caso, no solo respecto a las características del proyecto mismo, sino al contexto regional y nacional en el que se propone. Mientras que en países desarrollados la vara debería ser especialmente alta, en países en desarrollo podría existir una mayor flexibilidad. Aun así, se debería explicar cómo es que los proyectos propuestos impulsan el desarrollo local (v. gr., cubriendo necesidades energéticas básicas), considerando todos los impactos negativos y los aspectos distributivos intra- e intergeneracionales.

DECIMOSEGUNDA.- La búsqueda de coherencia regulatoria entre el proyecto y metas domésticas más generales (v. gr., NDC, planes de reducción de deforestación) puede ser un parámetro útil para la valoración de impactos acumulativos en el proceso de toma de decisión. Sin embargo, debe notarse que, si se trata de metas amplias a largo plazo, la aplicación de este parámetro puede ser todo menos simple. En este sentido, varios tribunales han aceptado alegaciones de que la mera vigencia de marcos regulatorios nacionales o internacionales es suficiente para asegurar tal coherencia, lo que parece no ser del todo adecuado.

Una aplicación más seria de este enfoque exigiría que la autoridad explique con cierto grado de detalle cómo encaja el proyecto en el paquete de medidas en vigor a los fines de cumplir con los compromisos climáticos nacionales. En términos prácticos, este criterio impondría un deber procedimental sobre la autoridad, no siendo los objetores quienes deberían probar la inconsistencia de los proyectos con las metas, sino las propias autoridades su consistencia. En la litigación, esto implicaría un cambio en la carga de la prueba que, al menos, estaría justificado en el hecho de que es la autoridad la que se encuentra en mejor posición para probar la coherencia regulatoria de su decisión.

En este ejercicio, sería de gran utilidad la existencia de una EAE que, previamente, haya abordado la cuestión a nivel más general y en cuya estructura lógica pueda insertarse la EIA del proyecto. Asimismo, este análisis podría ser integrado con evaluaciones sobre la posibilidad de que se produzca un *lock-in* de carbono a partir de la autorización del proyecto (Erickson et al.), otorgando información relevante sobre las bondades de distintas alternativas tecnológicas para la provisión de energía u otros fines sociales y poniendo sobre relieve los riesgos de proyectos capital-intensivos incompatibles con la transición energética requerida en el corto y mediano plazo para el cumplimiento de los compromisos nacionales.

Más allá de esto, debe resaltarse algún límite de este enfoque. Por un lado, resultaría poco significativo al valorarse proyectos cuyos impactos climáticos más relevantes sean de carácter extraterritorial (v. gr., producción de combustibles fósiles para la exportación), ya que estas emisiones escaparán a las metas domésticas, si bien nada obsta a que se incluyan en los planes nacionales (y NDC) otro tipo de metas que sí las consideren. Por otro lado, si bien ayudaría a disminuir la brecha entre la planificación de infraestructura y las metas nacionales, con este enfoque no se abordaría la brecha entre estos compromisos y la acción realmente requerida. Así, adolecerá de todas las limitaciones que la propia meta doméstica presente, en cuanto a amplitud, ambición, etc., lo que incluye preocupaciones respecto a la consistencia climática de las metas de carbono neutralidad que diversos Estados están fijando.

DECIMOTERCERA.- A pesar de que la jurisprudencia no ha avanzado en ello, se sostiene que existe margen para que los tribunales puedan impugnar legítimamente la decisión final de autorización de ciertos proyectos debido a sus impactos climáticos acumulativos. Este margen se constituye a partir de una doble restricción que pesa sobre la, *a priori*, amplia discrecionalidad que tienen las autoridades en este contexto.

Por un lado, los resultados de la EIA limitan el ámbito de discrecionalidad de las autoridades en la autorización de proyectos y en el balance de diversos intereses. En este sentido, la EIA, más que una mera ayuda, es un insumo de vital importancia, que, sin prevalecer indefectiblemente sobre otras consideraciones, exige una contemplación distintiva (singular) y un lugar preferente en la inteligencia de la decisión (García Ureta). En este sentido, una decisión que autorice un proyecto a pesar de reconocerse la producción de impactos climáticos significativos podría ser controlada judicialmente, bajo criterios de razonabilidad y proporcionalidad.

Por otro lado, si bien es verdad que, aún luego de los resultados del EIA, la autoridad mantiene un considerable margen de discrecionalidad, se ha notado, en lo que hace a la problemática climática, que existen deberes de cuidado o diligencia surgidos de las obligaciones de prevenir futuras violaciones de derechos humanos o daños (especialmente sobre individuos o grupos vulnerables), que implican ciertos estándares de conducta (informados, por ejemplo, por el Acuerdo de París) y que reducen aún más la discrecionalidad administrativa (Voigt). Esto, como se ha resaltado, ha sido aceptado por varias resoluciones judiciales de alto perfil. De esta manera, el margen de control judicial aumenta, pudiendo valorarse si la decisión cumple o no con los estándares de conducta debida.

Este enfoque de doble restricción tiene potencialidad para desarrollarse a lo largo de las jurisdicciones y a través de los distintos sistemas jurídicos y podría significar un salto cualitativo en la jurisprudencia aquí estudiada, tanto en lo que hace al desarrollo teórico-práctico del Derecho, como también en lo relativo a sus amplios impactos regulatorios.

DECIMOCUARTA.- Del análisis crítico y propositivo de la jurisprudencia transnacional se desprende que los tribunales tienen a disposición una serie de elementos que les permitiría garantizar una consideración más seria y justa de la problemática climática en la toma de decisiones sobre proyectos de infraestructura. De este modo, y dado que es previsible que el pulso por una mayor intervención judicial continúe y se intensifique, es posible pensar que es cuestión de tiempo para que se produzca un punto de inflexión en este tipo de litigación. Este punto de inflexión estaría dado, entonces, por un control más estricto sobre la integración de la información sobre los impactos climáticos en el proceso de toma de decisión, en cuanto a su contenido, extensión, asunciones y parámetros de valoración, pero también sobre la juridicidad de la decisión final.

Esta conclusión reviste cierto interés pues controvierte el entendimiento al que había llegado la literatura sobre que el mayor logro de este tipo de litigación había sido meramente el de generalizar (*to mainstream*) la temática del cambio climático en la toma de decisiones y que las previsiones de un mayor avance eran poco alentadoras, al menos en parte, debido a la deferencia que practican los tribunales para con las administraciones en contextos técnicos como el de las EIA. El análisis aquí realizado, sin embargo, sugiere que existe todavía un amplio margen para el escrutinio (legítimo) de la actuación administrativa, incluso respecto a la decisión final sobre la autorización de los proyectos.

Dicho esto, debe advertirse que los elementos argumentales que conforman este punto de inflexión pueden ser aceptables y/o adaptables en mayor o menor medida a cada jurisdicción dependiendo de su sistema y cultura jurídico-constitucional, como también del contexto nacional frente al cambio climático. Ello amerita análisis específicos de la cuestión en cada jurisdicción.

Finalmente, sobre el impacto que este punto de inflexión tendría en el ámbito regulatorio, es posible asumir que un escrutinio judicial más intenso llevaría a revitalizar el rol de los procesos de planeamiento a nivel proyecto como parte relevante de los sistemas de implementación de los compromisos climáticos adoptados tanto a nivel internacional como nacional. Esto sería adecuado y deseable bajo un entendimiento policéntrico y multinivel de la gobernanza climática.

REFERENCIAS BIBLIOGRÁFICAS Y DOCUMENTALES

1. FUENTES PRIMARIAS

1.1. Instrumentos normativos

1.1.1. Tratados internacionales

1.1.1.1. Organización de las Naciones Unidas

Charter of the United Nations, San Francisco, 26 de junio de 1945, <https://treaties.un.org/Pages/ViewDetails.aspx?src=TREATY&mtdsg_no=I-1&chapter=1&clang=_en>

International Covenant on Civil and Political Rights, New York, 16 de diciembre de 1966 <https://treaties.un.org/Pages/ViewDetails.aspx?src=TREATY&mtdsg_no=IV-4&chapter=4&clang=_en>

Vienna Convention on the Law of Treaties, Viena, 23 de mayo de 1969 <https://treaties.un.org/Pages/ViewDetailsIII.aspx?src=TREATY&mtdsg_no=XXIII-1&chapter=23&Temp=mtdsg3&clang=_en>

Convention on Wetlands of International Importance especially as Waterfowl Habitat, Ramsar, 2 de febrero de 1971, <https://www.ramsar.org/sites/default/files/documents/library/current_convention_text_e.pdf> (UNESCO)

Convention Concerning the Protection of the World Cultural and Natural Heritage, París, 21 de noviembre de 1972 <https://whc.unesco.org/en/conventiontext/> (UNESCO)

United Nations Convention of the Law of the Sea, Montego Bay, 10 de diciembre de 1982 <https://treaties.un.org/Pages/ViewDetailsIII.aspx?src=TREATY&mtdsg_no=XXI-6&chapter=21&Temp=mtdsg3&clang=_en>

Vienna Convention for the Protection of the Ozone Layer, Viena, 22 de marzo de 1985 <https://treaties.un.org/Pages/ViewDetails.aspx?src=TREATY&mtdsg_no=XXVII-2&chapter=27&clang=_en>

Montreal Protocol on Substances that Deplete the Ozone Layer, Montreal, 16 de septiembre de 1987 <https://treaties.un.org/Pages/ViewDetails.

aspx?src=TREATY&mtdsg_no=XXVII-2-a&chapter=27&clang=_en> [Última consulta, 19 de julio de 2021]

Convention on the Rights of the Child, New York, 20 de noviembre de 1989 <https://treaties.un.org/Pages/ViewDetails.aspx?src=TREATY&mtdsg_no=IV-11&chapter=4&clang=_en>

Convention on Environmental Impact Assessment in a Transboundary Context, Espoo, Finlandia, 25 de febrero de 1991, <https://treaties.un.org/Pages/ViewDetails.aspx?src=TREATY&mtdsg_no=XXVII-4&chapter=27&clang=_en>

United Nations Framework Convention on Climate Change, New York, 9 de mayo de 1992, <https://treaties.un.org/Pages/ViewDetailsIII.aspx?src=TREATY&mtdsg_no=XXVII-7&chapter=27&Temp=mtdsg3&clang=_en>

Convention on Biological Diversity, Rio de Janeiro, 5 de junio de 1992 <https://treaties.un.org/Pages/ViewDetails.aspx?src=TREATY&mtdsg_no=XXVII-8&chapter=27&clang=_en>

Kyoto Protocol to the United Nations Framework Convention on Climate Change, Kyoto, 11 de diciembre de 1997, <https://treaties.un.org/Pages/ViewDetails.aspx?src=TREATY&mtdsg_no=XXVII-7-a&chapter=27&clang=_en>

Convention on Access to Information, Public Participation in Decision-Making and Access to Justice in Environmental Matters, Aarhus, 25 de junio de 1998 <https://treaties.un.org/Pages/ViewDetails.aspx?src=TREATY&mtdsg_no=XXVII-13&chapter=27&clang=_en>

Protocol on Strategic Environmental Assessment to the Convention on Environmental Impact Assessment in a Transboundary Context, Kiev, 21 de mayo de 2003, <https://treaties.un.org/Pages/ViewDetails.aspx?src=TREATY&mtdsg_no=XXVII-4-b&chapter=27&clang=_en>

Doha Amendment to the Kyoto Protocol, Doha, 8 de diciembre de 2012 <https://treaties.un.org/Pages/ViewDetails.aspx?src=TREATY&mtdsg_no=XXVII-7-c&chapter=27&clang=_en>

Paris Agreement, Paris, 12 de diciembre de 2015, <https://treaties.un.org/Pages/ViewDetails.aspx?src=TREATY&mtdsg_no=XXVII-7-d&chapter=27&clang=_en>

Regional Agreement on Access to Information, Public Participation and Justice in Environmental Matters in Latin American and the Caribbean, Escazú, 4 de marzo de 2018 <https://treaties.un.org/Pages/ViewDetails.aspx?src=TREATY&mtdsg_no=XXVII-18&chapter=27&clang=_en>

1.1.1.2. Consejo de Europa

Convention for the Protection of Human Rights and Fundamental Freedoms, ETS No. 005, Roma, 4 de noviembre de 1950, <https://www.coe.int/en/web/conventions/full-list/-/conventions/treaty/005>

1.1.1.3. Unión Europea

Tratado de Funcionamiento de la Unión Europea, DO C 326, 26 de octubre de 2012 <https://eur-lex.europa.eu/legal-content/ES/ALL/?uri=celex%3A12012E%2FTXT>

1.1.2. Derecho derivado de la Unión Europea

Directiva 85/337/CEE del Consejo, de 27 de junio de 1985, relativa a la evaluación de las repercusiones de determinados proyectos públicos y privados sobre el medio ambiente, Nro. 175, 5 de julio de 1985.

Directiva 2001/42/CE del Parlamento Europeo y del Consejo de 27 de junio de 2001 relativa a la evaluación de los efectos de determinados planes y programas en el medio ambiente, Nro. 197, 21 de julio de 2001.

Directiva 2011/92/UE del Parlamento Europeo y del Consejo, de 13 de diciembre de 2011, relativa a la evaluación de las repercusiones de determinados proyectos públicos y privados sobre el medio ambiente, Nro. 26, 28 de enero de 2012.

Directiva 2014/52/UE del Parlamento Europeo y del Consejo, de 16 de abril de 2014, por la que se modifica la Directiva 2011/92/UE, relativa a la evaluación de las repercusiones de determinados proyectos públicos y privados sobre el medio ambiente, Nro. 124, 25 de abril de 2014.

1.1.3. Instrumentos de carácter doméstico

1.1.3.1. Argentina

Código Civil y Comercial de la Nación, Ley 26.994, 1 de octubre de 2014, disponible en: <http://servicios.infoleg.gob.ar/infolegInternet/anexos/235000-239999/235975/norma.htm#2>

1.1.3.2. Australia

Environmental Planning and Assessment Act 1979, Nº. 203, disponible en: <https://legislation.nsw.gov.au/view/html/inforce/current/act-1979-203#sec.8.1>

Environmental Planning and Assessment Amendment (Territorial Limits) Bill 2019, <https://www.parliament.nsw.gov.au/bill/files/3717/First%20Print.pdf>

Environment Protection and Biodiversity Conservation Act 1999, disponible en: <https://www.legislation.gov.au/Details/C2019C00275>

National Greenhouse and Energy Reporting Act 2007, disponible en: <https://www.legislation.gov.au/Details/C2019C00263>

1.1.3.3. Brasil

Lei Nº 12.187, de 29 de dezembro de 2009, disponible en: <http://www.planalto.gov.br/ccivil_03/_ato2007-2010/2009/lei/l12187.htm>

1.1.3.4. Canadá

Impact Assessment Act, S.C. 2019, disponible en: <https://laws.justice.gc.ca/eng/acts/I-2.75/index.html>

Canadian Energy Regulator Act, S.C. 2019, disponible en: <https://laws-lois.justice.gc.ca/eng/acts/C-15.1/>

1.1.3.5. España

Llei 16/2017 (Catalunya), de l'1 d'agost, del canvi climàtic, núm. 7426, de 3 de agosto de 2017, disponible en: <https://www.boe.es/buscar/pdf/2017/BOE-A-2017-11001-consolidado.pdf>

Ley 21/2013, de 9 de diciembre, de evaluación ambiental, BOE núm. 296, de 11 de diciembre de 2013, BOE-A-2013-12913, legislación consolidada, disponible en: <https://www.boe.es/buscar/act.php?id=BOE-A-2013-12913>

1.1.3.6. Estados Unidos

National Environmental Policy Act of 1969 [Public Law 91-190] [As Amended Through P.L. 108-204, Enacted March 2, 2004], disponible en: <https://www.govinfo.gov/content/pkg/COMPS-10352/pdf/COMPS-10352.pdf>

Regulations for Implementing the Procedural Provisions of the National Environmental Policy Act, Reprint, 40 CFR Parts 1500-1508 (2005) (CEQ), disponible en: <https://www.energy.gov/sites/default/files/NEPA-40CFR1500_1508.pdf>

Regulations for Implementing the Procedural Provisions of the National Environmental Policy Act (Redline) (CEQ), disponible en: <https://ceq.doe.gov/docs/laws-regulations/ceq-final-rule-redline-changes-2020-07-16.pdf>

1.1.3.7. Noruega

LOVDATA, The Constitution of the Kingdom of Norway, artículo 112 (traducción no oficial), <https://lovdata.no/dokument/NLE/lov/1814-05-17?q=grunnloven#KAPITTEL_5>

1.1.3.8. Nueva Zelanda

Resource Management Amendment Bill, disponible en: <https://www.legislation.govt.nz/bill/government/2019/0180/latest/whole.html#LMS259082>

1.1.3.9. Reino Unido

Planning Act 2008, disponible en: <https://www.legislation.gov.uk/ukpga/2008/29/contents>

1.2. Instrumentos documentales de carácter supranacional

1.2.1. Organización de las Naciones Unidas

1.2.1.1. Asamblea General de la Organización de las Naciones Unidas

Protección del clima mundial para las generaciones presentes y futuras, 1988, A/RES/43/53, <https://undocs.org/es/A/RES/43/53>

Protección del clima mundial para las generaciones presentes y futuras, 1990 A/RES/45/212, <https://undocs.org/es/A/RES/45/212>

Proyecto de artículos sobre la prevención del daño transfronterizo por actividades peligrosas de 2001 (Comisión de Derecho Internacional) <https://legal.un.org/ilc/texts/instruments/english/commentaries/9_7_2001.pdf>

Transformar nuestro mundo: la Agenda 2030 para el Desarrollo Sostenible, 2015, A/RES/70/1 <https://unctad.org/system/files/official-document/ares70d1_es.pdf>

Sexto informe sobre la protección de la atmósfera, 11 de febrero de 2020, A/CN.4/736 (Comisión de Derecho Internacional) <https://documents-dds-ny.un.org/doc/UNDOC/GEN/N20/017/46/PDF/N2001746.pdf?OpenElement>

Protección de la atmósfera: Texto y título de los proyectos de directriz por el Comité de Redacción en segunda lectura, 15 de mayo de 2021, A/CN.4/L.951, (Comisión de Derecho Internacional) <https://documents-dds-ny.un.org/doc/UNDOC/LTD/G21/108/21/PDF/G2110821.pdf?OpenElement>

El derecho humano a un medio ambiente limpio, saludable y sostenible, A/76/L.75, 26 de julio de 2022.

Request for an advisory opinion of the International Court of Justice on the obligations of States in respect of climate change, A/77/L.58, 1 March 2023.

1.2.1.2. Consejo de Derechos Humanos

Resolución 7/23. Los derechos humanos y el cambio climático, 28 de marzo de 2008.

Resoluciones del Consejo de Derechos Humanos sobre los derechos humanos y el cambio climático, disponibles en: <https://www.ohchr.org/SP/Issues/HRAndClimateChange/Pages/Resolutions.aspx>

Climate change and poverty. Report of the Special Rapporteur on extreme poverty and human rights, A/HRC/41/39, 25 de junio de 2019.

1.2.1.3. Comité de Derechos Humanos del Pacto Internacional de Derechos Civiles y Políticos

General comment No. 36 (2018) on article 6 of the International Covenant on Civil and Political Rights, on the right to life, CCPR/C/CG/36, 30 de octubre de 2018.

1.2.1.4. Oficina del Alto Comisionado para los Derechos Humanos

Committee releases statement on climate change and the Covenant, 8 de octubre de 2018 <https://www.ohchr.org/en/NewsEvents/Pages/DisplayNews.aspx?NewsID=23691&LangID=E>

Estudio analítico de la relación entre el cambio climático y el derecho humano de todos al disfrute del más alto nivel posible de salud física y mental, A/HRC/32/23, 6 de mayo de 2016.

Informe de la Oficina del Alto Comisionado de las Naciones Unidas para los Derechos Humanos sobre la relación entre el cambio climático y los derechos humanos, A/HRC/10/61, 15 de enero de 2009.

Open-Letter from the United Nations High Commissioner for Human Rights on integrating human rights in climate action, 21 de noviembre de 2018.

Understanding Human Rights and Climate Change, 2015, <https://www.ohchr.org/Documents/Issues/ClimateChange/KeyMessages_on_HR_CC.pdf>

Principios Rectores sobre las empresas y los derechos humanos, 2011 <https://www.ohchr.org/Documents/Publications/GuidingPrinciplesBusinessHR_SP.pdf>

1.2.1.5. Relator Especial sobre la cuestión de las obligaciones de derechos humanos relacionadas con el disfrute de un medio ambiente sin riesgos, limpio, saludable y sostenible

Informe del Relator Especial sobre la cuestión de las obligaciones de derechos humanos relacionadas con el disfrute de un medio ambiente sin riesgos, limpio, saludable y sostenible, A/HRC/31/52, 1 de febrero de 2016.

Informe del Relator Especial sobre la cuestión de las obligaciones de derechos humanos relacionadas con el disfrute de un medio ambiente sin riesgos, limpio y saludable y sostenible, A/HRC/37/59, 24 de enero de 2018.

Informe del Relator Especial sobre la cuestión de las obligaciones de derechos humanos relacionadas con el disfrute de un medio ambiente sin riesgos, limpio, saludable y sostenible, A/73/188, 19 de julio de 2018.

Informe del Relator Especial sobre la cuestión de las obligaciones de derechos humanos relacionadas con el disfrute de un medio ambiente sin riesgos, limpio, saludable y sostenible, A/74/161, 15 de julio de 2019.

La cuestión de las obligaciones de derechos humanos relacionadas con el disfrute de un medio ambiente sin riesgos, limpio, saludable y sostenible, A/HRC/40/55, 8 de enero de 2019.

1.2.1.6. Otros Relatores Especiales

Informe de la Relatora Especial sobre una vivienda adecuada como elemento integrante del derecho a un nivel de vida adecuado y sobre el derecho de no discriminación a este respecto, A/64/255, 6 de agosto de 2009 (Relatora especial sobre una vivienda adecuada como elemento integrante del derecho a un nivel de vida adecuado y sobre el derecho de no discriminación a este respecto).

Protección y asistencia a los desplazados internos, A/66/285, 9 de agosto de 2011 (Relator Especial sobre los derechos humanos de los desplazados internos).

Informe del Relator Especial sobre los derechos humanos de los migrantes, A/67/299, 13 de agosto de 2012 (Relator Especial sobre los derechos humanos de los migrantes).

Informe provisional de la Relatora Especial sobre el derecho a la alimentación, A/70/287, 5 de agosto de 2015 (Relatora Especial sobre el derecho a la alimentación).

Informe del Relator Especial sobre la promoción y la protección de los derechos humanos en el contexto del cambio climático, Promoción y protección de los derechos humanos en el contexto de la mitigación del cambio climático, las pérdidas y los daños y la participación, A/77/226, 26 de julio de 2022 (Relator Especial sobre la promoción y la protección de los derechos humanos en el contexto del cambio climático).

1.2.1.7. Otros instrumentos documentales vinculados a la Organización de Naciones Unidas

Conferencia de las Naciones Unidas sobre el Medio Ambiente y el Desarrollo, <https://www.un.org/spanish/conferences/wssd/unced.html>

Declaración de Río sobre el Medio Ambiente y el Desarrollo, Conferencia de las Naciones Unidas sobre el Medio Ambiente y el Desarrollo, Río de Janeiro, 1992 <https://www.un.org/spanish/esa/sustdev/agenda21/riodeclaration.htm>

Informe de la Conferencia de las Naciones Unidas sobre el Medio Humano (Estocolmo, 5 a 16 de junio de 1972), 1973, A/CONF.48/14/Rev.1, <https://www.dipublico.org/conferencias/mediohumano/A-CONF.48-14-REV.1.pdf>

Organización de Aviación Civil Internacional, Plan de compensación y reducción de carbon para la aviación internacional, plan de implementación, CORSIA <https://www.icao.int/environmental-protection/Documents/CorsiaBrochure_8Panels-SPA-Web.pdf>

1.2.2. Régimen internacional sobre el cambio climático

NDC Registry, <https://www4.unfccc.int/sites/NDCStaging/Pages/All.aspx>

Informe de la Conferencia de las Partes sobre su primer período de sesiones, celebrado en Berlín del 28 de marzo al 7 de abril de 1995, FCCC/CP/1995/7/Add.1, 2 de junio de 1995.

Proyecto de reglamento de la Conferencia de las Partes y sus órganos subsidiarios, FCCC/CP/1996/2, 22 de mayo de 1996, <https://unfccc.int/sites/default/files/resource/02s_0.pdf>

Informe de la Conferencia de las Partes sobre su séptimo período de sesiones, celebrado en Marrakech del 29 de octubre al 10 de noviembre de 2001, FCCC/CP/2001/13/Add.1, 21 de enero de 2002.

Informe de la Conferencia de las Partes en calidad de Reunión de las Partes en el Protocolo de Kioto sobre su primer período de sesiones, celebrado en Montreal del 28 de noviembre al 10 de diciembre de 2005, FCCC/KP/CMP/2005/8/Add.3, 30 de marzo de 2006.

Informe de la Conferencia de las Partes sobre su 13º período de sesiones, celebrado en Bali del 3 al 15 de diciembre de 2007, FCCC/CP/2007/6/Add.1, 14 de marzo de 2008.

Informe de la Conferencia de las Partes sobre su 15º período de sesiones, celebrado en Copenhague del 7 al 19 de diciembre de 2009, FCCC/CP/2009/11, 30 de marzo de 2010.

Informe de la Conferencia de las Partes sobre su 16º período de sesiones, celebrado en Cancún del 29 de noviembre al 10 de diciembre de 2010, FCCC/CP/2010/7/Add.1, 15 de marzo de 2011.

Informe de la Conferencia de las Partes sobre su 17° período de sesiones, celebrado en Durban del 28 de noviembre al 11 de diciembre de 2011, FCCC/CP/2011/9/Add.1, 15 de marzo de 2012.

Informe de la Conferencia de las Partes sobre su 19° período de sesiones, celebrado en Varsovia del 11 al 23 de noviembre de 2013, FCCC/CP/2013/10/Add.3, 31 de enero de 2014.

Mecanismo Internacional de Varsovia para las Pérdidas y los Daños relacionados con las Repercusiones del Cambio Climático, FCCC/CP/2014/10/Add.2.

The Geneva Pledge for Human Rights in Climate Action, 2015.

Informe de síntesis sobre el efecto agregado en las contribuciones previstas determinadas a nivel nacional, FCCC/CP/2015/7, 30 de octubre de 2015.

Informe de la Conferencia de las Partes sobre su 21er período de sesiones, celebrado en París del 30 de noviembre al 13 de diciembre de 2015, FCCC/CP/2015/10/Add.1, 29 de enero de 2016.

Aggregate effect of the intended nationally determined contributions: an update, FCCC/CP/2016/2, 2 de mayo de 2016.

Informe de la Conferencia de las Partes en calidad de reunión de las Partes en el Acuerdo de París sobre la tercera parte de su primer período de sesiones, celebrada en Katowice del 2 al 15 de diciembre de 2018, FCCC/PA/CMA/2018/3/Add.1, 19 de marzo de 2019.

1.2.3. Grupo Intergubernamental de Expertos sobre el Cambio Climático

About the IPCC, <https://www.ipcc.ch/about/>

IPCC Factsheet: How does the IPCC review process work?, <https://www.ipcc.ch/site/assets/uploads/2018/02/FS_review_process.pdf>

IPCC Factsheet: How does the IPCC select its authors?, <https://www.ipcc.ch/site/assets/uploads/2018/02/FS_select_authors.pdf>

Structure of the IPCC, <https://www.ipcc.ch/about/structure/>

Memorandum of Understanding between the United Nations Environment Programme (UNEP) and the World Meteorological Organization (WMO) on the Intergovernmental Panel on Climate Change (IPCC), <https://www.ipcc.ch/site/assets/uploads/2019/06/MOU_between_UNEP_and_WMO_on_IPCC-1989.pdf>

Climate Change: The IPCC 1990 and 1992 Assessments, 1992, p. 63, disponible en: <https://www.ipcc.ch/site/assets/uploads/2018/05/ipcc_90_92_assessments_far_wg_I_spm.pdf>

Climate Change 2001. Synthesis Report. Contribution of Working Groups I, II, and III to the Third Assessment Report of the Intergovernmental Panel on Climate Change, 2001.

Cambio Climático 2013. Bases físicas. Resumen para responsables de políticas, Resumen técnico y Preguntas frecuentes. Parte de la contribución del Grupo de trabajo I al Quinto Informe de Evaluación del Grupo Intergubernamental de Expertos sobre el Cambio Climático., 2013.

Cambio climático 2014. Impactos, adaptación y vulnerabilidad. Resumen para responsables de políticas. Contribución del Grupo de Trabajo II al Quinto Informe de Evaluación del Grupo Intergubernamental de Expertos sobre el Cambio Climático, 2014.

Cambio Climático 2014. Mitigación del cambio climático. Resumen para responsables de políticas y resumen técnico. Contribución del grupo de trabajo III al Quinto Informe de Evaluación del Grupo Intergubernamental de Expertos sobre el Cambio Climático, 2014.

Cambio climático 2014: Informe de síntesis. Contribución de los Grupos de trabajo I, II y III al Quinto Informe de Evaluación del Grupo Intergubernamental de Expertos sobre el Cambio Climático [Equipo principal de redacción, R.K. Pachauri y L.A. Meyer (eds.)], 2014.

Global Warming of 1.5°C. An IPCC Special Report on the impacts of global warming of 1.5°C, above pre-industrial levels and related global greenhouse gas emissions pathways, in the context of strengthening the global response to the threat of climate change, sustainable development, and efforts to eradicate poverty, Summary for Policymakers, 2018.

Global Warming of 1.5°C. An IPCC Special Report on the impacts of global warming of 1.5°C, above pre-industrial levels and related global greenhouse gas emissions pathways, in the context of strengthening the global response to the threat of climate change, sustainable development, and efforts to eradicate poverty, Chapter II: Mitigation Pathways Compatible with 1,5°C in the Context of Sustainable Development, 2018.

Summary for Policymakers of IPCC Special Report on Global Warming of 1,5°C approved by governments, 8 de octubre de 2018 <https://www.ipcc.ch/2018/10/08/summary-for-policymakers-of-ipcc-special-report-on-global-warming-of-1-5c-approved-by-governments/>

Global Warming of 1.5°C. An IPCC Special Report on the impacts of global warming of 1.5°C, above pre-industrial levels and related global greenhouse gas emissions pathways, in the context of strengthening the global response to the threat of climate change, sustainable development, and efforts to eradicate poverty, Glossary, 2018.

Climate Change and Land. An IPCC Special Report on climate change, desertification, land degradation, sustainable land management, food security, and greenhouse gas fluxes in terrestrial ecosystems. Summary for Policymakers, 2019.

Summary for Policymakers. Climate Change 2022: Impacts, Adaptation and Vulnerability. Contribution of Working Group II to the Sixth Assessment Report of the Intergovernmental Panel on Climate Change, 2022.

Summary for Policymakers. Climate Change 2022: Mitigation of Climate Change. Contribution of Working Group III to the Sixth Assessment Report of the Intergovernmental Panel on Climate Change, 2022.

1.2.4. Organización de Estados Americanos

Declaración Americana de los Derechos y Deberes del Hombre, Bogotá, 1948 <https://www.oas.org/dil/esp/declaraci%C3%B3n_americana_de_los_derechos_y_deberes_del_hombre_1948.pdf>

COMISIÓN INTERAMERICANA DE DERECHOS HUMANOS, Audiencia sobre derechos humanos y calentamiento global, 2007 <http://www.cidh.oas.org/Audiencias/127/Global%20warming%20and%20human%20rights.mp3>

Asamblea General, Derechos Humanos y Cambio Climático en las Américas, AG/RES.2429 (XXXVIII-O/08), 3 de junio de 2008.

CIDH expresa preocupación por efectos del cambio climático en los DDHH, 2 de diciembre de 2015 <http://www.oas.org/es/cidh/prensa/Comunicados/2015/140.asp>

COMISIÓN INTERAMERICANA DE DERECHOS HUMANOS, Regional: Cambio climático DESCA de mujeres, indígenas y comunidades rurales, <https://www.youtube.com/watch?v=THZYEPeytm0&ab_channel=Comisi%C3%B3nInteramericanadeDerechosHumanos>

Sesiones por temas <https://www.oas.org/es/cidh/audiencias/topicslist.aspx?lang=es&topic=15>

COMISION INTERAMERICANA DE DERECHOS HUMANOS, Emergencia Climática: Alcance y obligaciones interamericanas de derechos humanos, Resolución 3/2021.

REPÚBLICA DE CHILE Y REPÚBLICA DE COLOMBIA, Solicitud de Opinión Consultiva sobre Emergencia Climática y Derechos Humanos a la Corte Interamericana de Derechos Humanos de la República de Colombia y la República de Chile, 9 de enero de 2023.

1.2.5. Comisión Africana de Derechos Humanos y de los Pueblos

Resolution on Climate Change and Human Rights and the Need to Study its impact in Africa, ACHPR/Res.153(XLVI)09, 25 de noviembre de 2009.

1.2.6. Alianza de Pequeños Estados Insulares y Comisión de Pequeños Estados Insulares

Male' Declaration on the Human Dimension of Global Climate Change, 2007.

Request for Advisory Opinion (12 December 2022) <http://climatecasechart.com/wp-content/uploads/sites/16/non-us-case-documents/2022/20221212_Case-No.-312022_points-of-claim-1.pdf>

1.2.7. Banco Europeo de Inversión

>€1 trillion for <1,5°C: Climate and Environmental Ambitions of the European Investment Bank Group, 2020.

1.2.8. Consejo Europeo

Climate Change and International Security. Paper from the High Representative and the European Commission to the European Council, S113/08, 14 de marzo de 2008 <https://www.consilium.europa.eu/uedocs/cms_data/docs/pressdata/en/reports/99387.pdf>

1.2.9. Comisión Europea

Guidance on Integrating Climate Change and Biodivesity into Environmental Impact Assessment, 2013 <https://ec.europa.eu/environment/eia/pdf/EIA%20Guidance.pdf>

1.2.10. Agencia Internacional de la Energía

"Net Zero by 2050: A Roadmap for the Global Energy Sector", 2021, <https://iea.blob.core.windows.net/assets/4482cac7-edd6-4c03-b6a2-8e79792d16d9/NetZeroby2050-ARoadmapfortheGlobalEnergySector.pdf>

1.2.11. Plataforma Intergubernamental Científico-Normativa sobre Diversidad Biológica y Servicios de los Ecosistemas

Summary for policymakers of the global assessment report on Biodiversity and ecosystem services of the Intergovernmental Science-Policy Platform on Biodiversity and Ecosystem Services, Díaz, S., et al. (eds.), IPBES Secretariat, 2019.

1.3. Instrumentos documentales de carácter doméstico

1.3.1. Australia

COMMISSION FOR PRODUCTIVITY, NEW SOUTH WALES, Terms of Reference, Review of Independent Planning Commission <http://productivity.nsw.gov.au/sites/default/files/2019-10/IPC%20Review%20Terms%20of%20Reference.pdf>

INDEPENDENT PLANNING COMMISSION, NEW SOUTH WALES, About us <https://www.ipcn.nsw.gov.au/about-us>

INDEPENDENT PLANNING COMMISSION, NEW SOUTH WALES, Statement of reasons for decision, 9 de agosto de 2019, <https://www.ipcn.nsw.gov.au/resources/pac/media/files/pac/projects/2019/02/dartbrook-coal-mine-modification-7/determination/dartbrook-coal-mine-mod-7–statement-of-reasons-for-decision.pdf>

INDEPENDENT PLANNING COMMISSION, NEW SOUTH WALES, Statement of reasons for decision, 29 de agosto de 2019, <https://www.ipcn.nsw.gov.au/resources/pac/media/files/pac/projects/2018/11/united-wambo-open-cut-coal-mine-project-ssd-7142/determination/uwjv–sor–final.pdf>

INDEPENDENT PLANNING COMMISSION, NEW SOUTH WALES, Statement of reasons for decision, 18 de septiembre de 2019, <https://www.ipcn.nsw.gov.au/resources/pac/media/files/pac/projects/2018/10/bylong-coal-project/determination/bylong-coal-project-ssd-6367–statement-of-reasons-for-decision.pdf>

1.3.2. Estados Unidos

CEQ, Revised Draft Guidance for Federal Departments and Agencies on Consideration of Greenhouse Gas Emissions and the Effects of Climate Change in NEPA Reviews, 24 de diciembre de 2014, disponible en: <https://www.govinfo.gov/content/pkg/FR-2014-12-24/pdf/2014-30035.pdf>

CEQ, Final Guidance for Federal Departments and Agencies on Consideration of Greenhouse Gas Emissions and the Effects of Climate Change in National Environmental Policy Act Reviews, 2016 <https://ceq.doe.gov/docs/ceq-regulations-and-guidance/nepa_final_ghg_guidance.pdf>

CEQ, Draft National Environmental Policy Act Guidance on Consideration of Greenhouse Gas Emissions, 26 de junio de 2019 <https://www.govinfo.gov/content/pkg/FR-2019-06-26/pdf/2019-13576.pdf>

ENVIRONMENTAL POLLUTION PANEL PRESIDENT'S SCIENCE ADVISORY COMMITTEE, Restoring the Quality of Our Environment, 1965, disponible en: <https://ozonedepletiontheory.info/Papers/Revelle1965AtmosphericCarbonDioxide.pdf>

ENVIRONMENTAL PROTECTION AGENCY, Greenhouse Gas Emissions <https://www.epa.gov/ghgemissions/overview-greenhouse-gases#f-gases>

ENVIRONMENTAL PROTECTION AGENCY, The Social Cost of Carbon, <https://19january2017snapshot.epa.gov/climatechange/social-cost-carbon_.html>

UNITED STATES DEPARTMENT OF DEFENSE, 2014 Climate Change Adaptation Roadmap, 2014.

1.3.3. Reino Unido

DEPARTMENT OF TRANSPORT, Airports National Policy Statement: new runway and infrastructure at airports in the south-east of England (web version), 5 de junio de 2018, disponible en: <https://www.gov.uk/government/publications/airports-national-policy-statement>

1.4. Jurisprudencia supranacional (resoluciones y documental conexa)

1.4.1. Corte Internacional de Justicia

Case Concerning Pulp Mills on the River Uruguay (Argentina v. Uruguay), judgment of 20 April 2010.

Certain Activities Carried Out by Nicaragua in the Border Area (Costa Rica v. Nicaragua) and Construction of a Road in Costa Rica along the San Juan River (Nicaragua v. Costa Rica), judgment of 16 December 2015.

1.4.2. Otros foros internacionales

1.4.2.1. Comité de Derechos Humanos de la Organización de las Naciones Unidas

Petition of Torres Strait Islanders to the United Nations Human Rights Committee Alleging Violations Stemming from Australia's Inaction on Climate Change, <http://climatecasechart.com/non-us-case/petition-of-torres-strait-islanders-to-the-united-nations-human-rights-committee-alleging-violations-stemming-from-australias-inaction-on-climate-change/>

Teitiota v. New Zealand: Views adopted by the Committee under article 5/4) of the Optional Protocol, concerning communication No. 2728/2016 (Opinion of 7 January 2020), CCPR/C/127/D/2728/2016.

1.4.2.2. Comité del Patrimonio Mundial

Petition to the World Heritage Committee: The Role of Black Carbon in Endangering World Heritage Sites Threatened by Glacial Melt and Sea Level Rise (Petition of 29 January 2009).

1.4.2.3. Organización Mundial del Comercio

India-Certain Measures Relating to Solar Cells and Solar Modules, <https://www.wto.org/english/tratop_e/dispu_e/cases_e/ds456_e.htm>

1.4.2.4. Comité de los Derechos del Niño

Communication to the Committee on the Rights of the Child in the case of Chiara Sacchi, et al. v. Argentina, Brazil, France, Germany & Turkey (Petition of 23 September 2019), <https://childrenvsclimatecrisis.org/wp-content/uploads/2019/09/2019.09.23-CRC-communication-Sacchi-et-al-v.-Argentina-et-al-Redacted.pdf>

Decision adopted by the Committee on the Rights of the Child under the Optional Protocol to the Convention on the Rights of the Child on a communications procedure in respect of Communication No. 104/2019, CRC/C/88/D/104/2019, 8 October 2021.

1.4.2.5. Centro Internacional de Arreglo de Diferencias Relativas a Inversiones

RWE AG et al. v. Kingdom of the Netherlands, ICSID Case No. ARB/21/4, (Petition of 2 February 2021) <https://icsid.worldbank.org/cases/case-database/case-detail?CaseNo=ARB/21/4>

1.4.3. Foros regionales

1.4.3.1. Corte de Justicia de la Unión Europea

República de Polonia c. Comisión Europea, T-370/11 (sentencia del 7 de marzo de 2013) (Corte General).

Trinseo Deutschland Anlagengesellschaft mbH, C-577/16 (sentencia del 28 de agosto de 2018).

Armando Carvalho et al. v. European Parliament and Council of the European Union, Case T-330/18 (judgment of 8 May 2019) (General Court).

Armando Carvalho et al. v. European Parliament and Council of the European Union, Case C-565/19 P (judgment of 25 March 2021).

Peter Sabo et al. v. European Parliament and Council of the European Union (judgment of 6 May 2020) (General Court).

1.4.3.2. Tribunal Europeo de Derechos Humanos

Youth for Climate Justice v. Austria, et al. (complaint of 2 September 2020) <http://climatecasechart.com/non-us-case/youth-for-climate-justice-v-austria-et-al/>

Union of Swiss Senior Women for Climate Protection v. Swiss Federal Council and Others (application of 26 November 2020) <http://climatecasechart.com/non-us-case/union-of-swiss-senior-women-for-climate-protection-v-swiss-federal-parliament/>

Mex M. v. Austria (complaint of 25 March 2021) <http://climatecasechart.com/climate-change-litigation/non-us-case/mex-m-v-austria/>

Greenpeace Nordic Ass'n v. Ministry of Petroleum and Energy (application of 15 June 2021) <http://climatecasechart.com/climate-change-litiga-

tion/non-us-case/greenpeace-nordic-assn-and-nature-youth-v-norway-ministry-of-petroleum-and-energy/>

Humane Being v. the United Kingdom <http://climatecasechart.com/non-us-case/factory-farming-v-uk/>

1.4.3.3. Corte Interamericana de Derechos Humanos y Comisión Interamericana de Derechos Humanos

Petition to the Inter American Commission on Human Rights Seeking Relief from Violations Resulting from Global Warming Caused by Acts and Omissions of the United States (Petition of 7 December 2005), <https://earthjustice.org/sites/default/files/library/legal_docs/petition-to-the-inter-american-commission-on-human-rights-on-behalf-of-the-inuit-circumpolar-conference.pdf>

Petition to the Inter-American Commission on Human Rights Seeking Relief from Violations of the Rights of Arctic Athabaskan Peoples Resulting from Rapid Arctic Warming and Melting Caused by Emissions of Black Carbon by Canada, (Petition of 23 April 2013) <https://earthjustice.org/sites/default/files/AAC_PETITION_13-04-23a.pdf>

Opinión Consultiva OC-23/17 de 15 de noviembre de 2017 solicitada por la República de Colombia, Medio Ambiente y Derechos Humanos (Obligaciones estatales en relación con el medio ambiente en el marco de la protección y garantía de los derechos a la vida y a la integridad personal-interpretación y alcance de los artículos 4.1 y 5.1, en relación con los artículos 1.1 y 2 de la Convención Americana sobre Derechos Humanos).

1.4.3.4. Corte de Justicia de África Oriental

Center for Food and Adequate Living Rights et al. v. Tanzania and Uganda (application of 6 November 2020) <http://climatecasechart.com/non-us-case/center-for-food-and-adequate-living-rights-et-al-v-tanzania-and-uganda/>

1.4.3.5. Tribunal Arbitral de Trail Smelter

UNITED NATIONS REPORTS OF INTERNATIONAL ARBITRAL AWARDS: Trail smelter case (United States, Canada), 16 de abril de 1938 y 11 de marzo de 1941, Vol. III., disponible en: <https://legal.un.org/riaa/cases/vol_III/1905-1982.pdf>

1.5. Jurisprudencia doméstica (resoluciones y documental conexa)

1.5.1. Alemania

CORTE ADMINISTRATIVA DE BERLÍN: Federación Alemana para el Ambiente y la Conservación v. Ministerio de Comercio y Trabajo, [2006] VG 10 A 215.04 (sentencia del 3 de febrero de 2006)

CORTE DISTRITAL DE ESSEN: Saúl Ananías Luciano Lluiya v. RWE AG, 2 O 285/15 (demanda del 23 de noviembre de 2015)

CORTE DISTRITAL DE ESSEN: Saúl Ananías Luciano Lluiya v. RWE AG, 2 O 285/15 (sentencia del 15 de diciembre de 2016);

CORTE SUPERIOR REGIONAL DE HAM: Saúl Ananías Luciano Lluiya v. RWE AG (sentencia del 30 de noviembre de 2017).

CORTE CONSTITUCIONAL FEDERAL (SALA PRIMERA): Neubauer et al. v. Alemania, ECLI:DE:BVerfG:2021:rs20210324.1bvr265618 (sentencia del 24 de marzo de 2021)

ALTA CORTE ADMINISTRATIVA DE RENANIA DEL NORTE-WESTFALIA: Homeowners v. District Government of Arnsberg (2021) <http://climatecasechart.com/non-us-case/homeowners-v-district-government-of-arnsberg/>

SUPREMA CORTE ADMINISTRATIVA DE MECKLEMBURGO-POMERANIA OCCIDENTAL: Deutsche Umwelthilfe (DUH) v. Stralsund Mining Authority (Bergamt Stralsund) (decisión del 16 de noviembre de 2021) <http://climatecasechart.com/non-us-case/duetsche-umwelthilfe-v-stralsund-mining-authority/>

1.5.2. Argentina

TRIBUNAL FEDERAL DE SAN NICOLÁS: Asociación Civil Foro Medio Ambiental v. MSU S.A. et al. (demanda del 01 de mayo de 2017).

TRIBUNAL FEDERAL DE AZUL: Sara Leticia Carballo et al. v. MSU S.A. (demanda del 1 de julio de 2017).

TRIBUNAL ADMINISTRATIVO DE AZUL: Sara Leticia Carballo et al. v. OPDS (demanda del 20 de octubre de 2017).

TRIBUNAL FEDERAL DE CAMPANA: Erica Graciela Hahn et al. v. APR Energy S.R.L. (demanda del 29 de noviembre de 2017).

TRIBUNAL FEDERAL DE CAMPANA: "Juvenir" Asociación Civil et al. v. Araucaria Energy Sociedad Anónima (demanda del 20 de diciembre de 2017).

TRIBUNAL FEDERAL DE MERCEDES: "Organización de Ambientalistas Autoconvocados" Asociación Civil et al. v. Araucaria Energy Sociedad Anónima (demanda del 1 de julio de 2018).

CORTE FEDERAL DE MAR DEL PLATA: Organización de Ambientalistas Organizados y otros v. Ministerio de Ambiente y Desarrollo Sostenible (demanda del 07/01/2022).

CORTE FEDERAL DE MAR DEL PLATA: Guillermo Tristán Montenegro v. Ministerio de Ambiente y Desarrollo Sostenible (demanda del 13/01/2022).

CORTE FEDERAL DE MAR DEL PLATA: Greenpeace Argentina y otros v. Argentina y otros (demanda del 13/01/2022)

1.5.3. Australia

LAND AND ENVIRONMENT COURT OF NEW SOUTH WALES: Greenpeace Australia Ltd. v. Redbank Power Co. (judgment of 10 November 1994).

VICTORIAN CIVIL AND ADMINISTRATIVE TRIBUNAL: Australian Conservation Foundation v. Latrobe City Council, [2004] VCAT 2029 (judgment of 29 October 2004).

SOUTH AUSTRALIAN ENVIRONMENT, RESOURCES AND DEVELOPMENT COURT, Thornton et al. v. Adelaide Hills Council et al., [2006] SAERDC 41 (judgment of 6 June 2006).

FEDERAL COURT OF AUSTRALIA: Wildlife Preservation Society of Queensland Proserpine/Whitsunday Branch Inc. v. Minister for the Environment and Heritage et al., 2006 FCA 736 (judgment of 15 June 2006).

LAND AND ENVIRONMENT COURT OF NEW SOUTH WALES: Gray v. The Minister of Planning and Ors [2006] NSWLEC 720 (judgment of 27 November 2006).

LAND AND RESOURCES TRIBUNAL QUEENSLAND: Re Xstrata Coal Queensland Pty Ltd et al., [2007] QLRT 33 (judgment of 15 February 2007).

FEDERAL COURT OF AUSTRALIA: Anvil Hill Project Watch Association Inc. v. Minister for the Environment and Water Resources [2007] FCA 1480 (judgment of 20 September 2007).

SUPREME COURT OF QUEENSLAND-COURT OF APPEAL: Queensland Conservation Council Inc. v. Xstrata Coal Queensland Pty Ltd, et al., 2007 QCA 338 (judgment of 12 October 2007).

AUSTRALIAN COMPETITION & CONSUMER COMMISSION, Goodyear Tyres Pty Ltd-s.87B undertaking 25 June 2008, <https://www.accc.gov.

au/public-registers/undertakings-registers/s87b-undertakings-register/goodyear-tyres-pty-ltd-s87b-undertaking>

VICTORIAN CIVIL AND ADMINISTRATIVE TRIBUNAL: Gipssland Coastal Board v. South Gippsland Shire Council et al. [2008] VCAT 1545 (judgment of 29 July 2008).

AUSTRALIAN COMPETITION & CONSUMER COMMISSION, Company admits misleading consumers about marketing carbon credits, 11 March 2010, <https://www.accc.gov.au/media-release/company-admits-misleading-consumers-about-marketing-carbon-credits>

LAND AND ENVIRONMENT COURT OF NEW SOUTH WALES: Lester v. Minister for Planning et al. [2011] NSWLEC 213 (judgment of 20 November 2011).

LAND AND ENVIRONMENT COURT OF NEW SOUTH WALES: Hunter Environment Lobby Inc. v. Minister for Planning [2011] NSWLEC 221 (judgment of 24 November 2011).

NEW SOUTH WALES LAND AND ENVIRONMENT COURT: Haughton v. Minister for Planning et al. [2011] NSWLEC 217 (judgment of 2 December 2011).

LAND AND ENVIRONMENT COURT OF NEW SOUTH WALES: Hunter Environment Lobby Inc. v. Minister for Planning [2012] NSWLEC 40 (judgment of 13 March 2012).

LAND COURT OF QUEENSLAND: Xstrata Coal Queensland Pty Ltd, et al., v. Friends of the Earth-Brisbane Co-Op Ltd, et al., [2012] QLC 13, (judgment of 27 March 2012).

VICTORIAN CIVIL AND ADMINISTRATIVE TRIBUNAL: Dual Gas Pty Ltd et al. v. Environment Protection Authority [20212] VCAT 308 (judgment of 29 March 2012).

LAND COURT OF QUEENSLAND: Hancock Coal Pty Ltd v. Kelly et al. [2014] QLC 12 (judgment of 8 April 2014).

SUPREME COURT OF QUEENSLAND: Coast and Country Association of Queensland Inc. v. Smith et al. [2015] QSC 260 (judgment of 4 September 2015).

LAND COURT OF QUEENSLAND: Adani Mining Pty Ltd v. Land Services of Coast and Country et al. [2015] QLC 48 (judgment of 15 December 2015).

FEDERAL COURT OF AUSTRALIA: Australian Conservation Foundation Incorporated v. Minister for the Environment [2016] FCA 1042 (judgment of 29 August 2016).

SUPREME COURT OF QUEENSLAND: Coast and Country Association of Queensland Inc. v. Smith et al. [2016] QCA 242 (judgment of 27 September 2016).

LAND COURT OF QUEENSLAND: New Acland Coal Pty Ltd v. Ashman et al. [2017] QLC 24 (judgment of 31 May 2017).

FEDERAL COURT OF AUSTRALIA: Australian Conservation Foundation Incorporated v. Minister for the Environment and Energy [2017] FCAFC 134 (judgment of 25 August 2017).

LAND AND ENVIRONMENT COURT OF NEW SOUTH WALES: Wollar Progress Association Incorporated v. Wilpinjong Coal Pty Ltd [2018] NSWLEC 92 (judgment of 19 June 2018).

FEDERAL COURT OF AUSTRALIA: McVeigh v. Retail Employees Superannuation Pty Ltd [2019] FCA 14 (complaint of 23 July 2018).

LAND AND ENVIRONMENT COURT OF NEW SOUTH WALES: Gloucester Resources Limited v. Minister of Planning [2019] NSWLEC 7 (judgment of 8 February 2019).

LAND AND ENVIRONMENT COURT OF NEW SOUTH WALES: Australian Coal Alliance Incorporated v. Wyong Coal Pty Ltd [2019] NSWLEC 31 (judgment of 22 March 2019).

FEDERAL COURT OF AUSTRALIA: Kathleen O'Donnell v. Commonwealth of Australia et al. (concise statement of 22 July 2020).

FEDERAL COURT OF AUSTRALIA: Sharma et al. v. Minister for the Environment (complaint of 8 September 2020)

LAND AND ENVIRONMENT COURT OF NEW SOUTH WALES: KEPCO Bylong Australia Pty. Ltd. v. Independent Planning Commission (No 2) [2020] NSWLEC 179 (judgment of 18 December 2020).

FEDERAL COURT OF AUSTRALIA: Sharma by her litigation representative Sister Marie Brigid Arthur v. Minister for the Environment [2021] FCA 560 (judgment of 27 May 2021).

FEDERAL COURT OF AUSTRALIA: Sharma by her litigation representative Sister Marie Brigid Arthur v. Minister for the Environment (No. 2) [2021] FCA 774 (orders of 8 July 2021).

COURT OF APPEAL OF NEW SOUTH WALES: KEPCO Bylong Australia Pty Ltd v. Bylong Valley Protection Alliance Inc [2021] NSWCA 216 (decision of 14 September 2021).

Environment Victoria v the EPA et al. (petition of 16 September 2021) <http://climatecasechart.com/non-us-case/environment-victoria-vs-the-epa-et-al/>

LAND AND ENVIRONMENT COURT OF NEW SOUTH WALES: Mullaley Gas and Pipeline Accord Inc v. Santos NSW (Eastern) Pty Ltd [2021] NSWLEC 110 (decision of 18 October 2021.

FEDERAL COURT OF AUSTRALIA: Sharma by her litigation representative Sister Marie Brigid Arthur v. Minister for the Environment [2022] FCA-FC 35 (judgment of 15 March 2022).

LAND COURT OF QUEENSLAND: Waratah Coal Pty Ltd v. Youth Verdict Ltd & Ors (No 6) [2022] QLC 21 (decision of 25 November 2022).

1.5.4. Austria

CORTE ADMINISTRATIVA FEDERAL: sobre la expansión del Aeropuerto Viena-Schwechat, W109 2000179-1/291E (sentencia del 2 de febrero de 2017, traducción no oficial de Pooja Chawda).

CORTE CONSTITUCIONAL DE AUSTRIA: sobre la expansión del aeropuerto Viena-Schwechat, E 875/2017, E 886/2017, (sentencia del 1 de junio de 2017).

1.5.5. Bélgica

CONSEJO DE DISPUTAS SOBRE PERMISOS (Raad Voor Vergunningsbetwistingen): ClientEarth v. Flemish Region <http://climatecasechart.com/non-us-case/clientearth-v-flemish-region/>

1.5.6. Brasil

TRIBUNAL REGIONAL FEDERAL DA 3a REGIÃO: Sao Paulo Public Prosecutor's Office v. United Airlines and Others, <http://climatecasechart.com/non-us-case/sao-paulo-public-prosecutors-office-v-united-airlines/>

TRIBUNAL DE JUSTIÇA DO RIO GRANDE DO SUL: Ministério Público do Estado do Rio Grande do Sul v. Estado do Rio Grande do Sul e FEPAM (demanda de 1 de setembro de 2019).

SUPREMO TRIBUNAL FEDERAL DO BRASIL, Partido Socialista Brasileiro et al. v. Presidente da República e Congresso Nacional, Petição 40741/2020 (6 de maio de 2020).

SUPREMO TRIBUNAL FEDERAL DO BRASIL: Partido Socialista Brasileiro et al. v. Presente da República e Congresso Nacional, 40741/2020 (ação direta de inconstitucionalidade por omissão do 5 do junho do 2020).

SUPREMO TRIBUNAL FEDERAL DO BRASIL: Partido Socialista Brasileiro et al. v. Presente da República, 40734/2020 (ação direta de inconstitucionalidade por omissão do 5 do junho do 2020).

JUIZADO FEDERAL DE CURITIBA: Instituto de Estudos Amazônicos v. União (ação civil pública do 8 de outubro de 2020).

SUPREMO TRIBUNAL FEDERAL DO BRASIL: Partido Socialista Brasileiro et al. v. União (arguição de descobrimento de preceito fundamental do 11 de novembro de 2020).

TRIBUNAL DE JUSTIÇA DO ESTADO DE SÃO PAULO: Clara Leonel Ramos et al. v. Estado de São Paulo, Processo nº: 1047315-47.2020.826.0053 (Decisão Interlocutória do 12 de janeiro de 2021).

CORTE FEDERAL 9ª DE RIO GRANDE DO SUL: Instituto Preservar et al. v. Copelmi e IBAMA (decisao de 31 de agosto de 2021).

1.5.7. Canadá

FEDERAL COURT OF CANADA: Pembina Institute for Appropriate Development, et al. v. Attorney General of Canada, et al., 2008 FC 302 (judgment of 5 March 2008).

FEDERAL COURT: Friends of the Earth v. Canada, 2008 FC 1183 [2009] 3 F.C.R. 201 (judgment of 20 October 2008).

FEDERAL COURT OF APPEAL: Friends of the Earth v. The Minister of the Environment and The Governor in Council, 2009 FCA 297 (judgment of 15 October 2009).

FEDERAL COURT: Daniel Turp v. Minister of Justice and Attorney General of Canada, 2012 FC 893 (judgment of 17 July 2012).

QUEBEC SUPERIOR COURT: Environnement Jeunesse v. Attorney General of Canada, 500-06-000955-183 (judgment of 11 July 2019).

FEDERAL COURT OF CANADA: La Rose et al. v. Her Majesty the Queen in Right of Canada and the Attorney General of Canada, Court File No. T-1750-19 (claim of 25 October 2019).

FEDERAL COURT OF CANADA: Sierra Club Canada Foundation et al. v. Minister of Environment and Climate Change et al. (complaint of 11 May 2020).

FEDERAL COURT OF CANADA: Sierra Club Canada Foundation, et al. v. Minister of Environment and Climate Change et al., 2020 FC 663 (order and reasons of 3 June 2020).

FEDERAL COURT OF CANADA: La Rose, et al. v. Her Majesty the Queen in Right of Canada and the Attorney General of Canada, T-1750-19 (order and reasons of 27 October 2020).

FEDERAL COURT OF CANADA: Lho'Imggin et al. v. Her Majesty the Queen (decision of 16 November 2020) <http://climatecasechart.com/non-us-case/gagnon-et-al-v-her-majesty-the-queen/>

SUPREME COURT OF CANADA: Sierra Club Canada Foundation et al. v. Minister of Environment and Climate Change Canada et al. (application of 06 May 2022) <http://climatecasechart.com/non-us-case/sierra-club-canada-foundation-et-al-v-minister-of-environment-and-climate-change-canada-et-al/>

1.5.8. Chile

TERCER TRIBUNAL AMBIENTAL: Corporación Privada para el Desarrollo de Aysén et al. v. Servicio de Evaluación Ambiental, R 42-2016 (sentencia de 4 de enero de 2018).

TERCER TRIBUNAL AMBIENTAL: Simonetti Grez et al. v. Director Ejecutivo del Servicio de Evaluación Ambiental, R-77-2018 (sentencia del 20 de agosto de 2019).

CORTE DE APELACIONES DE ANTOFAGASTA: Galindo Gacitúa, Saba Ester et al. v. Servicio de Evaluación Ambiental de la Región de Antofagasta (Recurso de protección de julio de 2021).

CORTE DE APELACIONES DE ANTOFAGASTA: Galindo Gacitúa, Saba Ester et al. v. Servicio de Evaluación Ambiental de la Región de Antofagasta, Rol Nº 6.930-2021 (sentencia del 31 de agosto de 2021).

CORTE SUPREMA DE JUSTICIA DE CHILE: Galindo Gacitúa, Saba Ester et al. v. Servicio de Evaluación Ambiental de la Región de Antofagasta, Rol Nº 71.628-2021 (sentencia del 19 de abril de 2022).

1.5.9. Colombia

CORTE SUPREMA DE JUSTICIA DE COLOMBIA (Sala de Casación Civil): Futuras Generaciones v. Presidencia de la República de Colombia, STC4360-2018 (Sentencia del 5 de abril de 2018)

1.5.10. Ecuador

SALA MULTICOMPETENTE DE LA CORTE DE JUSTICIA DE SUCUMBÍOS: Niñas indígenas v. Mecheros, Acción de protección No. 21201202000170, sentencia del 26 de enero de 2021).

UNIDAD JUDICIAL DE FAMILIA, MUJER, NIÑEZ Y ADOLESCENCIA CON SEDE EN EL CANTÓN FRANCISCO: Baihua Caiga y otros v. PetroOriental S.A. (sentencia del 15 de julio de 2021).

1.5.11. España

TRIBUNAL SUPREMO DE ESPAÑA (Sala de lo Contencioso-administrativo, sección 5ª.): Cerámica General Castaños S.L. No. de Recurso 322/2005 (2008).

TRIBUNAL SUPERIOR DE JUSTICIA DE CATALUÑA, SALA DE LO CONTENCIOSO ADMINISTRATIVO: Associació Salvem Pinya de Rosa, et al. v. Departamento de Territorio y Sostenibilidad de la Generalitat de Cataluña, Recurso ordinario nº 299/2018 (auto del 9 de julio de 2019).

TRIBUNAL SUPREMO DE ESPAÑA (SALA TERCERA CONTENCIOSO-ADMINISTRATIVO): Greenpeace España et al. v. Gobierno de España, Rec. 2/265/2020 (demanda de 15 de diciembre de 2020).

1.5.12. Estados Unidos

UNITED STATES COURT OF APPEALS FOR THE DISTRICT OF COLUMBIA CIRCUIT: City of Los Angeles et al. v. National Highway Traffic Safety Administration et al., No: 86-1649, 86-1651, 86-1652. 89-1277, 89-1403, (opinion of 24 August 1990).

MINNESOTA COURT OF APPEALS: In the Matter of the Quantification of Environmental Costs Pursuant to Laws of Minnesota 1993, Chapter 356, Section 3 (judgment of 19 May 1998).

UNITED STATES DISTRICT COURT FOR THE SOUTHERN DISTRICT OF CALIFORNIA: Border Power Plant Working Group v. Department of Energy, et al. Case No. 02-CV-513-IEG (POR), (opinion of 2 May 2003).

UNITED STATES COURT OF APPEALS FOR THE EIGHTH CIRCUIT: Mid States Coalition for Progress v. Surface Transportation Board, No. 02-1359, 02-1481, 02-1482, 02-1767, 02-1785, 02-1792, 02-1794, 02-1804, 02-1863, (opinion of 2 October 2003).

UNITED STATES DISTRICT COURT FOR THE NORTHERN DISTRICT OF CALIFORNIA: Friends of the Earth, Inc. et al. v. Robert Mosbacher Jr. et al., No. C 02-04106 JSW (opinion and order of 30 March 2007)

SUPREME COURT OF THE UNITED STATES: Massachusetts et. al. v. EPA, 549 U.S. 497 (Judgment of 2 April 2007).

UNITED STATES COURT OF APPEALS FOR THE NINTH CIRCUIT: Center for Biological Diversity v. National Highway Traffic Safety Administration, No. 06-71891, 06-72317, 06-72641. 05-72694, 06-73807, 06-73826, (opinion of 15 November 2007; opinion and order of 18 August 2008).

UNITED STATES DISTRICT COURT FOR THE NORTHERN DISTRICT OF CALIFORNIA OAKLAND DIVISION: Native Village of Kivalina and City of Kivalina v. ExxonMobil Corporation et al., Case No. C 08-1138 SBA (Judgment of 30 September 2009)

UNITED STATES COURT OF APPEALS FOR THE FIFTH CIRCUIT: Ned Comer et al. v. Murphy Oil. USA et. al., No. 07-60756 (Judgment of 22 October 2009).

UNITED STATES COURT OF APPEALS FOR THE NINTH CIRCUIT: Northern Plains Resource Council et al. v. The Surface Transportation Board et al., No. 97-70037, 97-70099, 97-70217, 07-74348 (opinion of 29 December 2011).

UNITED STATES COURT OF APPEALS FOR THE DISTRICT OF COLUMBIA CIRCUIT: Coalition for Responsible Regulation Inc. et al. v. Environmental Protection Agency, No. 09-1322 (judgment of 26 June 2012).

UNITED STATES COURT OF APPEALS FOR THE NINTH CIRCUIT: Native Village of Kivalina and City of Kivalina v. ExxonMobil Corporation, et al., No. 09-17490 (Judgment of 21 September 2012).

UNITED STATES DISTRICT COURT FOR THE DISTRICT OF COLORADO: High Country Citizen's Alliance et al. v. U.S. Forest Service, et al., Civil Action 13-cv-01723 (complaint for declaratory and injunctive relief and petition for review of agency action of 2 July 2013).

UNITED STATES DISTRICT COURT FOR THE DISTRICT OF COLORADO: High Country Conservation Advocates, et al. v. United States Forest Services et al., Civil Action No. 13-cv-01723-RBJ (order of 27 June 2014).

UNITED STATES DISTRICT COURT FOR THE DISTRICT OF COLORADO: Diné Citizens Against Ruining Our Environment, et al. v. United States Office of Surface Mining, Reclamation and Enforcement, et al., Civil Action No. 12-cv-01275-JLK (memorandum opinion and order of 2 March 2015).

UNITED STATES DISTRICT COURT FOR THE DISTRICT OF COLORADO: WildEarth Guardians v. United States Office of Surface Mining, Reclamation and Enforcement, et al., Civil Action No. 13-cv-00518-RBJ (judgment of 8 May 2015).

UNITED STATES DISTRICT COURT FOR THE DISTRICT OF OREGON EUGENE DIVISION: Kelsey Cascadia Rose Juliana, et al. v. United States of America, et al., Case No. 6:15-cv-01517-TC (complaint for declaratory and injunctive relief of 12 August 2015).

UNITED STATES DISTRICT COURT FOR THE DISTRICT OF WYOMING: WildEarth Guardians et al. v. United States Forest Service, Case No. 12-CV-85-ABJ, 13-CV-42-ABJ, 13-CV-90-ABJ (opinion and order of 17 August 2015).

UNITED STATES DISTRICT COURT FOR THE DISTRICT OF MONTANA, BILLINGS DIVISION: WildEarth Guardians v. U.S. Office of Surface Mining, Reclamation and Enforcement, CV 14-13-BLG-SPW-CSO, CV-14-103-BLG-SPW-CSO, (finding and recommendations of 23 October 2015).

UNITED STATES DISTRICT COURT FOR THE DISTRICT OF OREGON EUGENE DIVISION: Kelsey Cascadia Rose Juliana, et al. v. United States of America, et al., Case No. 6:15-cv-01517-TC (judgment of 10 November 2016).

UNITED STATES DISTRICT COURT FOR THE DISTRICT OF MONTANA, GREAT FALLS DIVISION: Northern Plains Resource Council et al. v. Shannon et al. CV 17-31-GF-BMM (first amended complaint for declaratory and injunctive relief of 24 May 2017).

SUPERIOR COURT OF THE STATE OF CALIFORNIA IN AND FOR THE COUNTY OF SAN MATEO: The County of San Mateo v. Chevron Corp. et al. Case No. 17 CIV03222 (complaint of 17 July 2017).

UNITED STATES DISTRICT COURT FOR THE DISTRICT OF MONTANA, MISSOULA DIVISION: Montana Environmental Information Center v. U.S. Office of Surface Mining, et al., CV 15-106-M-DWM (order of 14 August 2017).

UNITED STATES COURT OF APPEALS FOR THE DISTRICT OF COLUMBIA CIRCUIT: Sierra Club v. United States Department of Energy, No. 15-1489 (opinion of 15 August 2017).

UNITED STATES COURT OF APPEALS FOR THE DISTRICT OF COLUMBIA CIRCUIT: Sierra Club, et al. v. Federal Energy Regulatory Commission, et al., No. 16-1329 (opinion of 22 August 2017).

UNITED STATES COURT OF APPEALS, TENTH CIRCUIT: WildEarth Guardians, et al. v. United States Bureau of Land Management, No. 15-81109 (opinion of 15 September 2017).

SUPERIOR COURT OF THE STATE OF CALIFORNIA IN AND FOR THE COUNTY OF SANTA CRUZ: The County of Santa Cruz v. Chevron Corp. et al., Case No. 17CV03243 (complaint of 20 December 2017).

UNITED STATES DISTRICT COURT FOR THE DISTRICT OF MONTANA, GREAT FALLS DIVISION: Western Organization of Resource Councils, et al., v. U.S. Bureau of Land Management, et al., CV 16-21-GF-BMM (opinion and amended order of 26 March 2018).

UNITED STATES DISTRICT COURT FOR THE DISTRICT OF NEW MEXICO: San Juan Citizens Alliance, et al., v. United States Bureau of Land Management, et al., No. 16-cv-376-MCA-JHR (memorandum opinion and order of 14 June 2018).

UNITED STATES DISTRICT COURT FOR THE NORTHERN DISTRICT OF CALIFORNIA: City of Oakland and The People of the State of California v. BP PLC et al. No. C 17-06011 WHA and No. C 17-06012 WHA (Judgment of 25 June 2018).

BRISTOL COUNTY SUPERIOR COURT: State of Rhode Island v. Chevron Corp. et al. Case No. PC-2018-4716 (complaint of 2 July 2018).

UNITED STATES DISTRICT COURT SOUTHERN DISTRICT OF NEW YORK: City of New York v. BP PLC et al. No. 18 Civ. 182 (JFK) (judgment of 19 July 2018).

UNITED STATES DISTRICT COURT FOR THE DISTRICT OF COLORADO: High Country Conservation Advocates, et al. v. United States Forest Service, et al., Civil Action No. 17-cv-03025-PAB (order of 10 August 2018).

UNITED STATES DISTRICT COURT FOR THE DISTRICT OF COLORADO: Wilderness Workshop, et al., v. United States Bureau of Land Management, et al., Civil Action No. 1:16-cv-01822-LTB (memorandum opinion and order of 17 October 2018).

UNITED STATES DISTRICT COURT FOR THE DISTRICT OF MONTANA, GREAT FALLS DIVISION: Indigenous Environmental Network, et al. v. United States Department of State, et al., CV-17-29-GF-BMM, CV-17-31-GF-BMM (order of 8 November 2018).

SUPERIOR COURT OF THE STATE OF CALIFORNIA IN AND FOR THE COUNTY OF SAN FRANCISCO: Pacific Coast Federation of Fishermen's Associations, inc. v. Chevron Corp., et al., Case No. CGC-18-571285 (complaint of 14 November 2018).

UNITED STATES DISTRICT COURT FOR THE DISTRICT OF MONTANA, BILLINGS DIVISION: WildEarth Guardians et al. v. Ryan Zinke et al., CV 17-80-BLG-SPW-TJC, (findings and recommendations of 11 February 2019).

UNITED STATES DISTRICT COURT FOR THE DISTRICT OF COLUMBIA: WildEarth Guardians et al., v. Zinke, et al., Civil Action No.: 16-1724 (RC), (Memorandum Opinion of 19 March 2019).

UNITED STATES DISTRICT COURT FOR THE DISTRICT OF COLORADO: Citizens for a Healthy Community, et al. v. United States Bureau of Land Management, et al., Civil Case No. 1:17-cv-025519-LTB-GPG (judgment of 27 March 2019).

SUPERIOR COURT OF NEW JERSEY (APPELLATE DIVISION): City of Birmingham Relief and Retirement System, v. ExxonMobil Corporation, No. A-4279-17T3 (opinion of 6 May 2019).

UNITED STATES DISTRICT COURT FOR THE DISTRICT OF NEW MEXICO: WildEarth Guardians v. David Bernhardt et al., Case No. 1:19-CV-00505 (petition for review of agency action of 3 June 2019).

MASSACHUSETTS SUPERIOR COURT: Commonwealth of Massachusetts v. Exxon Mobil Corporation, Case Number: 19-3333, (complaint of 24 October 2019).

UNITED STATES DISTRICT COURT FOR THE DISTRICT OF COLUMBIA: WildEarth Guardians et al. v. David Bernhardt et al., Case No. 1:20-cv-00056 (complaint for declaratory judgment and injuctive relief of 9 January 2020)

UNITED STATES COURT OF APPEALS FOR THE NINTH CIRCUIT: Kelsey Cascadia Rose Juliana, et al. v. United States of America, No. 18-36082, (judgment of 17 January 2020).

UNITED STATES COURT OF APPEALS FOR THE TENTH CIRCUIT: High Country Advocates, et al. v. United States Forest Service, No. 18-1374 (opinion of 2 March 2020).

UNITED STATES DISTRICT COURT FOR THE DISTRICT OF MONTANA, MISSOULA DIVISION: 350 Montana, et al. v. David Bernhardt, et al., CV-19-12-M-DWM, (Opinion and Order of 9 March 2020).

UNITED STATES DISTRICT COURT FOR THE DISTRICT OF COLUMBIA: Gulf Restoration Network, et al. v. David Bernhardt, et al., Civil Action no. 18-1647 (RBW) (memorandum opinion of 21 April 2020).

UNITED STATES DISTRICT COURT FOR THE DISTRICT OF MONTANA, GREAT FALLS DIVISION: WildEarth Guardians, et al. v. U.S. Bureau of Land Management et al., CV-18-73-GF-BMM (order of 1 May 2020).

UNITED STATES DISTRICT COURT FOR THE DISTRICT OF NEW MEXICO: WildEarth Guardians v. David Bernhardt, et al. No. 1:19-cv-00505-RB-SCY (memorandum opinion and order of 18 August 2020).

UNITED STATES COURT OF APPEALS FOR THE NINTH CIRCUIT: Center for Biological Diversity et al. v. David Bernhardt et al., No. 18-73400 (opinion of 7 December 2020).

UNITED STATES DISTRICT COURT FOR THE DISTRICT OF MONTANA, BILLINGS DIVISION: WildEarth Guardians et al. v. David Bernhardt et al., CV 17-80-BLG-SPW (order re magistrate's finding and recommendations of 3 of February 2021).

UNITED STATES COURT OF APPEALS FOR THE SECOND CIRCUIT: City of New York v. Chevron Corporation et al., No. 18-2188 (opinion of 1 April 2021)

UNITED STATES COURT OF APPEALS: Vecinos para el Bienestar de la Comunidad Costera et al. v. Federal Energy Regulatory Commission, No. 20-1045, 20-093 (Opinion of 3 August 2021).

UNITED STATES DISTRICT COURT FOR THE DISTRICT OF COLUMBIA: Friends of the Earth et al v. Debra Haaland et al, CV-21-2317 (order of 27 January 2022).

1.5.13. Estonia

CORTE ADMINISTRATIVA DE TARTU: ClientEarth Friday for Future Estonia v. Eesti Energia (mayo 2020) <http://climatecasechart.com/non-us-case/11477>

1.5.14. Filipinas

COMMISSION ON HUMAN RIGHTS, Petition Requesting for Investigation of the Responsibility of the Carbon Majors for Human Rights Violations or Threats of Violations Resulting from the Impacts of Climate Change (Petition of 22 September 2015), <https://essc.org.ph/content/wp-content/uploads/2018/09/Philippines-Climate-Change-and-Human-Rights-Petition.pdf>

1.5.15. Francia

CONSEIL D'ETAT: Commune de Grande-Synthe et autre v. Republique Française, N°. 427301 (demande du 23 janvier 2019).

TRIBUNAL CORRECTIONNEL DE LYON: Le Procureur de la République v. Delahalle & Goinvic (jugement du 16 septembre 2019).

CONSEIL D'ESTAT: IPC Petroleum France S.A. v. France, ECLI:FR:XX:2019:421004.20191218 (jugement du 18 décembre 2019).

TRIBUNAL JUDICIAIRE DE NANTERRE: Notre Affaire à Tous et autre v. Total S.A. (demande du 28 janvier 2020).

TRIBUNAL ADMINISTRATIF DE PARIS: Association Oxfam France et autre. v. République Française, N° 1904967, 1904968, 1904972, 1904976/4-1 (decisión du 3 février 2021).

LE TRIBUNAL JUDICIAIRE DE SAINT-ÉTIENNE, Envol Vert et al. v. Casino, (demande du 2 mars 2021).

TRIBUNAL ADMINISTRATIF DE MARSEILLE: Association Les Amis de la Terre France et al. v. Le Préfet des Bouches-du-Rhône et al, N° 1805238 (jugement du 1 avril 2021).

CONSEIL D'ETAT: Commune de Grande-Synthe et autre v. Republique Française, N°. 427301 (décision du 1er juillet 2021).

12.5.16. Guyana

SUPREME COURT: Thomas & De Freitas v. Guyana (complaint of 21 May 2021) <http://climatecasechart.com/climate-change-litigation/non-us-case/thomas-de-freitas-v-guyana/>

SUPREME COURT: Thomas v. EPA (order of 21 May 2020) <http://climatecasechart.com/climate-change-litigation/non-us-case/thomas-v-epa/>

HIGH COURT OF THE SUPREME COURT OF JUDICATURE OF GUYANA, CIVIL JURISDICTION: Henry v. EPA (Application of 21 January 2022).

1.5.17. India

NATIONAL GREEN TRIBUNAL AT PRINCIPAL BENCH, NEW DELHI: Ridhima Pandey v. Union of India et al. (complaint of 25 March 2017).

National Green Tribunal, Society for Protection of Environment and Biodiversity v. Union of India, Case No. 677 of 2016 (judgment of 8 December 2017).

NATIONAL GREEN TRIBUNAL PRINCIPAL BENCH, NEW DELHI: Ridhima Pandey v. Union of India et al., 187/2017 (order of 1 January 2019).

1.5.18. Indonesia

STATE ADMINISTRATIVE COURT OF DENPASAR: I Ketut Mangku Wijana et al. v. Governor of Bali Province, 2/G/LH/2018/PTUN.DPS (complaint of 24 January 2018, traducción no oficial).

STATE ADMINISTRATIVE COURT OF DENPASAR: I Ketut Mangku Wijana et al. v. Governor of Bali Province, 2/G/LH/2018/PTUN.DPS (Amicus Curiae Brief of June 2018).

1.5.19. Irlanda

HIGH COURT OF IRELAND: Friends of the Irish Environment CLG et al. v. Fingal County Council et al., [2017] IECH 695 (judgment of 21 November 2017).

HIGH COURT OF IRELAND: Friends of the Irish Environment CLG v. The Government of Ireland, Ireland and the Attorney General [2017 No. 793 JR] (Judgment of 19 September 2019).

SUPREME COURT OF IRELAND: Friends of the Irish Environment CLG v. The Government of Ireland, Ireland and the Attorney General [Appeal No.: 2015/19] (Judgment of 31 July 2020).

1.5.20. Japón

CORTE DISTRITAL DE SENDAI: Sendai Citizens v. Sendai Power Station (demanda de 27 de septiembre de 2017) <http://climatecasechart.com/non-us-case/sendai-citizens-v-sendai-power-station/>

CORTE DISTRITAL DE KOBE, Citizens' Committee on the Kobe Coal-Fired Power Plant v. Kobe Steel Ltd. et al. (demanda de 14 de septiembre de 2018) <http://climatecasechart.com/non-us-case/citizens-committee-on-the-kobe-coal-fired-power-plant-v-kobe-steel-ltd-et-al/>

CORTE DISTRITAL DE OSAKA, Citizens' Committee on the Kobe Coal-Fired Power Plant v. Japan (demanda de 19 de noviembre de 2018) <http://climatecasechart.com/non-us-case/citizens-committee-on-the-kobe-coal-fired-power-plant-v-japan/>

CORTE DISTRITAL DE TOKIO, Yokosuka Climate Case (demanda de 27 de mayo de 2019) < http://climatecasechart.com/non-us-case/yokosuka-climate-case/>

1.5.21. Kenia

NATIONAL ENVIRONMENTAL TRIBUNAL AT NAIROBI: Save Lamu et al. v. National Environmental Management Authority et al., NET 196 of 2016 (judgment of 26 June 2019).

1.5.22. Los Países Bajos

CORTE DISTRITAL DE LA HAYA: Urgenda v. Reino de Los Países Bajos (demanda del 25 de junio de 2014).

CORTE DISTRITAL DE LA HAYA: Fundación Urgenda v. Los Países Bajos, ECLI:NL:RBDHA:2015:7196 (sentencia del 24 de junio de 2015).

CORTE DE APELACIONES DE LA HAYA: Fundación Urgenda v. Los Países Bajos, ECLI:NL:GHDHA:2018:2610 (sentencia del 9 de octubre de 2018).

CORTE DISTRITAL DE LA HAYA: Milieudefensie et al. v. Royal Dutch Shell plc., (demanda del 5 de abril de 2019).

CORTE SUPREMA DE LOS PAÍSES BAJOS: Fundación Urgenda v. Los Países Bajos, ECLI:NL:HR:2019:2007 (sentencia del 20 de diciembre de 2019).

CORTE DISTRITAL DE LA HAYA, Greenpeace Netherlands v. State of the Netherlands (sentencia del 9 de diciembre de 2020) <http://climatecasechart.com/non-us-case/greenpeace-netherlands-v-state-of-the-netherlands/>

CORTE DISTRITAL DE LA HAYA: Milieudefensie et al. v. Royal Dutch Shell plc., C/09/571932/HA ZA 19-379 (sentencia del 26 de mayo de 2021).

1.5.23. Luxemburgo

CORTE ADMINISTRATIVA, Greenpeace Luxembourg v. Schneider (sentencia del 17 de diciembre de 2019) <http://climatecasechart.com/non-us-case/greenpeace-luxembourg-v-schneider/>

1.5.24. México

CORTE SUPREMA DE JUSTICIA DE MÉXICO: Amparo en revisión 610/2019 (sentencia del 15 de enero 2020).

1.5.25. Noruega

PUNTO NACIONAL DE CONTACTO (OCDE): Norwegian Climate Network et al vs. Statoil (decisión de 13 de marzo de 2012) <http://climatecasechart.com/climate-change-litigation/non-us-case/norwegian-climate-network-et-al-vs-statoil/>

CORTE DISTRITAL DE OSLO: Greenpeace Norden et al. v. Noruega, (demanda del 18 de octubre de 2016).

CORTE DISTRITAL DE OSLO: Greenpeace Norden et al. v. Noruega, caso Nº.: 16-166674TVI-OTIR/06 (sentencia del 4 de enero de 2018)

CORTE DE APELACIONES DE BORGARTING: Greenpeace Norden et al. v. Noruega, No. 18-060499ASD-BORG/03 (sentencia del 23 de enero de 2020).

CORTE SUPREMA DE NORUEGA: Greenpeace Norden et al. v. Noruega, Case No. 20-051052SIV-HRET (sentencia del 20 de diciembre de 2020).

1.5.26. Nueva Zelanda

ENVIRONMENT COURT: Environmental Defence Society (Incorporated v. Auckland Regional Council et al., [2002] NZRMA 492 (judgment of 06 September 2002).

ENVIRONMENT COURT: Greenpeace New Zealand Incorporated v. Northland Regional Council et al., [2006] NZEnvC 238 (judgment of 11 July 2006).

HIGH COURT OF NEW ZEALAND: Greenpeace New Zealand v. Northland Regional Council et al., [2007] NZRMA 87 (HC) (judgment of 12 October 2006).

COURT OF APPEAL OF NEW ZEALAND: Genesis Power Ltd v. Greenpeace New Zealand Inc, [2007] NZCA 569, (judgment of 11 December 2007).

SUPREME COURT OF NEW ZEALAND: Greenpeace New Zealand Inc v. Genesis Power Ltd, [2008] NZSC 112 (judgment of 19 December 2008).

ENVIRONMENT COURT: Buller Coal Limited et al. v. West Coast Ent. Incorporated, [2012] NZEnvC 80 (judgment of 30 April 2012).

HIGH COURT OF NEW ZEALAND: Royal Forest and Bird Protection Society of New Zealand Incorporated et al. v. Buller Coal Limited et al. [2012] NZHC 2156 (judgment of 24 August 2012).

SUPREME COURT OF NEW ZEALAND: West Coast Ent Incorporated et al. v. Buller Coal Limited et al., [2013] NZSC 87 (judgment of 19 September 2013).

SUPREME COURT OF NEW ZEALAND: Ioane Teitiota v. The Chief Executive of the Ministry Of Business, Innovation and Employment, SC 7/2015, [2015] NZSC 107 (judgment of 20 July 2015).

HIGH COURT OF NEW ZEALAND WELLINGTON REGISTRY: Sarah Thomson v. The Minister for Climate Change Issues, CIV 2015-485-91 [2017] NZHC 733 (judgment of 2 November 2017).

1.5.27. Pakistán

LAHORE HIGH COURT: Ashgar Leghari v. Federation of Pakistan, et al., Case No: W.P. No. 25501/2015 (judgment of 4 September 2015).

SUPREME COURT OF PAKISTAN: Rabab Alí v. Federation of Pakistan & Ot. (petition of 1 April 2016).

LAHORE HIGH COURT: Maria Khan et al. v. Federation of Pakistan et al., Writ Petition No. 8960 of 2019 (petition of 14 February 2019).

LAHORE HIGH COURT: Sheikh Asim Farooq v. Federation of Pakistan, et al., Writ Petition No. 192069 of 2018, (judgment of 30 August 2019).

1.5.28. Papúa Nueva Guinea

COURT OF JUSTICE AT WAIGANI: Hon. Ginson Goheyy Saonu and Morobe Provincial Government v. Minister for Environment and Conservation and Climate Change et al., OS (JR) 35 of 2021 (decision of 10 September 2021).

1.5.29. Perú

JUZGADO CONSTITUCIONAL DE TURNO DE LA CORTE SUPERIOR DE JUSTICIA DE LIMA: Álvarez Cantoral y ots. v. Estado peruano (Demanda del 10 de diciembre de 2019).

1.5.30. Polonia

CORTE REGIONAL DE POZNAN, ClientEarth v. Enea (sentencia del 1 de agosto de 2019) <http://climatecasechart.com/non-us-case/clientearth-v-enea/>

CORTE REGIONAL DE LODZ, ClientEarth v. Polska Grupa Energetycza (sentencia del 22 de septiembre de 2020) <http://climatecasechart.com/non-us-case/clientearth-v-polska-grupa-energetyczna/>

1.5.31. Reino Unido

HIGH COURT OF JUSTICE QUEEN'S BENCH DIVISION ADMINISTRATIVE COURT: Carol Barbone, et al. v. The Secretary of State for Transport, et al. [2009] EWCH 463 (Admin) (judgment of 13 March 2009).

UNITED KINGDOM EMPLOYMENT APPEAL TRIBUNAL: Grainger Plc & Ors. v. Nicholson [2009] UKEAT 0219_09_0311 (Judgment of 3 November 2009).

HIGH COURT OF JUSTICE QUEEN'S BENCH DIVISION ADMINISTRATIVE COURT: R (on the Application of London Borough of Hillingdon et al.) v. Secretary of State for Transport et al. [2010] EWCH 626 (Admin) (judgment of 26 March 2010).

HIGH COURT OF JUSTICE ADMINISTRATIVE COURT: R (on the Application of Anne Marie Griffin) v. London Borough of Newham et al. [2011] EWHC 53 (Admin) (judgment of 20 January 2011).

HIGH COURT OF JUSTICE QUEEN'S BENCH DIVISION ADMNINISTRATIVE COURT: Mr. William Corbett v. Cornwall Council, Case Nº CO/7605/2012 (Judgment of 12 December 2013).

HIGH COURT OF JUSTICE QUEEN'S BENCH DIVISION PLANNING COURT: Friends of the Earth Limited and Frack Free Ryedale v. North Yorkshire County Council et al. [2016] EWCH 3303 (Admin) (judgment of 20 December 2016).

HIGH COURT OF JUSTICE QUEEN'S BENCH DIVISION PLANNING COURT: Preston New Road Action Group et al. v. Secretary of State for Communities and Local Government et al. [2017] EWHC 808 (Admin) (judgment of 12 April 2017).

COURT OF APPEAL-CIVIL DIVISION-COURT 70, ClientEarth —v— The Secretary of State for Business, Energy & Industrial Strategy, YouTube, 17 de noviembre de 2020 <https://www.youtube.com/watch?v=B9HPQh06bUg&ab_channel=CourtofAppeal-CivilDivision-Court70>

COURT OF APPEAL-CIVIL DIVISION-COURT 70, ClientEarth —v— The Secretary of State for Business, Energy & Industrial Strategy, YouTube, 17 de noviembre de 2020 <https://www.youtube.com/watch?v=LBcB8srLWwI&ab_channel=CourtofAppeal-CivilDivision-Court70>

HIGH COURT OF JUSTICE, QUEEN'S BENCH DIVISION, ADMINISTRATIVE COURT: Plan B Earth et al. v. The Secretary of State for Business, Energy and Industrial Strategy and The Committee on Climate Change, Case No.: CO/16/2018 (statement of facts and grounds of 8 December 2017).

COURT OF APPEAL (CIVIL DIVISION): Preston New Road Action Group et al. v. Secretary of State for Communities and Local Government, et al. [2018] EWCA Civ 9 (judgment of 12 January 2018).

HIGH COURT OF JUSTICE, QUEEN'S BENCH DIVISION, ADMINISTRATIVE COURT: Plan B Earth et al. v. The Secretary of State for Business, Energy and Industrial Strategy and The Committee on Climate Change, Case No.: CO/16/2018 (judgment of 20 July 2018).

HIGH COURT OF JUSTICE QUEEN'S BENCH DIVISION ADMINISTRATIVE COURT PLANNING COURT: H J Banks & Company Ltd v. Secretary of State for Housing Communities and Local Government et al. [2018] EWHC 3141 (Admin) (judgment of 23 November 2018).

COURT OF APPEAL, QUEEN'S BENCH DIVISION, CIVIL DIVISION: Plan B Earth et al. v. The Secretary of State for Business, Energy and Industrial Strategy and The Committee on Climate Change, Case No.: CO/16/2018 (judgment of 25 January 2019).

HIGH COURT OF JUSTICE QUEEN'S BENCH DIVISION ADMINISTRATIVE COURT: Claire Stephenson v. Secretary of State for Housing and Communities and Local Government [2019] EWHA 519 (Admin) (judgment of 06 March 2019).

HIGH COURT OF JUSTICE QUEEN'S BENCH DIVISION PLANNING COURT DIVISIONAL COURT: R. (on the Application of Neil Richard Spurrier) et al. v. The Secretary of State for Transport et al. [2019] EWCH 1070 (Admin) (judgment of 01 May 2019).

HIGH COURT OF JUSTICE QUEEN'S BENCH DIVISION, PLANNING COURT: Bennet v. Cumbria County Council (complaint of 12 December 2019) <http://climatecasechart.com/climate-change-litigation/non-us-case/bennett-v-cumbria-county-council/>

COURT OF APPEAL (CIVIL DIVISION): Plan B Earth v. Secretary of State for Transport et al [2020] EWCA Civ 214 (judgment of 27 February 2020).

HIGH COURT OF JUSTICE QUEEN'S BENCH DIVISION DIVISIONAL COURT: Christopher Packham CBE v. The Secretary of State for Transport et al. [2020] EWCH 829 (Admin) (judgment of 6 April 2020).

HIGH COURT OF JUSTICE QUEEN'S BENCH DIVISION PLANNING COURT: ClientEarth v. Secretary of State for Business, Energy and Industrial Strategy [2020] EWCH 1303 (Admin) (opinion of 22 May 2020).

HIGH COURT OF JUSTICE ADMINISTRATIVE COURT PLANNING COURT: Dale Vince et al. v. Secretary of State for Business, Energy and Industrial Strategy, CO/1832/2020 (amended statement of facts and grounds of 29 June 2020).

COURT OF APPEAL (CIVIL DIVISION): Christopher Packham v. Secretary of State for Transport et al. [2020] EWCA Civ 1004 (judgment of 31 July 2020).

SUPREME COURT: R (on the application of Friends of the Earth et al.) v. Heathrow Airport Ltd [2020] UKSC 52 (judgment of 16 December 2020).

HIGH COURT OF JUSTICE QUEEN'S BENCH DIVISION PLANNING COURT: R (Sara Finch) v. Surrey County Council, Case Nº. CO/4441/2019 (judgment of 21 December 2020).

COURT OF APPEAL (CIVIL DIVISION): R. (on the application of ClientEarth) v. Secretary of State for Business, Energy and Industrial Strategy et al., Case Nº. C1/2020/0998/QBACF (judgment of 21 January 2021).

COURT OF SESSION (INNER HOUSE, FIRST DIVISION): Greenpeace Ltd v. Secretary of State for Business, Energy and Industrial Strategy et al. [2021] CSIH 53 (opinion of 7 October 2021).

COURT OF APPEAL (CIVIL DIVISION): R (Sarah Finch) v. Surrey County Council et al [2022] EWCA Civ 187 (judgment of 17 February 2022).

CAN (Coal Action Network) v. Coal Authority and Welsh Ministers (complaint of July 2022) <http://climatecasechart.com/non-us-case/can-coal-action-network-v-coal-authority-and-welsh-ministers/>

Greenpeace v. North Sea Transition Authority (claim of July 2022) <http://climatecasechart.com/non-us-case/greenpeace-v-north-sea-transition-authority/>

Greenpeace Ltd v (1) Secretary of State for Business, Energy and Industrial Strategy and (2) the Oil and Gas Authority; and Uplift v (1) SSBEIS and (2) the OGA (North Sea oil and gas licensing) (claim of December 2022) <http://climatecasechart.com/non-us-case/greenpeace-ltd-v-1-secretary-of-state-for-business-energy-and-industrial-strategy-and-2-the-oil-and-gas-authority-and-uplift-v-1-ssbeis-and-2-the-oga-north-sea-oil-and-gas-licensing/>

Friends of the Earth v. Secretary of State for Levelling Up, Housing and Communities; and South Lakeland Action on Climate Change v. SSLUHC (Whitehaven coalmine) (complaint of 01 January 2023) <http://climatecasechart.com/non-us-case/friends-of-the-earth-v-secretary-of-state-for-levelling-up-housing-and-communities-and-south-lakeland-action-on-climate-change-v-ssluhc-whitehaven-coalmine/>

1.5.32. República Checa

Micronesia Transboundary EIA Request (request of 3 December 2009) <http://climatecasechart.com/non-us-case/micronesia-transboundary-eia-request/>

1.5.33. República de Corea

CORTE CONSTITUCIONAL DE LA REPÚBLICA DE COREA: Do-Hyun Kim et al. v. La Asamblea Nacional de la República de Corea et al. (demanda del 13 de marzo de 2020).

1.5.34. Sudáfrica

HIGH COURT OF SOUTH AFRICA (GAUTENG DIVISION, PRETORIA): Earthlife Africa Johannesburg v. The Minister of Environmental Affairs et al., Case number: 65662/16 (judgment of 8 March 2017).

HIGH COURT OF SOUTH AFRICA, GAUTENG DIVISION, PRETORIA: The Trustees for the Time Being of Groundwork Trust v. The Minister of Environmental Affairs et al., 54087/17 (notice of motion of 05 September 2017).

HIGH COURT OF SOUTH AFRICA, GAUTENG DIVISION, PRETORIA: The Trustees for the Time Being of Groundwork Trust v. The Minister of Environmental Affairs et al., 61561/17 (notice of motion of 05 September 2017).

HIGH COURT OF SOUTH AFRICA, GAUTENG DIVISION, PRETORIA: South Durban Community Environmental Alliance et al. v. Minister of Forestry, Fisheries and the Environment et al. (founding affidavit of 8 April 2021).

HIGH COURT OF SOUTH AFRICA, GAUTENG DIVISION, PRETORIA: South Durban Community Environmental Alliance et al. v. Minister of Environment, Forestry and Fisheries et al. (founding affidavit of 14 June 2021).

HIGH COURT OF SOUTH AFRICA (EASTERN CAPE DIVISION, GRAHAMSTOWN): Sustaining the Wild Coast NPC et al. v. Minister of Resources and Energy et al, Case Nª 3491/2021 (decision of 28 December 2021).

HIGH COURT OF SOUTH AFRICA (EASTERN CAPE DIVISION, GRAHAMSTOWN): Sustaining the Wild Coast NPC et al. v. Minister of Resources and Energy et al, Case Nª 3491/2021 (judgment of 01 September 2022).

1.5.35. Suiza

CORTE ADMINISTRATIVA FEDERAL DE SUIZA: KlimaSeniorinnen et al. v. Departamento Federal de Ambiente, Transporte, Energía y Comunicaciones, sentencia A-2992/2017 del 27 de noviembre de 2018.

CORTE SUPREMA FEDERAL DE SUIZA: KlimaSeniorinnen et al. v. Departamento Federal de Ambiente, Transporte, Energía y Comunicaciones, sentencia 1C_37/2019 del 5 de mayo de 2020.

1.5.36. Tailandia

CORTE ADMINISTRATIVA: Residents of Omkoi v. Expert Committee on EIA consideration and the Office of Natural Resources and Environmental Policy and Planning (demanda del 4 de abril de 2022) <http://climatecasechart.com/non-us-case/fifty-representatives-of-the-residents-of-omkoi-v-expert-committee-on-eia-consideration-in-the-mining-and-extracting-industry-and-the-office-of-natural-resources-and-environmental-policy-and-planning/>

2. FUENTES SECUNDARIAS

2.1. Libros y capítulos de libros

ABATE, R. (ed.), Climate Justice. Case Studies in Global and Regional Governance Challenges, Environmental Law Institute, Washington, 2016.

- ABATE, R., "Atmospheric Trust Litigation in the United States: Pipe Dream or Pipeline to Justice for Future Generations?".
- ATAPATTU, S., "Justice for Small Island Nations: Intersections of Equity, Human Rights, and Environmental Justice".

AGARWAL, A. y NARAIN S., "Global Warming in an Unequal World. A Case of Environmental Colonialism", Centre of Science and the Environment, New Dehli, 1991, disponible en: <https://oxford.universitypressscholarship.com/view/10.1093/oso/9780199498734.001.0001/oso-9780199498734-chapter-5>

ANAND, R., International Environmental Justice: A North-South Dimension, Ashgate, 2004.

BODANSKY, D., BRUNNÉE, J. y RAJAMANI, L., International Climate Change Law, Oxford University Press, Oxford, 2017.

BORRAS PENTINAT, S. y VILLAVICENCIO CALZADILLA, P. (Eds.), El Acuerdo de París sobre el Cambio Climático: ¿Un acuerdo histórico o una oportunidad perdida?: Análisis jurídico y perspectivas futuras, Aranzadi, 2018.

- FERNÁNDEZ EGEA, R., "Los nuevos objetivos y compromisos climáticos del Acuerdo de París".
- GODÍNEZ ROSALES, R., "La ruta de Kioto a París: el proceso de negociación del nuevo acuerdo".
- RODRIGO, A., "El Acuerdo de París sobre el cambio climático: un nuevo tipo de tratado de protección de intereses generales".
- VIÑUALES, J., "Epílogo: el Acuerdo de París y la transición ecológica".

BURNS, W. y OSOFSKY H. (eds.), Adjudicating Climate Change: State, National, and International Approaches, Cambridge University Press, Cambridge, 2009.

- BURNS, W., "Potential Causes of Action for Climate Change Impacts under the United Nations Fish Stocks Agreement".
- GROSSMAN, D., "Tort-Based Climate Litigation".
- HUNTER, D., "The Implications of Climate Change Litigation: Litigation for International Environmental Law-Making".
- MCALLISTER, L., Litigating Climate Change at the Coal Mine".
- OSOFSKY, H., "The Inuit Petition as a Bridge? Beyond Dialectics of Climate Change and Indigenous Peoples' Rights".
- STRAUSS, A., "Climate Change Litigation: Opening the Door to the International Court of Justice".
- THORSON, E., "The World Heritage Convention and Climate Change: The Case for a Climate-Change Mitigation Strategy beyond the Kyoto Protocol".
- WOOD, M., "Atmospheric Trust Litigation".

CALDEIRA, G., KELEMEN, D. y WHITTINGTON, K., The Oxford Handbook of Law and Politics, Oxford University Press, 2008.

- EPP C., "Law as an Instrument of Social Reform".

CARLARNE, C., GRAY, K. y TARASOFSKY, R. (eds.), The Oxford Handbook of International Climate Change Law, Oxford University Press, 2016.

- BOYLE, A. y GHALEIGH, N., "Climate Change and International Law Beyond the UNFCCC".
- CARLARNE, C., GRAY, K. y TARASOFKSY, R., "International Climate Change Law: Mapping the Field".

- GHALEIGH, N. "Science and Climate Change Law – The Role of the IPCC in International Decision-Making".
- REDGWELL, C., "Principles and Emerging Norms in International Law: Intra- and Inter-generational Equity".
- SOLTAU, F., "Common Concern of Humankind".
- WIENER, J., "Precaution and Climate Change".

COX, R., Revolution Justified: Why only the Law can save us now, Planet Prosperity Foundation, Maastricht, 2012.

CRAIK, N., The International Law of Environmental Impact Assessment: Process, Substance and Integration, Cambridge University Press, 2008.

DE ANDRADE MOREIRA, D., (coord.), Litigância climática no Brasil: Argumentos jurídicos para a incersão de variável climática no licenciamiento ambiental, Editora PUC-Rio, 2021.

DRYZEK, J., NORGAARD, R. y SCHLOSBERG, D. (eds.), The Oxford Handbook of Climate Change and Society, Oxford University Press, Oxford, 2011:

- BÄCKSTRAND, K., "The Democratic Legitimacy of Global Governance after Copenhagen".
- BAER, P., "International Justice".
- GARDINER, S., "Climate Justice".
- HOWARTH, R., "Intergenerational Justice".
- JAMIESON, D., "The Nature of the Problem".
- STEFFEN, W., "A truly complex and diabolical policy problem".

DUFFY, H., Strategic Human Rights Litigation: Understanding and Maximising Impact, Hart Publishing, 2018.

EBBESSON J. y OKOWA, P. (eds.), Environmental Law and Justice in Context, Cambridge University Press, Cambridge, 2009.

- BRUNNÉE, J., "Climate change, global environmental justice and international environmental law".
- SHELTON, D., "Describing the elephant: International justice and environmental law".

EMBID IRUJO, A., y YANICELLI, A. (eds.), Cambio climático y régimen económico financiero de los recursos naturales, Universidad de San Pablo, 2012.

- PIACENTINI, R. y SALUM, G., "Bases físicas del cambio climático".

EPP, C., The Rights Revolution: Lawyers, Activists, and Supreme Courts in Comparative Perspective, The University of Chicago Press, Chicago, 1998.

ESTEVE PARDO, J., El desconcierto del Leviatán: Política y derecho ante las incertidumbres de la ciencia, Marcial Pons, 2009.

FARBER, D. y PEETERS, M., (eds.), Climate Change Law, Edward Elgar, Vol. 1, 2016.

- LIVERMORE, M., "Setting the social cost of carbon".

FAURE, M., Elgar Encyclopedia of Environmental Law, Edward Elgar, Cheltenham, 2016.

- OSOFSKY, H., "Polycentrism and climate change".
- PEEL, J., "Environmental impact assessments and climate change".

FELIPE PÉREZ, B., Las migraciones climáticas ante el ordenamiento jurídico internacional, Aranzadi, Pamplona, 2019.

FISHER, E., LANGE, B. y SCOTFORD, E., Environmental Law: Text, Cases, and Materials, Oxford University Press, 2013.

FRACCHIA F. y OCCHIENA M. (eds.), Climate Change: La Risposta del Diritto, Editoriale Scientifica, Nápoles, 2010.

- HILSON, C., "Climate Change Litigation in the UK: An Explanatory Approach (or Bringing Grievance Back In)".

GARDINER, S., A Perfect Moral Storm: The Ethical Tragedy of Climate Change, Oxford University Press, Oxford, 2011.

GARDINER, S., et al. (eds.), Climate Ethics: Essential Readings, Oxford University Press, Oxford, 2010.

- CANEY, S., "Climate Change, Human Rights, and Moral Thresholds".

GERRARD, M. y FREEMAN, J. (eds), "Global Climate Change and U.S. Law", American Bar Association, 2014.

- WEILAND, P., HORTON, R. y BECK, E., "Environmental Impact Review".

GERRARD, M., y WANNIER, G., Threatened Island Nations: Legal Implications of Rising Seas and a Changing Climate, Cambridge University Press, 2013.

- ROBERT, M., et al. "Transboundary Climate Challenge to Coal".

GURUSWAMY, L., Global Energy Justice: Law and Policy, West Academic Publishing, 2016.

HEFFRON, R. y LITTLE, G. (eds.), Delivering Energy Policy in the EU and US: A Reader, Edinburgh University Press, 2015.

- GHALEIGH N., "The What, How and Where of Climate Law".

HOLIFIELD, R., CHAKRABORTY, J. y WALKER, G. (eds.), The Routledge Handbook of Environmental Justice, Routledge, 2018.

- COVENTRY, P. y CHUKWUMERIJE, O., "Climate Change and Environmental Justice".

JARIA-MANZANO, J., La Constitución del Antropoceno, Tirant Humanidades, Valencia, 2020.

JARIA-MANZANO, J. y BORRÀS, S. (eds.), Research Handbook on Global Climate Constitutionalism, Edward Elgar, Cheltenham, 2019.

- ATTAPATU, S., "Environmental justice, climate justice and constitutionalism: protecting vulnerable states and communities".
- COCCIOLO, E., "Capitalocene, Thermocene and the Earth System: Global Law and Connectivity in the Antropocene Age".
- JARIA-MANZANO, J., "Law in the Anthropocene".
- SINDEN, A., "A human rights framework for the Anthropocene".

JENDRÓSKA, J. y BAR, M. (eds.), Procedural Environmental Rights: Principle X in Theory and Practice, Intersentia, 2017.

- COLOMBO, E., "(Un)Comfortably Numb: The Role of National Courts for Access to Justice in Climate Matters".
- VARVASTIAN, S., "Access to Justice in Climate Change Litigation from a Transnational Perspective: Private Party Standing in Recent Climate Cases".

JORDAN, A. et al. (eds.), Governing Climate Change: Polycentricity in Action?, Cambridge University Press, Cambridge, 2018.

- SETZER, J. y NACHMANY. M., "National Governance: The State's Role in Steering Polycentric Action".

KLEIN, D. et al. (eds.), The Paris Agreement on Climate Change: Analysis and Commentary, Oxford University Press, Oxford, 2017.

- DEPLEDGE, J., "The Legal and Policy Framework of the United Nations Climate Change Regime".
- FISCHLIN, A., "Background and Role of Science".
- SIEGELE, L., "Loss and Damage (Article 8)".
- THORGEIRSSON, H., "Objective (Article 2.1)".

KOTCHEN, M, STOCK, J. y WOLFRAM C., Environmental and Energy Policy and the Economy, University of Chicago Press, Vol. 2, 2021.

- ESKANDER, S., FANKHAUSER, J. y SETZER, J., "Global lessons from climate change legislation and litigation ".

KOTZÉ, L., Global Environmental Constitutionalism in the Anthropocene, Hart Publishing, 2016.

KRÄMER, L. y ORLANDO, E., Elgar Encyclopedia of Environmental Law: Principles of Environmental Law, Edward Elgar, Vol. VI, 2018.

- CRAIK, N., "Environmental Impact Assessment".

LAWRENCE, P., Justice for Future Generations: Climate Change and International Law, Edward Elgar Publishing, 2014.

LIN, J. y KYSAR, D. (eds.), Climate Change Litigation in the Asia Pacific, Cambridge University Press, 2020.

- LI, J., "Climate Change Litigation: A Promising Pathway to Climate Justice in China?".
- WIBISANA, A y CORNELIUS, C., "Climate Change Litigation in Indonesia".

LORENZETTI, R., Teoría del Derecho Ambiental, Porrúa, 2008.

LUTERBACHER, U. y SPRINZ, D., Global Climate Policy: Actors, Concepts, and Enduring Challenges, The MIT Press, Cambridge, 2018.

- BONDASKY, D. y RAJAMANI, L., "The Evolution and Governance Architecture of the United Nations Climate Change Regime".

MACKINNON, C., Butterfly Politics: Changing the World for Women, The Belknap Press of Harvard University Press, 2019.

MALM, A., Fossil Capital: The Rise of Steam Power and the Roots of Global Warming, Verso, London, 2016.

MARTÍNEZ CAPDEVILLA, C. y MARTÍNEZ PÉREZ, E. (Dir.), Retos para la Acción Exterior de la Unión Europea, Tirant lo Blanch, Valencia, 2017.

- RODRIGO HERNÁNDEZ, A., "El acuerdo de París sobre el cambio climático: Entre la importancia simbólica y la debilidad sustantiva".

MITCHELL, T., Carbon Democracy: Political Power in the Age of Oil, Verso, London, 2011.

ORESKES, N. y CONWAY, E., Merchants of Doubt: How a Handful of Scientists Obscured the Truth on Issues from Tobacco Smoke to Global Warming, Bloomsbury Press, New York, 2010.

OSTROM, E., Governing the Commons: The Evolution of Institutions for Collective Action, Cambridge University Press, 2015.

PADDOCK, L, GLICKSMAN, R. y BRYNER, N. (eds.), Elgar Encyclopedia of Environmental Law: Decision Making in Environmental Law, Edward Elgar, Vol. II, 2016.

- MANDELKER, D., "The National Environmental Policy Act".

- WENTZ, J., “Climate change and environmental impact assessment”.

PAGE, E., Climate Change, Justice and Future Generations, Edward Elgar Publishing, 2006.

PEEL, J., The Precautionary Principle in Practice: Environmental Decision-Making and Scientific Uncertainty, The Federation Press, 2005.

PEEL, J. y OSOFSKY, H., Climate Change Litigation: Regulatory Pathways to Cleaner Energy, Cambridge, Cambridge University Press, 2015.

PHILIPPOPOULOS-MIHALOPOULOS, A. y BROOKS, V., Research Methods in Environmental Law: A Handbook, Edward Elgar, 2017.

- PHILIPPOPOULOS-MIHALOPOULOS, A., “Critical environmental law as method in the Anthropocene”.

PIGRAU SOLÉ, A. (Dir.), Acceso a la información, participación pública y acceso a la justicia en materia de medio ambiente: diez años del Convenio de Aarhus, Atelier, Barcelona, 2018.

POSNER, E. y WEISBACH, D., Climate Change Justice, Princeton University Press, Princeton, 2010.

PRIEUR, M., SOZZO, G. y NÁPOLI, A. (Eds.), Acuerdo de Escazú: Hacia la democracia ambiental en América Latina y el Caribe, Ediciones UNL, 2020.

RAWLS, J., Teoría de la justicia, Fondo de Cultura Económica, México D.F., 1995.

REMIRO BROTÓNS, A. y FERNÁNDEZ EGEA, R. (coords.), El cambio climático en el derecho internacional y comunitario, Fundación BBVA, 2009.

- GILES CARNERO, R., “El Protocolo de Kioto como modelo de gestión ambiental global”.

RODRÍGUEZ-GARAVITO, C. (ed.), Litigating the Climate Emergency: How Human Rights, Courts, and Legal Mobilization Can Bolster Climate Action, Cambridge University Press, 2022.

RODRÍGUEZ GARAVITO, C. y RODRÍGUEZ FRANCO, D., Juicio a la exclusión: El impacto de los tribunales sobre los derechos sociales en el Sur Global, siglo veintiuno, 2015.

ROSE-ACKERMAN, S. y LINDSETH, P. (eds.), Comparative Administrative Law, Edward Elgar, 2010.

- CANE, P., “Judicial Review and merits review: comparing administrative adjudication by courts and tribunals”.

ROSENBERG, G., The Hollow Hope: Can Courts Bring About Social Change?, University of Chicago Press, 2013.

ROSER, D. y SEIDEL C., Climate Justice. An Introduction, Routledge, Oxon, 2017.

RUIZ DE APODACA ESPINOSA, Á., Régimen jurídico de la evaluación ambiental: comentario a la Ley 21/2013, de 9 de diciembre, de evaluación ambiental, Aranzadi, 2014.

- ALENZA GARCÍA, J., "El procedimiento de evaluación de impacto ambiental".

RUPPEL, O., ROSCHMANN, C. y RUPPEL-SCHLICHTING K. (eds.), International Law and Global Governance, Nomos Verlagsgesellschaft, Vol. 1, 2013.

- OKUBO, N., "Climate Change Litigation: A Global Tendency".

SACHS, J., The Age of Sustainable Development, Columbia University Press, New York, 2015.

SANTOS, B. y RODRÍGUEZ GARAVITO, C. (eds.), El derecho y la globalización desde abajo, Anthropos, México, 2007.

- SANTOS, B. y RODRÍGUEZ GARAVITO, C., "El derecho, la política y lo subalterno en la globalización contrahegemónica".

SANZ LARRUGA, F. y CASADO CASADO, L., Derecho ambiental en tiempo de crisis, Tirant lo Blanch, 2016.

- GILES CARNERO, R., "Las contribuciones determinadas a nivel nacional en el régimen internacional en materia de cambio climático"

SCHLOSBERG, D., Defining Environmental Justice. Theories, Movements, and Nature, Oxford University Press, Oxford, 2007.

SETZER, J., CUNHA, K., y BOTTER FABBRI, A. (coords.), Litgância climática: novas fronteiras para o Direito ambiental no Brasil, 1ª ed., Editora Revista dos Tribunais, 2019.

- LEAL, G., "Estudo de Impacto Ambiental e Mudanças Climáticas".

SHAWKAT, A., et al. (eds.), International Environmental Law and the Global South, Cambridge University Press, New York, 2015.

- BURKETT, M., "A Justice Paradox: Climate Change, Small Island Developing States, and the Absence of International Legal Remedy".

SHERIDAN, M. y LAVRYSEN, L. (eds), Environmental Law Principles in Practice, Bruylant, 2002.

- DE SADELEER, N, "The effect of uncertainty on the threshold levels to which the precautionary principle appears to be subject".

SHUE, H., Climate Justice: Vulnerability and Protection, Oxford University Press, Oxford, 2014.

SINDICO F. y MBENGUE, M. (eds.), Comparative Climate Change Litigation: Beyond the Usual Suspects, Springer, 2021.

- CHOQUETTE C., KLAUDT. D. y LYNES L., "Climate Change Litigation in Canada".
- ETEMIRE, U., "Climate Change Litigation in Nigeria: Challenges and Opportunities".
- FOSTER, C., "Climate Change Litigation in New Zealand".
- HARMON, A. y TRUBY, J. "Climate Change law, Policy and Litigation in Qatar".
- OMUKO-JUNG, L., "Climate Change Litigation in Kenya: Possibilities and Potentiality".

SINDICO, F., MCKENZIE, K., MEDICI-COLOMBO, G. y WEGENER, L. (eds), Research Handbook on Climate Change Litigation, Edward Elgar, 2024 (en prensa).

- ROSE, A., MLADENOVA, D., y NEWMAN, V., "The Crucial Role of Strategic Climate Litigation"
- CASPER, K., et al., "Breaking the Mould in the Strategic Design and Implementation of Climate Litigation".

SOLTAU, F., Fairness in International Climate Change Law and Policy, Cambridge University Press, Cambridge, 2009.

SOVACOOL, B. y DWORKIN, M., Global Energy Justice: Problems, Principles and Practices, Cambridge University Press, Cambridge, 2014.

SOZZO, G., Derecho Privado Ambiental: El giro ecológico del Derecho Privado, Rubinzal-Culzoni, 2019.

STEVENSON, H., Institutionalizing Unsustainability: The Paradox of Global Climate Governance, University of California Press, Berkeley, 2013.

THALER, R. y SUNSTEIN, C., Nudge: Improving Decisions about Health, Wealth and Happiness, Yale University Press, 2008.

TORRE-SCHAUB, M. y SORO MATEO, B. (dir.), Litigios climáticos y justicia: luces y sombras", Laborum ediciones, 2020.

- TORRE-SCHAUB, M., "Nuevos desarrollos de los litigios climáticos: tendencias, oportunidades y obstáculos"

VOIGT, C. (ed.), International Judicial Practice on the Environment: Questions of Legitimacy, Cambridge University Press, 2019.

- PEEL, J. y OSOFSKY, H., "Litigation as a Climate Regulatory Tool".

WELZER H., Guerras climáticas: Por qué mataremos (y nos matarán) en el siglo XXI, Katz, Buenos Aires, 2010.

ZALTA, E. (ed.), The Stanford Encyclopedia of Philosophy, 2020.

- CANEY, S., "Climate Justice".

2.2. *Artículos de revistas*

ADELMAN, S., "Human Rights in the Paris Agreement: Too Little, Too Late?", Transnational Environmental Law, Vol. 7, N°. 1, 2018.

AKLIN, M. y MILDENBERGER, M., "Prisoners of the Wrong Dilemma: Why Distributive Conflict, Not Collective Action, Characterizes the Politics of Climate Change", Global Environmental Politics, Vol. 20, N° 4, 2020.

ALABI, S., "Using Litigation to Enforce Climate Obligations under Domestic and International Laws", Carbon and Climate Law Review, Vol. 3, 2012.

ALENZA GARCÍA, J., "Vulnerabilidad ambiental y vulnerabilidad climática", Revista Catalana de Dret Ambiental, Vol. 10, N°. 1, 2019.

ALLEN, M., "Liability for climate change: Will it ever be possible to sue anyone for damaging the climate?", Nature, Vol. 421, 2003.

ALLEN, M. y LORD, R., "The blame game: Who will pay for the damaging consequences of climate change?", Nature, Vol. 432, 2004.

ALTVATER, E., "The social and natural environment of fossil capitalism", Socialist Register, Vol. 43, 2007.

ALVITES, E., "La constitucionalización del ordenamiento jurídico peruano: avances y obstáculos del proceso", Derecho PUCP, N°. 80, 2018.

ANDERSON, G., "Societal Constitutionalism, Social Movements, and Constitutionalism from Below", Indiana Journal of Global Legal Studies, Vol. 20, N°. 2, 2013.

ASHUKEM, J., "Setting the Scene for Climate Change Litigation in South Africa: Earthlifeafrica Johannesburg v. Minister of Environmental Affairs and others [20171 ZAGPPHC 58 (2017) 65662/16", Law, Environment and Development Journal, Vol. 13, 2017.

BELL-JAMES, J. y COLLINS, B., "'If We Don't Mine Coal, Someone Else Will': Debunking the 'Market substitution Assumption' in Queensland Climate Change Litigation", Environmental and Planning Law Journal, Vol. 37, 2020.

BELL-JAMES, J. y COLLINS, B., Queensland's Human Right Act: A new frontier for Australian climate change litigation?, University of New South Wales Law Journal, Vol. 43, N°. 1, 2020.

BELL-JAMES, J. y RYAN S., "Climate Change Litigation in Queensland: A Case Study in Incrementalism", Environmental and Planning Law Journal, Vol. 33, N°. 6, 2016.

BENJAMIN, A., "Os Princípios do Estudo de Impacto Ambiental como Limites da Discricionaridade Administrativa", Biblioteca Digital Jurídica do Superior Tribunal de Justiça, Vol. 317, 1992.

BERGKAMP, L. y HANEKAMP, J., "Climate Change Litigation against States: The Perils of Court-Made Climate Policies", European Energy and Environmental Law Review, Vol. 24, N°. 5, 2015.

BERROS, M. y CARMAN, M., "Los dos caminos del reconocimiento de los derechos de la Naturaleza en América Latina", Revista Catalana de Dret Ambiental, Vol. XIII, N°. 1, 2022.

BLACK, J., "Decentring Regulation: Understanding the Role of Regulation and Self-Regulation in a 'Post-Regulatory' World", Current Legal Problems, Vol. 54, N° 1, 2001.

BODANSKY, D., "Advisory opinions on climate change: Some preliminary questions", *Review of European, Comparative & International Environmental Law,* Special Issue Article, 2023.

BODANSKY, D., "The Legal Character of the Paris Agreement", Review of European Community & International Environmental Law, Vol. 2, 2016.

BODANSKY, D., "The United Nations Framework Convention on Climate Change: A Commentary", Yale Journal of International Law, Vol. 18, N°. 2, 1993, p. 451-558.

BORRÀS PENTINAT, S., "Análisis Jurídico del Principio de Responsabilidades Comunes, pero Diferenciadas", Revista Seqüência, Vol. 25, N°. 49, 2004.

BORRÀS PENTINAT, S., "Colonizing the Atmosphere: A Common Concern without Climate Justice Law?", Journal of Political Ecology, Vol. 26, 2019, p. 105-127.

BORRÀS PENTINAT, S., "La Justicia Climática: entre la tutela y la fiscalización de las responsabilidades", Anuario Mexicano de Derecho Internacional, Vol. XIII, 2013.

BOUWER K., "The unsexy future of climate change litigation", Journal of Environmental Law, Vol. 30, N° 3, 2018.

BURGER, M. y WENTZ, J., "Downstream and Upstream Greenhouse Gas Emissions: The Proper Scope of NEPA Review", Harvard Environmental Law Review, Vol. 41, 2017.

BURGER, M. y WENTZ, J., "Evaluating the Effects of Fossil Fuel Supply Projects on Greenhouse Gas Emissions and Climate Change Under NEPA", William & Mary Environmental Law and Policy Review, Vol. 40, 2020.

BURGERS, L., "Should Judges Make Climate Change Law?, Transnational Environmental Law, First View, 2020.

CAMPINS ERITJA, M., "El mecanismo de cumplimiento del Protocolo de Kioto: Un nuevo paso en aras al control de cumplimiento de los acuerdo internacionales ambientales", Revista Electrónica de Estudios Internacionales, N°. 14, 2007.

CANEY, S., "Climate change, intergenerational equity and the social discount rate", Politics, Philosophy & Economics, Vol. 14, No. 4, 2014.

CANEY, S., "Human rights, climate change, and discounting", Environmental Politics, Vol. 17, No. 4, 2008.

CARBONELL, M. y SÁNCHEZ GIL, R. "¿Qué es la constitucionalización del Derecho?, Quid Iuris, N°. 15, 2011.

CARDESA-SALZMANN, A. y COCCIOLO E., "Global Governance, Sustainability and the Earth System: Critical Reflections on the Role of Global Law", Transnational Environmental Law, Vol. 8, N°. 3, 2019.

CARNWATH, R., "Climate Change Adjudication after Paris: A Reflection", Journal of Environmental Law, Vol. 28, 2016.

CHAPMAN, M., "Climate Change and The Regional Human Rights Systems", Sustainable Development Law & Policy, Vol. 10, N°. 2, 2010.

CRUTZEN, P., "Geology of mankind", Nature, Vol. 415, 2002.

CRUTZEN, P. y STOERMER, F., "The 'Anthropocene'", Global Change NewsLetter, N°. 41, 2000.

DE ARMENTERAS CABOT, M., "La aplicación de la doctrina del public trust en Estados Unidos: de la protección de los bienes comunes a la conservación del medio ambiente", Daimon Revista Internacional de Filosofía, N°. 81, 2020.

DE GRAAF, K. y JANS, J., "The Urgenda Decision: Netherlands Liable for Role in Causing Dangerous Global Climate Change", Journal of Environmental Law, Vol. 27, 2015.

DELLINGER, M., "See You in Court: Around the World in Eight Climate Change Lawsuits", William & Mary Environmental Law and Policy Review, Vol. 42, N°. 2, 2018.

DOELLE, M., "The Heart of the Paris Rulebook: Communicating NDCs and Accounting for Their Implementation", Climate Law, Vol. 9, 2019.

DOOLEY, K. et al., "Ethical choices behind quantifications of fair contributions under the Paris Agreement", Nature Climate Change, Vol. 11, 2021.

DRULIOLLE, V., "Movilización legal", Eunomia, N°. 19, 2020.

DURO, J., GIMÉNEZ-GÓMEZ, J. y VILELLA, C., "The Allocation of CO2 emissions as a claims problem", Energy Economics, Vol. 86, 2020.

DUYCK, S., et al., "Human Rights and the Paris Agreement's Implementation Guidelines: Opportunities to Develop a Rights-based Approach", Carbon & Climate Law Review, Vol. 12, N°. 3, 2018.

ELBOROUGH, L., "International Climate Change Litigation: Limitations and Possibilities for International Adjudication and Arbitration in Addressing the Challenge of Climate Change", New Zealand Journal of Environmental Law, Vol. 21, 2017.

ENRÍQUEZ DE SALAMANCA SÁNCHEZ-CÁMARA, A., Martín-Aranda, R. y Díaz-Sierra, R., "Consideration of climate change in environmental impact assessment in Spain", Environmental Impact Assessment Review, Vol. 57, 2016.

ERICKSON, P. et al., "Assessing carbon lock-in", Environmental Research Letters, Vol. 10, 2015.

ERICKSON, P, LAZARUS, M. y PIGGOT, G., "Limiting fossil fuel production as the next big step in climate policy", Nature Climate Change, Vol. 8, 2018.

EWING, B. y KYSAR, D., "Prods and Pleas: Limited Government in an Era of Unlimited Harm", The Yale Law Journal, Vol. 121, 2011.

FAJARDO DEL CASTILLO, T., y CAMPINS ERITJA, M., "La COP26 de Glasgow sobre el cambio climático: ¿Truco o Trato?, Revista Catalana de Dret Ambiental, Vol. XII, N° 2, 2022.

FERNÁNDEZ EGEA, R., "The flexible mechanisms to combat climate change: A critical view of their legitimacy", Revista Catalana de Dret Ambiental, Vol. II., N°. 2, 2011.

FERNÁNDEZ EGEA, R., y SIMOU, S., "Litigación climática en España: posibilidades y límites", Revista de Derecho urbanístico y medio ambiente, N°. 328, 2019.

FISHER, E., "Climate change litigation, obsession and expertise: Reflecting on the scholarly response to Massachusetts v. EPA", Law & Policy, Vol. 35, N° 3, 2013.

FISHER, E., SCOTFORD, E., y BARRITT, E., "The Legally Disruptive Nature of Climate Change", The Modern Law Review, Vol. 80, N° 2, 2017.

GARCÍA URETA, "Un comentario sobre la Ley 9/2018, de reforma de la Ley 21/2013, de evaluación ambiental", Actualidad jurídica ambiental, N°. 87, 2019.

GERRARD, M, "Climate Change and the Environmental Impact Review Process", Natural Resources & Environment, Vol 22, Nro. 3, 2008.

GLICKENHAUS, J., "Potential ICJ Advisory Opinion: Duties to Prevent Transboundary Harm from GHG Emissions", New York University Environmental Law Journal, Vol. 22, 2015.

GREEN, F., "Anti-fossil fuel norms", Climatic Change, Vol. 150, 2018.

GROSSMAN, D., "Warming Up to a Not-So-Radical Idea: Tort-Based Climate Change Litigation", Columbia Journal of Environmental Law, Vol. 28, Nº 1, 2003.

HANDS, S. y HUDSON, M., "Incorporating climate change mitigation and adaptation into environmental impact assessment: a review of current practice within transport projects in England", Impact Assessment and Project Appraisal, Vol. 34, Nº. 4, 2016.

HARDIN, G., "The Tragedy of the Commons", Science, Vol. 162, Nº. 3859, 1968.

HE, X., "Mitigation and Adaptation through Environmental Impact Assessment Litigation: Rethinking the Prospect of Climate Change Litigation in China", Transnational Environmental Law, First View, 2021.

HEEDE, R., "Tracing Anthropogenic Carbon Dioxide and Methane Emissions to Fossil Fuel and Cement Producers, 1854-2010", Climatic Change, Vol. 122, 2014.

HEFFRON, R. y MCCAULEY, D., "The concept of energy justice across the disciplines", Energy Policy, Vol. 105, 2017.

HEFFRON, R. y MCCAULEY, D., "What is the 'Just Transition'?, Geoforum, Vol. 88, 2018.

HICKEL, J., "Quantifying national responsibility for climate breakdown: an equity-based attribution approach for carbon dioxide emissions in excess of the planetary boundary", Lancet Planet Health, Vol. 4, 2020.

HILSON, C., "Hitting the Target? Analysing the Use of Targets in Climate Law", Journal of Environmental Law, Vol. 32, 2020.

HILSON, C., "New Social Movements: The Role of Legal Opportunity", Journal of European Public Policy, Vol. 9, Nº 2, 2002.

HMIEL, B. et al., "Preindustrial 14CH4 indicates greater anthropogenic fossil CH4 emissions", Nature, Vol. 578, 2020.

HODAS, D., "Standing and Climate Change: Can Anyone Complain About the Weather?", Journal of Land Use and Environmental Law, Vol. 15 y 9, 2000.

HSU, S., "A Realistic Evaluation of Climate Change Litigation Through the Lens of a Hypothetical Lawsuit", University of Colorado Law Review, Vol. 79, Nº. 3, 2008.

HUFFMAN, J., "A Fish out of Water: The Public Trust Doctrine in a Constitutional Democracy", Environmental Law, Vol. 19, 1989.

HUGHES, L., "The Rocky Hill Decision: A Watershed for climate change action?", Journal of Energy & Natural Resources Law, Vol. 37, Nº. 3, 2019.

HUMBY. T.-L., "The Thabametsi Case: Case No 65662/16 Earthlife Africa Johannesburg v. Minister of Environmental Affairs", Journal of Environmental Law, N°. 30, 2018.

JACOBS, R., "Treading deep waters: Substantive Law Issues in Tuvalu's threat to sue the United States in the International Court of Justice", Pacific Rim Law & Policy Journal Association, Vol. 14, N° 1, 2005.

JARIA-MANZANO, J., "El Derecho, el Antropoceno y la Justicia", Revista Catalana de Dret Ambiental, Vol. VII, N°. 2, 2016.

JARIA-MANZANO, J., "Environmental Justice, Social Change and Pluralism", IUCN Academy of Environmental Law eJournal, N°. 1, 2012.

JARIA-MANZANO, J., "La litigació climàtica a Espanya: una prospectiva", Revista Catalana de Dret Ambiental, Vol. IX, N° 2, 2018.

JOHNSON, N., "Native Village of Kivalina v. ExxonMobil Corp: Say Goodbye to Federal Public Nuisance Claims for Greenhouse Gas Emissions", Ecology Law Quaterly, Vol. 40, N°. 2, 2013.

JOSEPH, C., "Problems and resolutions in GHG impact assessment", Impact Assessment and Project Appraisal, Vol. 28, N°. 1, 2020.

KNUTTI, R., et al., "A scientific critique of the two-degree climate change target", Nature Geoscience, 2015.

KOESTER, V., "The Compliance Committee of the Aarhus Convention: An overview of procedures and jurisprudence", Environmental Policy and Law, Vol. 37, 2007.

KOH, H., "Transnational Legal Process", Nebraska Law Review, Vol. 75, 1996.

KOTZÉ, L. y DU PLESSIS, A., "Putting Africa on the Stand: A Bird's Eye View of Climate Change Litigation on the Continent", University of Oregon's Journal of Environmental Law and Litigation, 2019.

KRAVCHENKO, S., "Procedural Rights as a Crucial Tool to Combat Climate Change", Georgia Journal of International & Comparative Law, Vol. 38, N°. 3, 2010.

KUEHN, R., "A Taxonomy of Environmental Justice", Environmental Law Reporter, Vol. 30, 2000.

KWATERSKI SCALAN, M., "The Evolution of the Public Trust Doctrine and the Degradation of Trust Resources: Courts, Trustees and Political Power in Wisconsin", Ecology Law Quarterly, Vol. 27, N°. 1, 2000.

LAGUNA DE PAZ, J., "El control judicial de la discrecionalidad administrativa", Revista española de Derecho administrativo, Vol. 186, 2017.

LAHN, B., "A History of the Global Carbon Budget", WIREs Climate Change, e636, 2020.

LAZARUS, M. y VAN ASSELT, H., "Fossil Fuel Supply and Climate Policy: Exploring the Road Less Taken", Climatic Change, Vol 150, 2018.

LAZARUS, R., "Super Wicked Problems and Climate Change: Restraining the Present to Liberate the Future", Cornell Law Review, Vol. 94, N°. 5, 2009.

LEVIN, K. et al., "Overcoming the tragedy of super wicked problems: constraining our future selves to ameliorate global climate change", Policy Sciences, Vol. 45, 2012

LIPANOVICH, A., "Smoke before oil: Modeling a suit against the auto and oil industry on the tobacco tort litigation is feasible", Golden Gate University Law Review, Vol. 35, N°. 3, 2005.

MACH, K., et al., "Climate as a risk factor for armed conflict", Nature, Vol. 571, 2019.

MALM, A. y HORNBORG, A., "The geology of mankind? A critique of the Anthropocene narrative, The Anthropocene Review, Vol. I, N° I, 2014.

MARBURG, K., "Combating the Impacts of Global Warming: A Novel Legal Strategy", Colorado Journal of International Environmental Law and Policy, Vol. 13, 2001.

MARJANAC, S. y PATTON L., "Extreme weather event attribution science and climate change litigation: an essential step in the causal chain?", Journal of Energy & Natural Resources Law, Vol. 36, N°. 3, 2018.

MARKELL, D. y RUHL, J., "An Empirical Assessment of Climate Change In The Courts: A New Jurisprudence Or Business As Usual?", Florida Law Review, Vol. 64, N° 1, 2012.

MATTHEWS, H., "Quantifying historical carbon and climate debts among nations", Nature Climate Change, Letters, 2015, p. 60-65.

MAYER, B., "A Review of the International Law Commission's Guidelines on the Protection of the Atmosphere", Melbourne Journal of International Law, Vol. 2. N°. 2, 2019.

MAYER, B., "Climate Assessment as an emerging obligation under customary international law", International and Comparative Law Quaterly, Vol. 68, 2019.

MAYER, B., "Human Rights in the Paris Agreement", Climate Law, Vol. 6, 2016.

MAYER, B., "Interpreting States' general obligations on climate change mitigation: A methodological review", Review of European, Comparative & International Environmental Law, Vol. 28, 2019.

MCCANN, M., "Causal versus Constitutive Explanation (or, On the Difficulty of Being so Positive...), Law & Social Inquiry, Vol. 21, N°. 2, 1996.

MCGLADE, C. y EKINS, P., "The geographical distribution of fossil fuels unused when limiting global warming to 2 °C", Nature, Vol. 517, 2015.

MEDICI-COLOMBO, G., "El Acuerdo Escazú: La implementación del Principio 10 de Río en América Latina y el Caribe", Revista Catalana de Dret Ambiental, Vol. IX, N°. 1, 2018.

MEDICI-COLOMBO, G., "Presupuesto de carbono y autorización de proyectos de producción de combustibles fósiles: el caso 'Gloucester Resources Ltd. v. Minister for Planning'", Revista Catalana de Dret Ambiental, Vol. XI, N°. I, 2020.

MORA, C., et al., "Broad threat to humanity from cumulative climate hazards intensified by greenhouse gas emissions", Nature Climate Change, Vol, 2018, p. 1062-1071.

MORGAN, R., "Environmental Impact Assessment: The State of the Art", Impact Assessment and Project Appraisal, Vol. 30, Nro. 1, 2012.

NORDHAUS, W., "Revisiting the social cost of carbon", Proceedings of the National Academy of Sciences of the United States of America, Vol. 114, N°. 7, 2017.

NOSEK, G., "Climate Change Litigation and Narrative: How to Use Litigation to Tell Compelling Climate Stories", William & Mary Environmental Law and Policy Review, Vol. 42, N° 3, 2018.

NUSSBAUM, M., "Climate Change: Why Theories of Justice Matter", Chica go Journal of International Law, Vol. 13, 2013, p. 469-488.

OREKEKE, C. y COVENTRY, P., "Climate justice and the international regime: before, during, and after Paris", WIREs Climate Change, 2016.

OSOFSKY, H., "Climate change litigation as pluralist legal dialogue?", Stanford Journal of International Law, Vol. 26 y 43, N° conjunto, 2007.

OSOFSKY, H., "Is Climate Change 'International'? Litigation's Diagonal Regulatory Role", Virginia Journal of International Law, Vol. 49, N° 3, 2009.

OSOFSKY, H., "The Geography of Climate Change Litigation Part II: Narratives of Massachusetts v EPA", Chicago Journal of International Law, Vol. 8, N° 2, 2008.

OSTROM, E., "A polycentric approach for coping with climate change", Annals of Economics and Finance, Vol. 15, N°. 1, 2014 (originalmente 2009).

OSTROM, E., "Polycentric systems for coping with collective action and global environmental change", Global Environmental Change, Vol. 20, 2010.

OWEN, D., "Climate Change and Environmental Assessment Law", Columbia Journal of Environmental Law, Vol. 33, 2008.

PAGANO, M., "Overcoming Plaumann in EU environmental litigation: an analysis of NGOs legal arguments in actions for annulment", Università degli Studi di Perugia, 2019.

PEEL, J., "Issues in Climate Change Litigation", Carbon & Climate Law Review, Vol. 5, N°. 1, 2011.

PEEL, J. y LIN J., "Transnational Climate Litigation: The Contribution of the Global South", American Journal of International Law, Vol. 113, N°. 4, 2019.

PEEL, J. y OSOFSKY, H., "A Rights Turn in Climate Change Litigation?", Transnational Environmental Law, Vol. 7, N°. 1, 2017.

PEEL, J. y OSOFSKY, H., "Climate Change Litigation", Annual Review of Law and Social Science, Vol. 16, N°. 8, 2020.

PEEL, J. y OSOFSKY, H., "Sue to adapt?", Minnesota Law Review, Vol. 99, N° 6, 2015.

PEEL, J., OSOFSKY, H. y FOERSTER, A., "Shaping the 'next generation' of climate change litigation in Australia", Melbourne University Law Review, Vol. 41, N° 2, 2017.

PEÑALVER, E., "Acts of God or Toxic Torts? Applying Tort Principles to the Problem of Climate Change", Natural Resources Journal, Vol. 38, 1998.

PRESTON, B., "The Contribution of the Courts in Tackling Climate Change", Journal of Environmental Law, Vol. 28, 2016.

PRESTON, B., "The influence of climate change litigation on governments and the private sector", Climate Law, Vol. 2, 2011.

PRESTON, B., "The Influence of the Paris Agreement on Climate Litigation: Causation, Corporate Governance and Catalyst (Part II)", Journal of Environmental Law, 2020.

RAFATY, R., SRIVASTAV, S. y HOOPS, B., "Revoking Coal Mining Permits: An Economic and Legal Analysis", Climate Policy, 2020.

RAJAMANI, L., "The Principle of Common but Differentiated Responsibility and the Balance of Commitments under the Climate Regime", Review of European Community and International Environmental Law, Vol. 9, N°. 2, 2000.

REVELLE, R. y SUESS, H., "Carbon Dioxide Exchange between Atmosphere and Ocean and the Question of an Increase of Atmospheric CO2 during the Past Decades", Tellus, Vol. 9, N°. 1, 1957, p. 18-27.

RIPPLE, W., et al., "World Scientists' Warming of a Climate Emergency", BioScience, Vol. 70, N°. 1, 2020.

RIPPLE, W., et al., "World Scientists' Warming of a Climate Emergency 2021", BioScience, 2021.

RIQUELME SALAZAR, C., "Los tribunales ambientales en Chile. ¿Un avance hacia la implementación del Derecho de Acceso a la Justicia Ambiental?", Revista Catalana de Dret Ambiental, Vol. 4, Nº. 1, 2013.

ROCKSTRÖM, J., et al., "Planetary Boundaries: Exploring the Safe Operating Space for Humanity", Ecology and Society, Vol. 14, Nº. 2, 2009.

ROGELJ, J. et al., "Estimating and tracking the remaining carbon budget for stringent climate targets", Nature, Vol. 571, Nº 7765, 2019.

ROSEN, A., "The Wrong Solution at the Right Time: The Failure of the Kyoto Protocol on Climate Change", Politics & Policy, Vol. 43, Nº. 1, 2015.

ROTH-ARRIAZA, N., "'First, Do Not Harm': Human Rights and Efforts to Combat Climate Change", Georgia Journal of International & Comparative Law, Vol. 38, 2010.

RUDA GONZÁLEZ, A., "Perspectives de la litigació pel canvi climàtic arran del cas Urgenda", Revista Catalana de Dret Ambiental, Vol. IX, Nº 2, 2018.

SAIGER, A., "Domestic Courts and the Paris Agreement's Climate Goals: The Need for a Comparative Approach", Transnational Environmental Law, Symposium Article, 2019.

SANDS, P., "Climate Change and the Rule of Law: Adjudicating the Future in International Law", Journal of Environmental Law, Vol. 28, 2016.

SAVARESI, A. y AUZ, J., "Climate Change Litigation and Human Rights: Pushing the Boundaries", Climate Law, Vol. 9, Nº 3, 2019.

SAVARESI, A., y SETZER, J., "Rights-based Litigation in the Climate Emergency: Mapping the Landscape and New Knowledge Frontiers", Journal of Human Rights and the Environment, Vol. 13, Nº 1, 2022.

SCHLOSBERG, D. y COLLINS, L., "From environmental to climate justice: climate change and the discourse of environmental justice", WIREs Climate Change, Vol. 5, 2014.

SHAPOVALOVA, D., "Arctic Petroleum and the 2ºC Goal: a Case for Accountability for Fossil-Fuel Supply", Climate Law, Vol. 10, 2020.

SINDICO, F., "Climate Change: A Security (Council) Issue?", Carbon and Climate Review, Vol. 1, 2007.

SOK, V., BORUFF, B. y MORRISON-SAUNDERS, A., "Addressing climate change through environmental impact assessment: international perspectives from a survey of IAIA members", Impact Assessment and Project Appraisal, Vol. 29, Nº. 4, 2011.

SOLANA, J., "Climate Change Litigation as Financial Risk", Green Finance, Vol. 2, Nº. 4, 2020.

SOLANA, J., "Climate Litigation in Financial Markets: A Typology", Transnational Environmental Law, First View, 2019.

SOZZO, G., "Luchar por el clima: las lecciones globales de la litigación climática para el espacio local", Revista de Derecho Ambiental, Abeledo Perrot, enero-marzo, 2021.

STEFFEN, W. et al, "Planetary Boundaries: Guiding human development on a changing planet", Sciencexpress, 2015

STEFFEN, W., et al., "Trajectories of the Earth System in the Anthropocene", Proceedings of the National Academy of Sciences, Vol 115, N°. 33, 2018.

STOTT, P., STONE, D. y ALLEN, M., "Human Contribution to the European Heatwave of 2003", Nature, Vol. 432, 2004.

STRAUSS, A., "The Legal Option: Suing the United States in International Forums for Global Warming Emissions", Environmental Law Reporter, Vol. 33, 2003.

SUÁREZ-MANRIQUE, W., "La constitucionalización del Derecho en el ordenamiento jurídico colombiano", Vniversitas, N°. 129, 2014.

TIENHAARA, K., "Regulatory Chill in a Warming World: The Threat to Climate Policy Posed by Investor-State Dispute Settlement", Transnational Environmental Law, Vol. 7, N° 2, 2018.

VAN BOHEMEN, G., "Climate change and resource consent decisions", Resource Management Journal, Vol. XI, N°. 1, 2004.

VANHALA, L., "The Comparative Politics of Courts and Climate Change", Environmental Politics, Vol. 22, N° 3, 2013.

VANHALA, L. y HILSON, C. "Climate Change Litigation: Symposium introduction", Law & Policy, Vol. 35, N° 3, 2013.

VIGIL, S., "Displacement as a consequence of climate change mitigation policies", Forced Migration Review, N° 49, 2015.

VOIGT, C., "The Climate Judgment of the Norwegian Supreme Court: Aligning the Law with Politics", SSRN Electronic Journal, 2021.

WEGENER, L, "Can the Paris Agreement Help Climate Change Litigation and Vice Versa?", Transnational Environmental Law, Vol. 9, N°. 1, 2020.

WHITE R., HALLINAN J. y RAYMENT, B., "Climate Change Takes Centre Stage in Land and Environment Court", Law Society of NSW Journal, N°. 54, 2019.

WIGLEY, T. y JONES, P., "Detecting CO2-induced climatic change", Nature, Vol. 192, N°. 5820, 1981, p. 205-208.

WILENSKY, M., "Climate change in the Courts: An Assessment of Non-U.S. Climate Litigation, Duke Environmental Law & Policy Forum, Vol. 26, 2015.

WOOD M., y GALPERIN, D., "Atmospheric Recovery Litigation: Making the Fossil Fuel Industry Pay to Restore a Viable Climate System", Environmental Law, Vol. 45, N° 2, 2015.

WOOD, M., y WOODWARD, C., "Atmospheric Trust Litigation and the Constitutional Right to a Healthy Climate System: Judicial Recognition at Last", Washington Journal of Environmental Law & Policy, Vol. 6, N° 2, 2016.

ZORZETTO, S., "Reasonableness", The Italian Law Journal, Vol. 1, N°. 1, 2015.

2.3. Tesis doctorales

ASCENCIO SERRATO, S., El marco facilitador de la adaptación al cambio climático en México. Propuestas desde las políticas públicas y el derecho, Universitat Rovira i Virgili, Tesis doctoral, 2019.

DE ARMENTERAS CABOT, M., Justicia Intergeneracional, Derecho y Litigio Climático, Universitat Rovira i Virgili, Tesis doctoral, 2021.

DE VÍLCHEZ MORAGUES, P., Domestic Climate Litigation: An Empirical Approach to the International Obligation of States to Tackle Climate Change, Universitat de les Illes Balears, Tesis doctoral, 2020.

ENRÍQUEZ DE SALAMANCA SÁNCHEZ-CÁMARA, A., Consideración del cambio climático en la evaluación de impacto ambiental de infraestructuras lineales de transporte, Universidad Nacional de Educación a Distancia, Tesis doctoral, 2017.

OSOFSKY, H., Scale of Law: Rethinking Climate Change Governance, University of Oregon, Tesis doctoral, 2013.

VILLAVICENCIO CALZADILLA, P., La contribución al desarrollo sostenible del mecanismo para un desarrollo limpio, Universitat Rovira i Virgili, Tesis doctoral, 2013.

2.4. Informes, working papers, publicaciones periodísticas, notas y otros recursos

AGRAWALA, S., et al, "Incorporating climate change impacts and adaptation in Environmental Impact Assessments: Opportunities and Challenges", OECD Environmental Working Paper No. 240, OECD Publishing, 2010.

ALATORRE, J. et al., "El costo social del carbono: una visión agregada desde América Latina", CEPAL, Estudios del cambio climático en América Latina, 2019.

ALBAR DIAZ, M., et al., Cambio climático y los Derechos de Mujeres, Pueblos Indígenas y Comunidades Rurales en las Américas, Heinrich Böll, 2020.

AMAZON FRONTLINES, "Court Rules Against Ecuador's Oil Industry in Appeal by Children Living Next to 'Flares of Death'", 27 de enero de 2021, <https://www.amazonfrontlines.org/chronicles/amazon-lawsuit-gas-flaring/>

AMBROSE, J., "Drax scraps plan for Europe's largest gas plan after climate protests", The Guardian, 25 de febrero de 2021 <https://www.theguardian.com/business/2021/feb/25/drax-scraps-plan-yorkshire-gas-plant-climate-protests?CMP=twt_a-environment_b-gdneco>

BANCO MUNDIAL, World Development Report 2010: Development and Climate Change, 2010.

BANCO MUNDIAL, "Zero Routine Flaring By 2030", <https://www.worldbank.org/en/programs/zero-routine-flaring-by-2030>

BANERJEE, N., SONG, L. y HASEMYER, D., Exxon: The Road Not Taken, Inside Climate News, 16 de septiembre de 2015, <https://insideclimatenews.org/news/15092015/Exxons-own-research-confirmed-fossil-fuels-role-in-global-warming>

BBC NEWS, "Whitehaven coal mine firm seeks judicial review of council U-turn", 7 de marzo de 2021 <https://www.bbc.com/news/uk-england-cumbria-56311890>

BELL-JAMES, J., These young Queenslanders are taking on Clive Palmer's coal company and making history for human rights, The Conversation, 20 de mayo de 2020, <https://theconversation.com/these-young-queenslanders-are-taking-on-clive-palmers-coal-company-and-making-history-for-human-rights-138732>

BERNASCONI, A., "United Wambo open cut coal 'super pit' approved for NSW Hunter Valley with export conditions", ABC, 30 de agosto de 2019, <https://www.abc.net.au/news/2019-08-29/united-wambo-approved-with-paris-climate-agreement-conditions/11460970>

BLACK, R. et al., "Taking Stock: A global assessment of net zero targets", Energy & Climate Intelligence Unit and Oxford Net Zero, 2021 <https://ca1-eci.edcdn.com/reports/ECIU-Oxford_Taking_Stock.pdf?mtime=20210323005817&focal=none>

BOOM, K., RICHARDS, J. y LEONARD, S., Climate Justice: The International Momentum Towards Climate Litigation, Heinrich-Böll-Stuftung & Climate Justice Programme, 2016.

BOUWER, K. y SETZER, J., Climate Litigation as Climate Activism: What Works?, The British Academy, COP26 Briefings, 2020.

BUCHNER, B., et al., Global Landscape of Climate Finance 2019, Climate Policy Initiative, 2019.

BURGESS, A., Climate Change and the RMA, University of Otago, 2015.

BYER, P. et al., "International Best Practice Principles: Climate Change in Impact Assessment", International Association for Impact Assessment, Special Publication Series N°. 8, 2018.

CARBON TRACKER INITIATIVE, "Terms List", <https://carbontracker.org/resources/terms-list/>

CARBONBRIEF, Q&A: The social cost of carbon, 14 de febrero de 2017 <https://www.carbonbrief.org/qa-social-cost-carbon>

CENTRE FOR ENVIRONMENTAL RIGHTS, "Final nail in the coffin for proposed Khanyisa Coal Power Station", 3 de junio de 2021 <https://cer.org.za/news/final-nail-in-the-coffin-for-proposed-khanyisa-coal-power-station> [Últimca consulta 8 de junio de 2021]

CENTRE FOR ENVIRONMENTAL RIGHTS, "Major climate impacts scupper another coal power plant", 11 de noviembre de 2020 <https://cer.org.za/news/major-climate-impacts-scupper-another-coal-power-plant>

CENTRE FOR ENVIRONMENTAL RIGHTS, "The proposed Thabametsi IPP: Earthlife Africa Johannesburg v. Department of Environmental Affairs, Thabametsi Power Project (PTY) Ltd and others" <https://cer.org.za/programmes/pollution-climate-change/litigation/the-proposed-thabametsi-ipp-earthlife-africa-johannesburg-v-department-of-environmental-affairs-thabametsi-power-project-pty-ltd-and-others>

CENTER FOR INTERNATIONAL ENVIRONMENTAL LAW, Climate Change & Human Rights: A Primer, 2013.

CENTER FOR INTERNATIONAL ENVIRONMENTAL LAW, "Guyanese Citizens File Climate Case Claiming Massive Offshore Oil Project is Unconstitutional", <https://www.ciel.org/news/guyana-consitutional-court-case-oil-and-gas/>

CLIENTEARTH, ClientEarth Litigation Summary: October. December 2018, <https://www.clientearth.org/latest/latest-updates/news/clientearth-litigation-summary-october-december-2018/>

CLIMATE ACTION TRACKER, New Zealand: Current Policy Projections, <https://climateactiontracker.org/countries/new-zealand/current-policy-projections/>

CLIMATEWATCH, Historical GHG Emissions, <https://www.climatewatchdata.org/ghg-emissions?breakBy=sector&chartType=area&end_year=20

17&gases=kyotoghg§ors=total-excluding-lulucf&source=PIK&start_year=1850>

CHRISTIAN AID, Counting The Cost: A Year of Climate Breakdown, 2018.

CLIMATE COUNCIL OF AUSTRALIA, Unburnable Carbon: Why we need to leave fossil fuels in the ground, 2015 <https://www.climatecouncil.org.au/uploads/a904b54ce67740c4b4ee2753134154b0.pdf>

CMNUCC, "COP27 Reaches Breakthrough Agreement on New 'Loss and Damage' Fund for Vulnerable Countries", UN Climate Press Release, 20 November 2022 <https://unfccc.int/news/cop27-reaches-breakthrough-agreement-on-new-loss-and-damage-fund-for-vulnerable-countries>

COLLYNS, D., Global heating to blame for threat of deadly flood in Peru, study finds, The Guardian, 4 de febrero de 2021 <https://www.theguardian.com/environment/2021/feb/04/global-heating-to-blame-for-threat-of-deadly-flood-in-peru-study-says?CMP=twt_a-environment_b-gdneco>

COLOMBO, E., "A legal and reputation scandal looming days ahead of Norway's climate case", Harvest, 22 de octubre de 2020 <https://www.harvestmagazine.no/pan/a-legal-and-reputation-scandal-looming-days-ahead-of-norways-climate-case-start-before-the-supreme-court?fbclid=IwAR36MmeRWRmDu85U9bqTydjUe-dNAUEebNRL8hyZZRi7JsgEtjbHPVED5_s>

COLUMBIA LAW SCHOOL, Sabin Center's Peer Review Network of Climate Litigation <https://climate.law.columbia.edu/content/global-network-peer-reviewers-climate-litigation>

COMISIÓN EUROPEA, Régimen de comercio de derechos de emisión de la UE (RCDE UE) <https://ec.europa.eu/clima/policies/ets_es>

CONNECT4CLIMATE, "Greta Thunberg Full Speech at UN Climate Change COP24 Conference", YouTube, 2018, <https://www.youtube.com/watch?v=VFkQSGyeCWg>

CORPWATCH, Bali Principles of Climate Justice, disponible en: <https://corpwatch.org/article/bali-principles-climate-justice>

COX, L., "Farmers launch legal challenge against approval of $3.6bn Narrabri gas project", The Guardian, 22 de diciembre de 2020 <https://www.theguardian.com/australia-news/2020/dec/23/farmers-launch-legal-challenge-against-approval-of-36bn-narrabri-gas-project>

COX, L, "Massive Bylong valley coalmine in NSW blocked on environmental grounds", The Guardian, 18 de septiembre de 2019 <https://www.theguardian.com/australia-news/2019/sep/18/massive-bylong-coalmine-in-nsw-blocked-on-environmental-grounds?CMP=share_btn_link>

COX, L, “New Acland coalmine expansión to be reassessed after high court judgment”, The Guardian, 3 de febrero de 2021 <https://www.theguardian.com/environment/2021/feb/03/new-acland-coalmine-expansion-to-be-reassessed-after-high-court-judgment>

COX, L., “NSW considers laws to stop courts and planners blocking coalmines on climate grounds”, The Guardian, 1 de octubre de 2019, <https://www.theguardian.com/environment/2019/oct/02/nsw-considers-laws-to-stop-courts-and-planners-blocking-coalmines-on-climate-grounds>

COX, L., “NSW moves to stop mine projects being blocked because of their overseas emissions”, The Guardian, 22 de octubre de 2019, <https://www.theguardian.com/environment/2019/oct/22/nsw-to-try-to-stop-mine-projects-being-blocked-because-of-their-overseas-emissions?CMP=twt_a-environment_b-gdneco>

COX, R., We must ‘Reply All’ to the Collective Action in Paris, Centre for International Governance Innovation, 22 de diciembre de 2015, <https://www.cigionline.org/articles/we-must-reply-all-collective-action-paris>

CROWDJUSTICE, We can’t keep developing new fossil fuel projects, <https://www.crowdjustice.com/case/no-new-fossilfuel-projects/>

DENNIS, B., The U.S: will soon rejoin the Paris climate accord. Then comes the hard part, The Washington Post, 22 de diciembre de 2020, <https://www.washingtonpost.com/politics/2020/12/22/biden-paris-climate-accord/>

DUFFY, H. y MAXWELL, L., “People v. Artic Oil before Supreme Court of Norway – What’s at stake for human rights protection in the climate crisis”, Ejil:Talk!, 13 de noviembre de 2020, <https://www.ejiltalk.org/people-v-arctic-oil-before-supreme-court-of-norway-whats-at-stake-for-human-rights-protection-in-the-climate-crisis/>

DUNNE, D., Mapped: How climate change disproportionately affects women’s health, CarbonBrief, 29 de octubre de 2020 <https://www.carbonbrief.org/mapped-how-climate-change-disproportionately-affects-womens-health?utm_content=buffer485d4&utm_medium=social&utm_source=twitter.com&utm_campaign=buffer>

DYKE, J., “Climate scientists: concept of net zero is a dangerous trap”, The Conversation, 22 de abril de 2021 <https://theconversation.com/climate-scientists-concept-of-net-zero-is-a-dangerous-trap-157368>

EL COMERCIO, “Corte de Ecuador acepta demanda de niñas para eliminar mecheros en la Amazonía”, 26 de enero de 2021 <https://www.elcomercio.com/actualidad/corte-demanda-ninas-mecheros-amazonia.html>

ELLIS-PETERSEN, H., “India plans to fell ancient forest to create 40 new coalfields”, The Guardian, 8 de agosto de 2020 <https://www.theguar-

dian.com/world/2020/aug/08/india-prime-minister-narendra-modi-plans-to-fell-ancient-forest-to-create-40-new-coal-fields>

ENVIRONMENTAL DEFENDERS OFFICE, "Community Files Appeal Against Santos' Narrabri Gas Project", <https://www.edo.org.au/2020/12/23/community-files-appeal-against-santos-narrabri-gas-project/>

ENVIRONMENTAL DEFENDERS OFFICE, Galilee Coal Project dead in the water after Waratah Coal drops appeal against historic land court refusal, 13 February 2023 <https://www.edo.org.au/2023/02/13/galilee-coal-project-dead-in-the-water-after-waratah-coal-drops-appeal-against-historic-land-court-refusal/>

ENVIRONMENTAL DEFENDERS OFFICE, "It's Over: Final Victory as Bylong Coal Project Appeal Rejected", 10 February 2022 <https://www.edo.org.au/2022/02/10/its-over-final-victory-as-bylong-coal-project-appeal-rejected/>

ENVIRONMENTAL JUSTICE ATLAS <https://ejatlas.org/>

ERICKSON, P., "Review of Mulder et al. 2020" <https://cdn.sei.org/wp-content/uploads/2021/05/erickson-shell-letter-final.pdf>

ERICKSON, P., LAZARUS, M. y TEMPEST, K., "Carbon lock-in from fossil fuel supply infrastructure", Stockholm Environment Institute, Discussion Brief, 2015.

EWING, K., et al., Trump Administration Publiches Final Revisions to NEPA Regulations, Energy Legal Blog, 16 de julio de 2020, <https://www.energylegalblog.com/blog/2020/07/16/trump-administration-publishes-final-revisions-nepa-regulations-0#.XxGt2oj7JR4.twitter>

EXTINCTION REBELLION, About us, < https://rebellion.global/about-us/>

FACING FUTURE, "Greta Thunberg 'Our House Is on Fire' 2019 World Economic Forum (WEF) in Davos", YouTube, 2019 <https://www.youtube.com/watch?v=zrF1THd4bUM>

FRIDAYS FOR FUTURE, Who we are, <https://fridaysforfuture.org/what-we-do/who-we-are/>

FULTON, M., et al., Growth of U.S. Climate Change Litigation: Trends & Consequences, Deutsche Bank Group, 2010.

GARRISON, J. y KING, L., "12 Republican state attorneys general sue President Biden over climate change order", USA Today <https://eu.usatoday.com/story/news/politics/2021/03/08/republican-led-states-sue-president-joe-biden-over-climate-change-order/4635600001/>

GENDER CC NETWORK, Women for climate justice, <https://www.gendercc.net/home.html>

GERRARD, M. "Council on Environmental Quality Declares that Climate Change Is Already Covered in Environmental Impact Review, and No New Regulation Is Needed", Climate Law Blog, 13 de agosto de 2014, <http://blogs.law.columbia.edu/climatechange/2014/08/13/council-on-environmental-quality-declares-that-climate-change-is-already-covered-in-environmental-impact-review-and-no-new-regulations-needed/>

GLOBAL JUSTICE NOW, Corporations vs. Governments revenues: 2015 data, disponible en: <https://www.globaljustice.org.uk/sites/default/files/files/resources/corporations_vs_governments_final.pdf>

GLOBALWARMINGINDEX.ORG, "Human-induced warming" <https://www.globalwarmingindex.org/>

GRANTHAM RESEARCH INSTITUTE ON CLIMATE CHANGE AND THE ENVIRONMENT, Methodology-Legislation, <https://climate-laws.org/methodology-legislation> [Última consulta, 14 de marzo de 2023]

GRAIN e INSTITUTE FOR AGRICULTURE AND TRADE POLICY, Emisiones imposibles: Cómo están calentando el planeta las grandes empresas de carne y lácteos, 2 de agosto de 2019 <https://www.grain.org/es/article/6010-emisiones-imposibles-como-estan-calentando-el-planeta-las-grandes-empresas-de-carne-y-lacteos>

GREENPEACE, "Total La Mède: prise en compte des impacts climatiques, le tribunal ordonne à Total de revoir sa copie", 1 de abril de 2020 <https://www.greenpeace.fr/espace-presse/total-la-mede-prise-en-compte-des-impacts-climatiques-le-tribunal-ordonne-a-total-de-revoir-sa-copie/>

GRUPO DE EXPERTOS EN OBLIGACIONES SOBRE EL CLIMA GLOBAL, Principios de Oslo sobre Obligaciones Globales respecto al Cambio Climático, disponible en: <https://globaljustice.yale.edu/sites/default/files/files/Principios_de_Oslo.pdf>

GURRÍA, A., "The climate challenge: Achieving zero emissions", OECD, 9 de octubre de 2013 <http://www.oecd.org/about/secretary-general/the-climate-challenge-achieving-zero-emissions.htm>

HARVEY, F., "No new oil, gas or coal development if world is to reach net zero by 2050, says world energy body", The Guardian, 18 de mayo de 2021 <https://www.theguardian.com/environment/2021/may/18/no-new-investment-in-fossil-fuels-demands-top-energy-economist>

HAYHOE, K., "The bottom line is this: We've known since the work of John Tyndall in the 1850s that CO2 absorbs and re-radiates infrared energy, and Eunice Foote was the first to suggest that higher CO2 levels would lead to a warmer planet, in 1856. Read it here…" Tweet, 23 de agosto de 2018, <https://twitter.com/KHayhoe/status/1032658273772752897>

IISD REPORTING SERVICE, Summary of the Chile/Madrid Climate Change Conference: 2-15 December 2019, Earth Negotiations Bulletin, 18 de diciembre de 2019 <http://enb.iisd.org/download/pdf/enb12775e.pdf>

INTERNATIONAL LAW ASSOCIATION, Declaration of Legal Principles Relating to Climate Change, Resolution 2/2014.

JARIA-MANZANO, J., "La identificación del Derecho aplicable en un contexto normativo complejo", en CENTRE D'ESTUDIS JURÍDICS I FORMACIÓ ESPECIALITZADA, Diálogos sobre la justicia y los jueces, 2015.

JARIA-MANZANO, J., "La protección del medio ambiente en el marco del conflicto entre el principio democrático y el principio de constitucionalidad', Materiales de la asignatura 'Fundamentos de Derecho público ambiental', Máster Universitario en Derecho Ambiental, Universitat Rovira i Virgili. Tarragona, 2018.

JARIA-MANZANO, J., FALLADA GARCÍA-VALLE, J. y ROMÁN MARÍN, L., "Hacia un nuevo Derecho público en la transición geológica: derechos, vulnerabilidades y responsabilidades", Proyecto CONCLIMA, Informe Nº 9, Universitat Rovira i Virgili, 2017-2019.

JENKINS, B., "The role of EIA in greenhouse gas mitigation", IAIA17 Conference Proceedings, 37th Annual Conference of the International Association for Impact Assessment, 2017.

KARTHA, S., et al., The Carbon Inequality Era. An assessment of the global distribution of consumption emissions among individuals from 1990 to 2015 and beyond, Stockholm Environment Institute y Oxfam, Joint Research Report, 2020.

KARTHA M., LAZARUS, M. y TEMPEST, K., Fossil Fuel Production in a 2°C World: The equity implications of a diminishing carbon budget, Discussion Brief, Stockholm Environment Institute, 2016.

KELLEHER, P., "Ethics and the Social Cost of Carbon", SAGE Weston Seminar Series, 3 de octubre de 2019 <https://mediasite.engr.wisc.edu/Mediasite/Play/7867a4928d0249669724 41ba2f0108171d?catalog=7b399ee95a21457491e921a3fe66a51b21>

KLINSKY, S., et al., Building Climate Equity. Creating a New Approach from the Ground Up, World Resources Institute, 2014, <https://files.wri.org/s3fs-public/building-climate-equity-072014.pdf>

KNAUS, C., NSW Minerals Council pressured 'publicly and privately' for review of planning body, The Guardian, 21 de octubre de 2019, <https://www.theguardian.com/australia-news/2019/oct/21/nsw-minerals-council-pressured-publicly-and-privately-for-review-of-planning-body>

LEVIN, K. et al., "Playing it Forward: Path Dependency, Progressive Incrementalism, and the 'Super Wicked' Problem of Global Climate Change", disponible en: <https://citeseerx.ist.psu.edu/viewdoc/download?doi=10.1.1.464.5287&rep=rep1&type=pdf>

LEXXION, Carbon & Climate Law Review, Vol. 15, Nº. 2, 2021, disponible en: <https://cclr.lexxion.eu/issue/CCLR/2021/2>

L'OBS, Huit "décrocheurs" de portraits de Macron condamnés à Paris, l'"état de nécessité" écarté, 16 de octubre de 2019, <https://www.nouvelobs.com/politique/20191016.AFP6725/huit-decrocheurs-de-portraits-de-macron-condamnes-a-paris-l-etat-de-necessite-ecarte.html>

MUTTIT, G., The Sky's Limit: Why the Paris Climate Goals Require a Managed Decline of Fossil Fuel Production, Oil Change International, 2016.

MORAGA SARIEGO, P. y CORNEJO MARTÍNEZ, C., "Sentencia de la Corte Suprema dictada en causa "Jara Alarcón, Luis con Servicio de Evaluación Ambiental", Rol Nº 8573-2019, de 13 de enero de 2021, Actualidad Jurídica Ambiental, 25 de febrero de 2021.

NACHMANY, M., et al., Global Trends in Climate Change Legislation and Litigation: 2017 Update, Grantham Research Institute on Climate Change and the Environment, 2017.

NACHMANY, M., et. al., The 2015 Global Climate Legislation Study. A Review of Climate Change Legislation in 99 Countries. Summary for Policymakers, Grantham Research Institute on Climate Change and the Environment, Globe, Inter-Parliamentary Union, 2015.

NACHMANY, M. y SETZER, J., Global trends in climate change legislation and litigation: 2018 snapshot, Grantham Research Institute on Climate Change and the Environment, Centre for Climate Change Economics and Policy, London School of Economics and Political Science, Policy Brief, 2018.

ORELLANA, M., KOTHARI, M. y CHAUDHRY, S., Climate Change in the Work of the Committee on Economic, Social and Cultural Rights, Friedrich-Ebert-Stiftung, 2010.

ORGANIZACIÓN DE ESTADOS AMERICANOS, Climate Change: A Comparative Overview of the Rights Based Approach in the Americas, 2016.

ORGANIZACIÓN MUNDIAL DE LA SALUD, Climate change and human health, <https://www.who.int/globalchange/publications/en/>

ORGANIZACIÓN METEOROLÓGICA MUNDIAL, State of the Global Climate 2020, 2021.

OUR WORLD IN DATA, Atmospheric concentrations of CO2 continue to rise, <https://ourworldindata.org/co2-and-other-greenhouse-gas-emissions>

OUR WORLD IN DATA, Global average temperatures have increased by more than 1°C since pre-industrial times, <https://ourworldindata.org/co2-and-other-greenhouse-gas-emissions>

OUR WORLD IN DATA, Per capita CO2 emissions, <https://ourworldindata.org/co2-emissions>

OUR WORLD IN DATA, Who emits the most CO2?, <https://ourworldindata.org/co2-emissions>

PENELLI, S. "Regresa el barril "criollo" de petróleo a u$s45 con fuerte respaldo de YPF, provincias y sindicatos", ámbito.com, 7 de mayo de 2020, <https://www.ambito.com/barril-criollo/regresa-el-petroleo-us45-fuerte-respaldo-ypf-provincias-y-sindicatos-n5100804>

PIGRAU, A., et al., International law and ecological debt. International claims, debates and struggles for environmental justice, EJOLT Report N°. 11, 2014.

PNUMA, Environmental Impact Assessment and Strategic Environmental Assessment: Towards an Integrated Approach, 2004.

PNUMA, The Status of Climate Change Litigation: A Global Review, 2017.

PNUMA, et al., The Production Gap: The discrepancy between countries' planned fossil fuel production and global production levels consistent with limiting warming to 1.5°C or 2.°C", 2019.

PNUMA, et al., The Production Gap: The discrepancy between countries' planned fossil fuel production and global production levels consistent with limiting warming to 1,5°C or 2°C, 2019, Apéndices.

PNUMA, Environmental Rule of Law: First Global Report, 2019.

PNUMA, Adaptation Gap Report 2020, 2020.

PNUMA, Emissions Gap Report 2020, 2020.

PNUMA, Global Climate Litigation Report: 2020 Status Review, 2020.

PNUMA, et al., The Production Gap Report: 2020 Special Report, 2020.

PNUMA, Reporte 2021. Informe sobre la Brecha de Producción 2021. Resumen Ejecutivo. Hallazgos Clave, 2021.

PNUMA, The Closing Window. Climate crisis call for rapid transformation of societies. Emissions Gap Report 2022, 2022.

PNUMA, Progresos insuficientes y excesivamente lentos. La incapacidad de adaptarse al cambio climático pone al mundo en peligro. Resumen Ejecutivo. Informe sobre la Brecha de Adaptación 2022, 2022.

REAL ACADEMIA ESPAÑOLA, Diccionario de la lengua española, "Cinismo" <https://dle.rae.es/cinismo?m=form>

ROBERTS, D., "Discount rates: A boring thing you should know about (with otters!)", Grist, 24 de septiembre de 2021, <https://grist.org/article/discount-rates-a-boring-thing-you-should-know-about-with-otters/>

ROBINSON, M., Why climate change is a threat to human rights, TED, mayo 2015, <https://www.ted.com/talks/mary_robinson_why_climate_change_is_a_threat_to_human_rights#t-5797>

ROCKSTRÖM, J. et al., "Sustainable Development and Planetary Boundaries", Background Research Paper, High Level Panel on the Post-2015 Development Agenda, 2013.

ROGELJ, J. et al., "Net-zero emissions targets are vague: three ways to fix", Nature, 16 de marzo de 2021 <https://www.nature.com/articles/d41586-021-00662-3>

RUBE GOLDBERG, Who is Rube Goldberg? <https://www.rubegoldberg.com/the-man-behind-the-machine/>

SABIN CENTER FOR CLIMATE CHANGE LAW, "CEQ Finalizes NEPA Regulation Amendments", <https://climate.law.columbia.edu/content/ceq-finalizes-nepa-regulation-amendments>

SABIN CENTER FOR CLIMATE CHANGE LAW, "EIA Guidelines for Assessing the Impact of a Project on Climate Change" <https://climate.law.columbia.edu/content/eia-guidelines-assessing-impact-project-climate-change>

SAIGER, A. "Climate Change Protection Goes Local – Remarks on the Vienna Airport Case", VerfBlog, 20 de marzo de 2017, <https://verfassungsblog.de/climate-change-protection-goes-local-remarks-on-the-vienna-airport-case/>

SAVE LAMU, "ICBC withdraws financing from the Lamu Coal Plant", <https://www.savelamu.org/wp-content/uploads/2020/11/Press-release-on-ICBC-withdrawal-from-financing-coal.-1.pdf>

SCOTT CATO, M., "Why I'm Turning from Law-Maker to Law-Breaker to Try to Save the Planet", The Guardian, 31 de octubre de 2018, <https://www.theguardian.com/commentisfree/2018/oct/31/law-breaker-save-planet-direct-action-civil-disobedience>

SCRIPPS INSTITUTION OF OCEANOGRAPHY, The Keeling Curve, <https://scripps.ucsd.edu/bluemoon/co2_400/mlo_full_record.png>

SCRIPPS INSTITUTION OF OCEANOGRAPHY, The Kelling Curve, <https://keelingcurve.ucsd.edu/>

SEELYE, K., Global Warming May Bring New Variety of Class Action, 6 de septiembre de 2001, The New York Times, <https://www.nytimes.

com/2001/09/06/us/global-warming-may-bring-new-variety-of-class-action.html>

SETZER J. y BYRNES, R. Global trends in climate change litigation: 2019 snapshot, Grantham Research Institute, Centre for Climate Change Economics and Policy, London School of Economics and Political Science, Policy Report, 2019.

SETZER, J. y BYRNES, R., Global trends in climate change litigation: 2020 snapshot, Grantham Research Institute on Climate Change and the Environment, Centre for Climate Change Economics and Policy, London School of Economics and Political Science, Policy Report, 2020.

SETZER J. y HIGHAM, C., Global trends in climate change litigation: 2021 snapshot, Grantham Research Institute on Climate Change and the Environment, Centre for Climate Change Economics and Policy, London School of Economics and Political Science, Policy Report, 2021.

SETZER, J., SAVARESI, A. y BYRNES, R., Shining the spotlight on human rights at COP24 and beyond, The London School of Economics and Political Science, 5 de diciembre de 2018 <https://www.lse.ac.uk/GranthamInstitute/news/shining-the-spotlight-on-human-rights-at-cop24-and-beyond/>

SINDICO, F., "Is the Paris Agreement really legally binding?, SCELG Dialogue Nº. 03, 2015.

SQUILLACE, M. y HOOD A., "NEPA and Climate Change", Legal Studies Research Paper Series, Working Paper Nº. 12-16, 2012.

STANFORD RESEARCH INSTITUTE, Sources, Abundance, and Fate of Gaseous Atmospheric Pollutants, 1968, disponible en parte en CENTER FOR INTERNATIONAL ENVIRONMENTAL LAW, Smokes & Fumes, <https://www.smokeandfumes.org/documents/document16>

STEFANINI, S., Next Stop for Paris Climate Deal: the Courts, Politico, 1 de noviembre de 2016, <https://www.politico.eu/article/paris-climate-urgenda-courts-lawsuits-cop21/>

STERN, N., Stern Review: The Economics of Climate Change, 2007, disponible en: <https://webarchive.nationalarchives.gov.uk/20100407172811/http://www.hm-treasury.gov.uk/stern_review_report.htm>

STOCKHOLM ENVIRONMENT INSTITUTE, "Impact of the Keystone XL pipeline on global oil markets and greenhouse gas emissions", 8 de agosto de 2014 <https://www.sei.org/publications/impact-of-the-keystone-xl-pipeline-on-global-oil-markets-and-greenhouse-gas-emissions/>

STOCKHOLM ENVIRONMENT INSTITUTE, "U.S. again overlooks top CO2 impact of expanding oil supply, but that might change", 20 de abril de 2016 <https://www.sei.org/perspectives/us-co2-impact-oil-supply/>

SUBRAMANIAN, M., Anthropocene now: influential panel votes to recognize Earth's new epoch, Nature, 21 de mayo de 2019 <https://www.nature.com/articles/d41586-019-01641-5>

SUD-AUSTRAL CONSULTING SPA-NEOURBANISMO CONSULTORES SPA, Consideración de variables de cambio climático en la evaluación de impacto ambiental de proyectos asociados al SEIA, disponible en: <https://sea.gob.cl/sites/default/files/imce/archivos/2020/07/informe_final_consultoria_cambio_climatico.pdf>

TABUCHI, H., "Oil and Gas May Be a Far Bigger Climate Threat Than We Knew", The New York Times, 19 de febrero de 2020, <https://www.nytimes.com/2020/02/19/climate/methane-flaring-oil-emissions.html>

THE CARIBBEAN CLIMATE JUSTICE HUB, 1.5 to Stay Alive, <https://www.1point5.info/en/>

THE FEDERAL-PROVINCIAL-TERRITORIAL COMMITTEE ON CLIMATE CHANGE AND ENVIRONMENTAL ASSESSMENT, Incorporating Climate Change Considerations in Environmental Assessments: General Guidance for Practitioners, 2003.

THE FOSSIL FUEL NON-PROLIFERATION TREATY <https://fossilfueltreaty.org/>

THE WHITE HOUSE, "Biden-Harris Administration Releases New Guidance to Disclose Climate Impacts in Environmental Reviews", 6 January 2023 <https://www.whitehouse.gov/ceq/news-updates/2023/01/06/biden-harris-administration-releases-new-guidance-to-disclose-climate-impacts-in-environmental-reviews/>

TIGRE, M. A., et al., "Just Transition Litigation in Latin America: An Initial Categorization of Climate Litigation Cases Amid the Energy Transition", Sabin Center for Climate Change Law, 2023.

UNICEF, Unless we act now: The impact of climate change on children, 2015.

VALLEJO, C. y GLOPPEN, S., "En busca de sentencias climáticas con efecto mariposa", OpenGlobalRights, 11 de agosto de 2020 <https://www.openglobalrights.org/quest-for-butterfly-climate-judging/?lang=Spanish>

VALLEJO, L., "COP25 in Madrid: last wake-up call before the moment of truth for the Paris Climate Agreement", IDDRI, Blog Post, 17 de diciembre de 2019 <https://www.iddri.org/en/publications-and-events/

blog-post/cop25-madrid-last-wake-call-moment-truth-paris-climate-agreement>

VAN BERKEL, D., “How scientist can help lawyers on climate action”, Nature, 20 de abril de 2020 <https://www.nature.com/articles/d41586-020-01150-w>

VANHALA, L. y KINGHAN, J., Literature Review on the Use and Impact of Litigation, PLP Research Paper, 2018.

VERHEYEN, R. y RODERICK, P., Beyond Adaptation. The legal duty to pay compensation for climate change damage, WWF-UK, 2008.

WATTS, J., Dutch officials reveal measures to cut emissions after court ruling, The Guardian, 24 de abril de 2020 <https://www.theguardian.com/world/2020/apr/24/dutch-officials-reveal-measures-to-cut-emissions-after-court-ruling>

WEART, S. y AMERICAN INSTITUTE OF PHYSICS, The Discovery of Global Warming, <https://history.aip.org/climate/co2.htm>

WEBB, R., et al., “Evaluating Climate Risk in NEPA Reviews: Current Practices and Recommendations for Reform”, Sabin Center for Climate Change Law, 2022.

WENTZ, J., “Considering the Effects of Climate Change on Natural Resources in Environmental Review and Planning Documents: Guidance for Agencies and Practitioners”, Sabin Center for Climate Change Law, Columbia Law School, 2016.

WILDEARTH GUARDIANS, Keep it in the ground, <https://wildearthguardians.org/climate-energy/keep-it-in-the-ground/#:~:text=Americans%20own%20more%20than%20600%20million%20acres%20of%20public%20lands.&text=WildEarth%20Guardians%20is%20fighting%20for,fuel%20production%20in%20its%20tracks.>

WORLD ENERGY COUNCIL, World Energy Trilemma Index 2020, 2020, <https://www.worldenergy.org/assets/downloads/World_Energy_Trilemma_Index_2020_-_REPORT.pdf>

WORLD RESOURCES INSTITUTE, Navigating the Paris Agreement Rulebook: Carbon Markets and other Cooperative Implementation, <https://www.wri.org/paris-rulebook/carbon-markets-and-other-cooperative-implementation>

WORLD RESOURCES INSTITUTE, Navigating the Paris Agreement Rulebook: Enhanced Transparency Framework, <https://www.wri.org/paris-rulebook/enhanced-transparency-framework>

WORLD RESOURCES INSTITUTE, Navigating the Paris Agreement Rulebook: Facilitating Implementation and Promoting Compliance, <https://www.wri.org/paris-rulebook/facilitating-implementation-and-promoting-compliance>

WORLD RESOURCES INSTITUTE y WORLD BUSINESS COUNCIL FOR SUSTAINABLE DEVELOPMENT, The Greenhouse Gas Protocol: A Corporate Accounting and Reporting Standard (Revised Edition), 2004.

WWF, Informe Planeta Vivo-2018: Apuntando más alto, 2018.

#KEEPITINTHEGROUND, <http://keepitintheground.org/>

3. BASES DE DATOS

GRANTHAM RESEARCH INSTITUTE ON CLIMATE CHANGE AND THE ENVIRONMENT, Climate Change Laws of the World, <https://climate-laws.org/>

PLATAFORMA DE LITIGIO CLIMÁTICO PARA AMÉRICA LATINA Y EL CARIBE <https://litigioclimatico.com/es>

SABIN CENTER FOR CLIMATE CHANGE LAW y ARNOLD & PORTER, Climate Change Litigation Databases, <http://climatecasechart.com/>

SABIN CENTER FOR CLIMATE CHANGE LAW y LAMONT-DOHERTY EARTH OBSERVATORY, Climate Attribution Database, <https://climateattribution.org/>

UNIVERSITY OF MELBOURNE, Australian Climate Change Litigation Database, <https://law.app.unimelb.edu.au/climate-change/index.php>